NX를 활용한

제 2 판

B.C.Info

모델링 & CAM 활용

오 세 희 · 임 규 성 공저

개편 자격증 대비

- 기계가공기능장
- 컴퓨터응용가공산업기사
- 신직업자격 CNC밀링가공_L3
- 컴퓨터응용밀링기능사
- 컴퓨터응용선반기능사

머리말 preface

기계 관련 산업은 현재 4차 산업을 맞이하여 AI를 기반으로 하여 고도화 및 첨단 산업으로 변화하는 과정에 있으며, 교육기관 및 국가기술자격 또한 4차 산업의 도약에 맞추어 변화하는 추세이다.

특히 NCS(National Competency Standards)는 직무별로 세분화 및 표준화를 만들어 산업현장에서 활용하고. 이에 교육기관 및 국가기술자격 시험은 NCS에 맞추어 개편되고 있으며, 많은 국가기술자격 시험 또한 2021년부터 개편되어 시행되고 있다.

NX는 많은 교육기관에서 활용하고 있는 CAD/CAM 소프트웨어로서 초보자도 쉽게 Modeling 및 Editing에 접근할 수 있으며, 장비 사용 환경에 따라 절삭조건 및 공정 등을 고려하여 CNC 장비에 적합한 NC DATA를 간편하게 생성할 수 있다. 또한 simulation을 활용하여 검증 및 Cycle Time 확인 등을 할 수 있어 NX 소프트웨어를 본 교재로 선정하게 되었다.

저자는 현대중공업(주) 및 현대모비스(주)에 재직했을 때 다양한 소프트웨어를 접하였는데, 그 중 NX 소프트웨어에 초보자도 쉽게 접근할 수 있다고 생각하였다. 또한 기계가공기능장을 취득하기 위해 공부하는 과정에서 자격증에 관한 많은 정보가 없어서 큰 어려움을 겪었던 경험이 있었기에, 현재 한국폴리텍대학 울산캠퍼스에 근무하면서 자격증 준비를 하는 학생 및 재직자들에게 조금이나마 도움을 주고자 본 교재를 편찬하게 되었다.

본 교재는 NCS에 맞추어 개편된 자격증에 대비하여 교육기관 및 기능장을 준비하는 산업체 근로자들에게 조금이나마 도움이 되리라 생각하며, 재직자 교육인 일학습병행과정을 이수하는 학습근로자들에게도 직업 자격 CNC밀링가공_L3에 맞추어 쉽게 따라서 할 수 있도록 수록되어 있다.

부족하나마 본 교재를 통하여 자격증을 준비하는 분들께 도움이 될 수 있기를 소망하며, 끝으로 교재의 집필에 많은 도움을 주신 기우태 교수님, 장덕인 교수님께 깊은 감사와 기쁨을 함께 나누고자 한다.

저자 일동 씀

차 례 contents

CHAPTER 01 NX 처음 시작하기 7

1. 언어 설정 ······ 7
2. 실행 방법 ······ 9
3. 마우스 활용방법 ······ 10
4. 간단한 작업순서 ······ 11
5. 간단한 환경설정 방법 ······ 12

CHAPTER 02 모델링 작업하기 16

1. 도 면 1 ······ 16
   1-1 모델링하기 ······ 16
   1-2 CAM 가공 ······ 58
2. 도 면 2 ······ 84
   2-1 모델링하기 ······ 84
   2-2 CAM 가공 ······ 127
3. 도 면 3 ······ 160
   3-1 모델링하기 ······ 160
   3-2 CAM 가공 ······ 196
4. 도 면 4 ······ 229
   4-1 모델링하기 ······ 229
   4-2 CAM 가공 ······ 262

CHAPTER 03 2차원 머시닝센터를 이용한 CAM 가공 294

1. 2차원 포켓 CAM 가공 도면 및 요구 사항 ···· 294
2. 준비 작업 ···· 295
3. 센터드릴 가공 ···· 304
4. 드릴 가공 ···· 313
5. 엔드밀 가공 ···· 325
6. 탭 가공 ···· 332

CHAPTER 04 CNC 머시닝센터 수기 프로그램 작성 345

1-1 도면 ···· 345
1-2 프로그램 및 설명 ···· 346
2-1 도면 ···· 348
2-2 프로그램 및 설명 ···· 349
3-1 도면 ···· 352
3-2 프로그램 및 설명 ···· 353
4-1 도면 ···· 356
4-2 프로그램 및 설명 ···· 357
5-1 도면 ···· 360
5-2 프로그램 및 설명 ···· 361
6-1 GV-CNC 시뮬레이션 작업 방법 ···· 363

CHAPTER 05 CNC 머시닝센터 작업 방법 372

1. 완성 도형 ···· 372
2. CNC 머시닝센터 작업 방법 ···· 372
   2-1 준비 ···· 373
   2-2 세팅(setting) ···· 373

CHAPTER 06

CNC선반 수기 프로그램 작성 382

1-1 도면 ········ 382
1-2 프로그램 및 설명 ········ 383
2-1 도면 ········ 386
2-2 프로그램 및 설명 ········ 387
3-1 도면 ········ 390
3-2 프로그램 및 설명 ········ 391
4-1 도면 ········ 394
4-2 프로그램 및 설명 ········ 395
5-1 도면 ········ 398
5-2 프로그램 및 설명 ········ 399
6-1 GV-CNC 검증(시뮬레이션) 작업 방법 ········ 402

CHAPTER 07

CNC선반 작업 방법 409

1. 도면 ········ 409
2. CNC선반 작동방법 ········ 410
   2-1 준비 ········ 410
   2-2 세팅(setting) ········ 411

CHAPTER 08

공개문제 사이트 소개 417

CHAPTER 01

NX 처음 시작하기

1. 언어 설정

NX의 영문과 한글 변환을 쉽게 할 수 있는 방법을 소개하고자 한다.

1 바탕화면에서 내 PC 아이콘 위에 마우스를 올려놓고 마우스 우클릭한다.

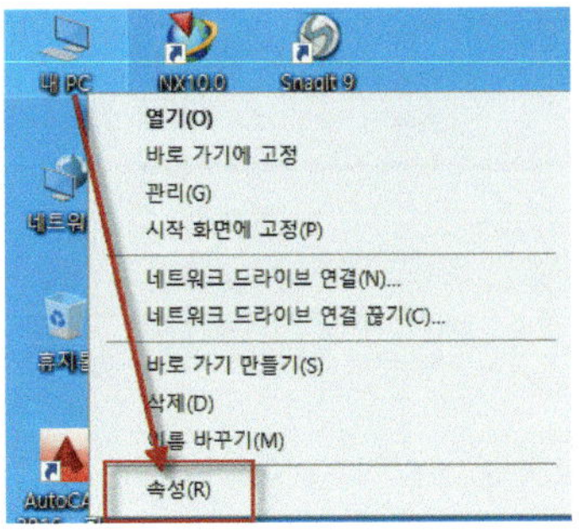

2 속성을 클릭한다.

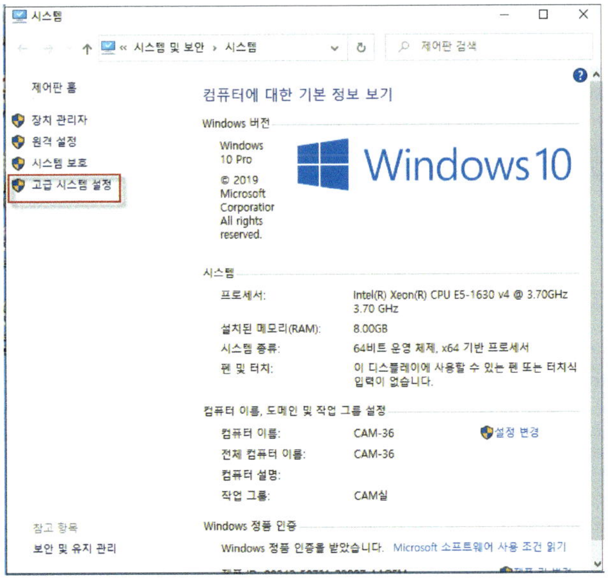

③ 고급 시스템 설정을 클릭한다.

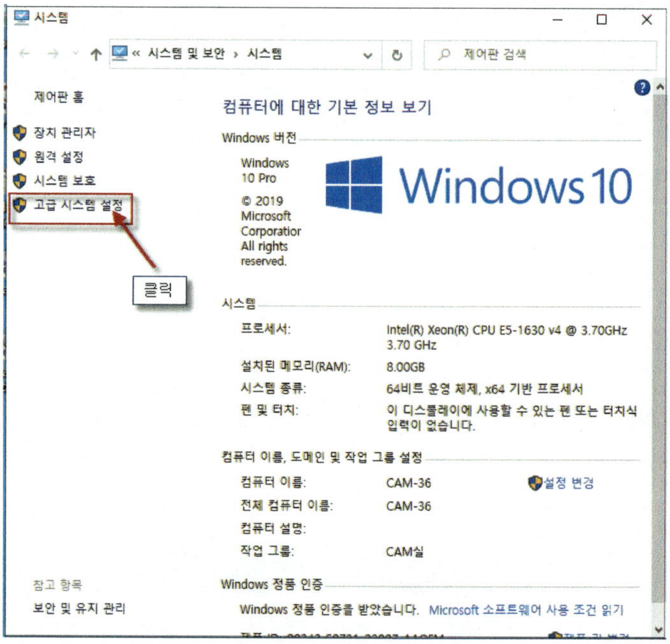

④ 환경 변수를 클릭한다.

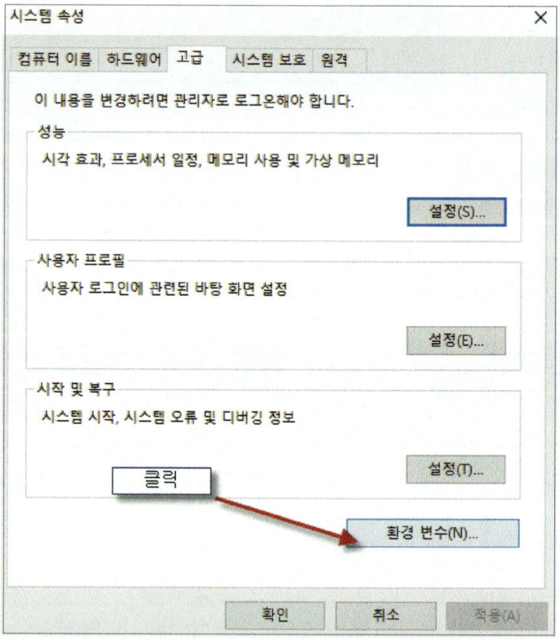

5 환경 변수 창에서 시스템 변수의 UGII_LANG 변수에서 값을 KOREAN으로 수정해 준다(참고로 영문으로 수정할 때는 ENGLISH로 하며, 대·소문자 관계없다).

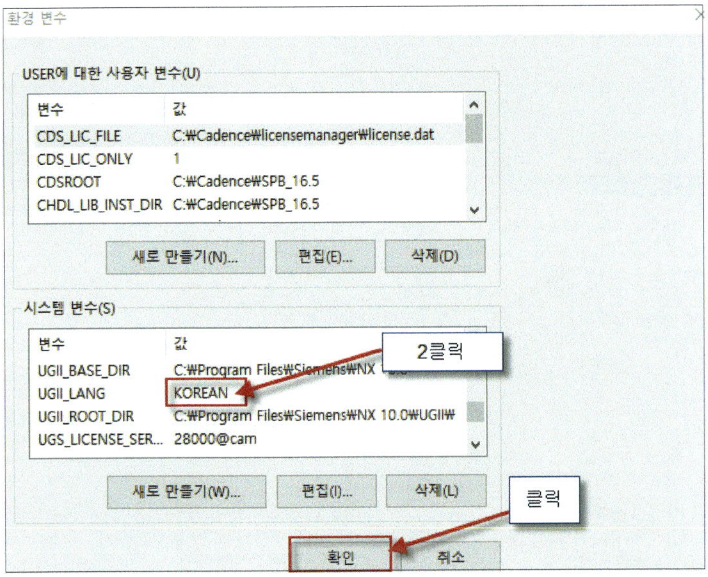

2. 실행 방법

1 바탕화면에서 NX10 아이콘 을 더블 클릭하면 아래 그림과 같이 창이 활성화된다.

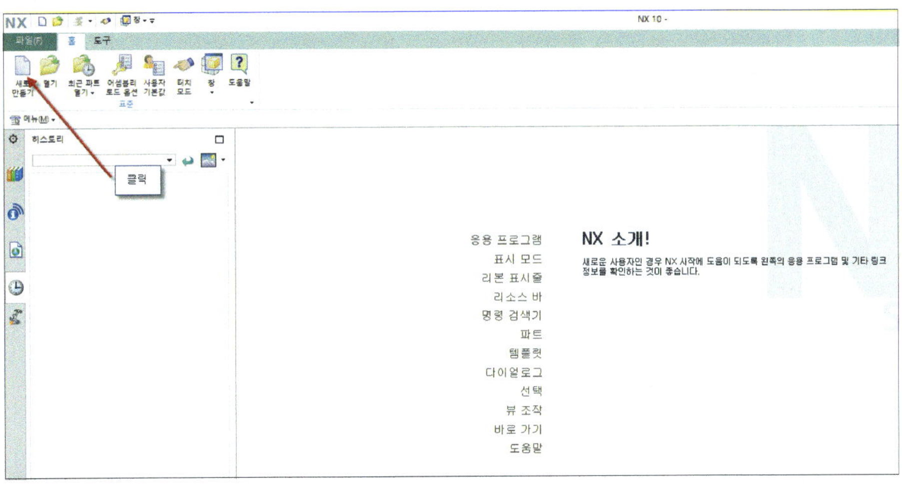

2 화면 좌측 상단의 새로 만들기 (새로 만들기) 아이콘을 클릭하면 3D Modeling 창으로 이동한다.

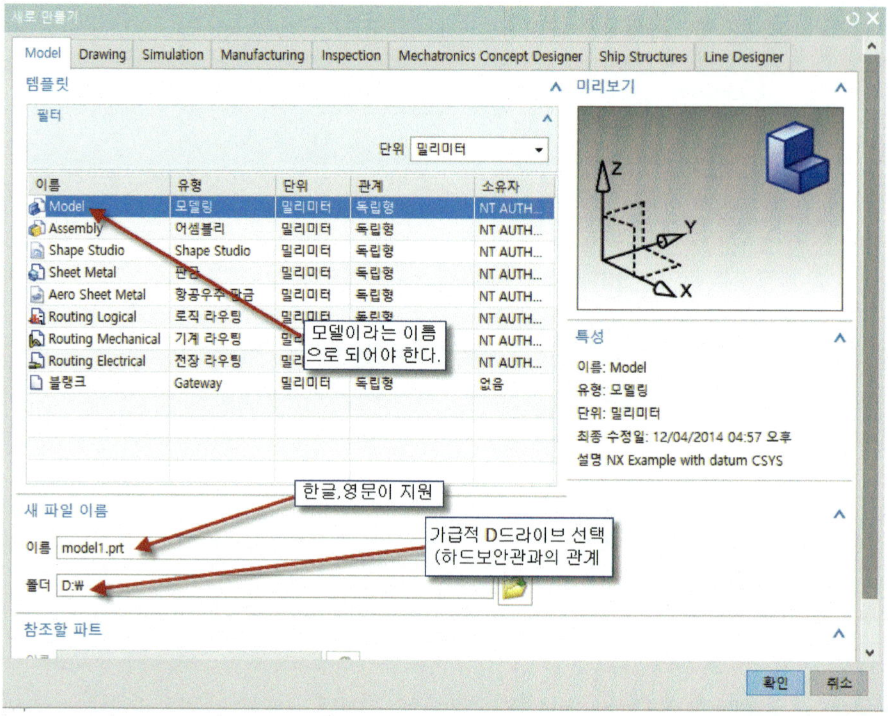

3. 마우스 활용방법

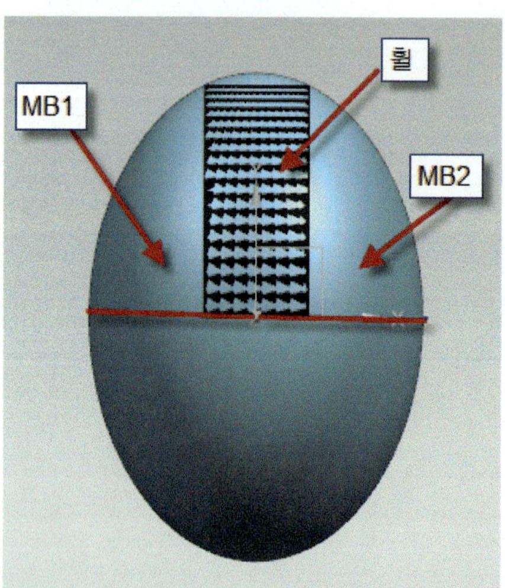

① MB1(마우스 왼쪽 버튼) : 개체 선택

- 화면에서 여러 개체를 선택할 수 있다.

② 휠(마우스 중간 버튼) : ENTER & OK

- 휠을 상·하로 돌리면 ZOOM(확대, 축소) 기능을 사용한다.
- 휠을 누르고 움직이면 ROTATE(회전) 기능을 사용한다.

③ MB2(마우스 오른쪽 버튼) : 팝업 메뉴

- 휠과 MB2를 동시에 선택하여 화면을 움직이면 MOVE(이동) 기능을 실행할 수 있다.

4. 간단한 작업순서

1 View(뷰) 기능

NX에서는 기존 데이텀 평면이 설정되어 원하는 평면을 쉽게 선택할 수 있는 특징을 가지고 있다.

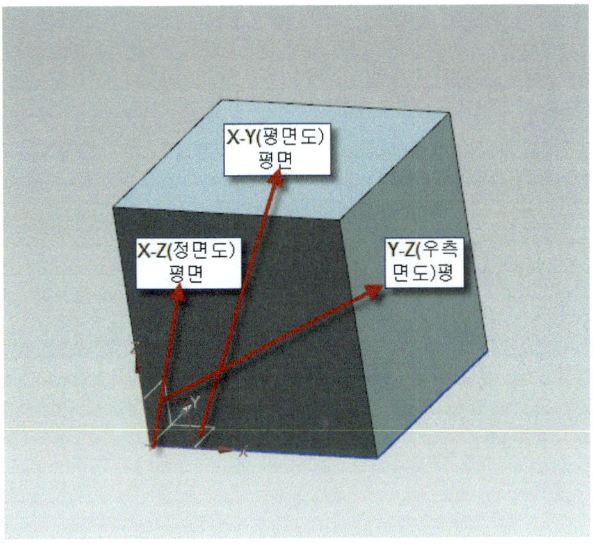

2 맞춤(화면 전체 보기)

화면의 개체가 작거나 클 때 맞춤 기능을 선택하면 전체 개체에 대해 배율을 조정하여 화면상에 모든 개체가 나타나게 된다.

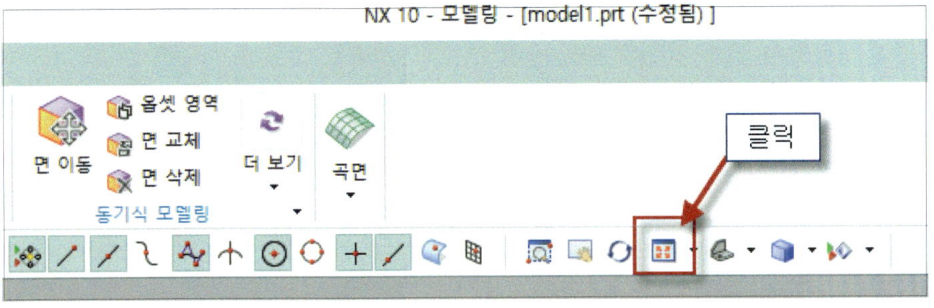

MEMO

3 음영처리

모델링한 객체에 대하여 음영처리 및 와이어 프레임으로 표현할 수 있다.

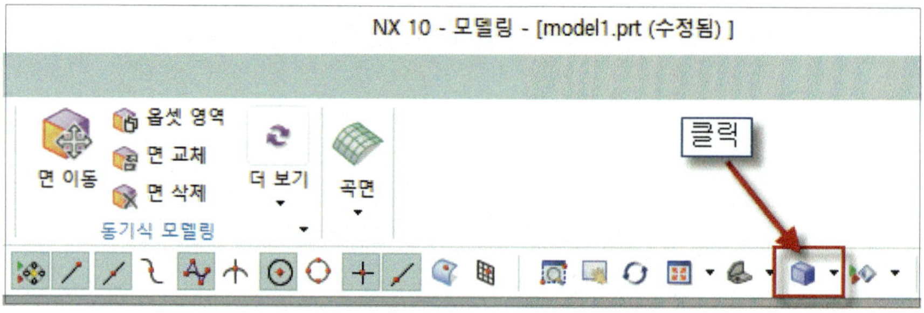

4 보기 방향

- 방향에 따라 작업자에 맞게 방향을 바꾸면서 작업할 수 있다.
- 키보드 상단의 F8 기능을 활용하면 현재 보이는 평면에 가장 가까운 평면으로 방향을 전환할 수 있다.

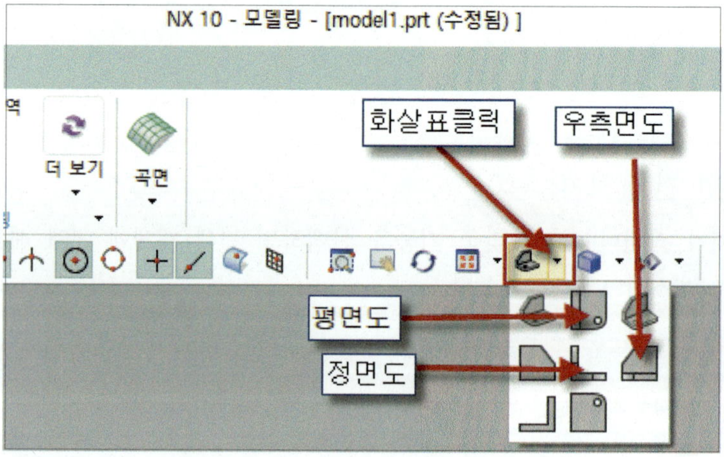

5. 간단한 환경설정 방법

스케치 창에서 자동으로 참고 치수가 활성화되면 초보자는 어려움이 있어 활성화되지 않도록 다음 번호 순서대로 설정하여 사용자가 치수 구속을 줄 수 있도록 한다.

1 참고 치수 비활성화

스케치 환경설정에서 그림과 같이 번호 순서대로 진행하고 체크박스의 체크를 해제한 후 **확인**을 클릭한다.

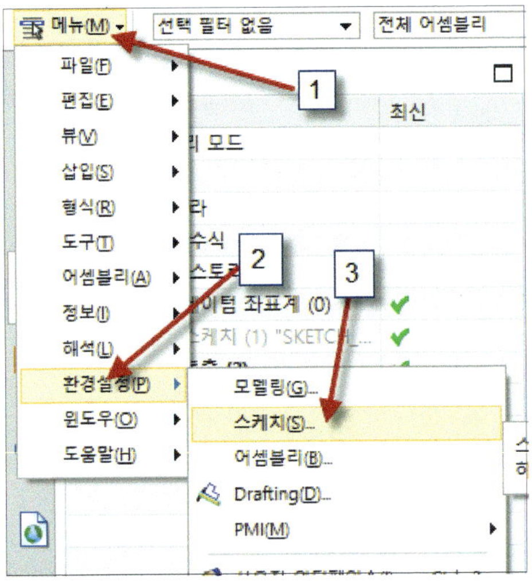
메뉴(M)
선택 필터 없음
전체 어셈블리
파일(F)
편집(E)
뷰(V)
삽입(S)
형식(R)
도구(T)
어셈블리(A)
정보(I)
해석(L)
환경설정(P)
윈도우(O)
도움말(H)
모델링(G)...
스케치(S)...
어셈블리(B)...
Drafting(D)...
PMI(M)
1
2
3

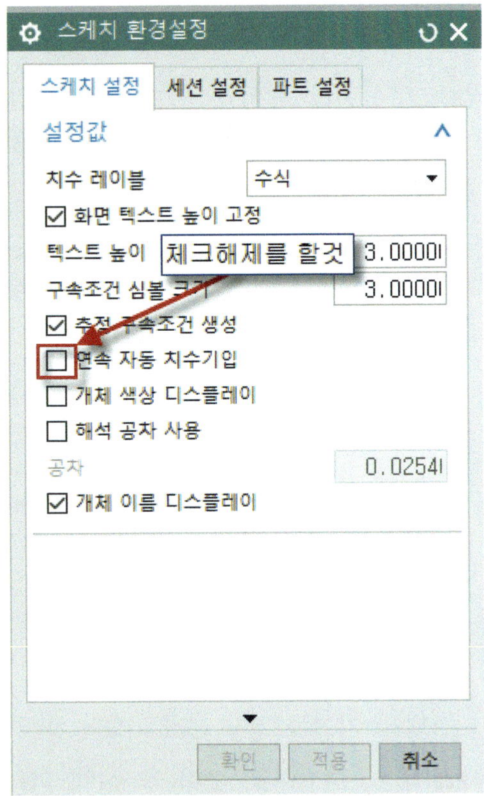
스케치 환경설정
스케치 설정
세션 설정
파트 설정
설정값
치수 레이블
수식
화면 텍스트 높이 고정
텍스트 높이
체크해제를 할것
3.0000
구속조건 심볼 크기
3.0000
추정 구속조건 생성
연속 자동 치수기입
개체 색상 디스플레이
해석 공차 사용
공차
0.0254
개체 이름 디스플레이
확인
적용
취소

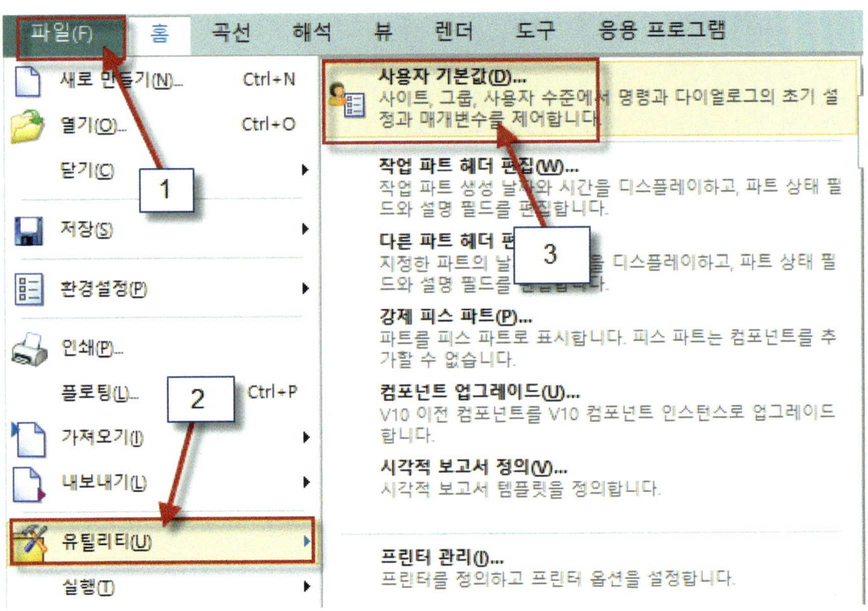
파일(F)
홈
곡선
해석
뷰
렌더
도구
응용 프로그램
새로 만들기(N)...
Ctrl+N
열기(O)...
Ctrl+O
닫기(C)
저장(S)
환경설정(P)
인쇄(P)...
플로팅(L)...
Ctrl+P
가져오기(I)
내보내기(L)
유틸리티(U)
실행(T)
1
2
3
사용자 기본값(D)...
사이트, 그룹, 사용자 수준에서 명령과 다이얼로그의 초기 설정과 매개변수를 제어합니다.
작업 파트 헤더 편집(W)...
작업 파트 생성 날짜와 시간을 디스플레이하고, 파트 상태 필드와 설명 필드를 편집합니다.
다른 파트 헤더 편
지정한 파트의 날
을 디스플레이하고, 파트 상태 필
드와 설명 필드를
강제 피스 파트(P)...
파트를 피스 파트로 표시합니다. 피스 파트는 컴포넌트를 추가할 수 없습니다.
컴포넌트 업그레이드(U)...
V10 이전 컴포넌트를 V10 컴포넌트 인스턴스로 업그레이드합니다.
시각적 보고서 정의(V)...
시각적 보고서 템플릿을 정의합니다.
프린터 관리(I)...
프린터를 정의하고 프린터 옵션을 설정합니다.

2 참고 치수 비활성화 방법

번호 순서대로 클릭한 후 체크박스 안의 체크를 해제한다.

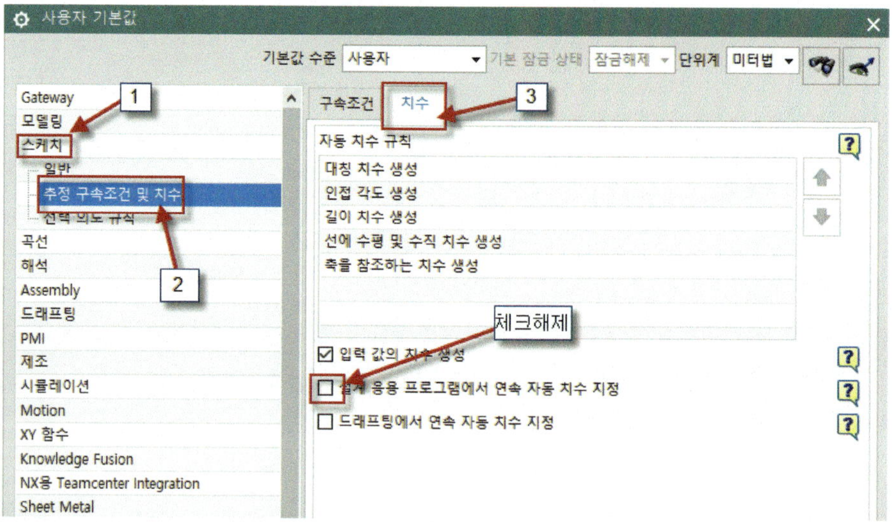

3 선택을 지연할 경우 QuickPick 창이 활성화되는데 이를 보이지 않게 하는 방법

아래 번호 순서대로 클릭 후 **선택 환경 설정**이 나타나면 QuickPick에서 지연 시 QuickPick 박스의 체크를 해제한 후 확인한다.

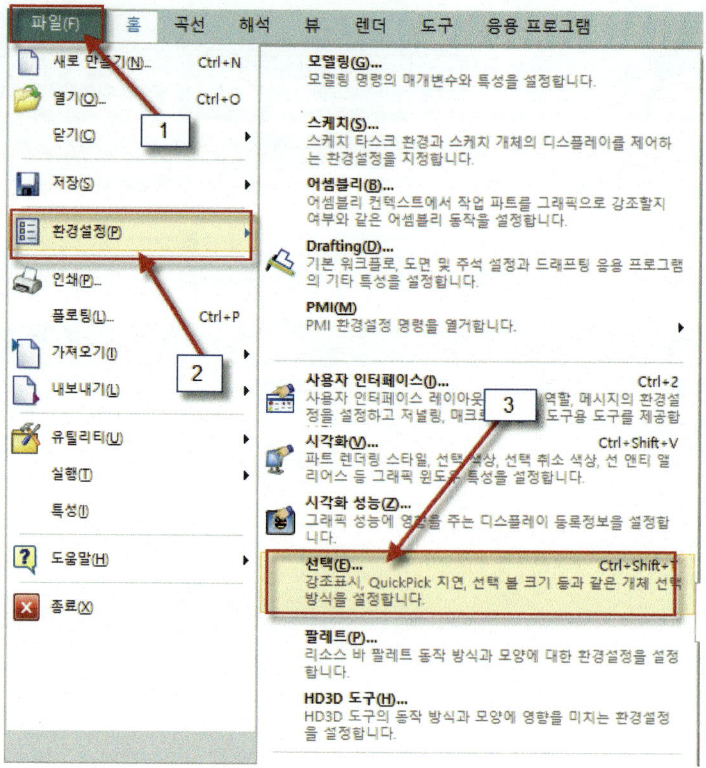

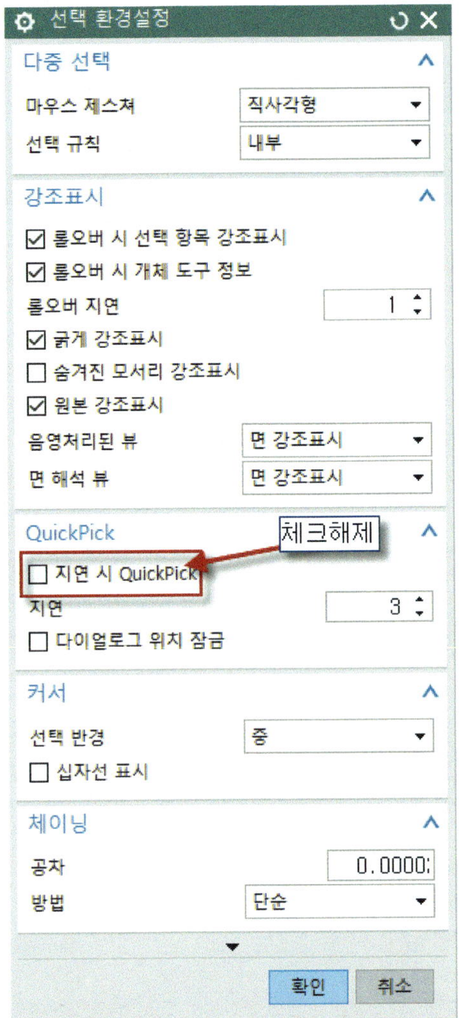
선택 환경설정
다중 선택
마우스 제스쳐
직사각형
선택 규칙
내부
강조표시
롤오버 시 선택 항목 강조표시
롤오버 시 개체 도구 정보
롤오버 지연
1
굵게 강조표시
숨겨진 모서리 강조표시
원본 강조표시
음영처리된 뷰
면 강조표시
면 해석 뷰
면 강조표시
QuickPick
체크해제
지연 시 QuickPick
지연
3
다이얼로그 위치 잠금
커서
선택 반경
중
십자선 표시
체이닝
공차
0.0000:
방법
단순
확인
취소

MEMO

CHAPTER 02

모델링 작업하기

1장에서 설명한 내용에 대해 충분히 숙지하였다면, 이제부터는 기초적인 모델링을 하나하나 따라서 해보고자 한다. 본 교재의 따라 하기는 기초적인 것으로서, 스케치 및 모델링 방법이 다양하므로 컴퓨터응용 가공산업기사 및 기계가공기능장을 준비하는 독자 분들께 유용하리라 본다.

처음 바탕 화면에서 NX를 클릭하면 NX가 실행된다.

1. 도 면 1

1-1 모델링하기

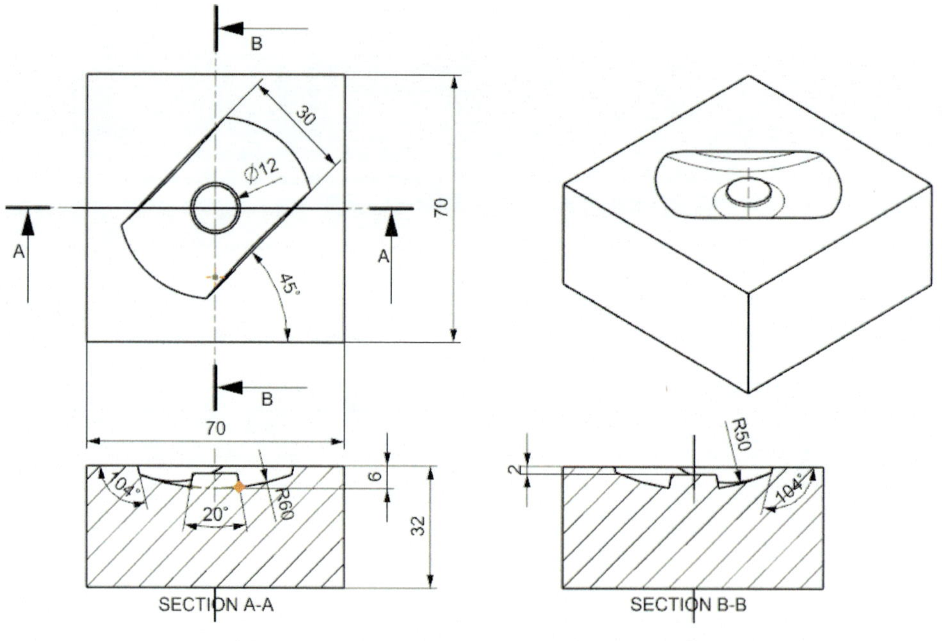

주 서
도시되고 지시없는 라운드는 R3

1 NX 를 실행하면 모델링을 하기 위한 화면으로 변환된다.

2 화면에서 좌측 상단의 새로 만들기 아이콘을 클릭한다.

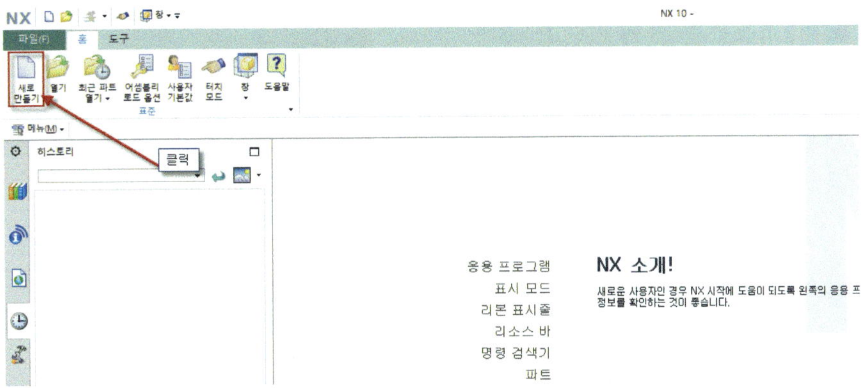

3 새로 만들기 창에서 이름을 확인한다. 저장될 장소 및 파일 이름을 아래 그림과 같이 설정한 후 확인을 클릭한다.

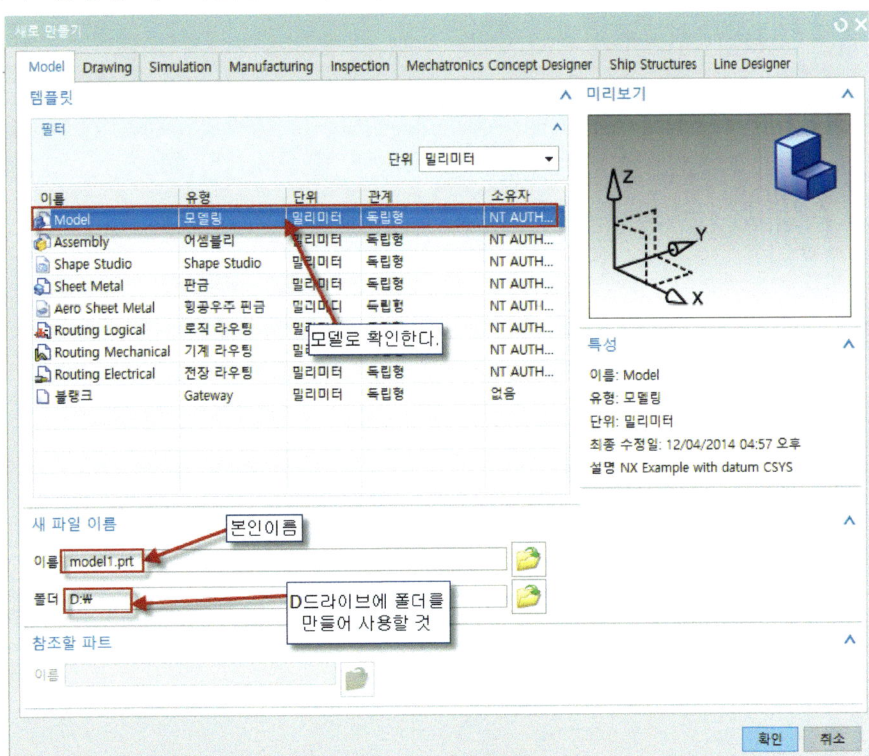

4 2D 스케치 창이 활성화되면 스케치를 하기 위하여 좌측 상단의 **스케치** 아이콘을 클릭한다.

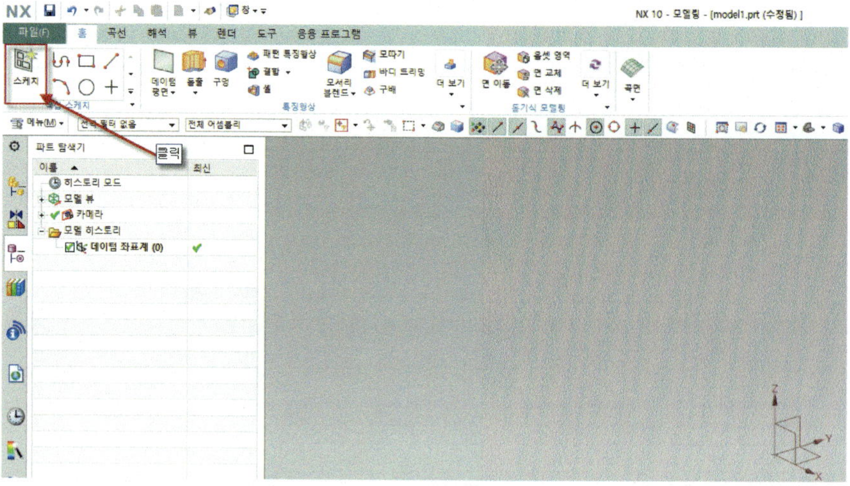

5 스케치 생성 창이 활성화되었을 때 **평면 방법**을 **기존 평면**으로 변경해서 사용하면 데이텀 평면이 나타나지 않아 쉽게 스케치 준비를 할 수 있다.

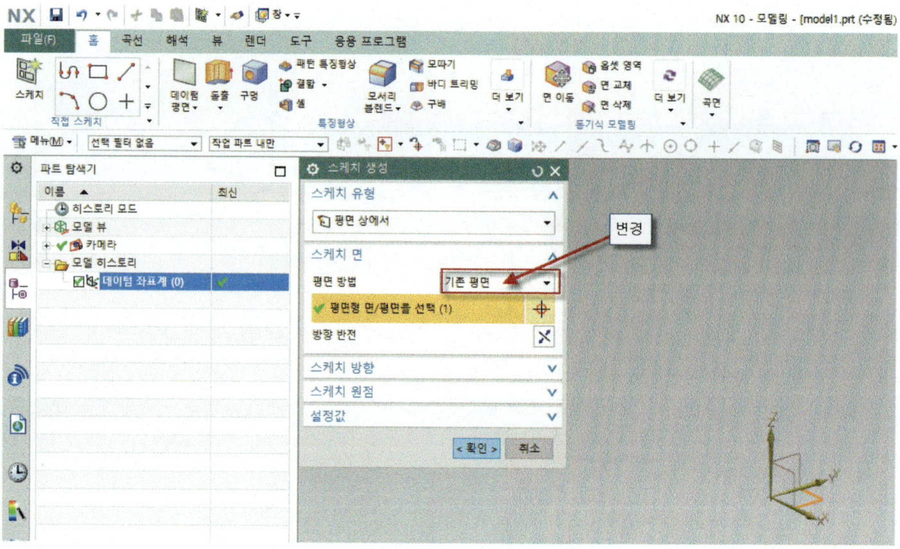

MEMO

6 스케치 생성 창에서 확인을 클릭하면 2D 창으로 변환된다.

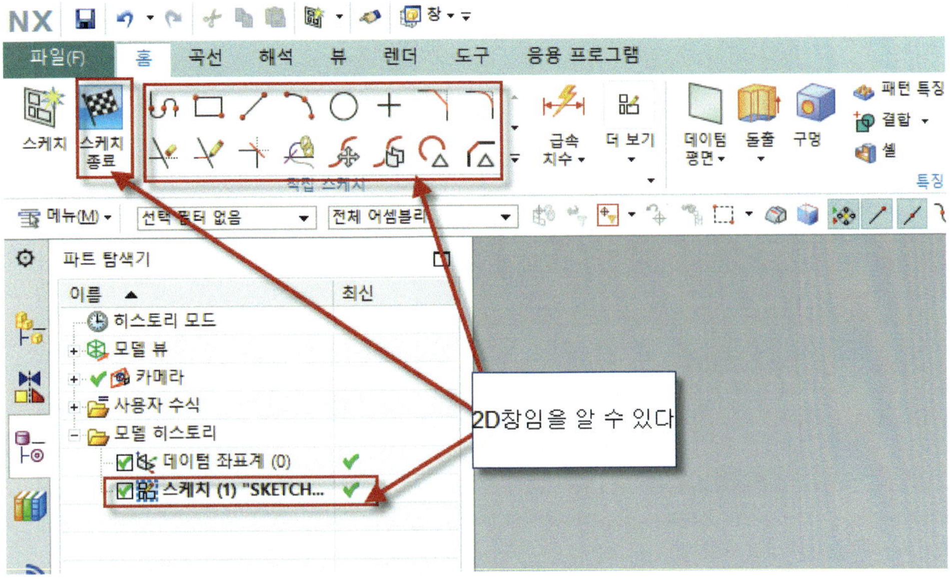

7 먼저 메뉴바에서 홈으로 되어 있을 텐데, 여기서 **직사각형**을 선택하면 3가지 방법이 나타난다. 여기서는 대각선 방향이 좋은 방법이므로 방법 ①로 스케치를 하면 된다.

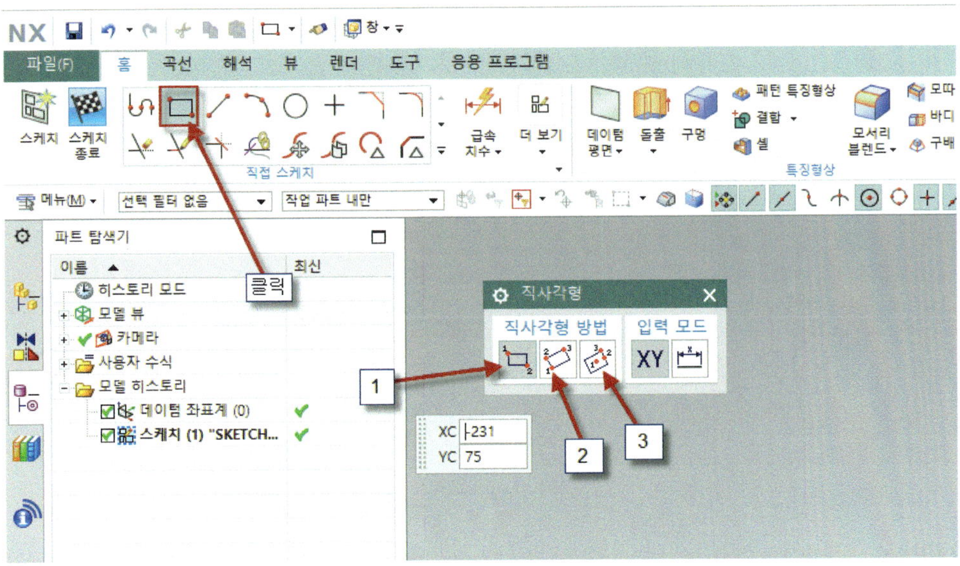

8 X-Y평면상에서 X0. Y0에 ①은 X, Y교차점에 형상교차로 구속되고, ②는 X, Y교차점에 정확성을 나타내며, ③은 현재 위치가 X0, Y0임을 표현하고 있다.

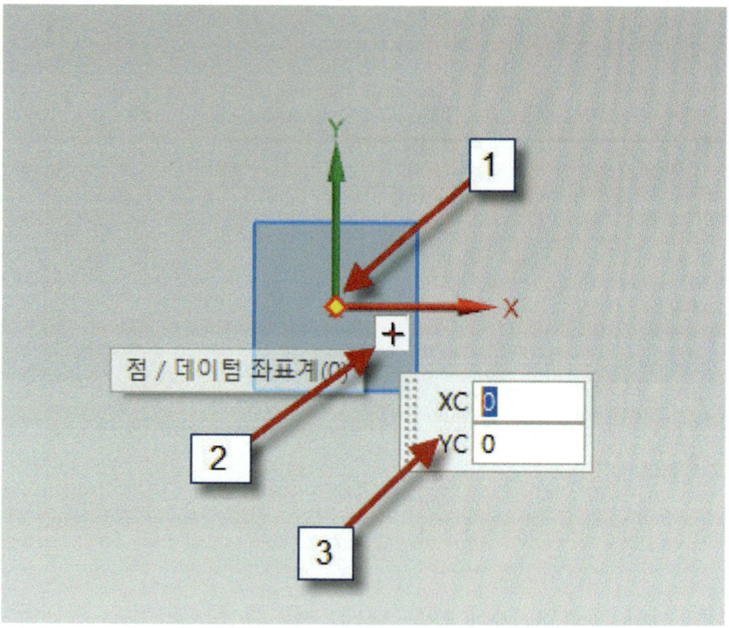

9 ①을 마우스로 클릭한 후 드래그하지 말고, 마우스 버튼을 놓은 뒤 대각선으로 ②를 클릭하면 사각형의 스케치가 완료된다.

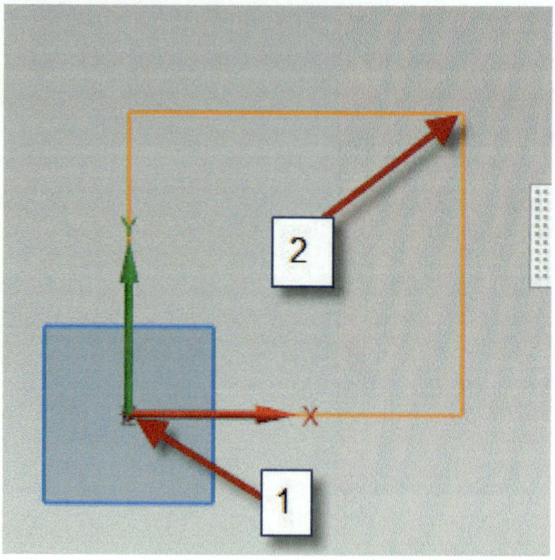

10 ① 급속 치수 아이콘을 클릭한다. ② X방향 선을 선택한 후 70으로 수정한다.
③ Y방향 선을 선택한 후 70으로 수정해 준다.

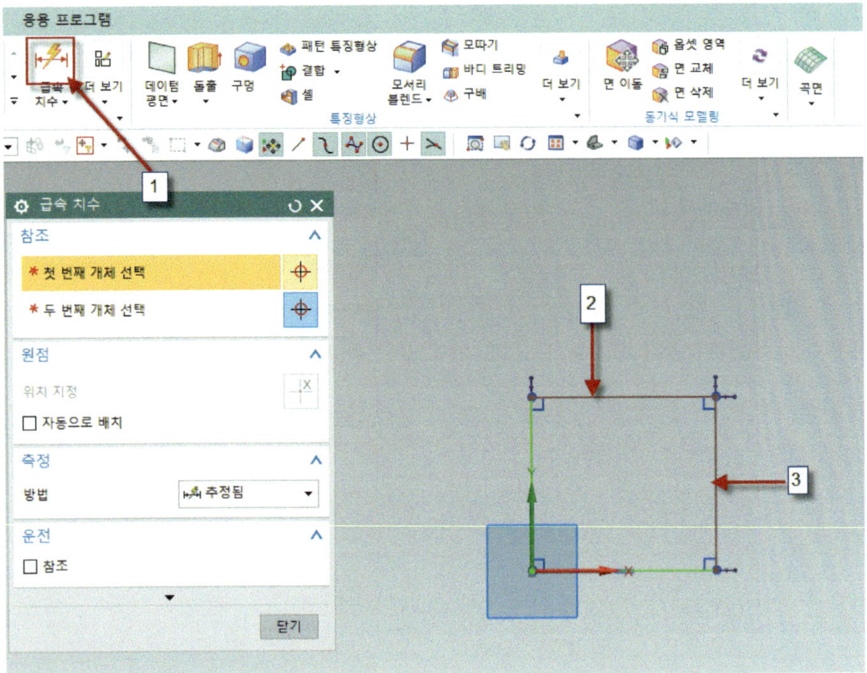

11 아래 그림처럼 정사각형의 치수 구속이 완성되었다.

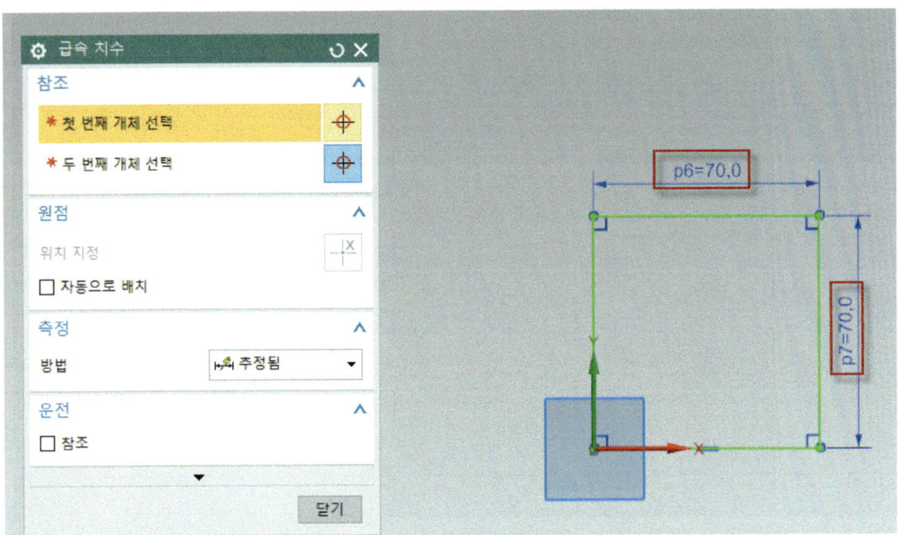

12 화면 왼쪽 위에 있는 스케치 종료 아이콘을 클릭하면 3차원 창으로 이동한다.

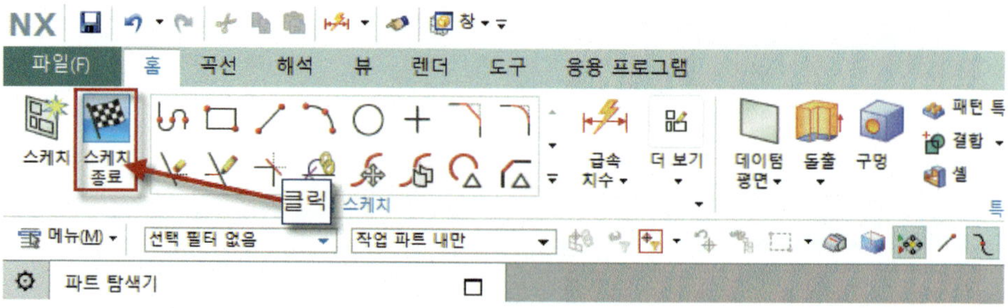

13 솔리드로 돌출하고자 한다. X-Y평면에서 스케치하였기에 Z방향이 보이도록 마우스 휠을 누르고 ①처럼 Z방향이 위로 가도록 하면 ②인 커브가 X-Y 평면상에 스케치되어 있음을 알 수 있다.

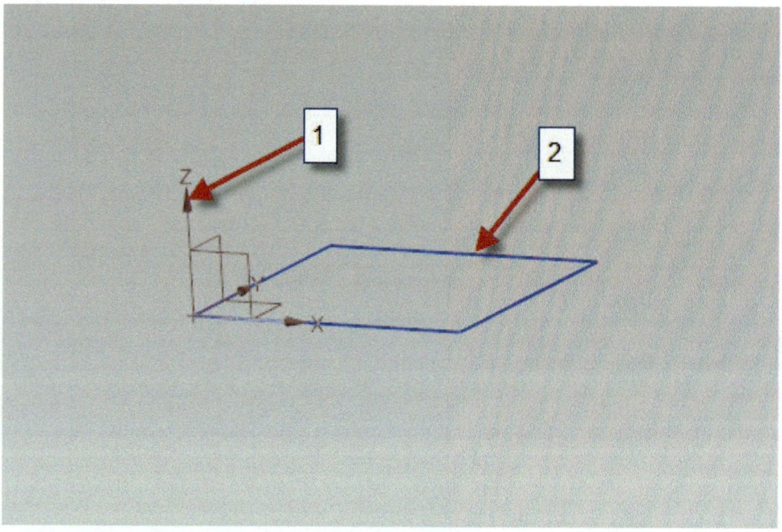

MEMO

⑭ ① **돌출** 아이콘을 클릭한다. ② **연결된 곡선**으로 바꾸어야 커브가 연결되어 있는 것만 선택되므로 아주 중요하다. ③ **스케치한 곡선**을 선택한다. ④ 벡터 방향으로 현재 -Z방향으로 해야 하기 때문에 -ZC로 변경한다. ⑤ 시작의 거리 값을 0으로 한다. ⑥ 끝 거리 값에 32를 입력하고 커브를 선택한다.

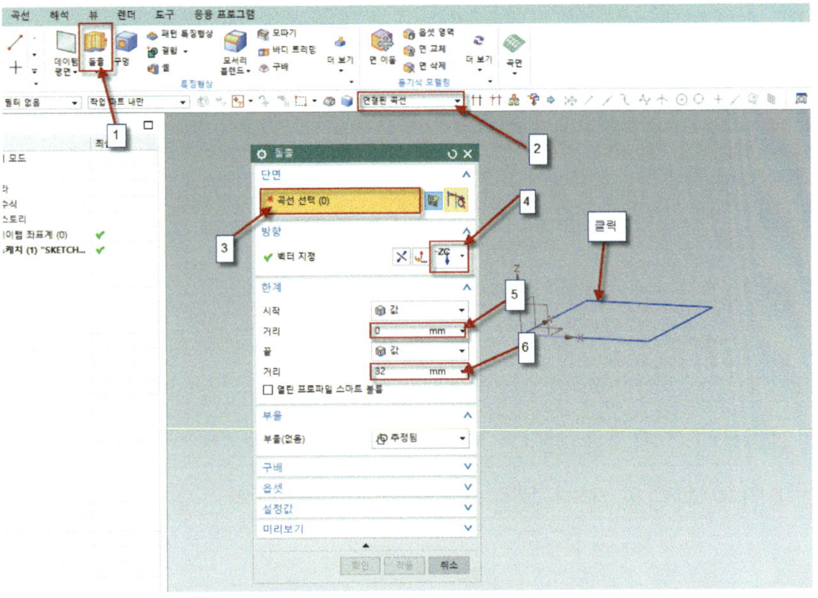

⑮ 아래 그림처럼 -Z벡터로 32mm로 Solid가 생성됨을 알 수 있다. 돌출 창의 아래에 있는 확인을 클릭한다.

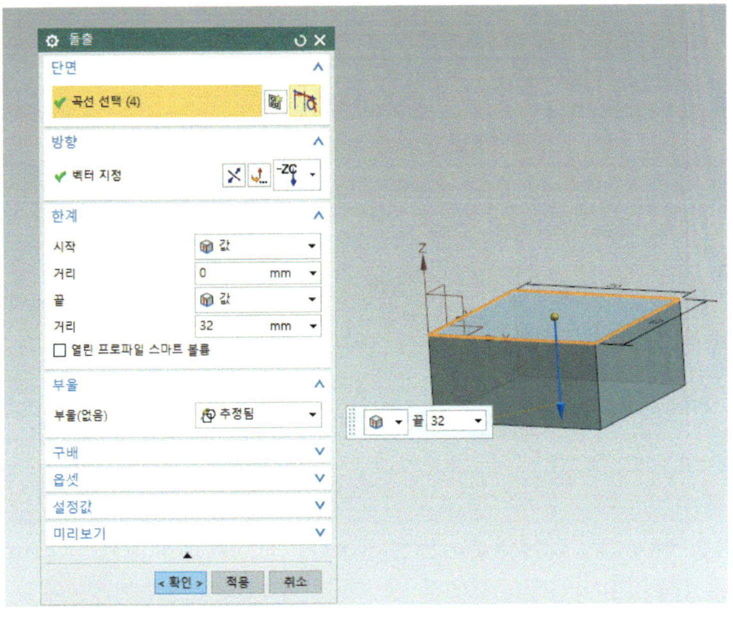

⑯ 다음 그림과 같이 육면체의 Solid가 생성되었다.

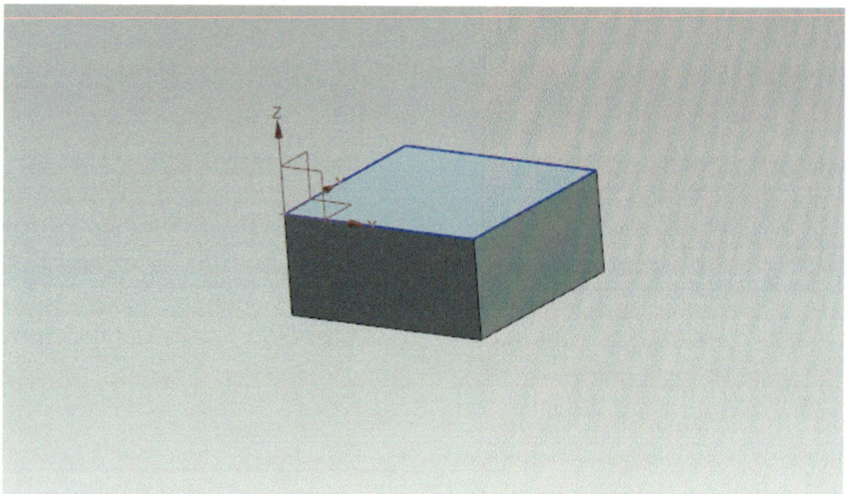

⑰ Z0인 평면상에 스케치를 하고자 한다. ① **스케치** 아이콘을 클릭하고 스케치 유형과 평면 방법을 확인한 후 **모델링 상면**을 클릭하고 **확인**을 클릭한다.

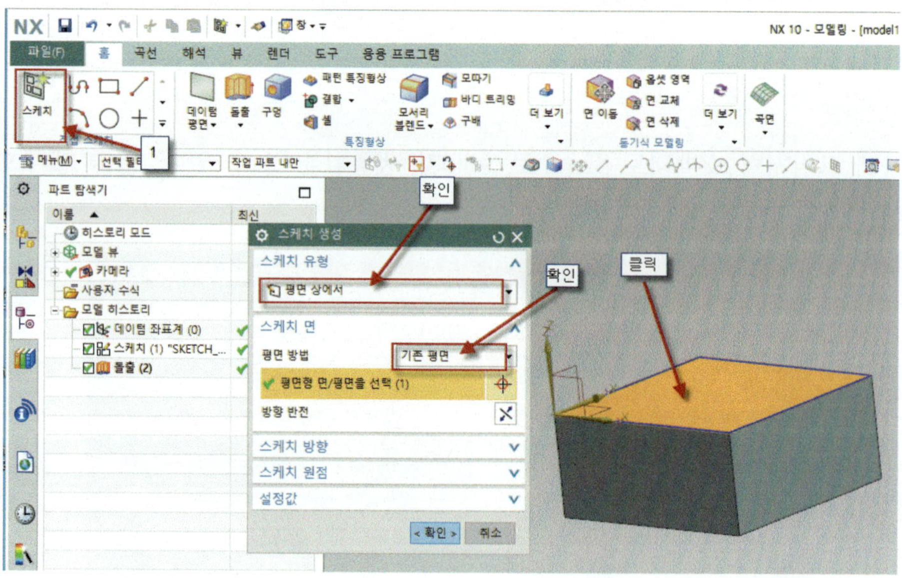

MEMO

⑱ 평면상에 수평선과 수직선을 형상 구속으로 스케치하고자 한다. ① 선 아이콘을 클릭한다. ②이 가리키는 부분이 Y축 방향 거리가 70이지만 YC의 숫자가 35가 맞는지 확인한 후 수평선과 수직선을 같은 방법으로 스케치하면 된다.

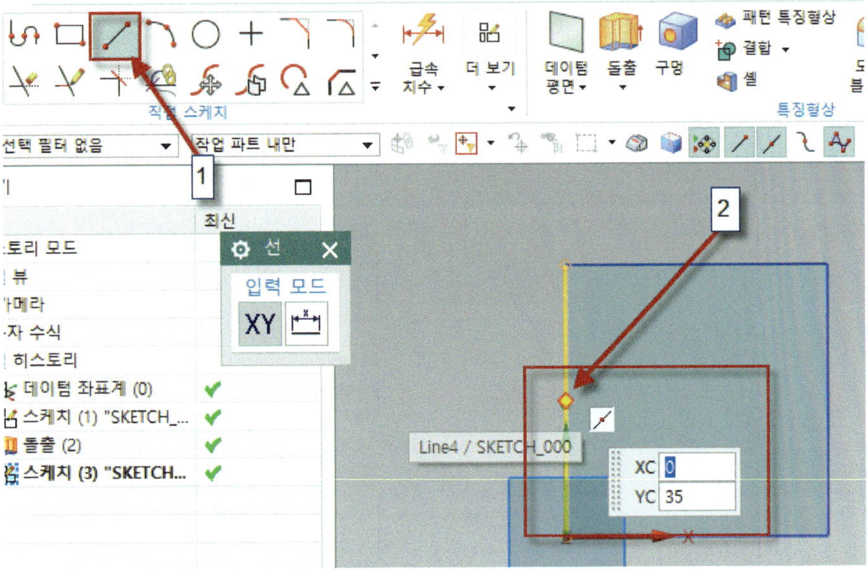

⑲ 아래 그림과 같이 스케치가 완료되었음을 알 수 있다.

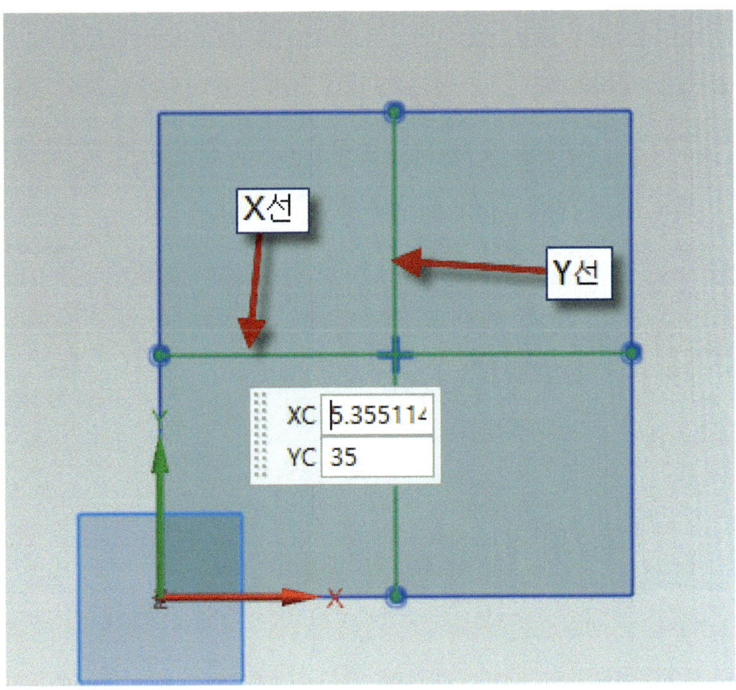

20 화면 좌측 상단의 **스케치 종료** 아이콘을 클릭한다. 스케치 종료를 하는 이유는 본 객체의 중심을 참고로 스케치하기 위함이며, 스케치 창을 별도로 관리하는 것은 초보자로서 유용하리라 본다.

위의 그림과 아래의 그림에서 선의 색깔이 다르다. 이는 스케치 창과 3차원 창의 차이점으로서, 3차원 창은 수정할 수 없다.

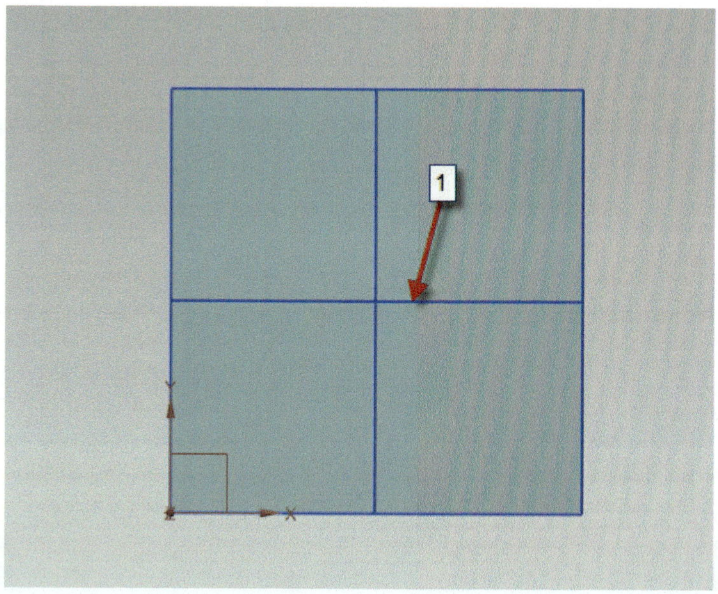

21 아래 그림에서 ① **스케치** 아이콘을 클릭하고 ② **평면**을 선택한 다음 ③ **확인**을 클릭하면 새로운 스케치 창이 활성화된다.

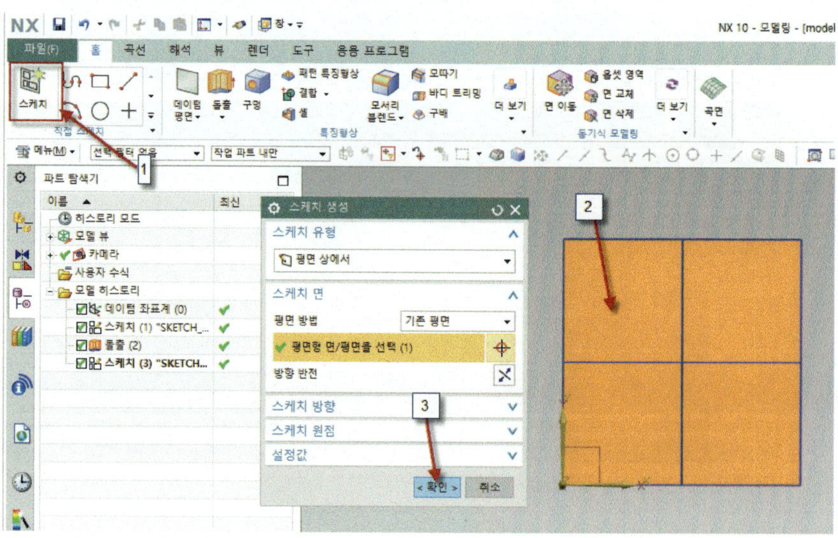

22 아래 그림에서 ① 선 아이콘을 선택하고 ② 끝점을 클릭한 후 ③ 끝점을 클릭하여 대각선을 스케치한다.

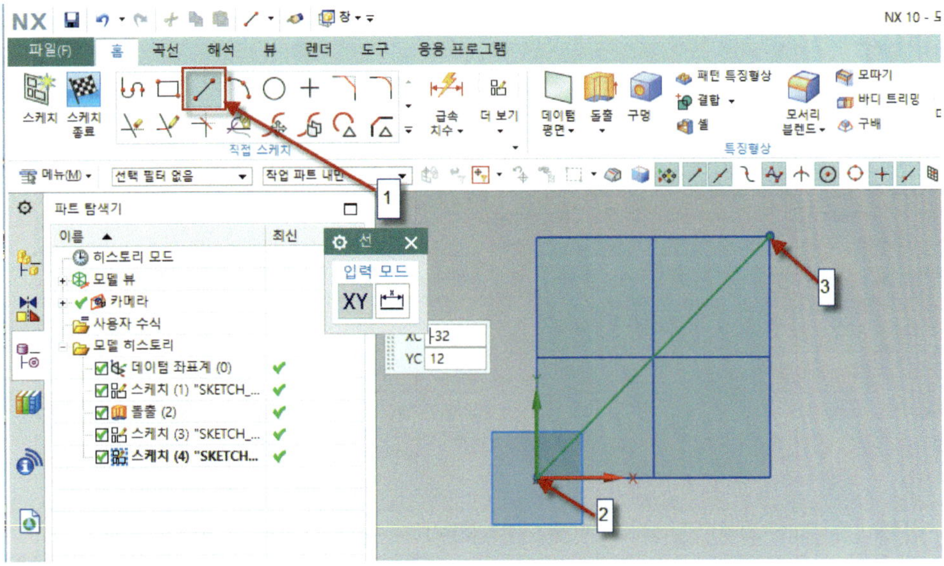

23 스케치 창에서 ① 사각 아이콘을 클릭한다. 직사각형 방법에서 ②를 선택한 다음 ③, ④, ⑤ 위치에서 클릭하면 직사각형이 스케치되어 있다.
(아래 그림에서 직사각형의 치수 구속 및 형상 구속을 명확히 해야 한다)

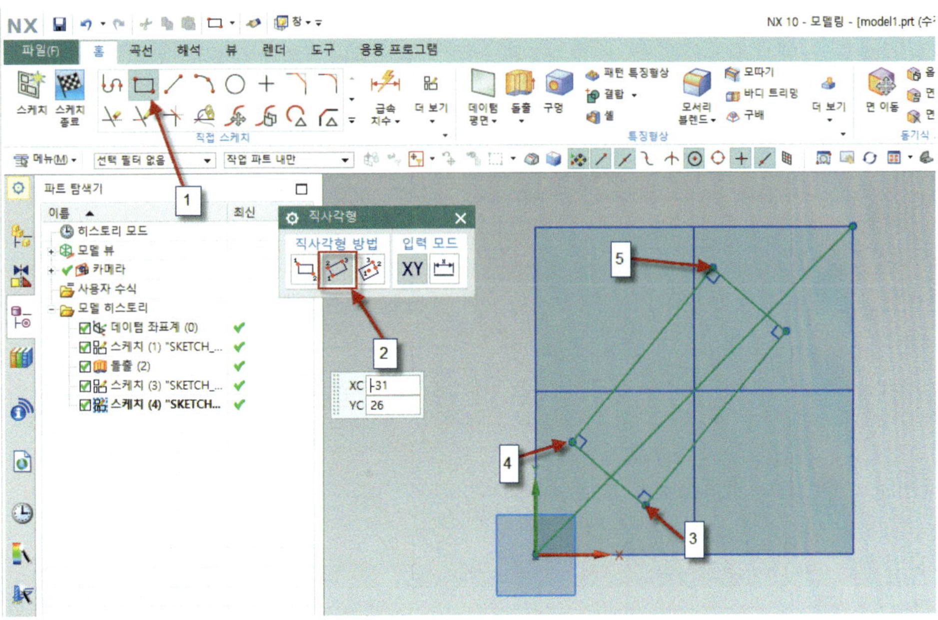

24 ① 더 보기 하위 폴더를 클릭하고 ② 지오메트리 구속조건을 클릭하면 여러 가지 형상공차로 변환할 수 있는 기능들이 활성화된다.

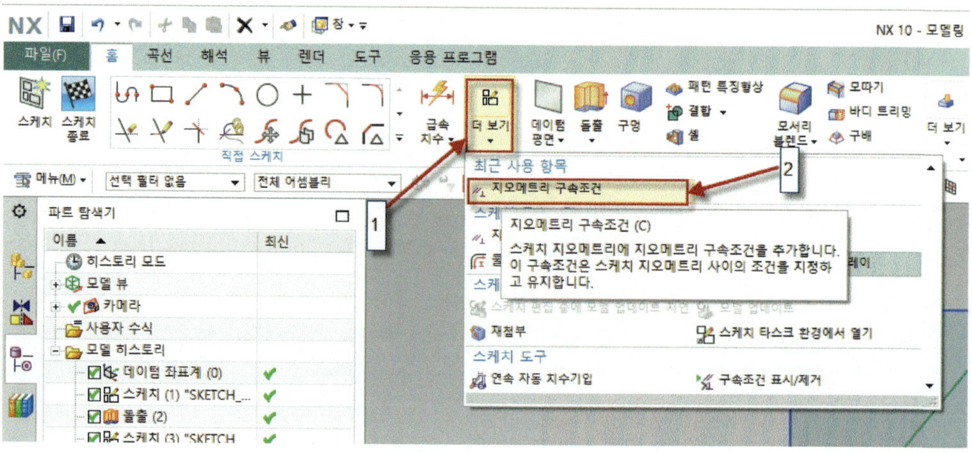

25 아래 그림과 같이 창이 활성화되면 확인을 클릭해 주면 된다.

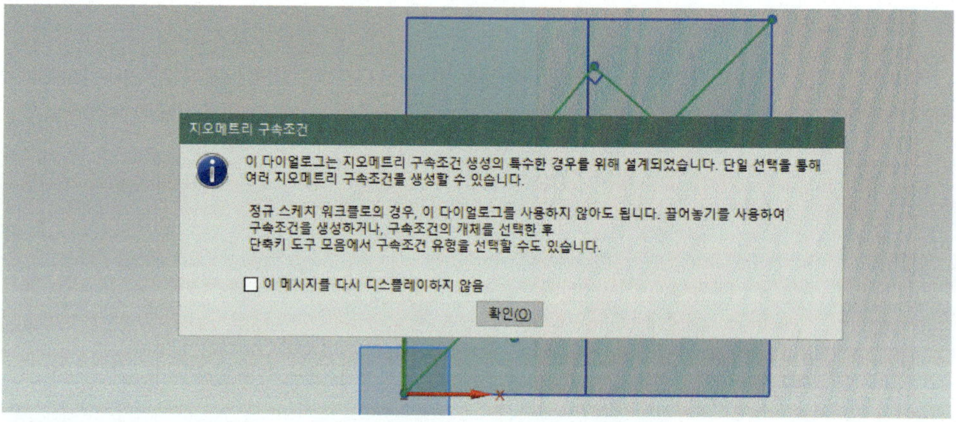

MEMO

26 아래 그림은 형상 구속 방법의 각 기능에 대해 설명한 것이다.

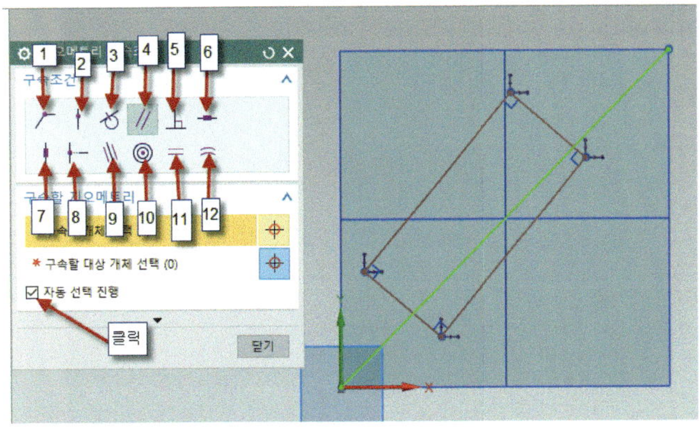

① : 끝점과 끝점 구속
② : 선과 끝점 구속
③ : 원호와 선의 접점 구속
④ : 2선의 평행 구속
⑤ : 선과 선의 직각 구속
⑥ : 선의 수평 구속
⑦ : 선의 수직 구속
⑧ : 선의 연장 구속
⑨ : 동일 선상 구속
⑩ : 원의 동심 구속
⑪ : 선의 동일 길이 구속
⑫ : 원호의 동일 구속

27 구속할 지오메트리의 자동 선택 진행 앞의 네모 안을 체크한 후 직사각형이 중심 대각선과 평행하도록 ①을 클릭한다. 그리고 ②, ③을 클릭하여 순서대로 작업하면 형상 공차가 평행으로 맞게 된다.

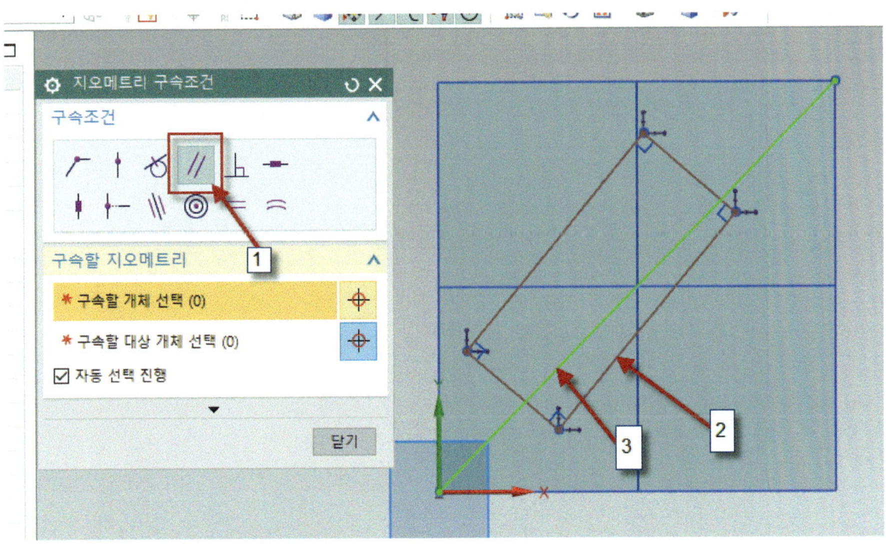

MEMO

28 서로 선과 선이 평행되었음을 나타내고 있다.

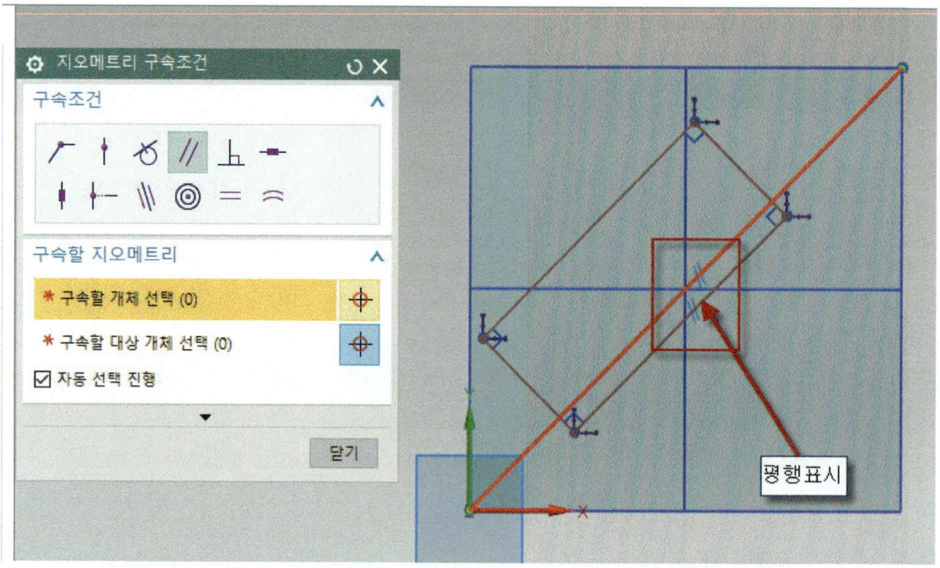

29 치수 구속을 하다 보면 치수숫자 앞에 P28, P29와 같이 보이는데 이를 표시하고 싶지 않을 때는 환경 설정을 해야 한다.

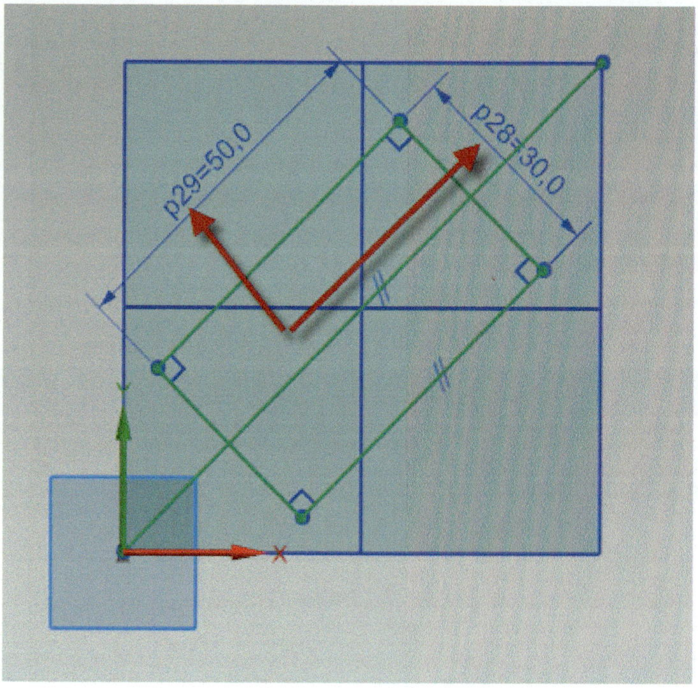

30 환경설정을 하기 위하여 아래 번호 순서대로 한다.

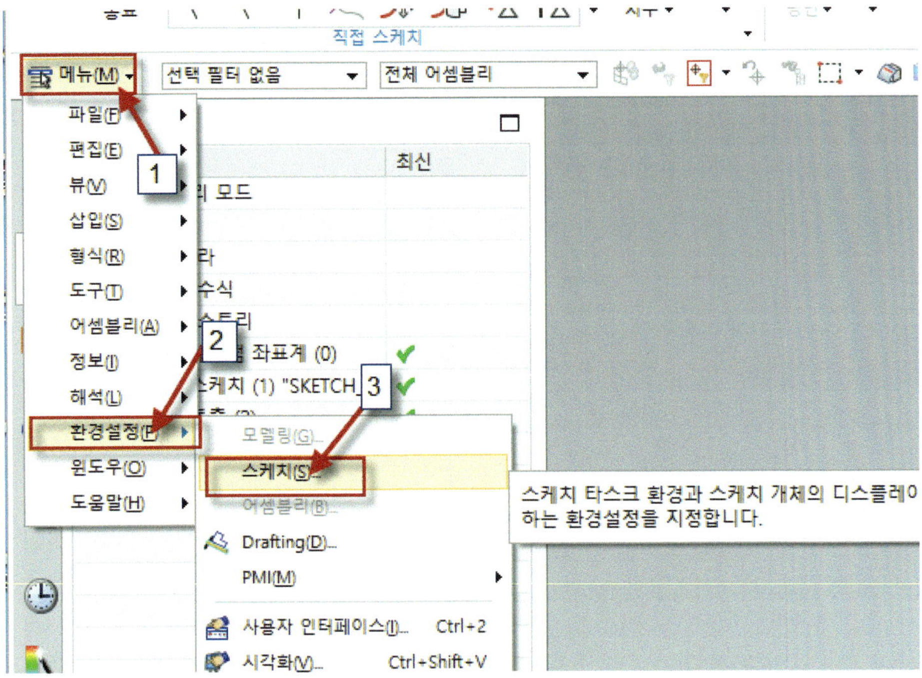

31 아래 그림과 같이 메시지가 나오면 확인을 클릭한다.

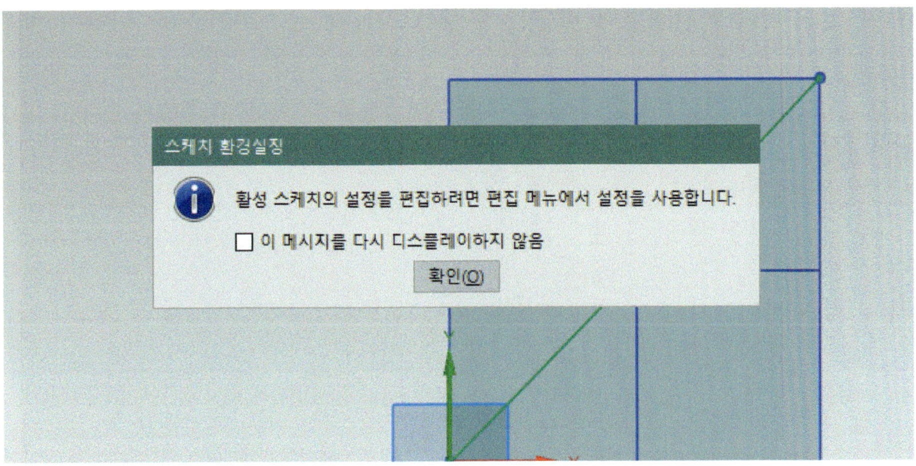

MEMO

32 아래 창에서 치수 레이블의 수식을 **값**으로 변경한 다음 확인을 클릭한다.

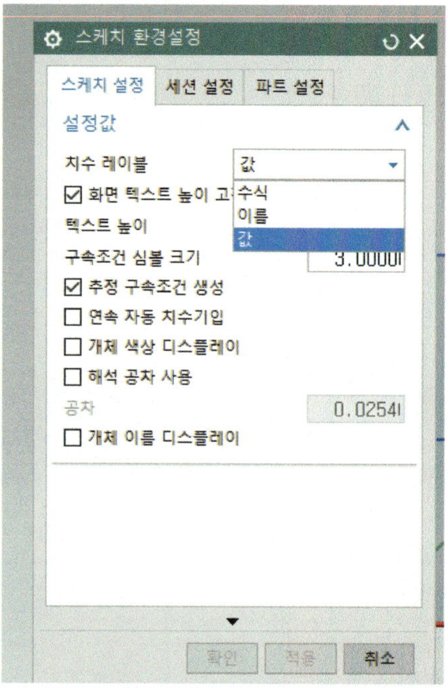

33 아래 그림과 같이 치수 앞의 레이블이 나타나지 않았으며, 급속 치수처럼 도면과 같이 치수 구속을 완성한다(치수를 수정하고자 할 경우 치수숫자 위에서 마우스로 더블 클릭 후 수정할 수 있다).

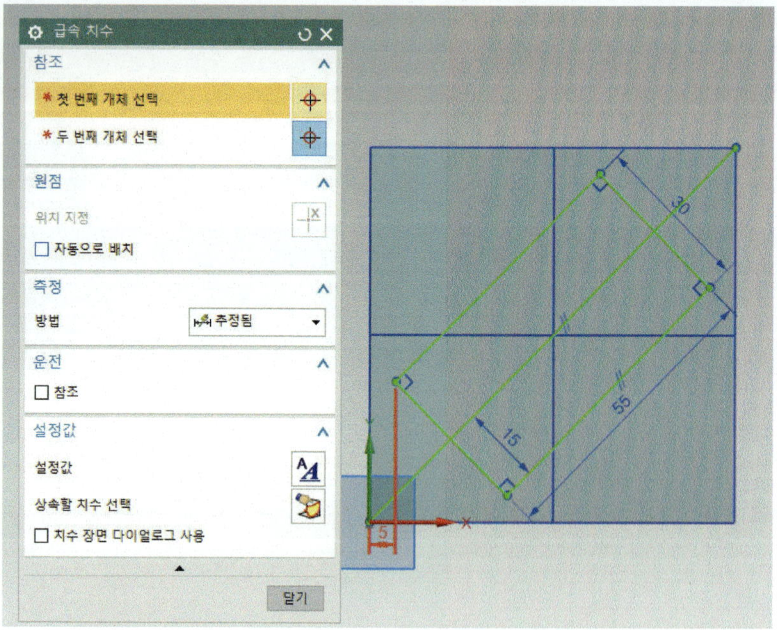

34 스케치 종료 스케치 종료 아이콘을 클릭하여 3차원 창으로 이동한다.

2D 스케치한 선들이 커브로 변환되어 있는데, 마우스 휠을 이용하여 그림처럼 Z 방향이 보이도록 한다. 여기서는 커브를 수정할 수 없으므로, 수정할 경우에는 스케치 한 선을 더블 클릭하면 2차원 창으로 가서 수정할 수 있다.

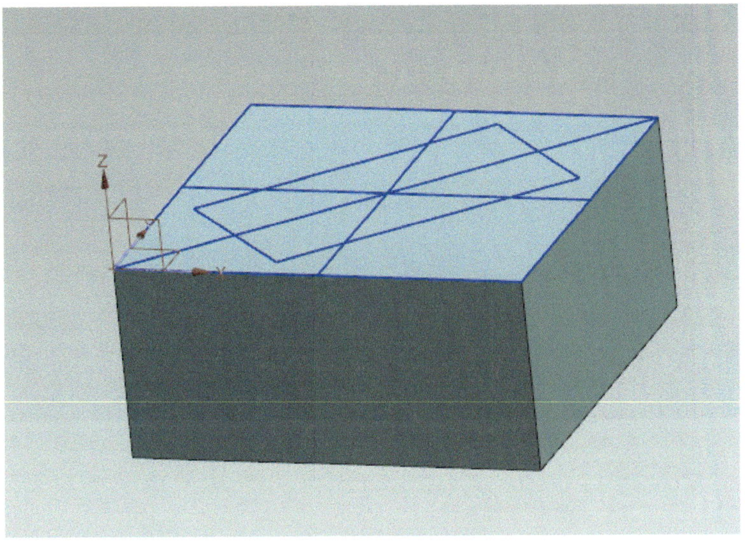

35 아래 그림에서 수정할 수 있다.

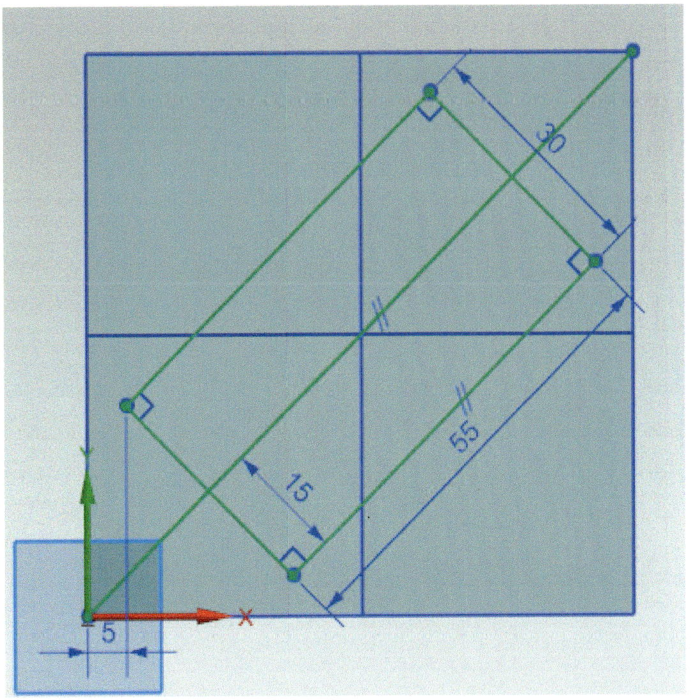

36 ① 돌출 아이콘을 클릭하면 돌출 창이 활성화된다. ② 직사각형의 **연결된 곡선**만 활용하고, ③ 벡터 지정을 **-Z방향**으로 한다. ④ 끝 거리 값을 크게 해도 문제되지는 않는다. ⑤ 부울(연산)은 **없음**으로 하여 본체와 별도 솔리드를 만든다. ⑥ 구배는 **시작 한계로부터**, 각도는 **10**으로 설정하고 ⑦ 확인을 클릭한다.

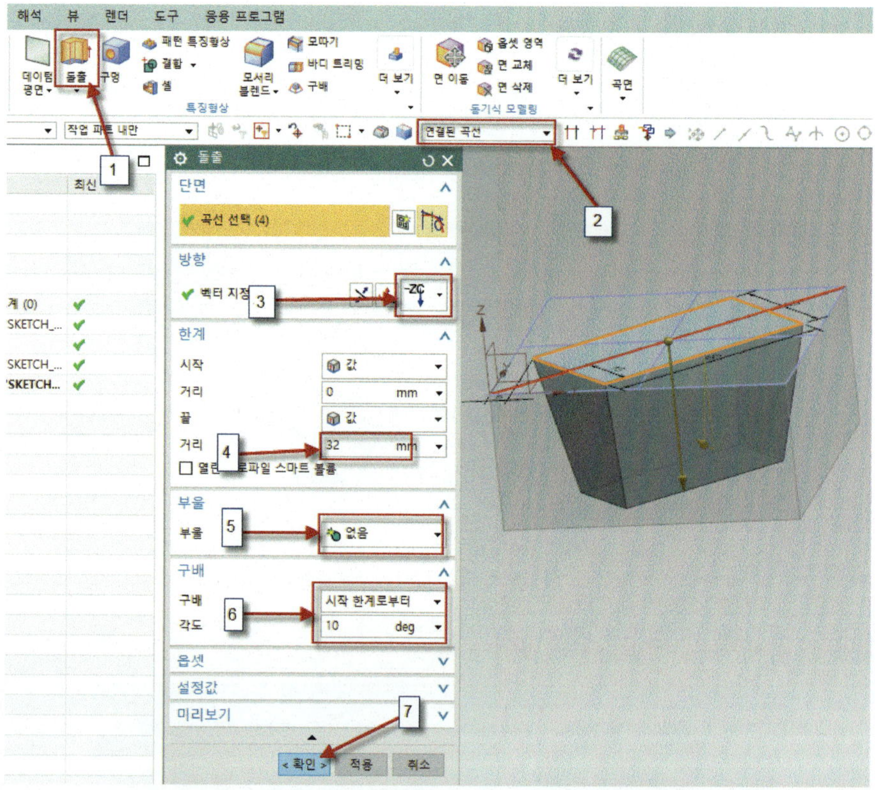

MEMO

37 아래 도면을 보면 안쪽의 솔리드는 보이지 않지만 마우스를 직사각형6 안쪽으로 가면 선택할 수 있다. 다른 방법은 왼쪽 파트 탐색기에서 방금 돌출한 내용을 클릭하면 선택된다.

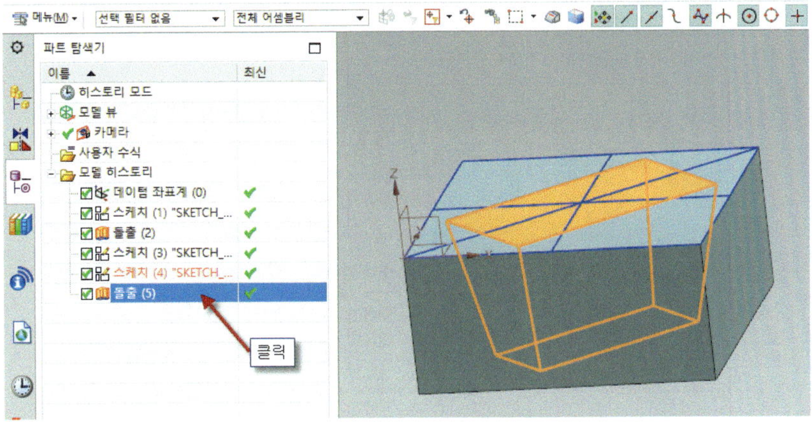

38 파트 탐색기에서 돌출 위에서 마우스 우클릭하여 아이콘 및 창이 활성화되면 숨기기를 클릭한다.

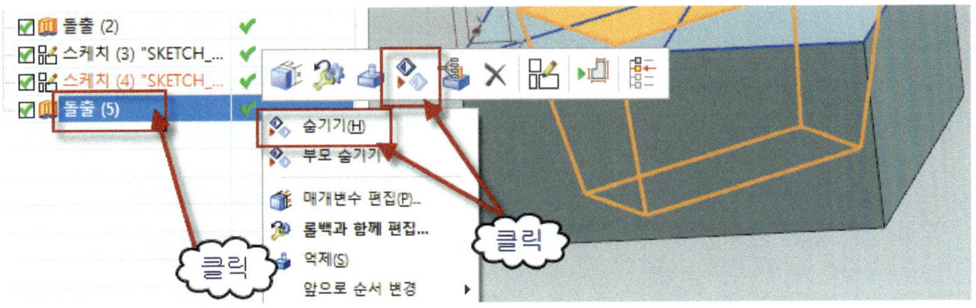

39 이때 숨기기한 솔리드는 본 창에는 없고 잠시 창고에 넣었다고 보면 된다.

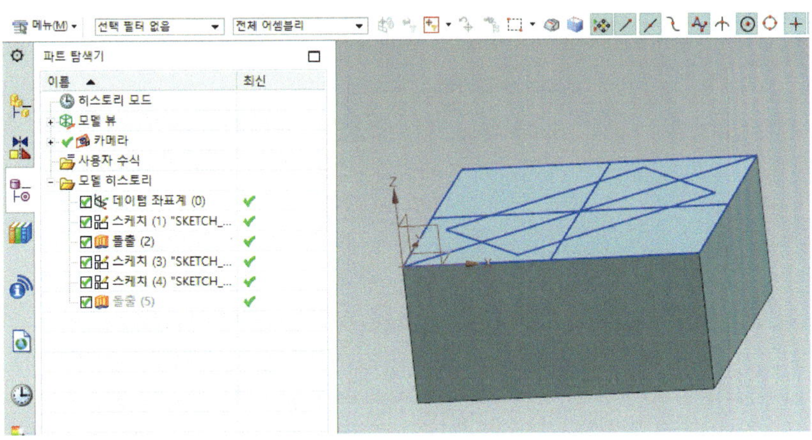

40 평면 위의 커브는 솔리드로 완성해서 창고에 있다. 다른 스케치를 할 때 간섭을 받을 수 있기 때문에 커브 위에서 마우스 우클릭한 후 **숨기기**를 클릭하면 스케치하기 쉽다.

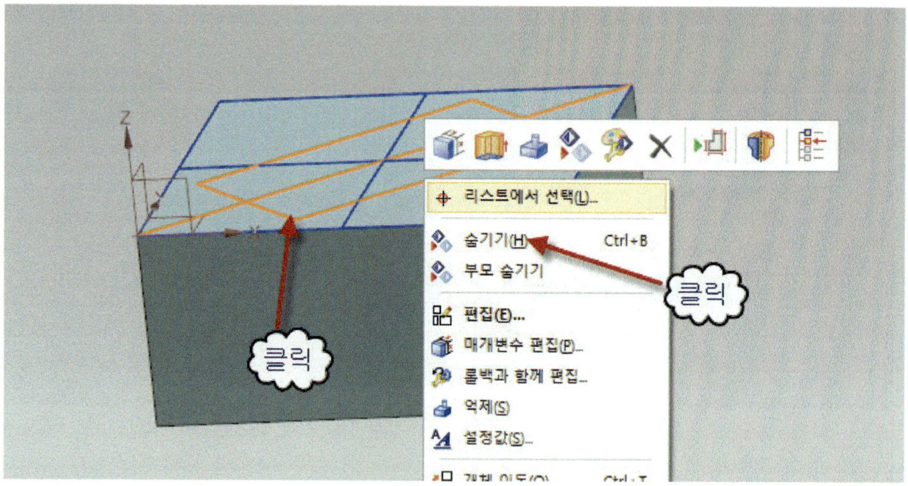

41 X-Z평면에서 개체의 중간에 데이텀 평면을 만들어야 스케치할 수 있다. **데이텀 평면** 아이콘을 클릭한다. 데이텀 평면 창에서 **유형**을 **이등분선**으로 바꾼 다음 **앞면**과 **뒷면**을 클릭하면 새로운 데이텀 평면이 생성된다.

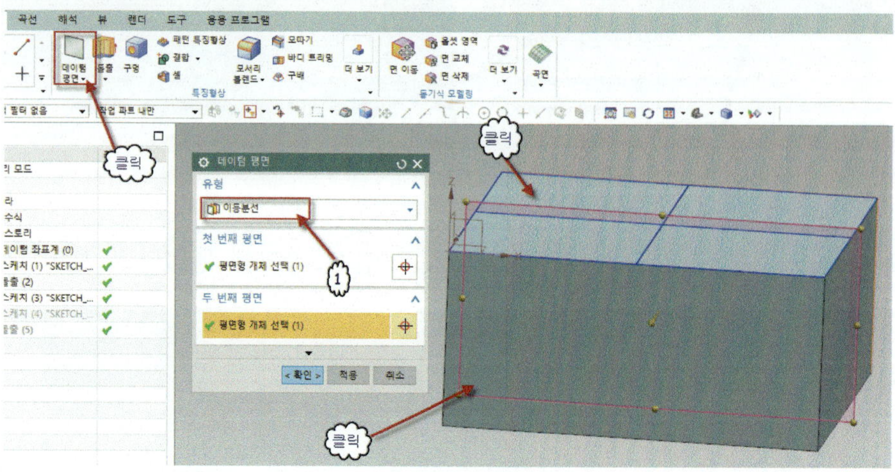

MEMO

42 스케치 아이콘을 클릭하고 방금 만들어 놓은 데이텀 평면을 선택한 후 확인을 클릭하면 새로운 스케치 창이 활성화된다.

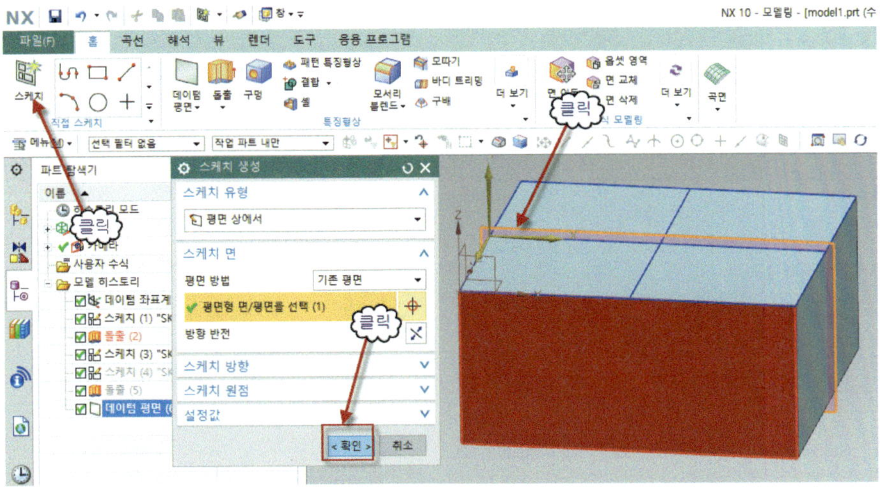

43 ① 선을 클릭한 후 개체의 X방향 중심점을 찾아 참고 라인을 만든다. 이는 원호의 중심점을 정확히 맞추기 위해서이다. 원호를 클릭한 후 좌측 상단과 우측 상단을 클릭한 다음 아래로 내려와 클릭하면 원호가 생성된다.

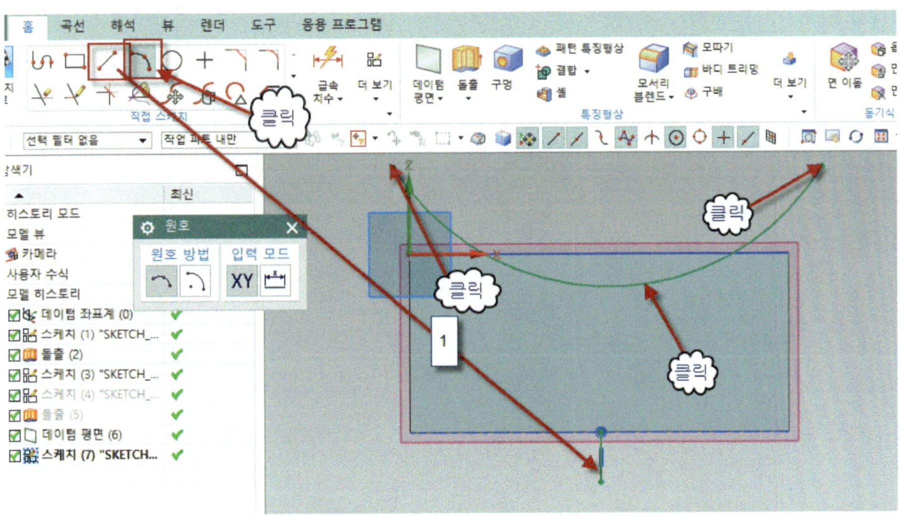

MEMO

44 급속 치수 아이콘을 클릭한 후 원호의 중심점과 참고선의 거리를 0으로, R값은 60으로 하며, 원호의 원주가 Z0인 위치와 6으로 치수 구속을 완성한다.

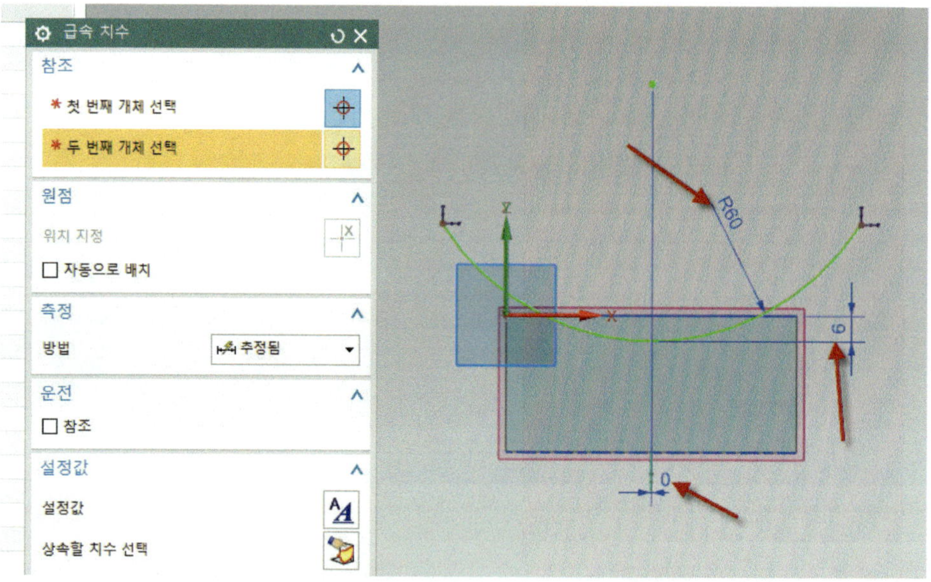

45 스케치 종료 아이콘을 클릭하면 3차원 창으로 이동된다.

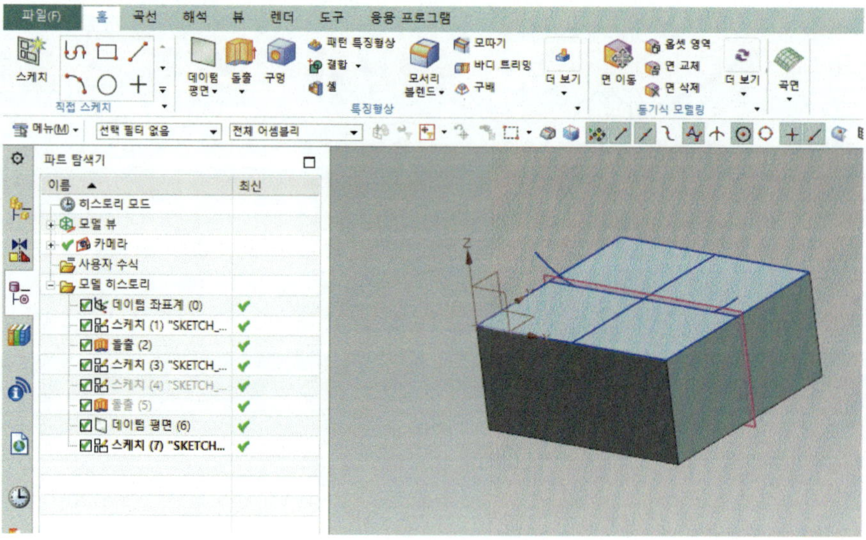

MEMO

46 ① 데이텀 평면 아이콘을 클릭한 후 ② 유형에서 **곡선 및 점**으로 변환한 다음 ③ X-Z창에 스케치한 곡선 끝점을 클릭하면 커브 끝점에 새로운 데이텀 평면이 생성되어 있다.

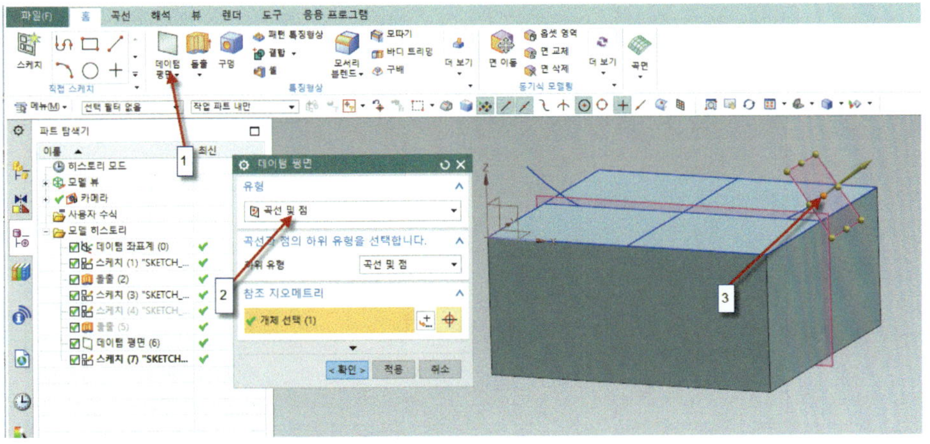

47 스케치 아이콘을 클릭한 후 X-Z커브 끝점의 평면을 선택하면 X방향이 Y방향으로 되어 있으므로 방향 전환을 해야 한다.

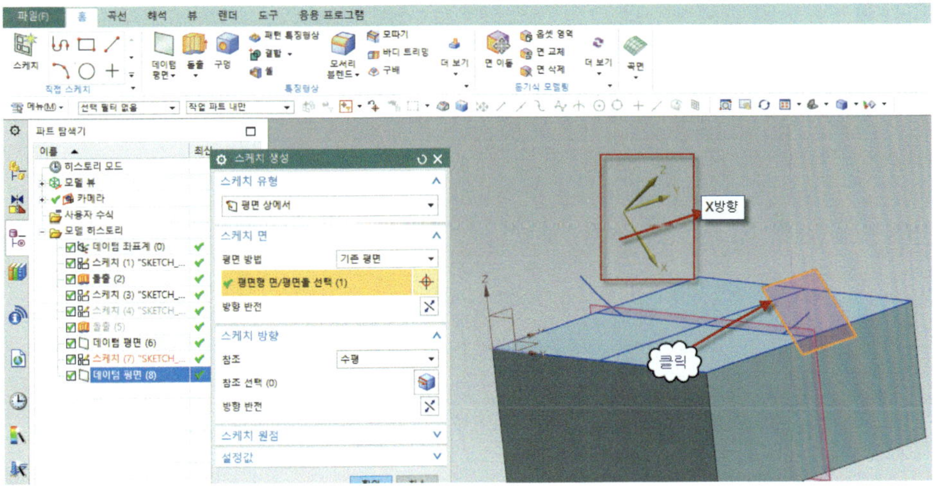

MEMO

48 워크좌표를 수정하기 위해서는 스케치 방향의 **참조 선택**을 클릭한 후 **워크좌표 X**를 클릭한다. 그리고 보고자 하는 방향의 **X방향의 모서리**를 클릭한 후 **확인**을 클릭하면 워크좌표가 그림과 같이 변환된다.

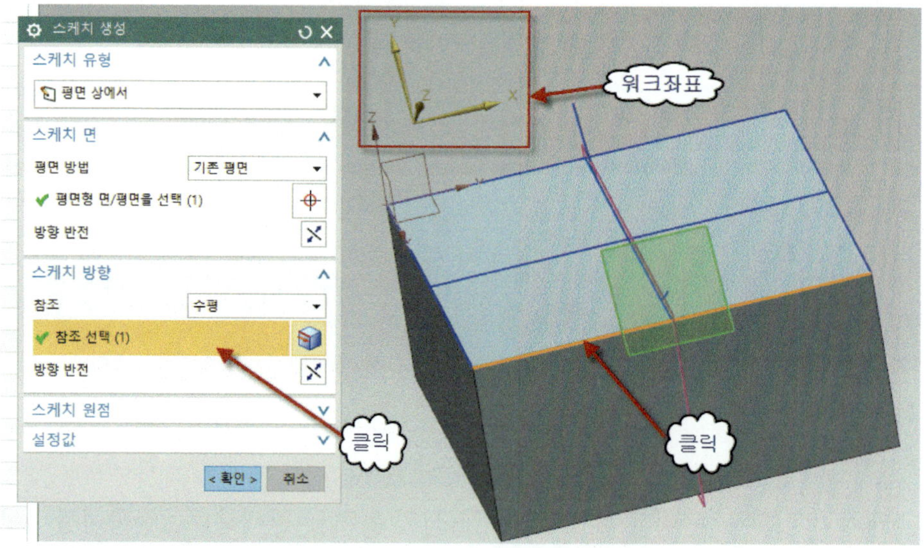

49 마우스 휠을 누르고 X-Z에서 스케치한 커브 ①인 끝점이 보이도록 동적으로 움직여 주면 된다.

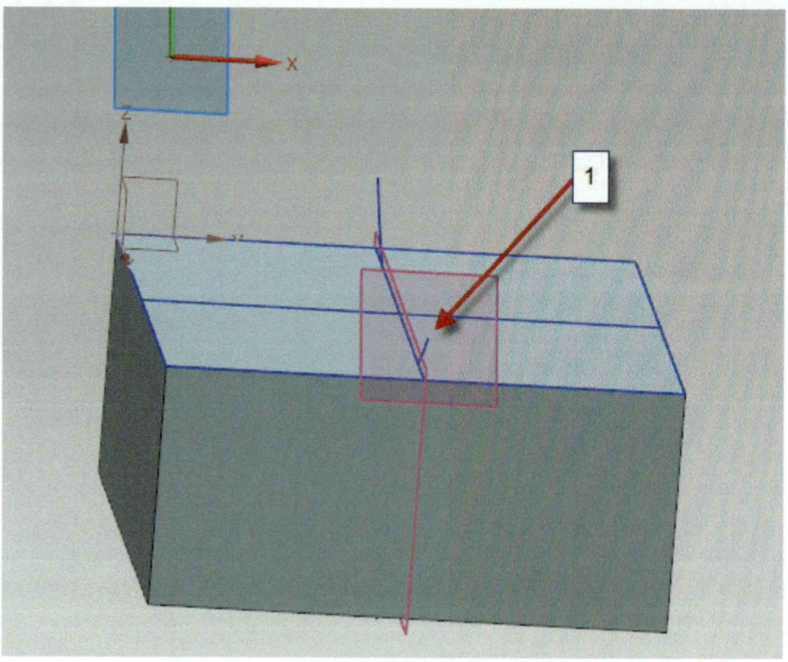

50 **원호** 아이콘을 클릭한 후 ①의 위치를 클릭한다. ② 끝점에 형상 구속을 한 다음 ③을 클릭하고 **구속 확인**을 해야 한다.

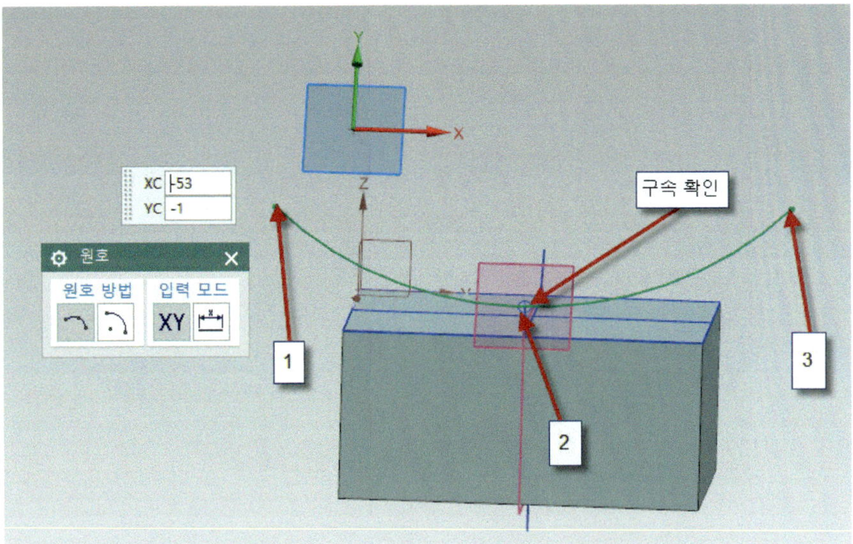

51 **급속 치수** 아이콘을 선택한 후 ① 원호 중심점과 데이텀과의 거리를 0으로 하고 ② R값 50으로 치수 구속을 한다.

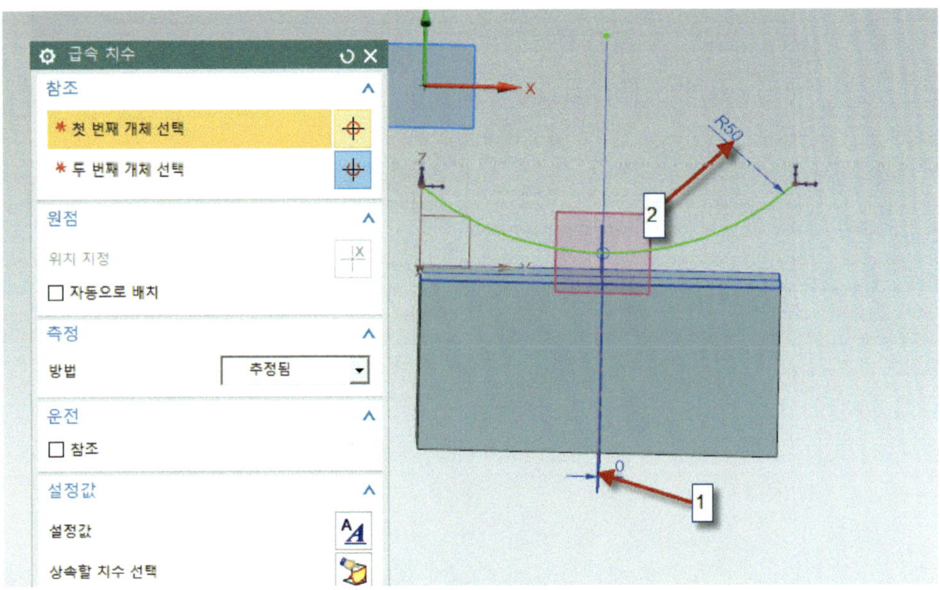

52 스케치를 종료하면 3차원 창으로 이동한다.

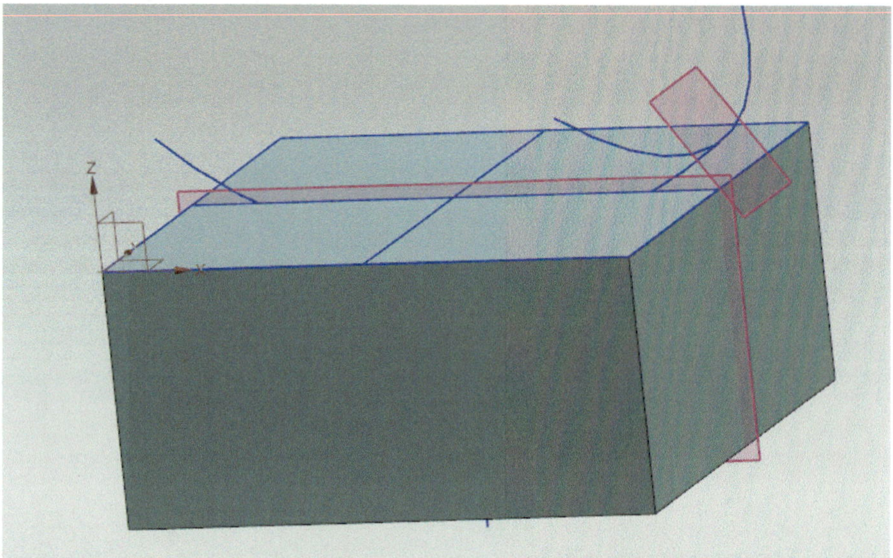

53 X-Y와 Y-Z에서 스케치한 곡선을 이용하여 스윕곡면을 만들기 위하여 ① **곡면** 아이콘을 선택한다. ② **더 보기** 아이콘을 클릭하여 ③ **가이드를 따라 스위핑** 아이콘을 클릭한다.

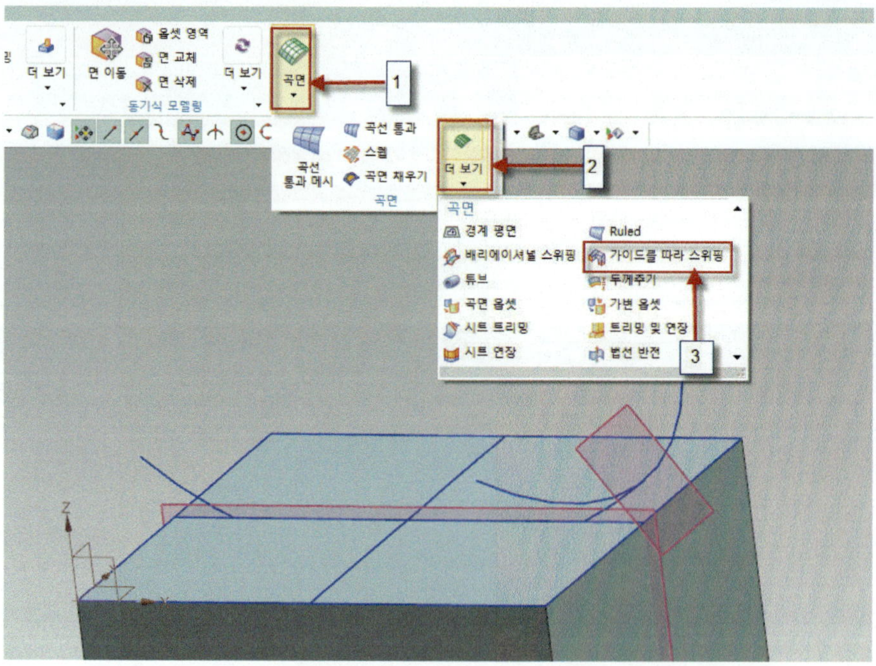

54 가이드를 따라 스위핑 창이 활성화되면 번호 순서대로 클릭하고 확인을 클릭하면 스윕곡면이 완성된다.

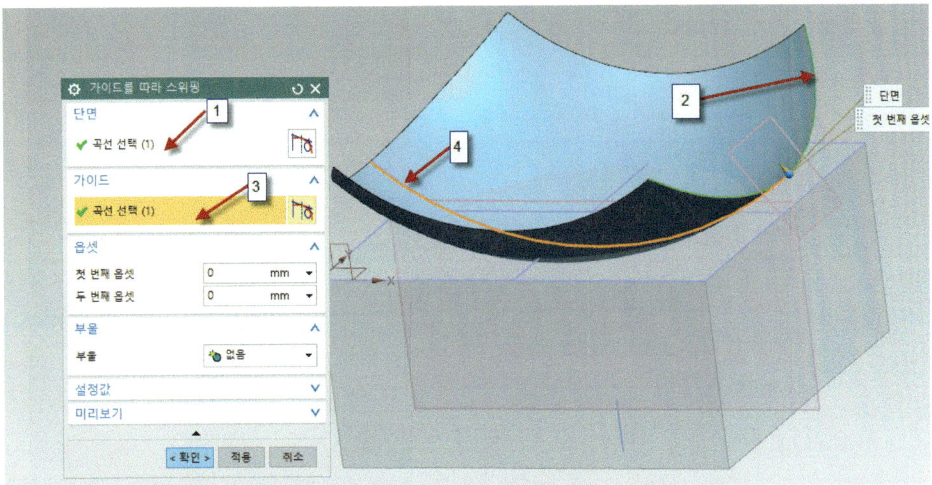

55 솔리드 기본 개체를 숨기고 만들어 놓은 솔리드를 불러오고자 한다.

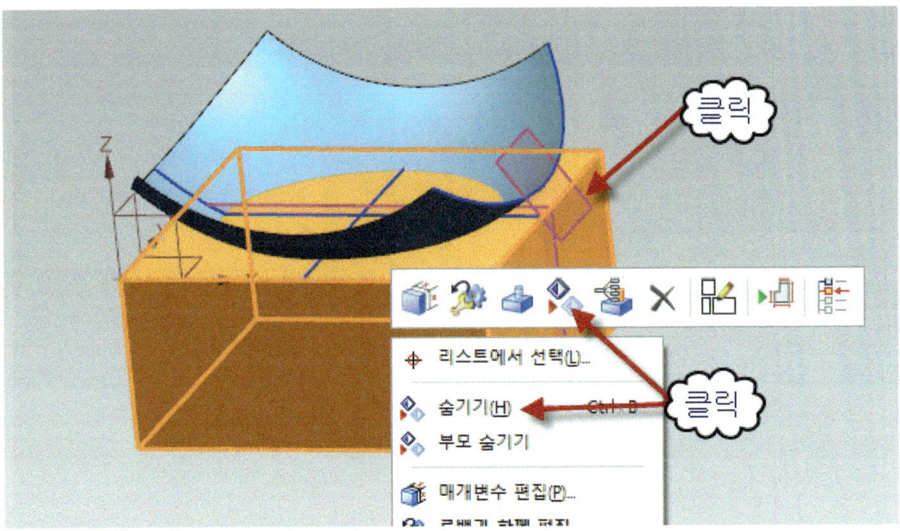

MEMO

56 표시 및 숨기기 아이콘을 클릭한다.

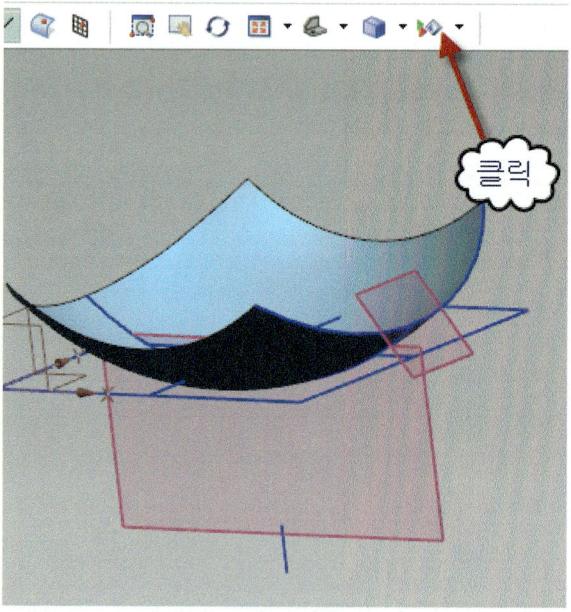

57 표시 및 숨기기 아이콘을 클릭하고 표시를 클릭한다.

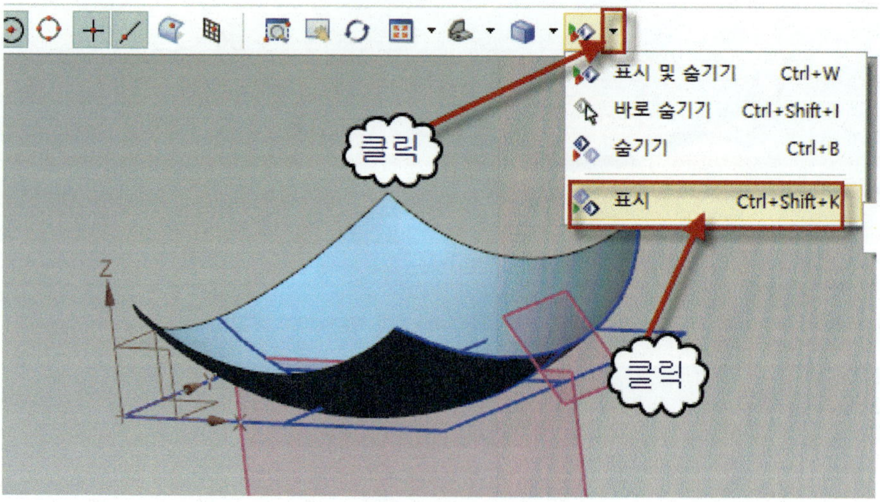

MEMO

58 클래스 창이 활성화되면 파트 탐색기에서 돌출한 **내부 솔리드**를 선택하고, 내부가 선택되었다는 색깔로 표시되면 **확인**을 클릭한다.

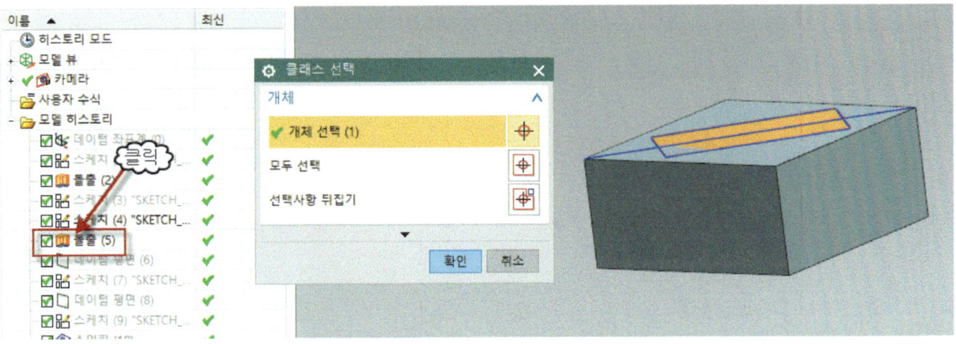

59 포켓에 대한 돌출 개체가 보이지 않기 때문에 본체에 대한 개체를 **숨기기**로 하면 쉽게 볼 수 있다.

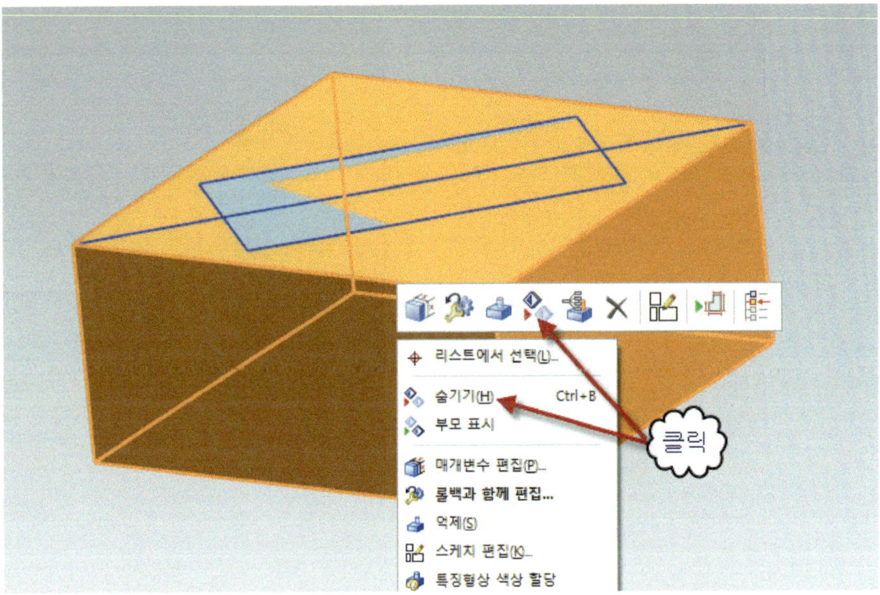

MEMO

60 포켓을 만들기 위해 내부 돌출 개체만 남게 되었다.

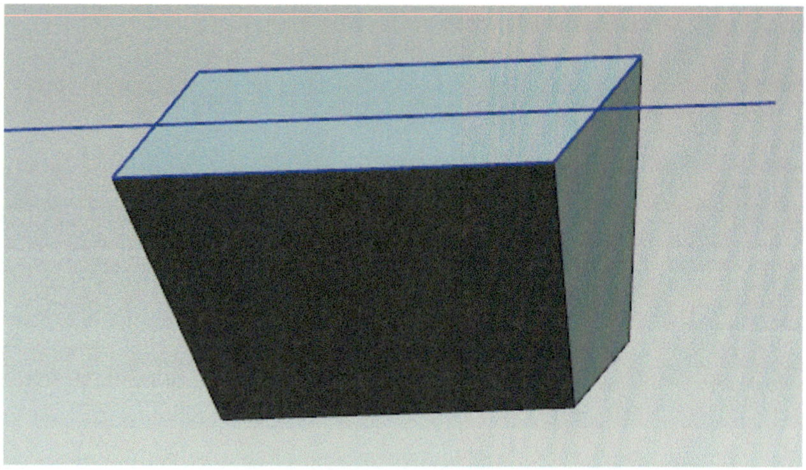

61 ①을 클릭한 후 ② 표시를 클릭하면 숨겨진 개체들이 있다.

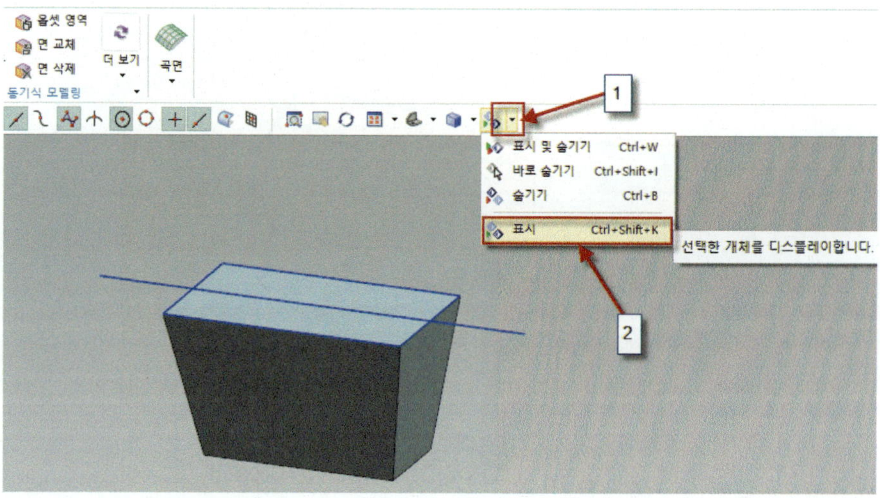

MEMO

62 숨겨진 개체들이 전부 활성화되면 내가 필요한 개체를 클릭한다. 여기서 필요한 스위핑으로 만든 서피스를 클릭하고 확인을 클릭하면 모델링 창으로 활성화된다.

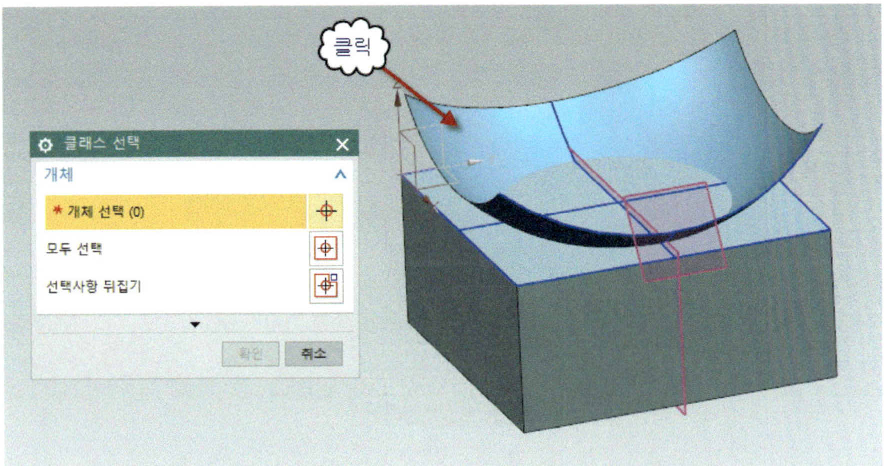

63 바디 트리밍 아이콘을 선택하고 바디 트리밍 창에 ① 바디 선택을 클릭한다. ② 바디, ③ 면 또는 평면 선택을 클릭하고 ④ 서피스를 클릭한 후 확인을 클릭한다.

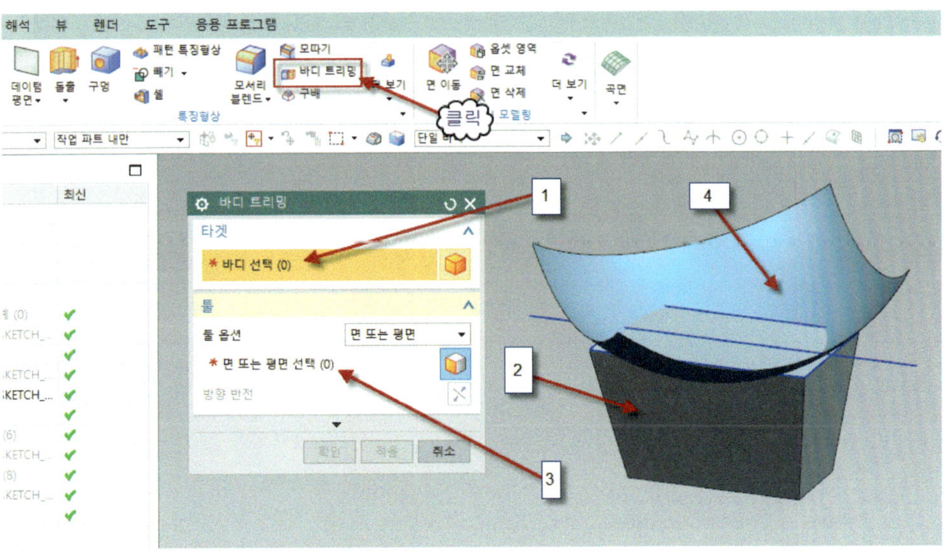

MEMO

64 다음 그림은 서피스로 솔리드 바디를 트리밍시킨 결과로, 상부는 남고 하부는 서피스에 의해 트림되었음을 알 수 있다.

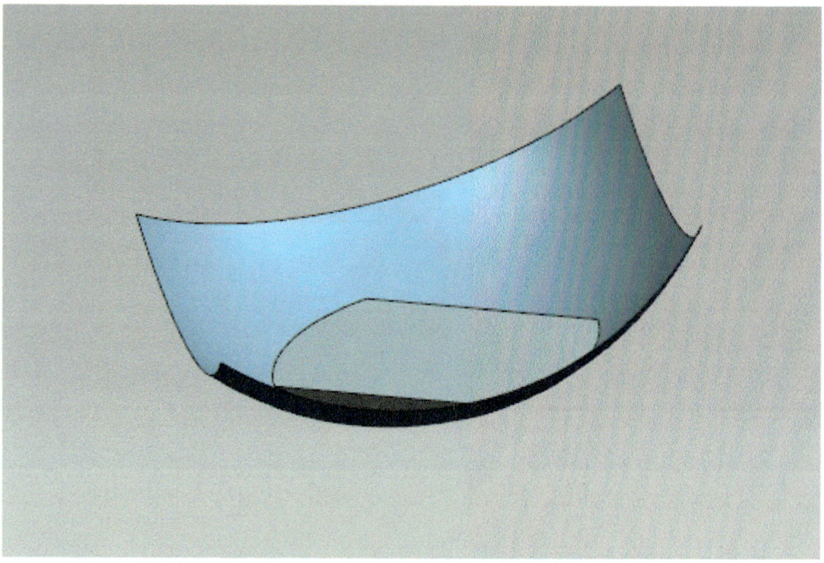

65 서피스를 숨기기 위해 마우스를 서피스 위에 놓고 마우스 우클릭한 다음 **숨기기**를 클릭한다.

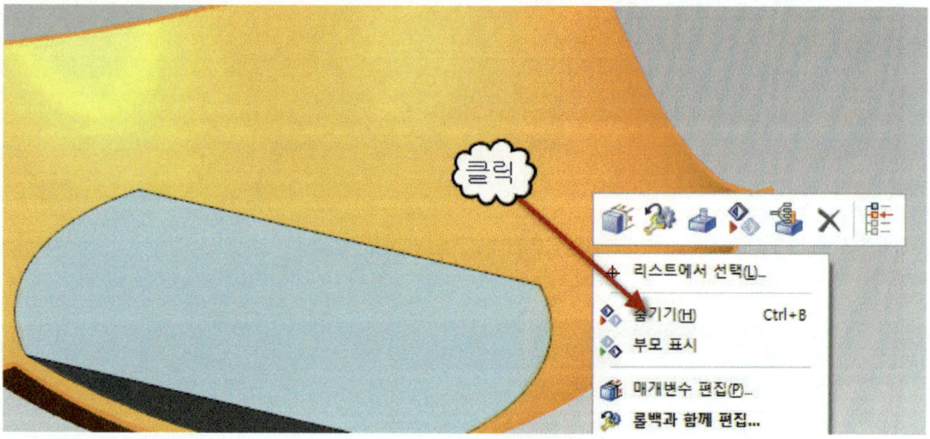

MEMO

66 아래 그림과 같이 솔리드 모델인 개체만 남게 된다.

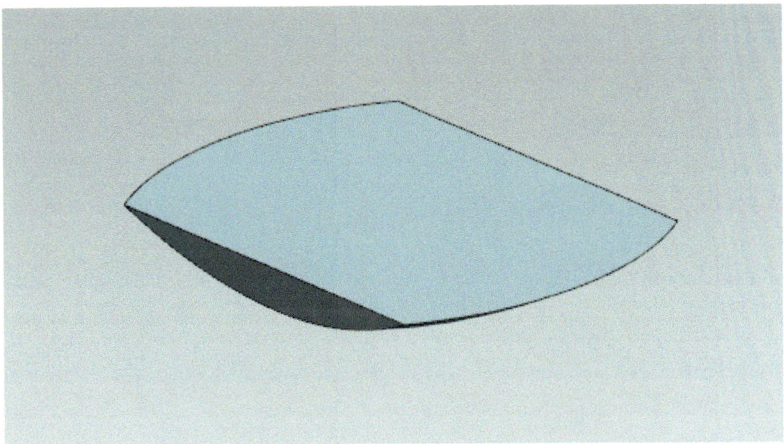

67 본체인 솔리드 개체를 모델링 창으로 불러오기 위하여 아래 그림과 같이 표시 아이콘을 클릭하면 숨겨둔 모든 개체들이 활성화된다.

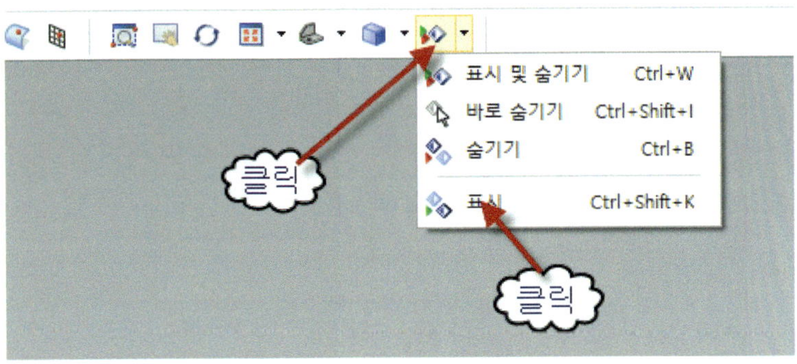

68 본체의 개체를 선택한 후 확인을 클릭한다.

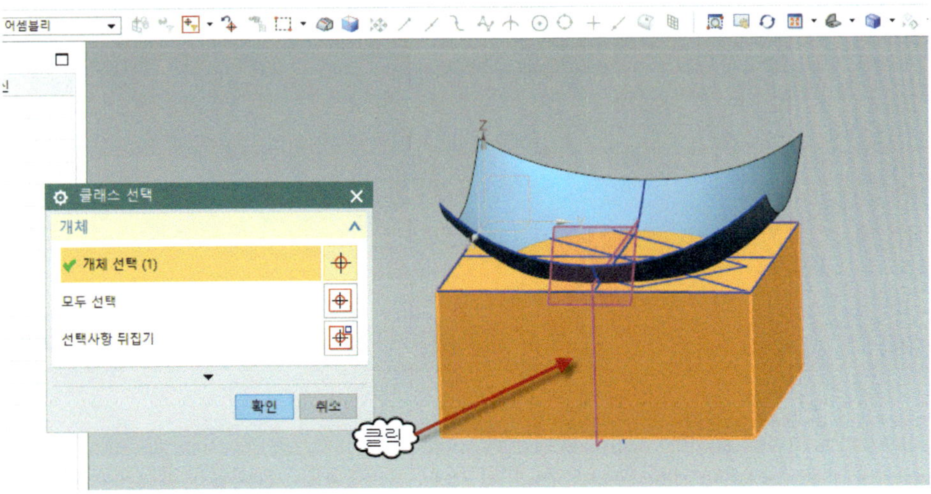

69 다음 그림처럼 모델링 창에 본체와 툴의 2개의 개체가 나타남을 알 수 있다.

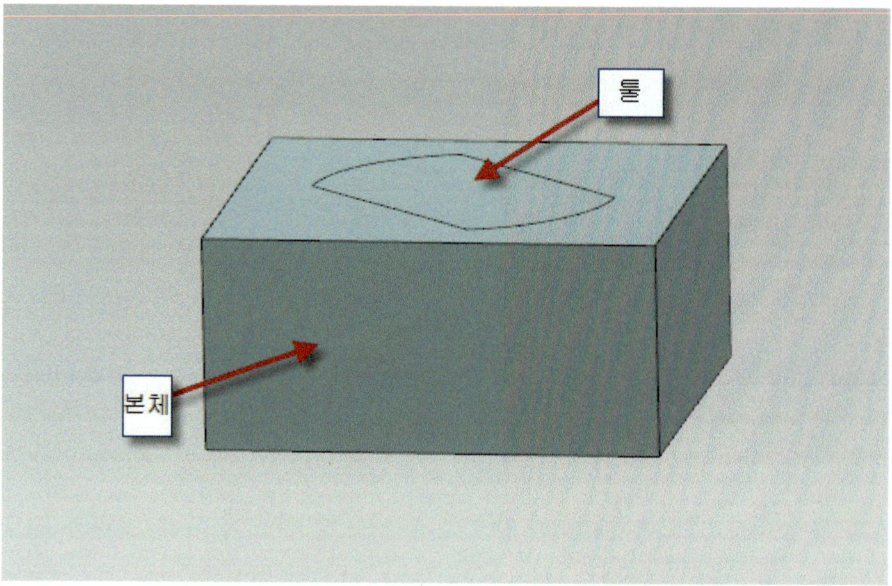

70 2개의 솔리드 모델에서 ① **결합**을 클릭한 뒤 ② **빼기**(차집합)를 클릭한다.

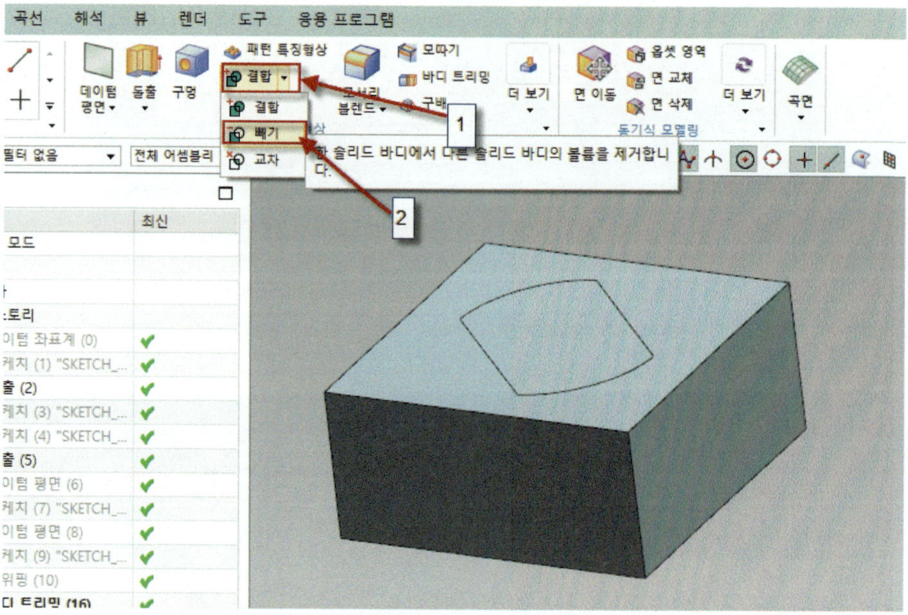

MEMO

71 빼기 창이 활성화되면 타겟 바디를 클릭하고 ① **본체**를 클릭한 후, ② **바디** 선택을 한다. ③ **타겟**을 클릭하고 **확인**을 클릭한다.

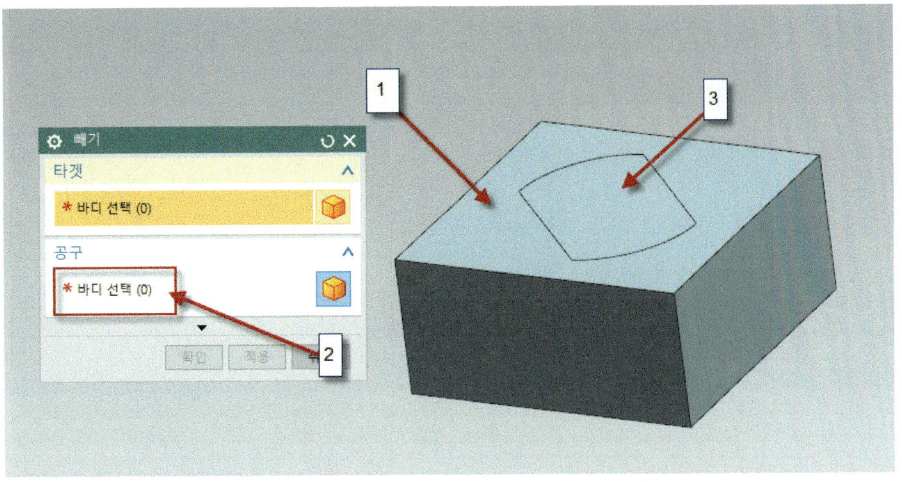

72 표시 아이콘을 선택하면 숨겨진 개체들이 활성화되는데 중심선을 불러오면 된다.

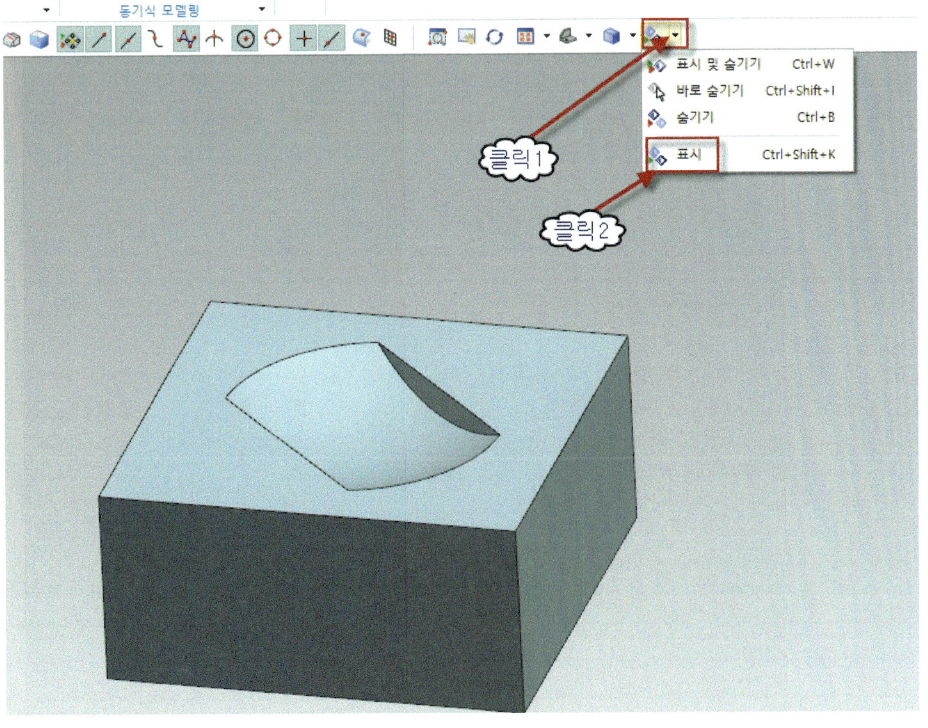

73 숨겨진 창에서 **중심선**을 클릭하고 **확인**을 클릭한다.

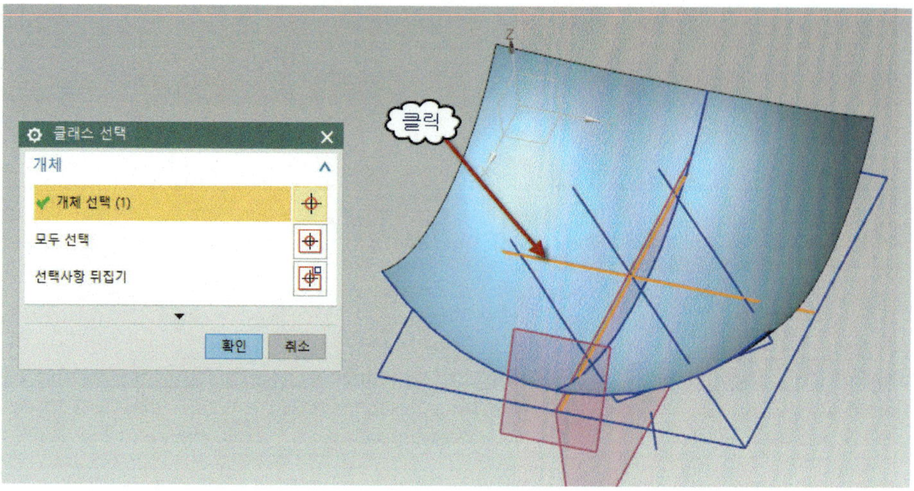

74 다음 그림과 같이 중심라인 X와 Y축 선이 숨겨진 창에서 모델링 창으로 불러진다.

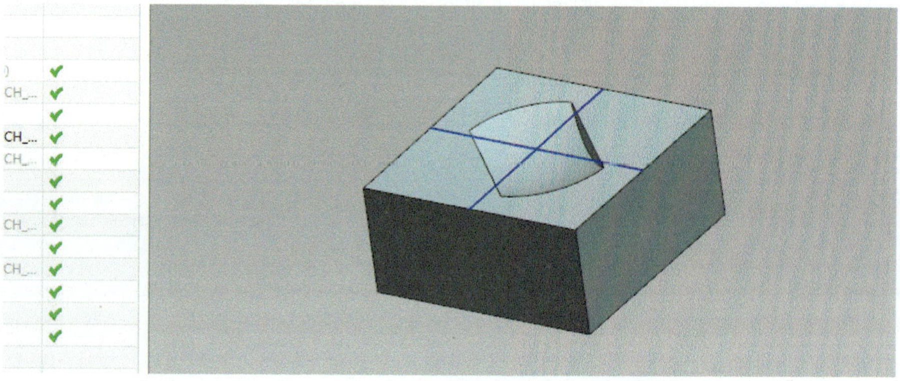

MEMO

75 내부 개체를 만들고 2D 스케치 창을 활성화하기 위하여 ① **스케치** 창을 클릭한 후 ② **기존 평면**으로 설정하고 ③ **솔리드모델 상면**을 클릭한 다음 **확인**을 클릭한다.

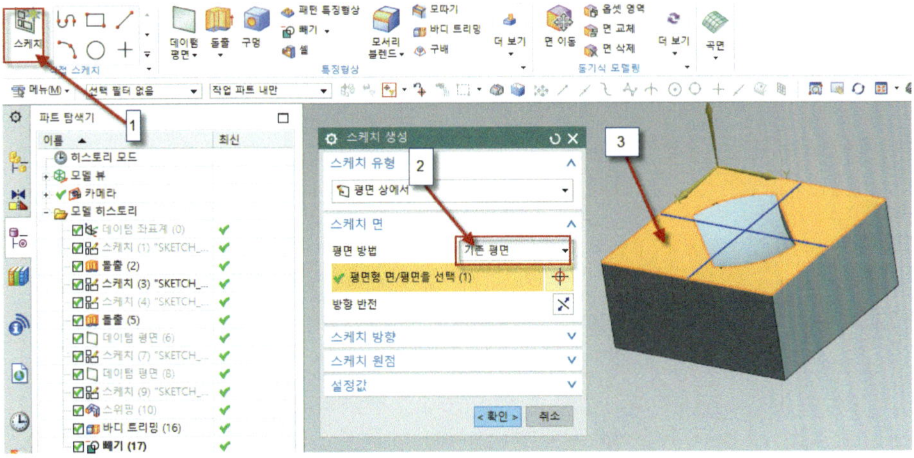

76 스케치 창에서 ① **원**을 선택한다. ② 중간점을 해제하고 ③ 교차점을 실행한 다음 ④ 마우스를 교차점으로 이동하면 아래 그림과 같이 X축과 Y축 교차점이 **노란색**으로 변환된다. 이를 클릭한 후 임의의 원을 스케치한다.

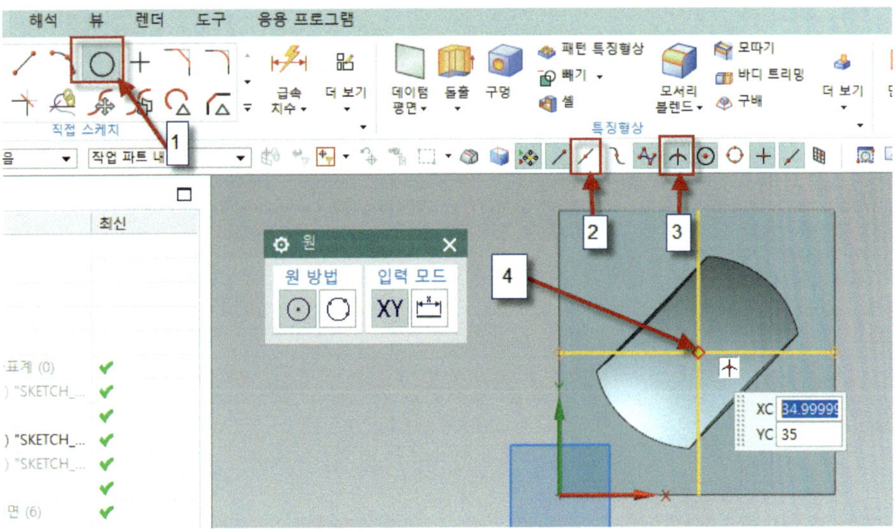

MEMO

77 원의 치수 구속을 주기 위하여 **급속 치수** 아이콘을 클릭하고 **클릭 치수** 값을 12를 준 다음 **닫기**를 클릭한다.

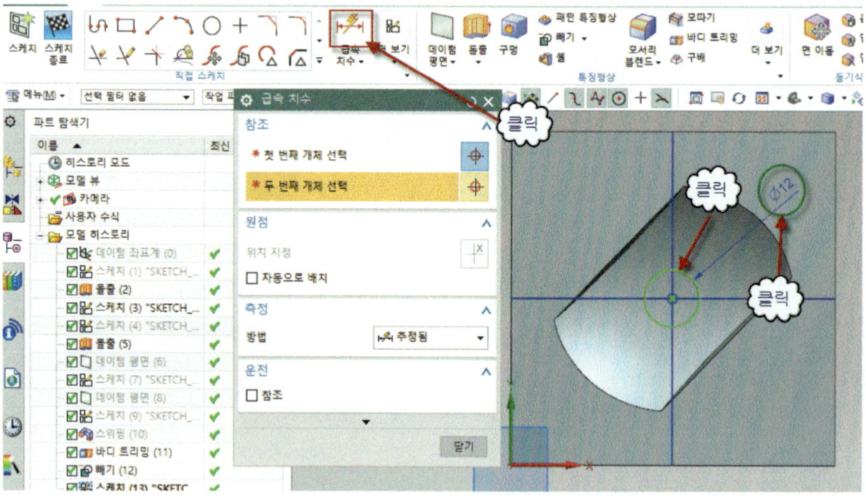

78 **스케치 종료** 아이콘을 클릭한다.

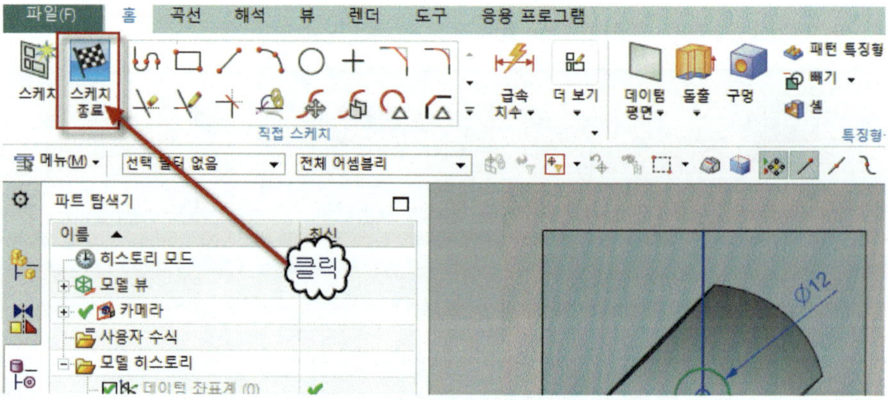

MEMO

79 먼저 **돌출** 아이콘을 클릭 후 ① **연결된 곡선**으로 변환하고 ② **-ZC방향**으로 벡터를 바꾸어준다. ③ 시작 거리는 **2**, ④ 끝 거리는 솔리드에 들어갈 정도(대략 **15**)이며, ⑤ 부울은 **없음**으로 하고, ⑥ 구배는 **시작 한계로부터**, 각도는 **-10**을 설정한다. ⑦ 마우스로 원을 클릭하면 내부 솔리드가 완성되며, 확인을 클릭한다.

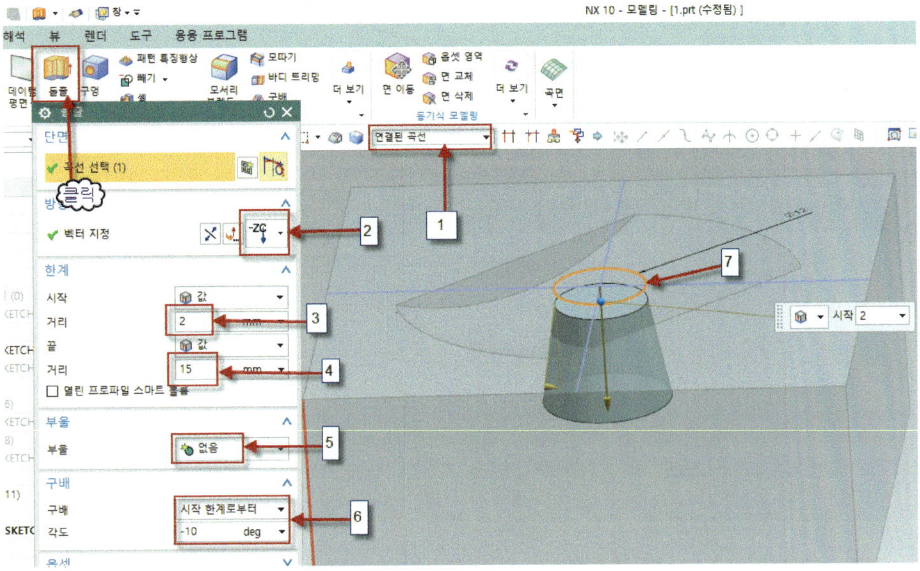

80 포켓 안에 솔리드 기둥이 만들어졌으며, 상면 곡선을 숨기면 된다.

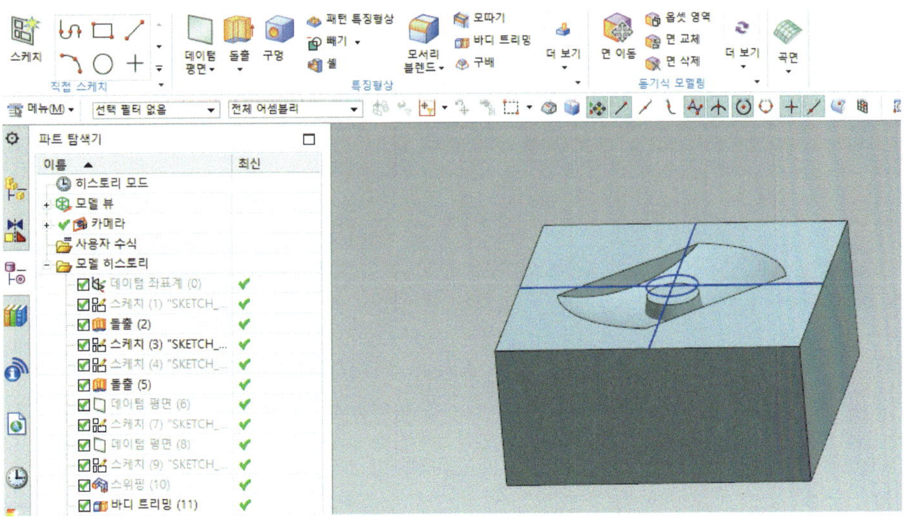

81 숨기기 아이콘을 클릭한 후 상면에 있는 커브를 선택하고 확인을 클릭한다.

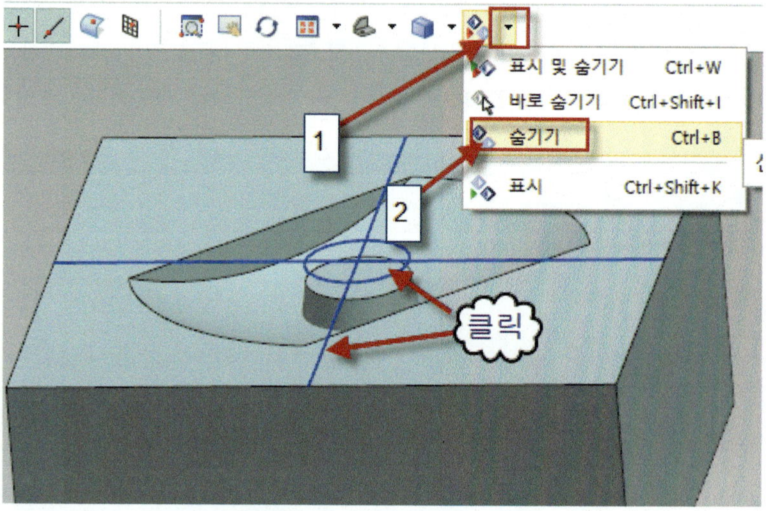

82 결합 아이콘을 클릭한 후 본체 모델링과 내부 모델을 클릭하면 2개의 개체가 하나의 개체로 만들어진다.

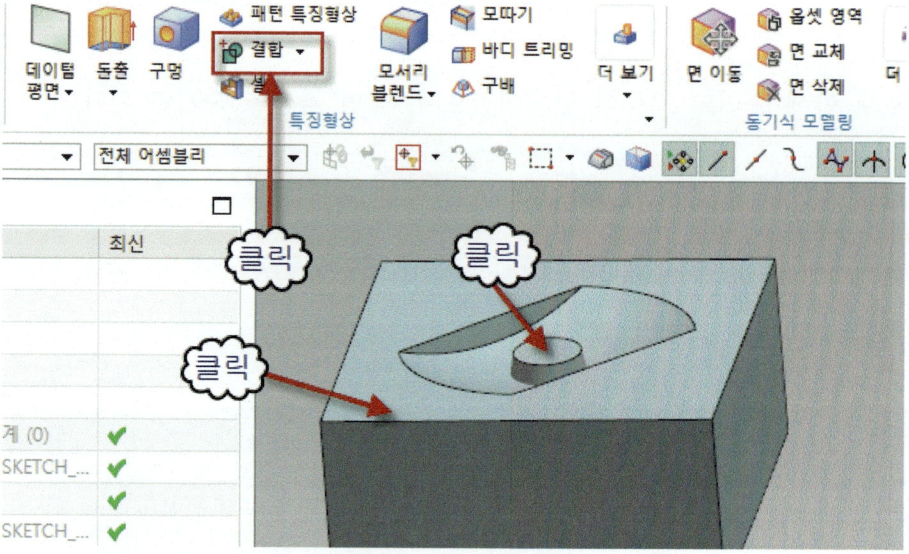

MEMO

83 ① 모서리 블렌드 아이콘을 선택하고 ② 반경 값에 4를 입력한 후 모델링 모서리 부분을 3군데 클릭하고 확인을 클릭하면 블렌드가 완성된다.

84 1번 도면이 완성된 모델링은 다음 그림과 같다.

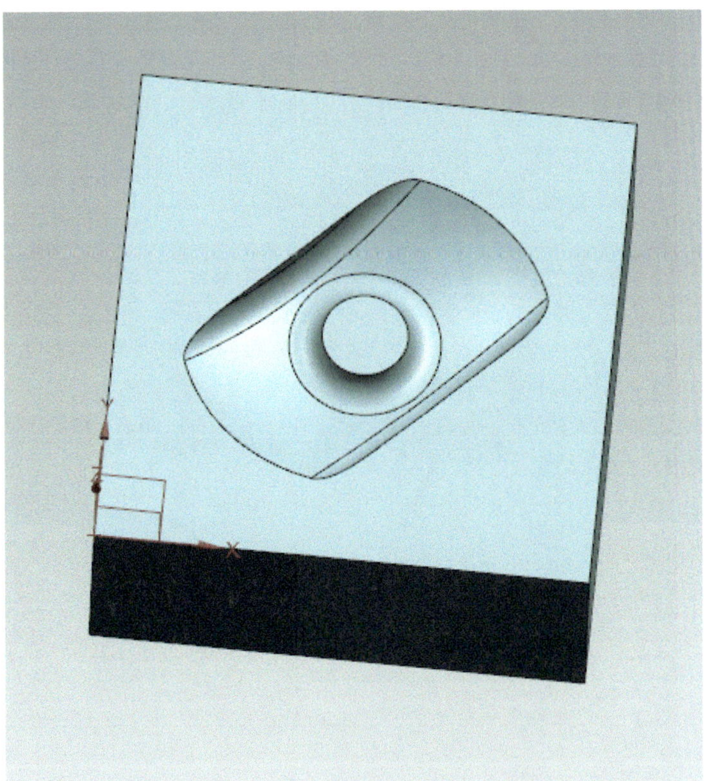

1-2 CAM 가공

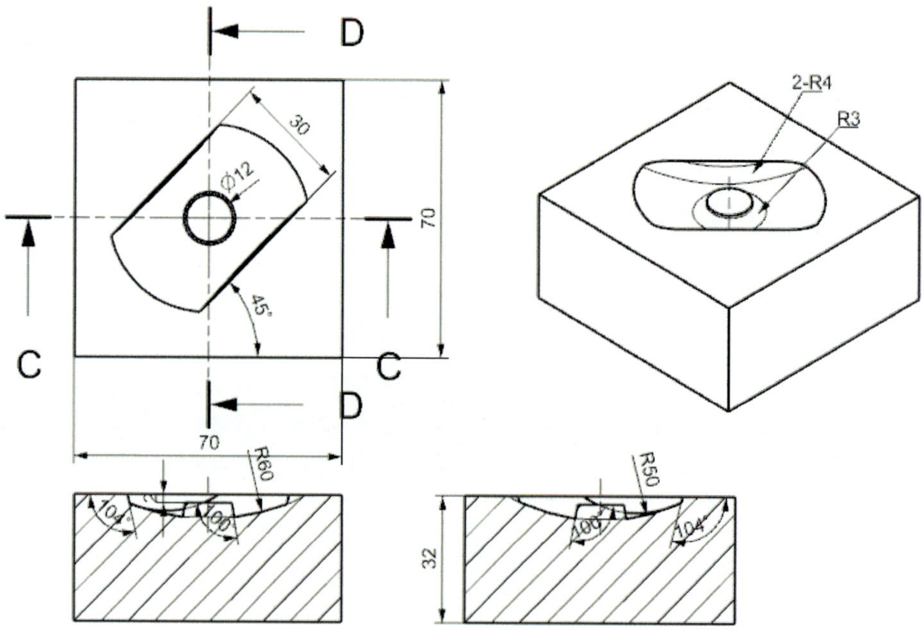

SECTION C-C　　　　SECTION D-D

1 CAM NC DATA를 추출하기 위해서는 만들어 놓은 모델링을 불러와야 한다. ① 메뉴바에서 파일 열기를 클릭하고 ② 파일을 클릭하여 ③ 미리보기로 모델링을 보고 ④ 맞으면 OK를 클릭한다.

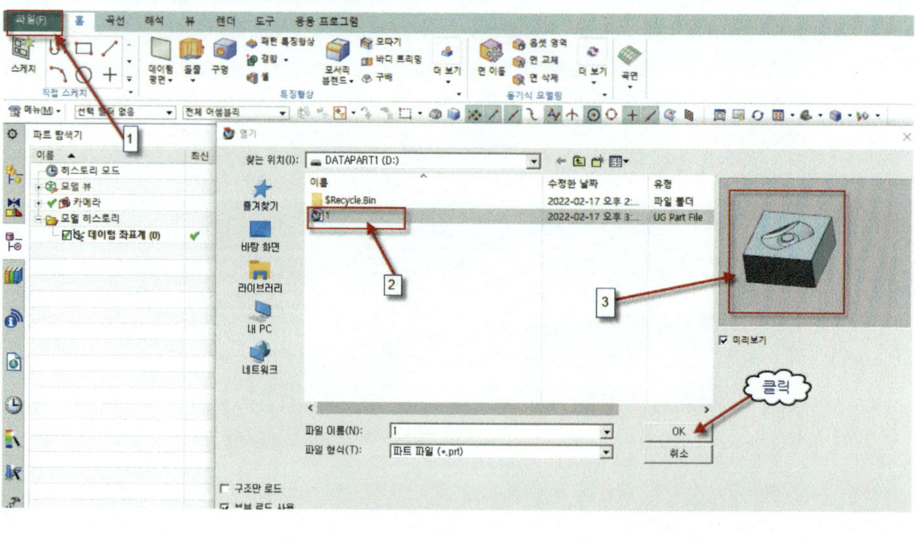

2 CAM 가공을 하기 위하여 메뉴바에서 **응용 프로그램**을 클릭한 후 **제조**를 클릭한다.

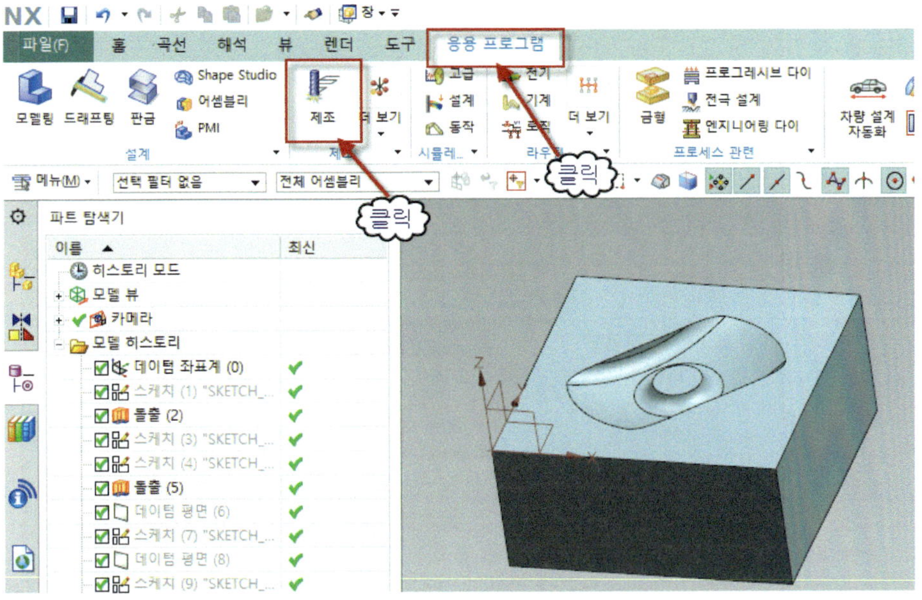

3 CNC 머시닝센터 가공을 하기 위해서 CAM 세션 구성과 생성할 CAM 설정에서 mill_contour를 클릭한 후 **확인**을 클릭한다.

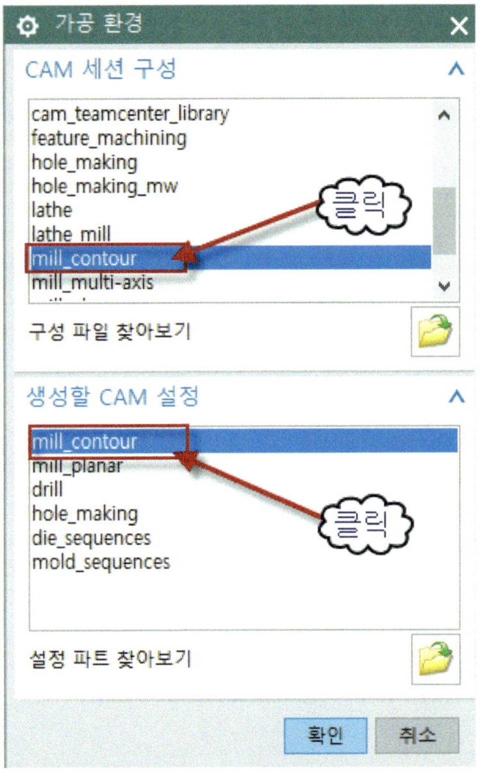

4 CNC머시닝센터를 가공하기 전에 가공할 공구를 만들어야 한다. ① **기계공구 뷰**를 클릭하고 ② **공구 생성**을 클릭한다. 황삭가공을 하기 위하여 ③ **평 엔드밀**을 선택하고 ④ 공구 이름을 **T01**로 하여 확인을 클릭한다.

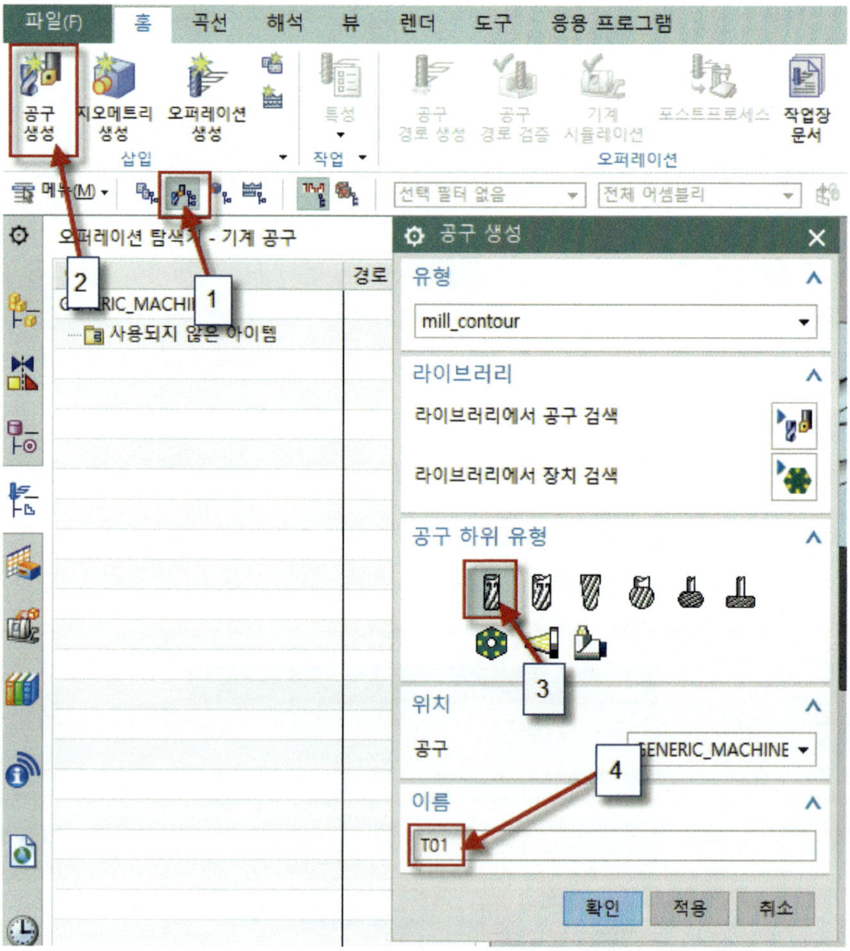

MEMO

5 평 엔드밀의 직경을 ①과 같이 10으로 한 다음 ② 공구 번호, 조정 레지스터(길이보정 번호), 공구 보정 레지스터(경 보정 번호)를 모두 1로 한 다음 확인을 클릭한다.

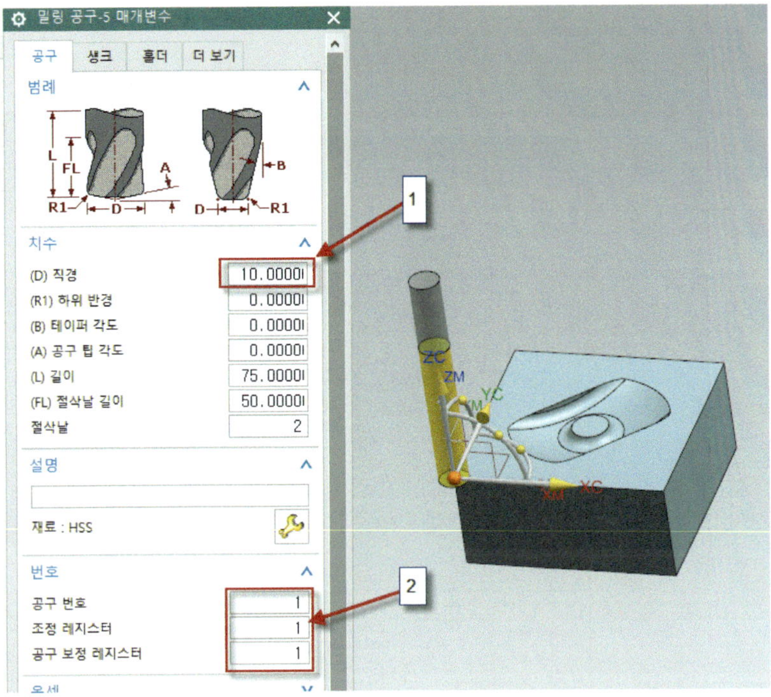

6 정삭 가공하기 위하여 볼 엔드밀을 새로 만들어 주고 확인을 클릭한다.

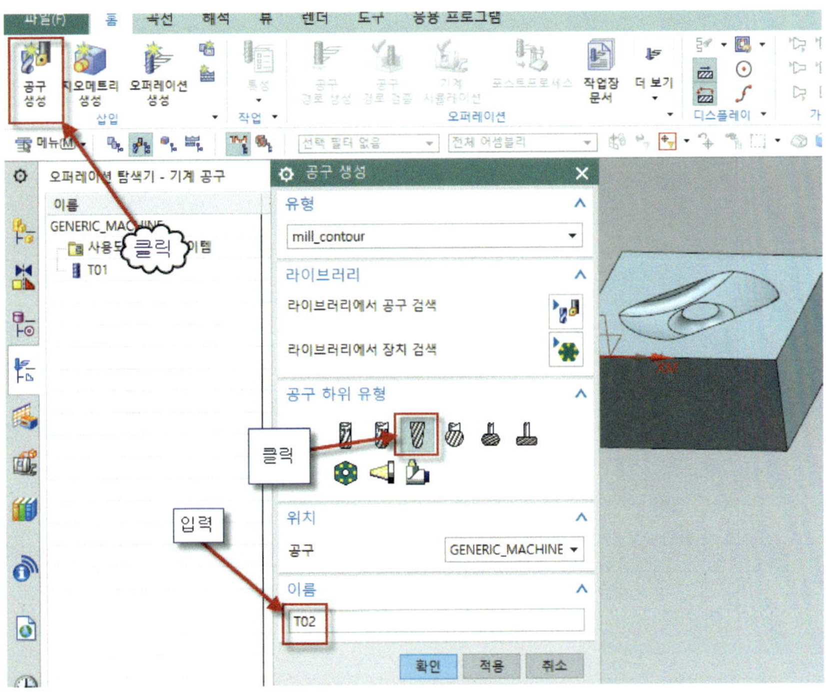

7 볼 엔드밀의 직경을 6으로 하고 공구 번호 및 조정 레지스터, 공구 보정 레지스터를 모두 2로 한 후 확인을 클릭한다.

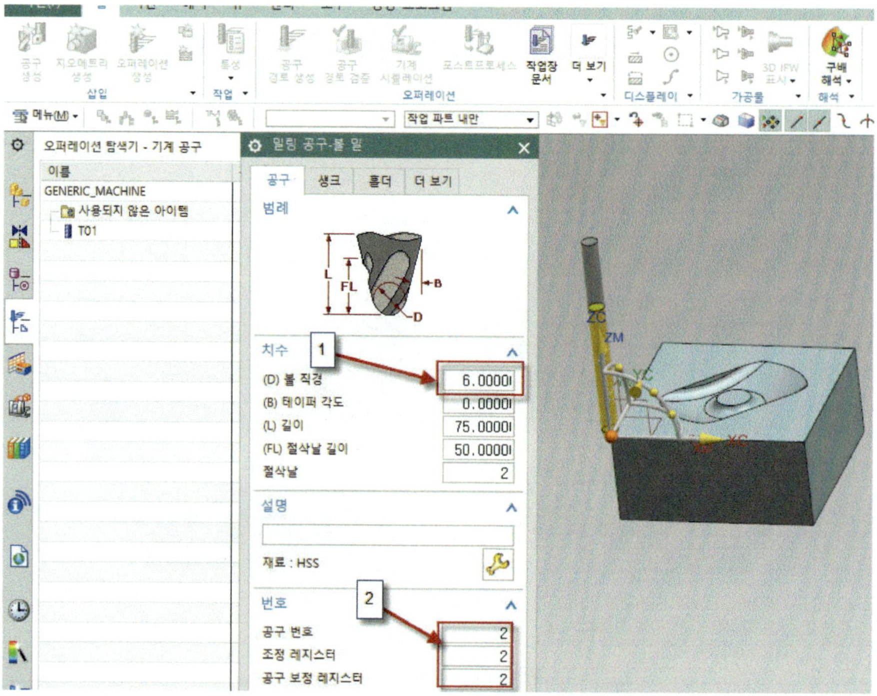

8 공구 뷰에서 T01, T02의 2개의 공구가 생성되었음을 알 수 있다.

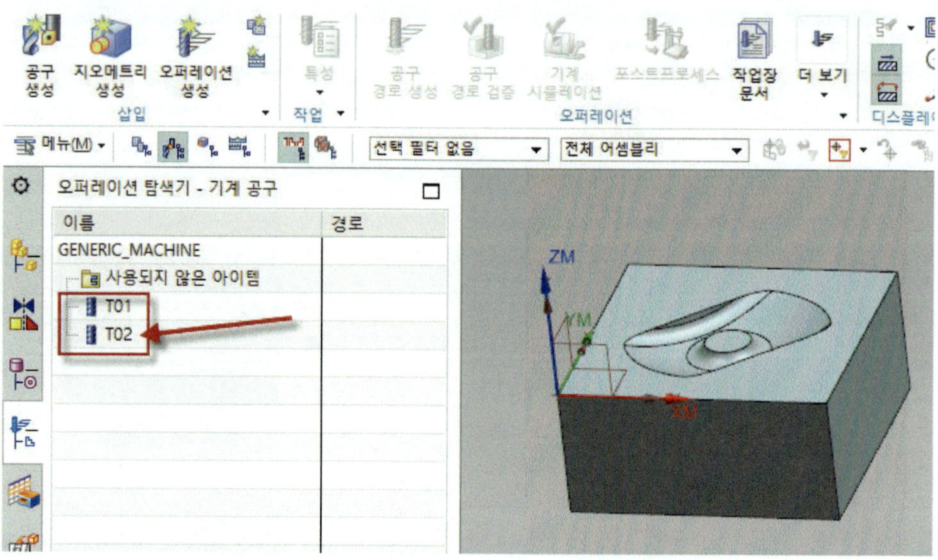

9 G54 공작물 원점을 찾아주고 소재를 만들어 주기 위해 아래 그림과 같이 클릭한다.

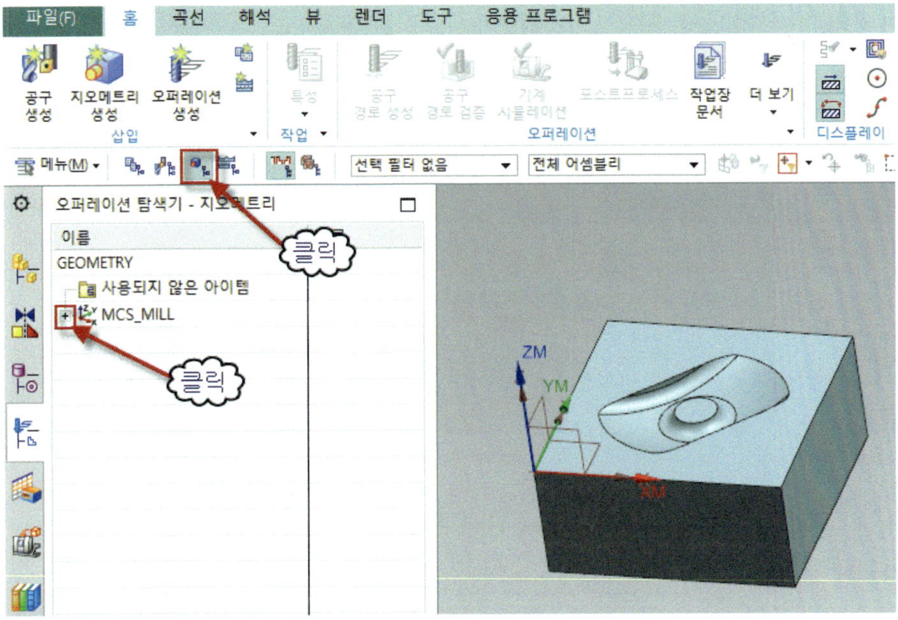

10 먼저 G54 공작물 원점을 잡기 위하여 MCS_MILL을 클릭한 후 MCS 지정의 작은 다이얼로그 아이콘을 클릭한다.

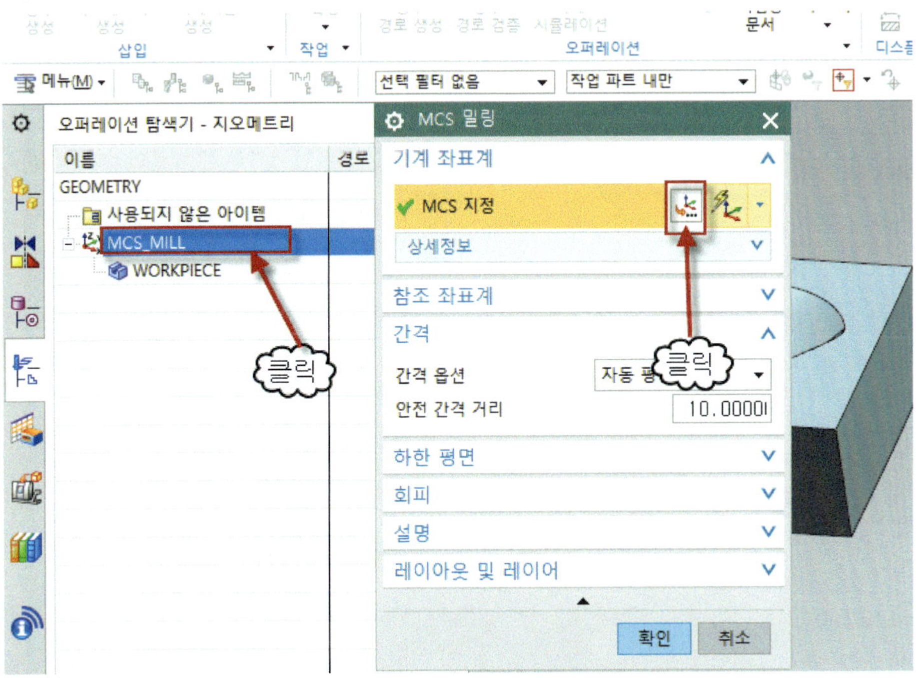

11 현재 CNC머시닝센터에서 G54좌표(공작물 원점)를 세팅하는 장소로 XO, Y0, Z0의 위치가 정확하므로 확인, 또 확인을 클릭한다.

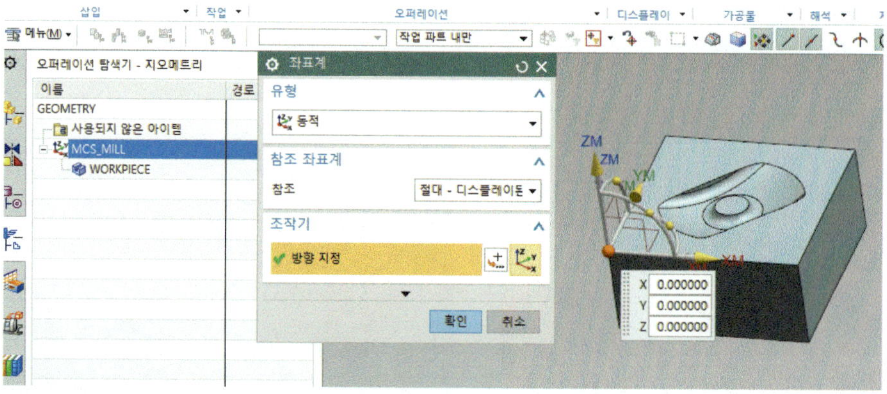

12 소재를 만들어 주기 위하여 WORKPIECE를 클릭한 후 파트 지정을 클릭한다.

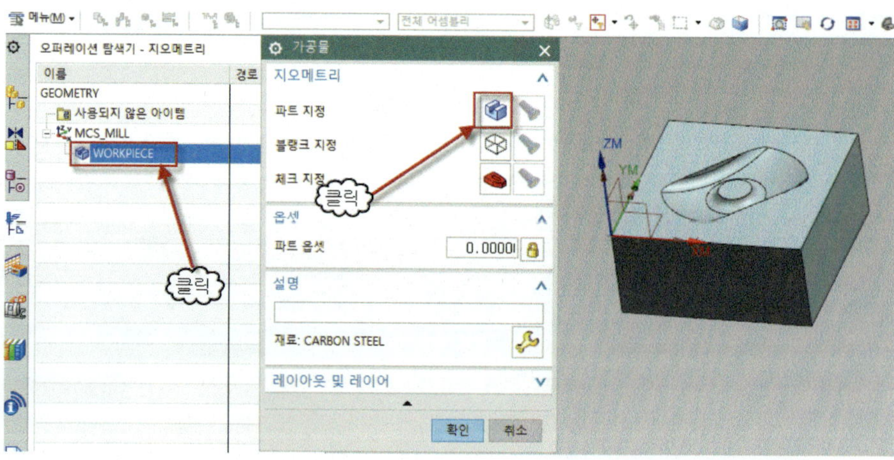

13 개체 선택에서 가공하고자 하는 제품을 선택하고 확인을 클릭한다.

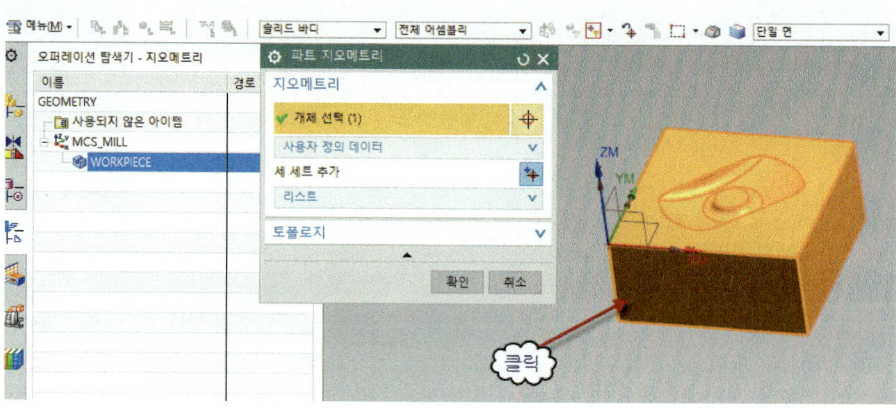

14 가공물에서 블랭크 지정 아이콘을 클릭한다.

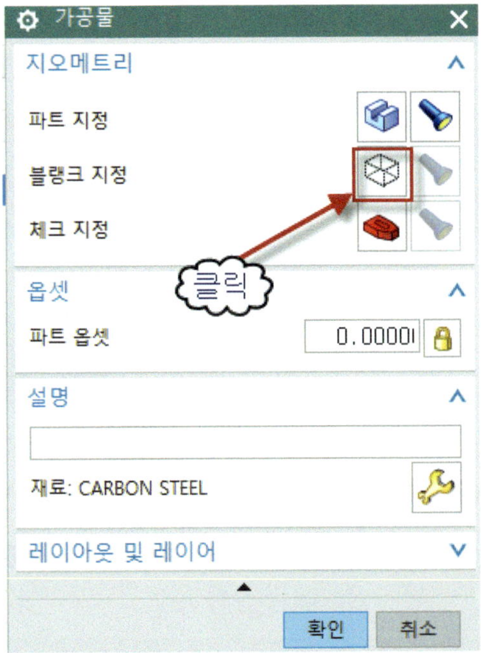

15 블랭크 지오메트리에서 유형을 **경계 블록**으로 변환하고 확인, 확인을 클릭한다.

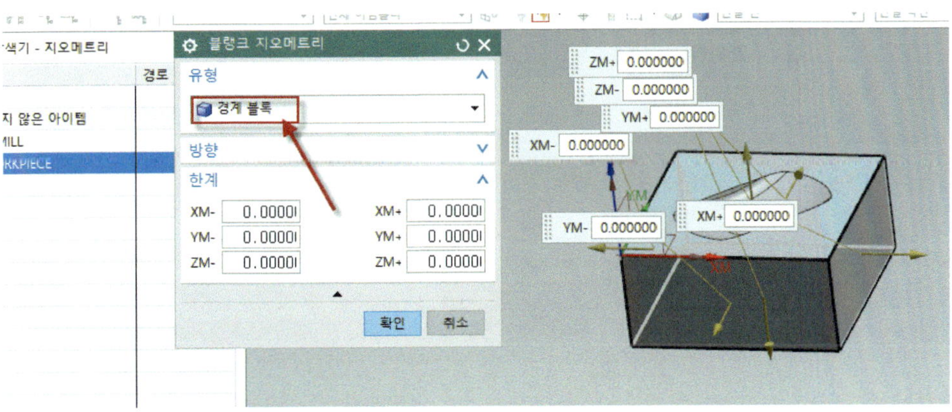

MEMO

16 공구 경로를 황삭, 정삭을 NC_PROGRAM에 링크하기 위해서 프로그램 순서뷰로 가야 Post_Process를 만들 수 있다.

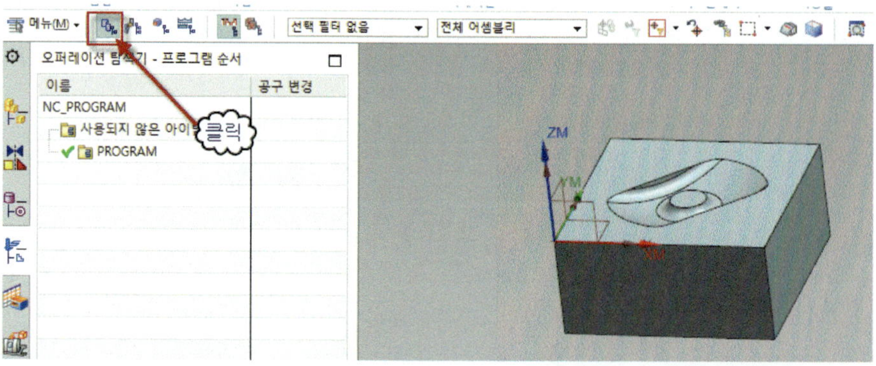

17 가공을 하기 위하여 **오퍼레이션 생성**을 클릭한 후 **캐비티 밀링**을 선택하여 공구를 ①과 같이 바꾸며, ② 지오메트리에 소재인 **WORKPIECE**로 수정한 다음 **확인**을 클릭한다.

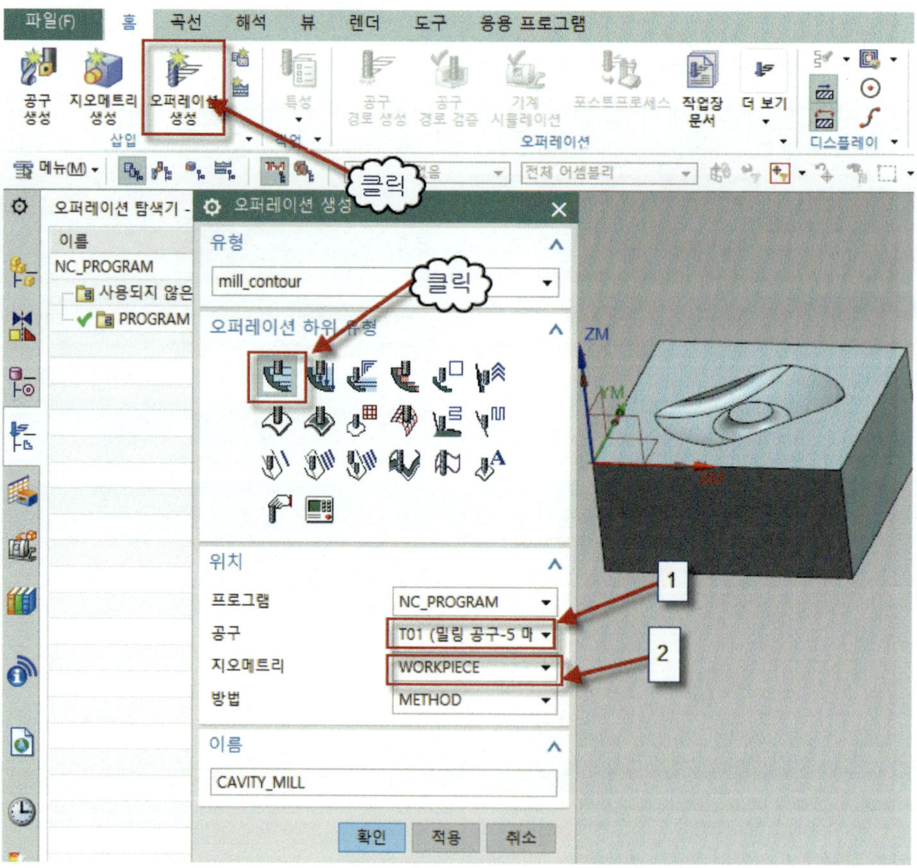

18 가공하고자 하는 부위를 선정하기 위하여 **절삭 영역 지정**을 클릭한다.

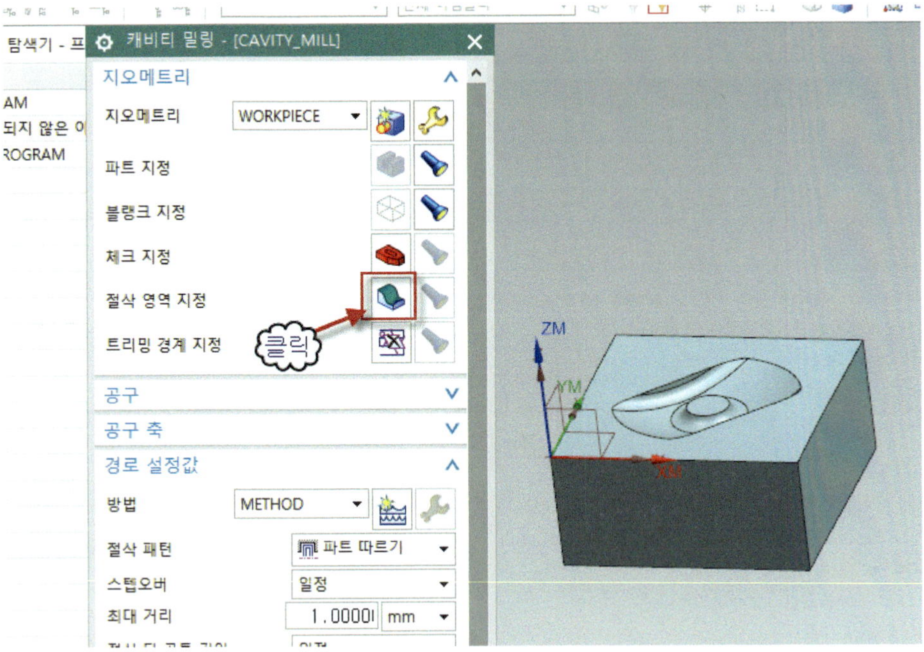

19 절삭 영역을 지정하고 모델링을 평면으로 보기 위하여 키보드 F8을 클릭하여 평면 상태에서 ①, ② 순서로 대각선 방향으로 클릭하여 가공하고자 하는 부분을 동시에 선택하면 편리하다. **확인**을 클릭한다.

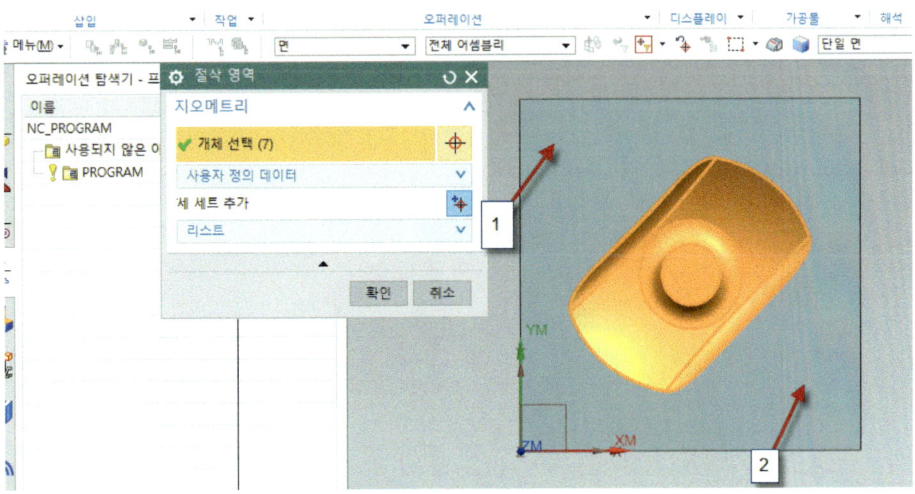

20 스텝오버(간격)를 1로 하고 절삭당 공통 깊이를 0.8로 수정한 다음 절삭 수준 아이콘을 클릭한다.

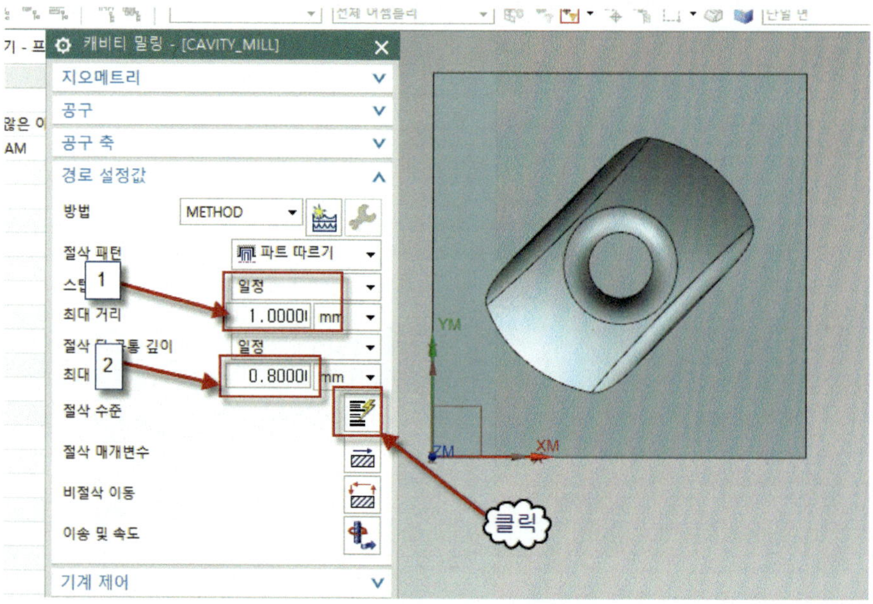

21 절삭 수준은 큰 변동이 없으므로 확인을 클릭한다.

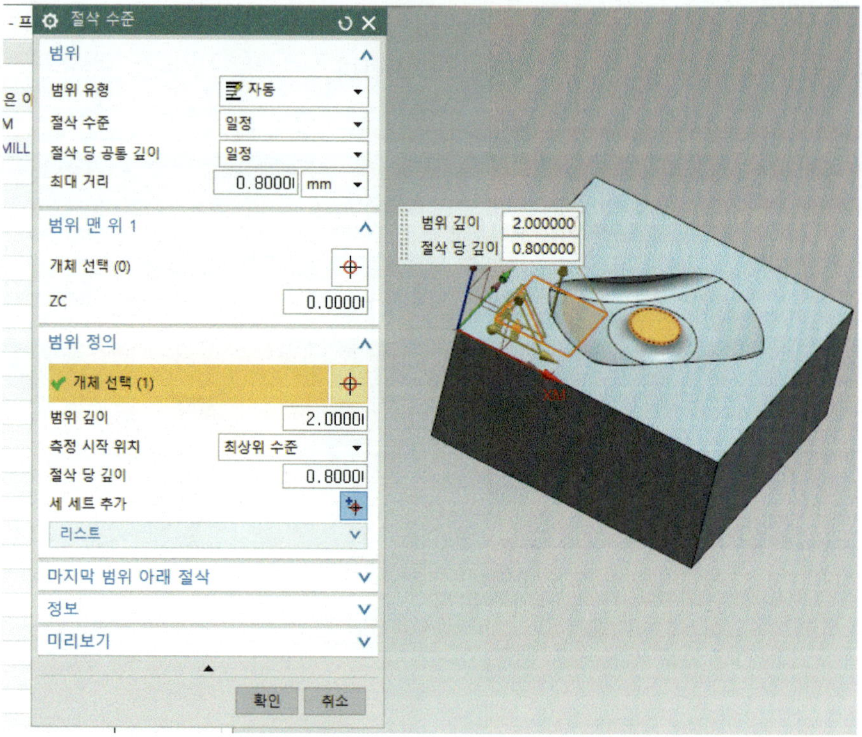

22 절삭 매개변수에서 황삭 가공 후 정삭 여유를 주기 위해 아이콘을 클릭한다.

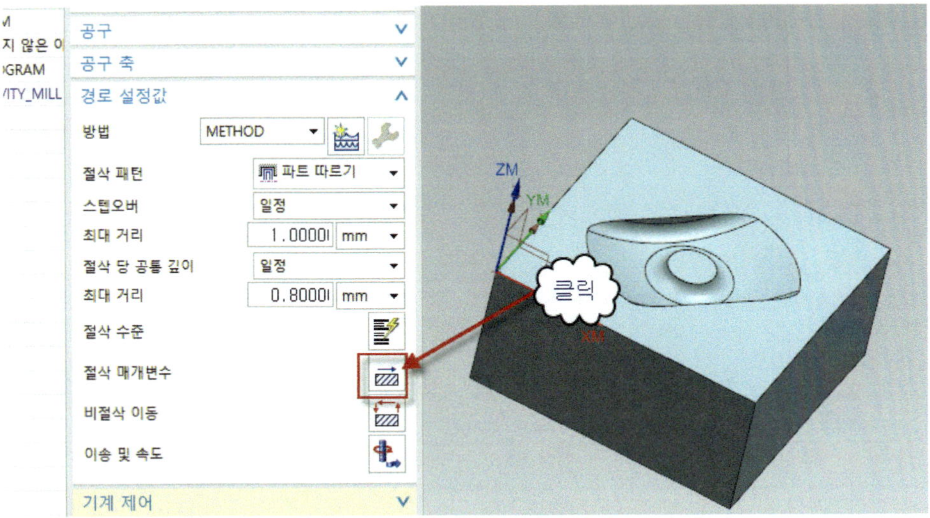

23 절삭 매개변수에서 스톡을 클릭한 후 파트 측면 스톡을 0.1로 수정하고 확인을 클릭한다. (여기서 파트 측면 스톡이란 가공여유 및 잔량을 의미함)

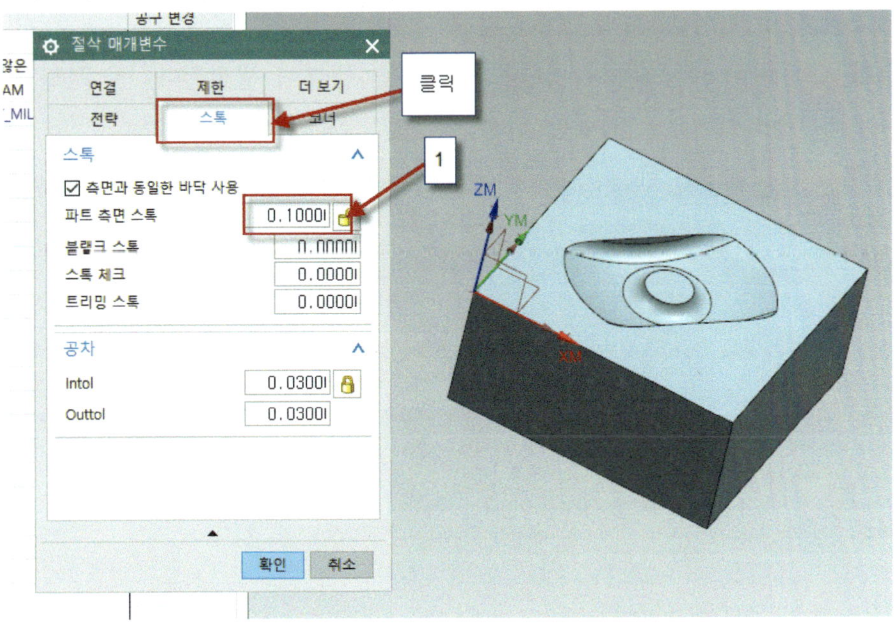

24 캐비티 밀링에서 비절삭 이동을 클릭한다. 비절삭 이동이란 가공하지 않고 공구가 급속히 이동하는 것으로 "안전 높이"임을 말한다.

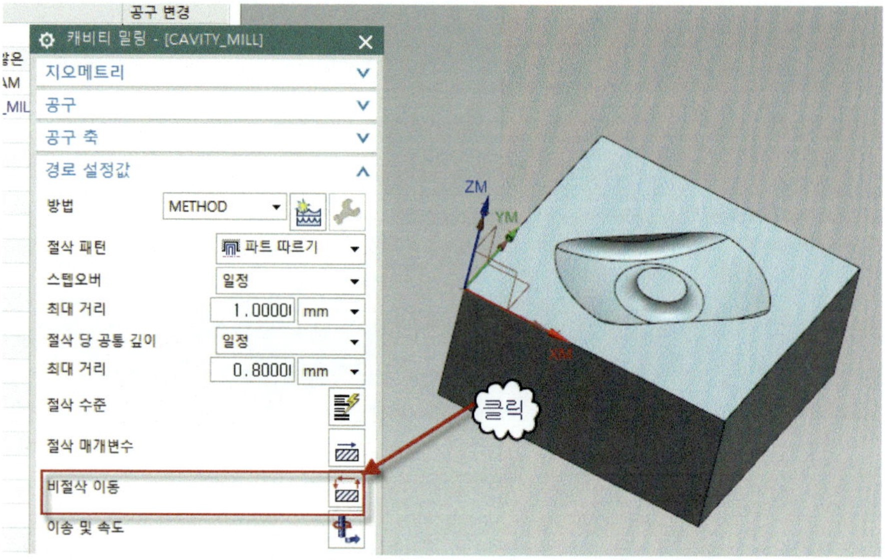

25 비절삭 이동에서 ① 급속 이동을 클릭한 후 ② 간격 옵션(안전거리)을 평면으로 한다. ③ 마우스로 제품의 평면을 클릭하면 플랜이 생성된다. ④ 거리가 0으로 나오면 대략 10 정도 입력한 다음 확인을 클릭한다.

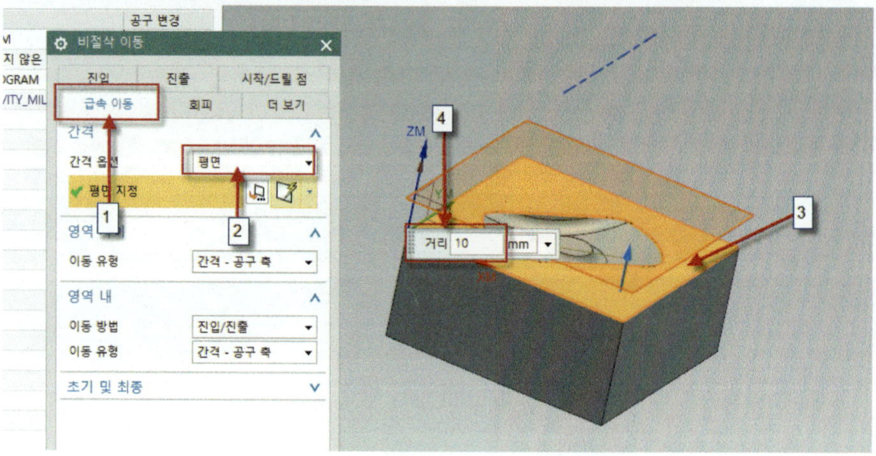

MEMO

26 이송 및 속도 아이콘을 클릭한다.

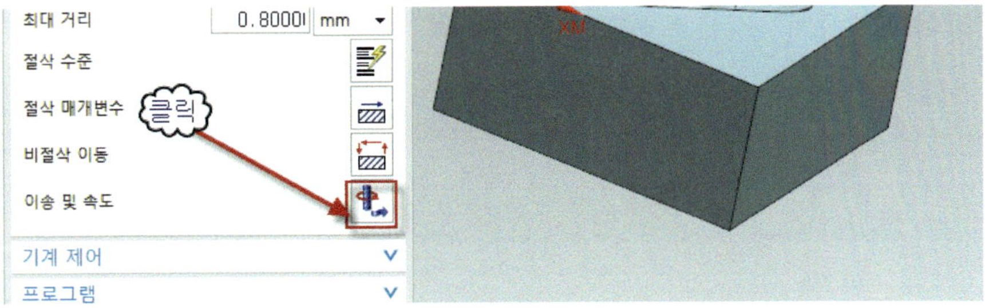

27 이송 및 속도에서 스핀들 속도 앞 체크박스에 체크한 다음 스핀들 속도를 2500, 이송률을 300으로 입력한 후 확인을 클릭한다.

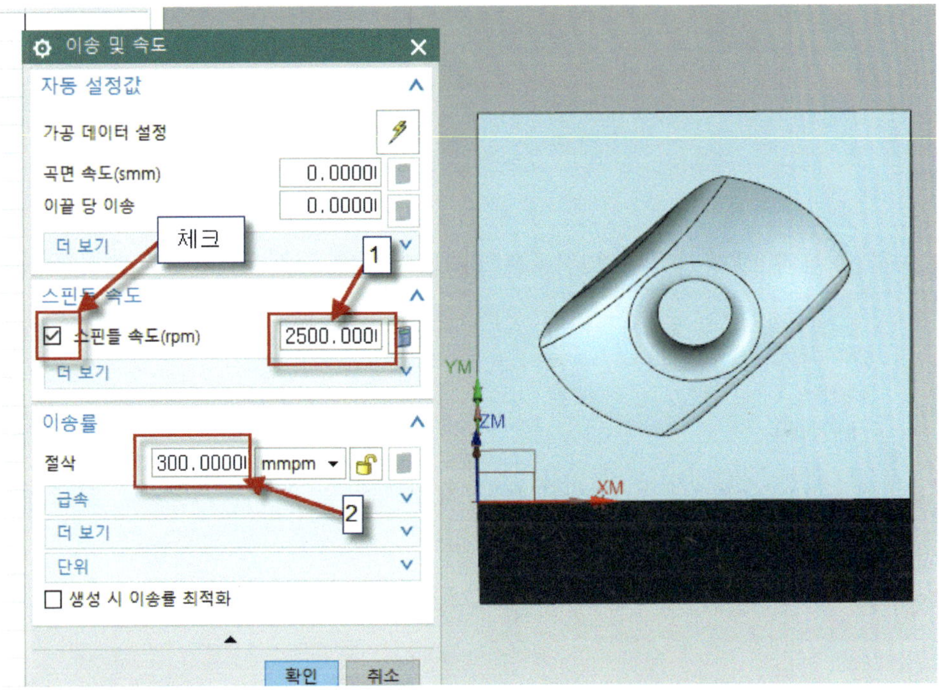

MEMO

28 모든 조건을 입력하였으므로 공구 경로를 생성하기 위하여 아래 부분의 **생성**을 클릭하면 공구 경로가 생성된다.

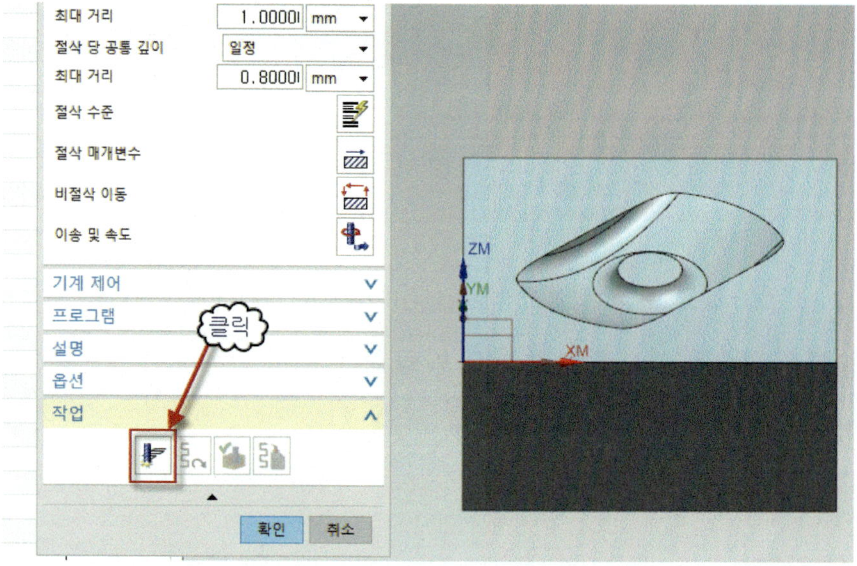

29 공구 경로가 생성되었으면 검증을 하기 위하여 **검증** 아이콘을 클릭한다.

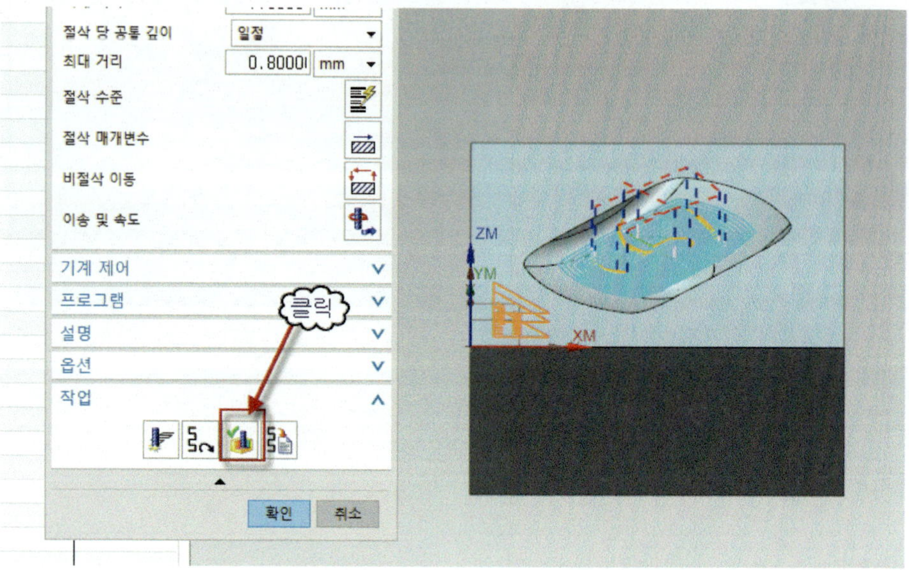

30 ① 3D 동적을 클릭한 후 ② 애니메이션 속도는 4 정도로 하고 ③ 플레이(▶)를 클릭한다.

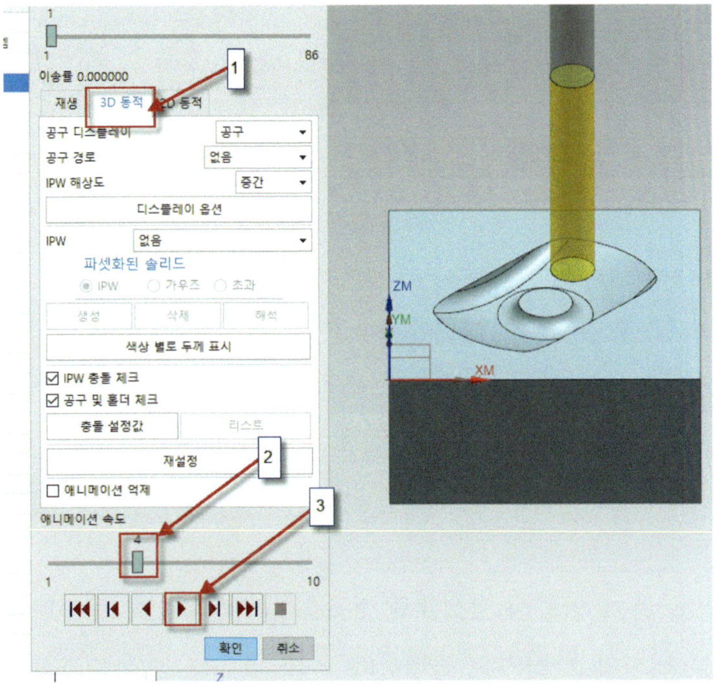

31 황삭 가공에 대하여 큰 문제없이 가공되었다는 것을 알 수 있으며, 꼭 확인을 클릭해야 공구 경로가 사라지지 않는다.

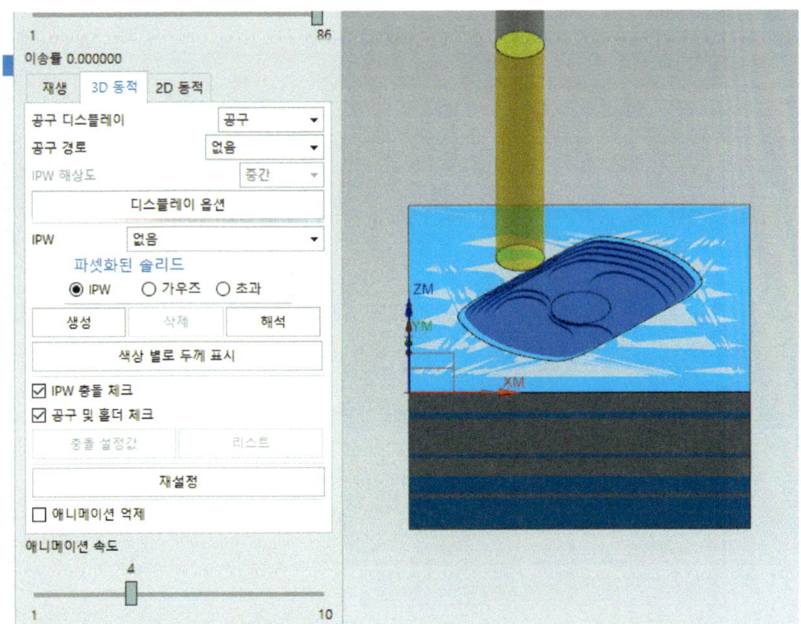

32 이제 정삭 가공을 설명하고자 한다. 화면의 **오퍼레이션 생성**을 클릭한다.

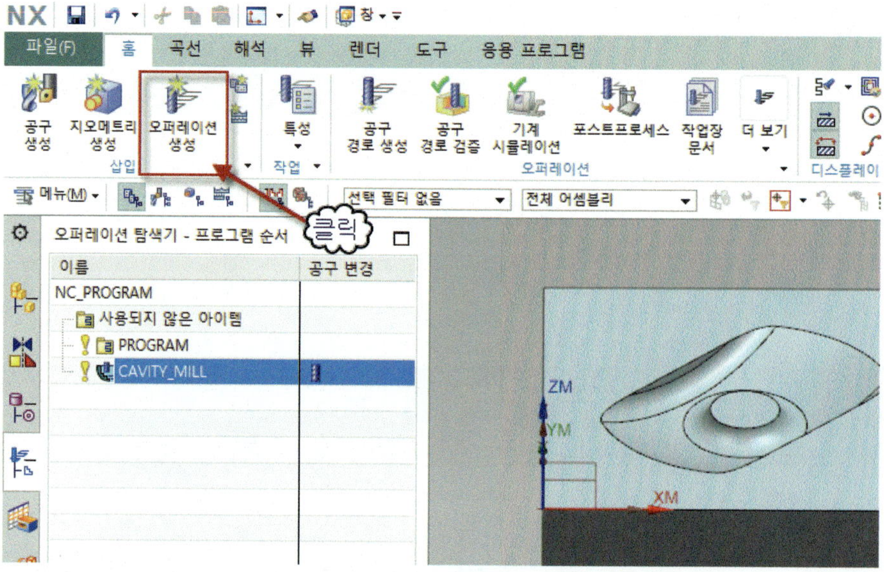

33 정삭 가공을 하기 위하여 **고정윤곽 가공**을 클릭한 후 ① 공구란에 볼 엔드밀인 **T02번**으로 변환하고 **확인**을 클릭한다.

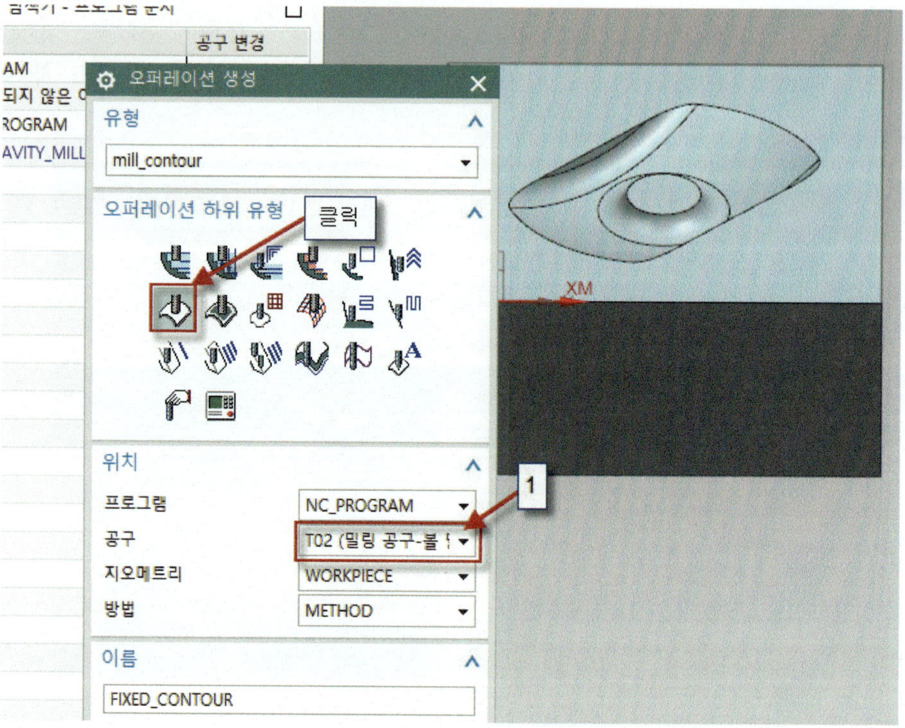

34 정삭할 절삭 영역 아이콘을 클릭한다.

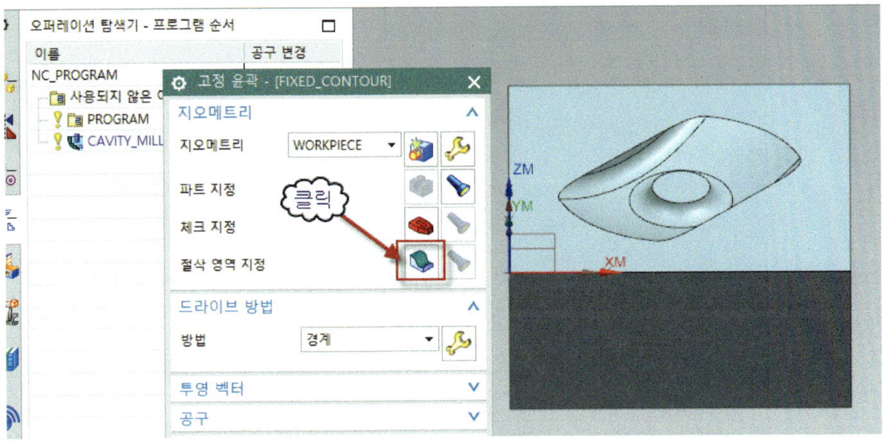

35 절삭 영역을 지정하기 위하여 모델링을 평면으로 보기 위하여 키보드 F8을 클릭하여 평면 상태에서 ①, ② 순서로 대각선 방향으로 클릭하여 가공하고자 하는 부분을 동시에 선택하면 편리하다. 확인을 클릭한다.

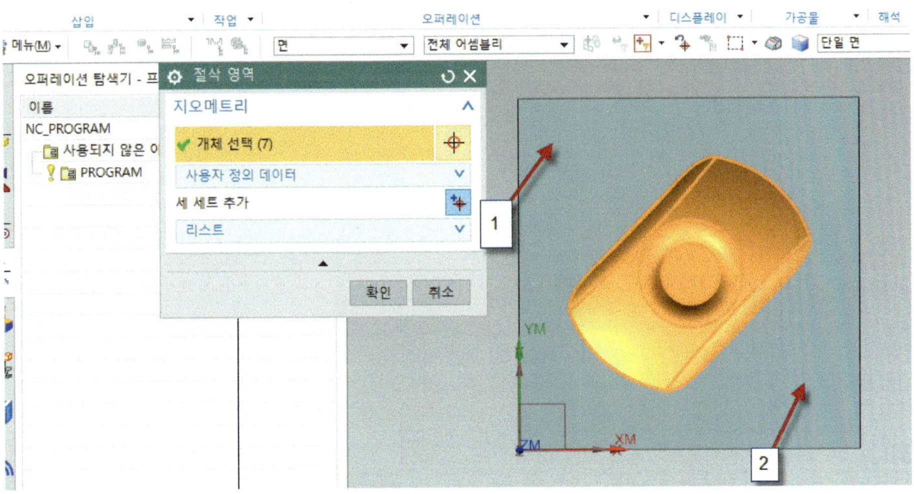

MEMO

36 편집 아이콘을 클릭한다.

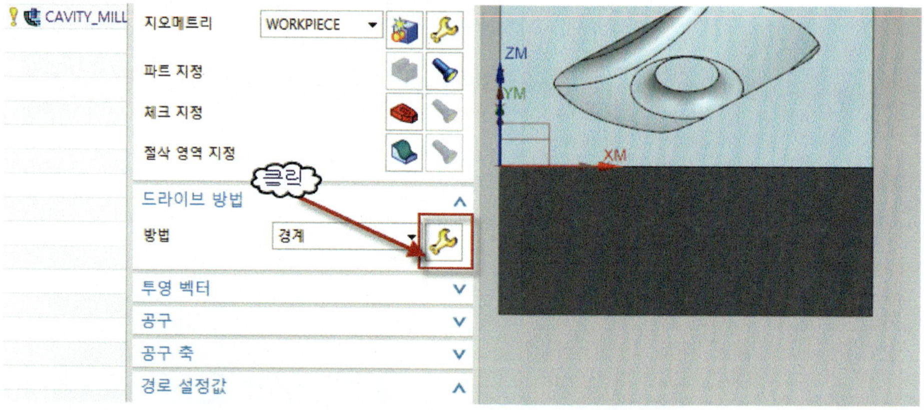

37 경계 드라이브 방법 창에서 드라이브 지오메트리 지정 아이콘을 클릭한다.

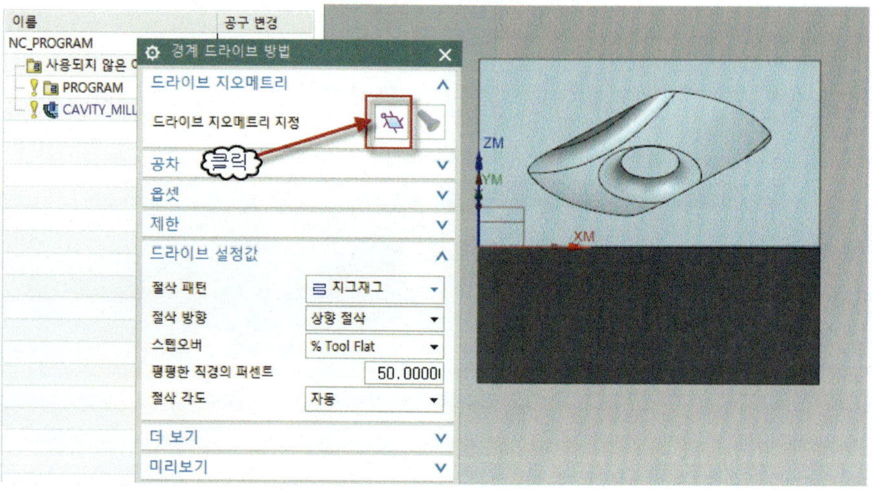

MEMO

38 모드 란의 경계를 곡선/모서리로 변환해 준다.

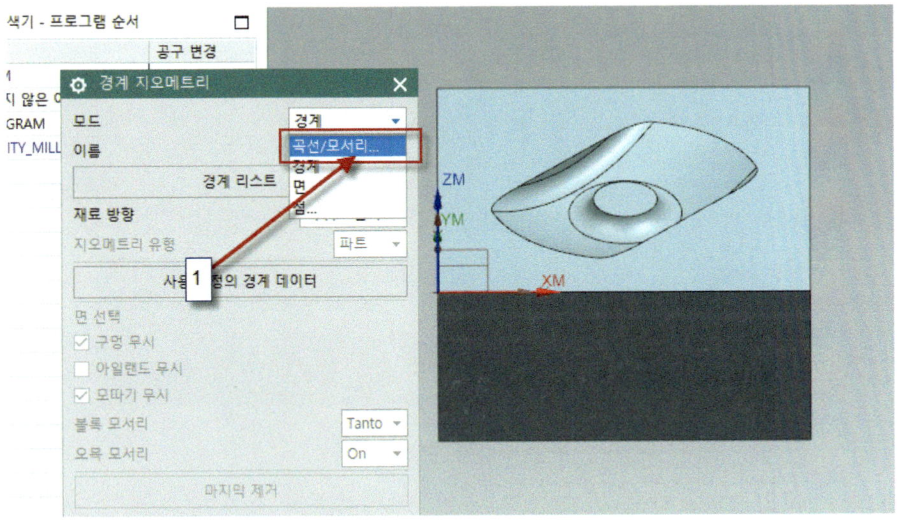

39 ① 접하는 곡선으로 변환하고 ② 공구 위치를 On으로 한 다음 ③처럼 모서리를 선택한 후 확인, 확인을 클릭한다.

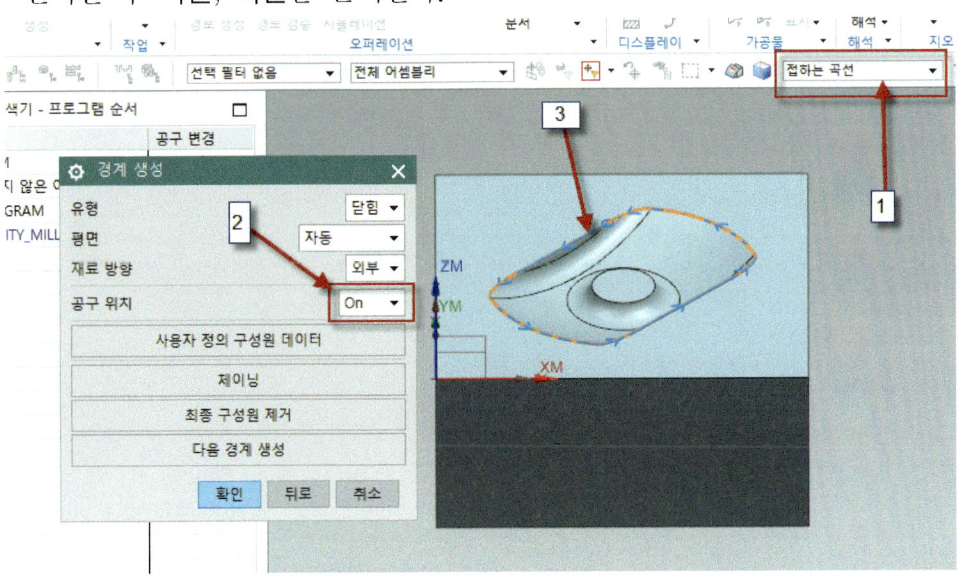

MEMO

40 ① 스텝오버를 **일정**으로 하고 ② 최대 거리(피치 값)를 **0.8**로 한 다음 확인을 클릭한다.

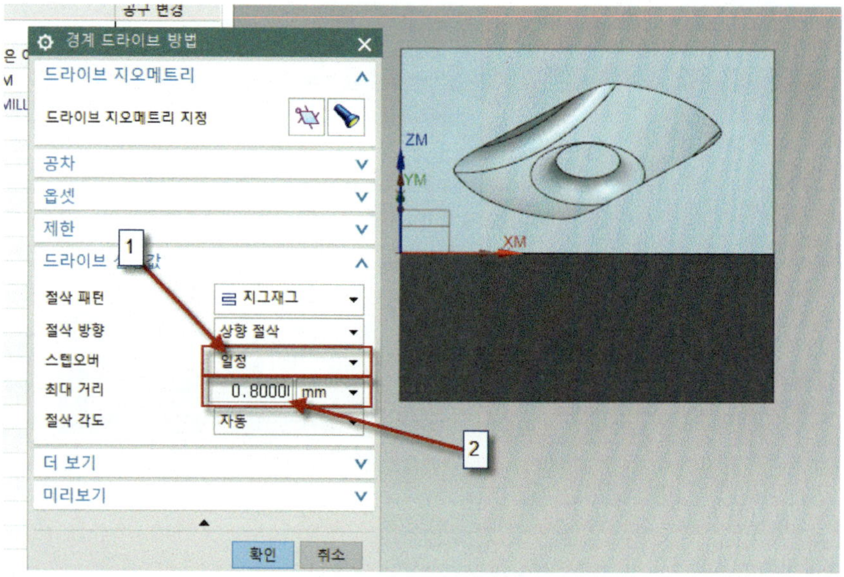

41 비절삭 이동 아이콘(안전 높이)을 클릭한다.

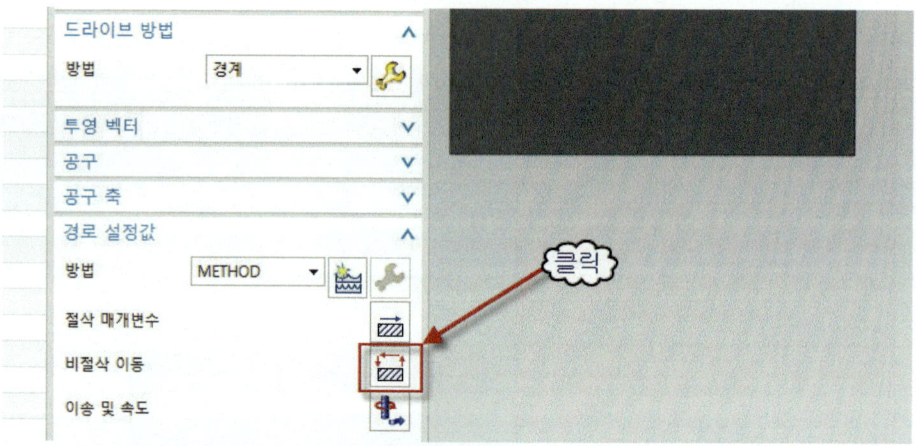

MEMO

42 비절삭 이동에서 ① 급속 이동 아이콘을 클릭 후 ② 간격옵션을 **평면**으로 변환한다. ③ 개체의 상면을 마우스로 클릭하고 ④ 거리 값을 **10**으로 준 뒤 확인을 클릭한다.

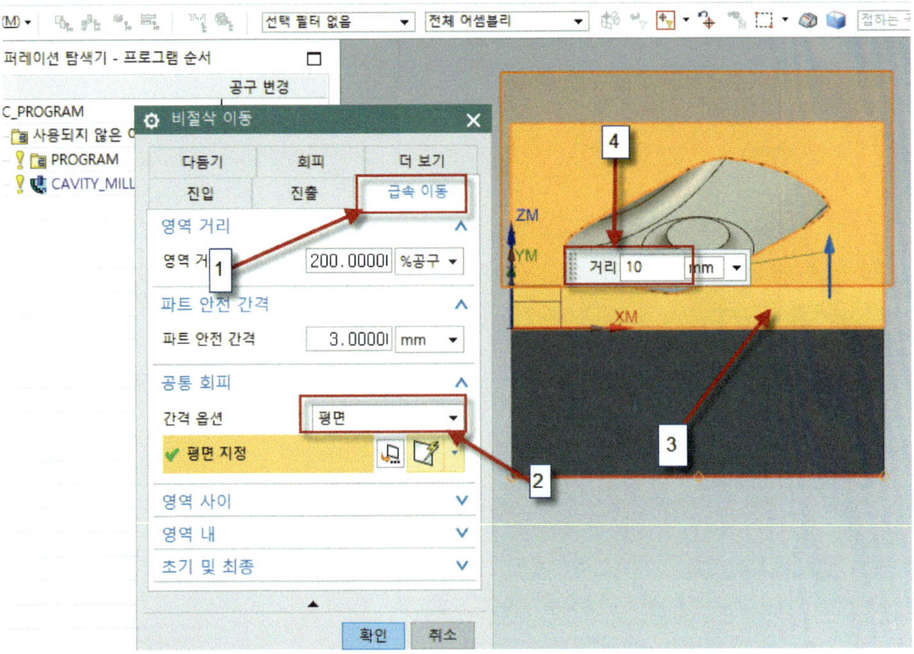

43 이송 및 속도 아이콘을 선택한다.

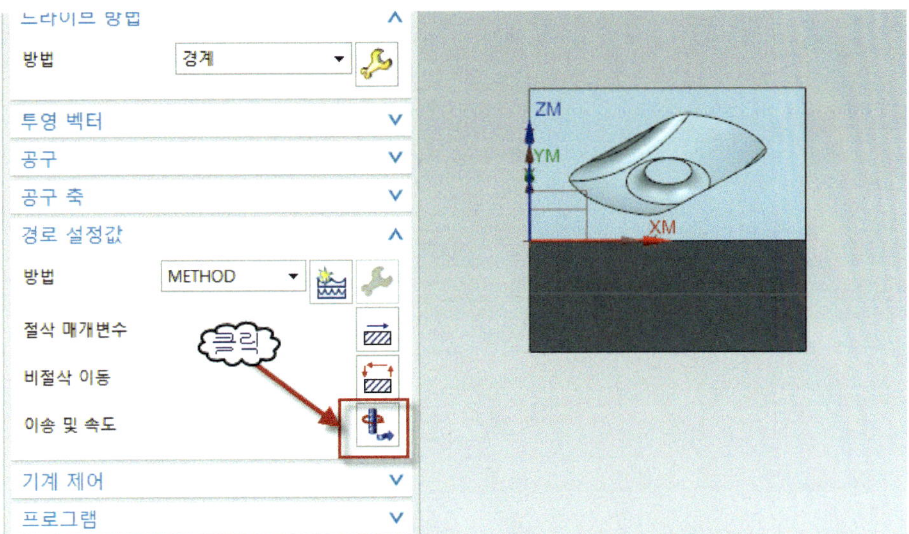

44 스핀들 속도의 체크박스를 체크하고 ① 스핀들 속도는 약 3000, ② 이송값은 300 정도로 한 다음 확인을 클릭한다(이 창에서는 Enter를 하지 않는다).

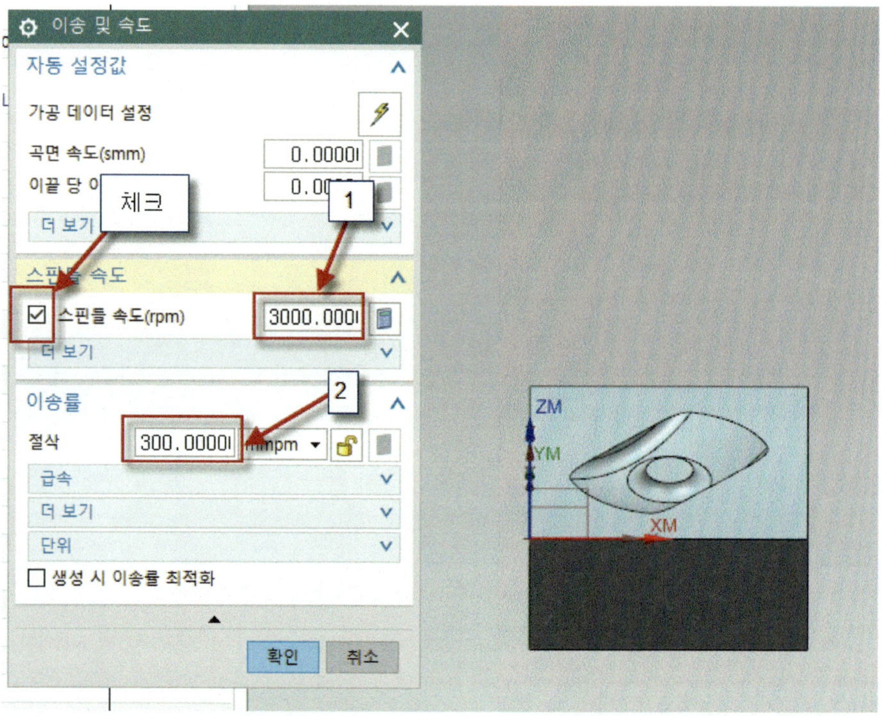

45 아래 생성 아이콘을 클릭하면 공구 경로가 생성된다.

46 공구 경로가 이상 없이 생성되었으므로 확인하면 된다.

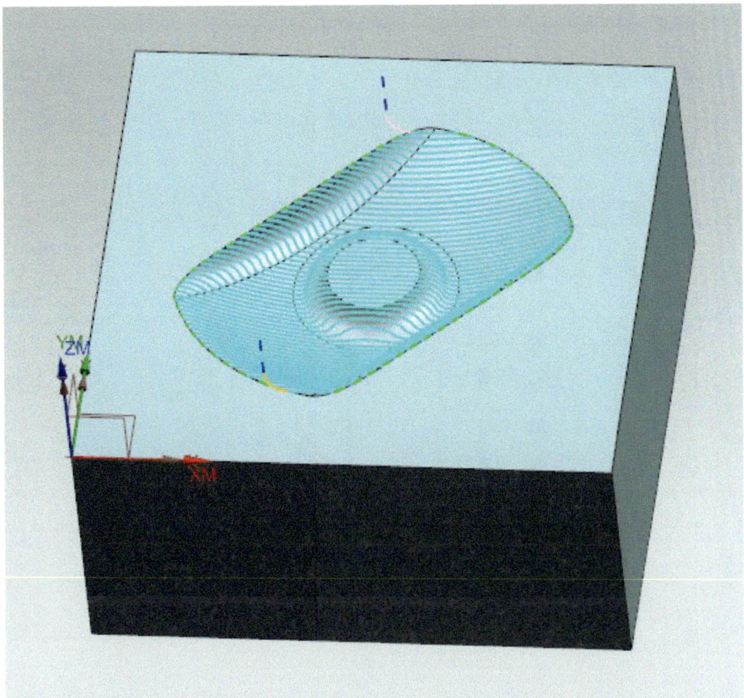

47 프로그램에서 그림과 같이 황삭, 정삭 순서로 드래그하여 PROGRAM 하위폴더에 넣는다.

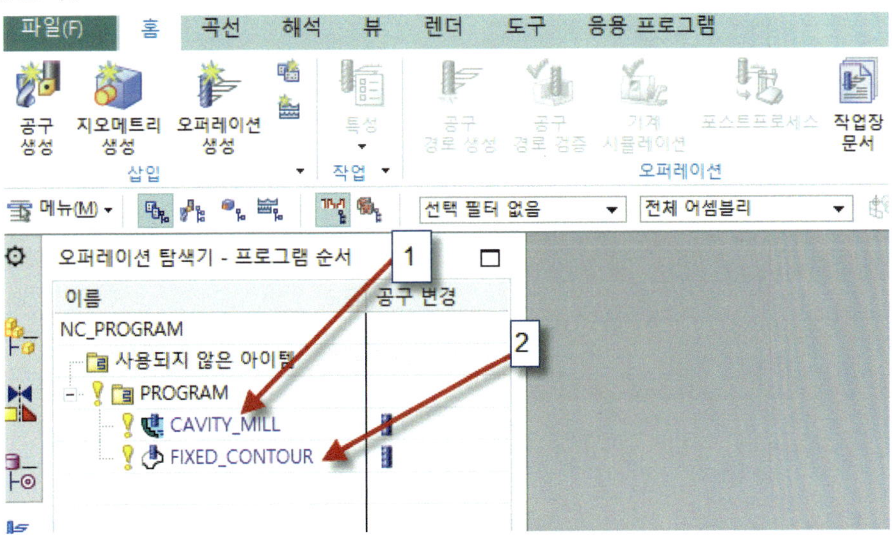

48 ① 마우스로 프로그램 위에서 마우스 우클릭하여 ② 포스트프로세스를 선택한다. 황삭, 정삭 NC데이터를 생성하기 위함이다.

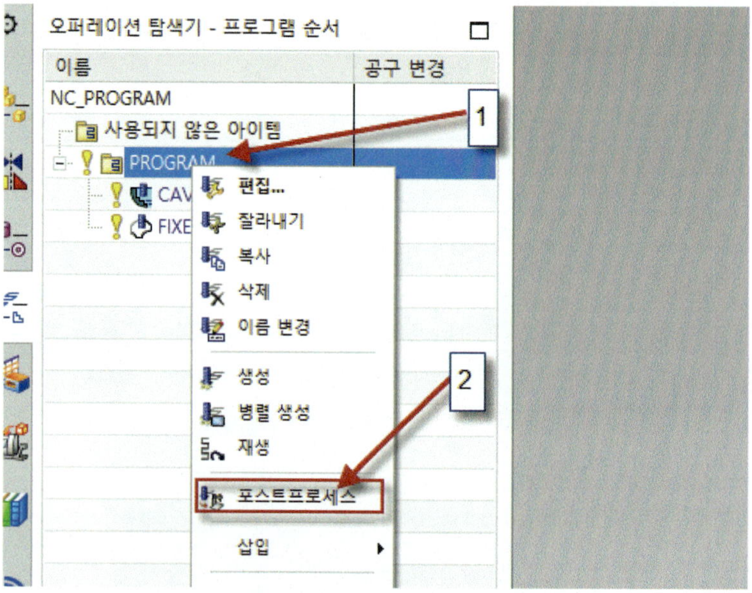

49 번호 순서대로 하여 CNC머시닝센터의 화낙 컨트롤 및 TNV-40장비에 호환되는 Post로 확인하면 NC DATA가 생성된다.

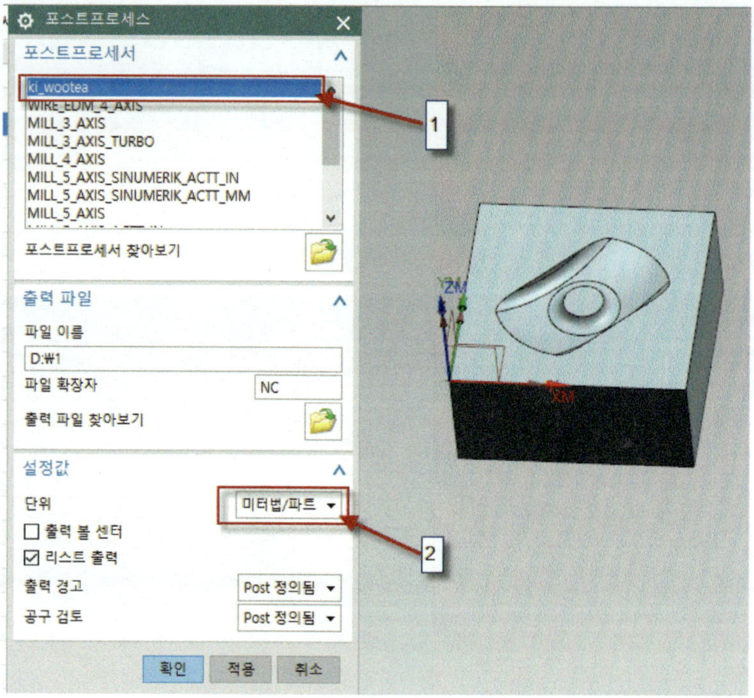

50 정보 리스트는 삭제해 준다.

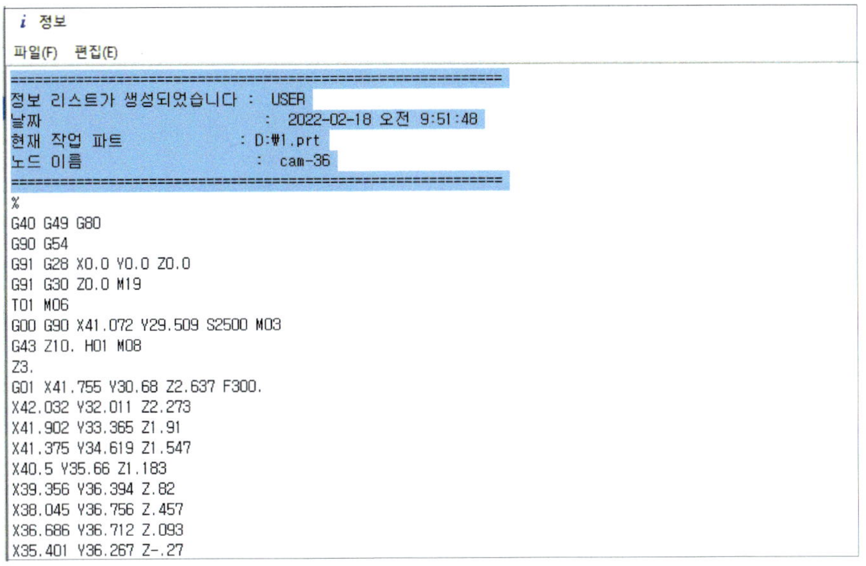

51 ① 파일 이름을 적고 .NC를 넣어야 하며, ② 파일 형식은 모든 파일로 변환하여 OK를 클릭하면 최종 NC DATA가 장비와 맞게 저장됨을 알 수 있다.

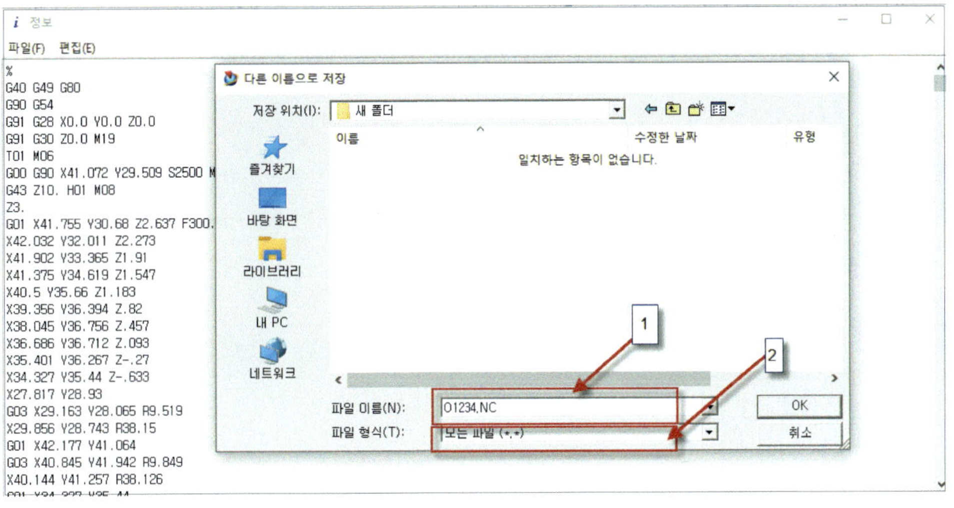

MEMO

2. 도 면 2

2-1 모델링하기

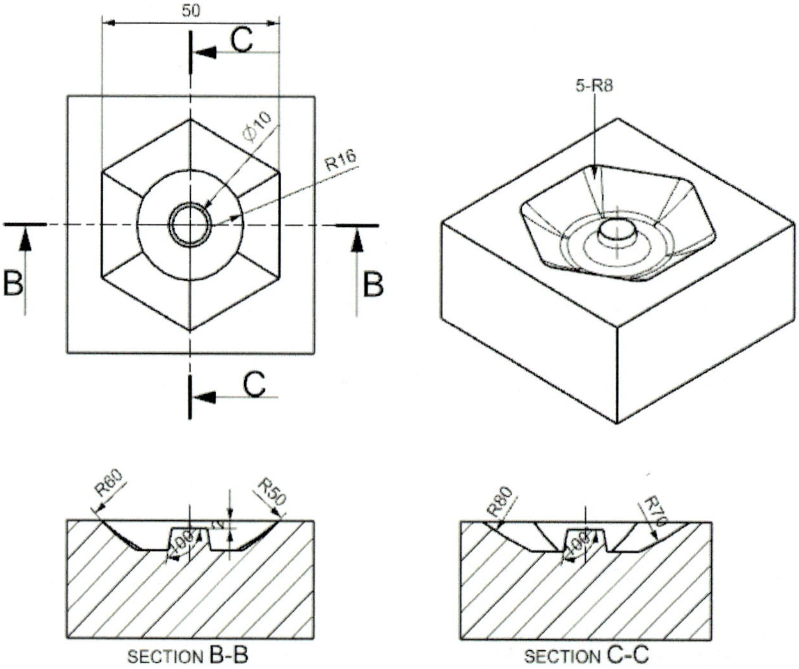

주 서
도시되고 지시없는 라운드는 R4

1 화면에서 NX 를 실행하면 모델링을 하기 위한 화면으로 변환된다.

2 화면에서 좌측 상단의 새로 만들기  아이콘을 클릭한다.

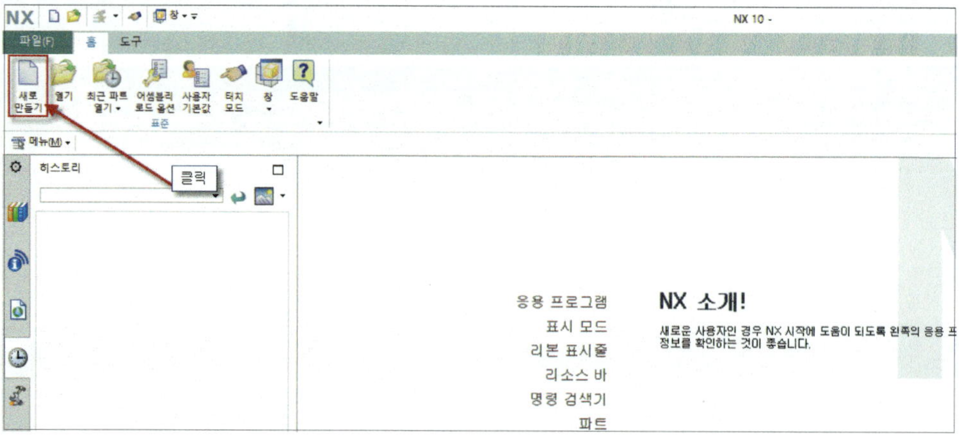

③ 새로 만들기 창에서 이름을 확인한다. 저장될 장소 및 파일 이름을 아래 그림과 같이 설정한 후 확인을 클릭한다.

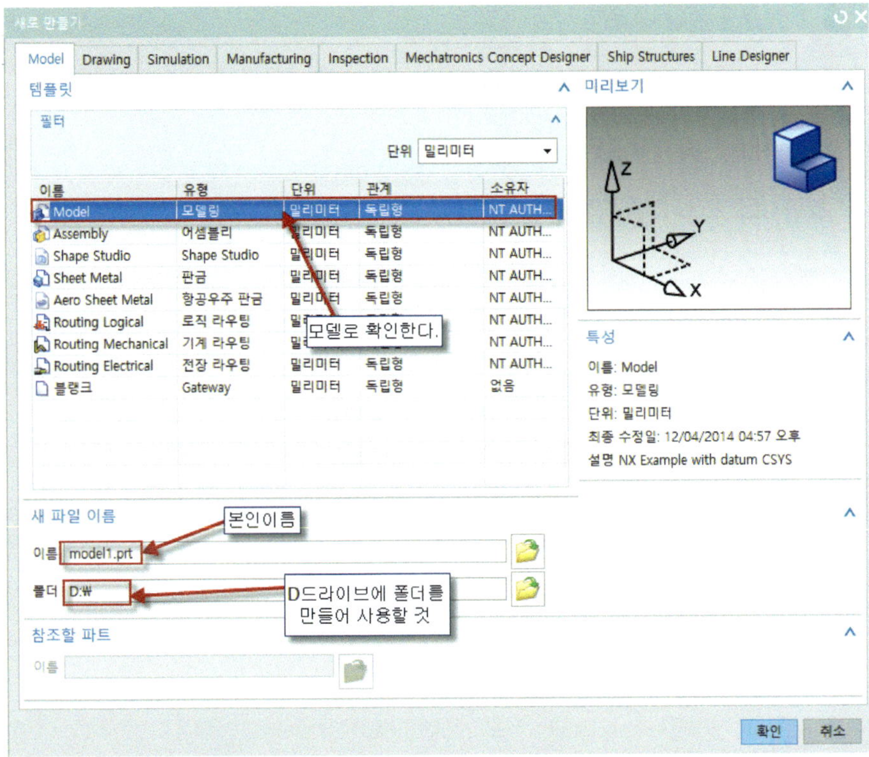

④ 2D 스케치 창이 활성화되면 스케치를 하기 위하여 좌측 상단의 스케치 아이콘을 클릭한다.

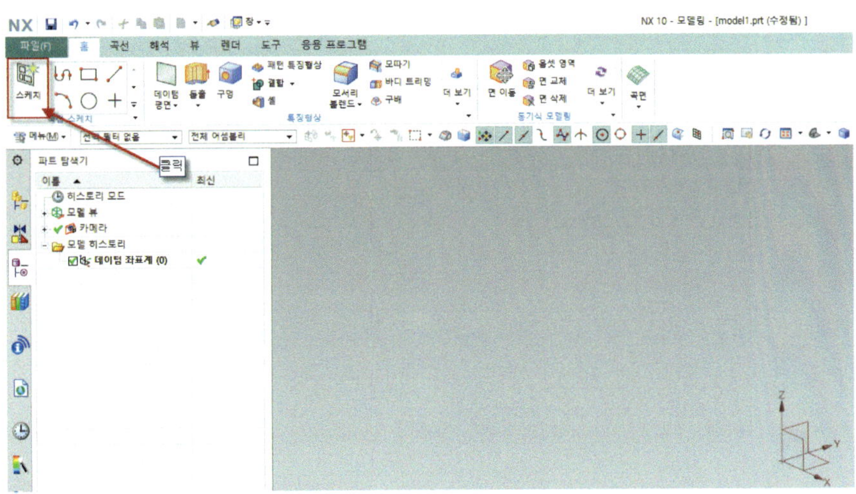

5 스케치 생성 창이 활성화되면 평면 방법에서 **기존 평면**으로 변경해서 사용하면 데이텀 평면이 나타나지 않아 쉽게 스케치 준비를 할 수 있다.

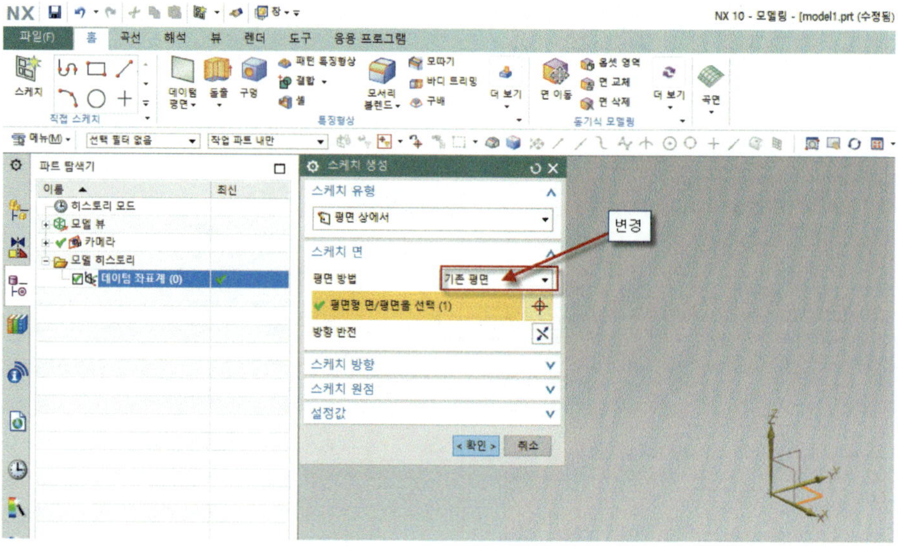

6 스케치 생성 창에서 확인을 클릭하면 2D 창으로 변환된다.

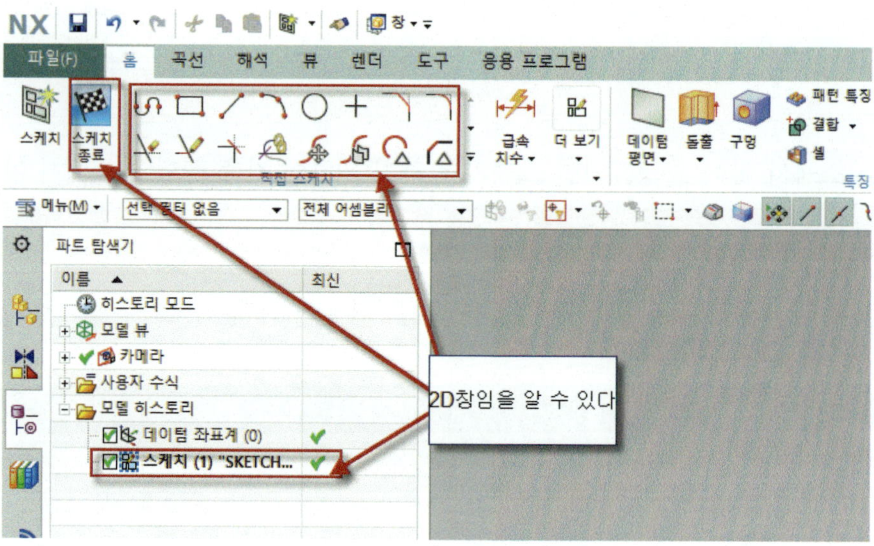

MEMO

7 먼저 메뉴바에서 홈으로 되어 있을 것이다. 여기서 **직사각형**을 선택하면 직사각형 3가지 방법으로 나타나지만 여기서는 대각선 방향이 좋은 방법이므로 ①로 스케치를 하면 된다.

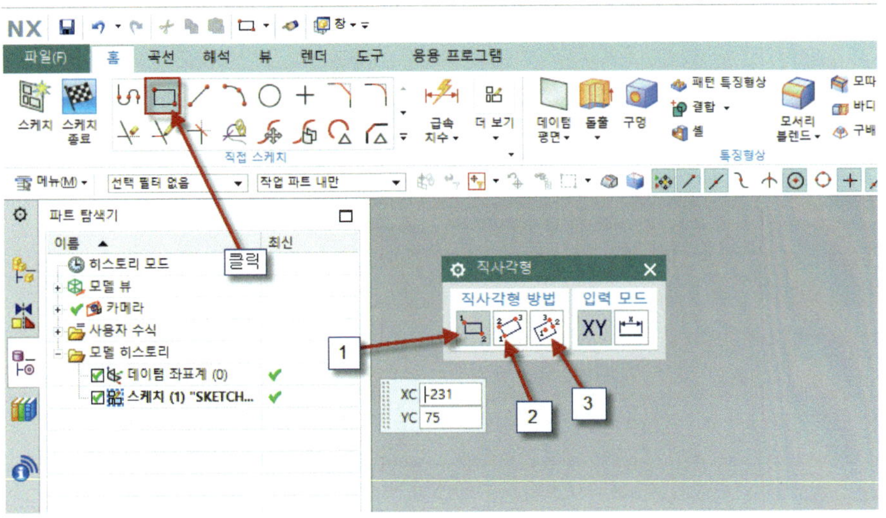

8 X-Y평면상에서 X0, Y0에 ①은 X, Y교차점에 형상교차로 구속되며, ②은 X, Y교차점에 정확성을 나타내며, ③은 현재 위치가 X0, Y0임을 표현하고 있다.

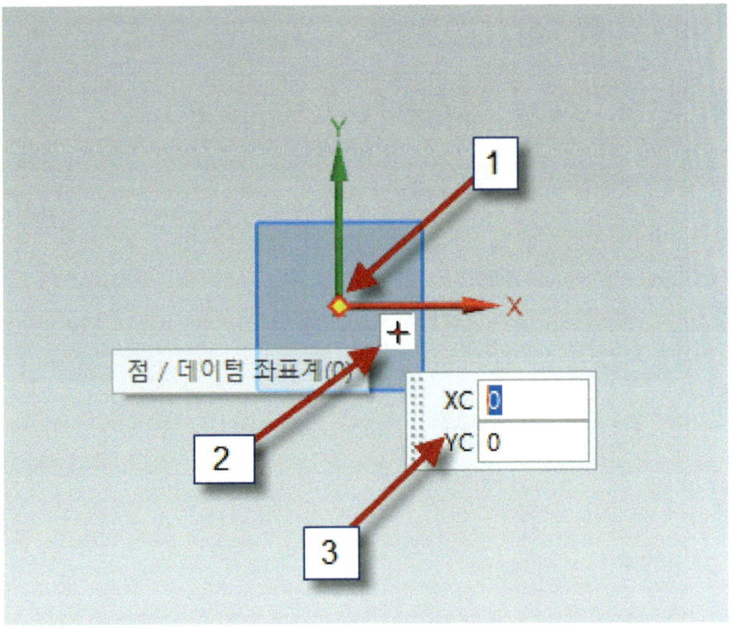

9 ①을 마우스로 클릭한 후 드래그하지 말고 마우스 버튼을 놓은 채 대각선으로 ②를 클릭하면 사각형의 스케치가 완료된다.

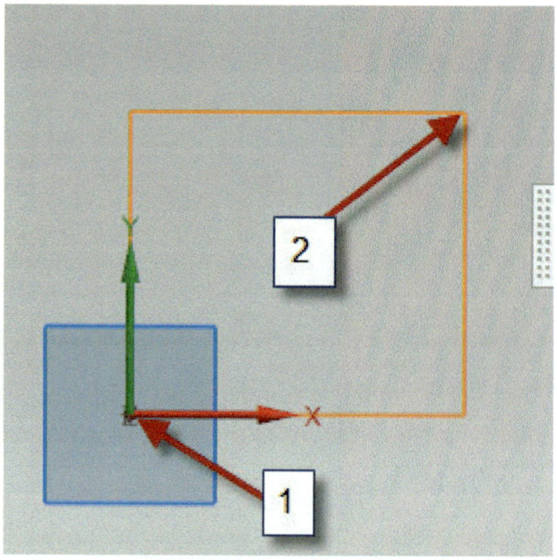

10 ①의 **급속 치수** 아이콘을 클릭한 후 ② X방향 선을 선택하여 70으로 수정하고 ③ Y방향 선을 선택하여 70으로 수정해 준다.

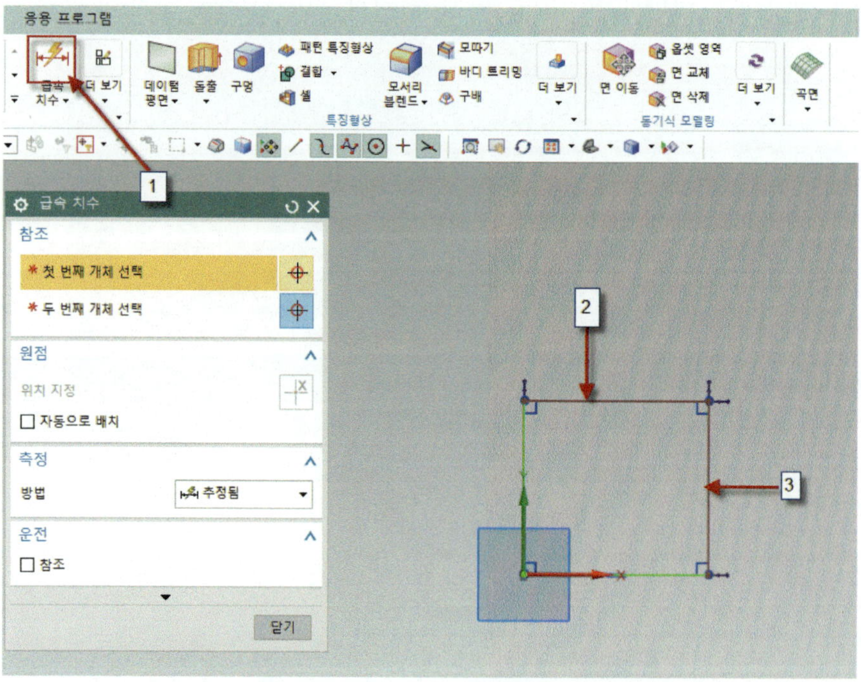

11 아래 그림처럼 정사각형의 치수 구속이 완성된다.

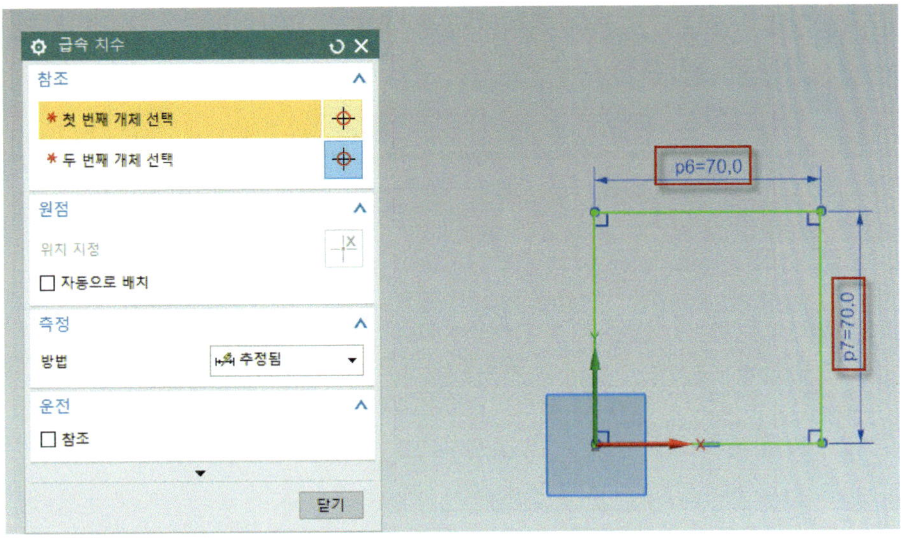

12 화면 왼쪽 위의 스케치 종료  아이콘을 클릭하면 3차원 창으로 이동한다.

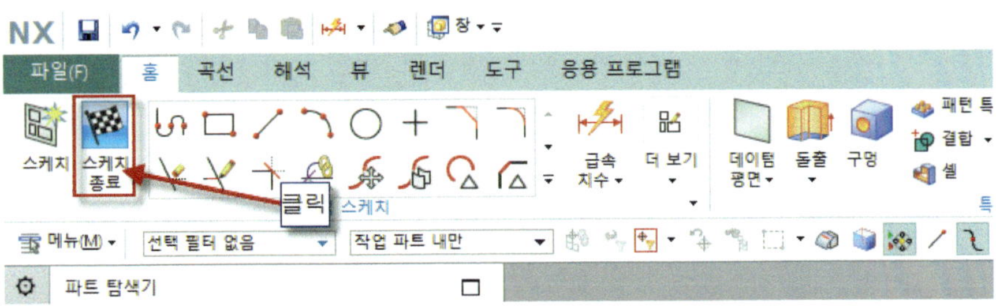

MEMO

⑬ 솔리드로 돌출하고자 하면 X-Y 평면에서 스케치를 하였기에 ① Z방향이 보이도록 마우스 휠을 누르고 Z방향이 위로 가도록 하면 ② 커브가 X-Y 평면상에 스케치되어 있음을 알 수 있다.

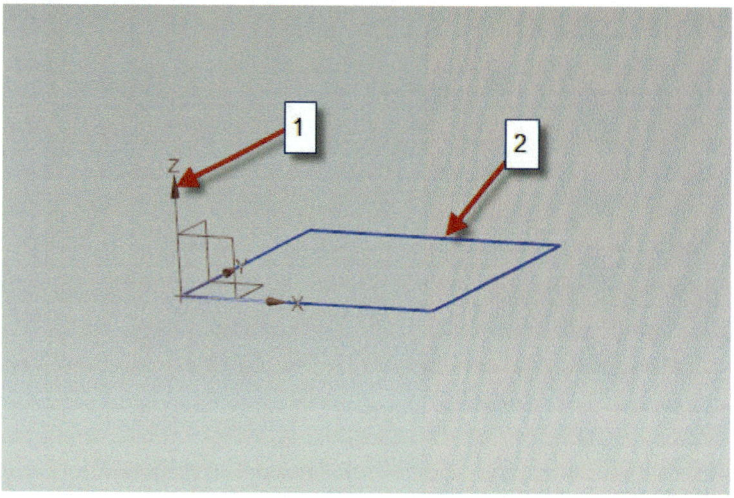

⑭ ① **돌출** 아이콘을 클릭한다. ② **연결된 곡선**으로 바꾸면 커브가 연결되어 있는 것만 선택되므로 아주 중요하다. ③ **스케치한 곡선**을 선택하고, ④ 벡터 방향으로 현재 -Z방향으로 해야 하기 때문에 -ZC로 변경한다. ⑤ 시작의 거리 값을 0으로 하고, ⑥ 끝 거리 값 32를 입력한 후 커브를 선택한다.

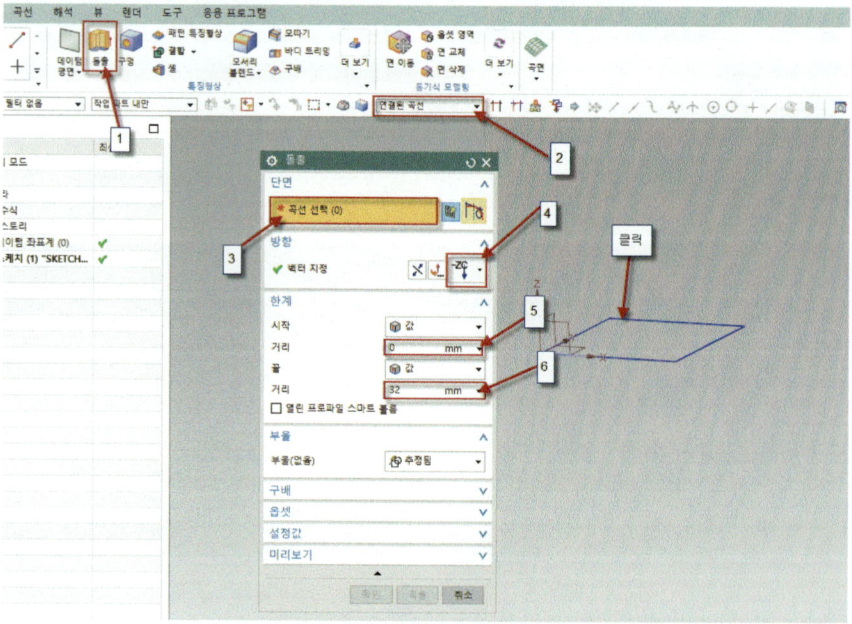

⑮ 아래 그림처럼 -Z벡터로 32mm로 Solid가 생성됨을 알 수 있으며, 돌출 창의 아래 확인을 클릭한다.

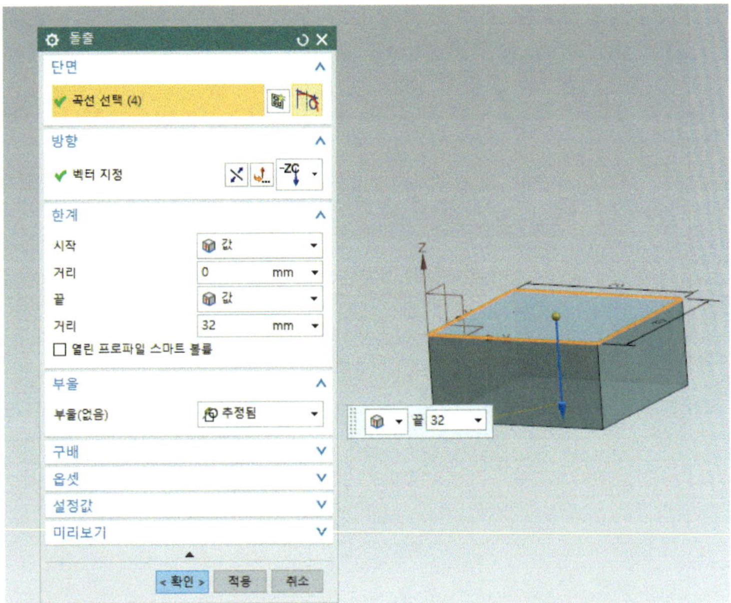

⑯ 육면체의 Solid가 생성되었다.

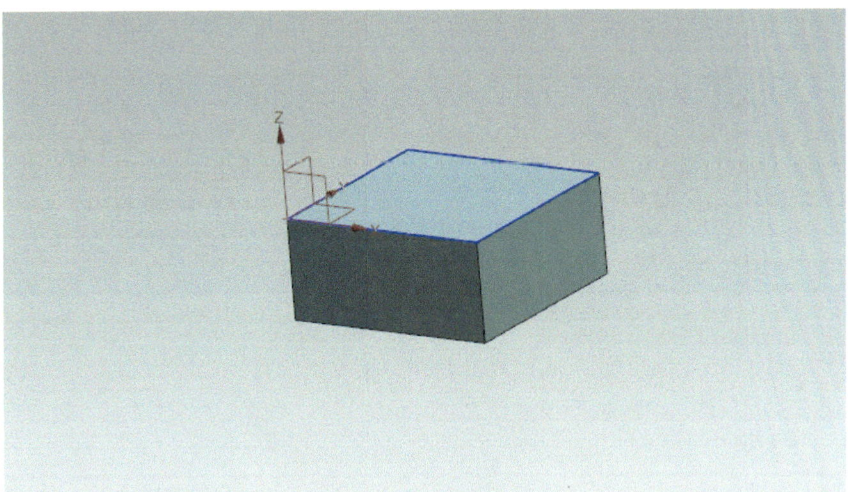

17 Z0인 평면상에 스케치를 하고자 ① **스케치** 아이콘을 클릭하여 스케치 유형과 평면 방법을 확인한다. **모델링 상면**을 클릭한 후 **확인**을 클릭한다.

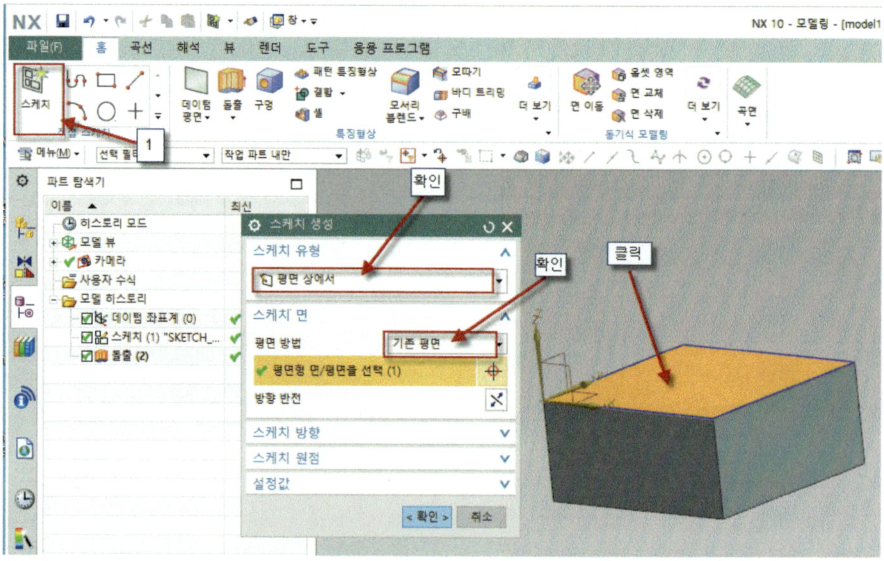

18 평면상에 수평선과 수직선을 형상 구속으로 스케치하기 위해 ① **선** 아이콘을 클릭하고 ② 가리키는 부분이 Y축 방향 거리가 70이지만 YC 숫자가 35가 맞는지 확인한 후 수평선과 수직선을 같은 방법으로 스케치하면 된다.

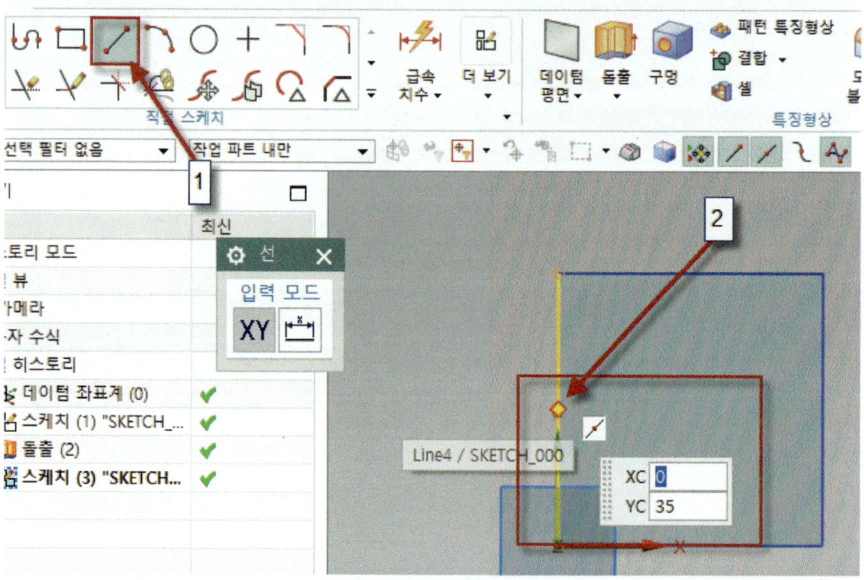

⑲ 아래 그림과 같이 스케치가 완료되었음을 알 수 있다.

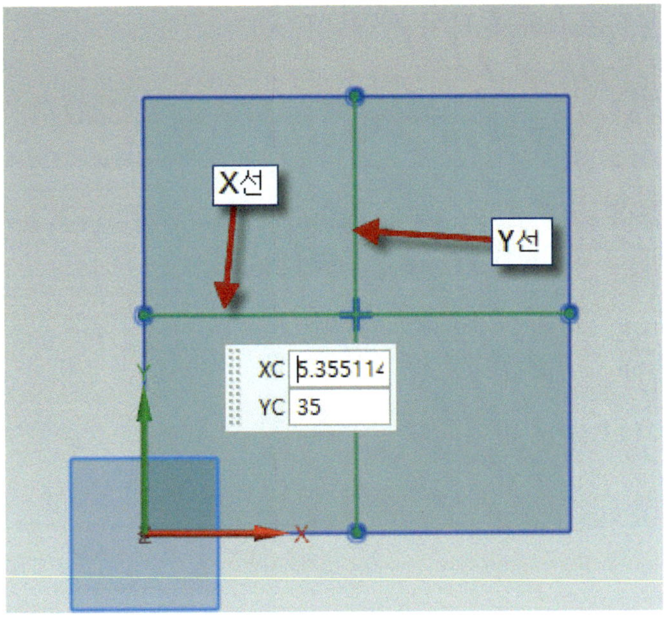

⑳ 화면 좌측 상단의 **스케치 종료**  아이콘을 클릭한다. 스케치 종료를 하는 이유는 본 객체의 중심을 참고로 스케치하고자 함이며, 스케치 창을 별도로 관리하는 것은 초보자로서 유용하리라 본다.

여기에서 위 그림과 아래 그림의 선의 색깔이 다르다. 이는 스케치 창과 3차원 창의 차이로 3차원 창은 수정할 수 없다.

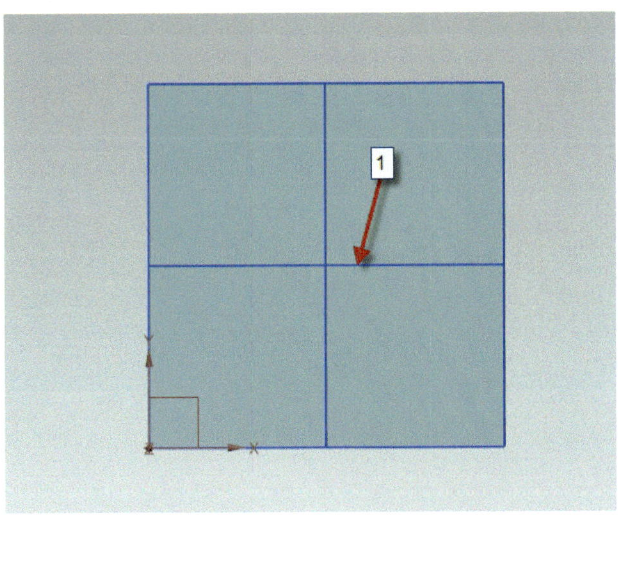

21 아래 그림에서 ① 스케치 아이콘을 클릭하고 ② **평면**을 선택한 다음 ③ 확인을 클릭하면 새로운 스케치 창이 활성화된다.

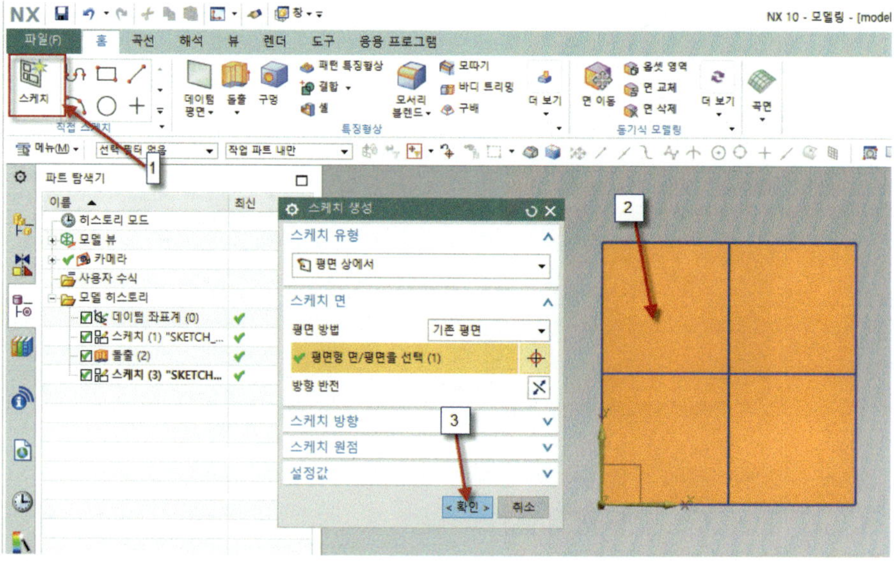

22 다각형의 중심점을 찾기 위해 **점 지정** 아이콘을 교차로 바꾸고 ① X선, ② Y선을 클릭한다. 크기는 반경 값이므로 ③ 반경에 **25**를 입력한 후 엔터를 치면 크기의 반경 앞의 자물쇠가 잠긴다. 회전은 꼭지점이 위로 향해야 하므로 ④ 회전에 **60도**를 입력한 후 엔터를 클릭하면 만들어진다.

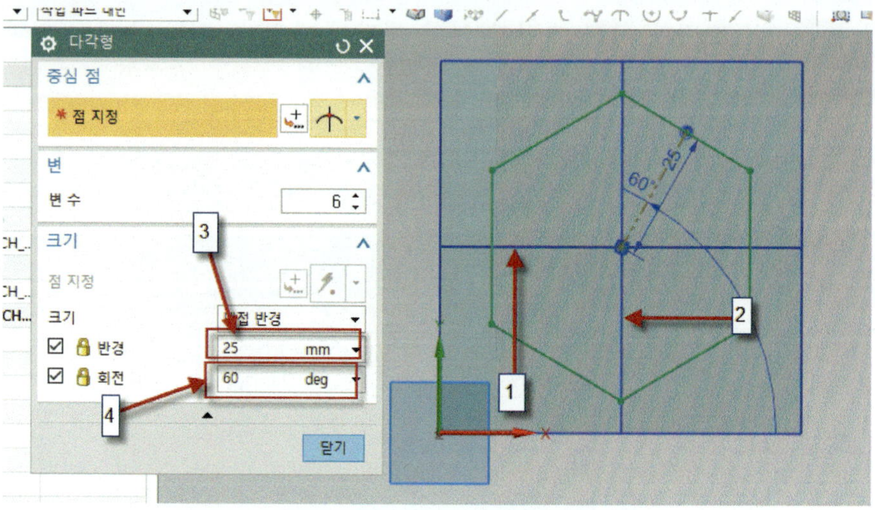

23 3차원 창을 활성화하기 위하여 스케치 종료를 클릭한다.

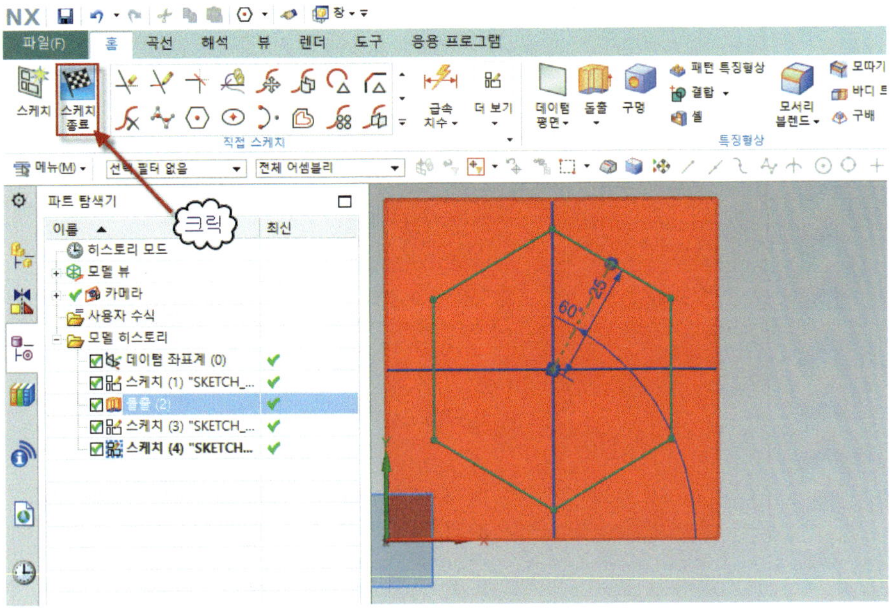

24 데이텀 평면을 밑으로 내려서 만들기 위하여 ① 데이텀 평면을 클릭한다. ② 유형에서 거리로 변환하고 ③ 거리 값을 -8 입력한다. ④ 평면을 클릭하면 데이텀 평면이 만들어진다.

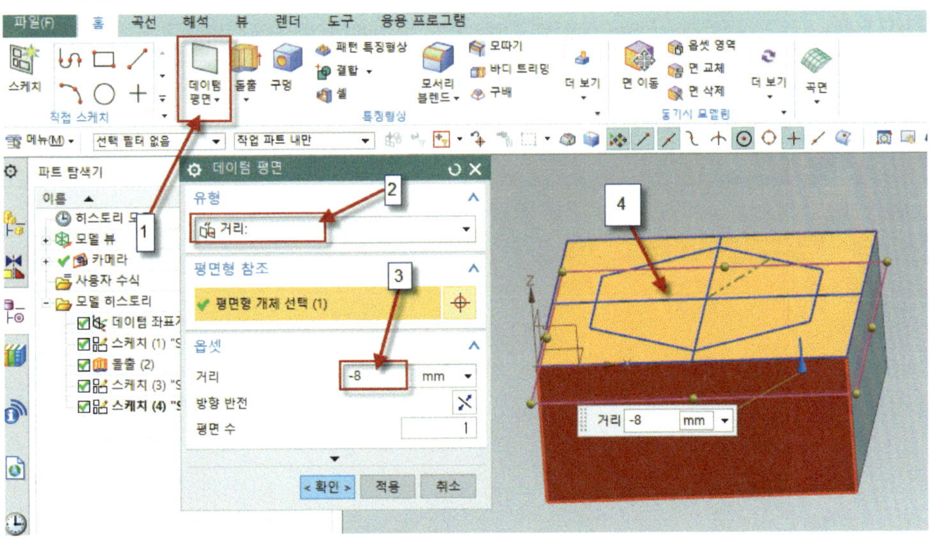

25 새로운 데이텀 평면에 스케치하기 위하여 본체를 숨기면 다음 작업하기가 쉽다.

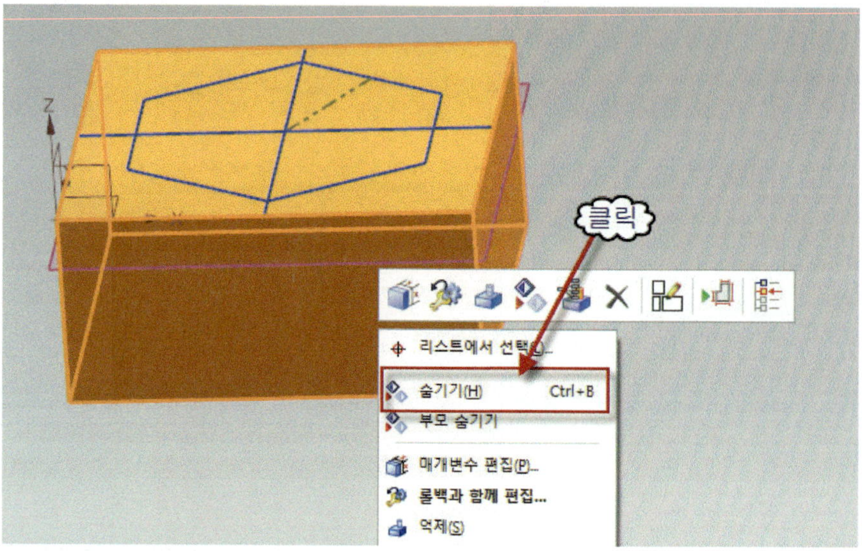

26 데이텀 평면을 활용해 스케치를 하고자 한다. 스케치를 클릭한 후 새로운 데이텀 평면을 선택하고 확인을 클릭한다.

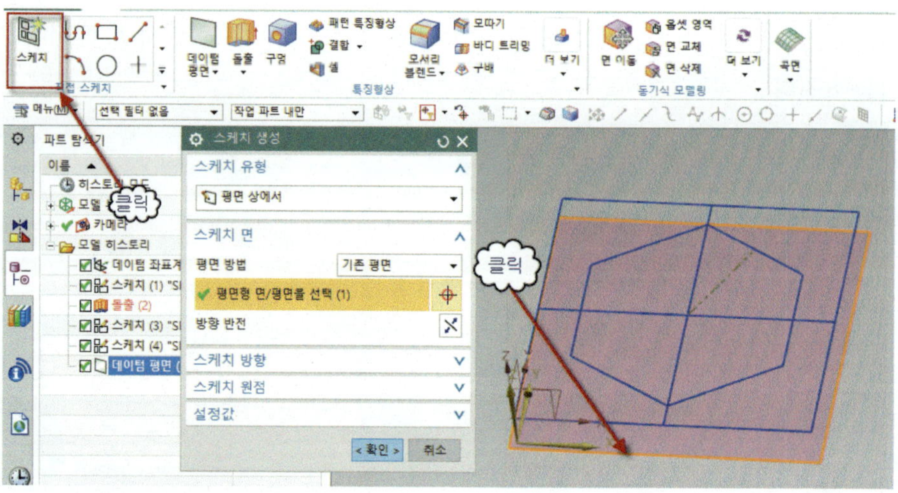

MEMO

27 ① **원**을 선택한 후 오스냅에서 ② 중심점을 해제하고 ③ **교차점**을 활성화한다. 마우스로 중심점으로 가면 X선과 Y선이 노란색으로 되면 선택한 후 원을 스케치 한다.

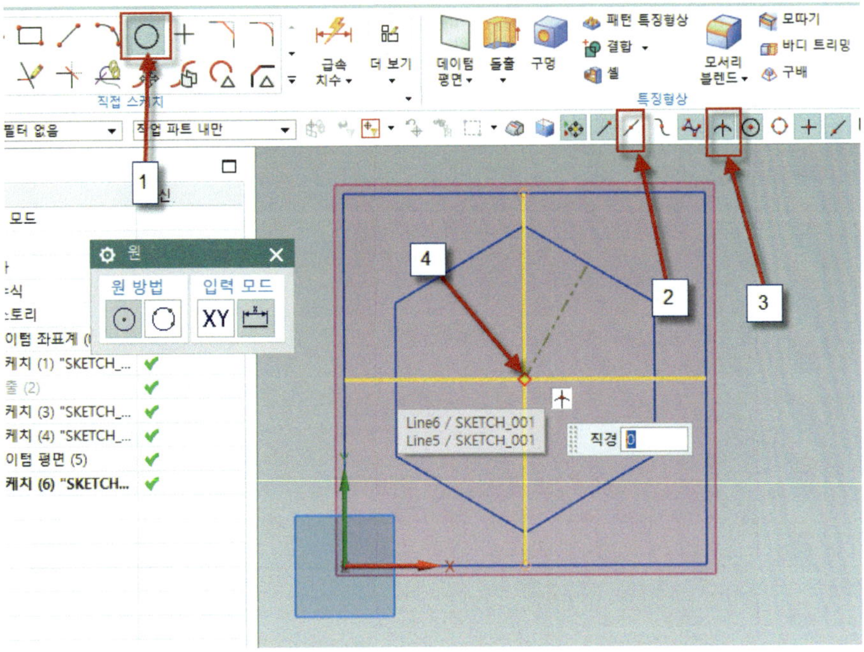

28 **급속 치수**를 클릭하고 **원**을 클릭한 후 30인 치수 값을 넣고 **스케치 종료**를 클릭한다.

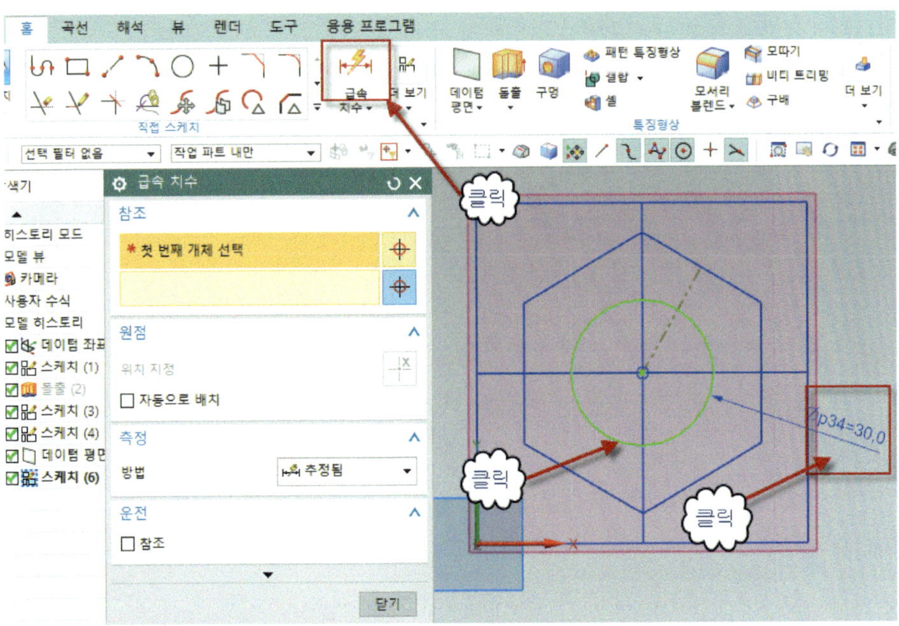

29 여기서 중요한 것은 X-Z평면에서 R값과 Y-Z평면에서 R값이 다르기 때문에 다각형 및 원호에 대하여 세그멘트를 늘려 줘야 한다는 점이다. 그렇게 함으로써 끝점에 형상 구속을 할 수 있기 때문이다. 먼저 원에 대해서 수정을 하기 위하여 원을 더블 클릭하면 스케치 창이 활성화되어 수정할 수 있다.

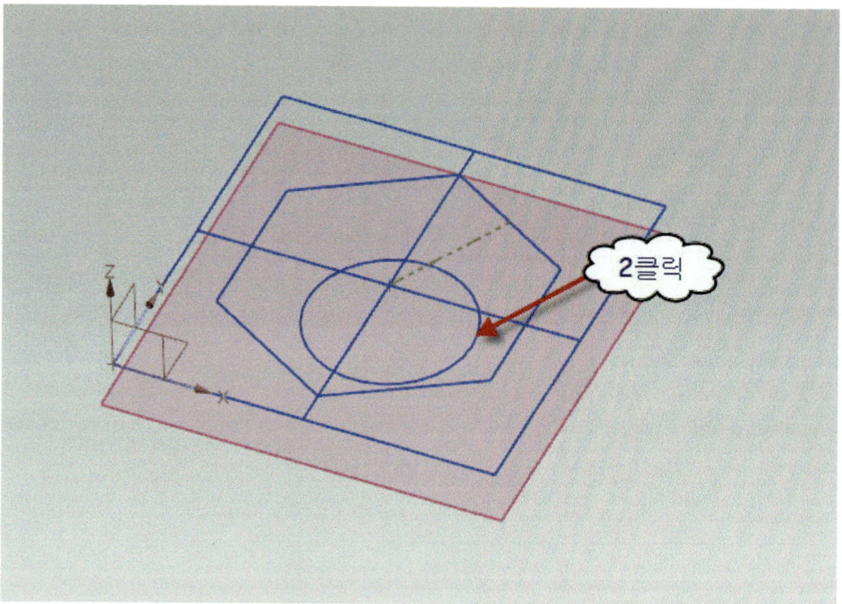

30 스케치 창에서 원이 활성화되면 ① **수평선**을 중심선 라인에 맞게 스케치하고 ② **수직 방향**도 같은 방법으로 스케치한다.

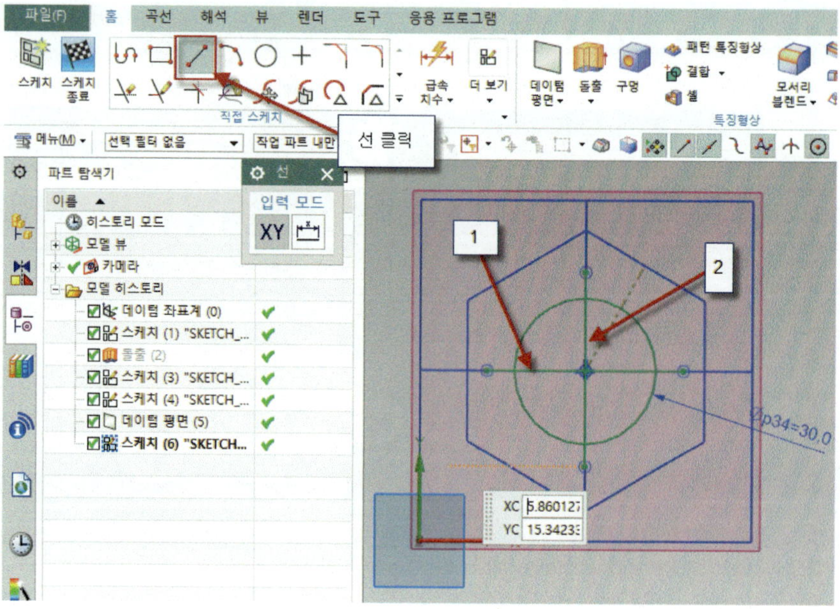

31 빠른 트리밍 아이콘을 클릭한 다음 ①과 ②를 트림하여 준다.

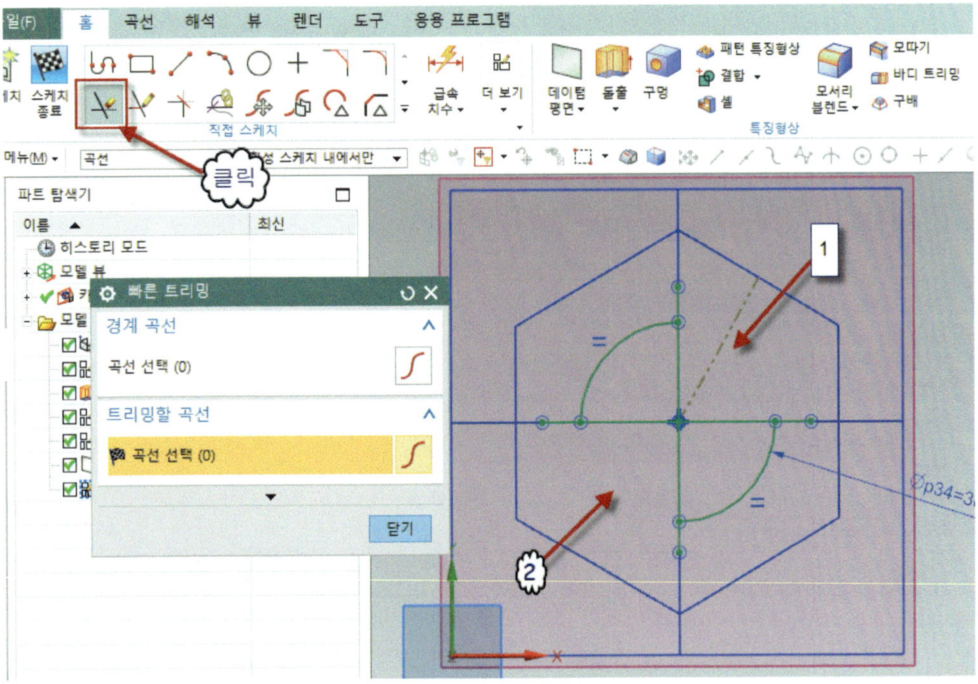

32 원호 아이콘을 클릭한 후 스케치 창의 ① 원호 끝점과 ② 끝점을 클릭한 후 ③ 접점 형상이 생성되면 마우스로 클릭해서 원을 완성해 준다.

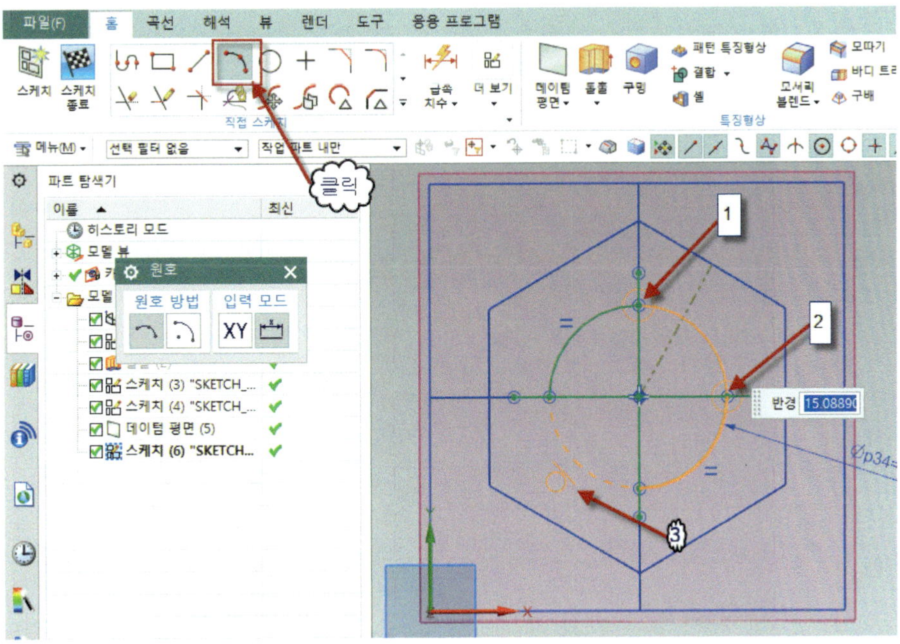

33 아래 그림과 같이 원호가 완성되었으면 스케치 종료를 클릭한다.

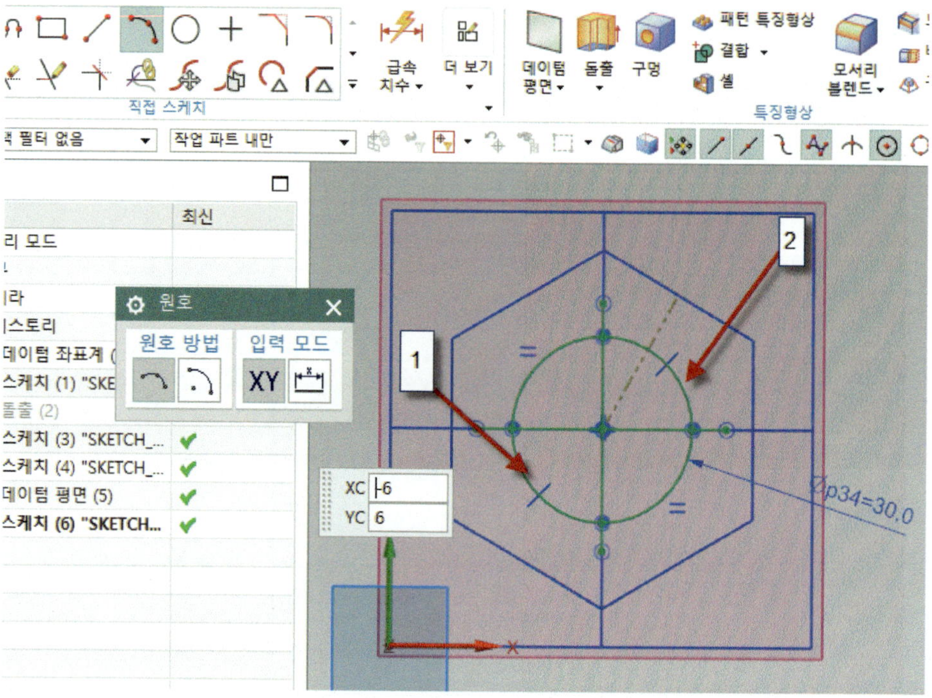

34 다각형도 위와 같은 방법으로 벡터 방향으로 구속을 위하여 수직 부분만 세그멘트를 2개로 수정한다.

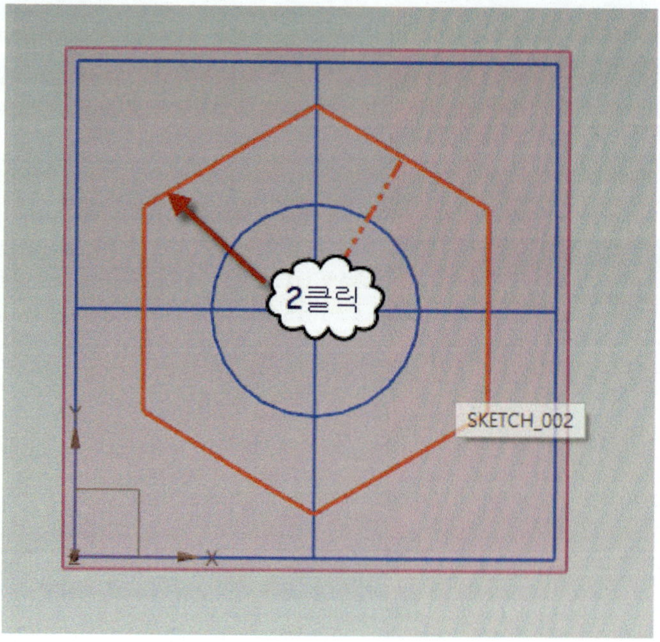

35 다각형이 스케치 창으로 활성화되었으며, 선을 클릭한 후 ①과 같이 수평선을 중심선에 스케치한다.

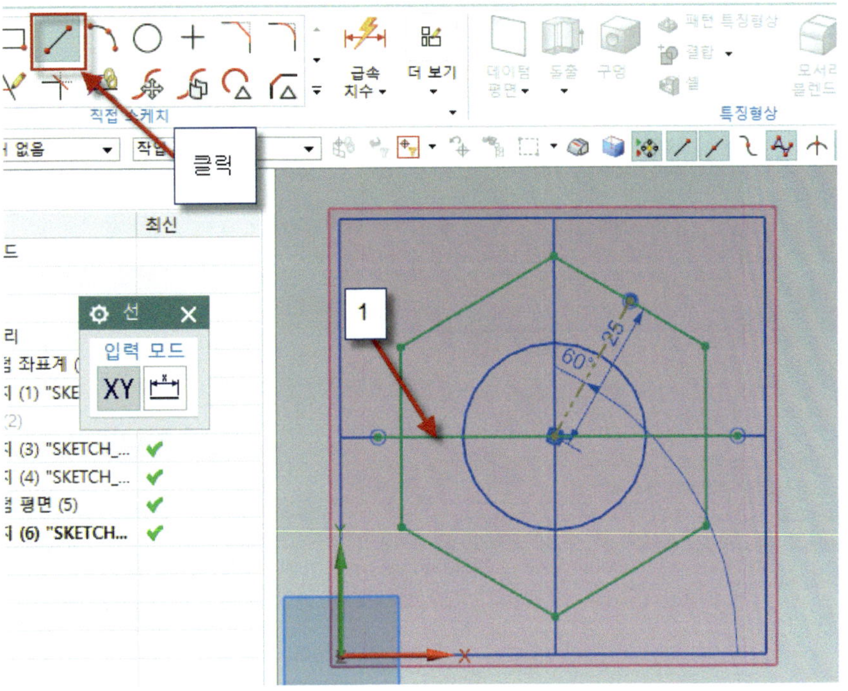

36 빠른 트리밍 아이콘을 클릭한 후 ① 선과 ② 선을 트림한다.

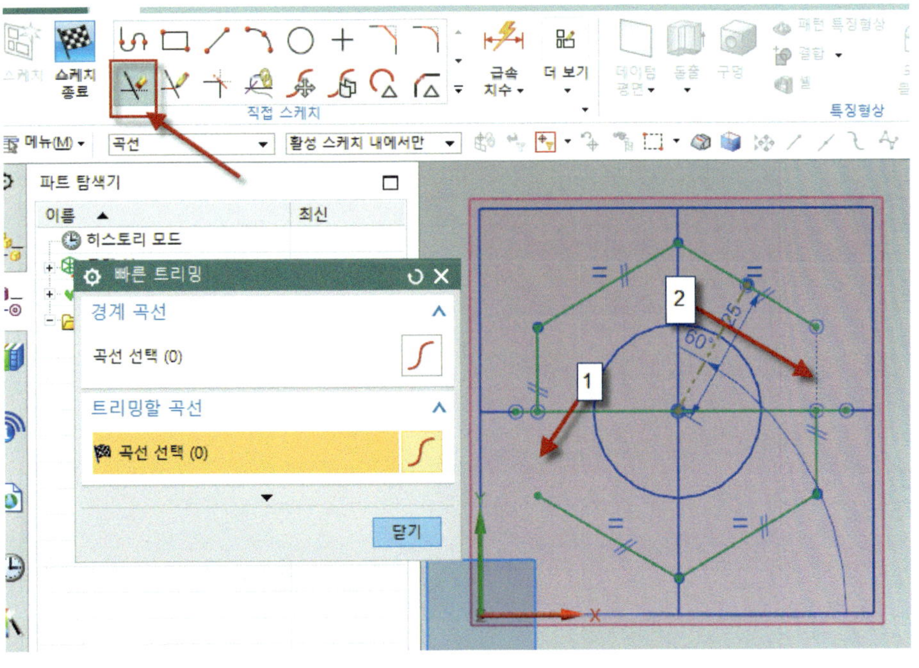

37 선 아이콘을 클릭하여 ① 선을 이어주고 ② 선도 같은 방법으로 스케치한 후 스케치 종료 아이콘을 클릭한다.

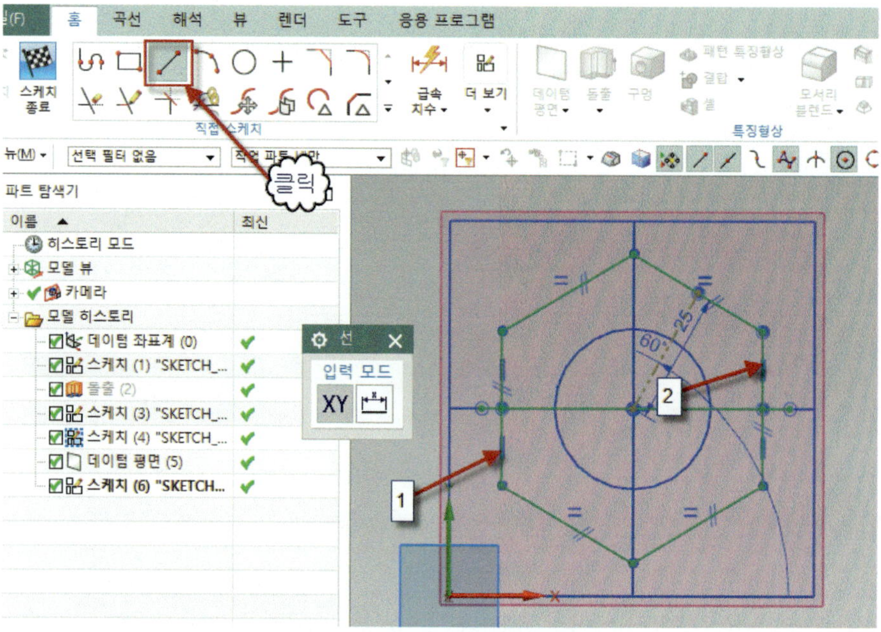

38 커브에서 원과 다각형을 남겨두고, 숨겨야 할 커브를 선택하고 숨기기 아이콘을 클릭한다.

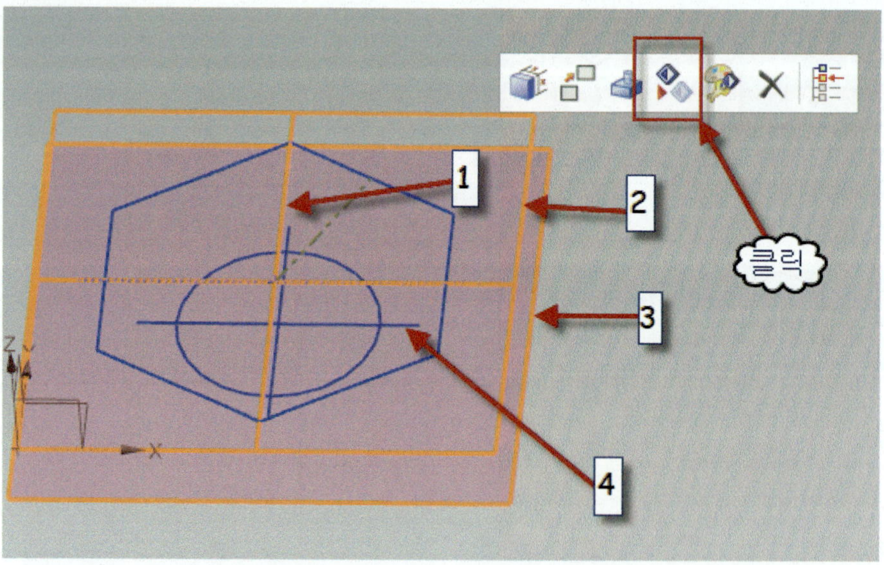

39 메뉴 옆 칸을 **곡선**으로 바꾸고 ①, ②, ③, ④을 선택한 후 마우스로 클릭한다.

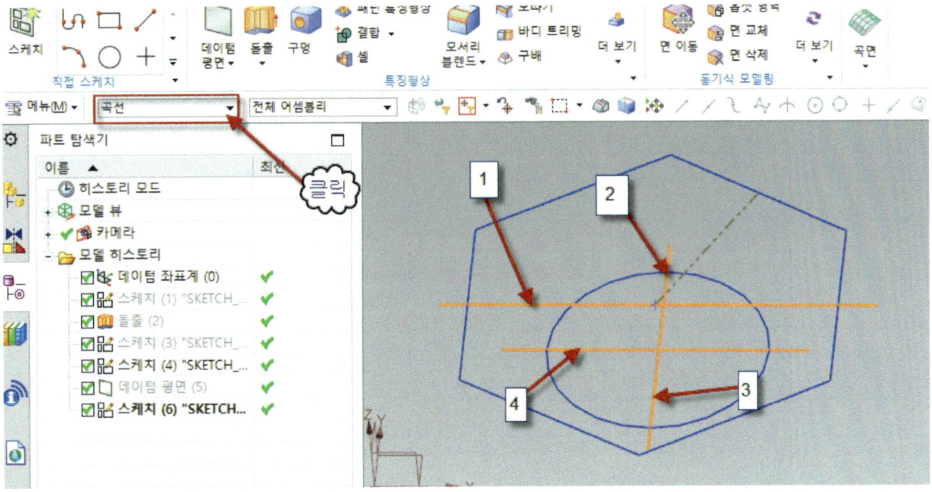

40 다음 아이콘이 활성화되면 **숨기기**를 클릭한다.

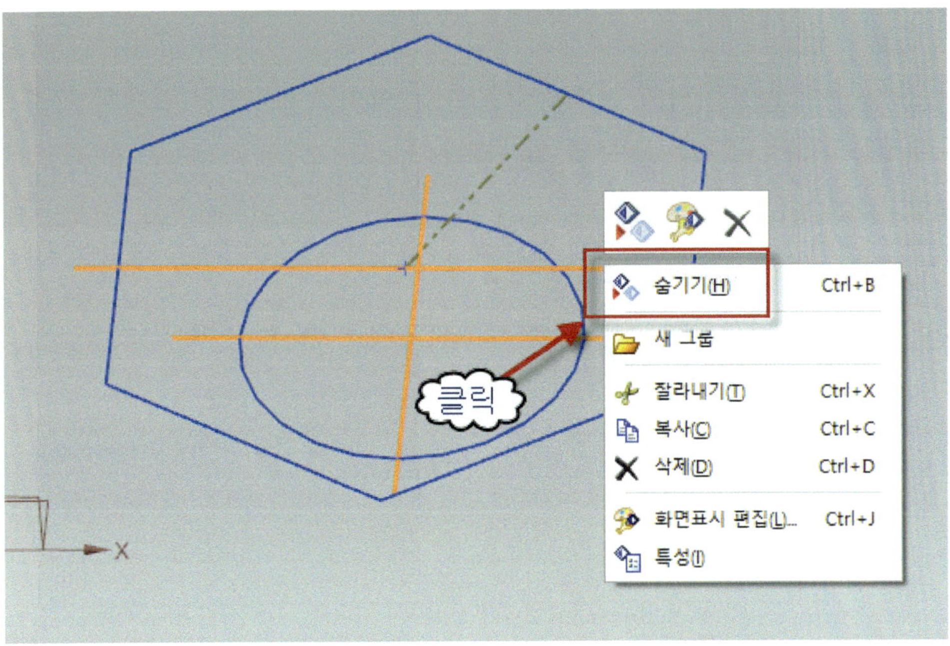

MEMO

41 아래 그림과 같이 원과 다각형이 남게 된다.

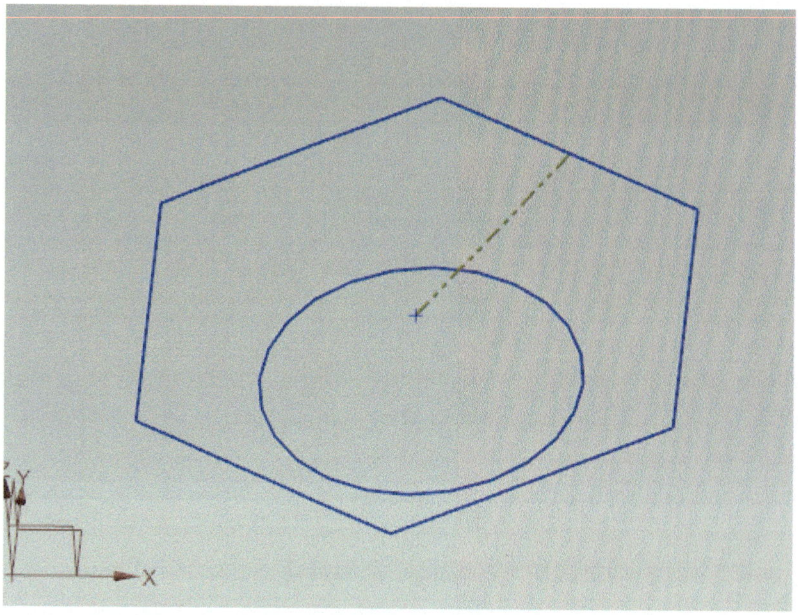

42 ① 표시 및 숨기기 아이콘을 클릭한 후 ② 표시를 클릭하면 클래스 선택 창이 활성화되면서 숨겨놓은 개체들이 나타난다.

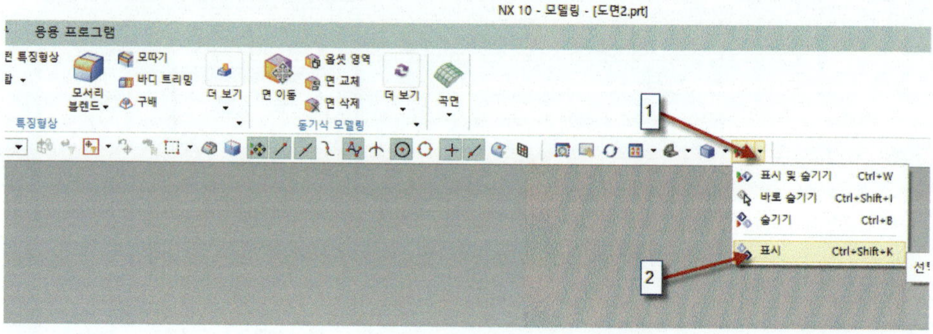

MEMO

43 클래스 창에서 본체를 클릭한 후 확인을 클릭한다.

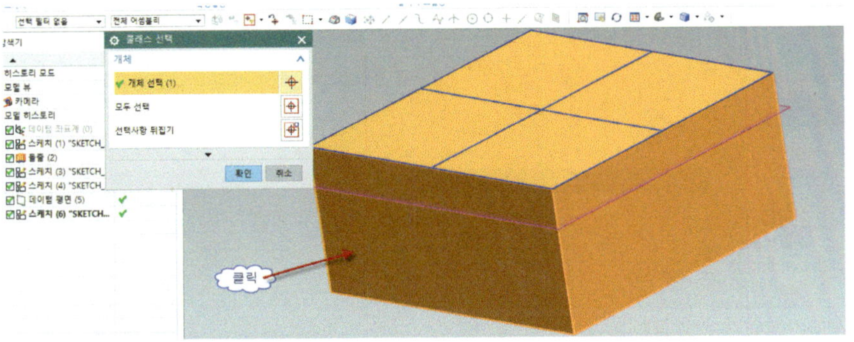

44 데이텀 평면 아이콘을 클릭하면 데이텀 평면 창이 활성화되며, ① 유형에서 이등분선으로 변환 후 앞면 및 뒷면을 클릭하면 데이텀 평면이 중간에 활성화된다. 확인을 클릭한다.

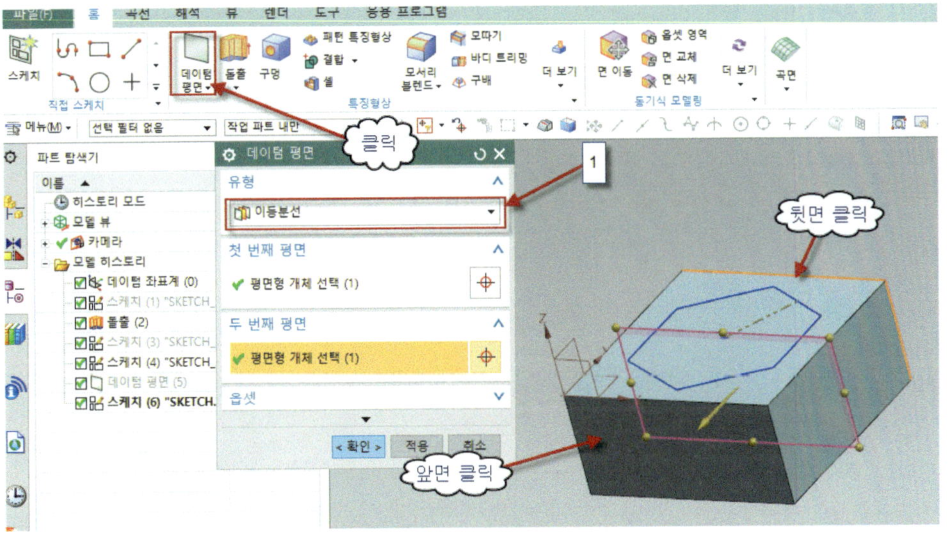

MEMO

45 스케치 아이콘을 클릭하여 스케치 생성 창이 활성화된다. 방금 만들어놓은 데이텀 평면을 선택한 후 확인을 클릭한다.

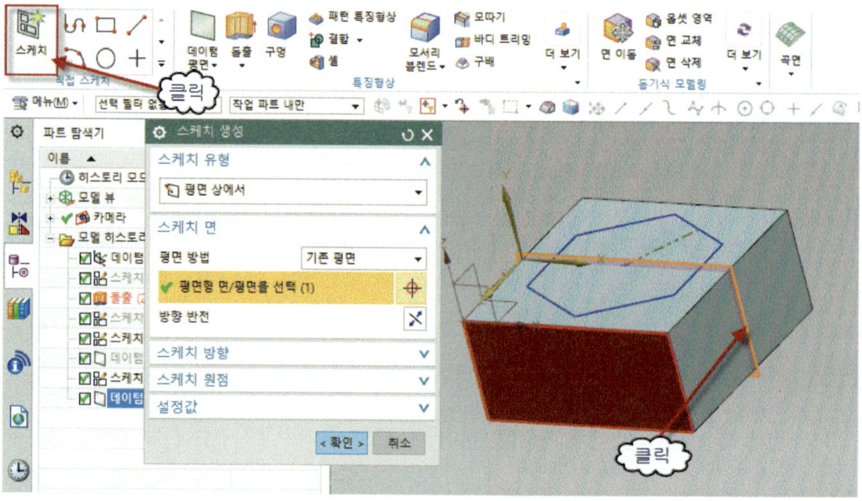

46 모델링 창에서 본체 위에서 마우스 우클릭해서 숨기기 아이콘이 활성화되면 숨기기를 클릭한다.

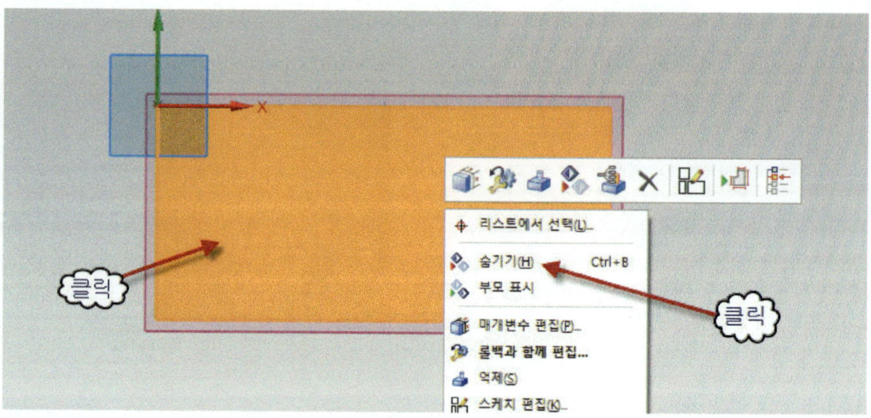

MEMO

47 아래 그림과 같이 솔리드 모델이 숨겨진다.

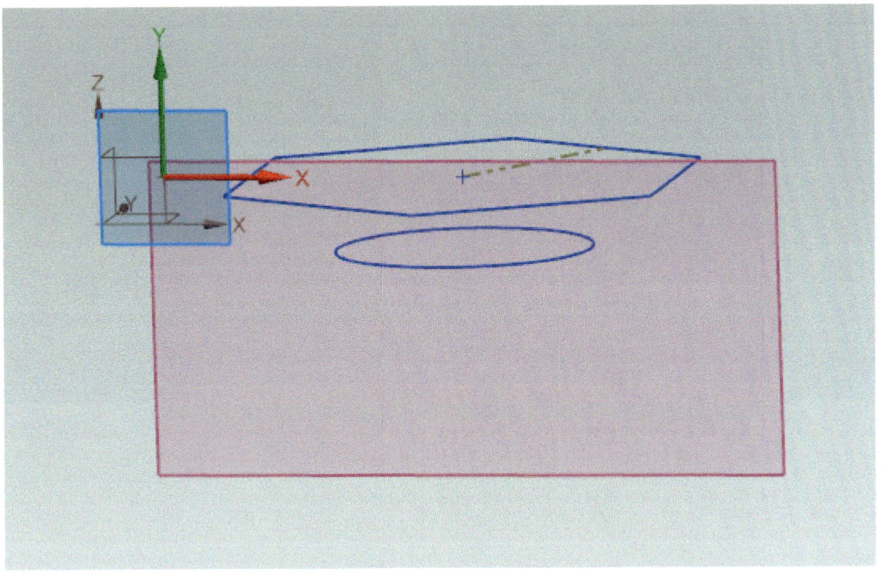

48 2D 스케치 창에서 **원호** 아이콘을 클릭한 후 원의 끝점을 클릭한다.
(원의 끝점과 다각형의 끝점에 형상 구속을 주기 위함)

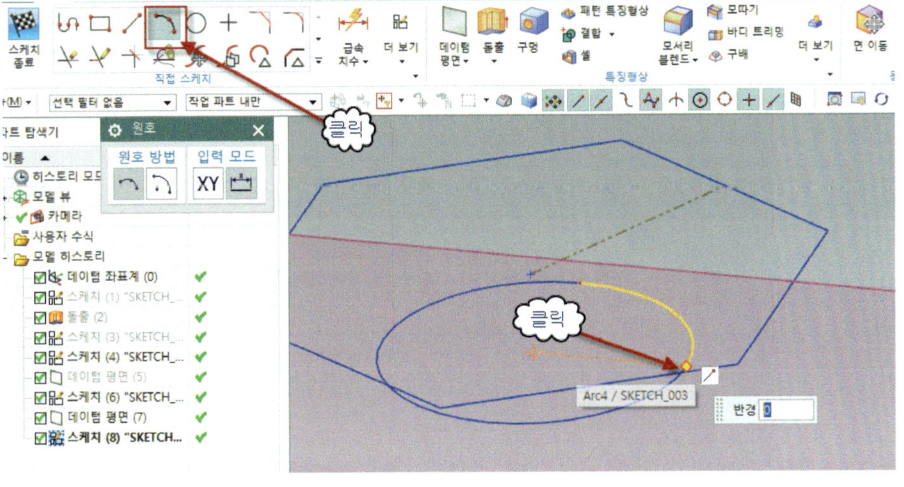

MEMO

49 이번에는 다각형의 끝점을 클릭한다.

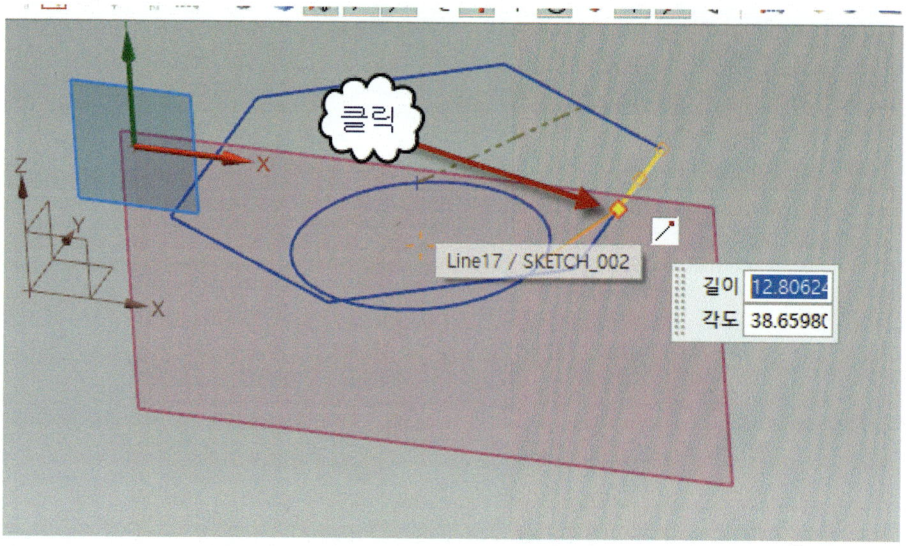

50 같은 방법으로 반대편도 원호를 스케치한다.

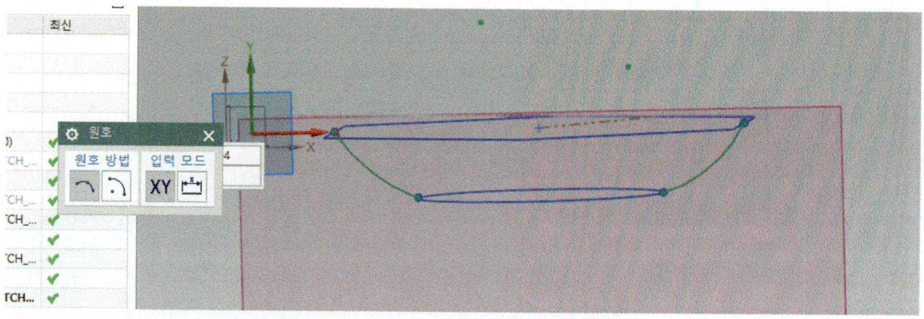

MEMO

51 오른쪽 원호의 값은 50, 왼쪽 원호의 값은 60으로 치수 구속 후 스케치 종료 아이콘을 클릭한다.

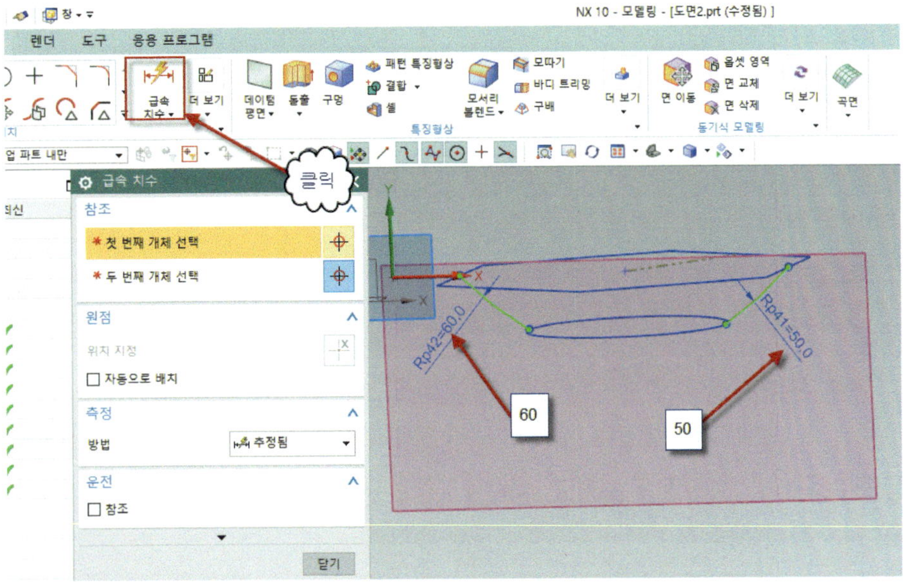

52 표시 및 숨기기 아이콘을 클릭한 후 표시를 클릭한다.

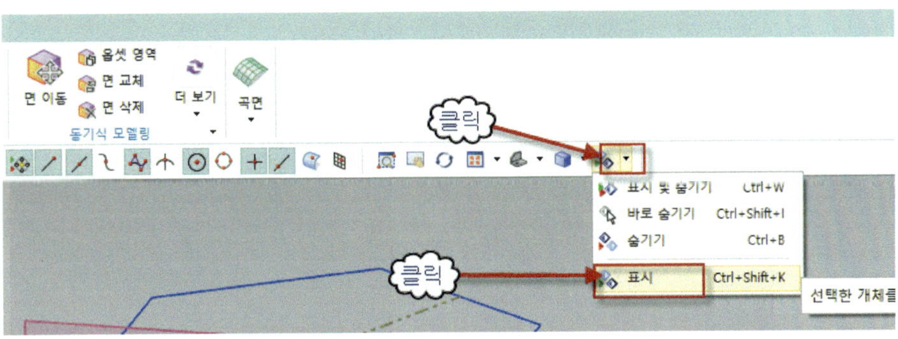

MEMO

53 본체를 클릭한 후 확인을 클릭한다.

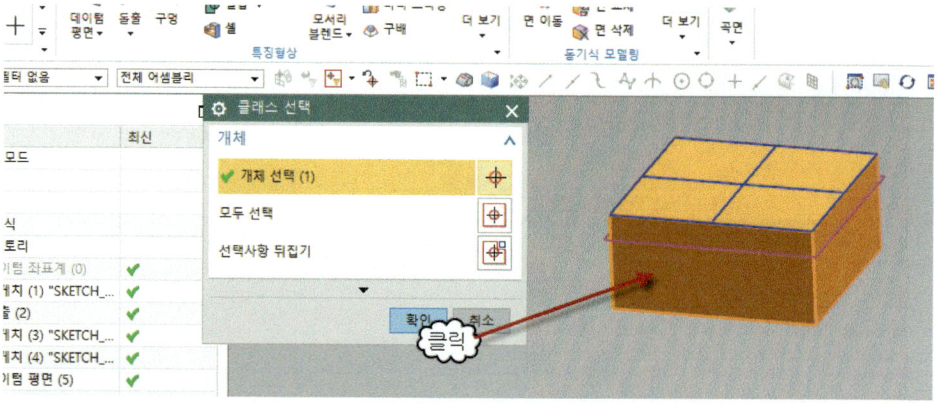

54 이제는 Y-Z 데이텀 평면을 생성해보자. 데이텀 평면 아이콘을 클릭한다. 유형이 **이등분선**으로 되었다면 솔리드 본체 앞면과 뒷면을 클릭한 후 데이텀 평면 창에서 확인을 클릭한다.

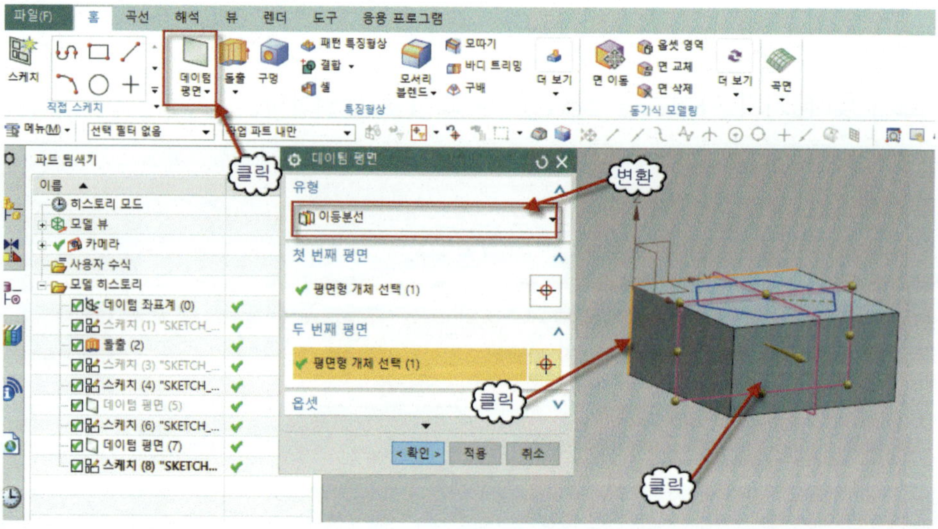

MEMO

55 스케치 아이콘을 클릭한 후 Y-Z 데이텀 평면을 선택한 후 스케치 생성 창에서 확인을 클릭한다.

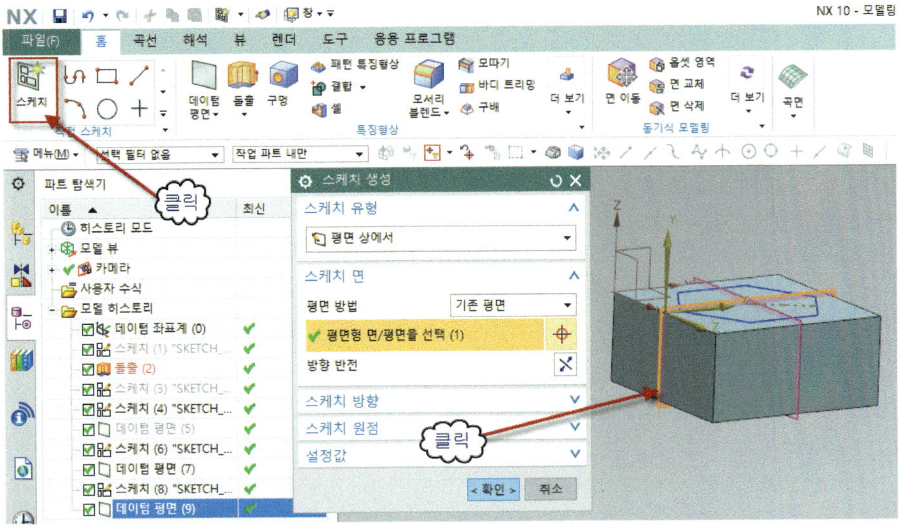

56 모델링 창에서 본체 위에서 마우스 우클릭하여 숨기기 아이콘이 활성화되면 숨기기를 클릭한다.

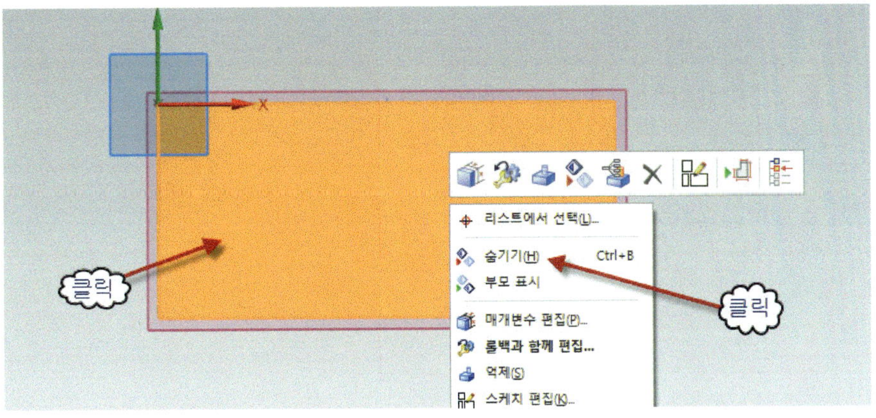

MEMO

57 아래 그림과 같이 솔리드 모델이 숨겨진다.

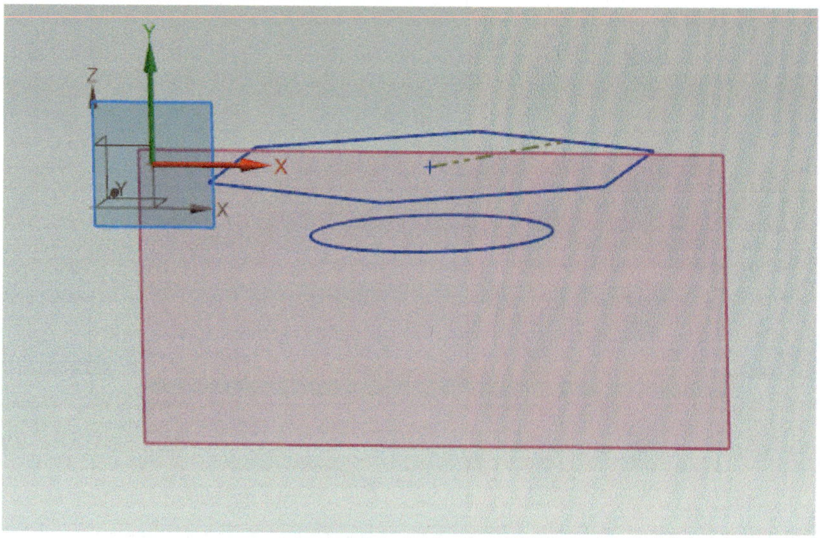

58 2D 스케치 창에서 **원호** 아이콘의 끝점을 클릭한다.
(원의 끝점과 다각형의 끝점에 형상 구속을 주기 위함)

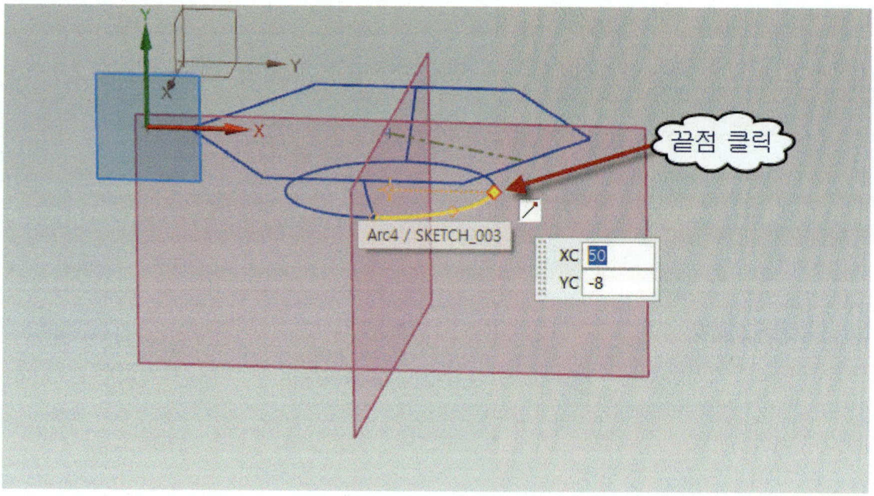

MEMO

59 이번에는 다각형의 끝점을 클릭한다.

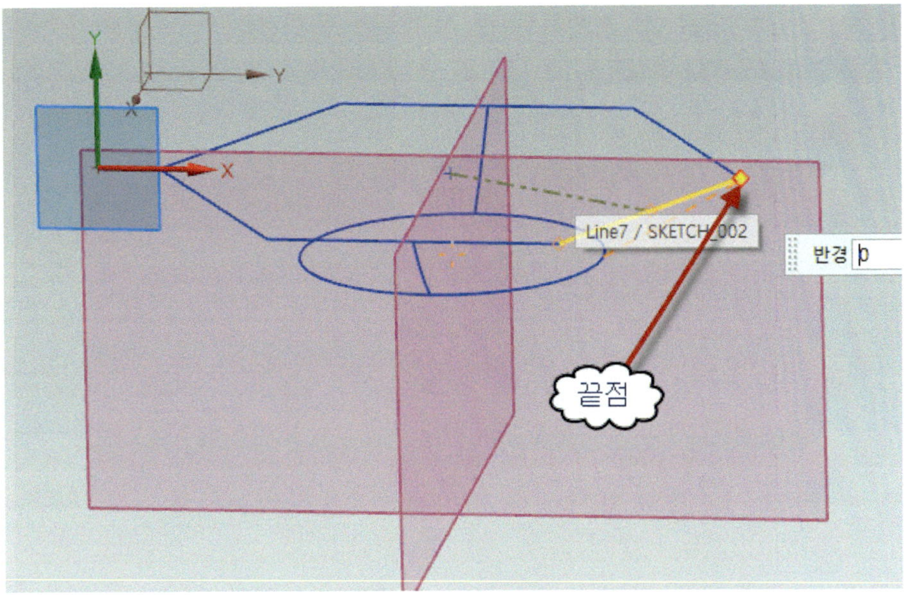

60 같은 방법으로 반대편도 원호를 스케치한다.

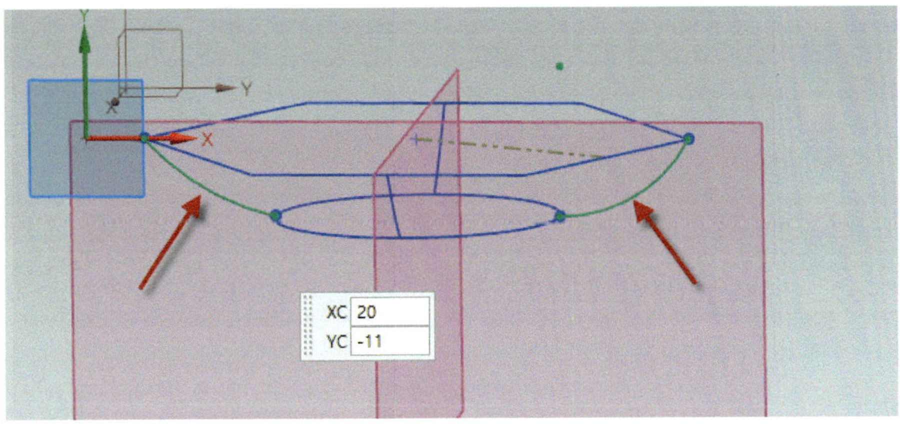

MEMO

61 오른쪽 원호 값은 70으로, 왼쪽 원호 값은 80으로 하여 서로 다른 원호 값이 될 수 있도록 구속 후 **스케치 종료** 아이콘을 클릭한다.

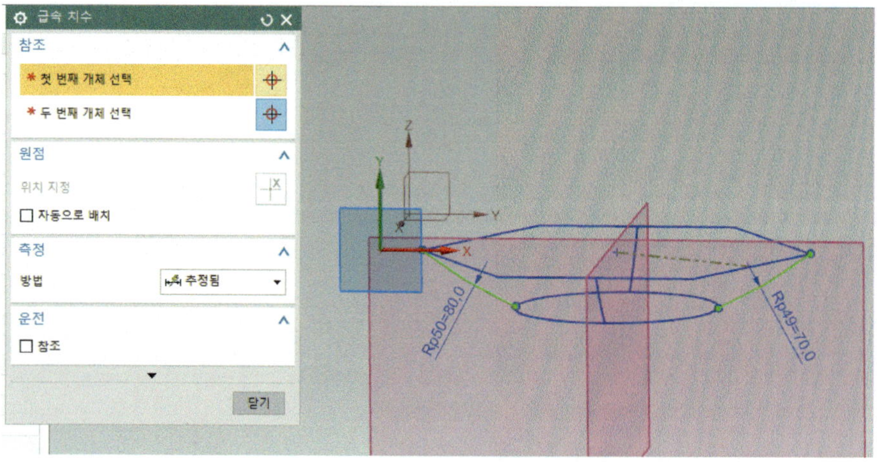

62 3차원 창에서 4개의 원호값이 다르게 스케치되어 있다.

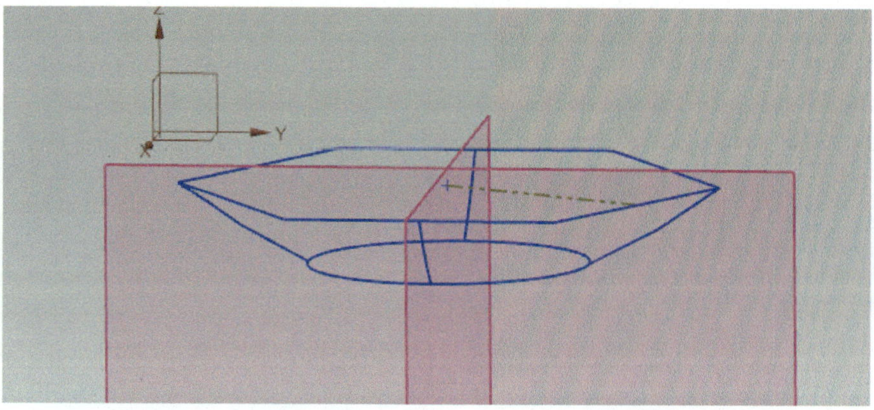

MEMO

63 데이텀 플랜이 활성화되어 있으면 화면이 복잡하여 3D 작업을 하기에 불편하므로, 숨겨놓으면 편리하게 작업할 수 있다.

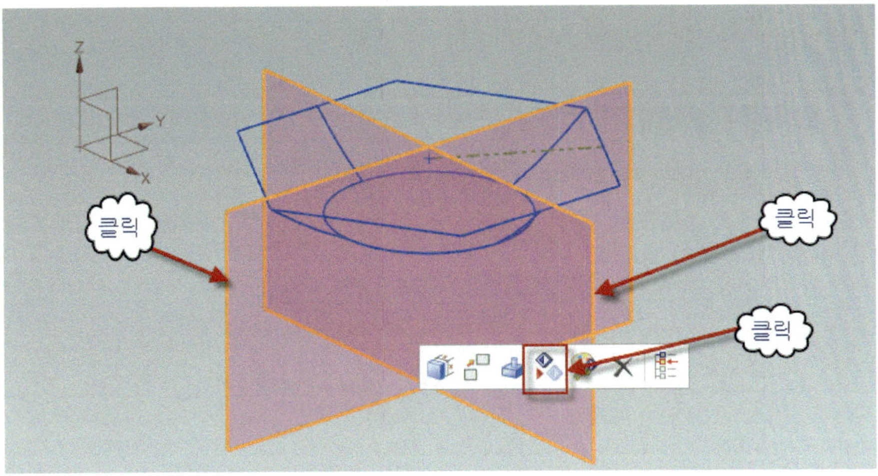

64 곡면 아이콘을 클릭한 후 곡선 통과 메시 아이콘을 클릭한다.

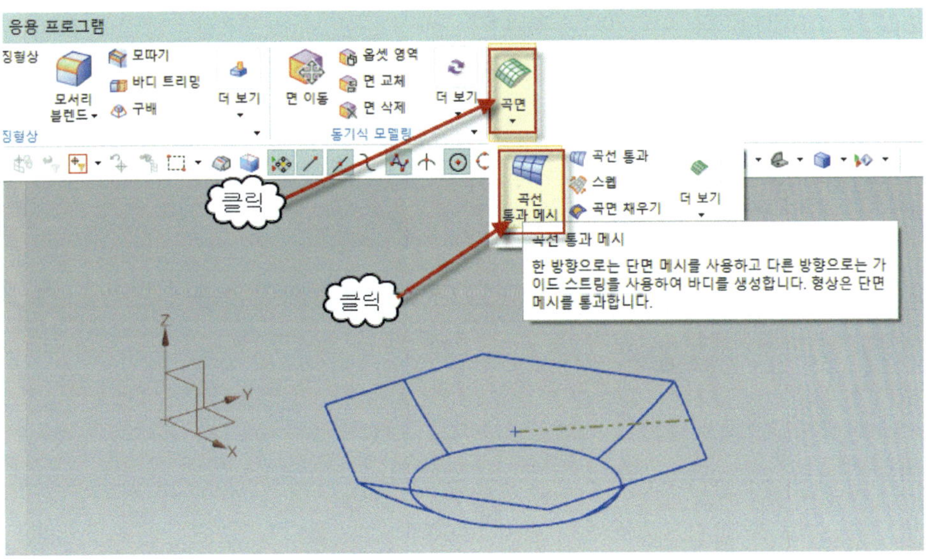

MEMO

65 곡선 통과 메시 창이 활성화되면 ① **단일 곡선**으로 변환하고 ② 밑면 원호가 윗면 다각형 꼭지점과 시작이 같도록 선택한다. ③ 곡면 옵션 출력의 **생성**을 **단순**으로 수정하고 화면 위에서 마우스를 1번 클릭한다.

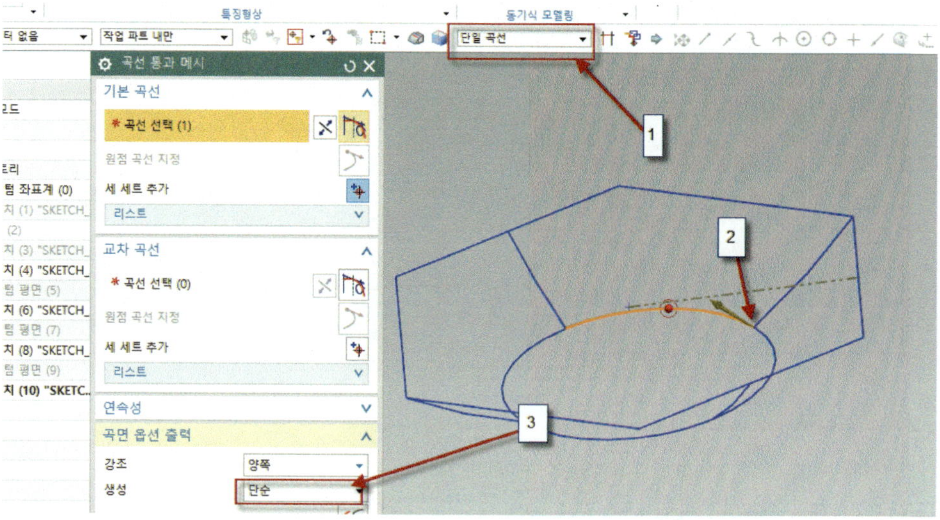

66 ① 시작점을 클릭한 후 화살표 방향으로 ②를 클릭하고 마우스 휠을 클릭한다. ③, ④, ⑤ 순서대로 모두 각각 클릭한 후 마우스 휠을 클릭하면 그림과 같이 원호 색깔이 변한다.

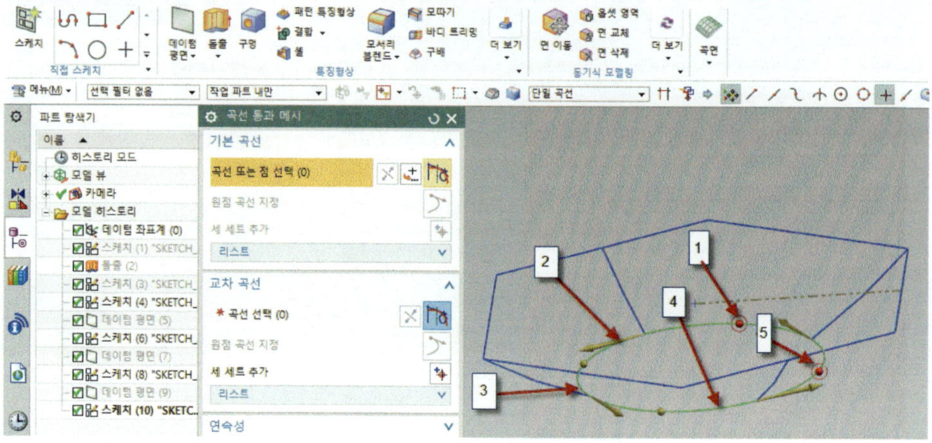

MEMO

67 ① 커브를 원의 시작점과 화살표 방향이 같게 클릭하고 마우스 휠을 클릭한 후 번호 순서대로 ⑤까지 실행한다.

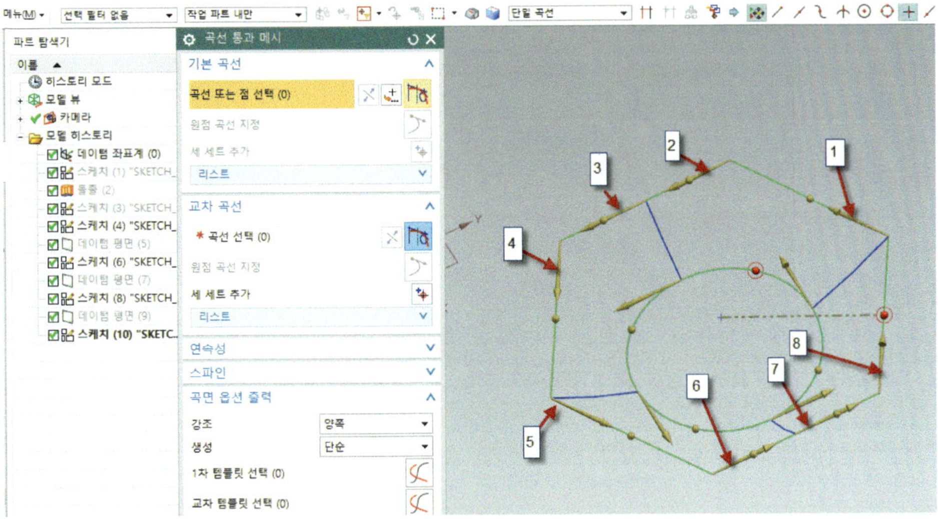

68 곡선 통과 메시 창에서 교차 곡선의 곡선 선택을 클릭한 후 다각형과 원의 시작점인 커브를 선택한다. 이때 화살표 방향이 위로 가도록 원과 가까운 곳을 클릭한 후 마우스 휠을 클릭한다.

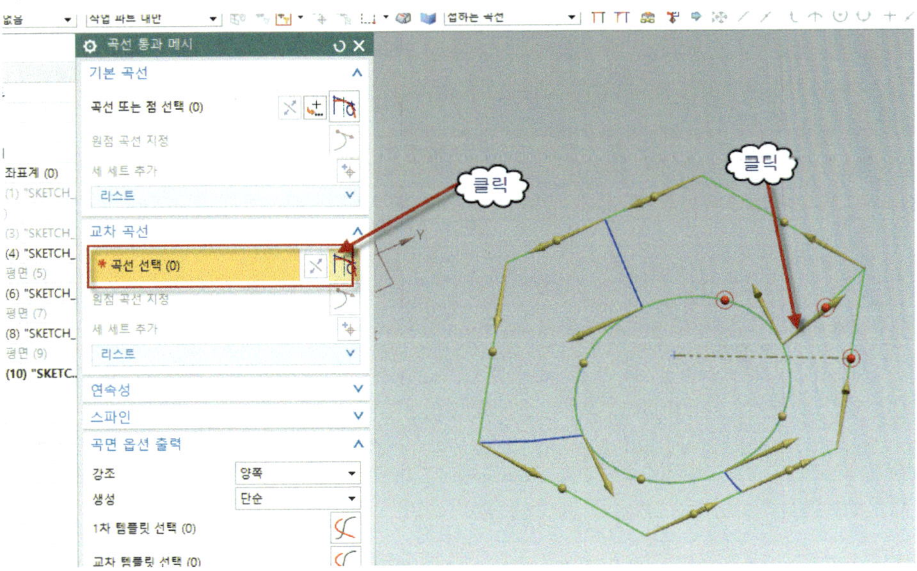

69 곡면 옵션 출력에서 **생성** 란에서 **단순**으로 수정하면 상하 이형상 및 섹션 커브 값이 서로 다른 솔리드 개체가 생성됨을 알 수 있다. **확인**을 클릭한다.

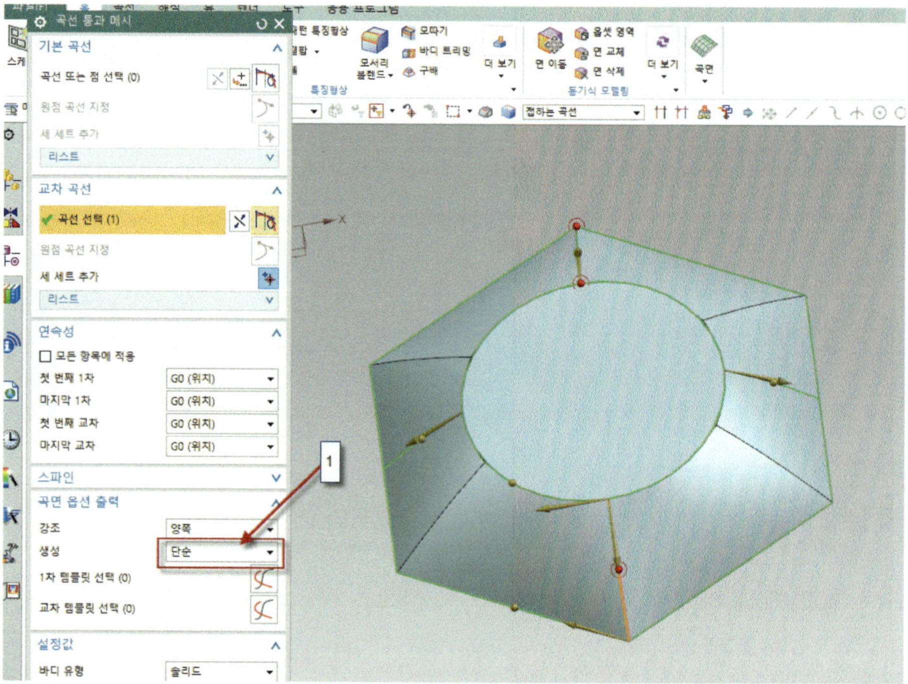

70 커브를 숨기고 솔리드 바디만 생성하기 위해서 순서대로 ①, ②를 클릭한다.

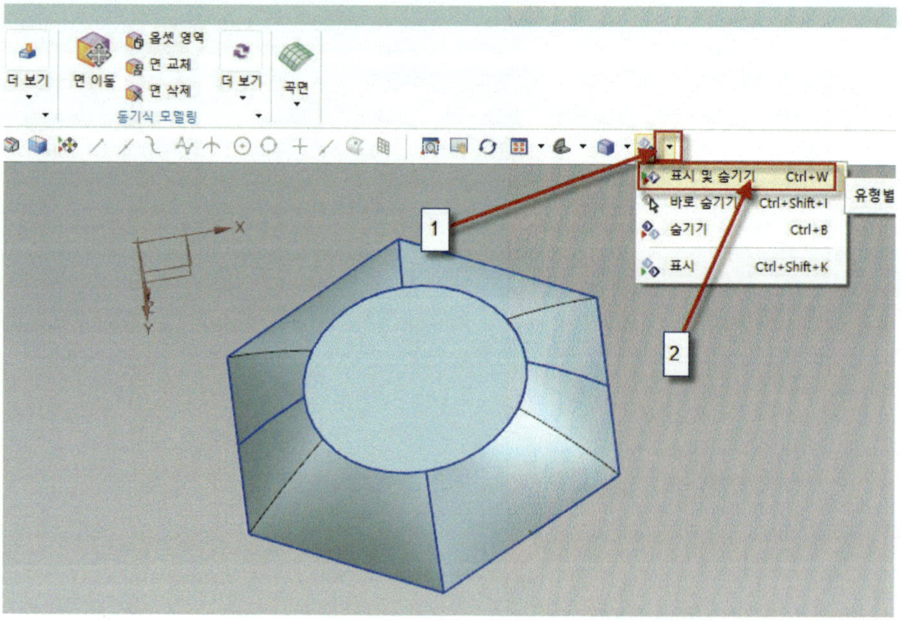

71 표시 및 숨기기 창에서 ① 모두를 숨기기하고 ② 솔리드 바디를 표시한다.

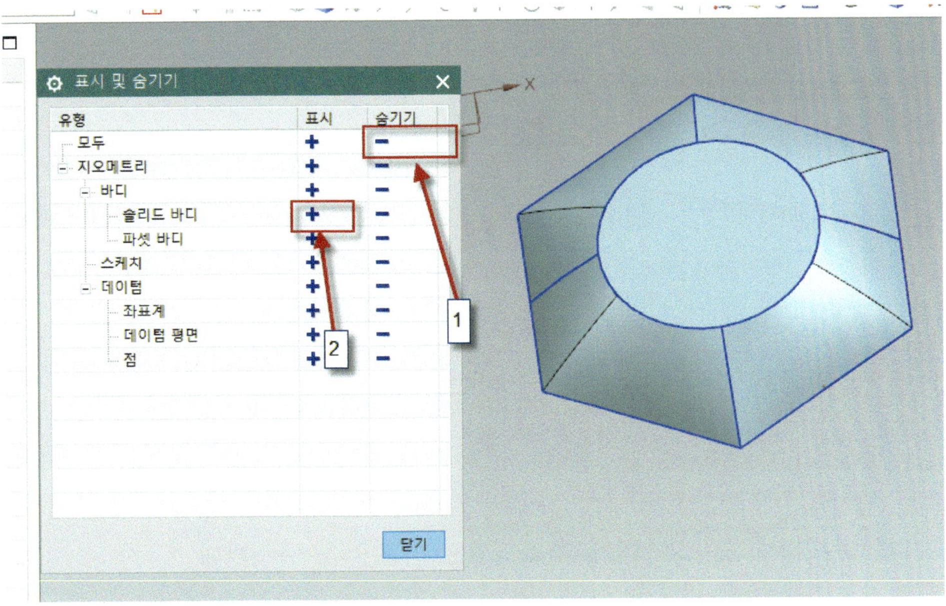

72 다음 그림과 같이 나타나면 ① 결합 ▼을 클릭한 후 ② 빼기를 클릭한다.

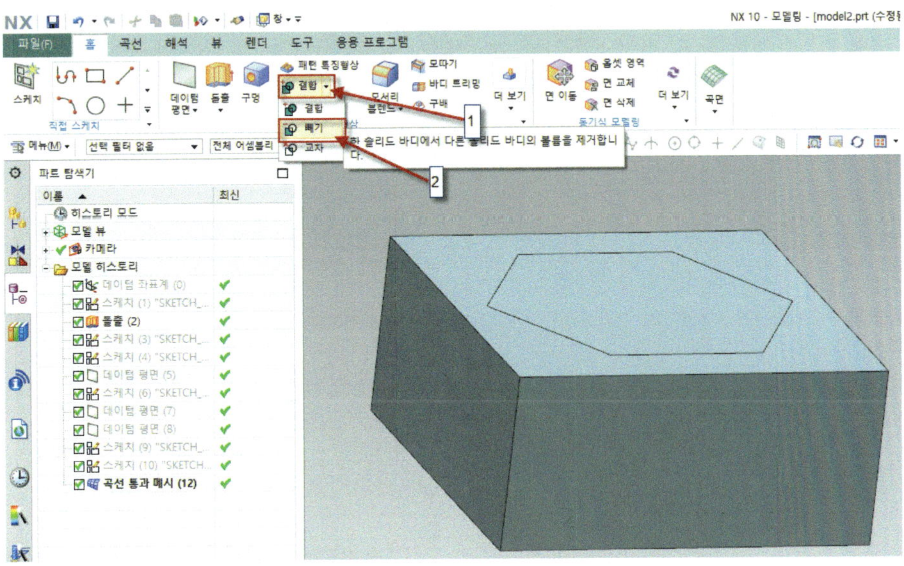

MEMO

73 ① 타겟 선택 후 동일한 1번 바디를 선택하고, ② 공구 클릭 후 2번 바디를 클릭한다.

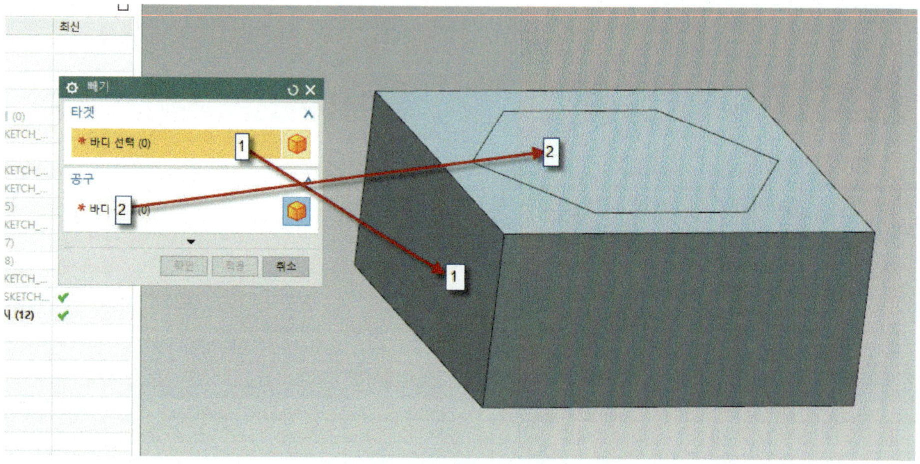

74 타겟 바디에서 공구 바디가 추출되었으면 확인을 클릭한다.

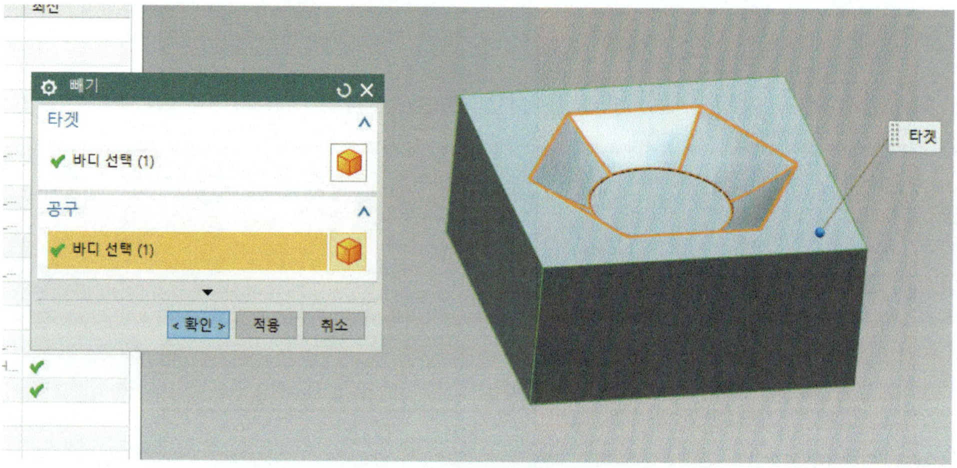

MEMO

75 데이텀 평면을 클릭한 후 ① 유형을 **거리**로, ② 거리 값을 **-2**로 준다. ③ **평면**을 선택한 후 확인을 클릭한다.

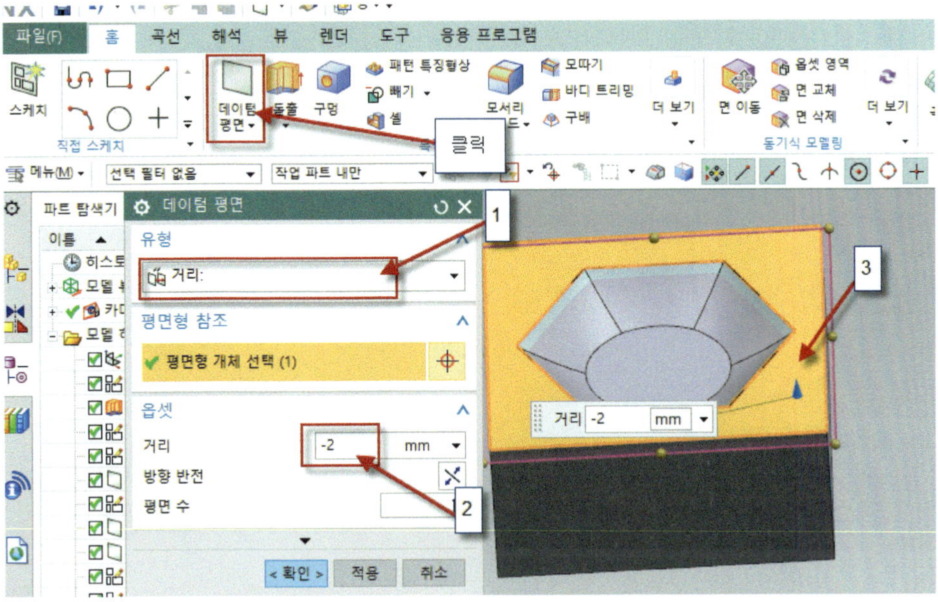

76 스케치를 클릭한 후 Z-2로 만든 데이텀 플랜을 선택한 후 확인을 클릭하면 스케치 창으로 활성화된다.

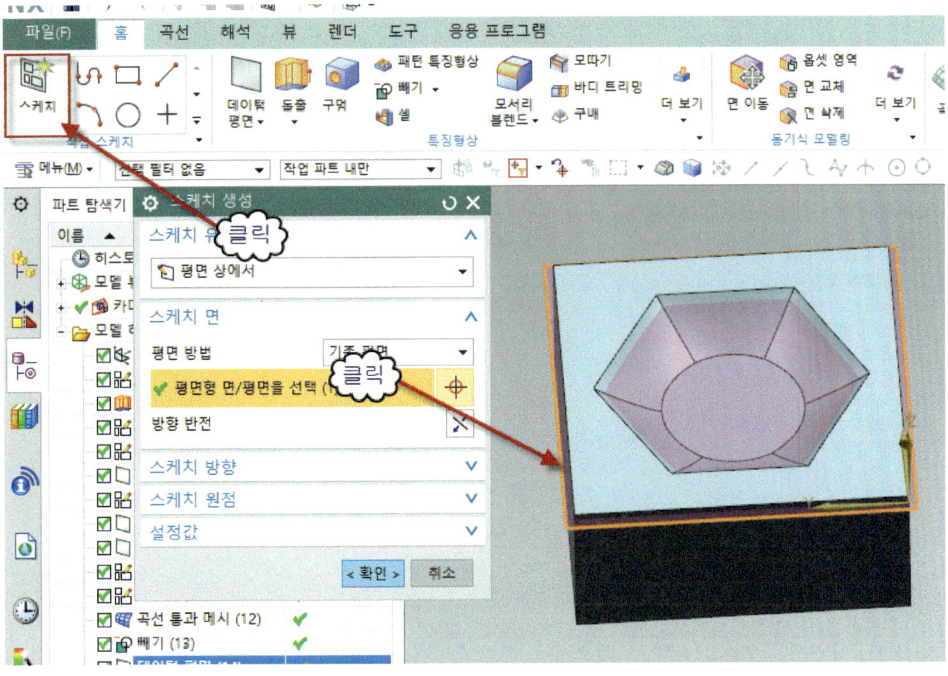

77 스케치 창에서 원을 클릭한 후 ① 오스냅 창에서 교차를 클릭하고 ② 원호를 스케치 한다.

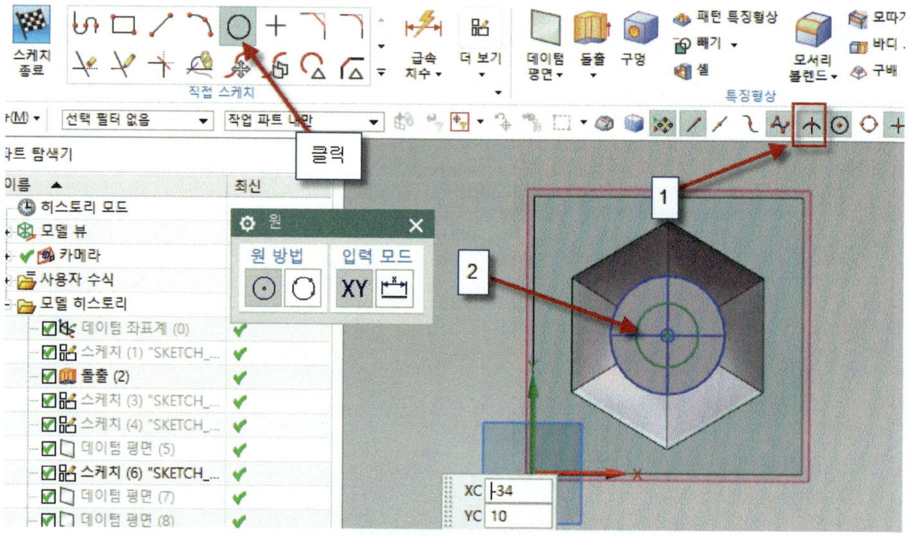

78 급속 치수 아이콘을 클릭하고 원호의 값을 10으로 입력한 다음 스케치 종료 아이콘을 클릭한다.

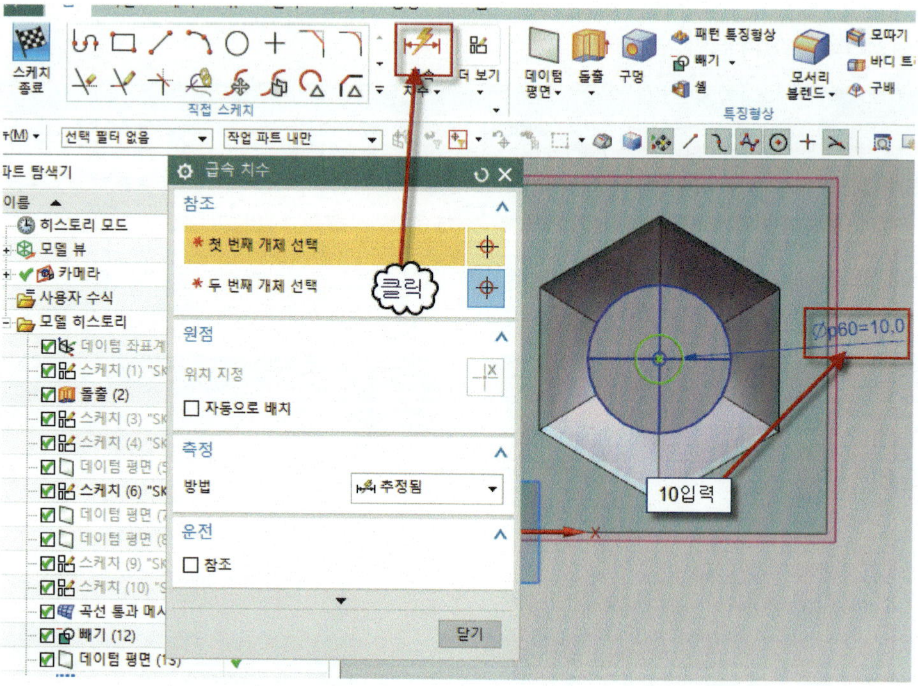

79 돌출을 클릭한 후 ① 거리 값을 대략 20 정도 입력한다. ② 부울은 결합, ③ 구배는 시작 한계로부터, 각도 값은 -10 입력한다. 원호를 클릭한 다음 확인을 클릭한다.

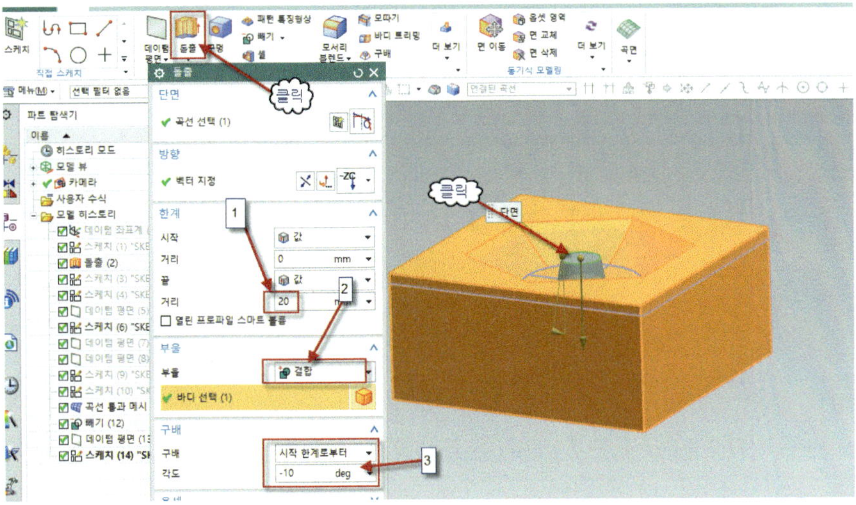

80 표시 및 숨기기 아이콘을 클릭한다.

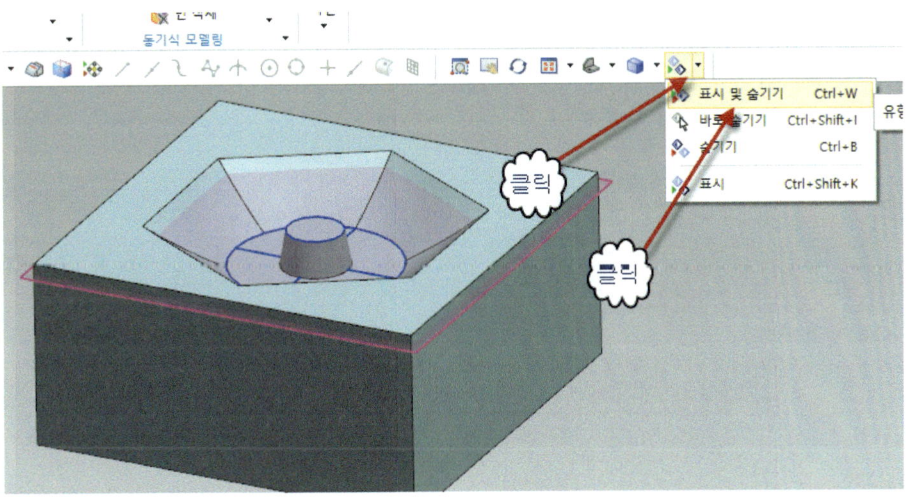

MEMO

81 ① 모두를 -(숨기기)하고 ② 솔리드 바디를 +(표시)를 클릭한다.

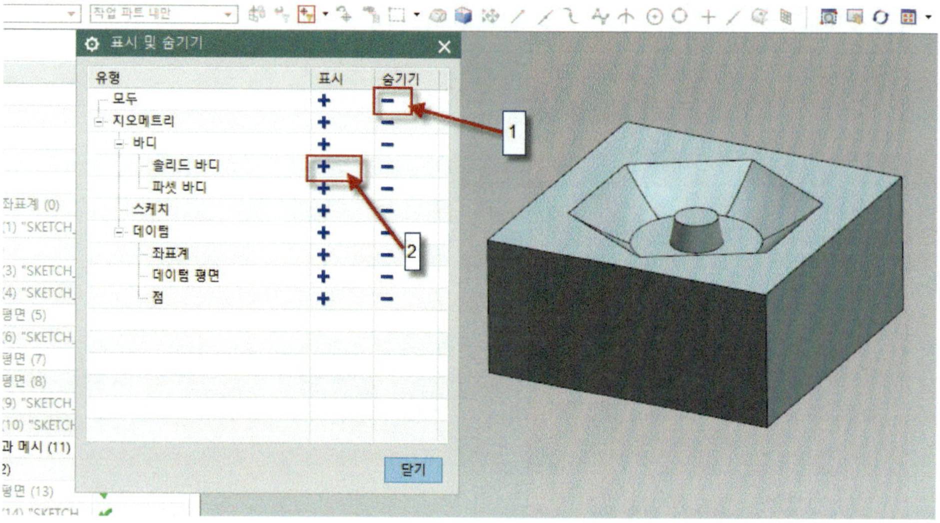

82 모서리 블렌드 아이콘을 클릭 후 반경 값 8을 입력하고 6곳의 모서리를 클릭한 후 다음 블렌드를 하기 위해 적용을 클릭한다.

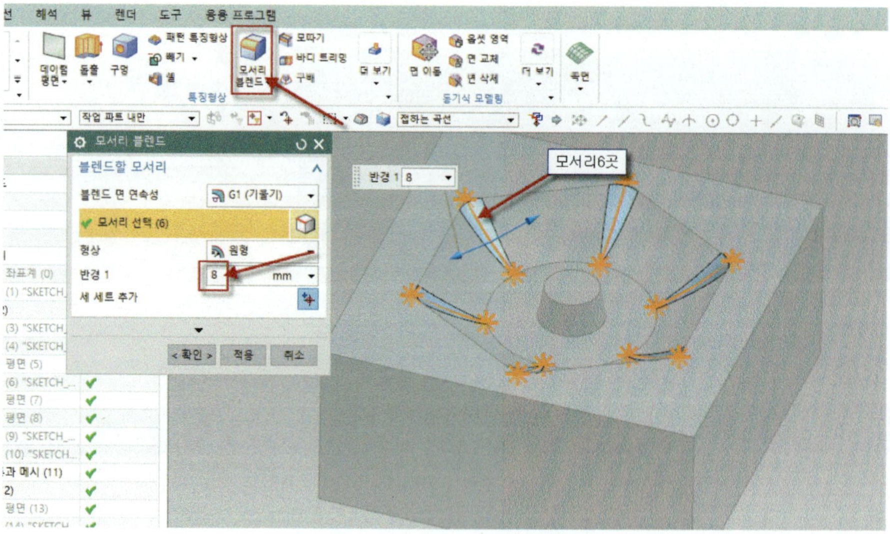

MEMO

83 ① 반경 값 6을 입력하고 ② 모서리를 선택한 다음 적용을 클릭한다.

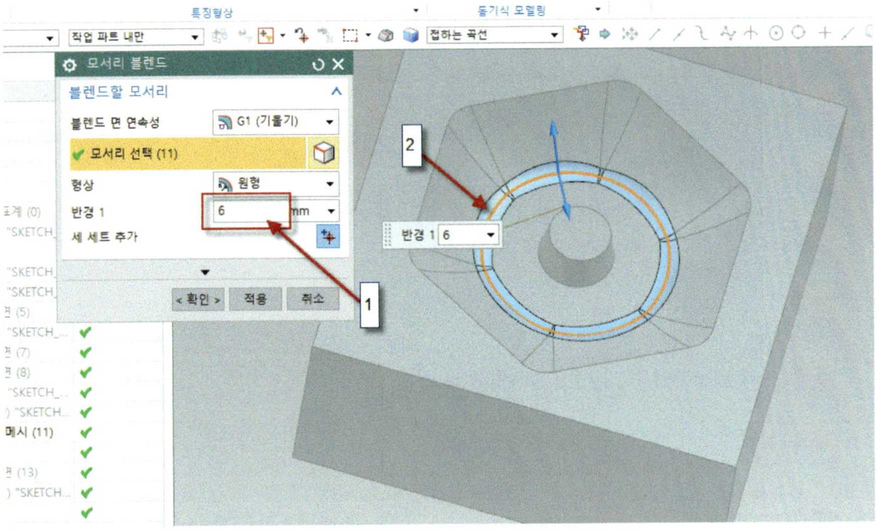

84 ① 반경 값 4를 입력하고 ② 모서리를 클릭한 후 확인을 클릭한다.

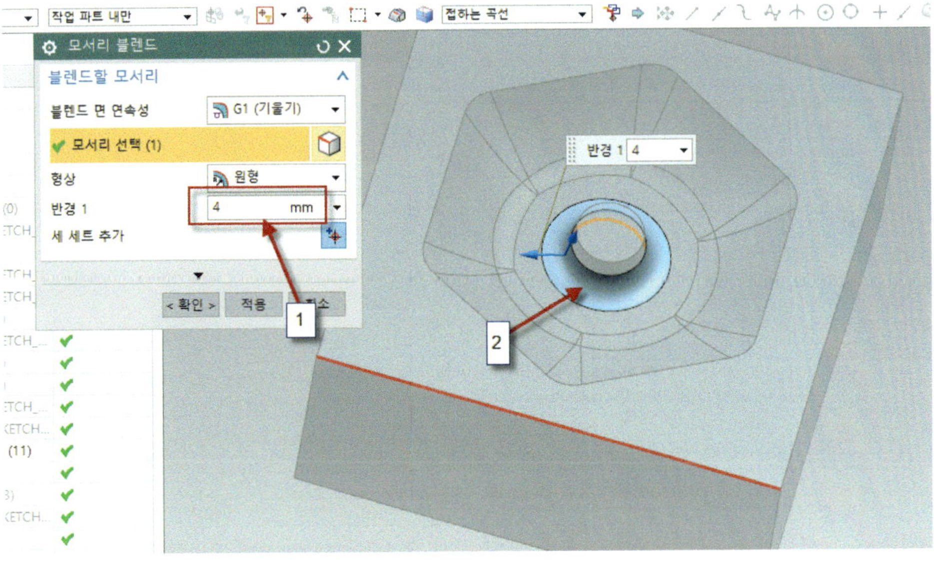

MEMO

85 X-Z평면 및 Y-Z평면상에서 서로 다른 값으로 스케치하여 모델링을 완성한 실물임을 알 수 있다.

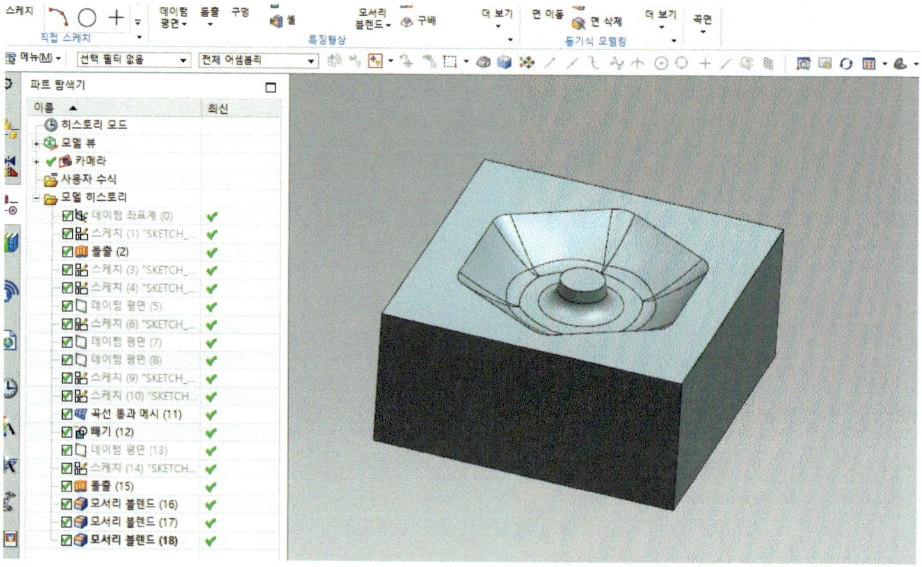

MEMO

2-2 CAM 가공

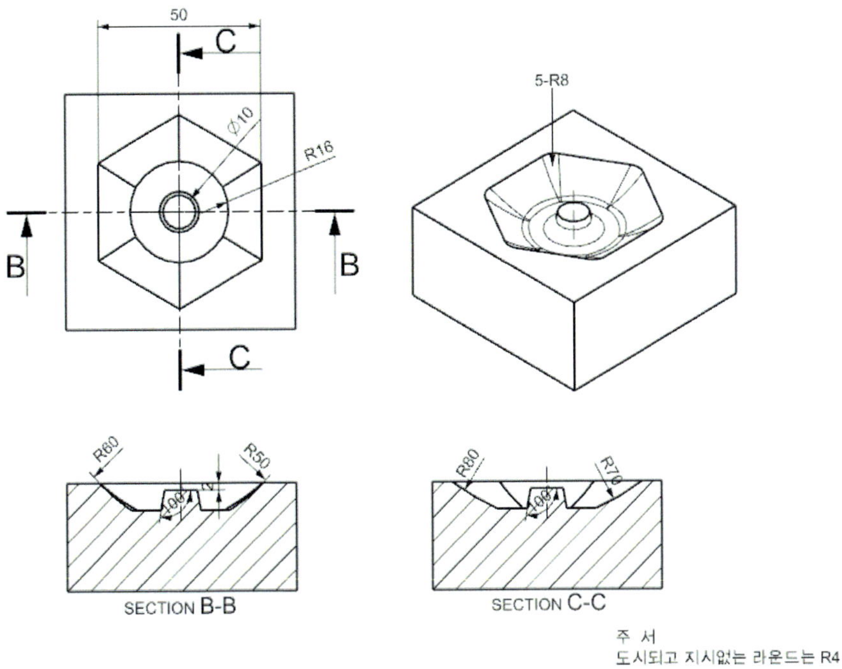

1 CAM NC DATA를 추출하기 위해서는 만들어 놓은 모델링을 불러와야 한다. 메뉴에서 파일 열기를 클릭하여 파일을 선택한다. 미리보기로 모델링을 보고 맞으면 OK를 클릭한다.

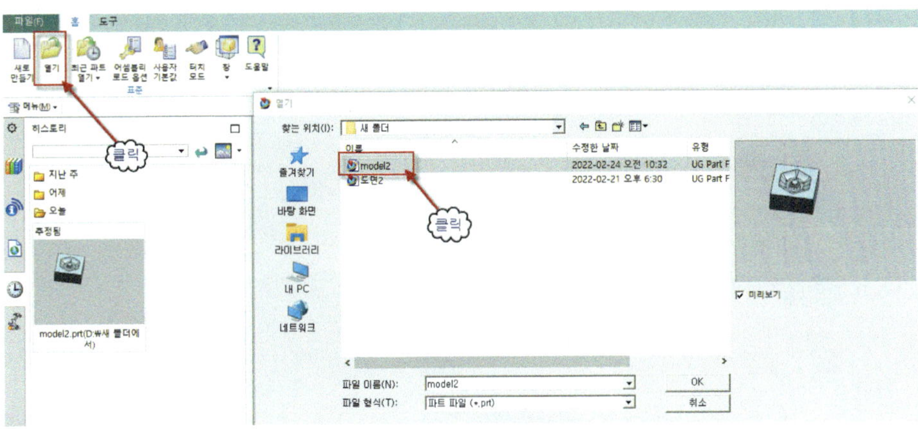

2 CAM가공을 하기 위하여 메뉴에서 ① 응용 프로그램을 클릭한 후 ② 제조를 클릭한다.

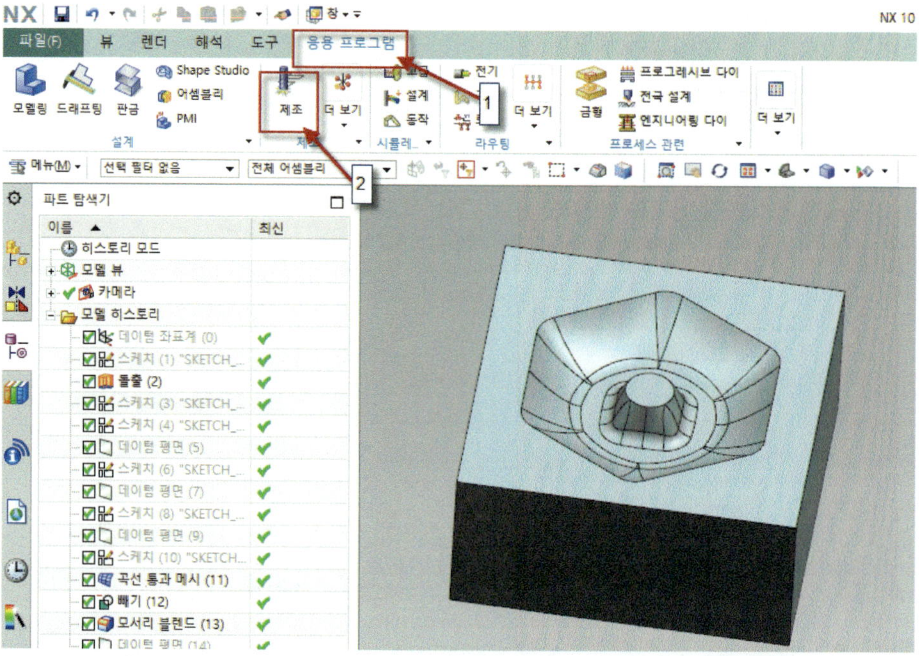

3 CNC머시닝센터 가공을 하기 위하여 가공 환경 창에서 ① CAM 세션 구성에서 mill_contour, ② 생성할 CAM 설정에서 mill_contour를 클릭한 후 확인을 클릭한다.

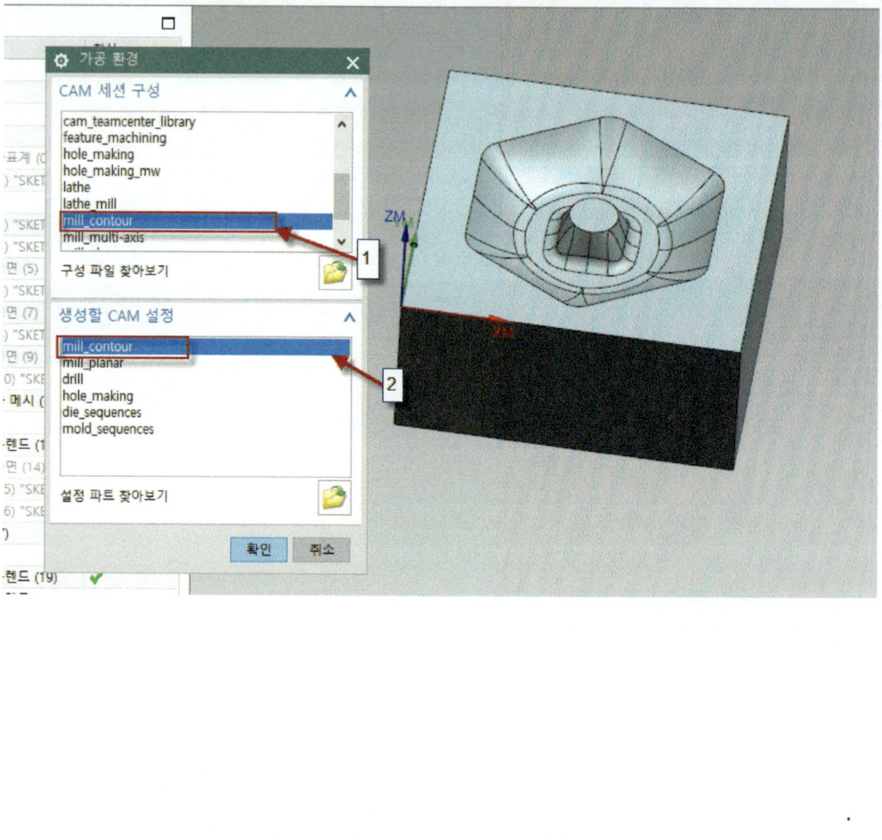

4 CNC머시닝센터를 가공하기 전에 가공할 공구를 만들어야 한다. ① **기계공구 뷰**를 클릭하고 ② **공구 생성**을 클릭한다. 황삭가공을 하기 위하여 ③ **평 엔드밀**을 선택하고 ④ 공구 이름을 T01로 하여 확인을 클릭한다.

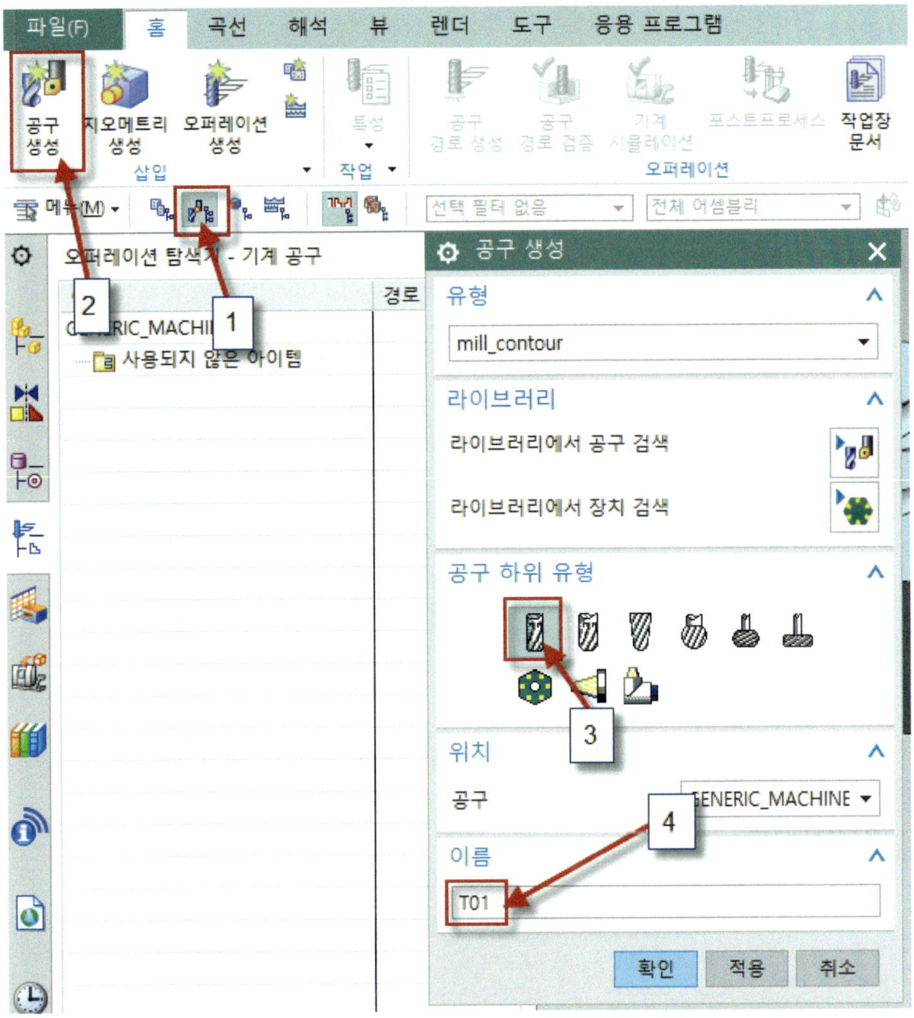

MEMO

5 평 엔드밀의 직경을 ①과 같이 10으로 한다. ② 공구 번호, 조정 레지스터(길이보정 번호), 공구 보정 레지스터(경 보정 번호)를 모두 1로 한 다음 확인을 클릭한다.

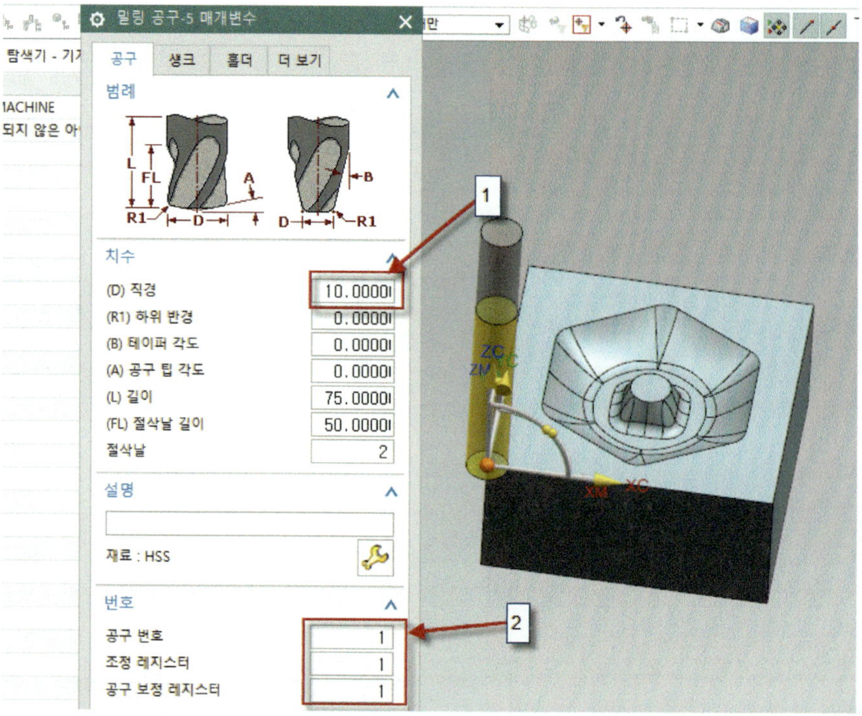

6 정삭 가공을 위해 번호 순서대로 하여 볼 엔드밀을 새로 만들어 주고 확인을 클릭한다.

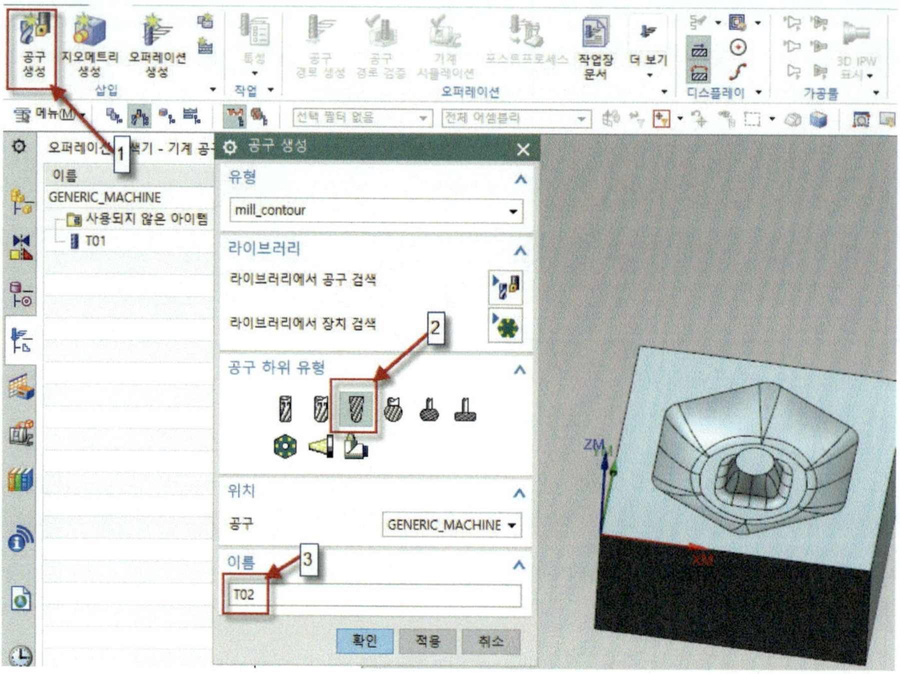

7 ① 볼 엔드밀의 직경을 6으로 하고 ② 공구 번호 및 조정 레지스터, 공구 보정 레지스터도 각각 2로 한 후 확인을 클릭한다.

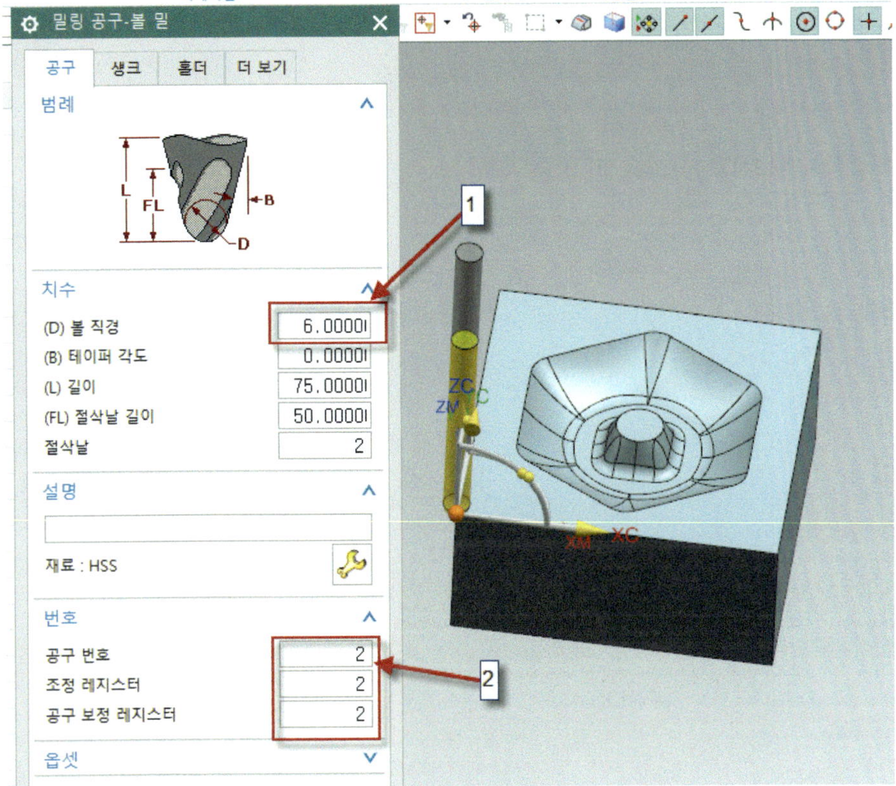

8 공구 뷰에서 T01, T02의 2개의 공구가 생성되었음을 알 수 있다.

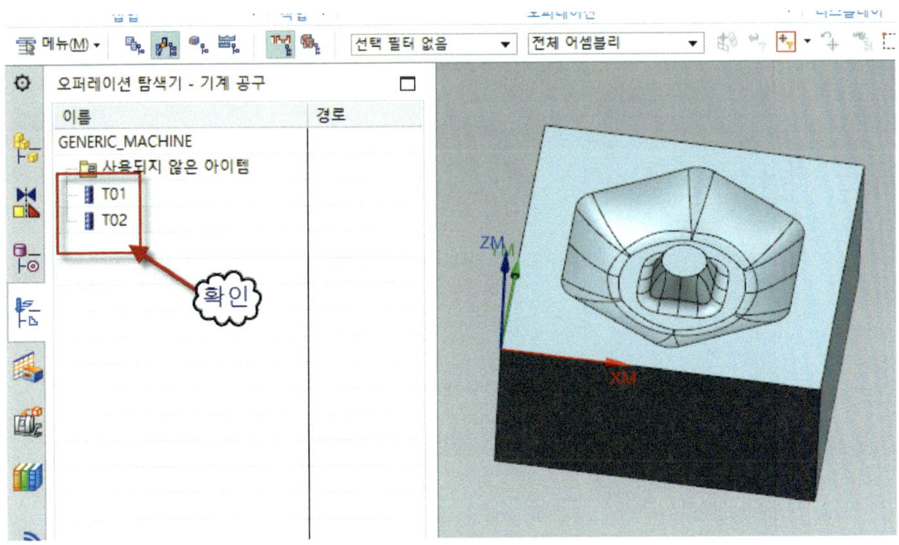

9 G54 공작물 원점을 찾아주고 소재를 만들어 주기 위해 아래 그림과 같이 클릭해야 한다.

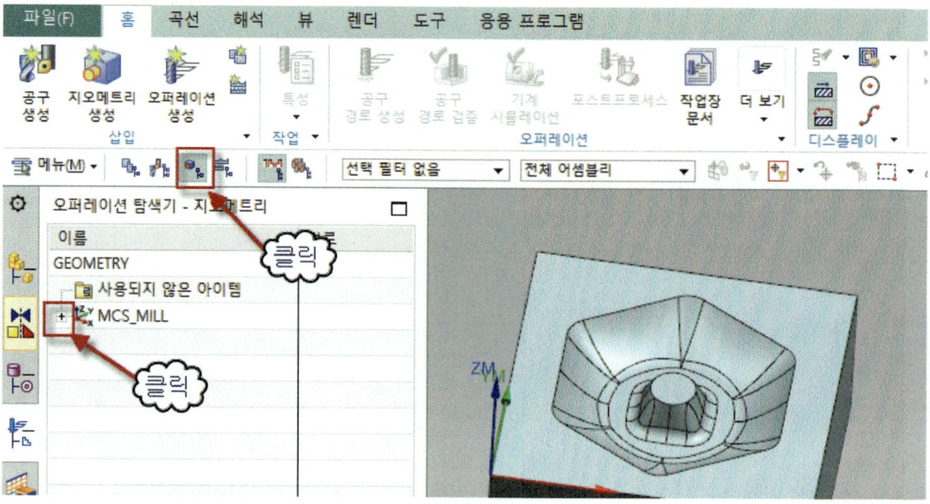

10 먼저 G54 공작물 원점을 잡기 위하여 MCS_MILL을 클릭한 후 MCS지정의 작은 다이얼로그 아이콘을 클릭한다.

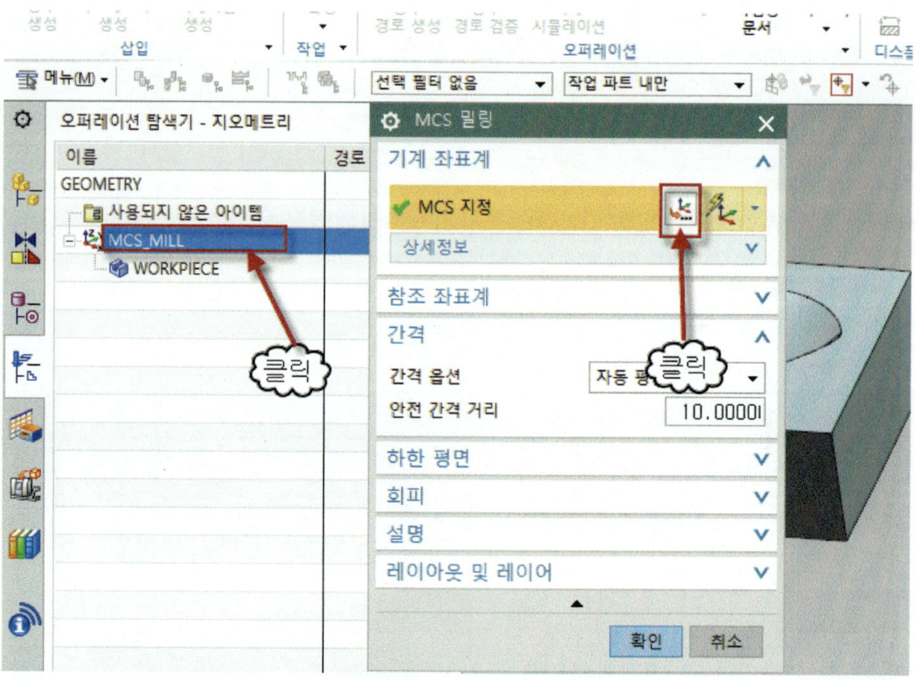

11 현재 CNC머시닝센터에서 G54좌표(공작물 원점)를 세팅하는 장소로 XO, Y0, Z0의 위치가 정확하므로 확인, 또 확인을 클릭한다.

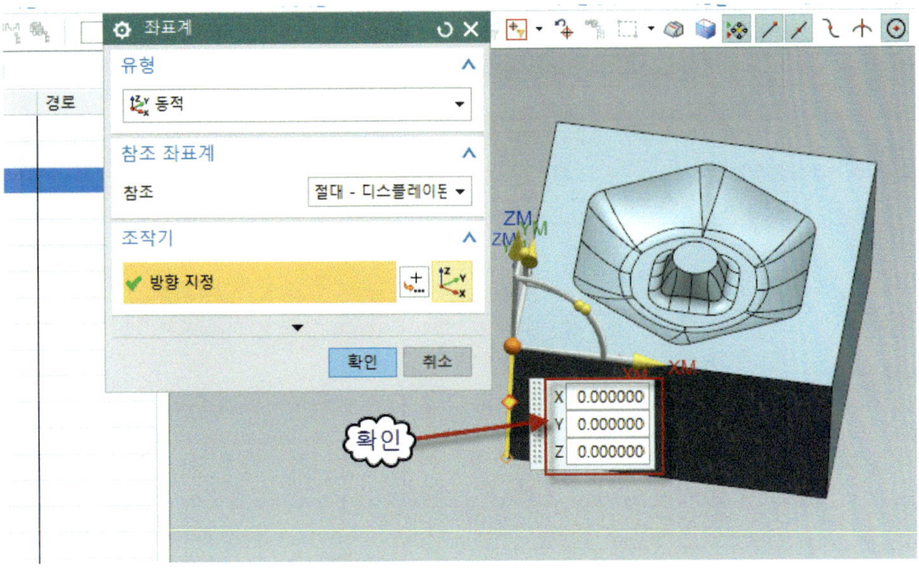

12 소재를 만들어 주기 위하여 WORKPIECE를 클릭한 후 파트 지정을 클릭한다.

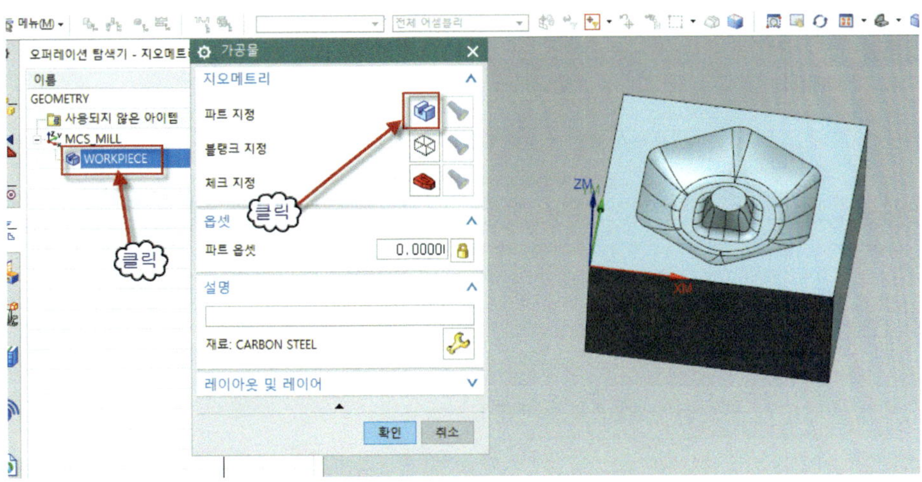

MEMO

13 파트 지오메트리 창에서 개체 선택을 클릭하여 가공하고자 하는 제품을 선택하고 확인을 클릭한다.

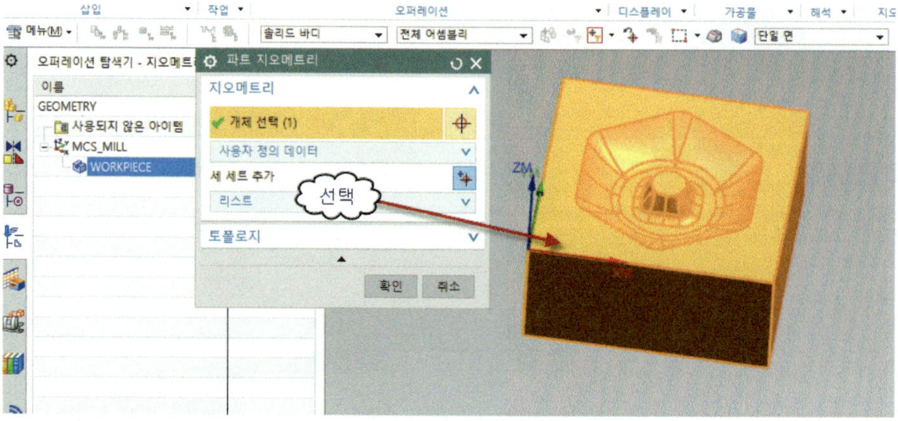

14 가공물 창에서 블랭크 지정 아이콘을 클릭한다.

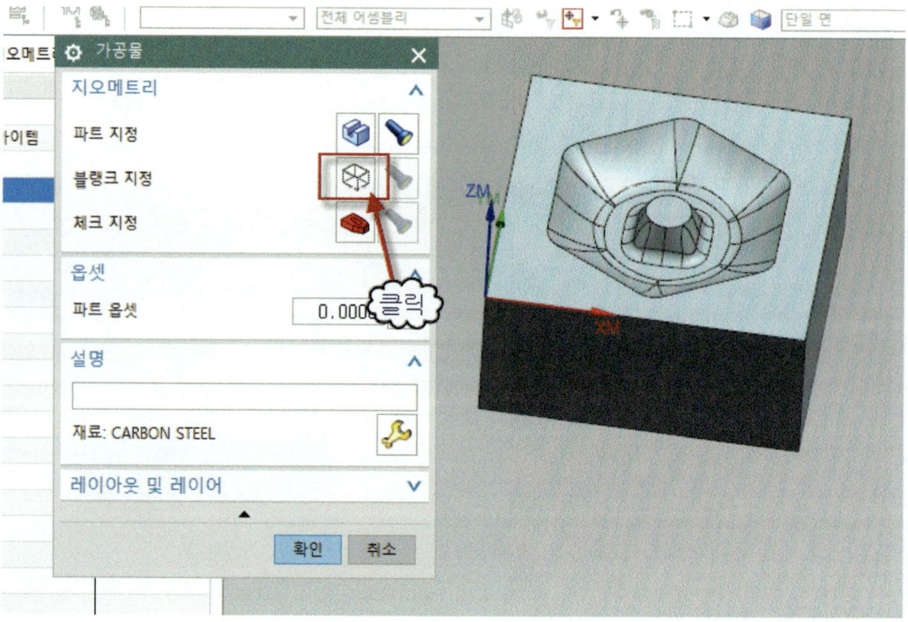

MEMO

15 블랭크 지오메트리에서 유형을 **경계 블록**으로 변환하면 자동으로 파트에 맞게 소재가 생성되었음을 알 수 있다. 확인 또 확인을 클릭한다.

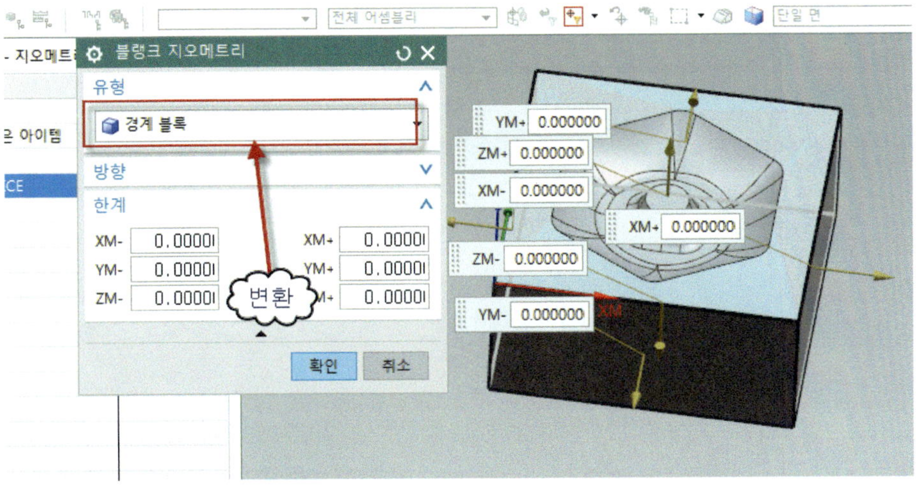

16 공구 경로를 황삭, 정삭을 PROGRAM에 링크하기 위해서 프로그램 순서뷰로 가야 Post_Process를 만들 수 있다.

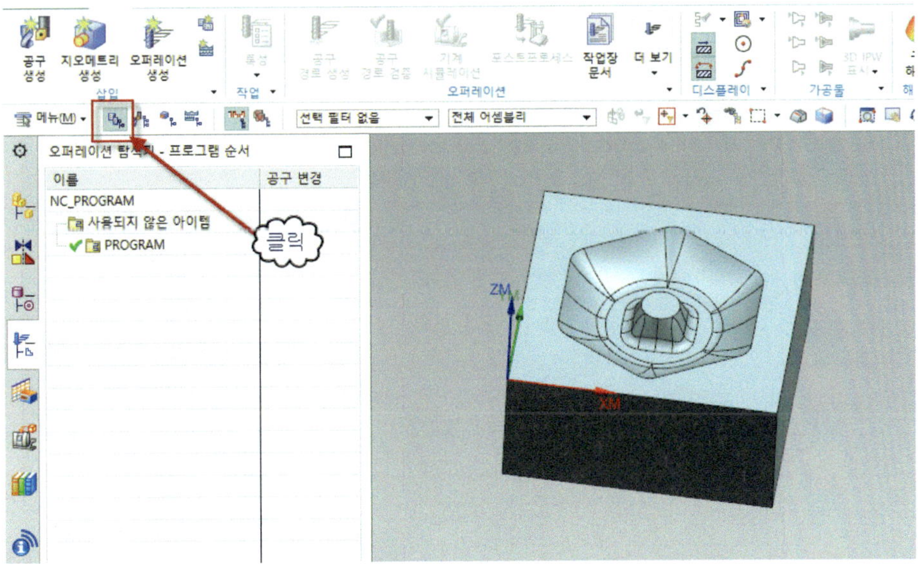

MEMO

17 가공을 하기 위하여 **오퍼레이션 생성**을 클릭한 후 **캐비티 밀링**을 선택하고 ① 공구를 T01으로 바꾸며, 지오메트리를 WORKPIECE로 수정한 다음 확인을 클릭한다.

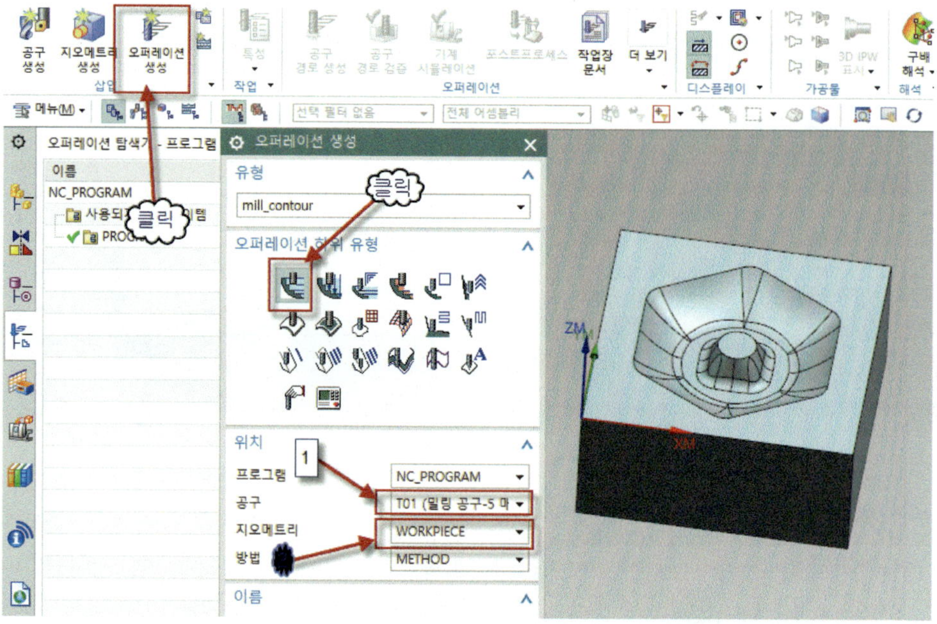

18 가공하고자 하는 부위를 선정하기 위하여 **절삭 영역 지정**을 클릭한다.

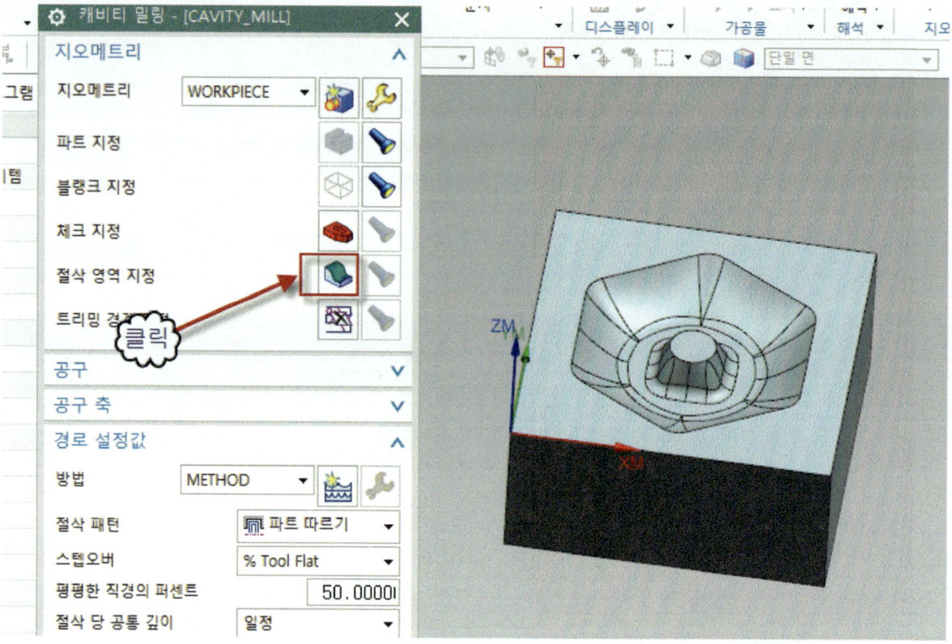

19 절삭 영역을 지정하기 위하여 모델링을 평면으로 보기 위하여 키보드 F8을 클릭하여 평면 상태에서 ①, ② 순서로 대각선 방향으로 클릭하여 가공하고자 하는 부분을 동시에 선택하면 편리하다. 확인을 클릭한다.

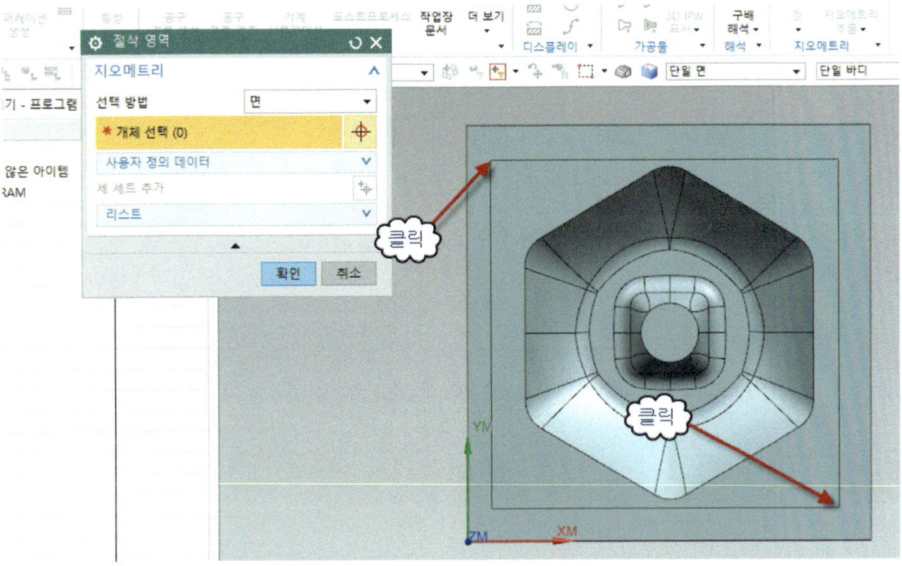

20 내부를 가공하고자 하는 부위가 선택되었다. 선택되지 않은 면이 있을 경우 선택하면 된다.

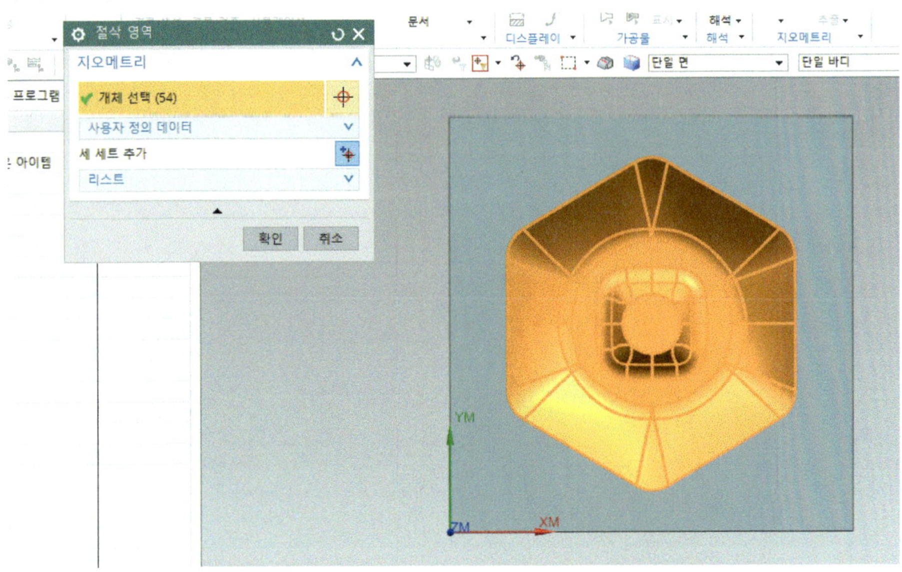

21 ① 스텝오버(간격)를 1로 하고 ② 절삭당 공통 깊이를 0.8로 수정한 다음 절삭 수준 아이콘을 클릭한다.

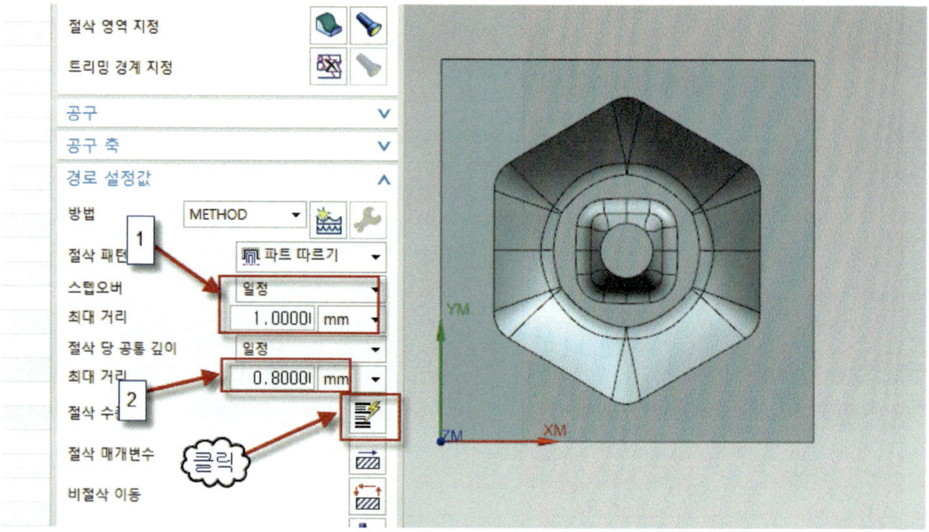

22 절삭 수준은 큰 변동이 없으므로 확인을 클릭한다.

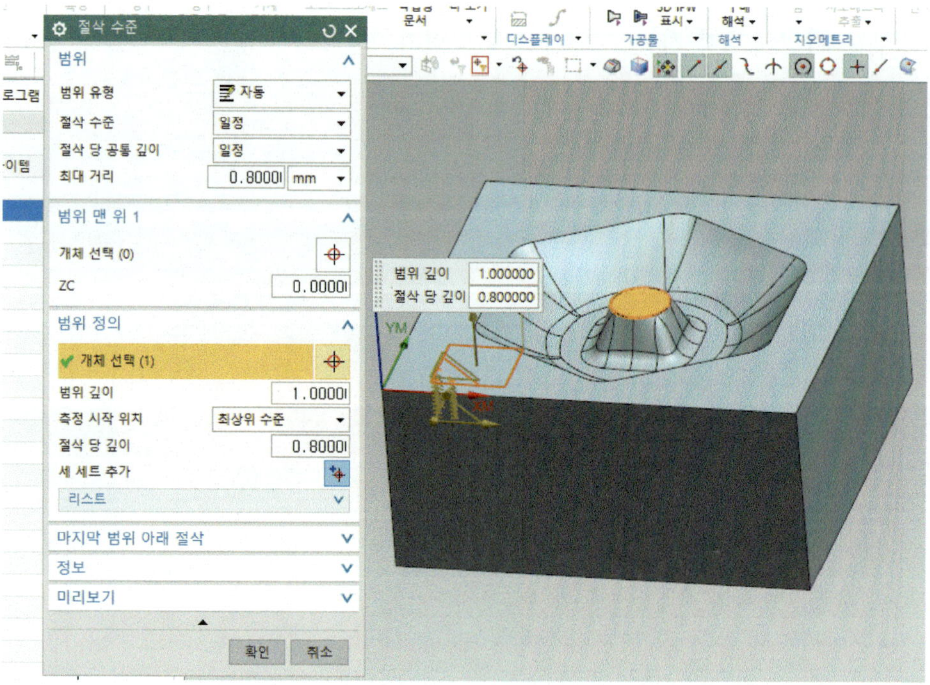

23 절삭 매개변수 아이콘을 클릭하여 정삭 여유를 0.1 정도 주고 확인을 클릭한다.

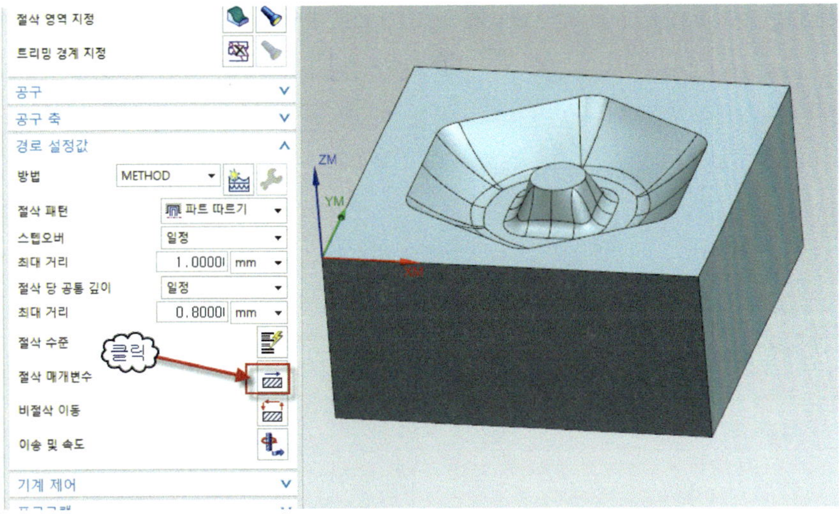

24 절삭 매개변수에서 스톡을 클릭한 후 파트 측면 스톡을 0.1로 수정하고 확인을 클릭한다. (여기서 파트 측면 스톡이란 가공여유 및 잔량을 의미하고 있음)

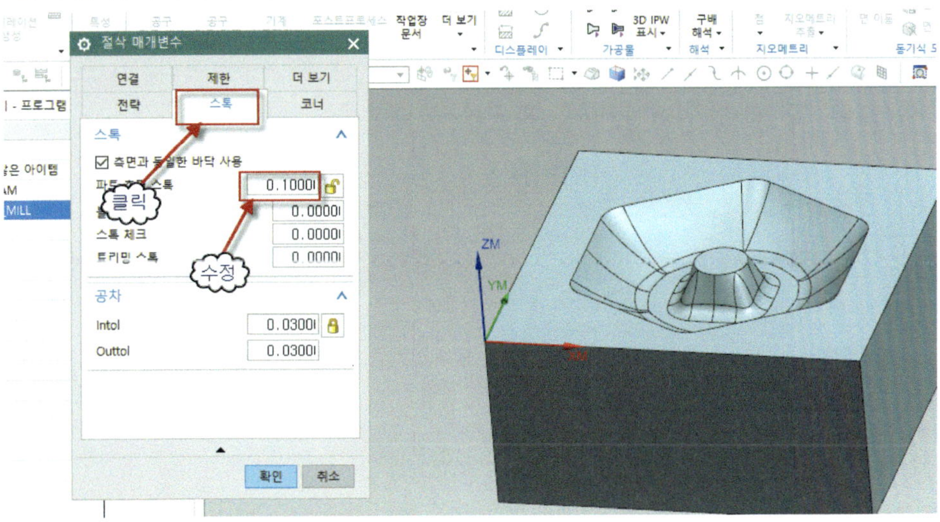

MEMO

25 캐비티 밀링에서 비절삭 이동을 클릭한다. 비절삭 이동이란 가공하지 않고 공구가 급속히 이동하는 것으로 "안전 높이"임을 말한다.

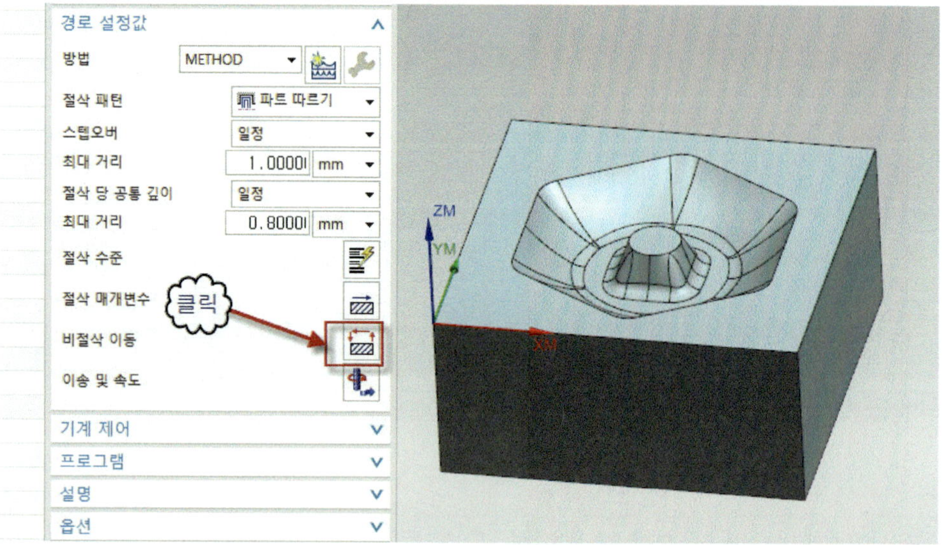

26 비절삭 이동에서 급속 이동을 클릭한 후 간격옵션(안전거리)을 평면으로 한 다음 ① 마우스로 제품의 평면을 클릭하면 플랜이 생성되면서 거리가 0으로 나오면 ② 대략 10 정도 입력한 다음 확인을 클릭한다.

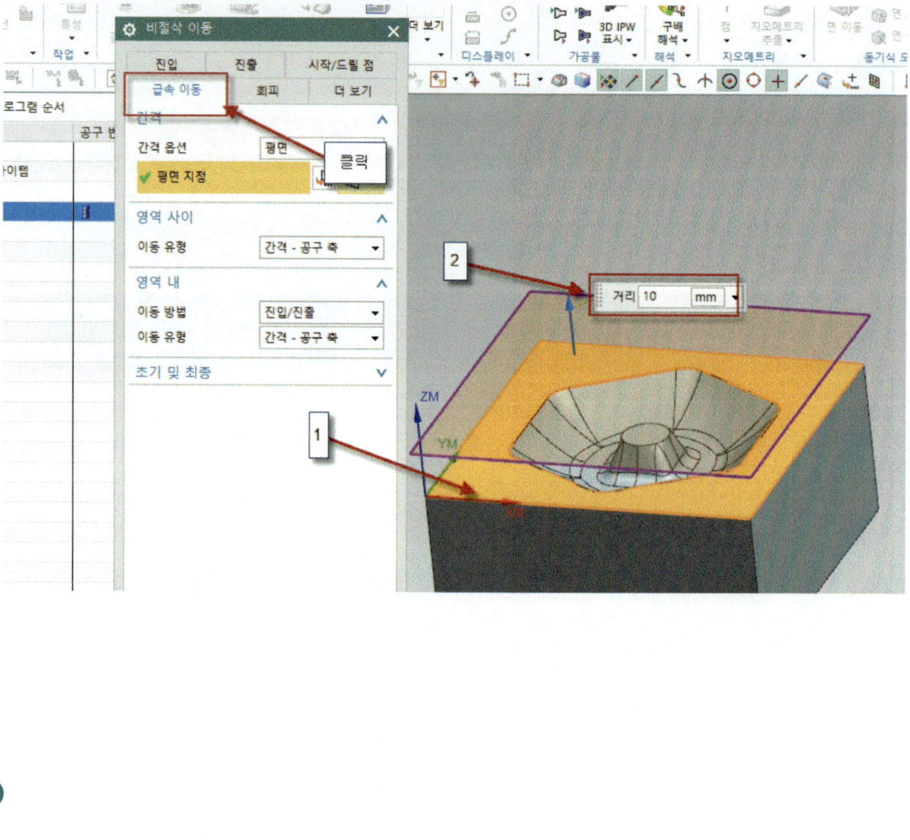

27 이송 및 속도 아이콘을 클릭한다.

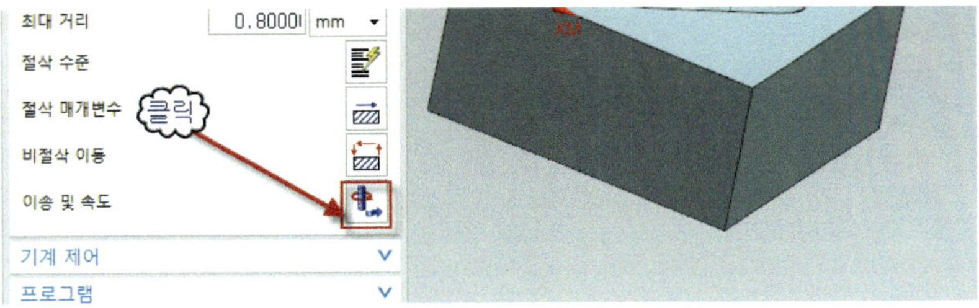

28 이송 및 속도에서 스핀들 속도의 체크박스를 체크한 다음 ① 스핀들 속도를 3000, ② 이송률 절삭을 300으로 입력한 후 확인을 클릭한다.

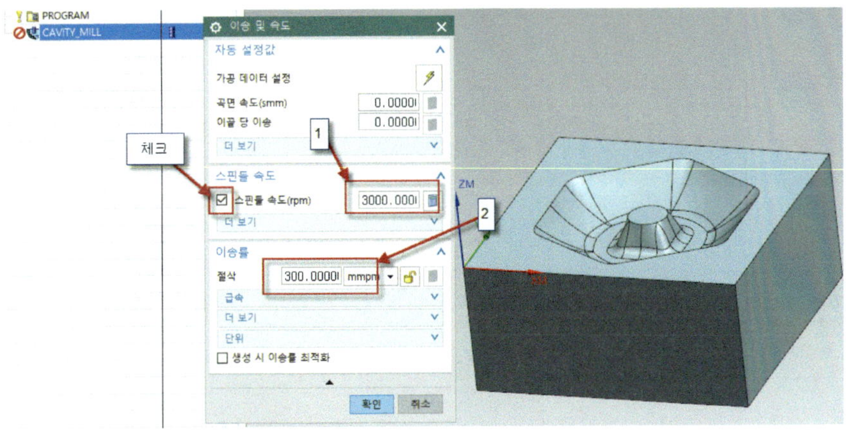

29 모든 조건이 입력되었으므로 공구 경로를 생성하기 위하여 아래 부분의 생성을 클릭하면 공구 경로가 생성된다.

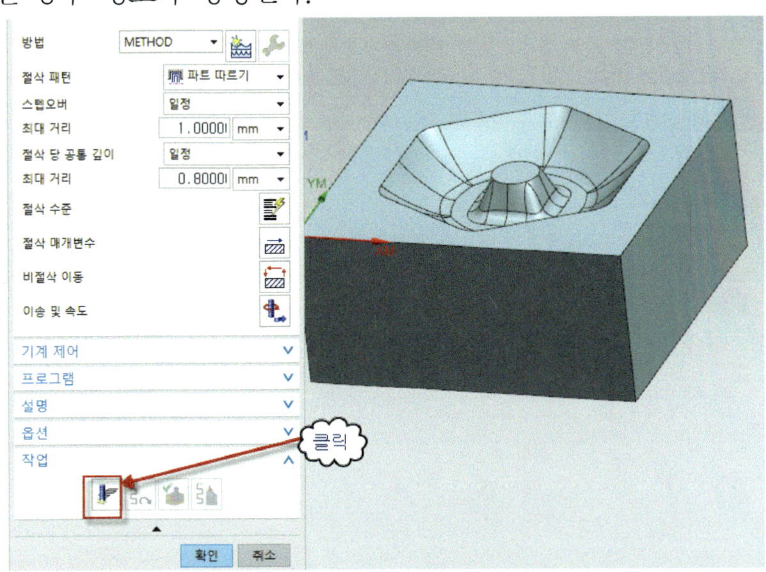

30 공구 경로가 생성되었으면 검증을 하기 위하여 검증 아이콘을 클릭한다.

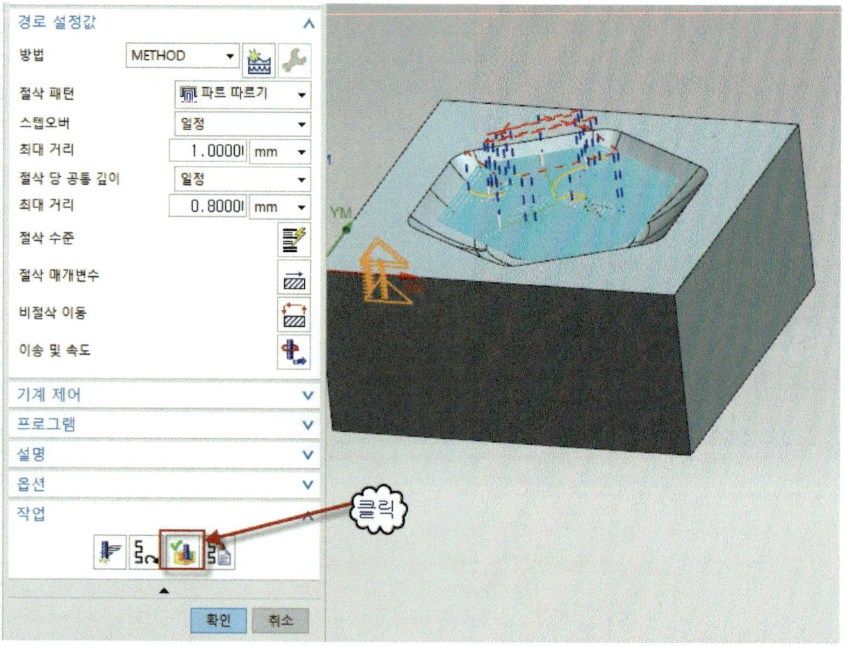

31 ① 3D 동적을 클릭 후 ② 애니메이션 속도는 4 정도로 하고 ③ 생성을 클릭한다.

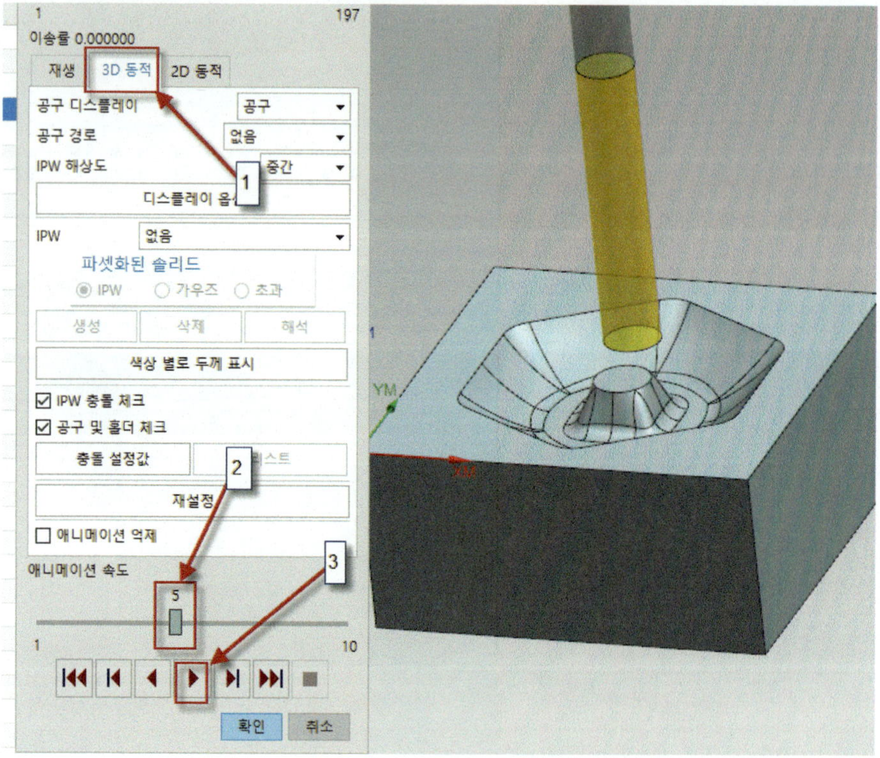

32 황삭 가공에 대하여 큰 문제없이 가공되었다는 것을 알 수 있으며, 이때 꼭 확인을 클릭해야 공구 경로가 사라지지 않는다.

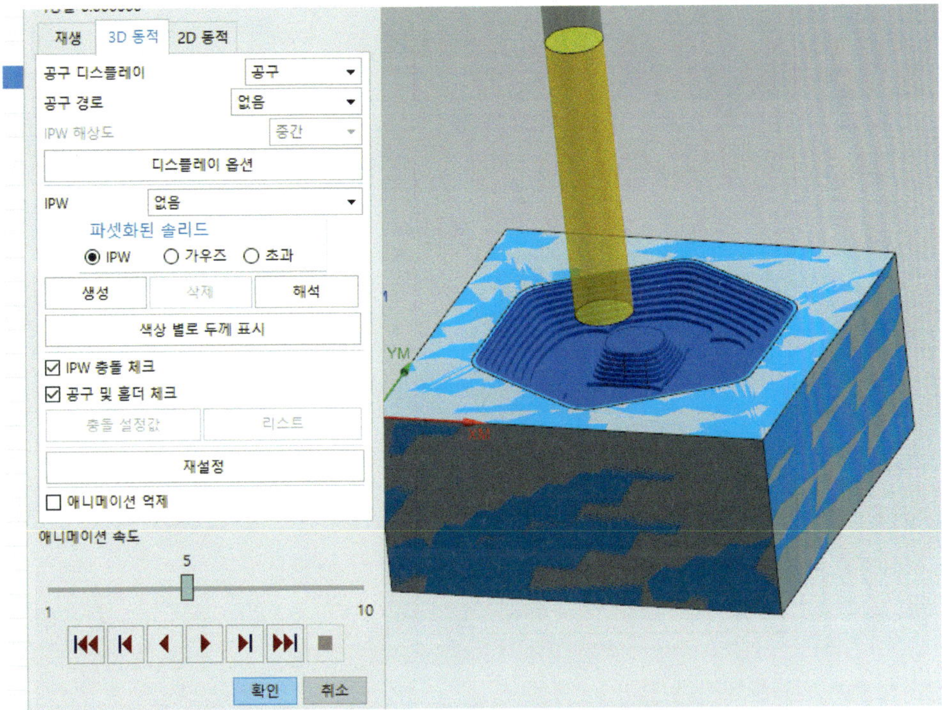

33 황삭 가공이 모든 조건에 맞게 가공되었다는 것을 알 수 있다.

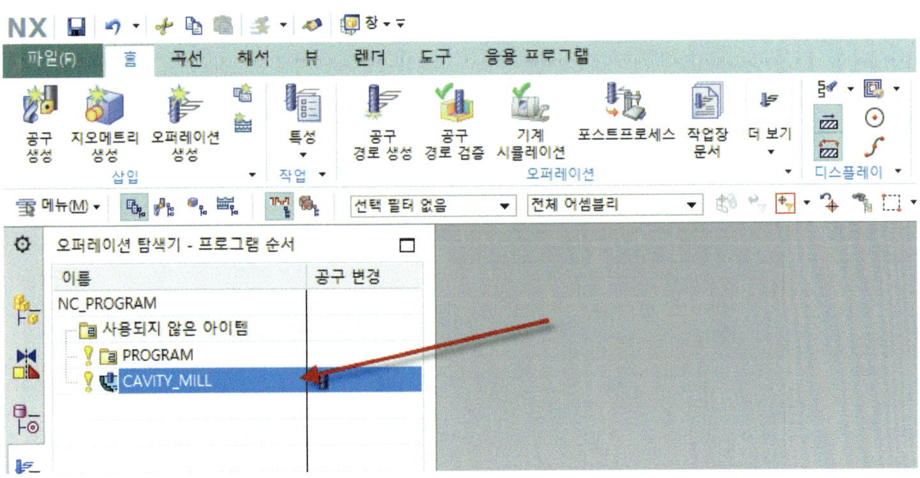

34 이제 정삭 가공에 대하여 설명하고자 한다. 화면의 **오퍼레이션 생성**을 클릭한다.

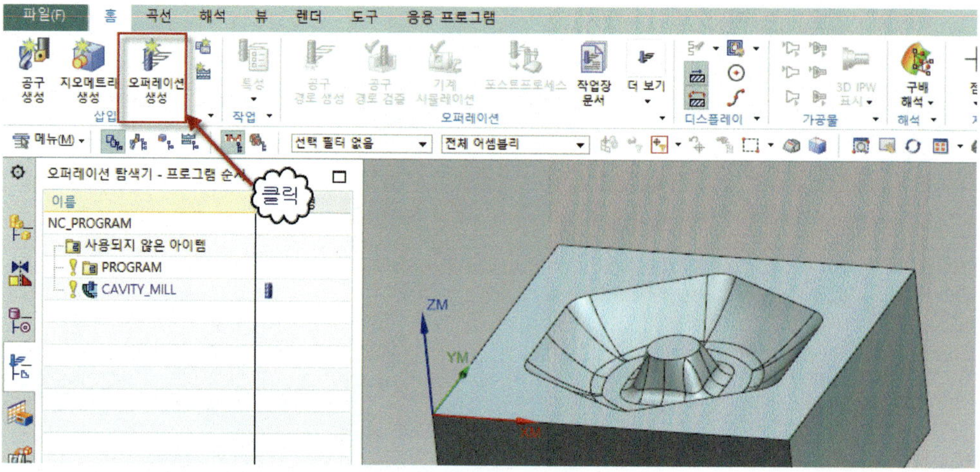

35 정삭 가공하기 위하여 ① **정삭 가공** 아이콘을 클릭한 후 ② **공구**란을 볼 엔드밀 **T02번**으로 변환하고 **확인**을 클릭한다.

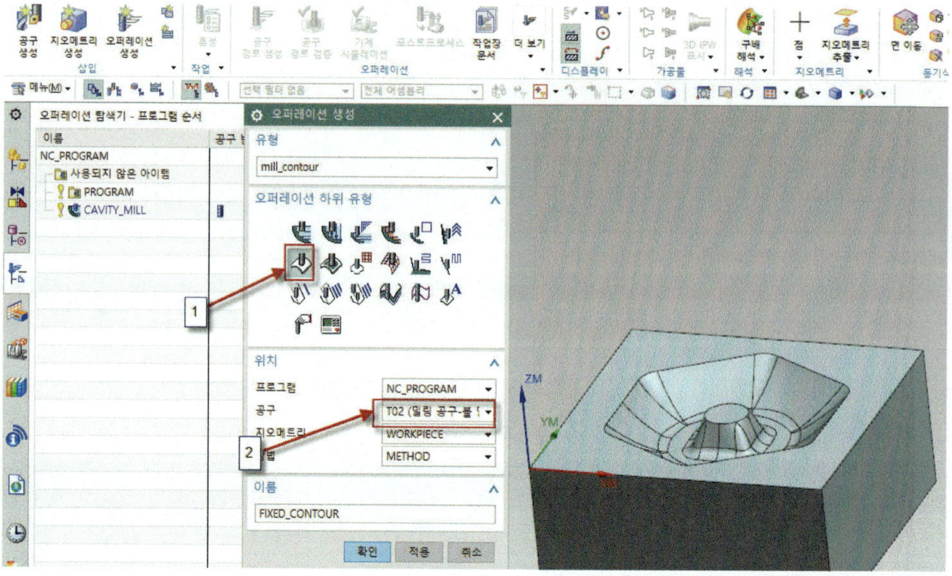

MEMO

36 고정 윤곽 창에서 정삭할 절삭 영역 아이콘을 클릭한다.

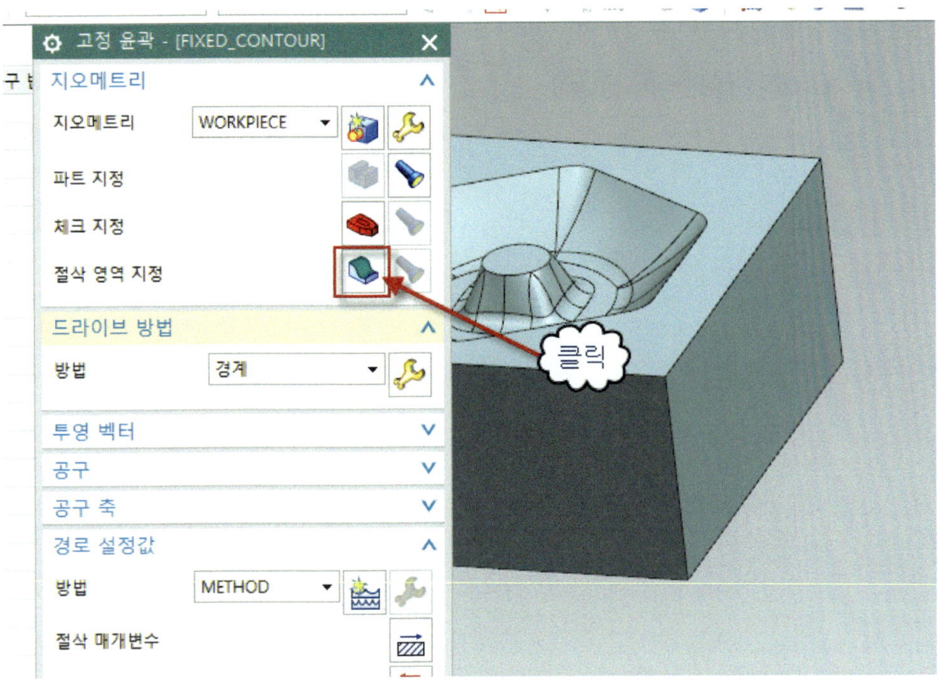

37 절삭 영역을 지정하기 위해 모델링을 평면으로 보고자 한다. 키보드 F8을 클릭하여 평면 상태에서 ①, ② 순서로 대각선 방향으로 클릭하여 가공하고자 하는 부분을 동시에 선택하면 편리하다. 확인을 클릭한다.

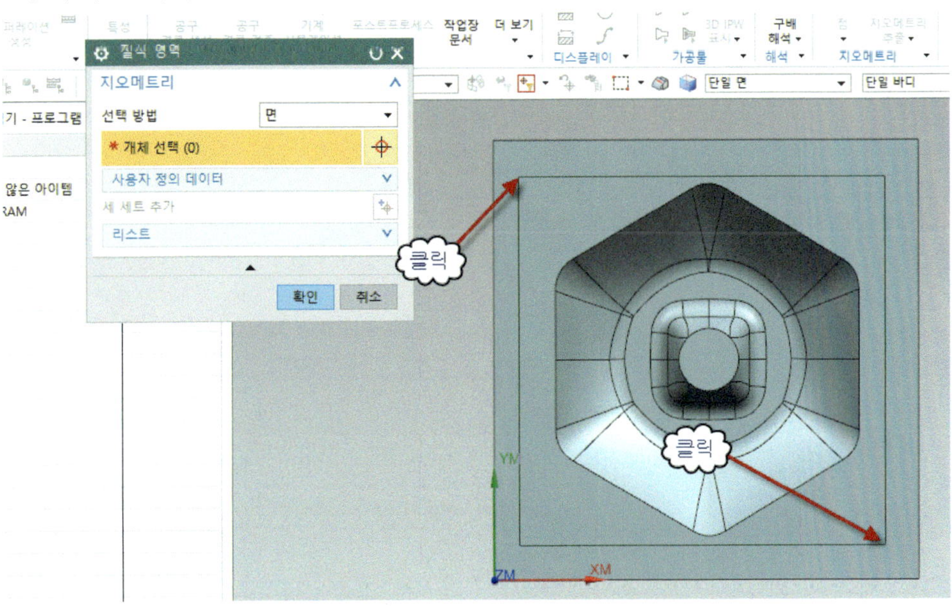

38 내부 가공하고자 하는 부위가 선택되었다. 선택되지 않은 면이 있을 경우 선택하고 확인을 클릭하면 된다.

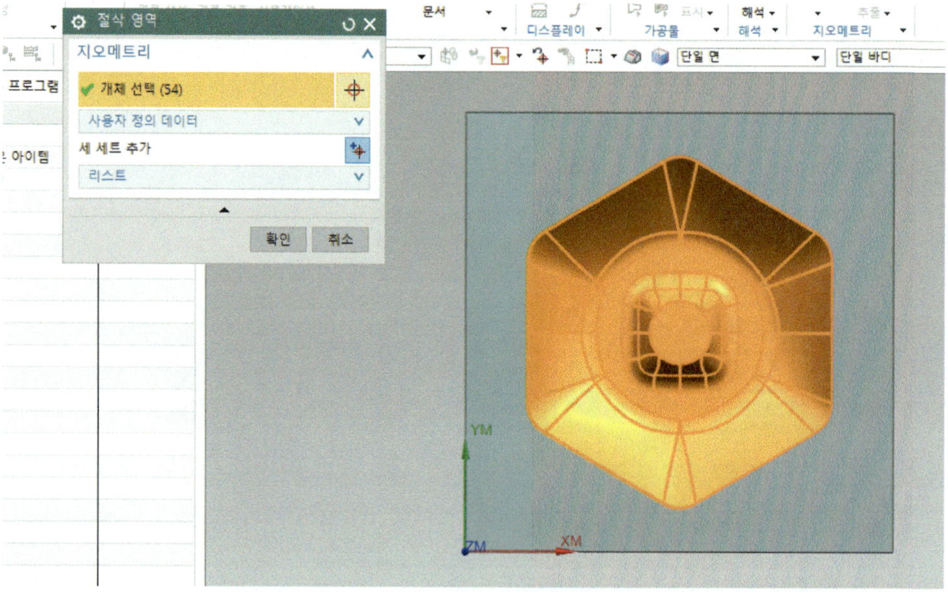

39 드라이브 방법에서 편집 아이콘을 클릭한다.

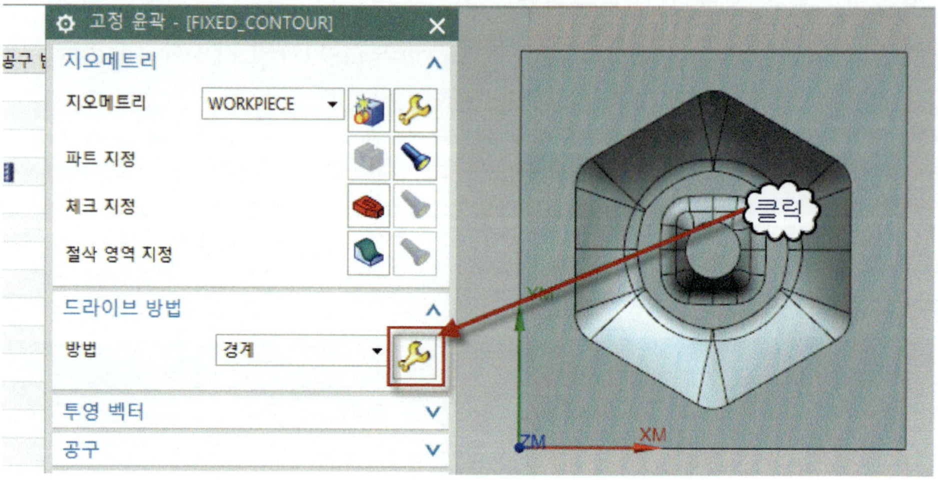

MEMO

40 경계 드라이브 방법 창에서 드라이브 지오메트리 지정 아이콘을 클릭한다.

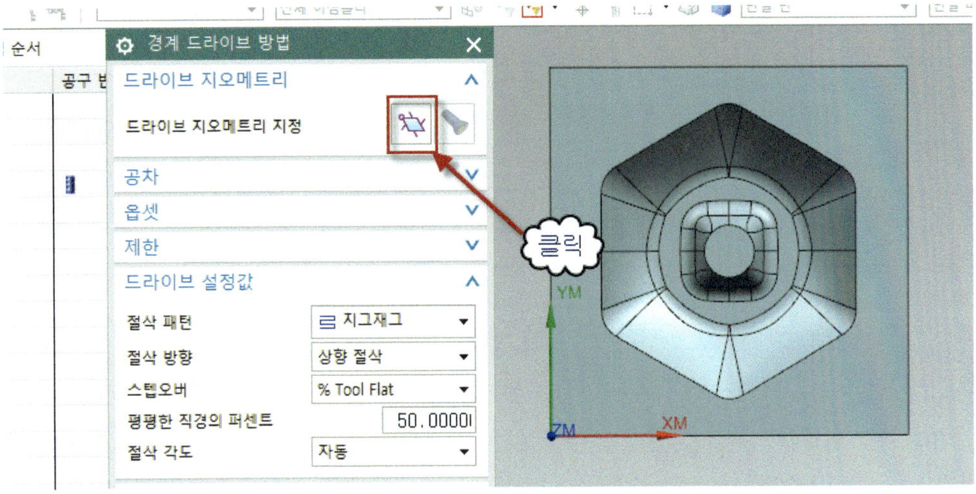

41 모드의 경계를 곡선/모서리로 변환해 준다.

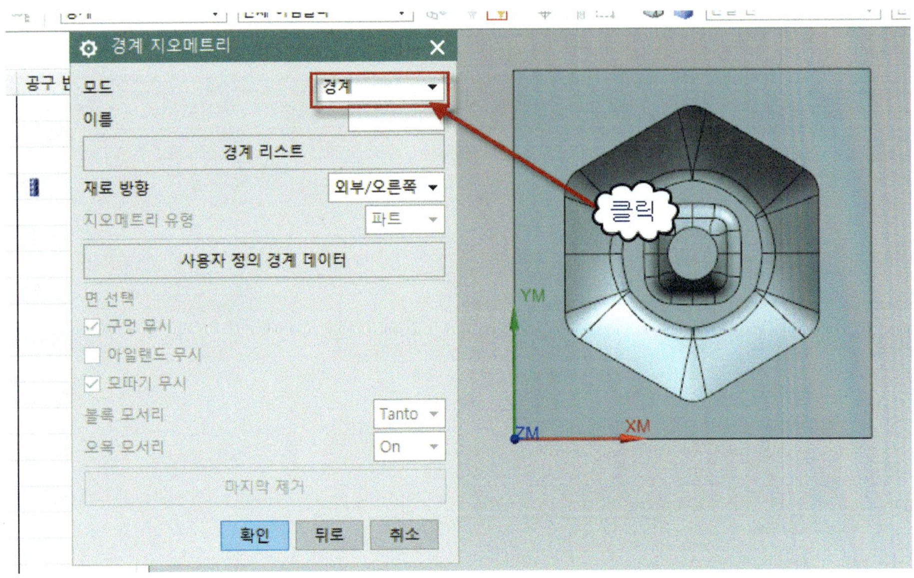

MEMO

42 ① **접하는 곡선**으로 변환하고 공구 위치를 **On**으로 한 다음 모서리를 선택한 후 확인, 확인을 클릭한다.

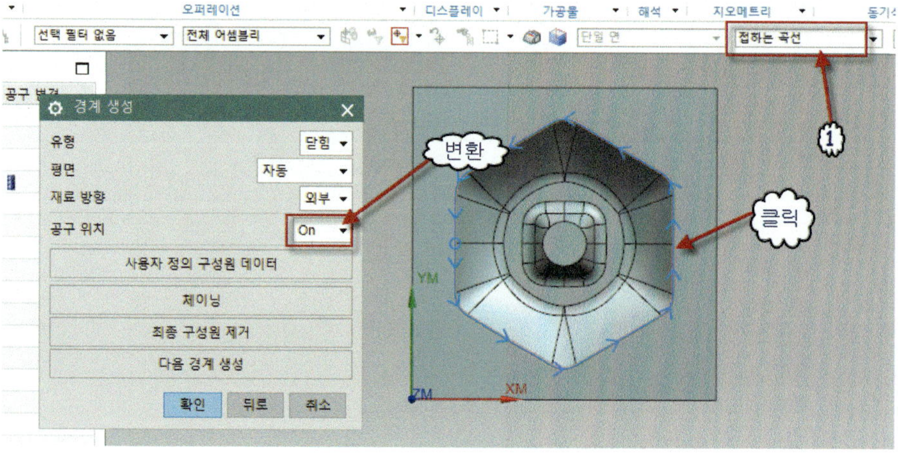

43 ① 절삭 패턴을 **동심 지그재그**로 수정하고 ② 스텝오버를 **일정**으로, 최대 거리(피치값)를 **0.8**로 한 후 확인을 클릭한다.

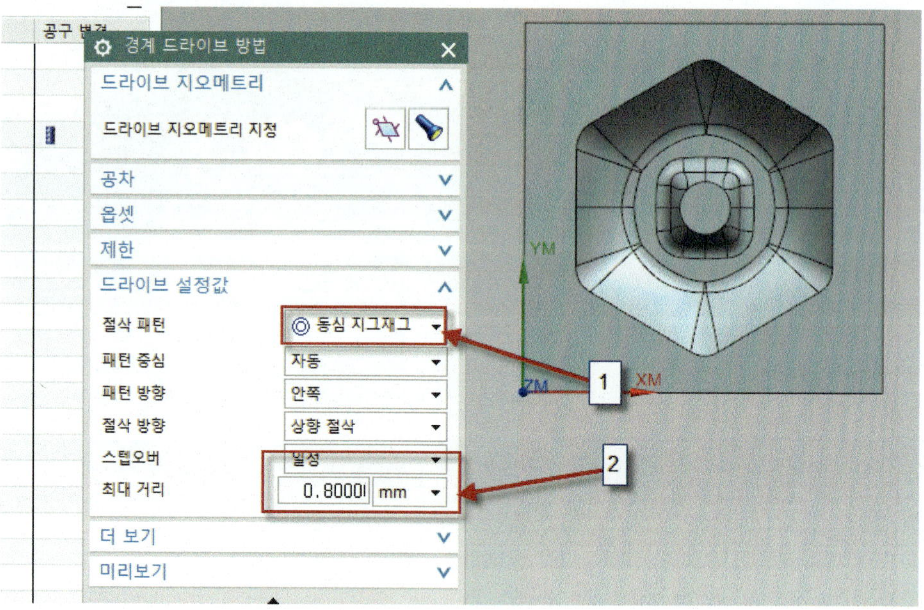

MEMO

44 비절삭 이동 아이콘(안전 높이)을 클릭한다.

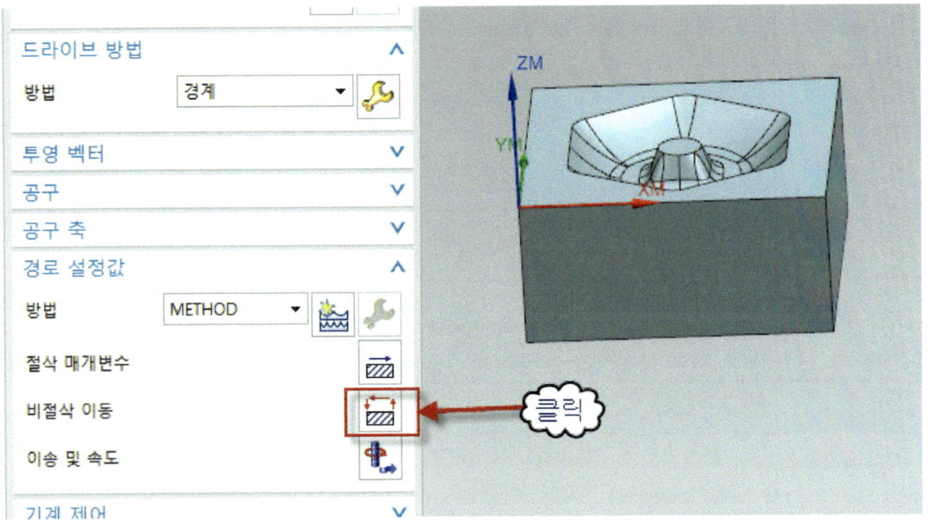

45 ① 급속 이동을 클릭한 후 ② 간격 옵션을 **평면**으로 변환한다. ③ 개체의 상면을 마우스로 클릭한 후 ④ 거리 값을 **10**을 주고 확인을 클릭한다.

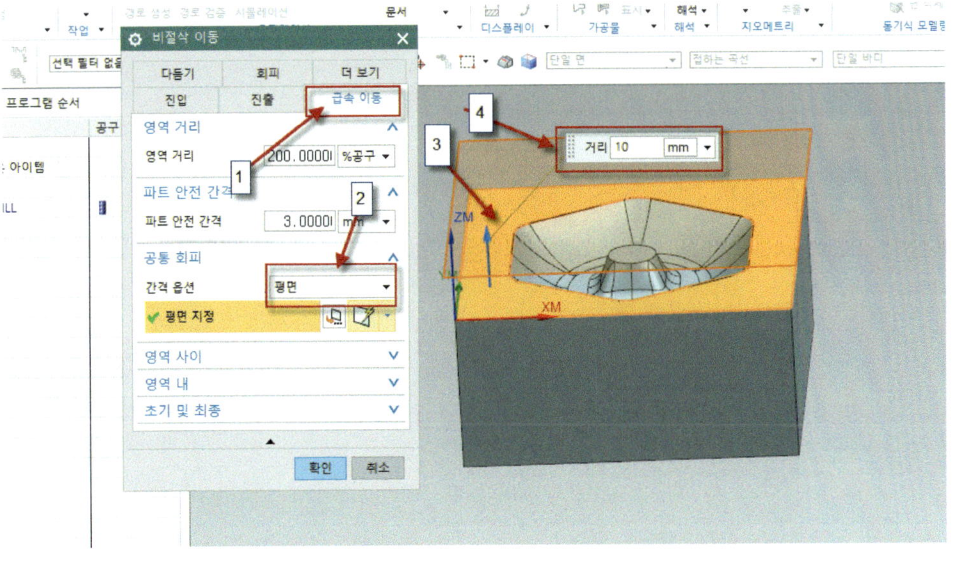

MEMO

46 이송 및 속도 아이콘을 선택한다.

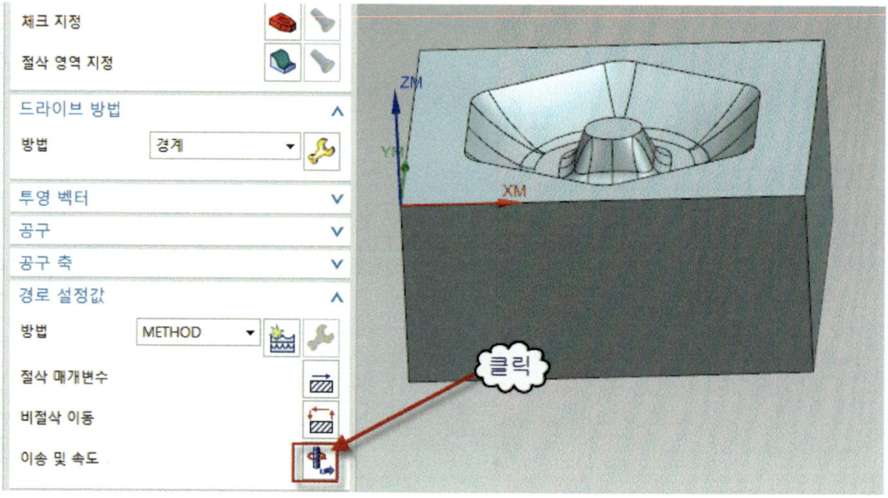

47 스핀들 속도 체크박스를 체크한다. 스핀들 속도는 약 3000 정도, 이송값은 300 정도로 한 다음 확인을 클릭한다.

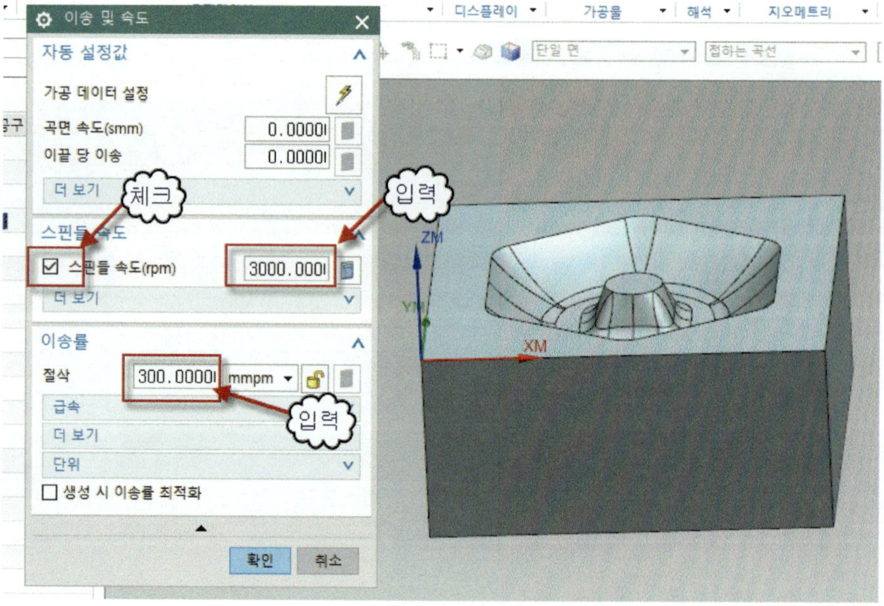

MEMO

48 생성 아이콘을 클릭하면 공구 경로가 생성된다.

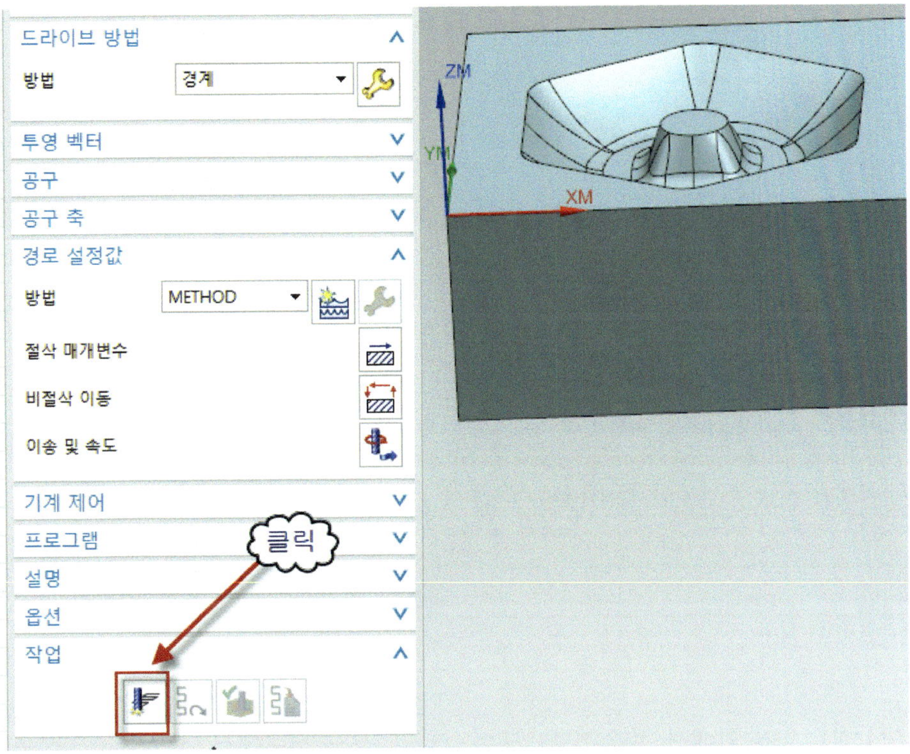

49 공구 경로가 이상 없이 생성되었으므로 확인을 클릭하면 된다.

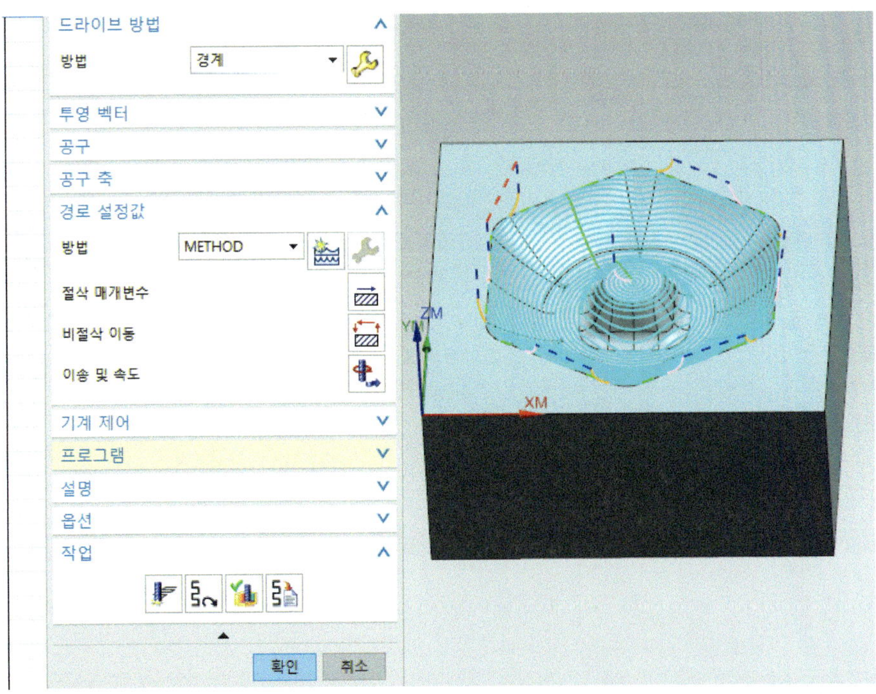

50 프로그램에서 그림과 같이 황삭, 정삭 순서로 드래그하여 프로그램 하위폴더에 넣는다.

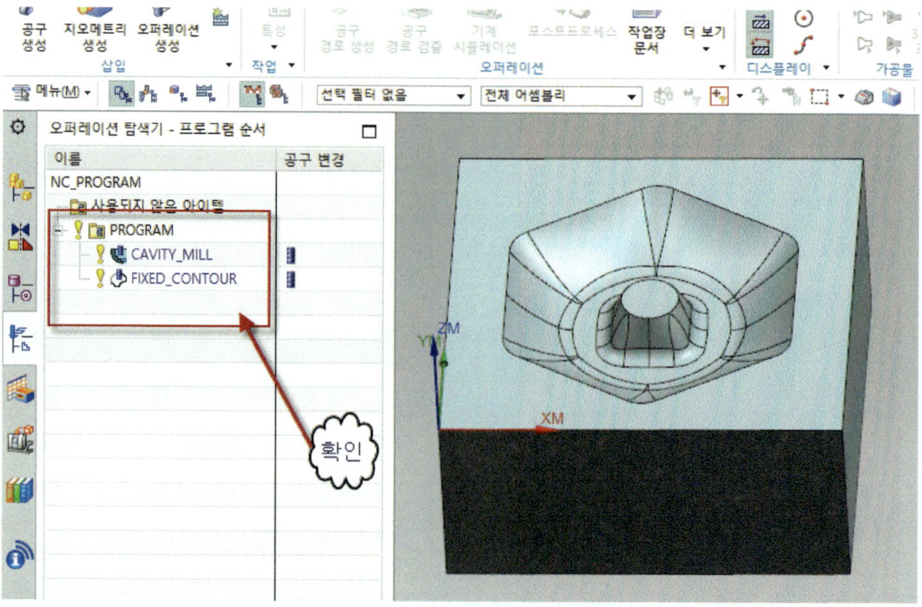

51 ① 프로그램 위에서 마우스 우클릭한 후 ② **공구 경로**에서 ③ **시뮬레이션**을 클릭하여 가공시간을 알고자 한다(가공시간은 40분 정도로 맞추면 된다).

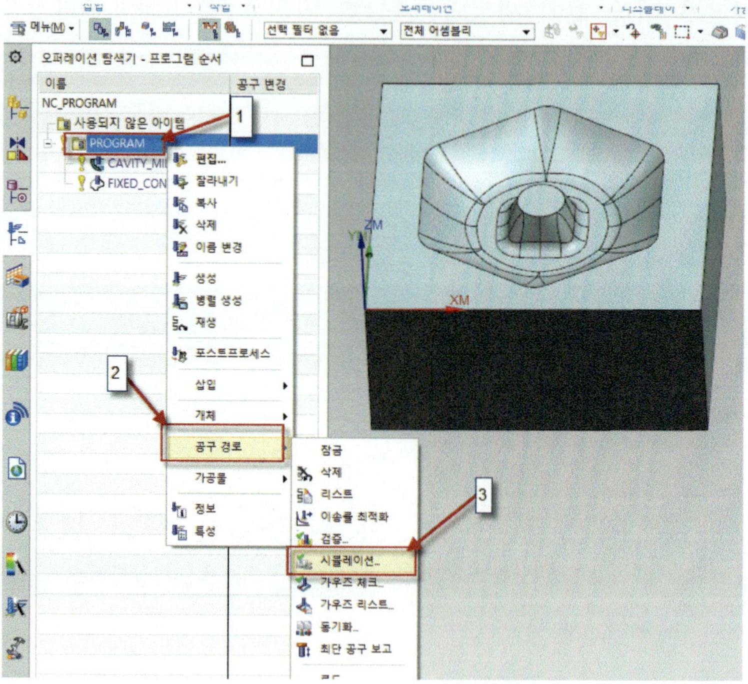

52 시뮬레이션 제어판에서 ① 속도를 10으로 하고 ② 플레이(▶)를 하면 가공 시간이 약 31분으로 나온다.

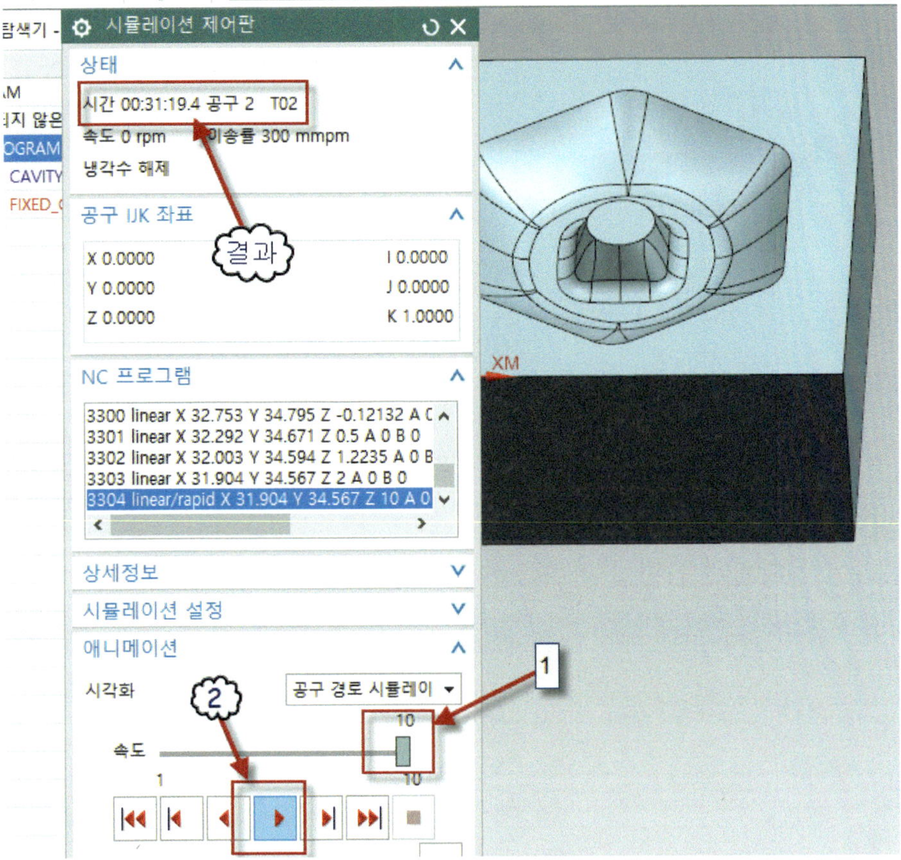

MEMO

53 31분은 가공시간 40분에 맞지 않으므로 수정하는 방법을 익히고자 한다. 정삭 공구경로를 더블 클릭하면 정삭 공구 경로를 수정할 수 있다.

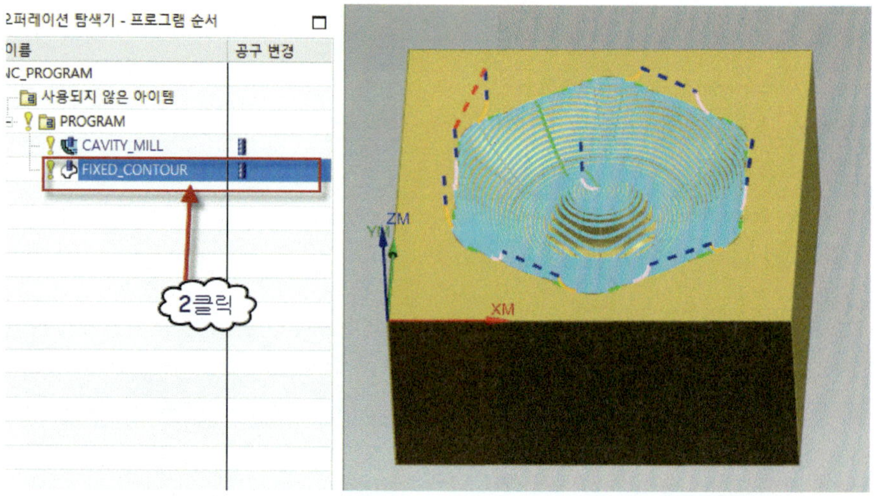

54 드라이브 방법에서 편집 아이콘을 클릭한다.

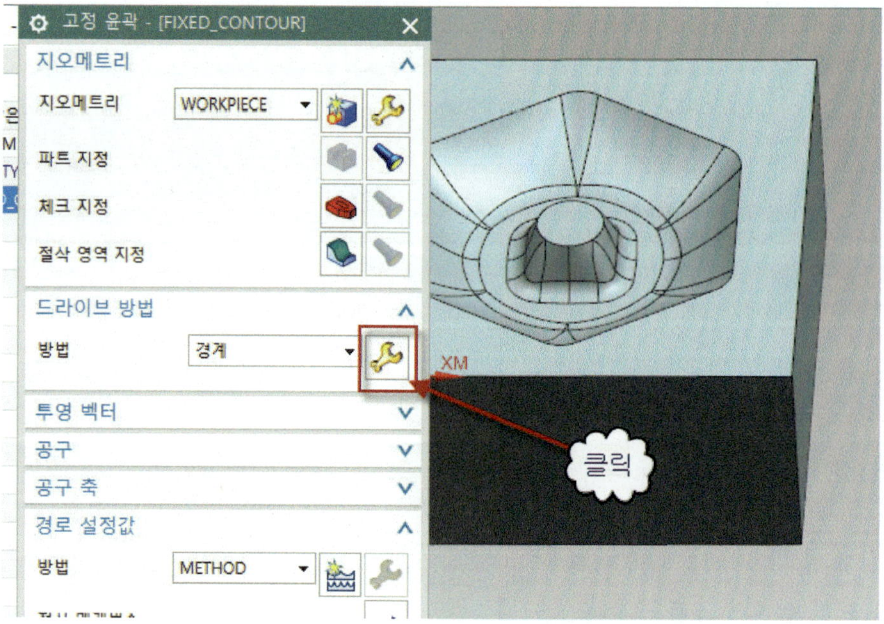

55 최대 거리를 0.8에서 0.6으로 줄인 다음 확인을 클릭한다.

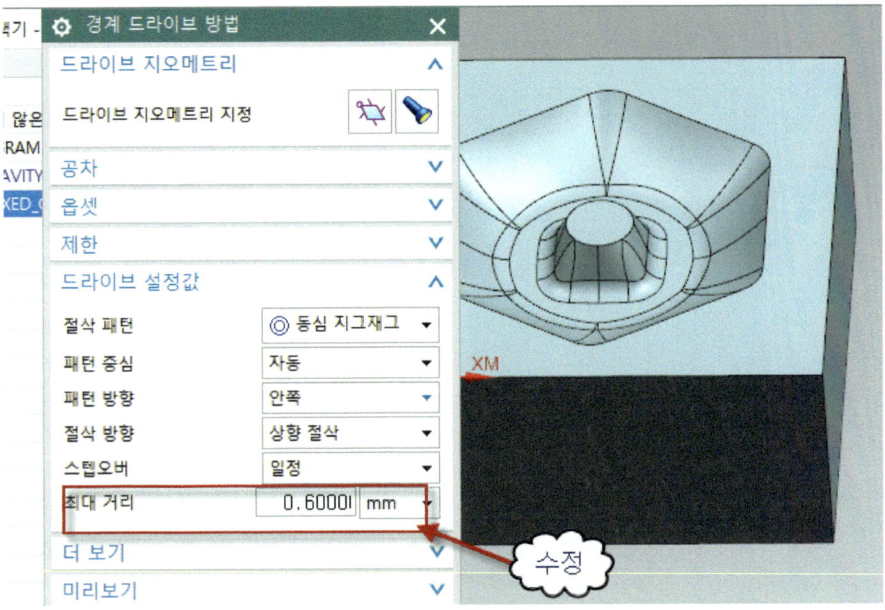

56 화면 하단의 생성을 클릭한 후 확인을 클릭한다.

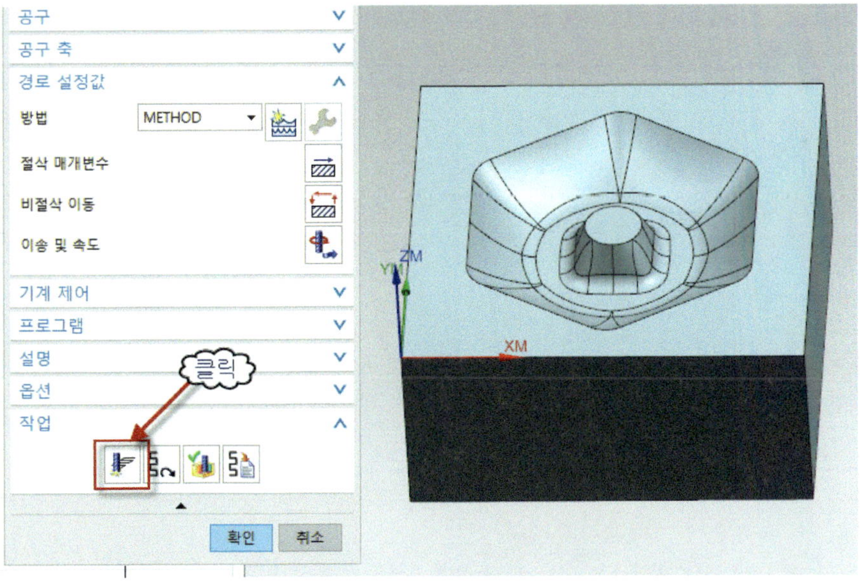

57 새로운 공구 경로가 생성되었다.

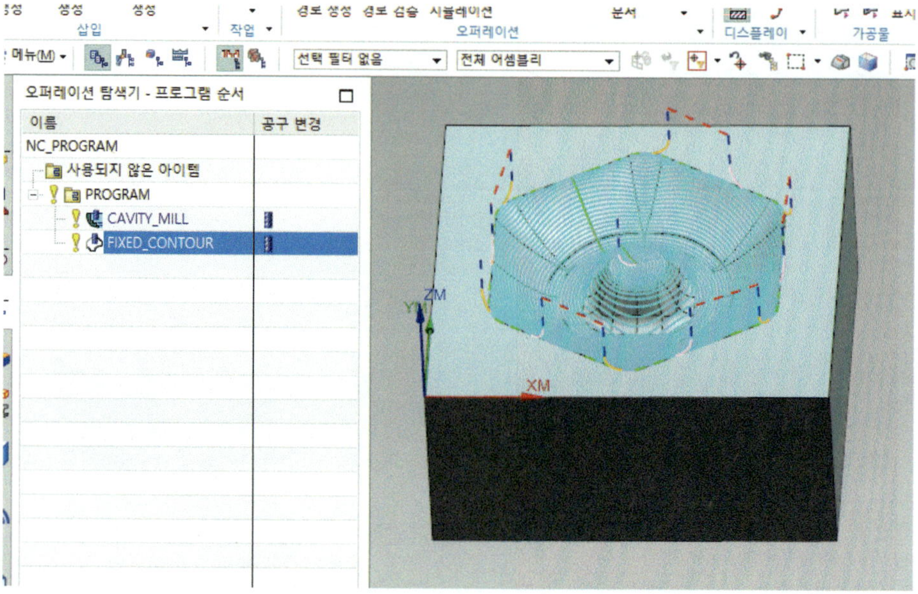

58 ① 프로그램 위에서 마우스 우클릭하고 ② 공구 경로에서 ③ 시뮬레이션을 클릭하여 가공시간을 알고자 한다(가공시간은 40분 정도 맞추면 된다).

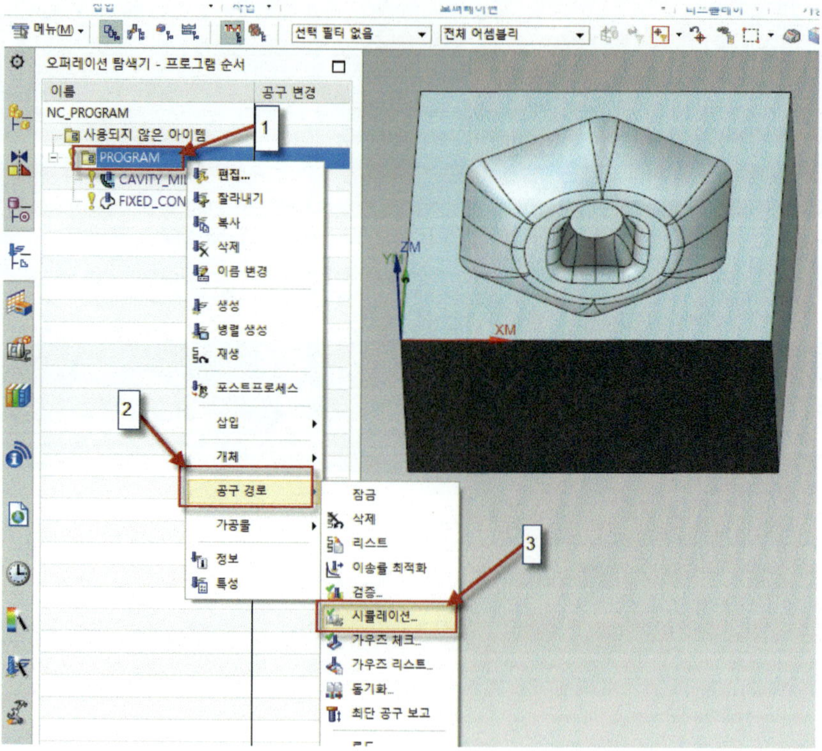

59 시뮬레이션 제어판에서 ① 속도를 10으로 하고 ② 플레이(▶)를 하면 가공 시간이 약 40분으로 나온다.

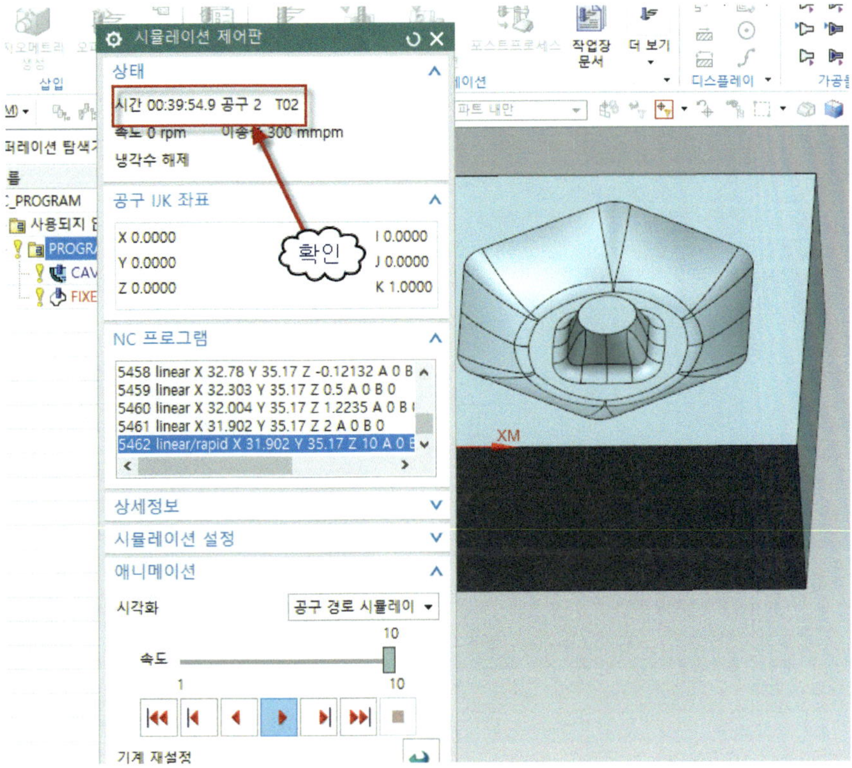

60 프로그램 위에서 마우스 우클릭하여 포스트프로세스를 선택한다. 이는 황삭, 정삭 NC데이터를 생성하기 위함이다.

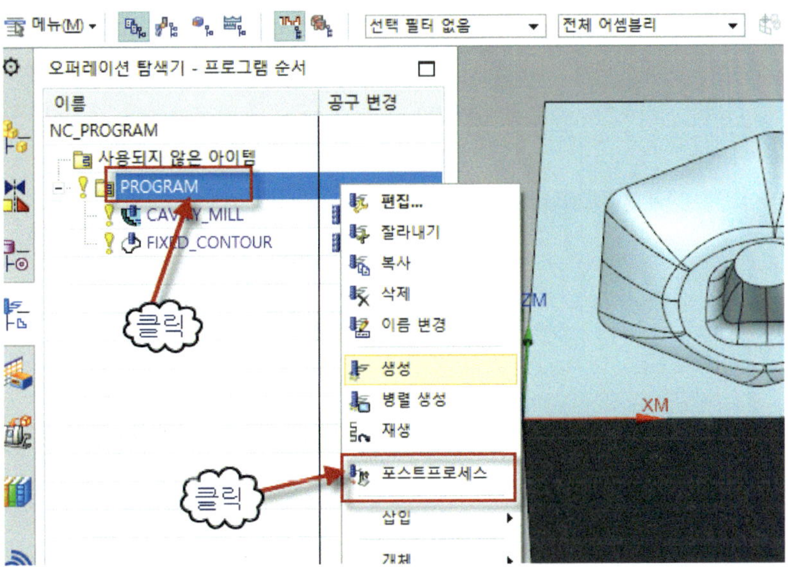

61 포스트프로세서를 장비에 맞게 변환하고 단위를 **미터법/파트**로 수정한 후 확인을 클릭한다.

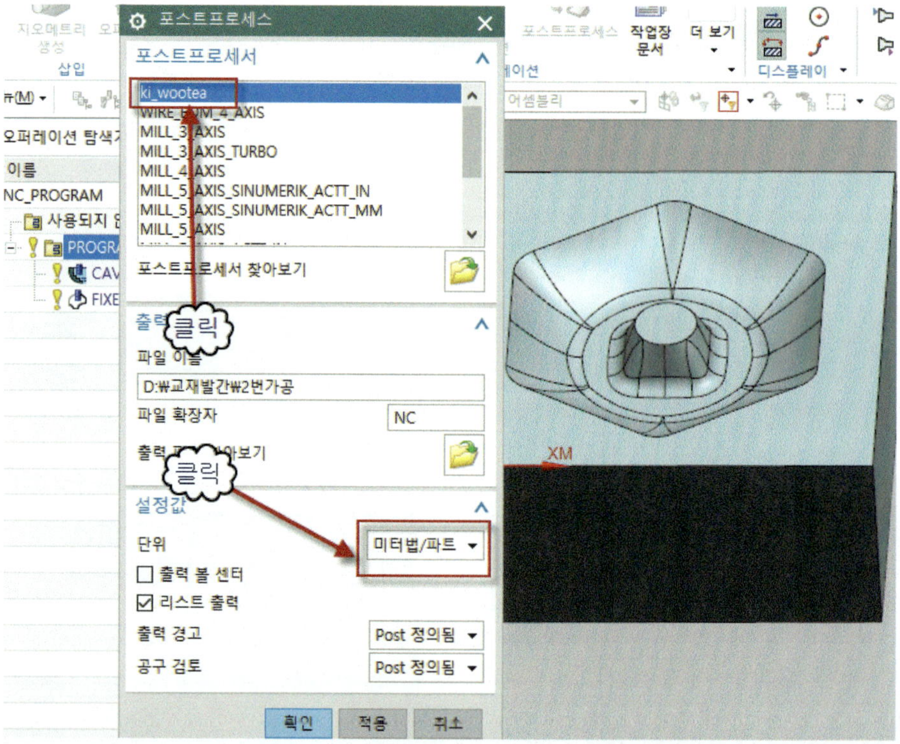

62 NC DATA가 생성되었으면 % 위의 정보를 삭제한다.

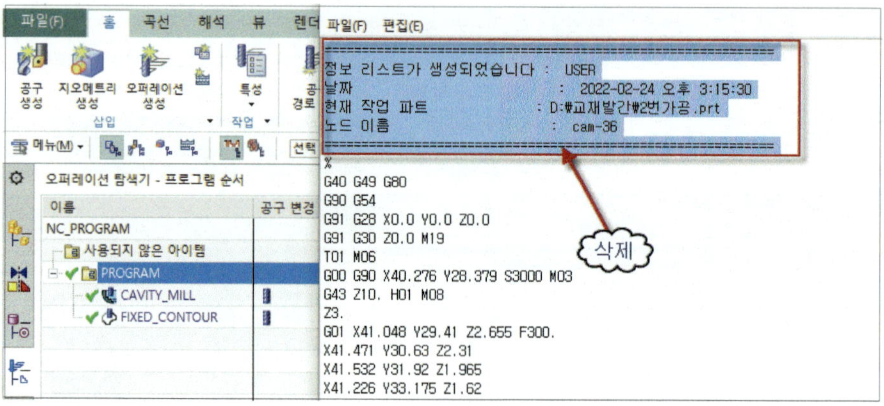

63 다른 이름으로 저장을 클릭하여 저장 위치를 정한 다음 파일 이름을 ①과 같이 하고 파일 형식을 ②와 같이 한다.

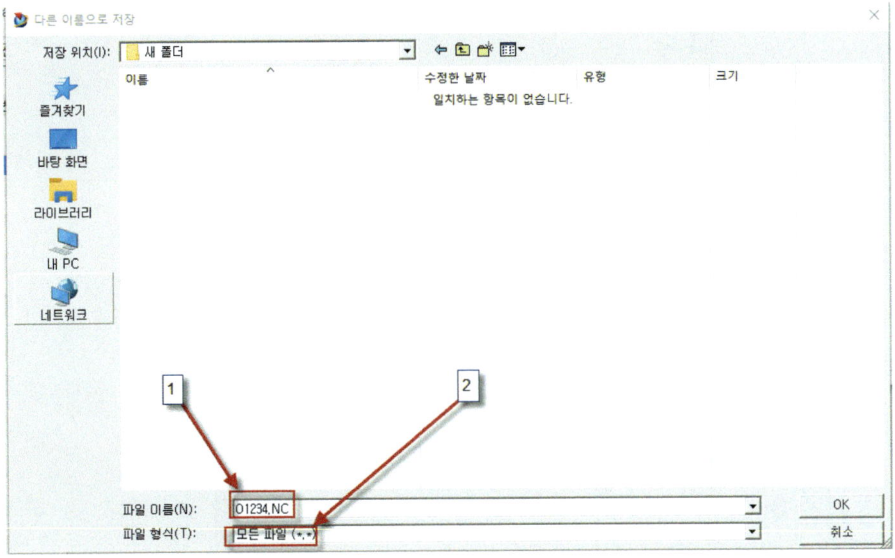

MEMO

3. 도 면 3

3-1 모델링하기

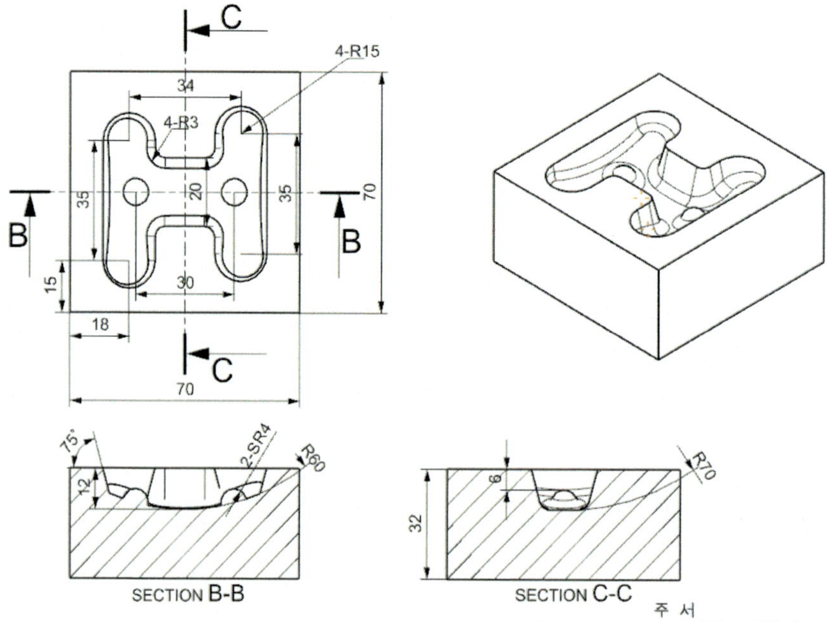

주 서
1. 도시되고 지시없는 라운드는 R3

1 화면에서 NX 를 실행하면 모델링을 하기 위한 화면으로 변환된다.

2 좌측 상단의 새로 만들기  아이콘을 클릭한다.

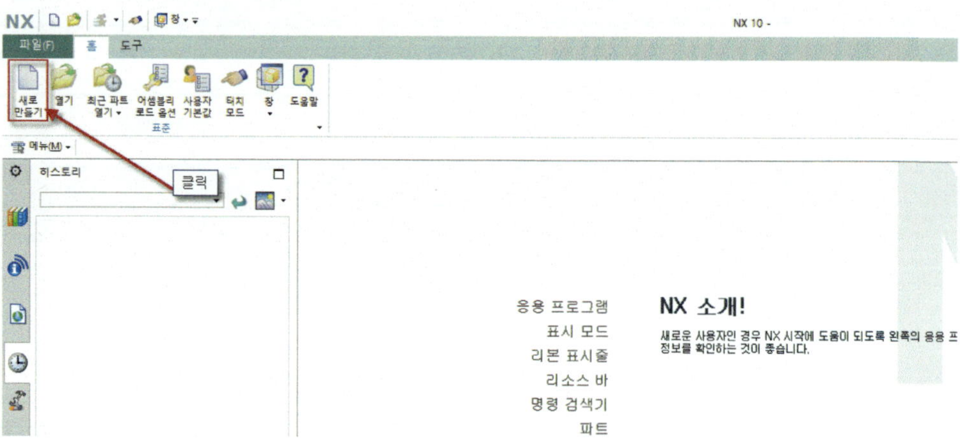

3 새로 만들기 창에서 이름을 확인한 후 저장될 장소 및 파일 이름을 아래 그림과 같이 설정한 후 확인을 클릭한다.

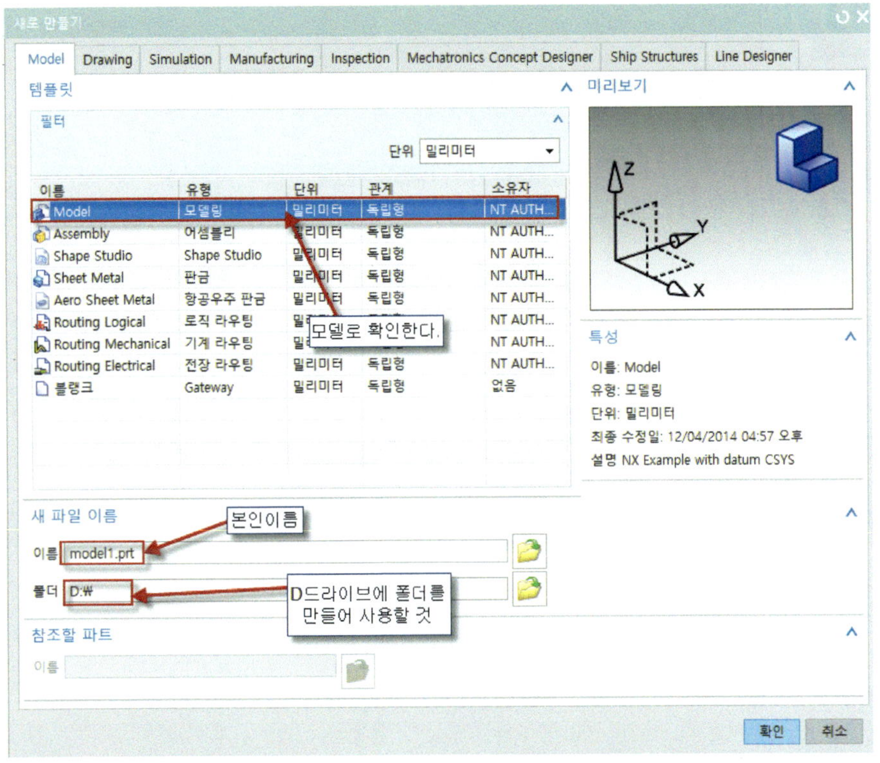

4 2D 스케치 창이 활성화되면 스케치를 하기 위하여 좌측 상단의 스케치를 클릭한다.

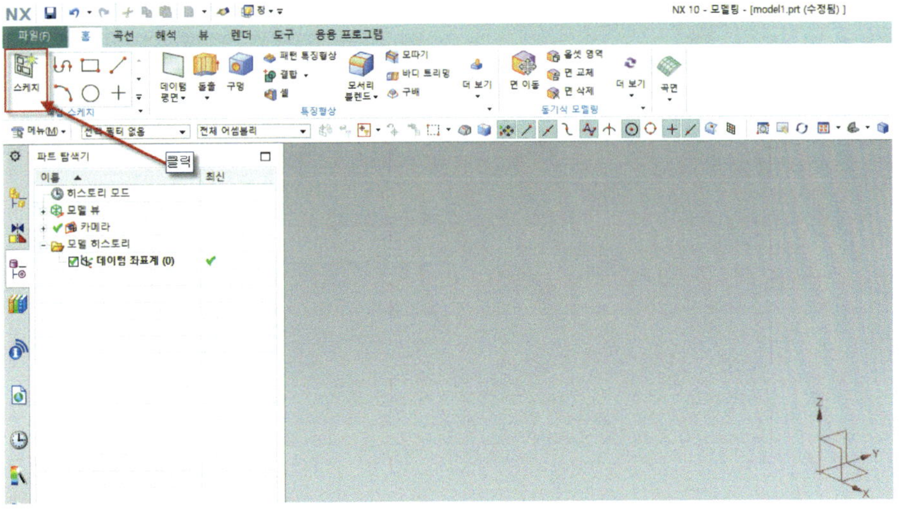

5 스케치 생성 창이 활성화되고 **평면 방법**에서 **기존 평면**으로 변경하면 데이텀 평면이 나타나지 않아 쉽게 스케치 준비를 할 수 있다.

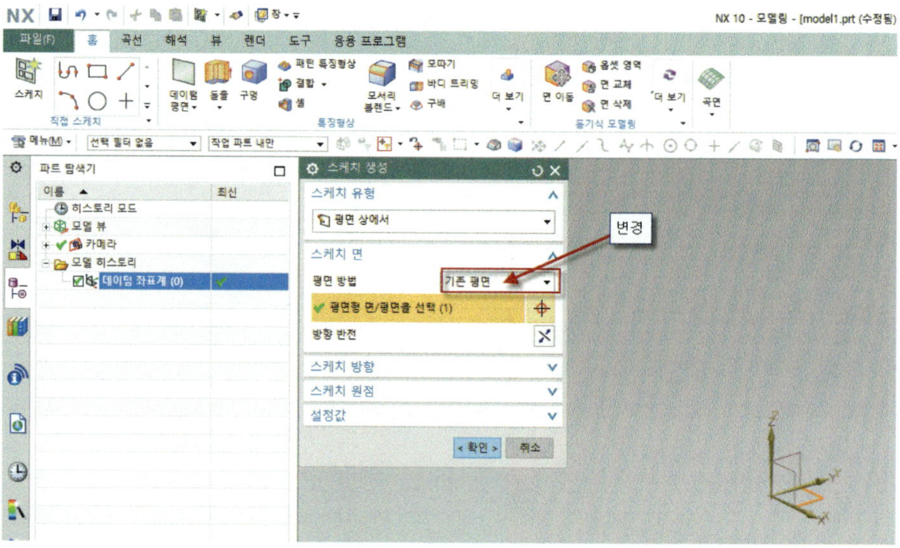

6 스케치 생성 창에서 확인을 클릭하면 2D 창으로 변환된다.

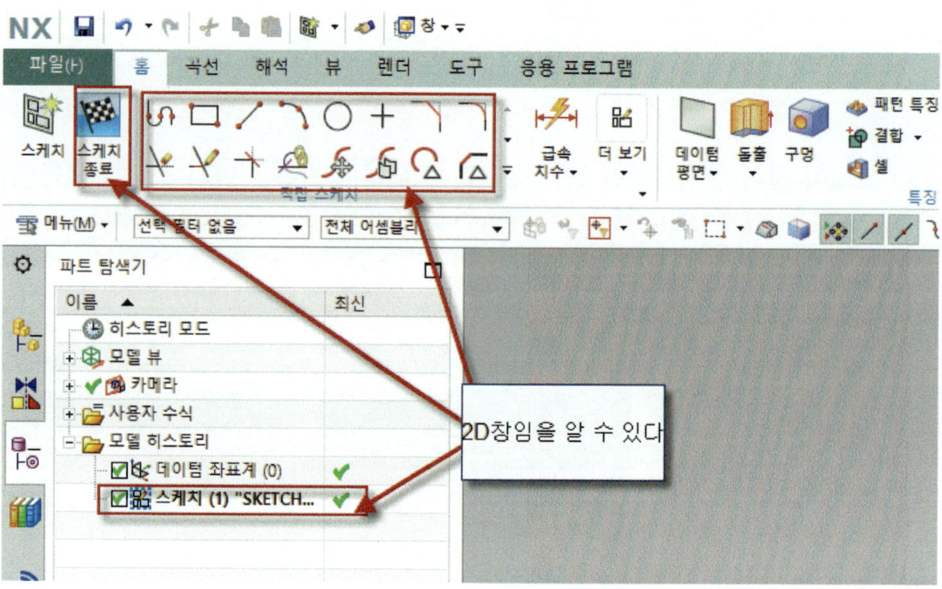

7 먼저 메뉴바에서 홈으로 되어 있을 것이다. 여기서 **직사각형**을 선택하면 직사각형 3가지 방법으로 나타나지만 여기서는 대각선 방향이 좋은 방법이므로 1번 방법으로 스케치를 하면 된다.

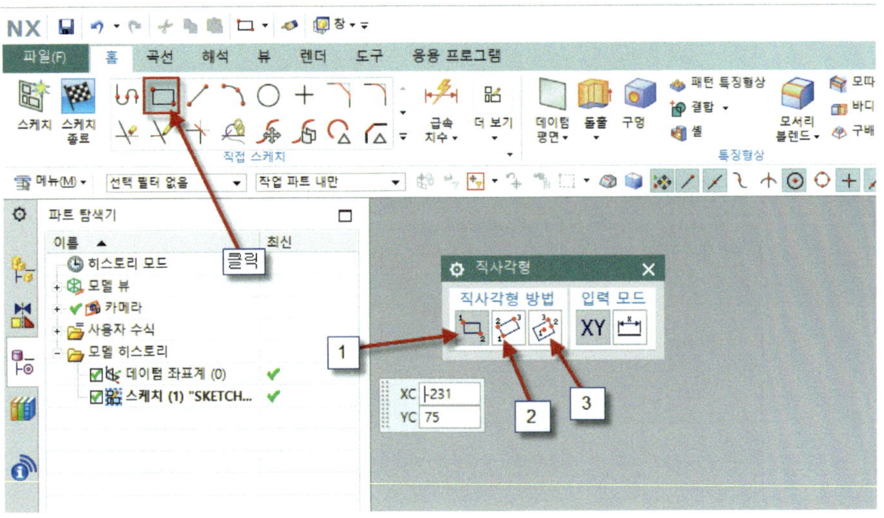

8 X-Y평면상에서 X0, Y0에 ①은 X, Y교차점에 형상교차로 구속되며, ②는 X, Y교차점에 정확성을 나타내며, ③은 현재 위치가 X0, Y0임을 표현하고 있다.

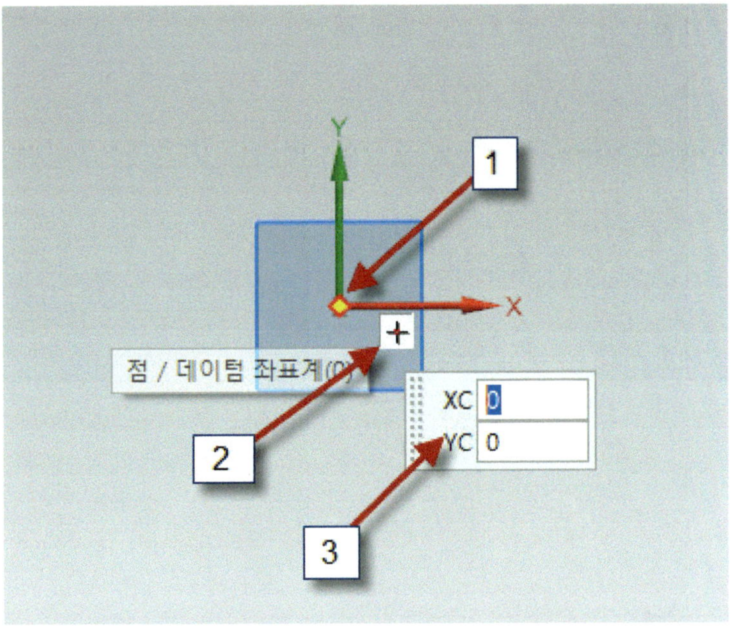

9 ①을 마우스로 클릭한 후 드래그하지 말고 마우스 버튼을 놓은 채 대각선으로 ②를 클릭하면 4각형의 스케치가 완료된다.

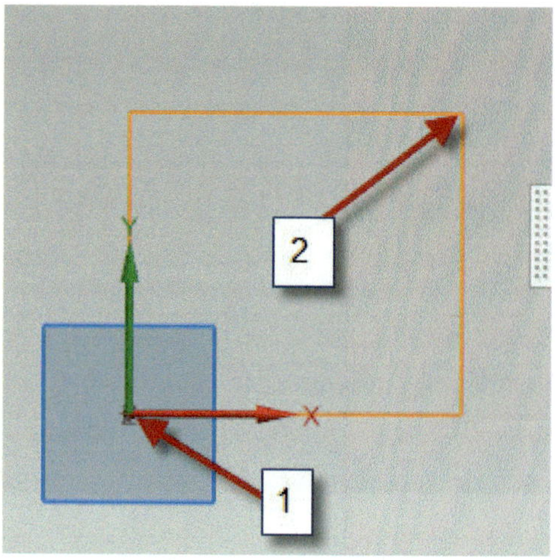

10 ①의 급속 치수 아이콘을 클릭하여 X방향 선을 선택하고 70으로 수정한다. ② Y방향 선을 선택한 후 70으로 수정해 준다.

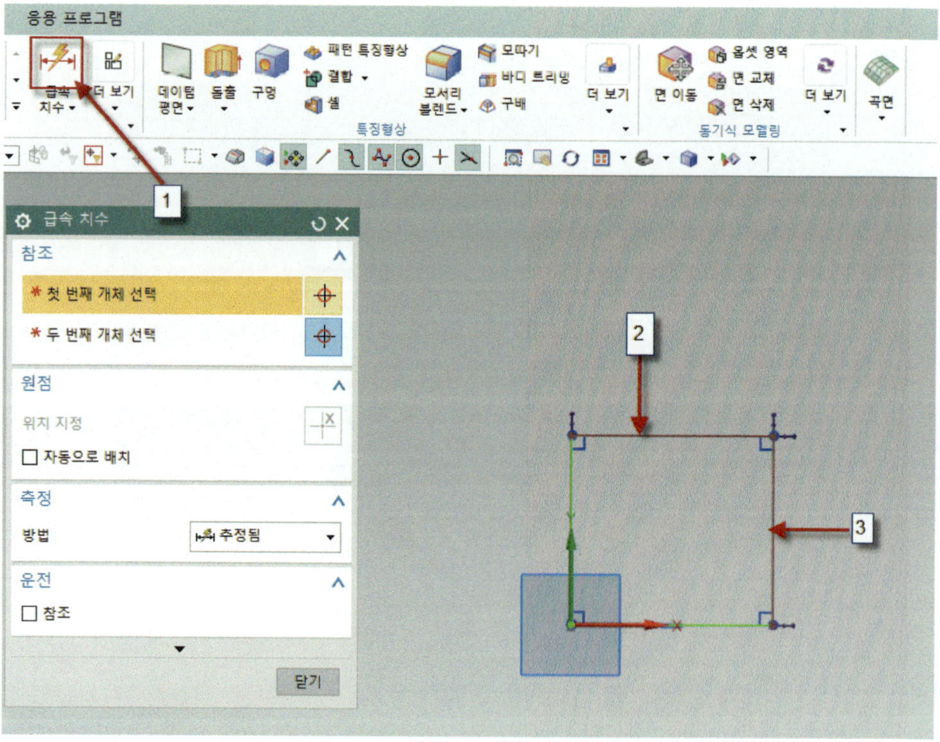

11 아래 그림처럼 정사각형의 치수 구속이 완성된다.

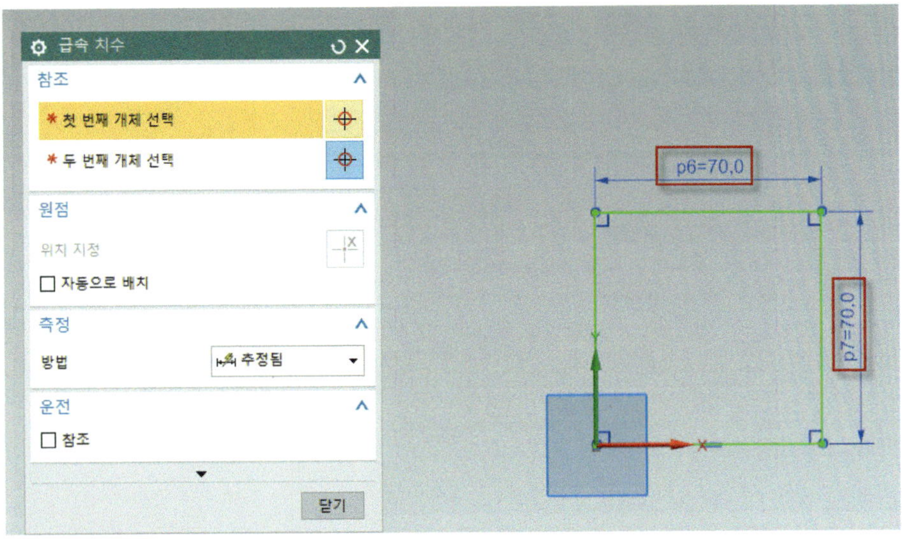

12 화면 왼쪽 위의 스케치 종료  아이콘을 클릭하면 3차원 창으로 이동한다.

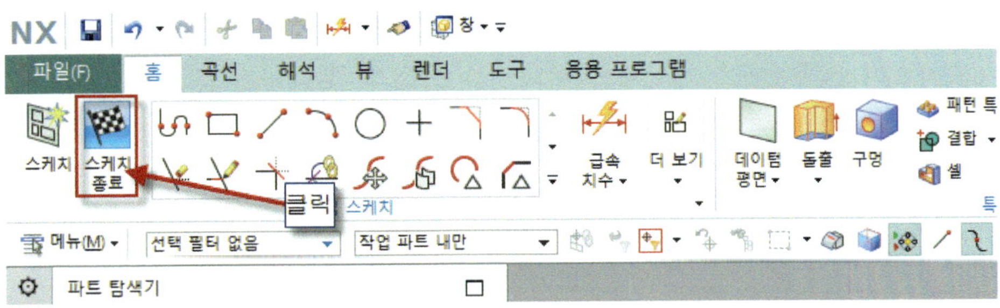

MEMO

13 솔리드로 돌출하고자 하면 X-Y평면에서 스케치를 하였기에 ① Z방향이 보이도록 마우스 휠을 누르고 Z방향이 위로 가도록 하면 ② 커브가 X-Y 평면상에 스케치되어 있을 알 수 있다.

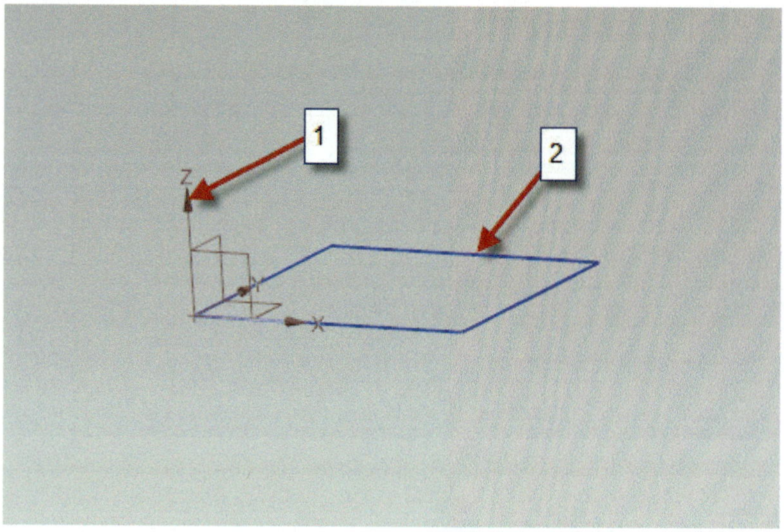

14 ① **돌출** 아이콘을 클릭하고 ② 추정 곡선으로 되어 있으면 **연결된 곡선**으로 바꾸어야 커브가 연결되어 있는 것만 선택되므로 아주 중요하다. ③ **스케치한 곡선**을 선택하고, ④ 벡터 방향으로 현재 -Z방향으로 해야 하므로 **-ZC**로 변경한 후 ⑤ 시작의 거리 값을 **0**으로 한 다음 ⑥ 끝 거리 값 **32**를 입력한 후 커브를 선택한다.

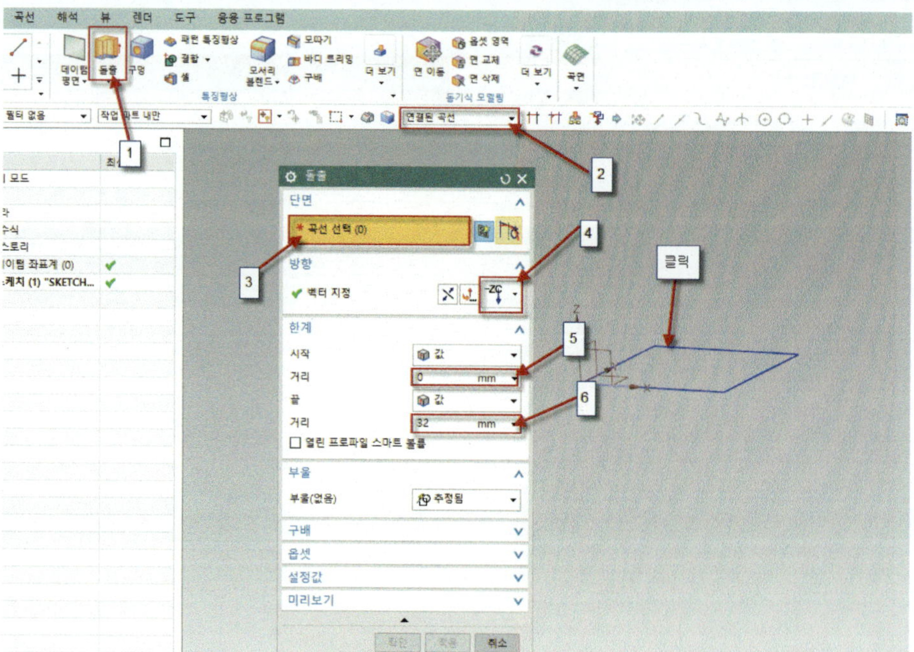

⑮ 아래 그림처럼 -Z벡터로 32mm로 Solid가 생성됨을 알 수 있다. 확인을 클릭한다.

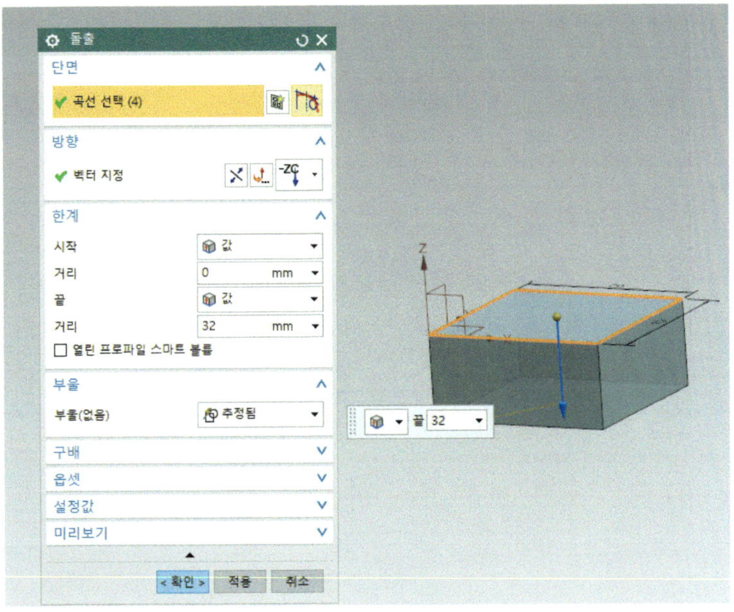

⑯ 아래 그림과 같이 6면체의 Solid가 생성된다.

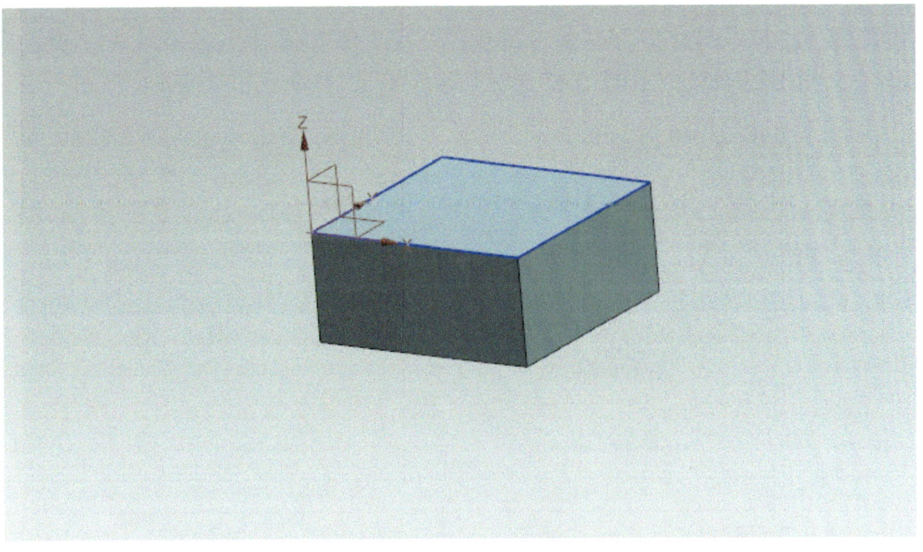

⑰ Z0인 평면상에 스케치를 하고자 ① 스케치 아이콘을 클릭하고 스케치 유형과 평면 방법을 확인하고 모델링 상면을 클릭한 후 확인을 클릭한다.

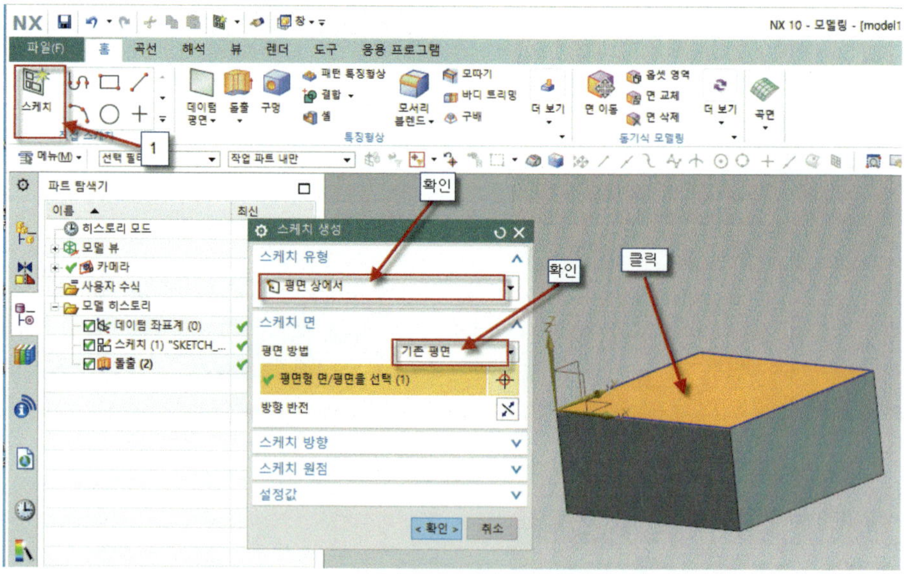

⑱ 평면상에 수평선과 수직선을 형상 구속으로 스케치하고자 한다. ① 선의 아이콘을 클릭 후 ②가 가리키는 부분이 Y축 방향 거리가 70이지만 숫자가 YC35가 맞는지 확인한 후 수평선과 수직선을 같은 방법으로 스케치하면 된다.

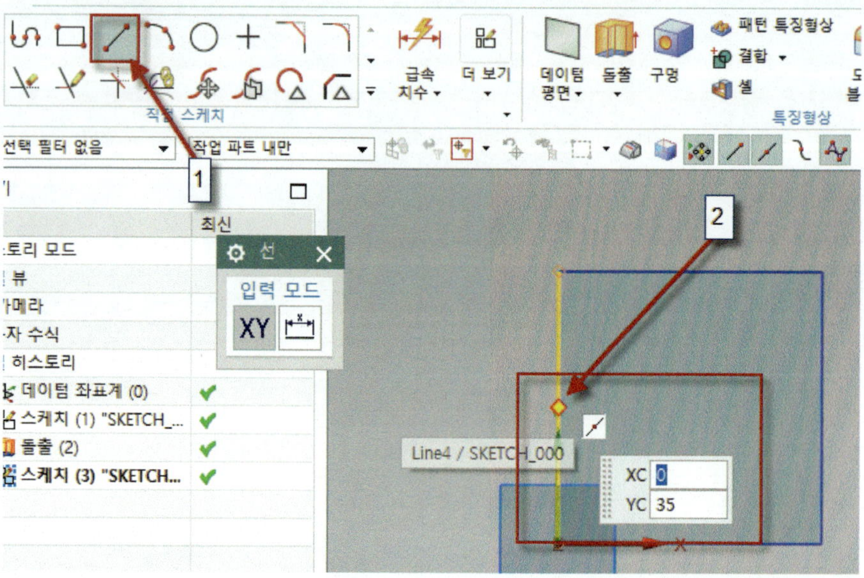

19 아래 그림과 같이 스케치가 완료되었음을 알 수 있다.

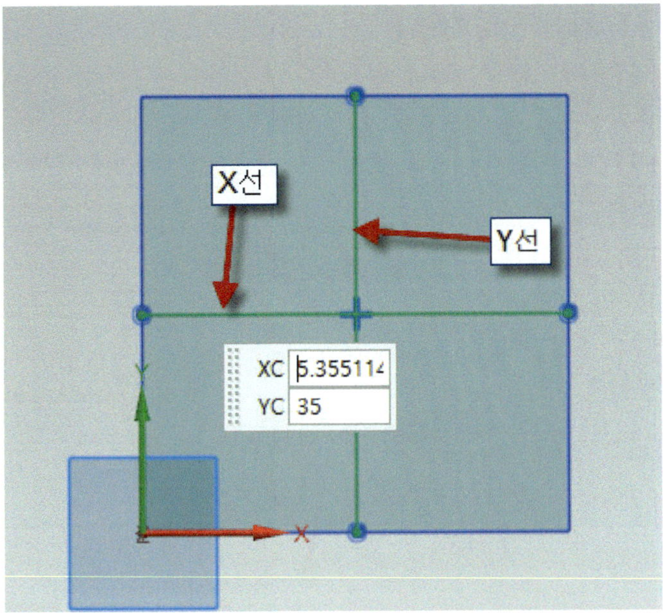

20 화면 좌측 상단의 **스케치 종료**  아이콘을 클릭한다. 스케치 종료를 하는 이유는 본 객체의 중심을 참고로 스케치하고자 하며, 스케치 창을 별도로 관리하는 것은 초보자로서 유용하리라 본다.

위의 그림과 아래의 그림에서 선의 색깔이 다르다. 이는 스케치 창과 3차원 창의 차이 때문이며, 3차원 창은 수정할 수 없다.

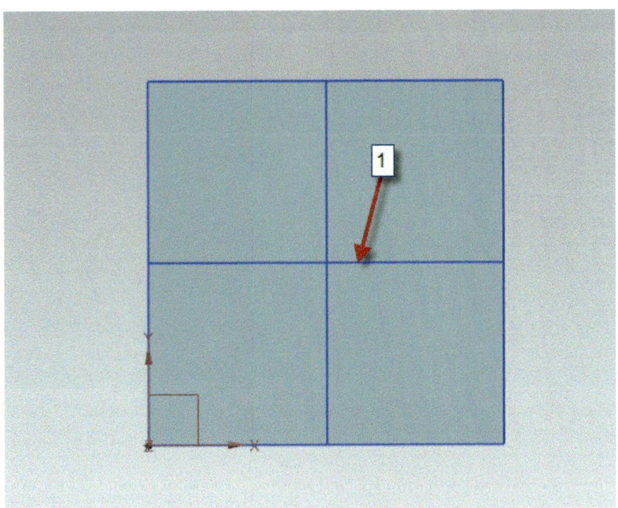

21 아래 그림에서 ① **스케치** 아이콘을 클릭하고 ② **평면**을 선택한 후 ③ **확인**을 클릭하면 새로운 스케치 창이 활성화된다.

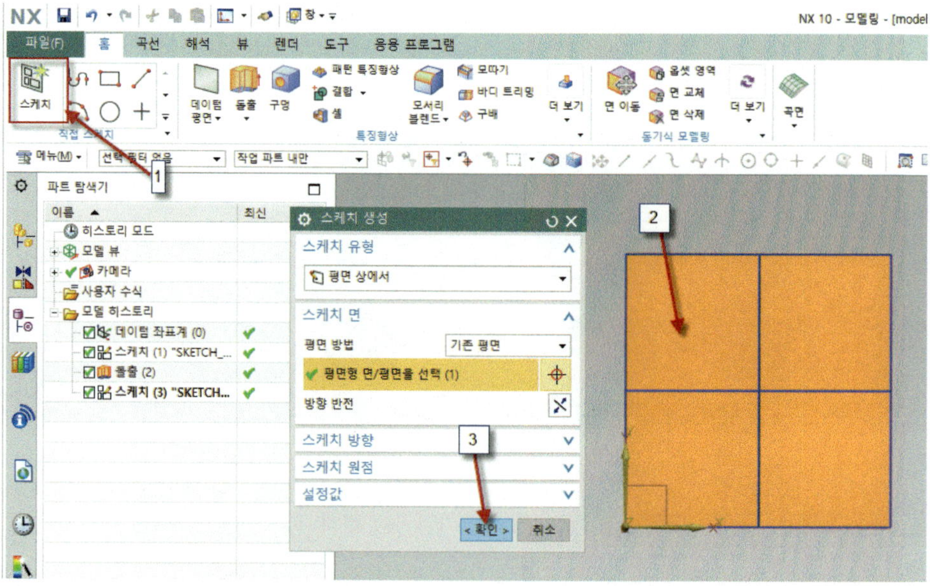

22 스케치 안에서 직사각형을 클릭한 후 양쪽에 직사각형을 스케치한다.

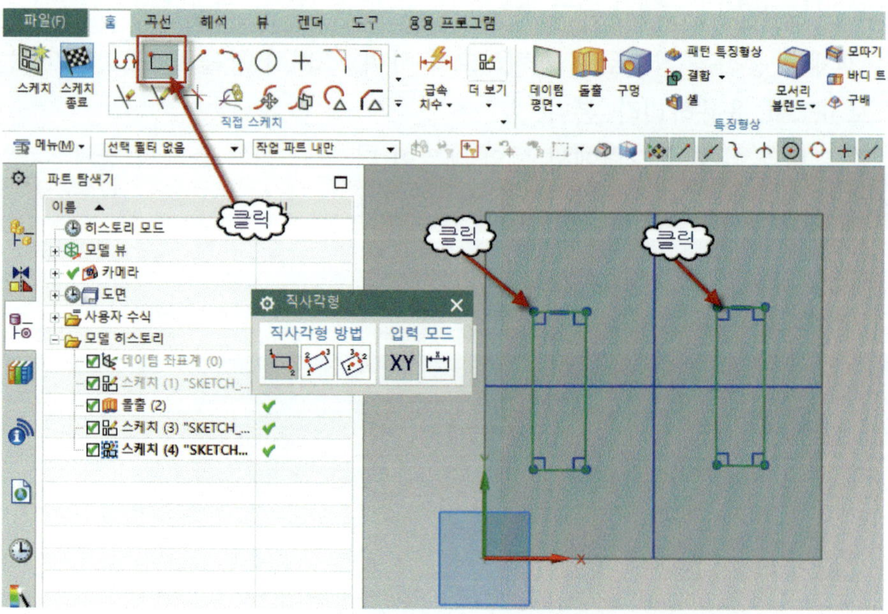

23 원호 아이콘을 클릭하고 직사각형에 ①, ②를 클릭한 후 접점이 나타나면 4개의 원호를 스케치한다.

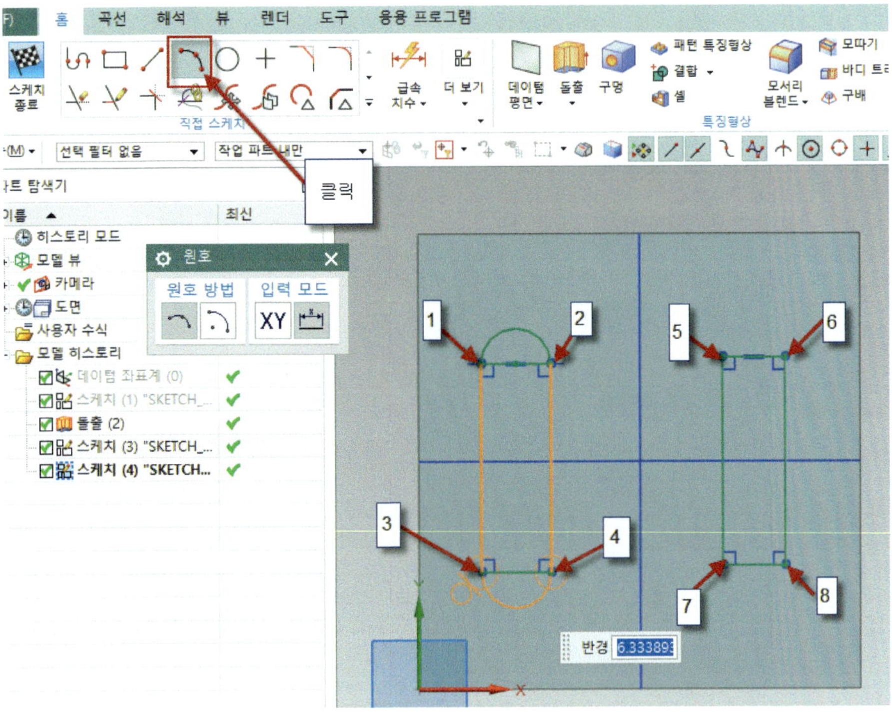

24 4개의 원호가 스케치되어 있다.

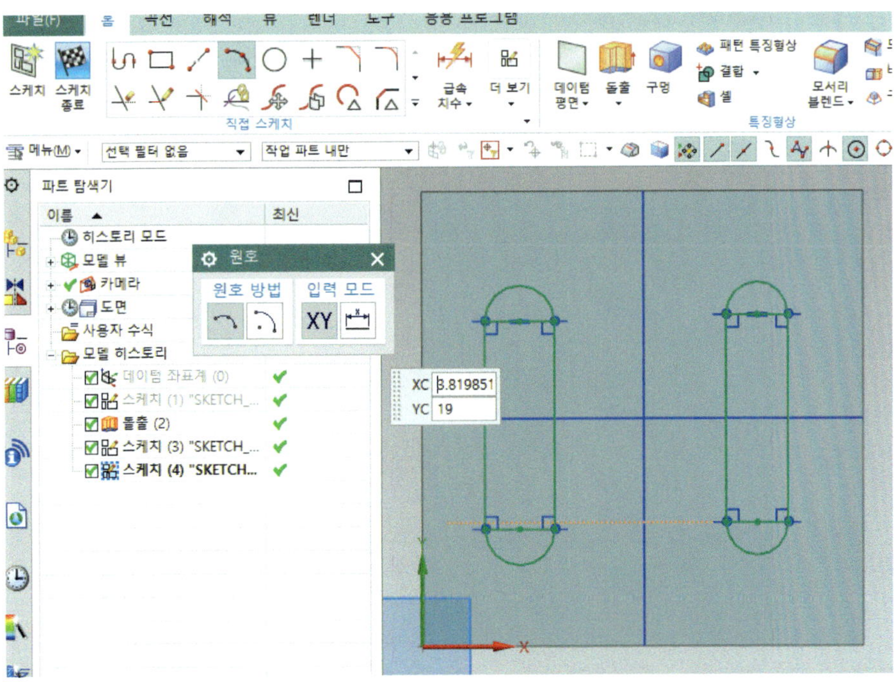

㉕ 그림과 같이 중간 20인 선을 스케치한 후 각 세그먼트에 대한 치수 구속을 한 다음 빠른 트리밍을 이용하여 ①부터 ⑥까지 트림한다.

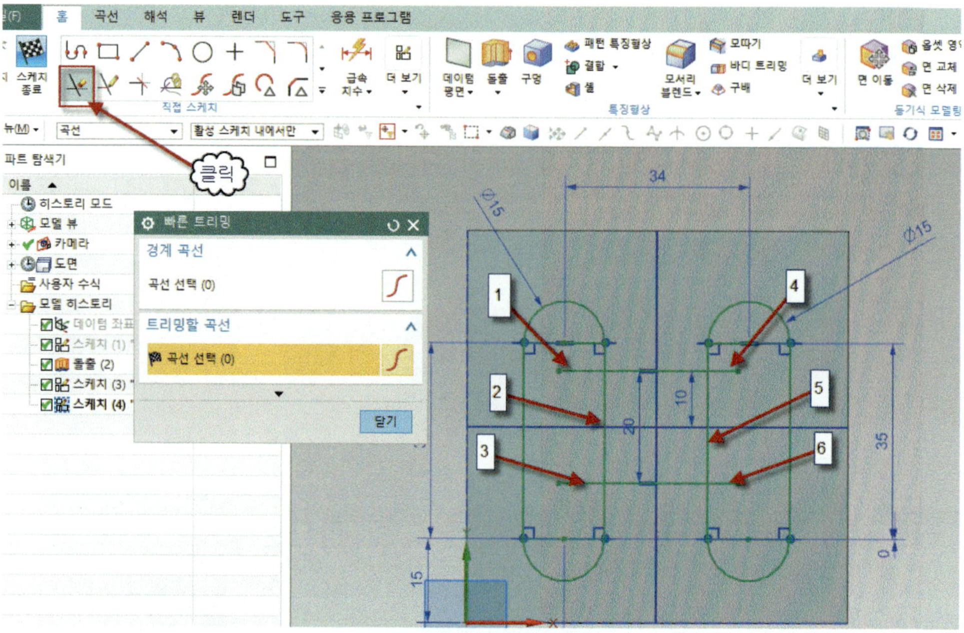

㉖ 치수 구속을 완성하고 빠른 트리밍을 하였다.

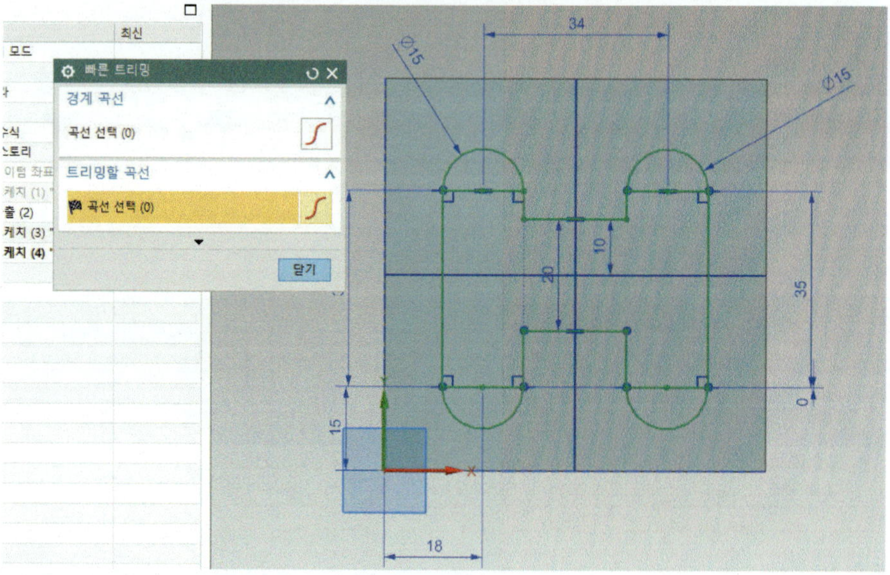

27 필렛 아이콘을 클릭한 후 R3인 내부 4곳에 필렛을 한다.

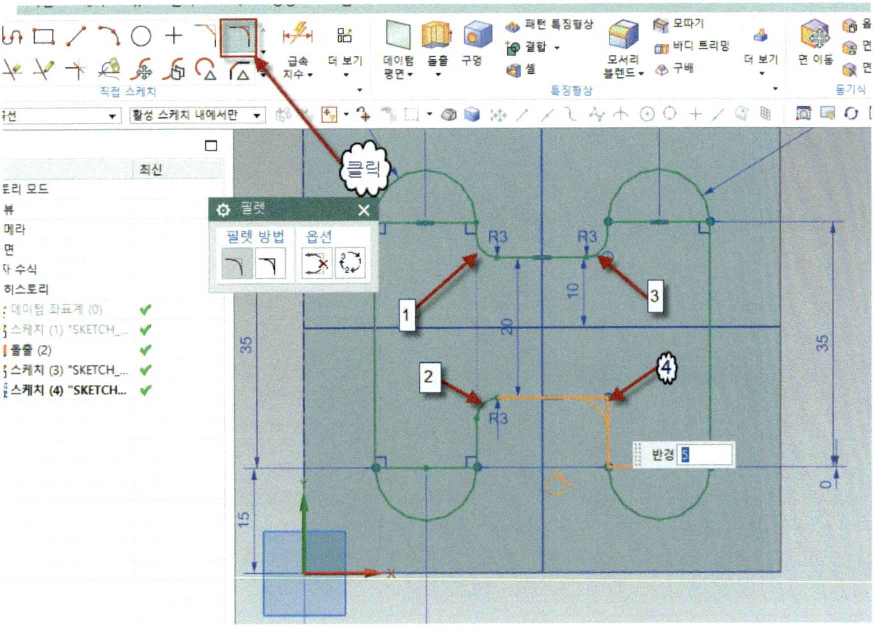

28 내부 포켓에 R3인 필렛 작업이 완성되었으며 스케치 종료를 클릭한다.

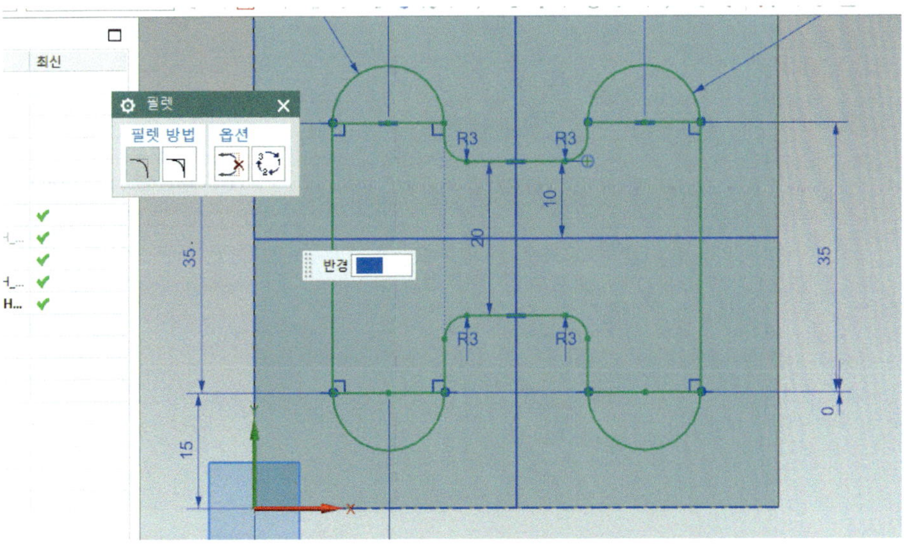

29 본체 위에서 마우스 우클릭을 하여 **숨기기**로 본체를 숨긴다.

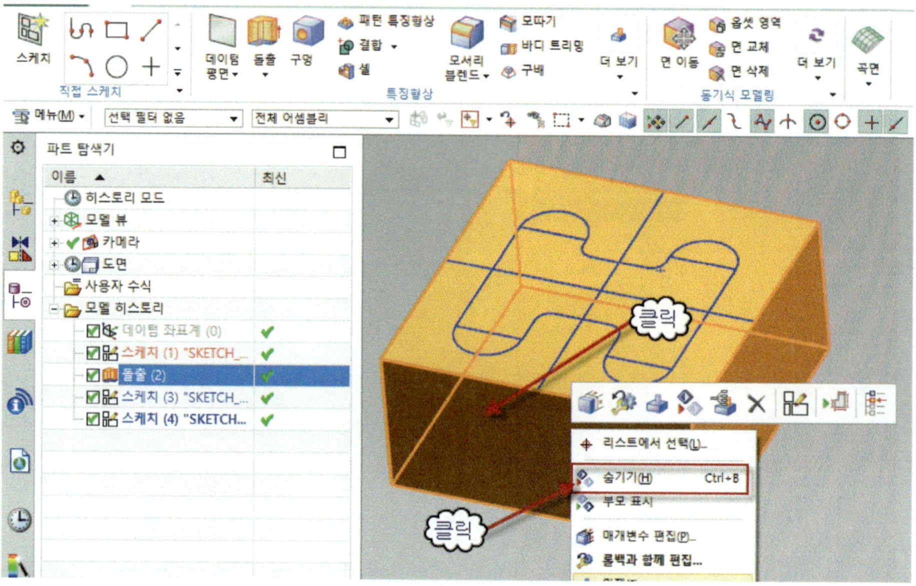

30 **돌출** 아이콘을 클릭한 후 ① **연결된 곡선**으로 바꾼 다음 ② 값은 약 **20** 정도면 충분하며, 구배는 ③과 같이 입력한 후 확인을 클릭한다.

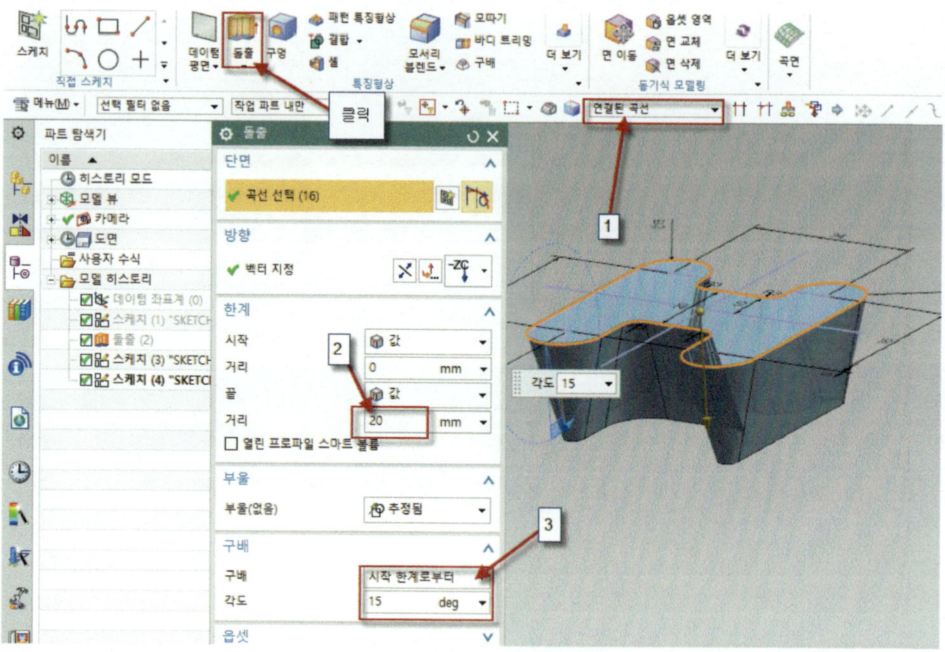

31 표시 및 숨기기 아이콘을 클릭한다.

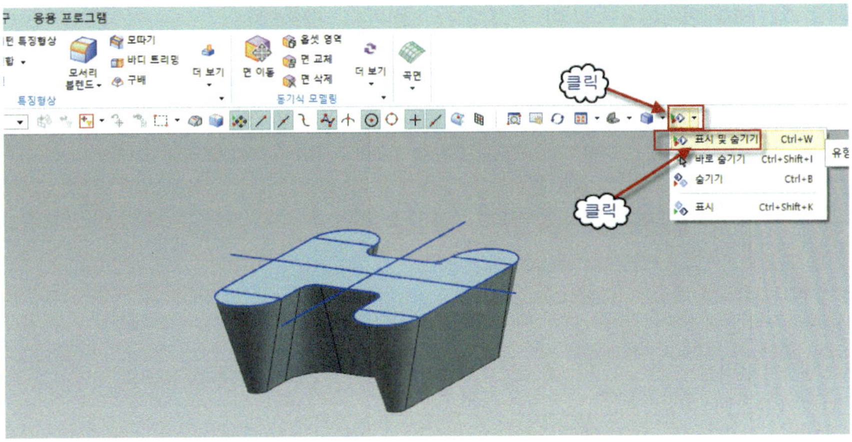

32 모두를 숨기기 클릭하고 솔리드 바디만 표시 클릭한다.

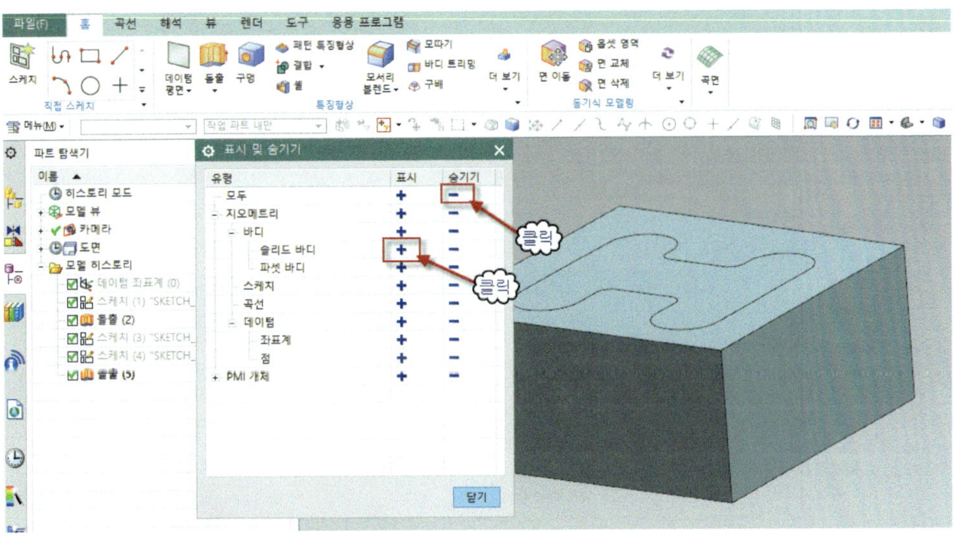

MEMO

33 데이텀 평면 아이콘을 클릭한 후 ① 유형을 **이등분선**으로 하고 ② 앞면과 ③ 뒷면을 선택하여 데이텀 평면이 활성화되면 확인을 클릭한다.

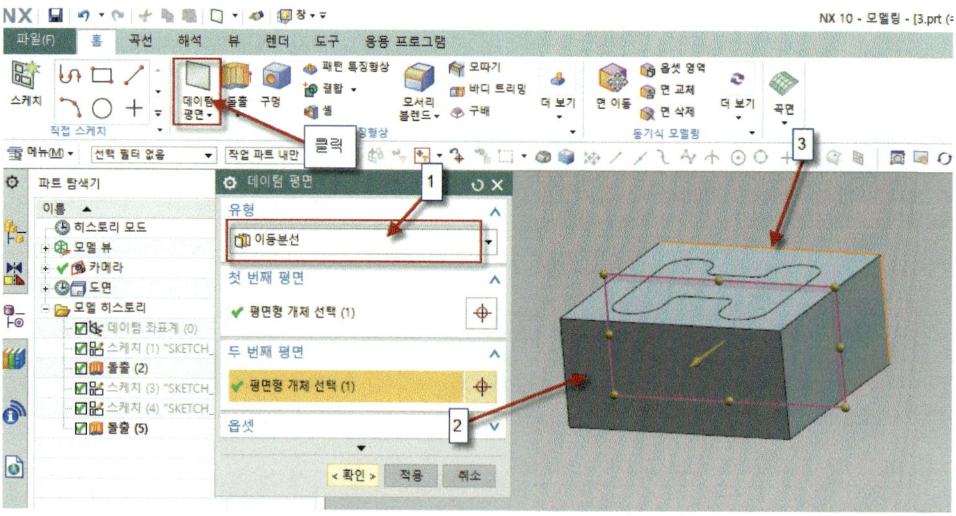

34 스케치 아이콘을 클릭하고 데이텀 평면을 선택한 후 확인을 클릭한다.

MEMO

35 선 및 원호를 클릭하여 본체의 중심선을 스케치한 다음 원호를 스케치한다.

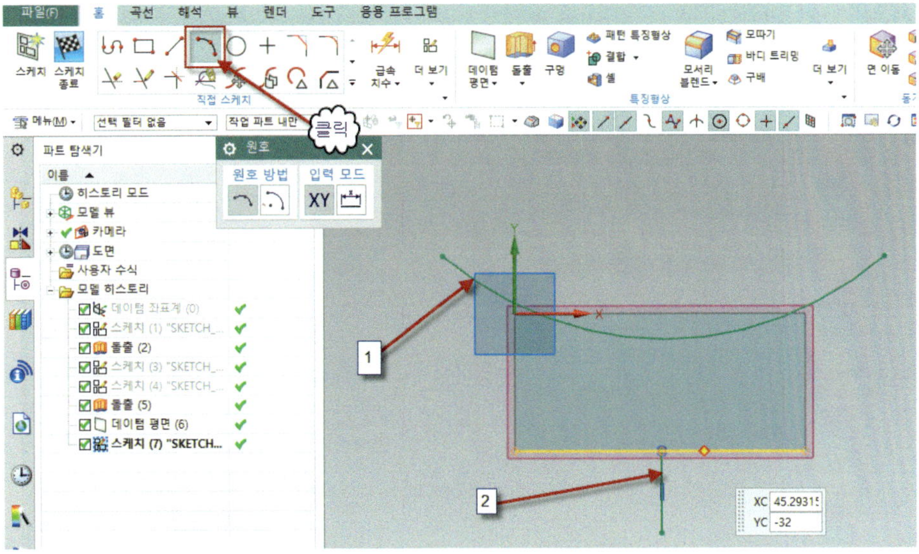

36 급속 치수 아이콘을 클릭하고 원호 중심과 중심선의 값을 0으로 입력한다. 원호의 높이를 8, 원호의 반지름 값을 60으로 입력한 후 스케치 종료를 클릭한다.

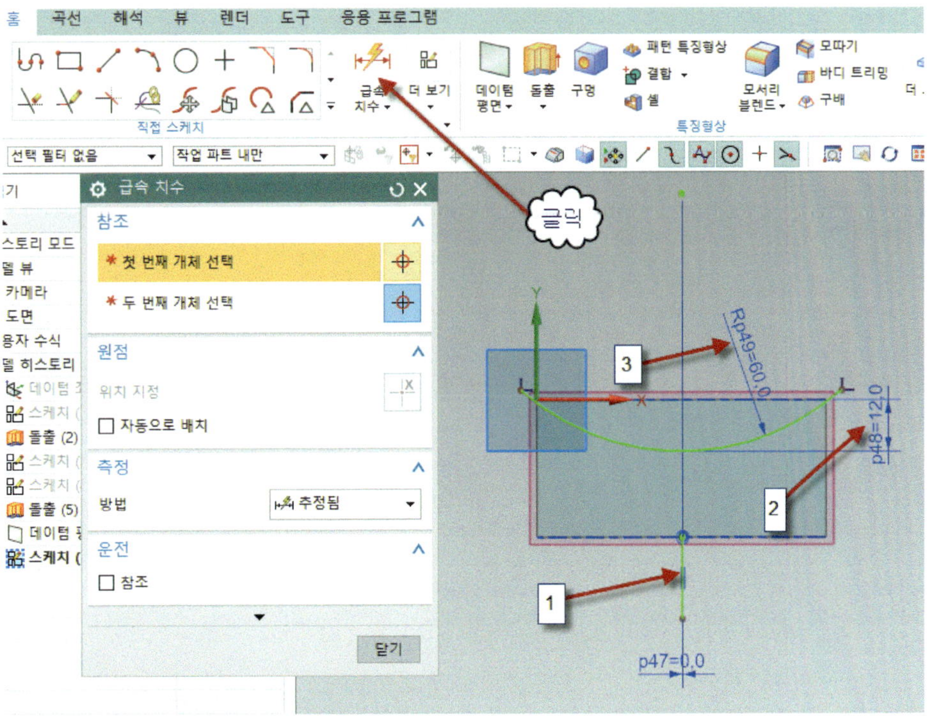

37 데이텀 평면 아이콘을 클릭한 후 ① 데이텀 평면 창의 유형에 **곡선 및 점**으로 변환한 다음 ② 끝점에 마우스를 올려놓고 클릭하여 데이텀이 생성되면 확인을 클릭한다.

38 데이텀 평면의 워크좌표 화살표가 Z축을 보고 있으며, Y-Z평면의 보는 방향으로 확인하면 된다.

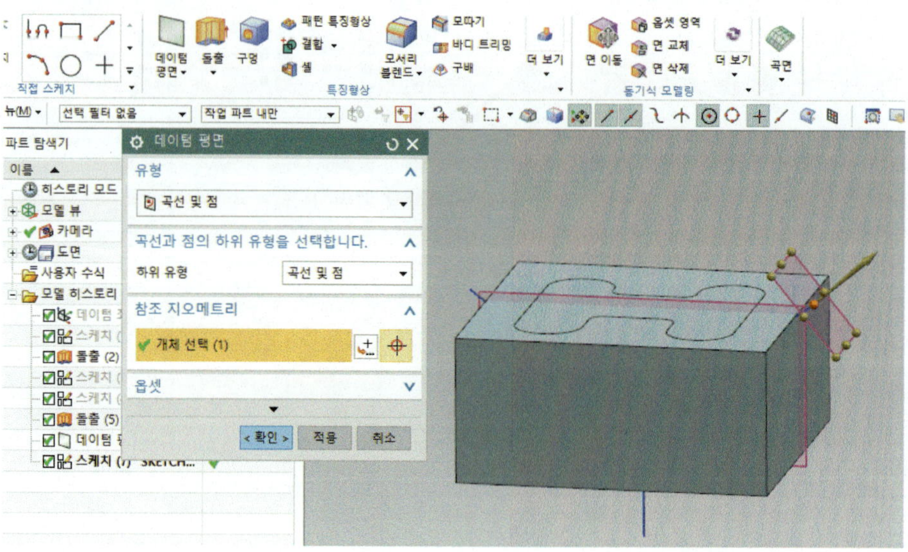

MEMO

39 스케치 아이콘을 클릭한 후 **데이텀 평면**을 클릭하면 워크좌표를 볼 수 있다. 이때 X좌표가 아래를 향하고 있어 스케치 평면이 기울어지게 되는데, 이 X좌표를 오른쪽으로 향하도록 변화를 주어야 한다.

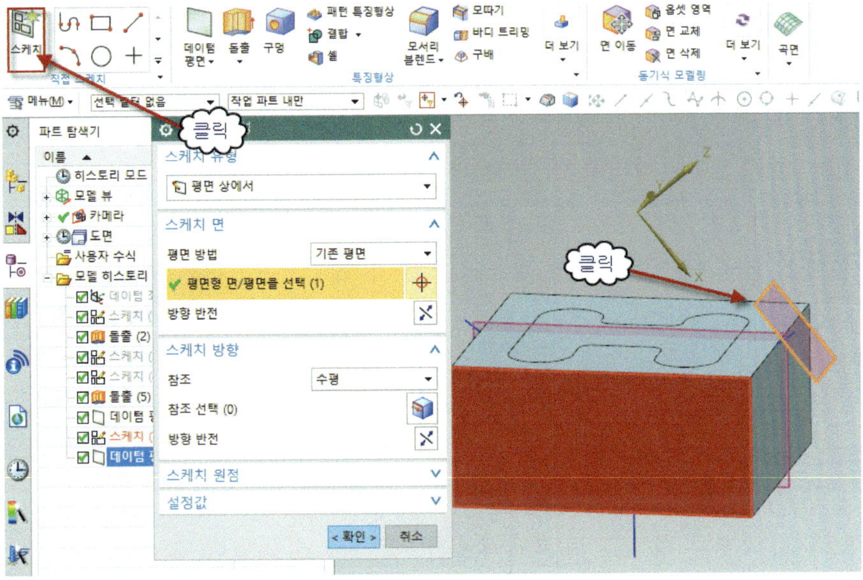

40 스케치 생성 창에서 스케치 방향의 **참조 선택**을 클릭한 후 ① **X축**을 클릭한 다음 ② **모서리**를 클릭한다.

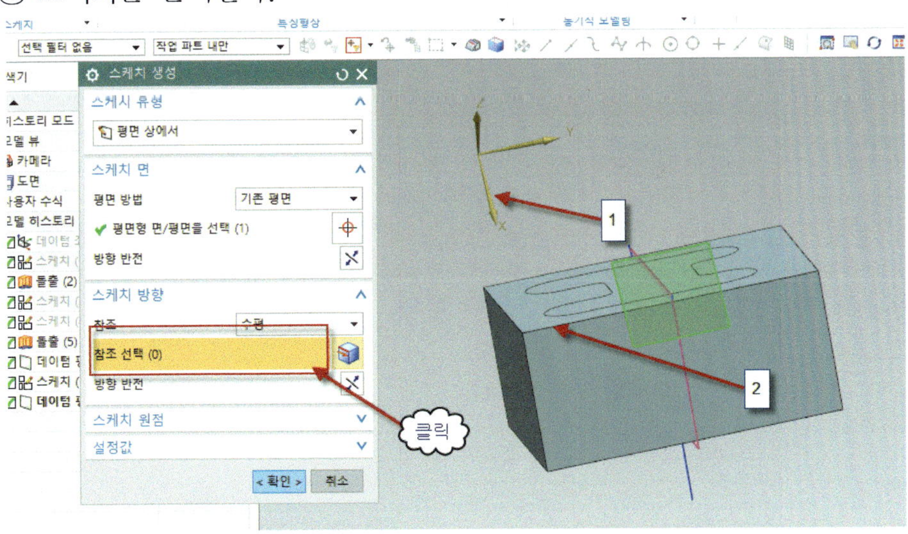

41 현재 X축 방향이 -쪽으로 움직였는데 +방향으로 반전시키기 위하여 X축을 더블 클릭하면 방향이 반전된다.

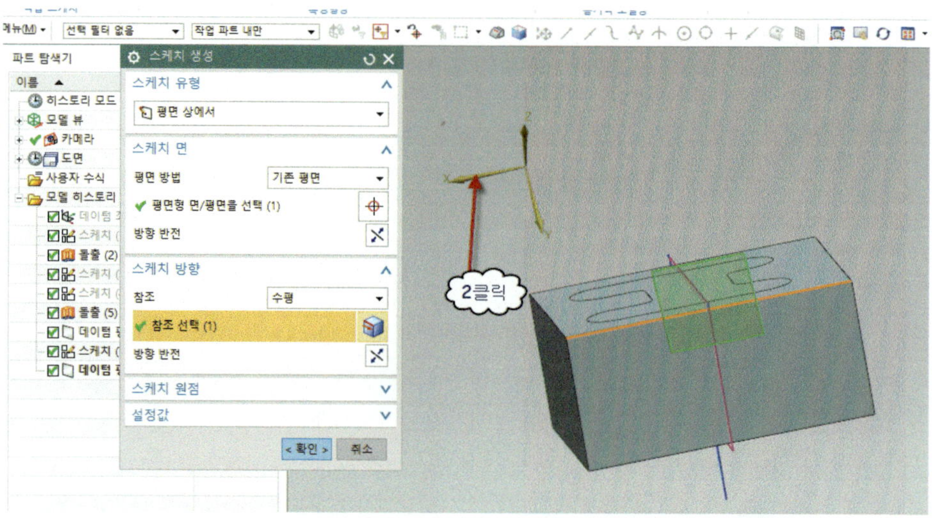

42 워크좌표가 오른쪽으로 반전되었으며, 확인을 클릭한다.

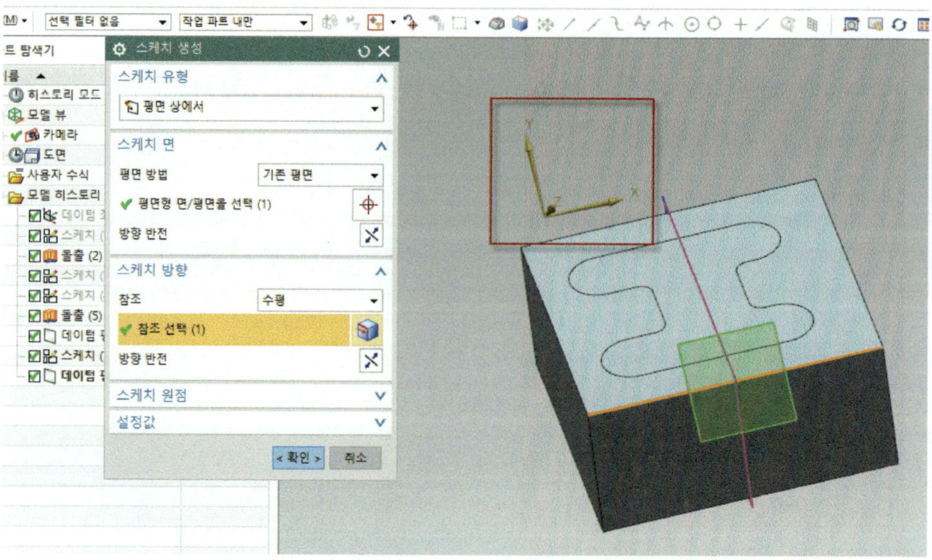

MEMO

43 원호 아이콘을 클릭한다. ① 클릭 후 ② 커브 끝점 클릭 후 ③ 클릭한다.

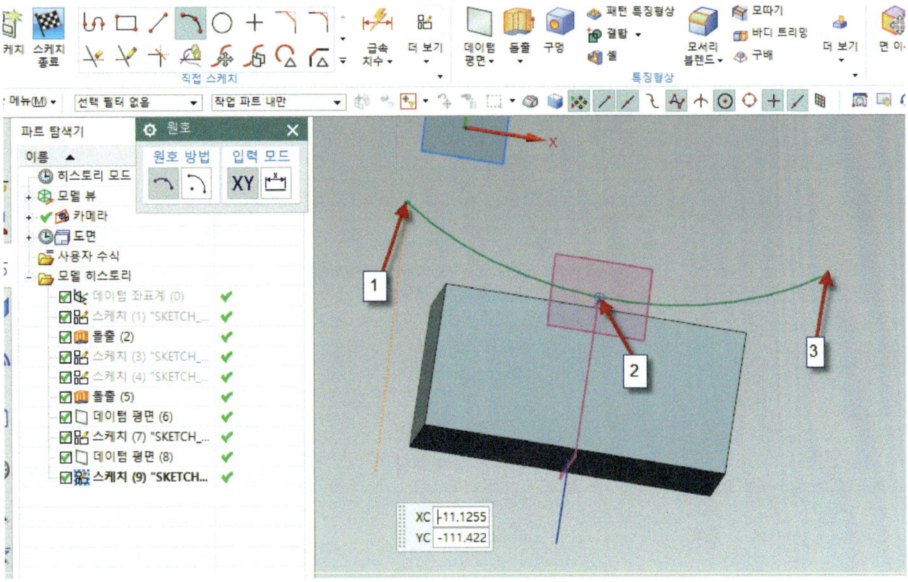

44 ① 원호의 반지름은 70, ② 원호의 중심과 중심에 있는 데이텀의 길이는 0으로 한 다음 스케치 종료를 한다.

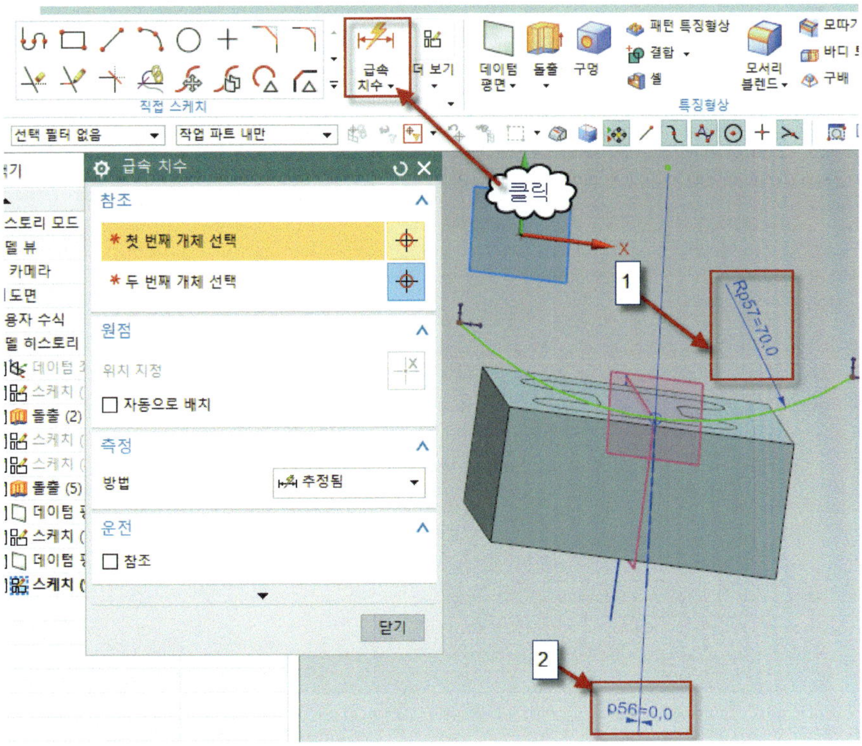

45 본체와 내부 솔리드 위에서 마우스 우클릭하여 **숨기기**를 클릭한다.

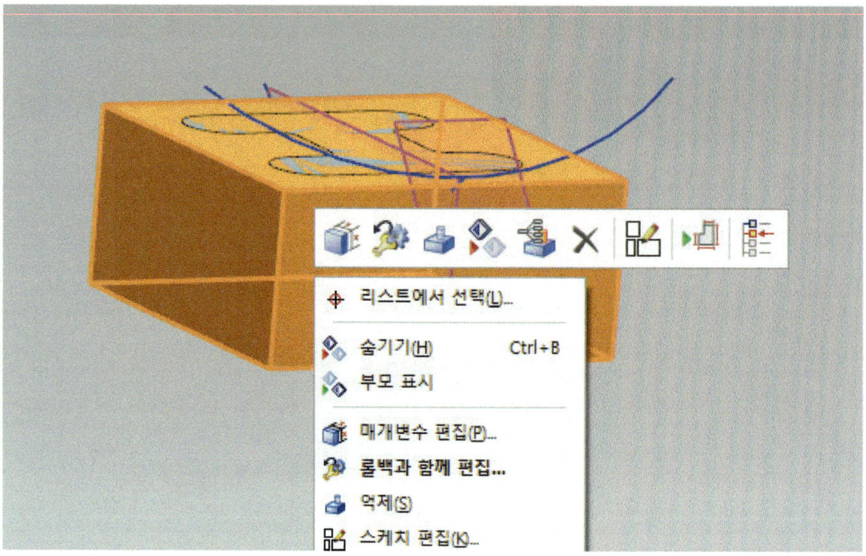

46 X-Z커브와 Y-Z커브가 남게 된다.

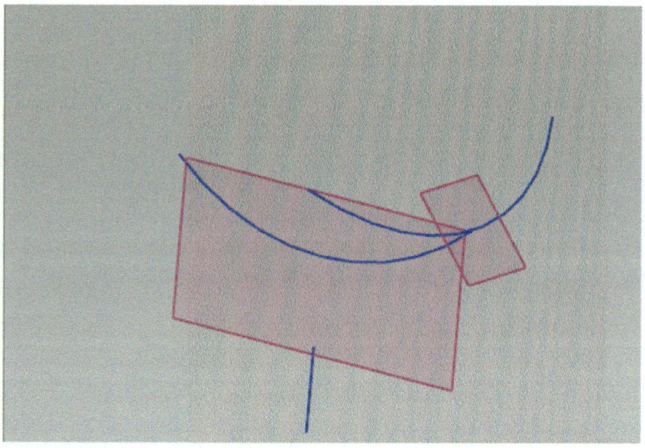

MEMO

47 다음과 같이 스윕 곡면을 만들기 위하여 번호 순서대로 한다.

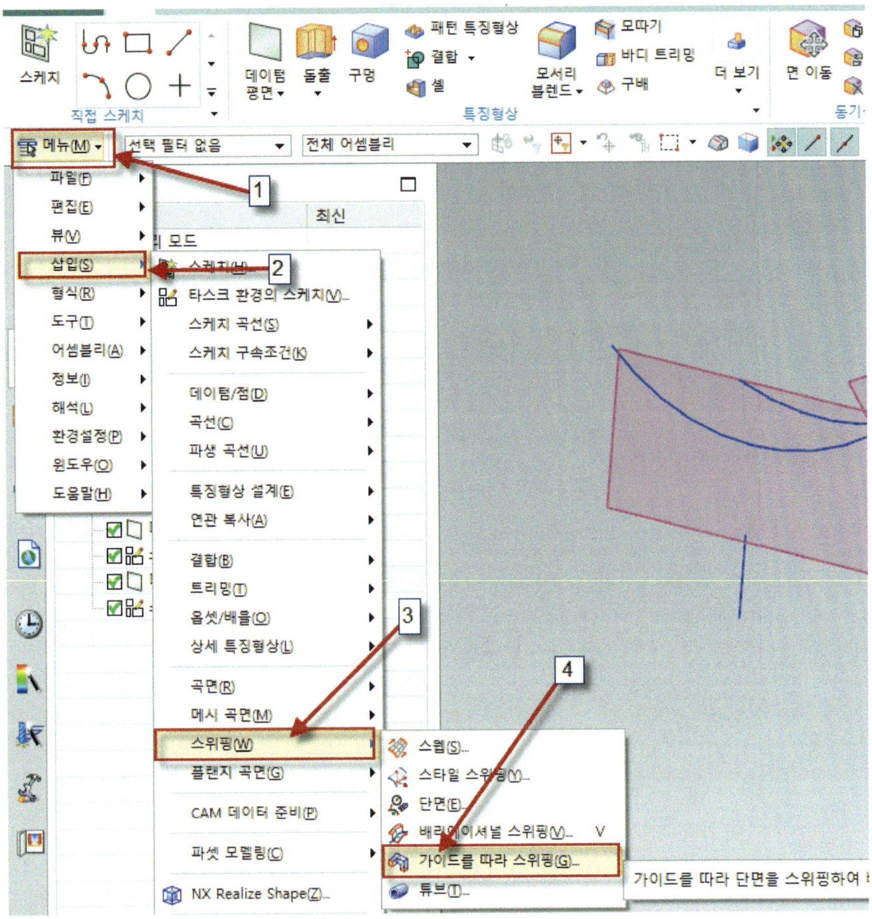

MEMO

48 단면 곡선 선택에서 X-Z커브를 선택 후 가이드 곡선에서는 Y-Z커브를 선택하고 서피스가 생성되면 확인을 클릭한다.

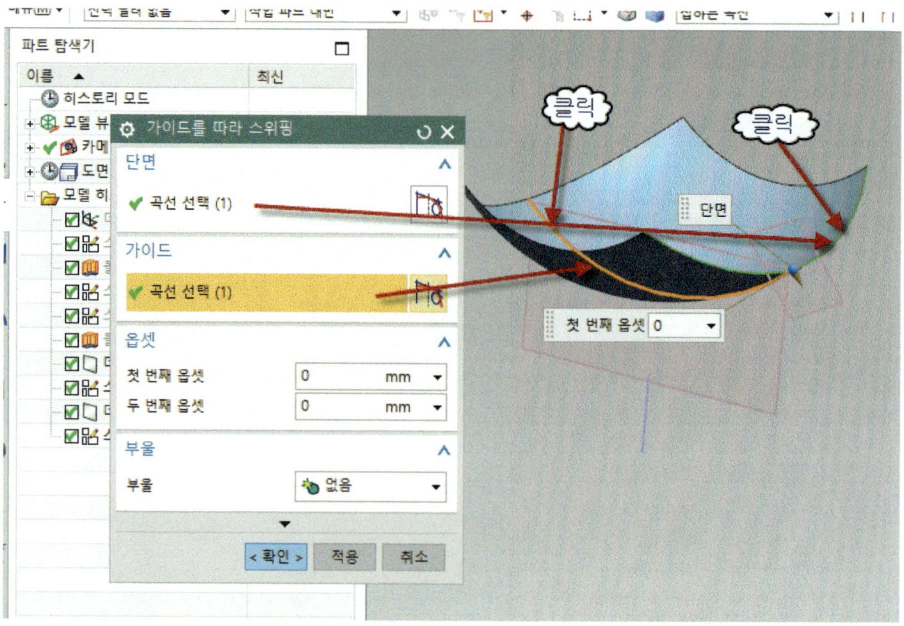

49 표시 및 숨기기 아이콘을 클릭한 후 표시를 클릭한다.

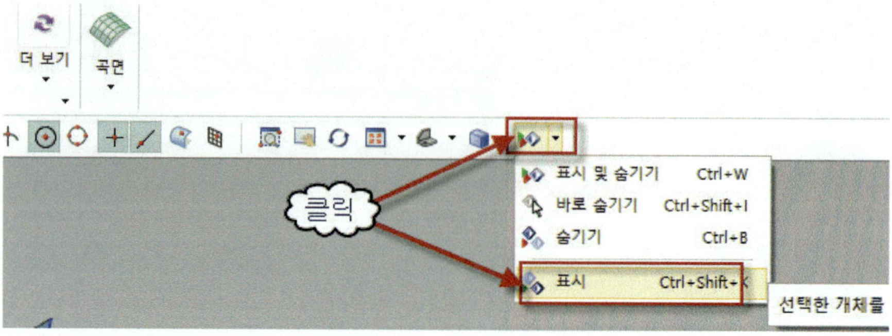

MEMO

50 파트 탐색기에서 **돌출5** 위에서 마우스 우클릭을 한 후 **표시**를 클릭한다.

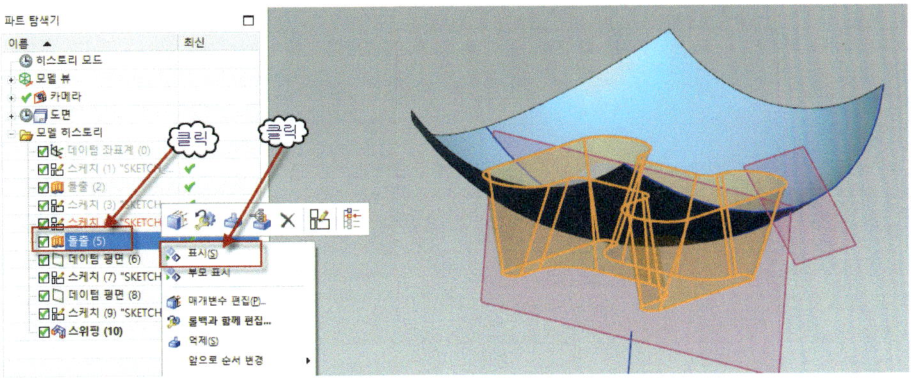

51 바디 트리밍 아이콘을 클릭한 후 타켓 바디는 ① **모델링**을 선택하고 ② 툴에서는 **서피스**를 선택한 후 **확인**을 클릭한다.

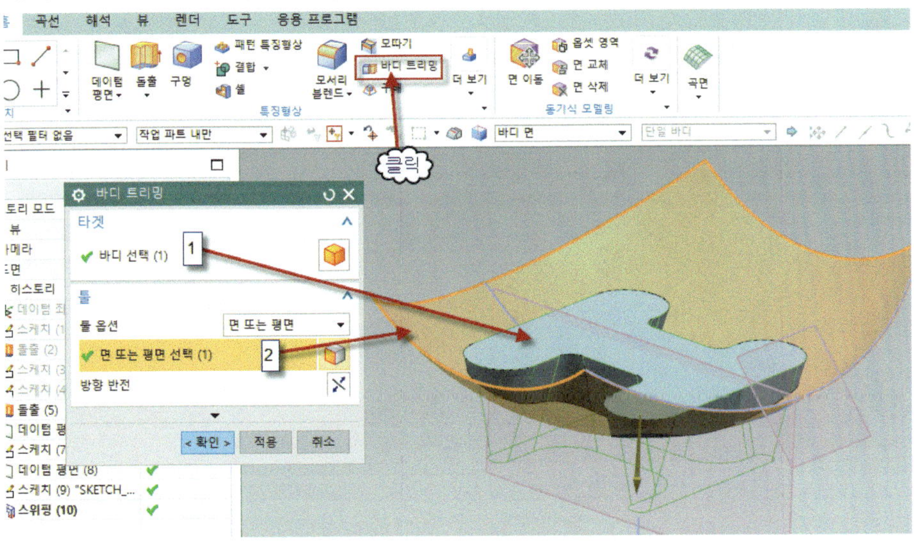

MEMO

52 표시 및 숨기기 아이콘을 클릭한다.

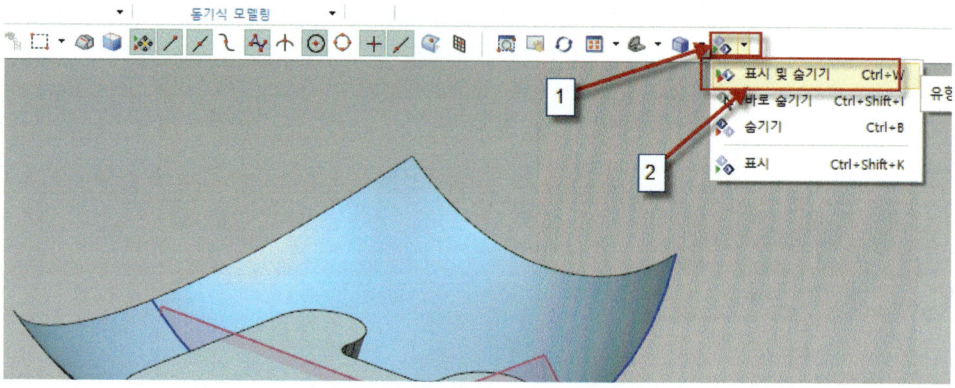

53 모두를 숨기기(-) 하고 솔리드 바디를 표시(+)한다.

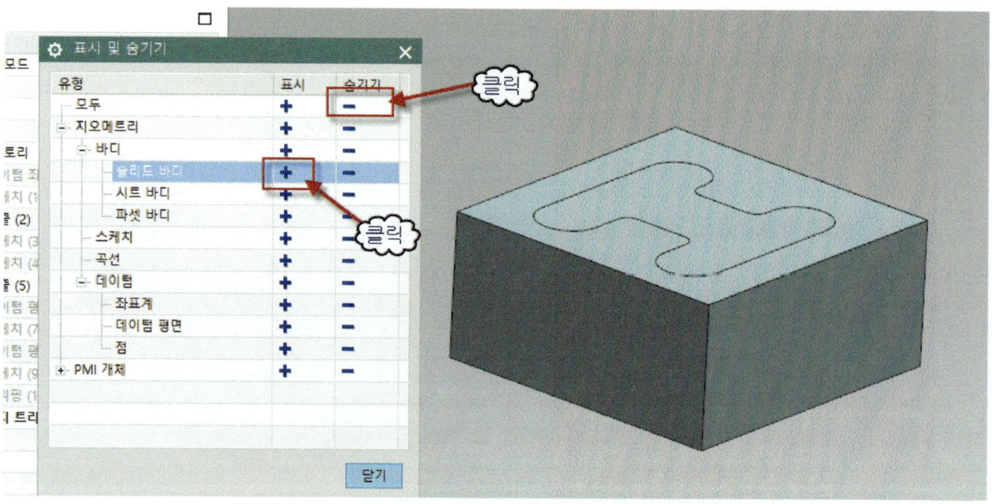

54 결합의 ▼를 클릭한 후 빼기를 클릭한다.

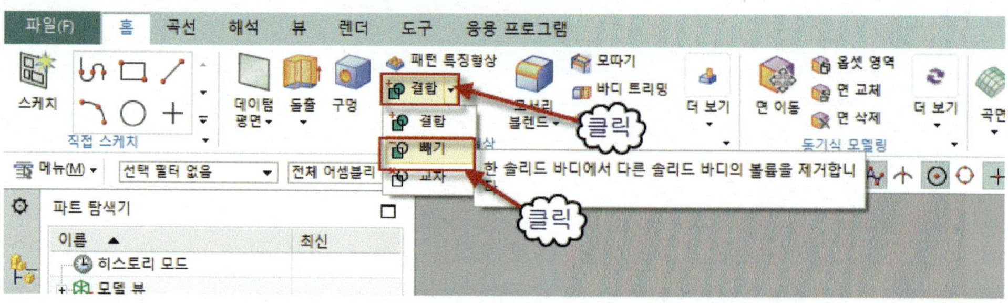

55 빼기 창에서 타겟의 바디는 본체이고 공구 바디는 안쪽에 있는 솔리드를 순서대로 클릭하면 된다.

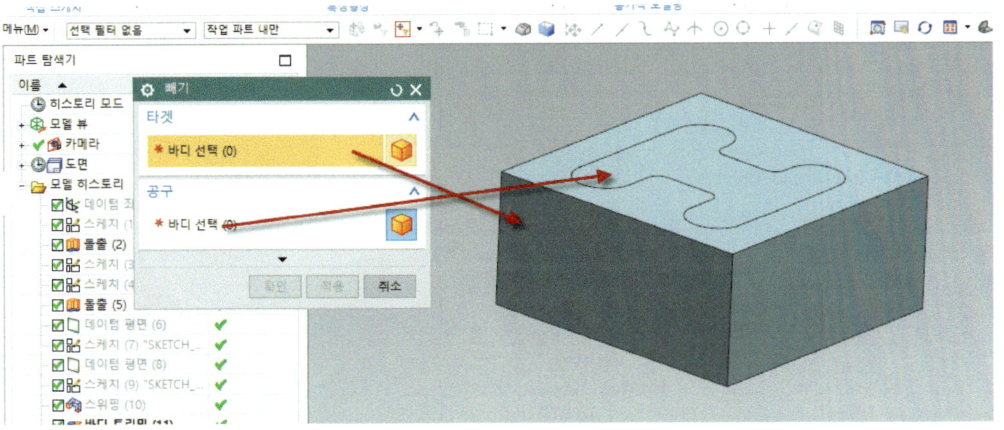

56 내부가 빠진 것을 보고 확인을 클릭한다.

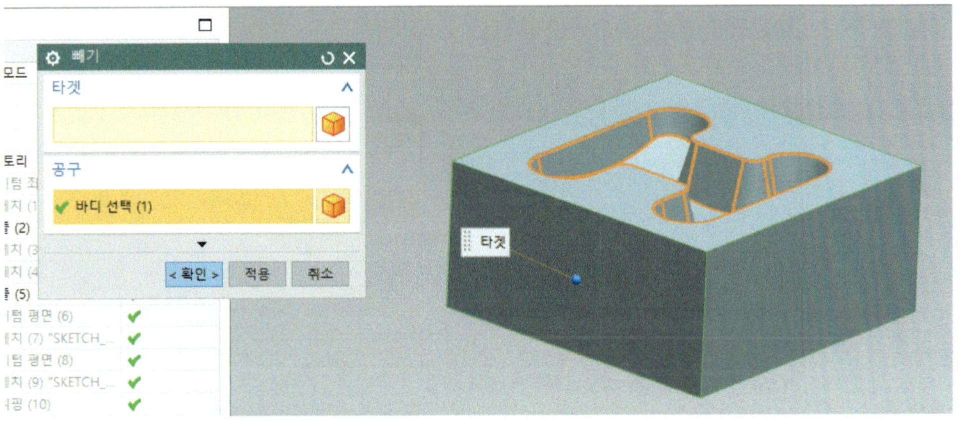

MEMO

57 ① 메뉴에서 삽입을 클릭한 후 ② 특징형상 설계를 클릭하여 ③ 구를 선택한다.

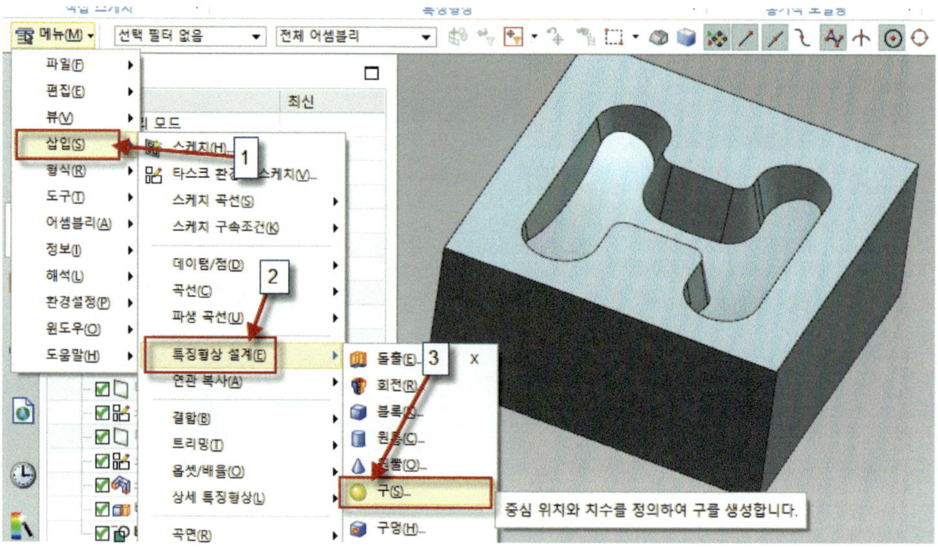

58 직경 값은 R4인데 직경 8로 입력한다.

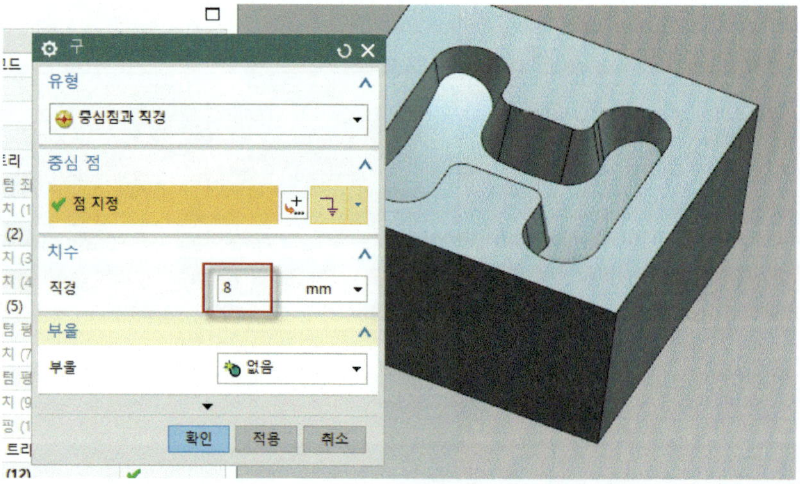

MEMO

59 점 다이얼로그를 클릭한다.

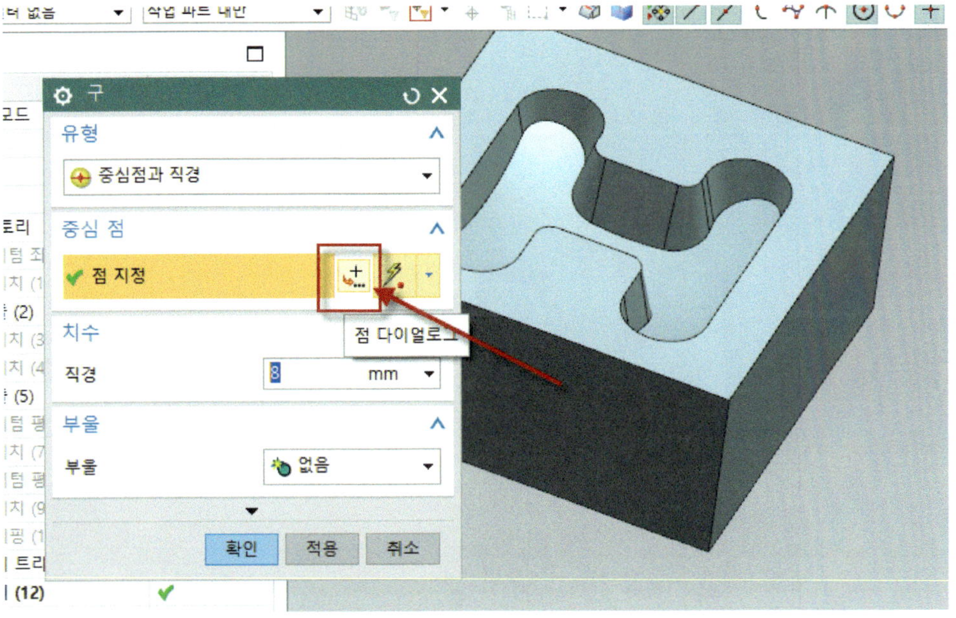

60 X값에 35-15, Y값에 35, Z값에 -10을 입력한 후 확인, 확인을 클릭하면 구가 생성된다.

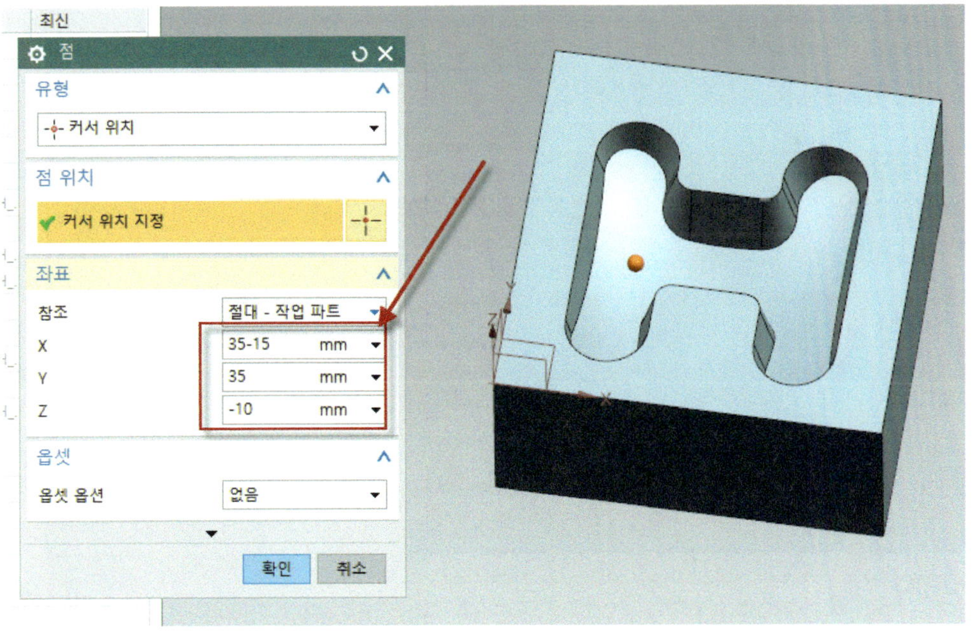

61 표시 및 숨기기를 위해 표시를 클릭한다.

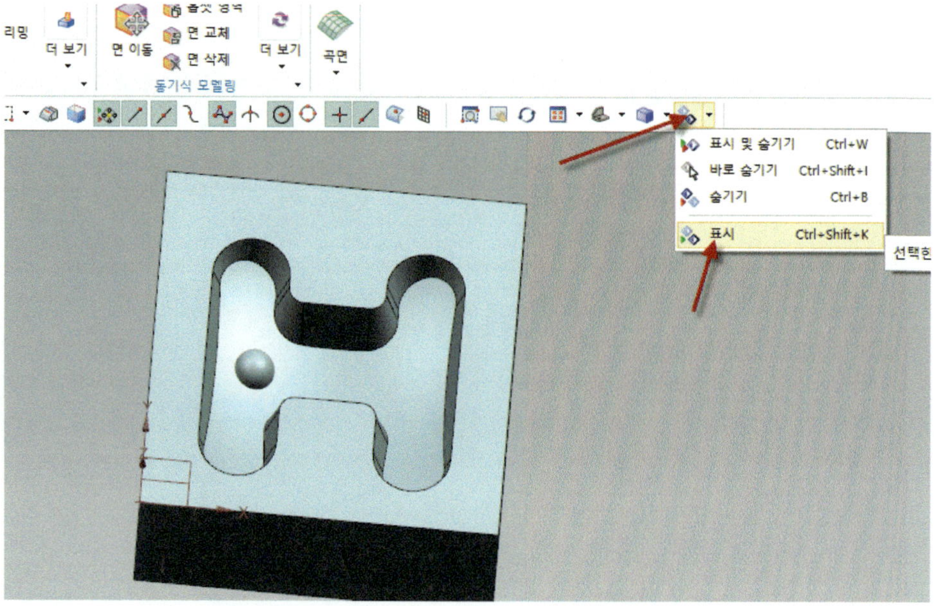

62 솔리드 모델의 중심선을 선택한 후 확인을 클릭한다.

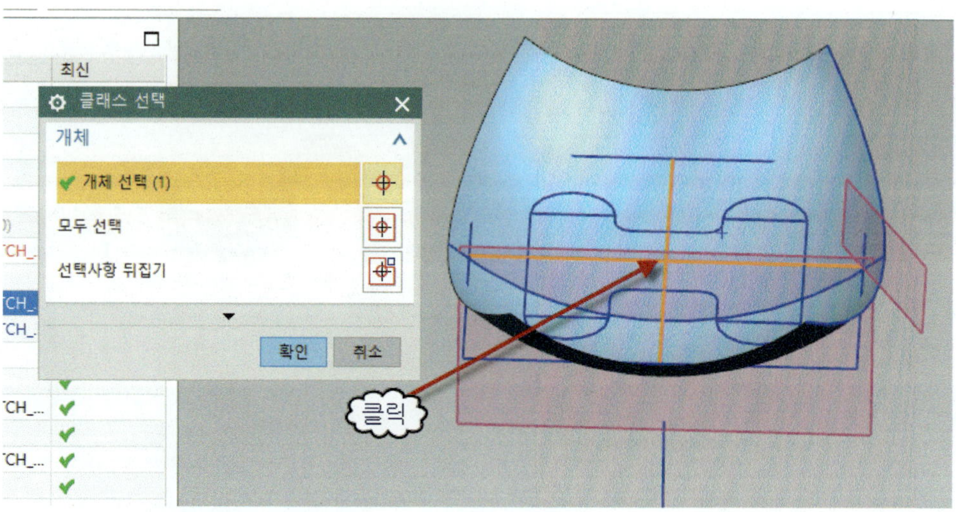

MEMO

63 대칭을 하기 위하여 ① 메뉴에서 ② 편집을 클릭 후 ③ 변환을 클릭한다.

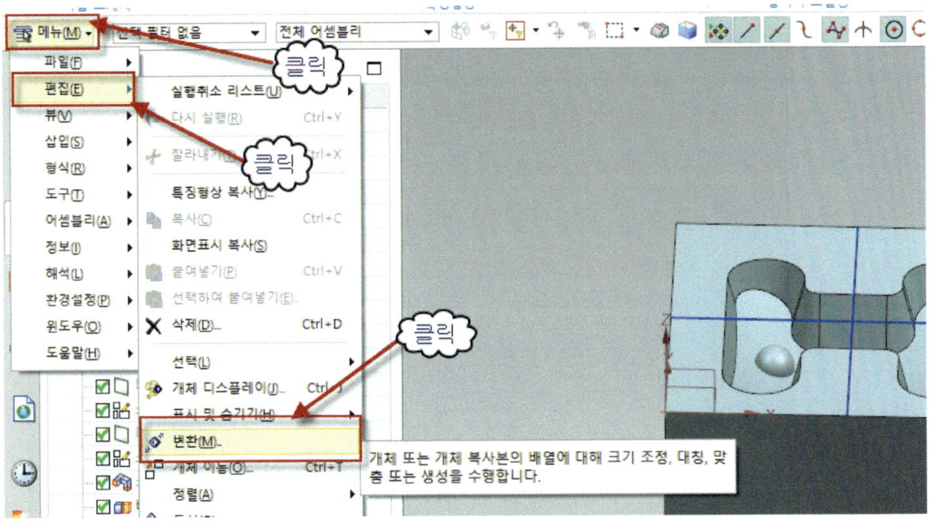

64 변환 창에서 구를 선택하고 확인을 클릭한다.

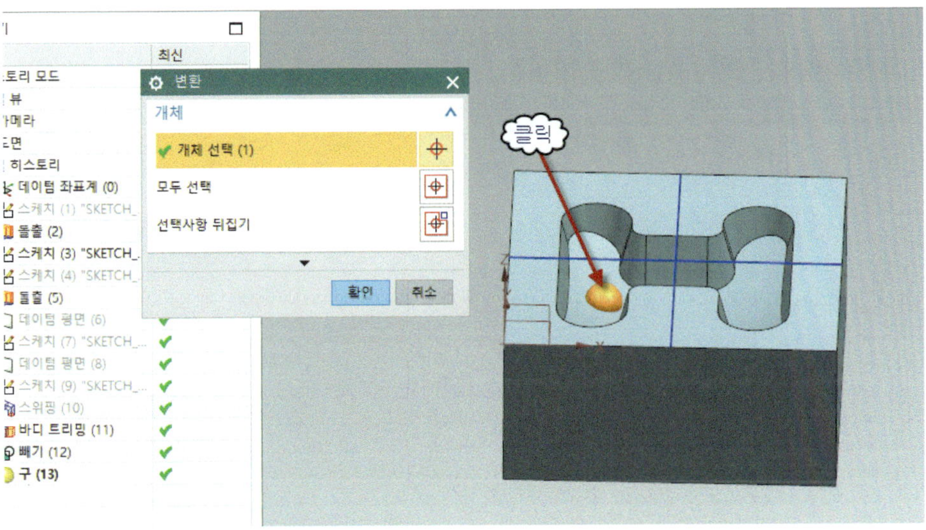

MEMO

65 변환 창에서 선을 통해 대칭을 클릭한다.

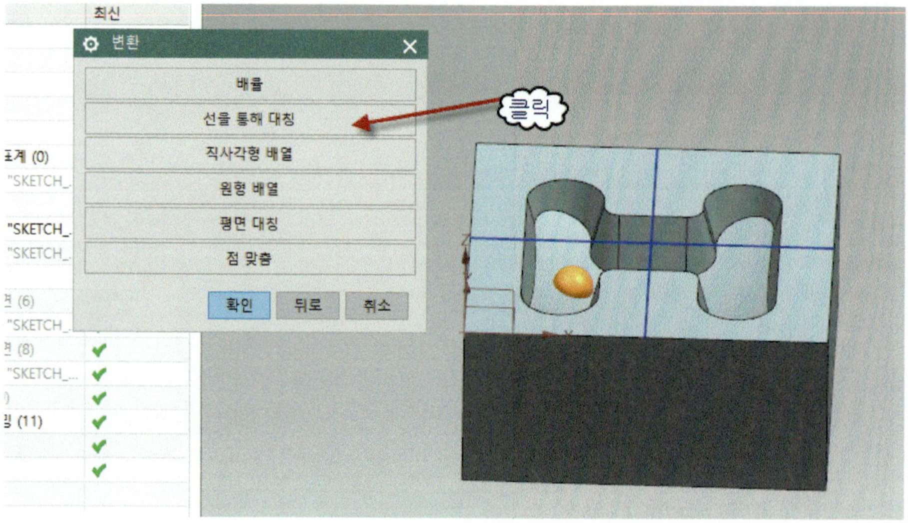

66 기존 선을 클릭한다.

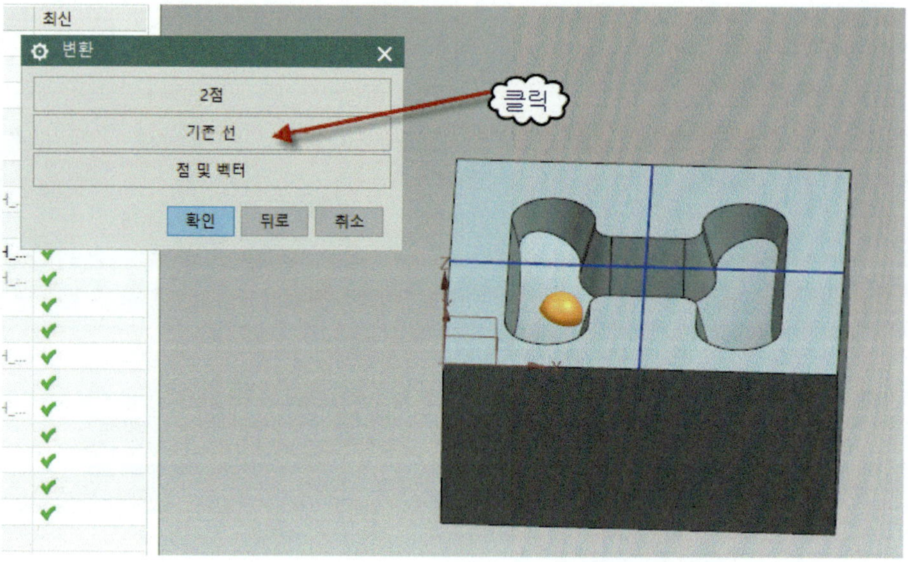

MEMO

67 커브를 그림과 같이 선택한다.

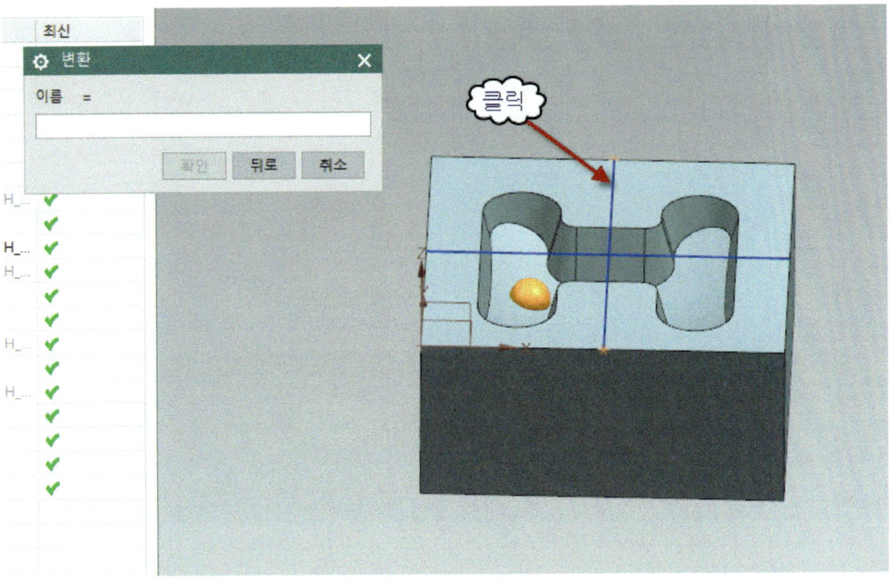

68 복사를 클릭한다.

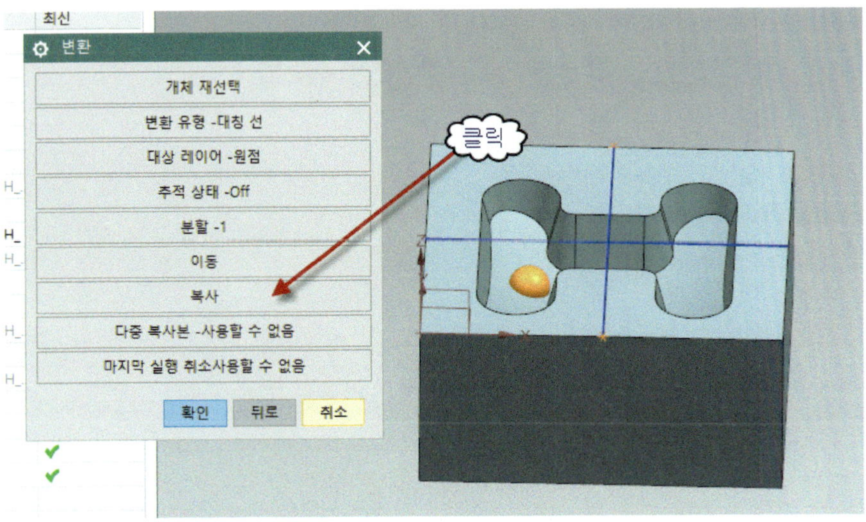

MEMO

69 구가 생성되었으면 취소를 클릭한다.

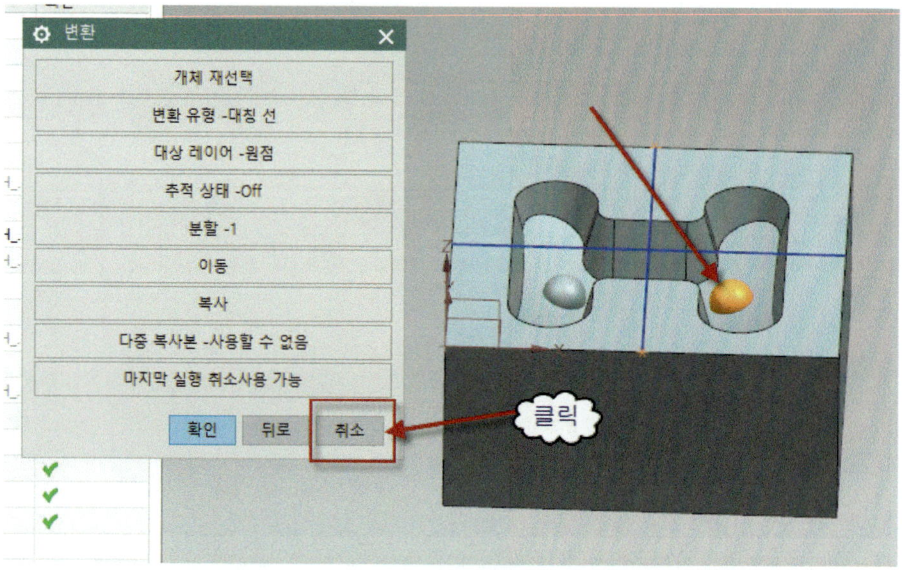

70 결합 아이콘을 클릭한 후 ① 바디 선택에서 클릭한다. 공구에서 ②, ③ 구를 선택한 후 확인을 클릭하면 하나의 솔리드로 만들어진다.

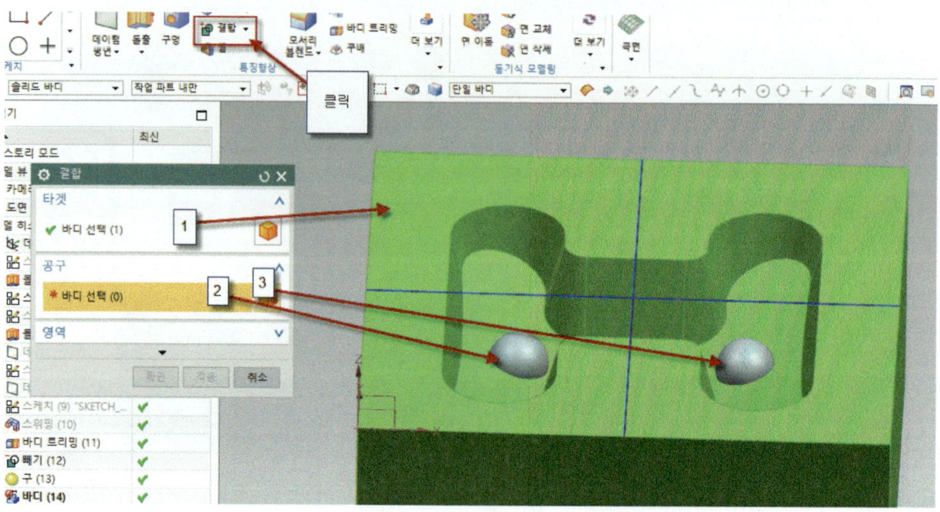

MEMO

71 모서리 블렌드 아이콘을 클릭한 후 R값은 3으로 하고 내부 각 모서리를 그림과 같이 번호 순서대로 클릭 후 확인을 클릭한다.

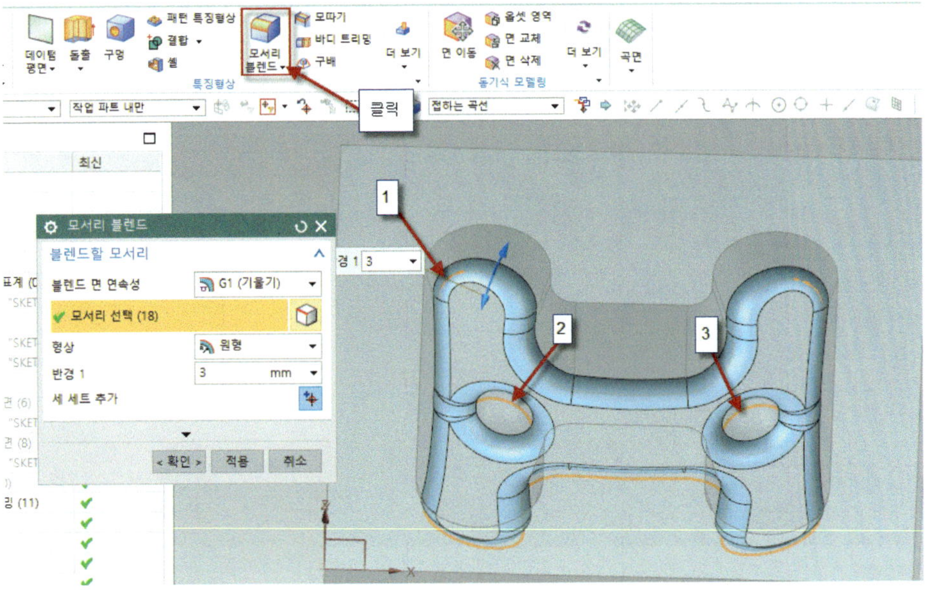

72 그림과 같이 개체가 완성된 것을 알 수 있다.

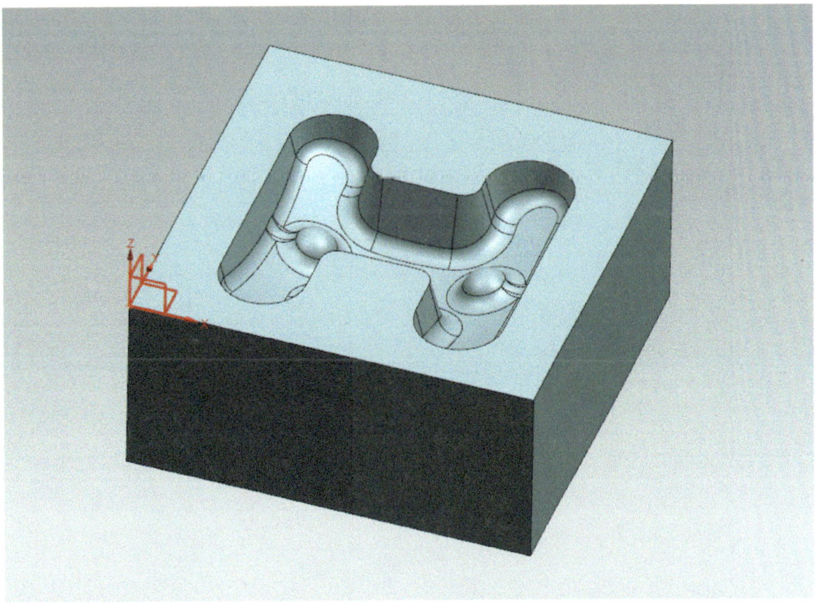

3-2 CAM 가공

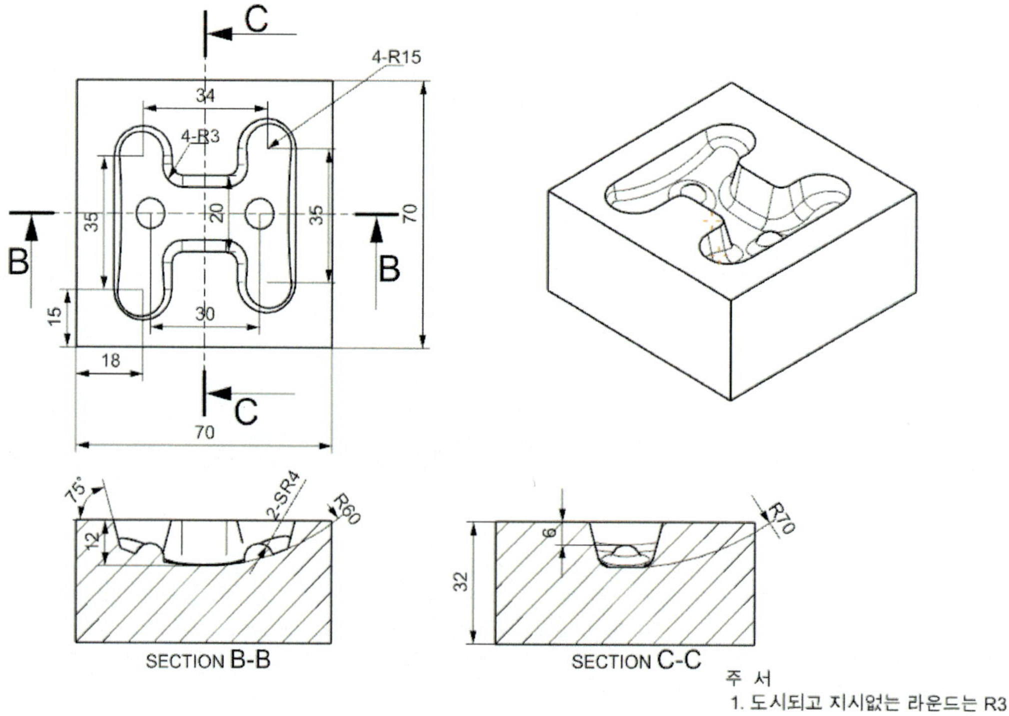

1 CAM NC DATA를 추출하기 위해서는 만들어 놓은 모델링을 불러와야 한다. 메뉴에서 파일 열기를 하여 미리보기로 파일 3번의 모델링을 보고 맞으면 OK를 클릭한다.

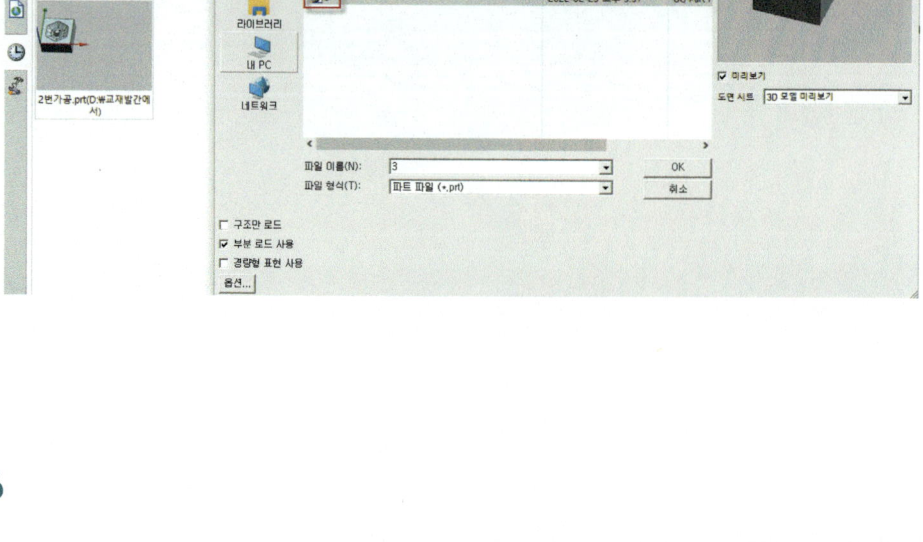

2 CAM 가공을 하기 위해 ① 메뉴에서 응용 프로그램을 클릭한 후 ② 제조를 클릭한다.

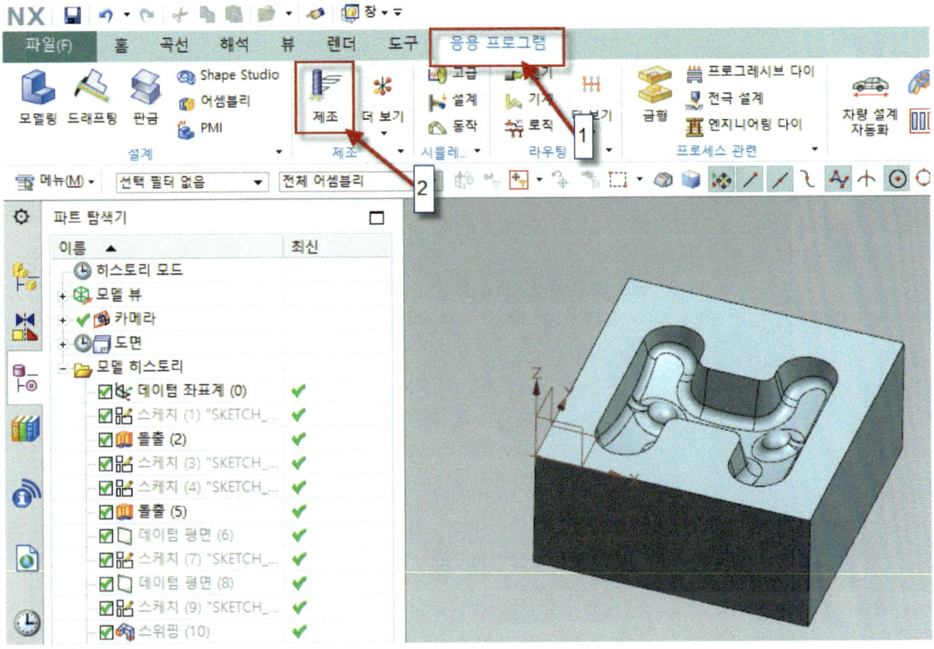

3 CNC머시닝센터 가공을 하기 위하여 가공 환경 창에서 ① CAM 세션 구성에서 mill_contour, ② 생성할 CAM 설정에서 mill_contour를 클릭한 후 확인을 클릭한다.

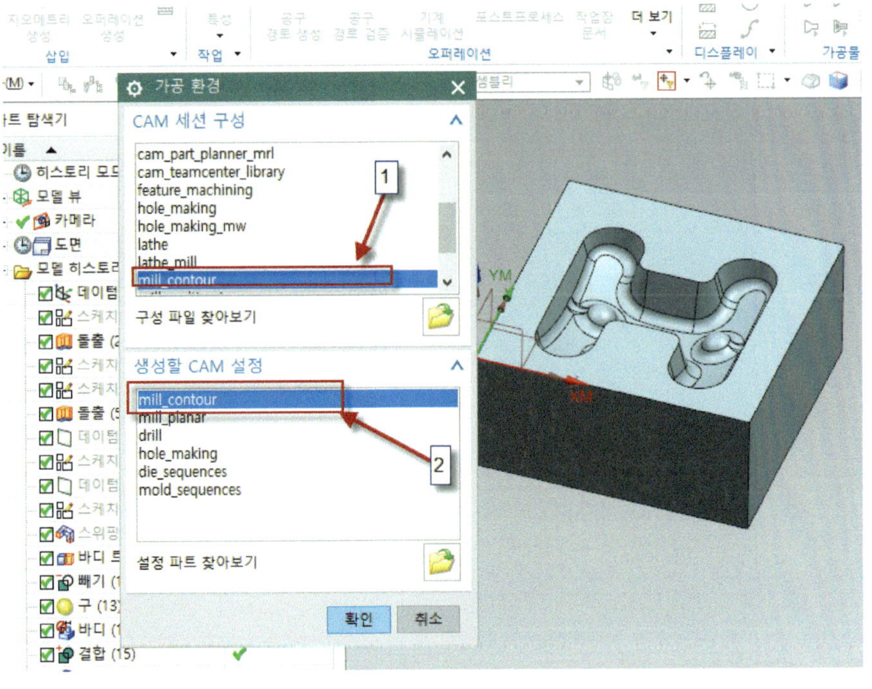

4 CNC머시닝센터를 가공하기 전에 가공할 공구를 만들어야 한다. ① **기계공구 뷰**를 클릭하고 ② **공구 생성**을 클릭한다. 황삭가공을 하기 위하여 ③ **평 엔드밀**을 선택하고 ④ **공구 이름**을 T01로 하여 **확인**을 클릭한다.

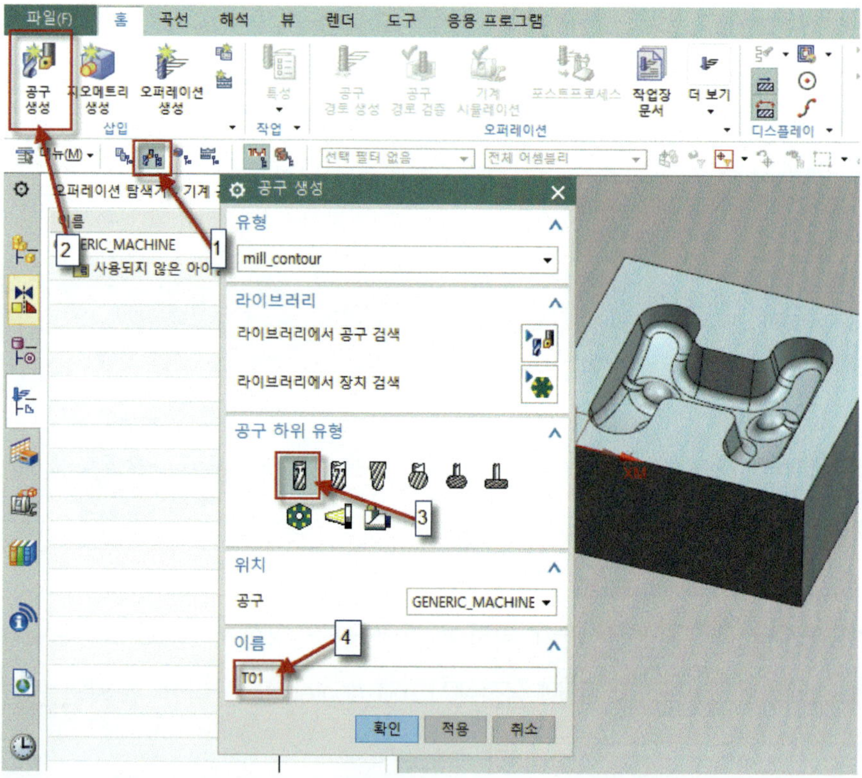

MEMO

5 평 엔드밀의 직경을 ①과 같이 10으로 한 다음 ② 공구 번호, 조정 레지스터(길이 보정 번호), 공구 보정 레지스터(경 보정 번호)를 모두 1로 한 다음 확인을 클릭한다.

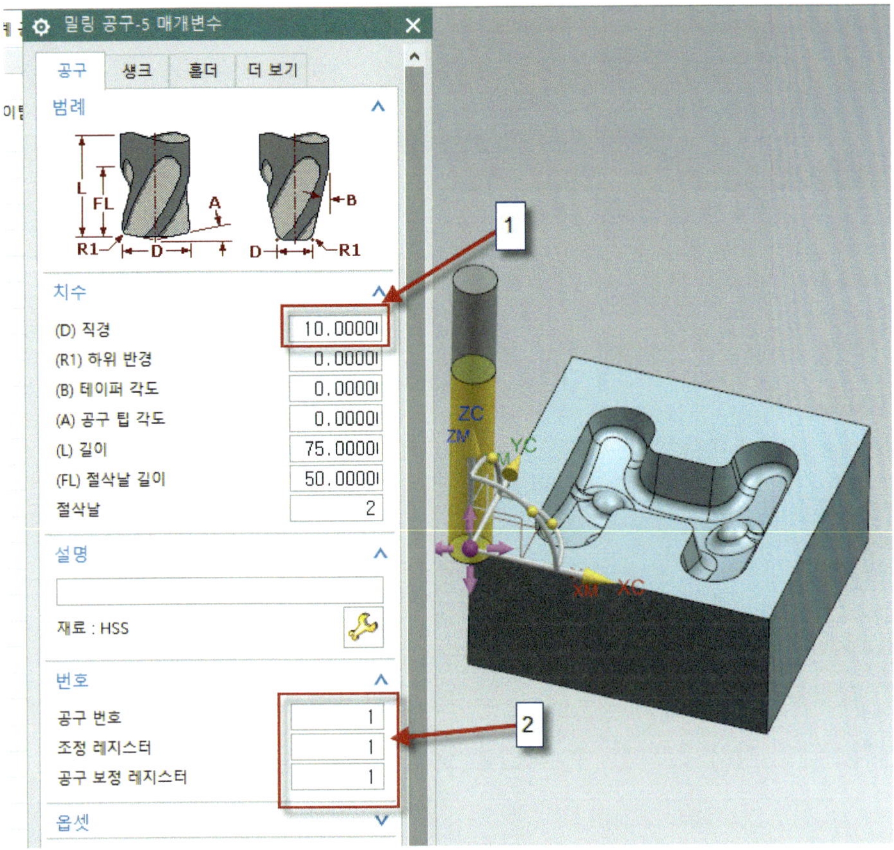

MEMO

6 정삭 가공하기 위하여 그림과 같이 번호 순서대로 볼 엔드밀을 새로 만들어 주고 확인을 클릭한다.

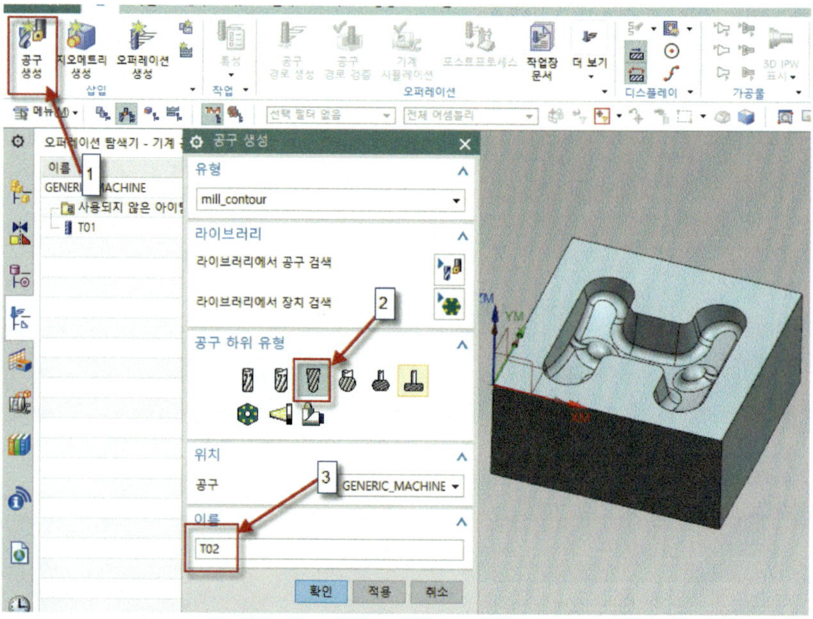

7 ① 볼 엔드밀의 직경을 6으로 하고 ② 공구 번호 및 조정 레지스터, 공구 보정 레지스터도 각각 2로 한 후 확인을 클릭한다.

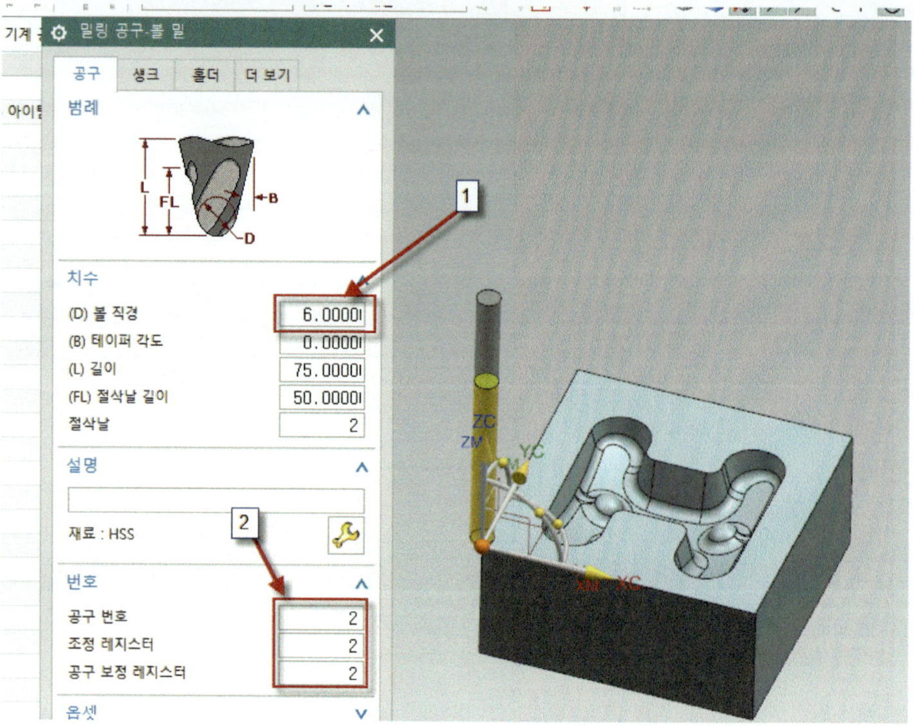

8 공구 뷰에서 T01, T02의 2개의 공구가 생성되었음을 알 수 있다.

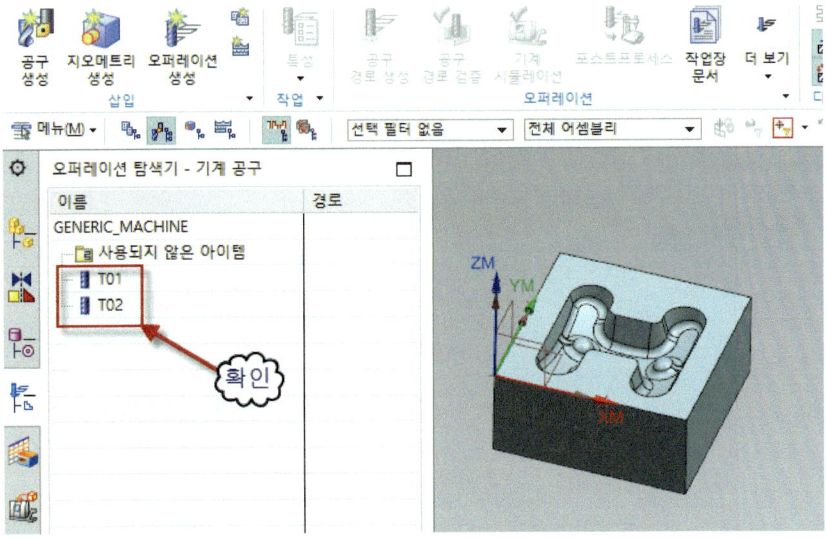

9 G54 공작물 원점을 찾아주고 소재를 만들어 주기 위하여 아래 그림과 같이 클릭한다.

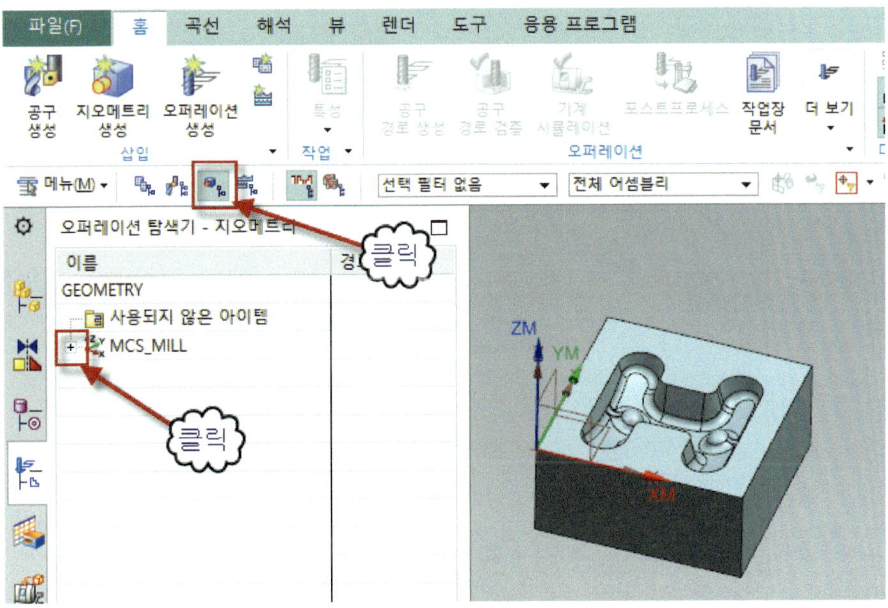

10 먼저 G54 공작물 원점을 잡기 위하여 MCS_MILL을 클릭한 후 MCS지정의 작은 다이얼로그 아이콘을 클릭한다.

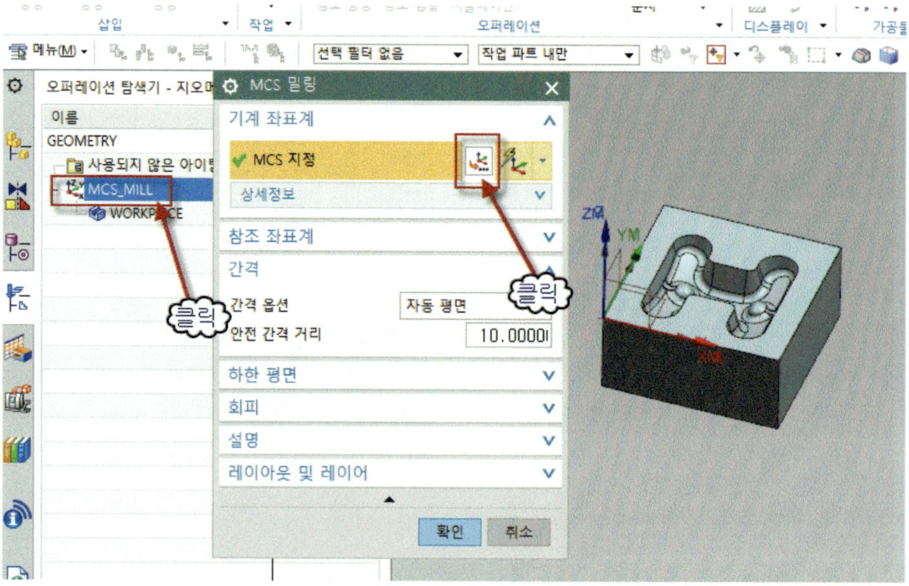

11 현재 CNC머시닝센터에서 G54좌표(공작물 원점)를 세팅하는 장소로 XO, Y0, Z0의 위치가 정확하므로 확인, 또 확인을 클릭한다.

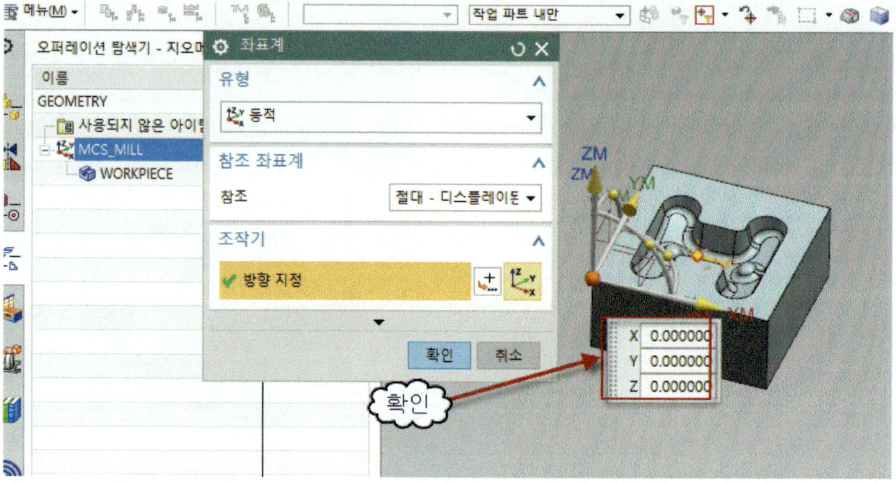

MEMO

⑫ 소재를 만들어 주기 위하여 WORKPIECE를 클릭한 후 파트 지정을 클릭한다.

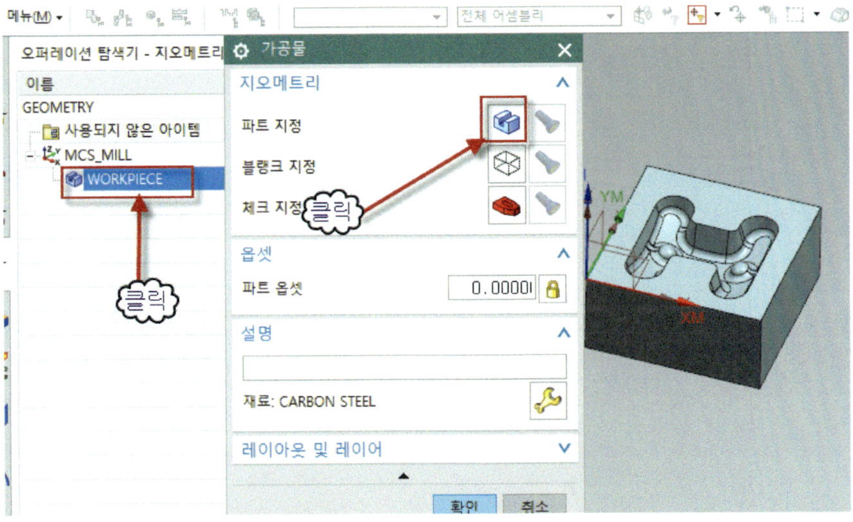

⑬ 파트 지오메트리 창에서 개체 선택을 하고 가공하고자 하는 제품을 선택하고 확인을 클릭한다.

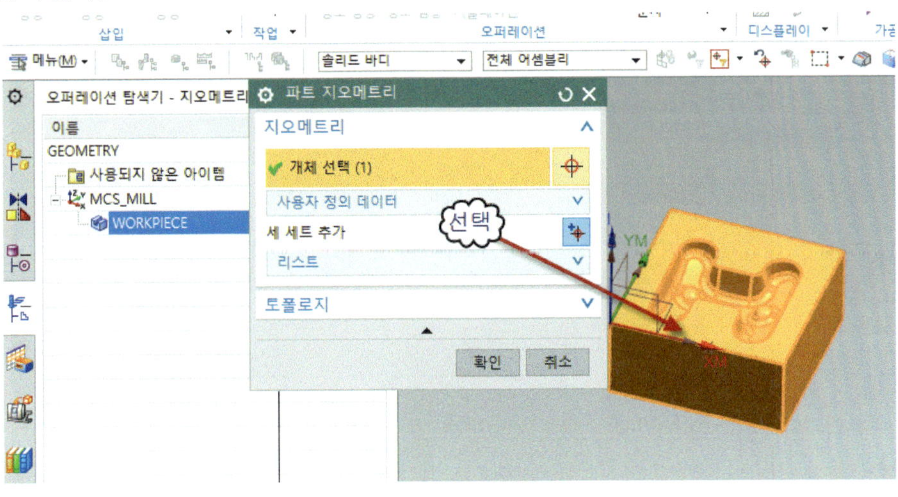

MEMO

⑭ 가공물에서 블랭크 지정 아이콘을 클릭한다.

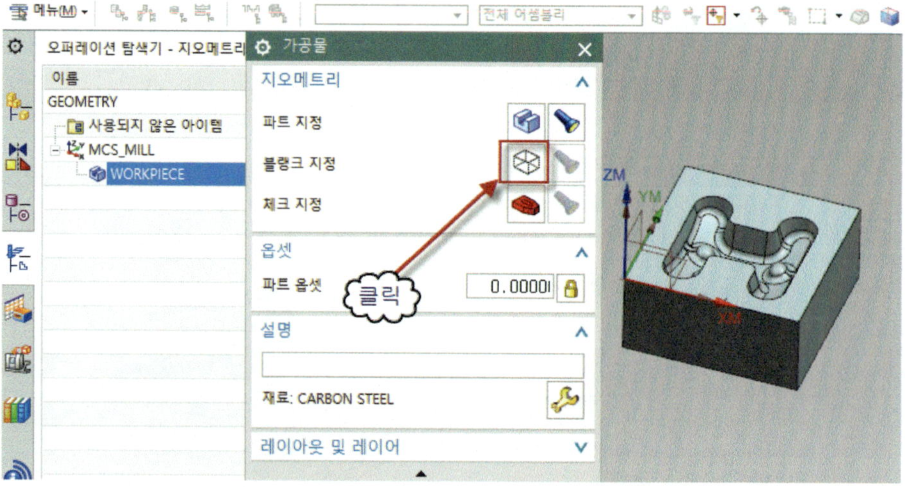

⑮ 블랭크 지오메트리에서 유형을 **경계 블록**으로 변환하면 자동으로 파트에 맞게 소재가 생성되었음을 알 수 있으며, 확인 또 확인을 클릭한다.

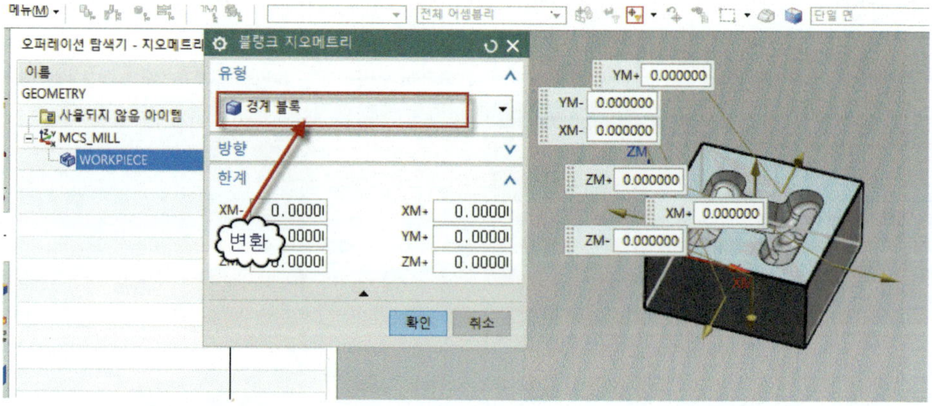

MEMO

16 공구 경로를 황삭, 정삭을 PROGRAM에 링크하기 위해서 프로그램 순서뷰로 가야 Post_Process를 만들 수 있다.

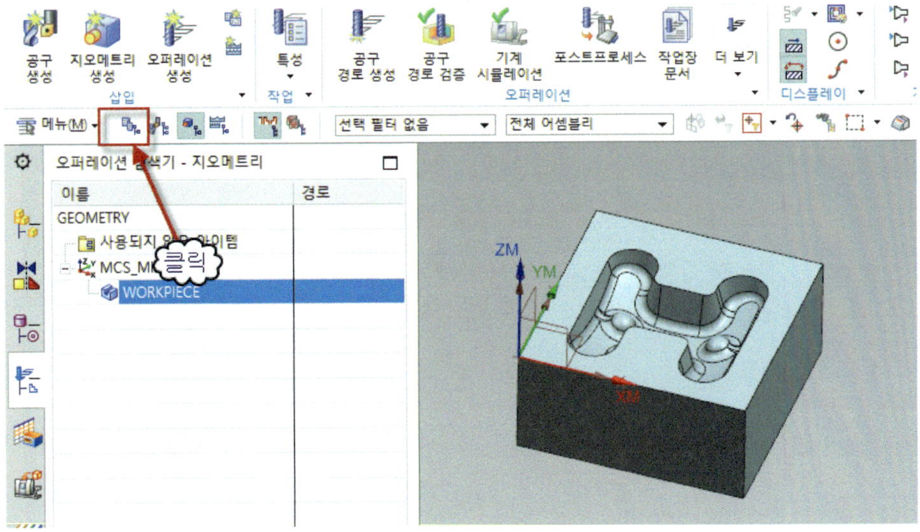

17 가공을 하기 위하여 **오퍼레이션 생성**을 클릭한 후 **캐비티 밀링**을 선택하고 공구를 ①처럼 바꾸고, ② 지오메트리에 소재인 **WORKPIECE**로 수정한 다음 확인을 클릭한다.

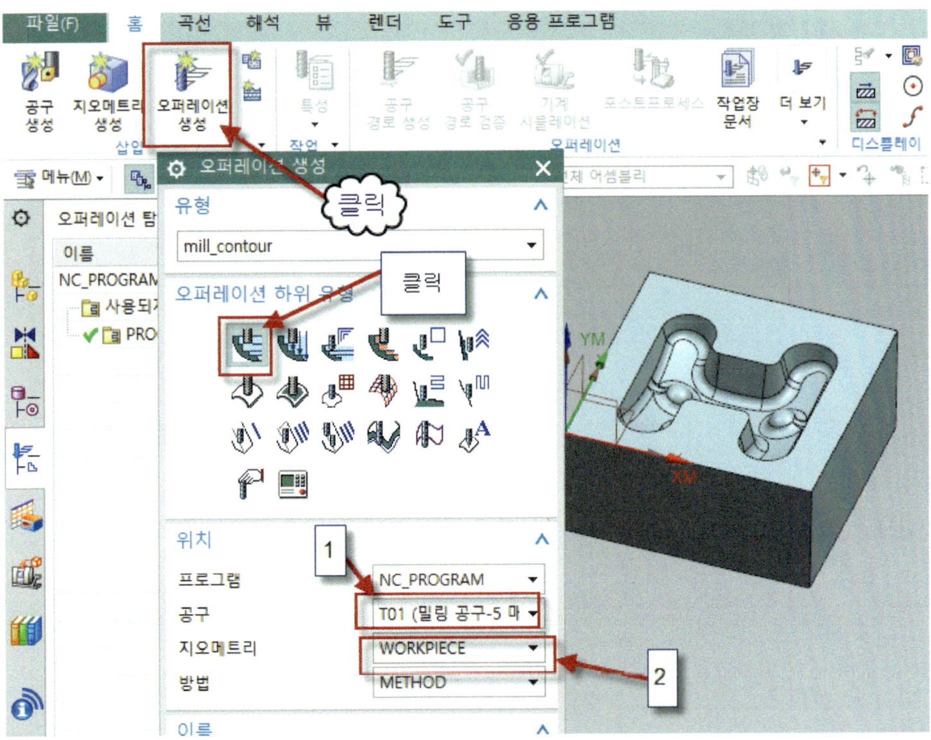

⑱ 가공하고자 하는 부위를 선정하기 위하여 절삭 영역 지정을 클릭한다.

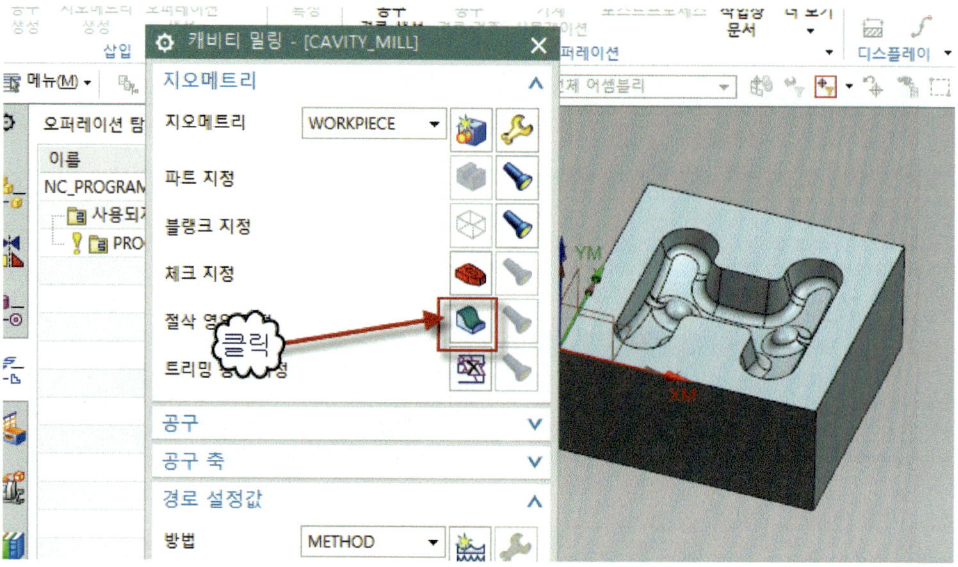

⑲ 절삭 영역을 지정하기 위해 모델링을 평면으로 보고자 한다. 키보드 F8을 클릭하고 평면 상태에서 ①, ② 순서로 대각선 방향으로 클릭하여 가공하고자 하는 부분을 동시에 선택하면 편리하다. 확인을 클릭한다.

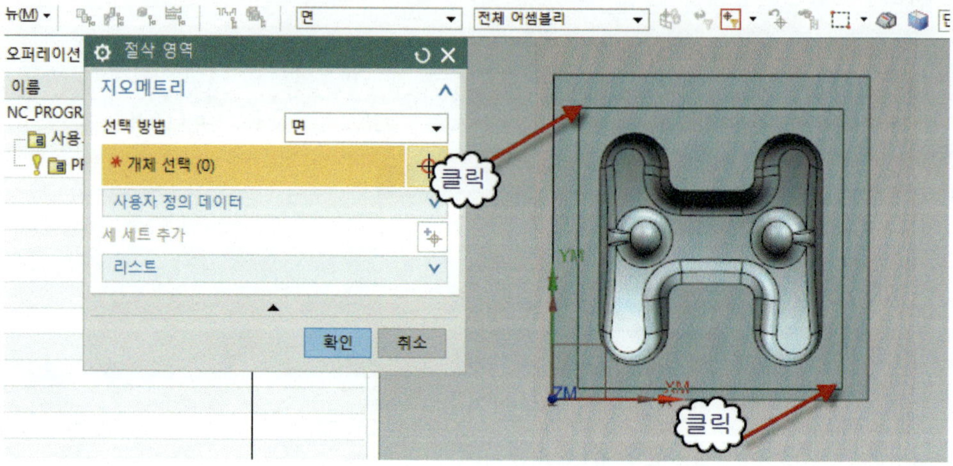

MEMO

20 내부 가공하고자 하는 부위가 선택되었다. 선택되지 않은 면이 있을 경우 선택하면 된다.

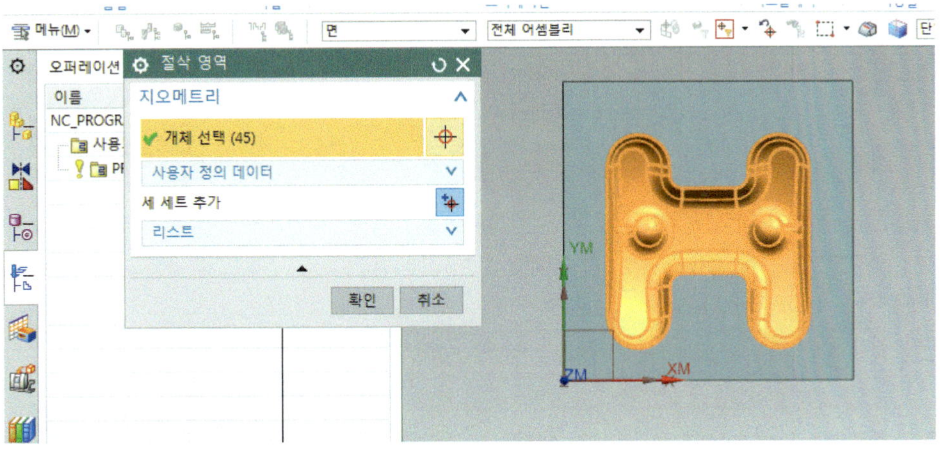

21 ① 스텝오버(간격)를 1로 하고 ② 절삭당 공통 깊이를 0.8로 수정한 다음 절삭 수준 아이콘을 클릭한다.

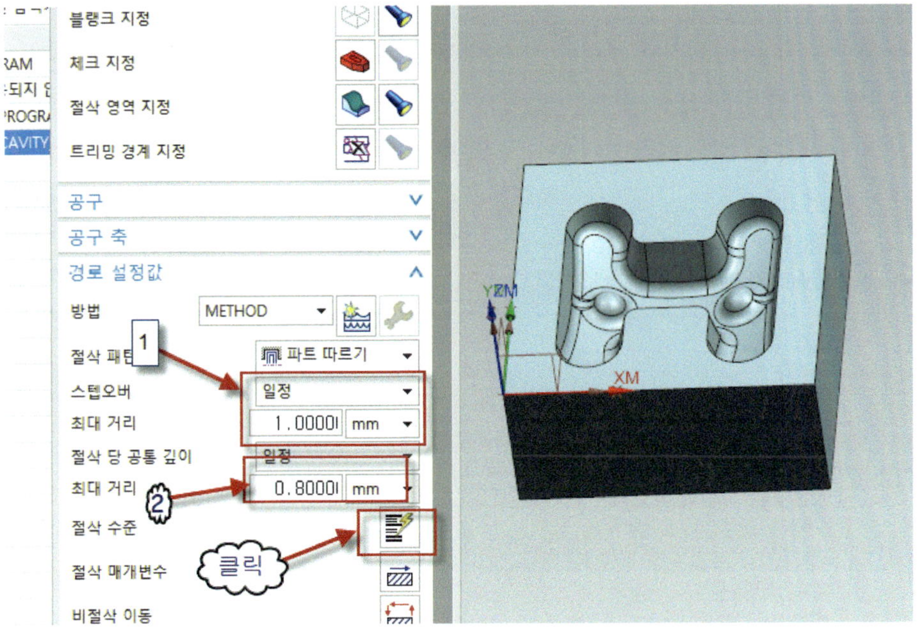

22 절삭 수준은 큰 변동이 없으므로 확인을 클릭한다.

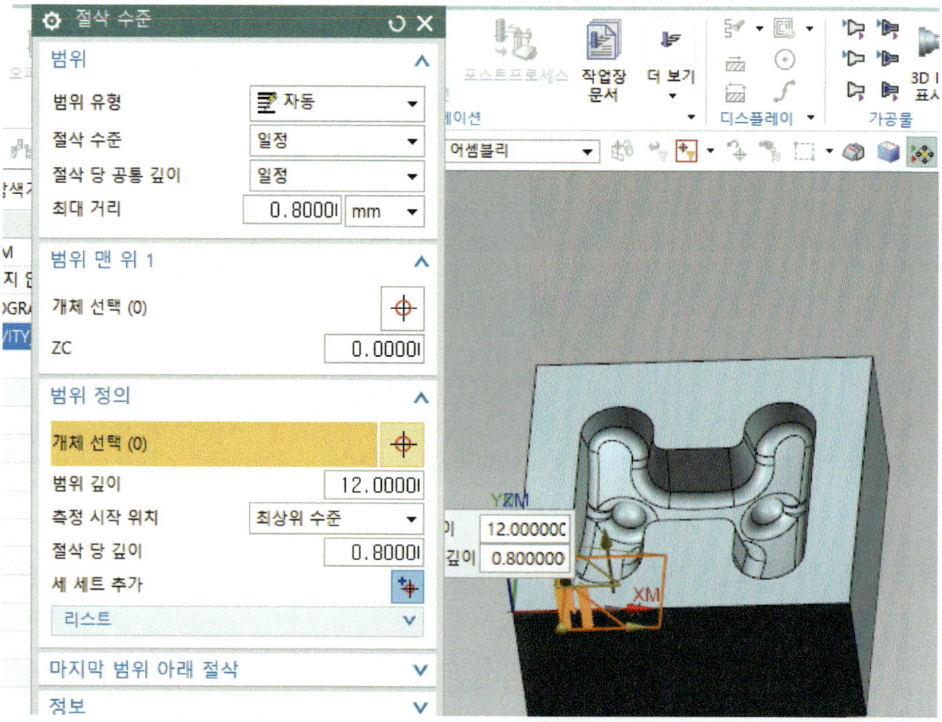

23 절삭 매개변수 아이콘을 클릭하여 정삭 여유를 0.1 정도 주고 확인을 클릭한다.

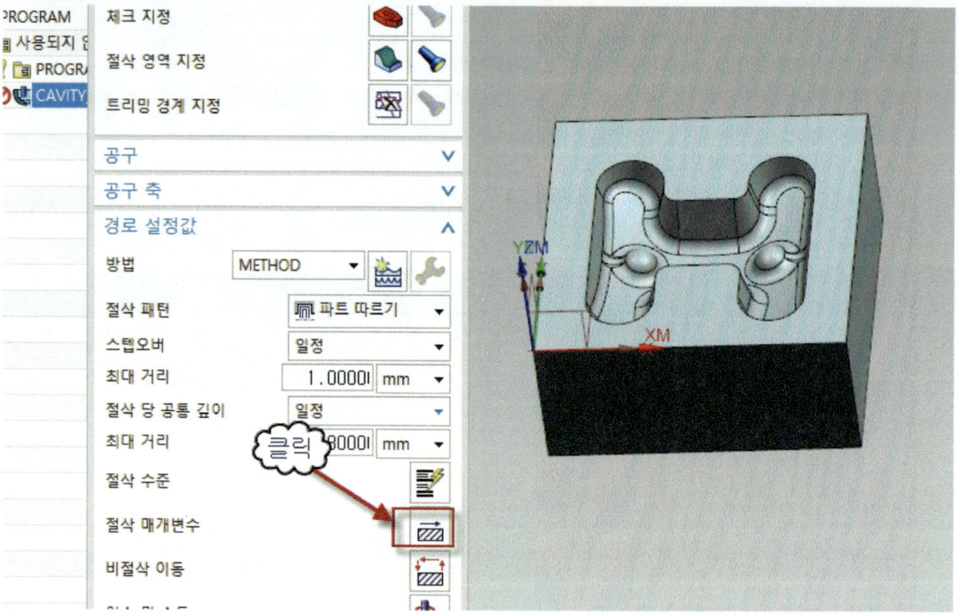

24 절삭 매개변수에서 스톡을 클릭한 후 파트 측면 스톡을 0.1로 수정하고 확인을 클릭한다. (여기서 파트 측면 스톡이란 가공여유 및 잔량을 의미하고 있음)

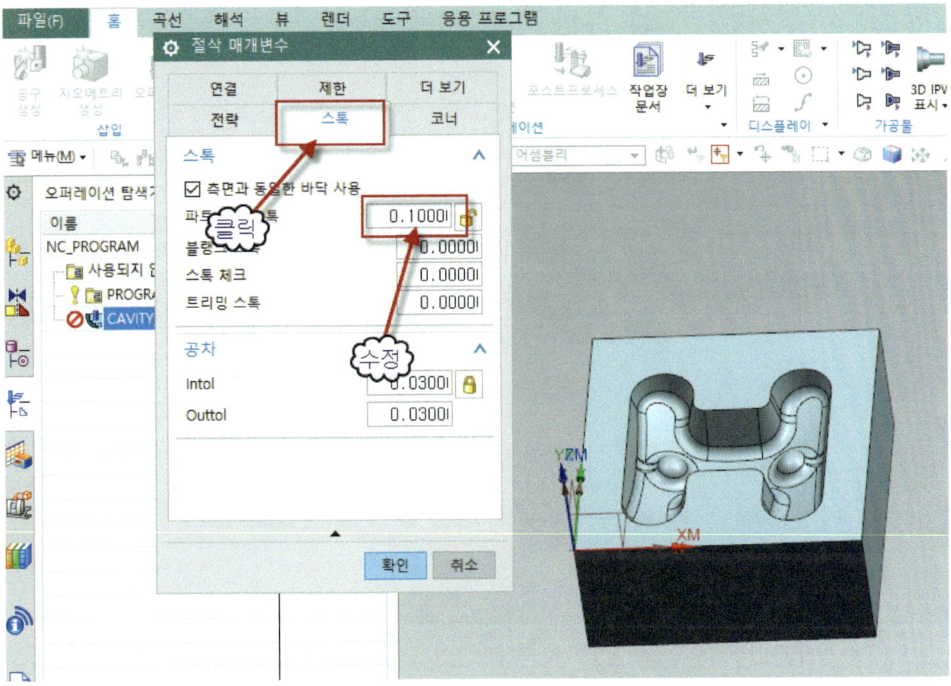

25 캐비티 밀링에서 비절삭 이동을 클릭한다. 비절삭 이동이란 가공하지 않고 공구가 급속히 이동하는 것으로 "안전 높이"임을 말한다.

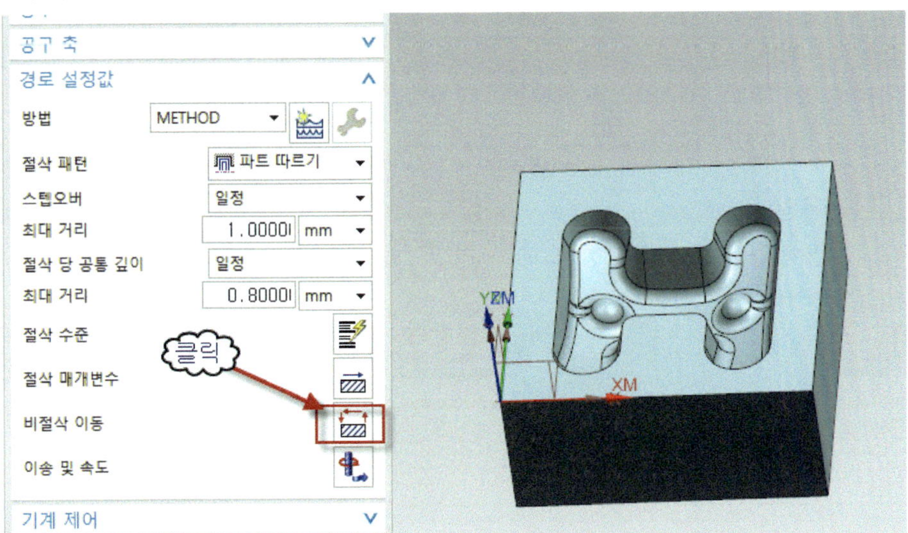

26 비절삭 이동에서 **급속 이동**을 클릭 후 **간격 옵션(안전거리)**을 **평면**으로 한 다음 ① 마우스로 제품의 평면을 클릭하면 플랜이 생성되면서 거리가 0으로 나오면 ② 대략 10 정도 입력한 다음 **확인**을 클릭한다.

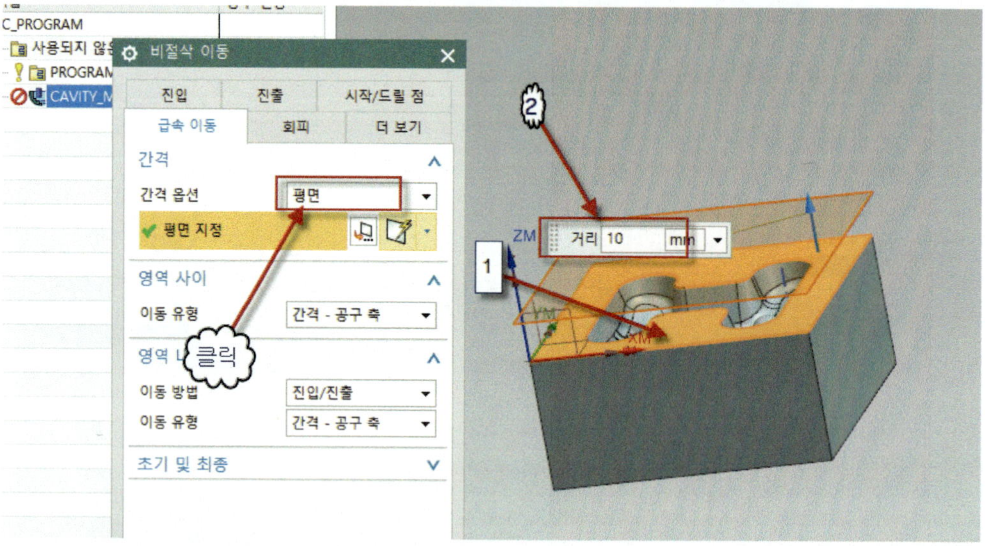

27 이송 및 속도 아이콘을 클릭한다.

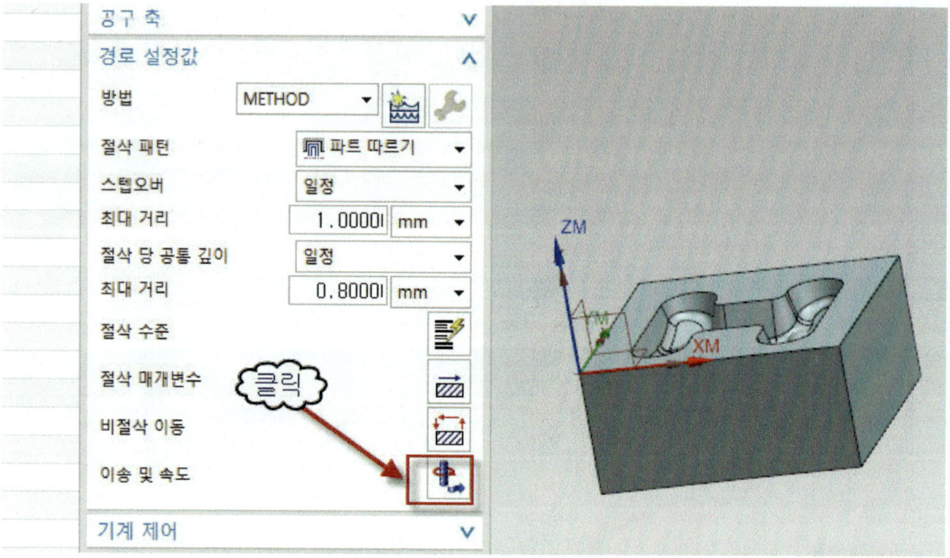

28 이송 및 속도에서 스핀들 속도의 체크박스를 체크한 다음 ① 스핀들 속도를 3000, ② 이송률 절삭을 300으로 입력 후 확인을 클릭한다.

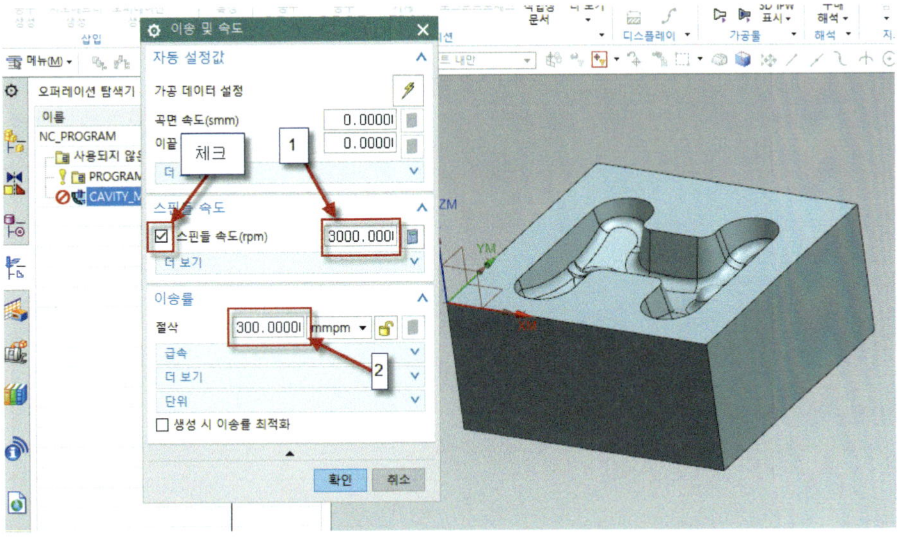

29 모든 조건이 입력되었으므로 공구 경로를 생성하기 위하여 아래 부분 생성을 클릭하면 공구 경로가 생성된다.

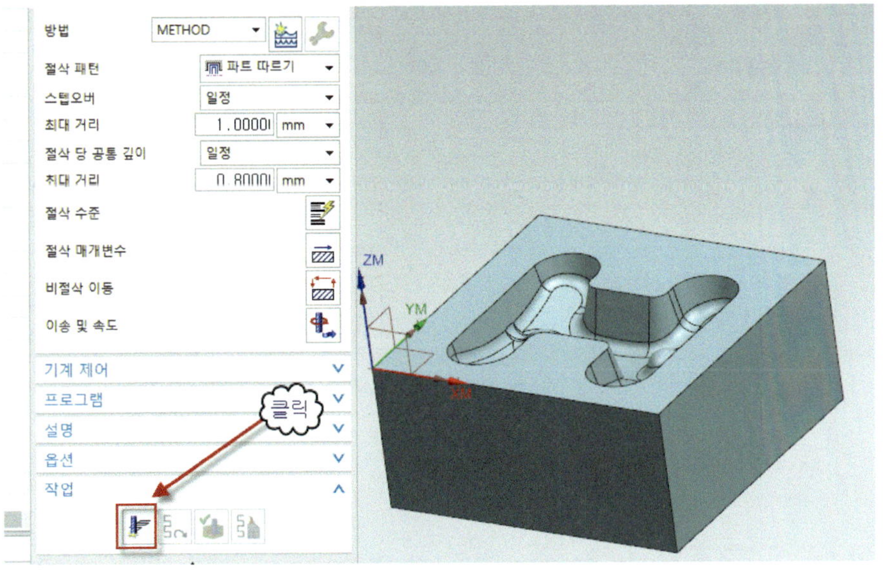

30 공구 경로가 생성되었으면 검증을 하기 위하여 검증 아이콘을 클릭한다.

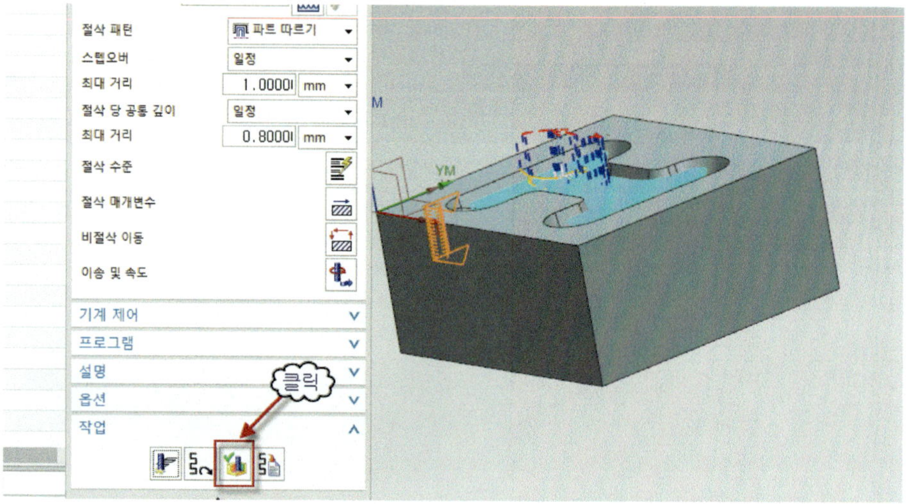

31 ① 3D 동적을 클릭 후 ② 애니메이션 속도는 5 정도로 하고 ③ 플레이(▶) 아이콘을 클릭한다.

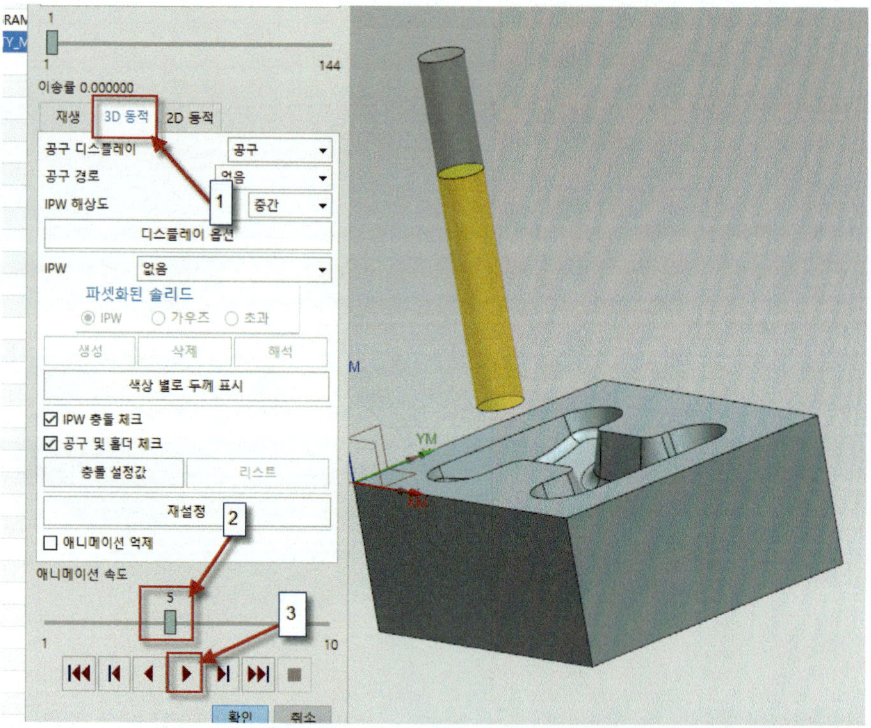

32 황삭 가공에 대하여 큰 문제없이 가공되었다는 것을 알 수 있으며, 꼭 확인을 해야 공구 경로가 사라지지 않는다.

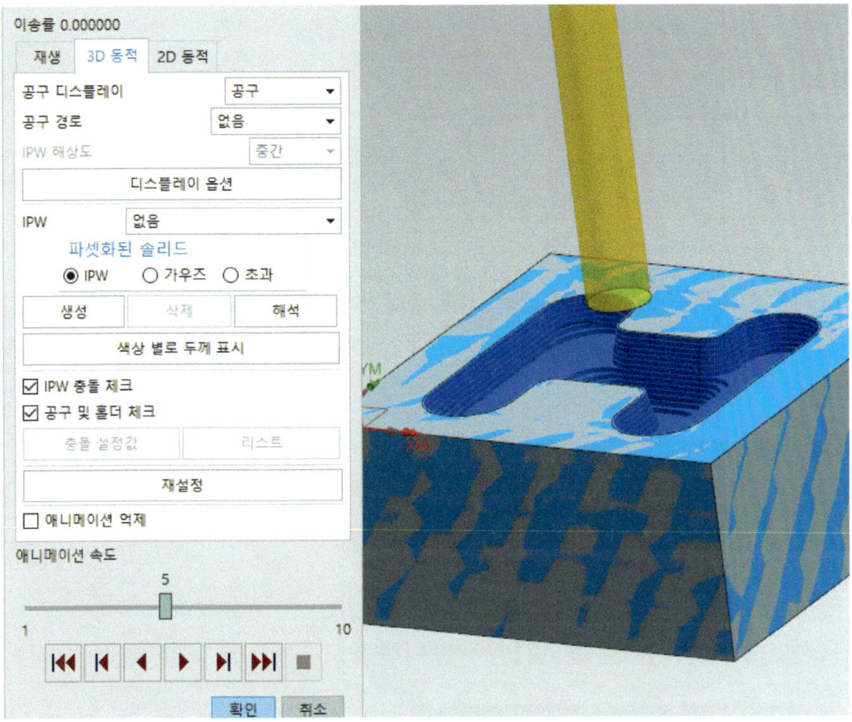

33 황삭 가공이 모든 조건에 맞게 가공되었다는 것을 알 수 있다.

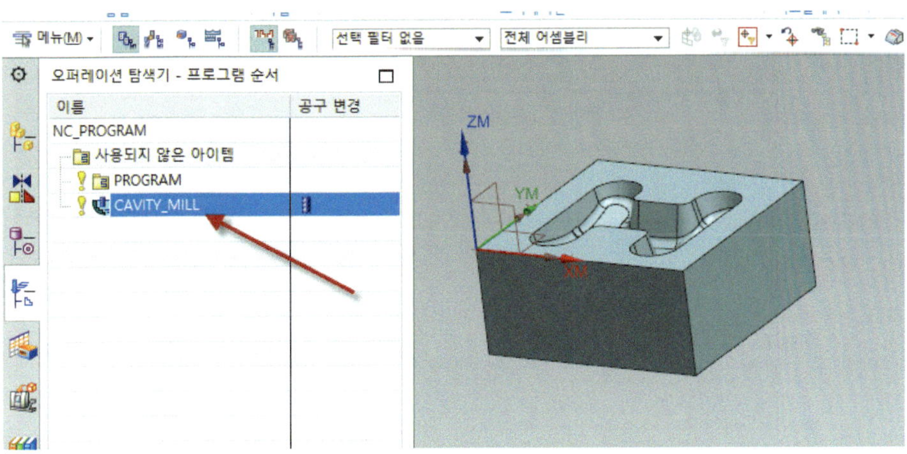

34 이제 정삭 가공에 대하여 설명하고자 한다. 화면의 오퍼레이션 생성을 클릭한다.

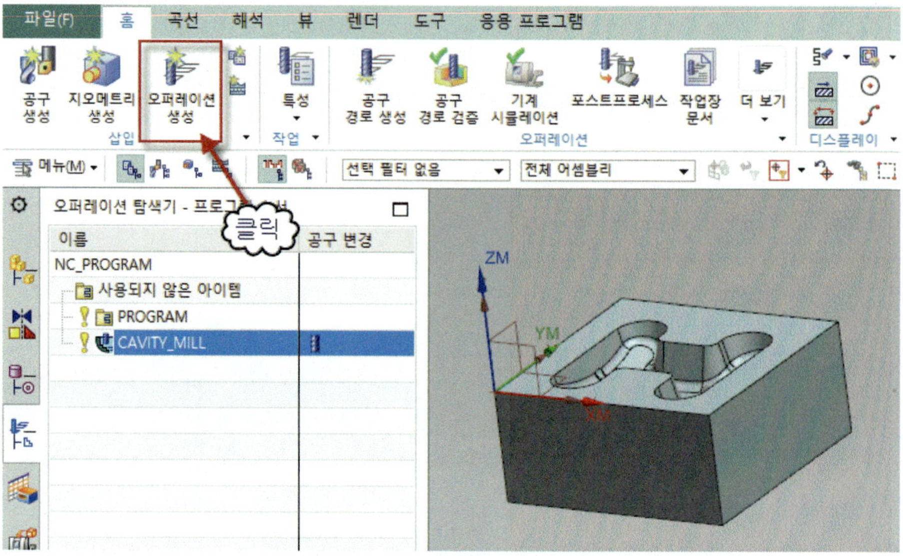

35 정삭 가공하기 위하여 ① 정삭 가공 아이콘 클릭하고 ② 공구 란에 볼 엔드밀 T02번으로 변환한 다음 확인을 클릭한다.

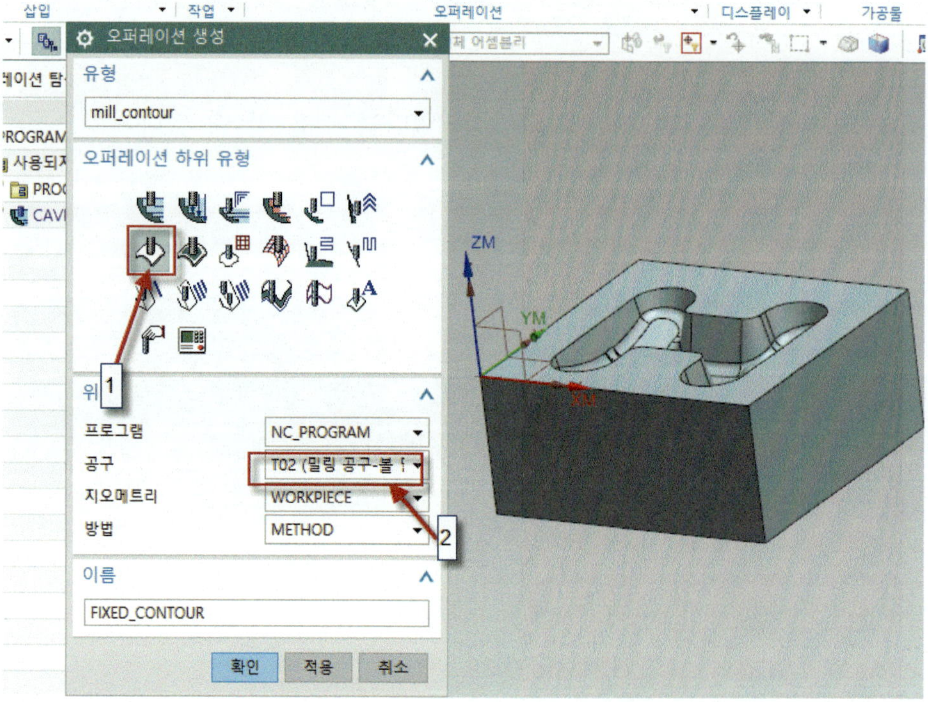

36 고정 윤곽 창에서 정삭할 **절삭 영역** 아이콘을 클릭한다.

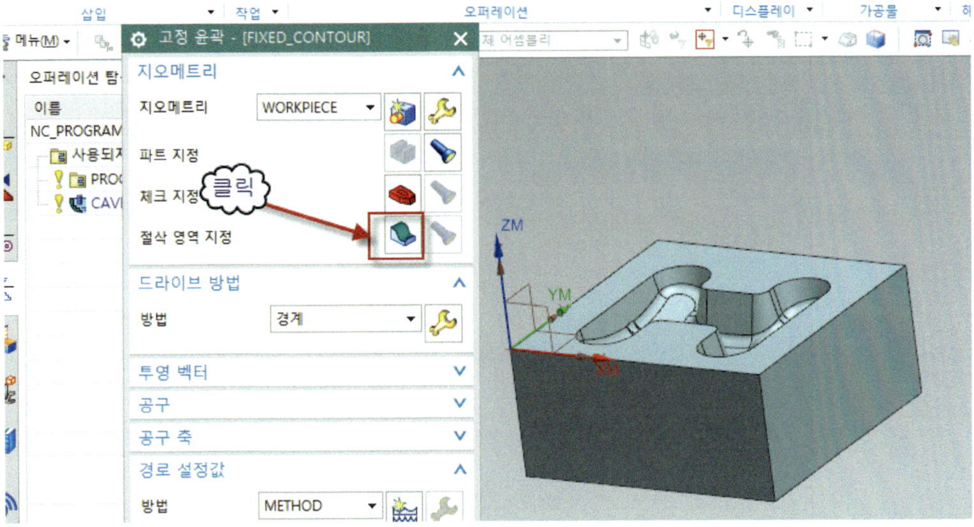

37 절삭 영역을 지정하기 위해 모델링을 평면으로 보고자 한다. 키보드 F8을 클릭하고 평면 상태에서 ①, ② 순서로 대각선 방향으로 클릭하여 가공하고자 하는 부분을 동시에 선택하면 편리하다. 확인을 클릭한다.

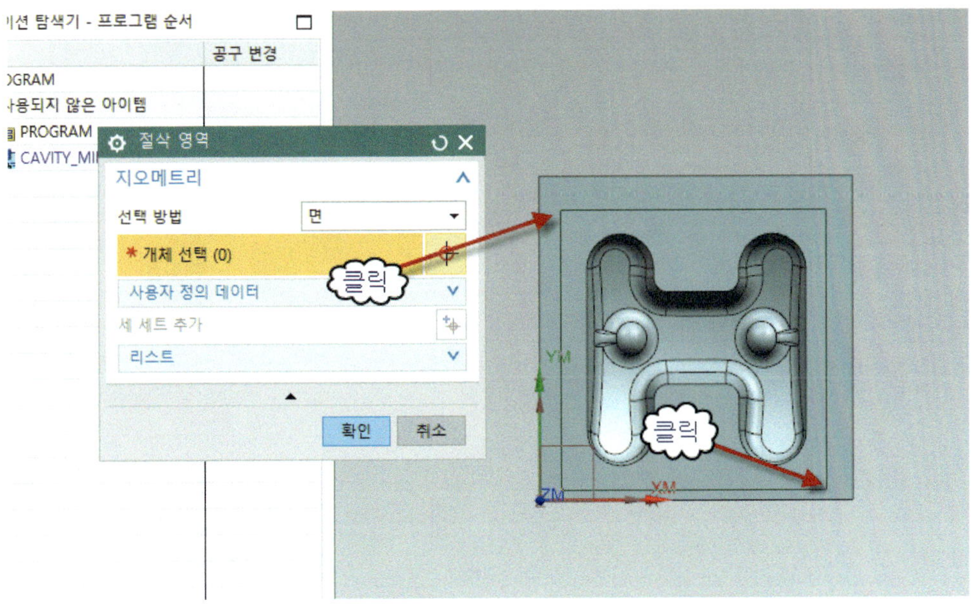

38 내부 가공하고자 하는 부위가 선택되었으며, 선택되지 않은 면이 있을 경우 선택하고 확인을 클릭하면 된다.

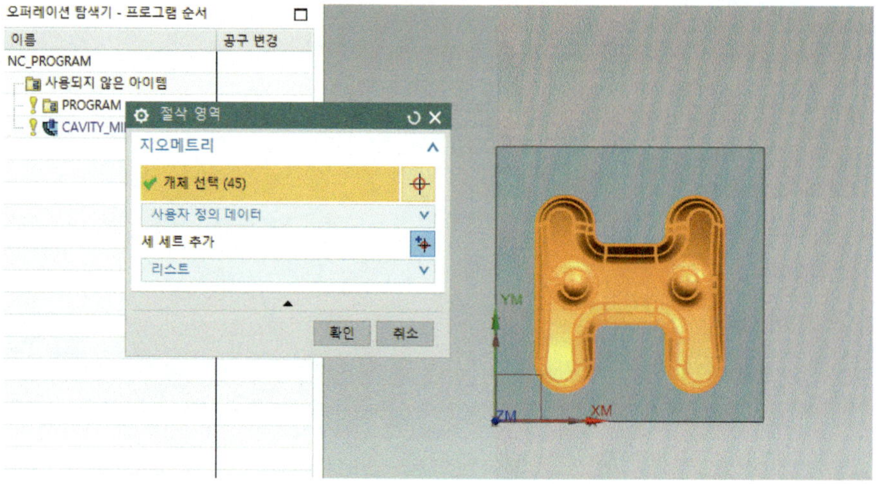

39 드라이브 방법에서 **편집** 아이콘을 클릭한다.

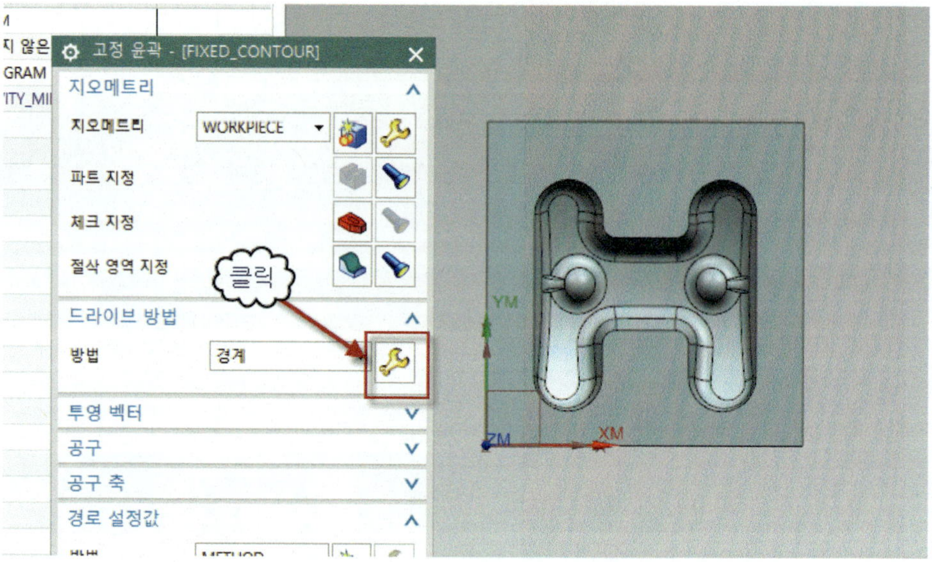

MEMO

40 경계 드라이브 방법 창에서 드라이브 지오메트리 선택 아이콘을 클릭한다.

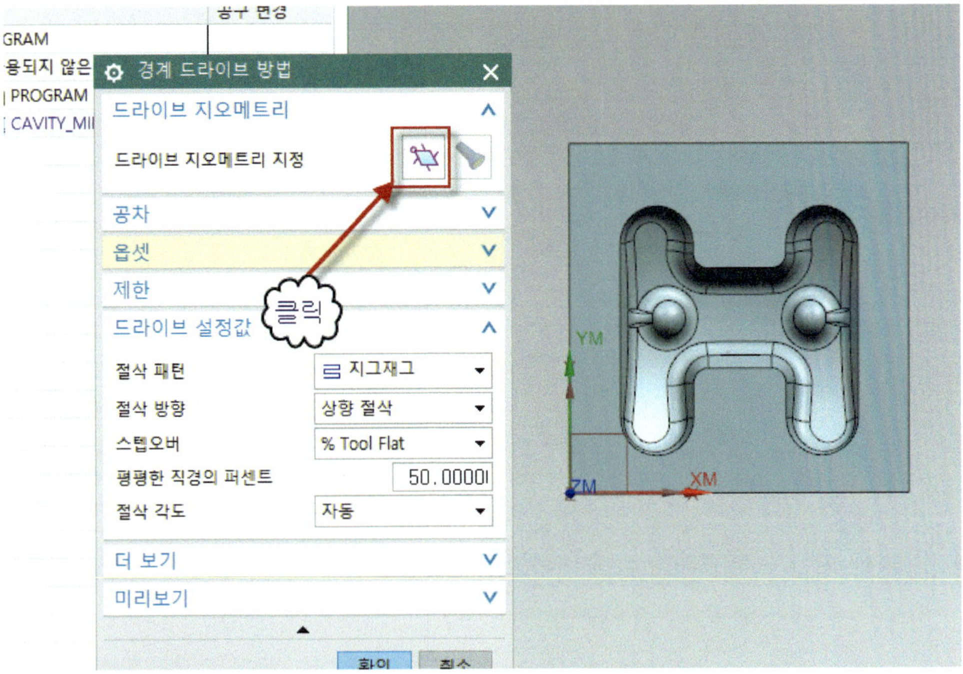

41 모드 란의 경계를 **곡선/모서리**로 변환해 준다.

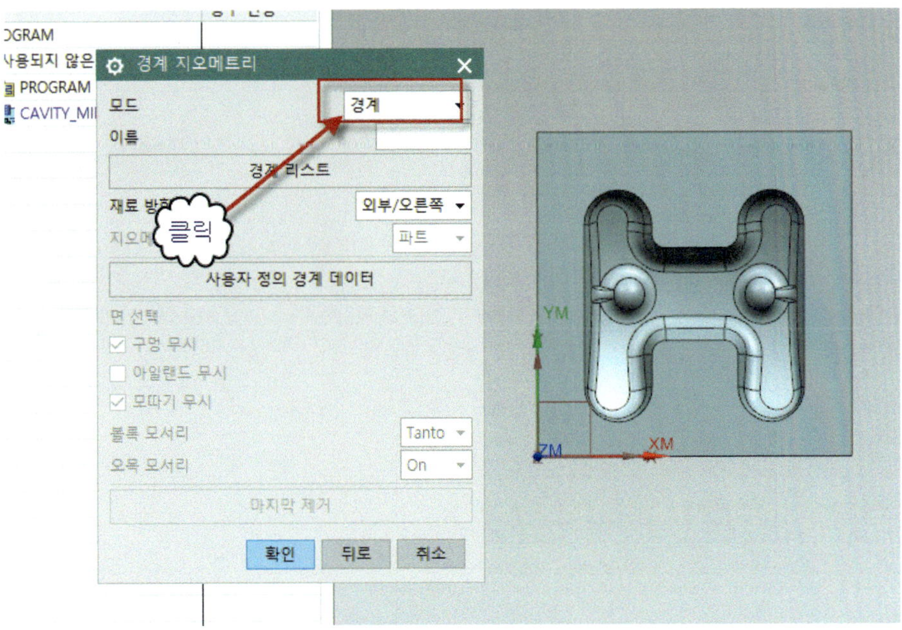

42 ① **접하는 곡선**으로 변환하고 공구 위치를 **On**으로 한 다음 모서리를 선택한 후 확인, 확인을 클릭한다.

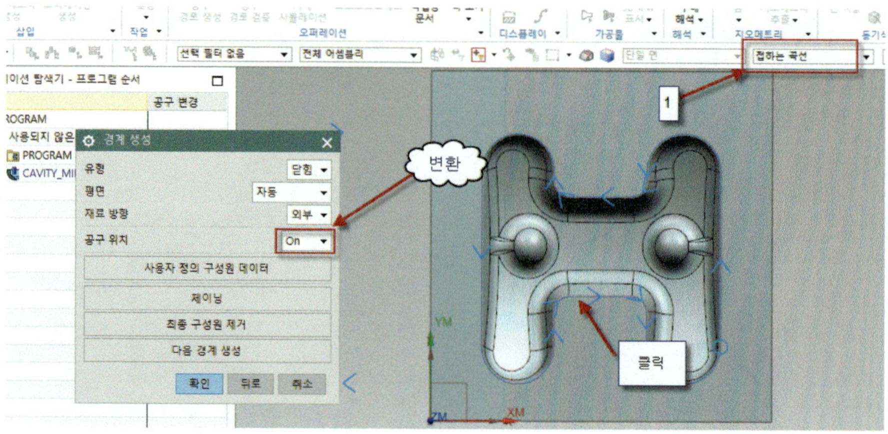

43 ① 절삭 패턴을 **지그재그**로 수정하고 ② **스텝오버**를 **일정**으로, 최대거리(피치값)를 **0.8**로 한 다음 확인을 클릭한다.

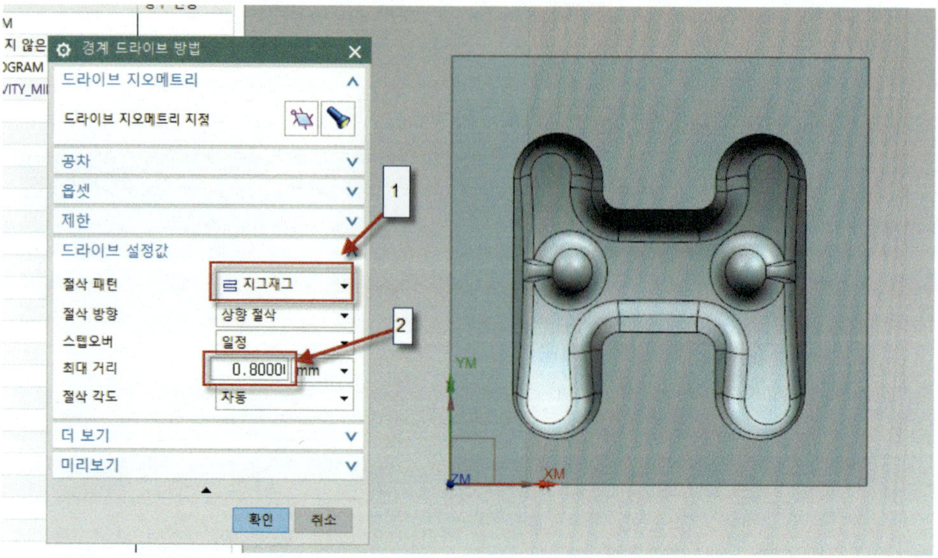

MEMO

44 비절삭 이동 아이콘(안전 높이)을 클릭한다.

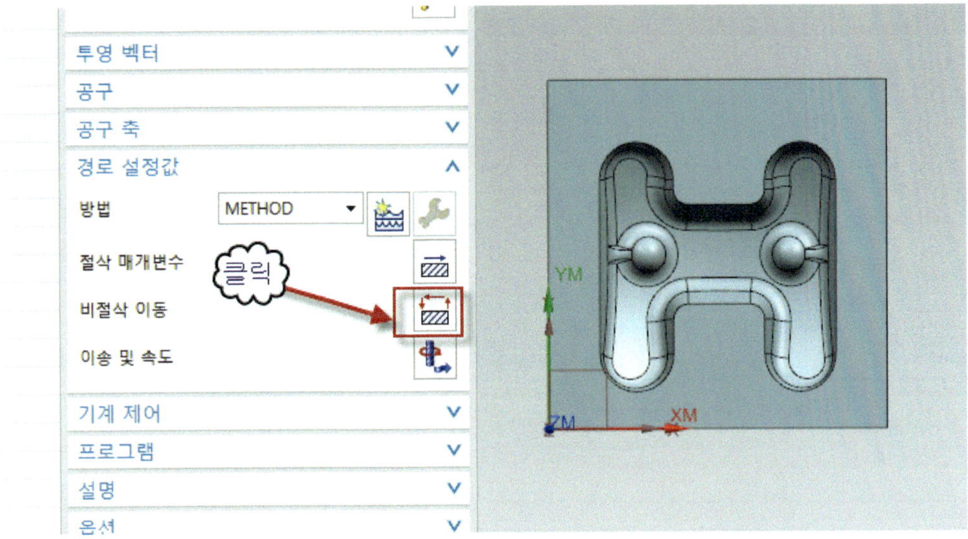

45 ① 급속 이동을 클릭하고 ② 간격 옵션을 평면으로 변환한다. ③ 개체 상면을 마우스로 클릭한 후 ④ 거리 값을 10으로 하고 확인을 클릭한다.

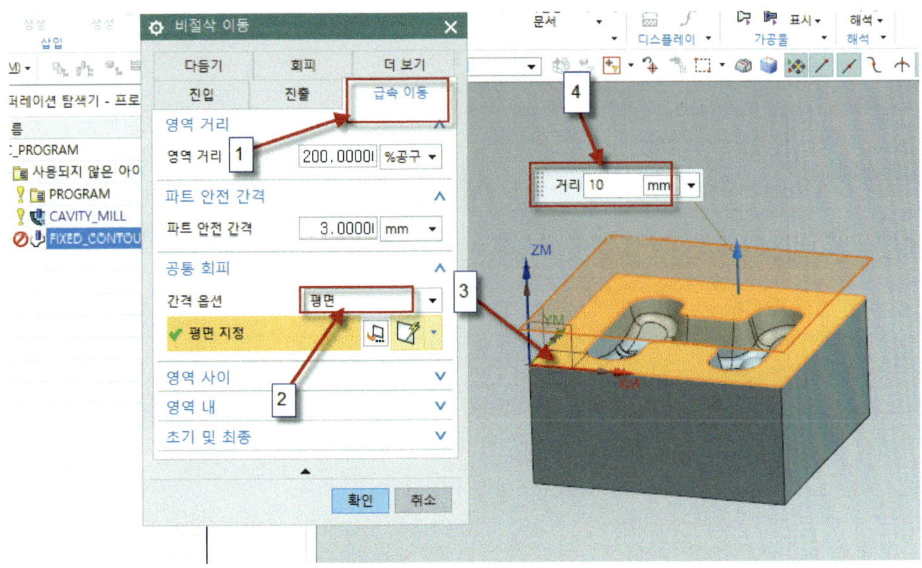

MEMO

46 이송 및 속도 아이콘을 선택한다.

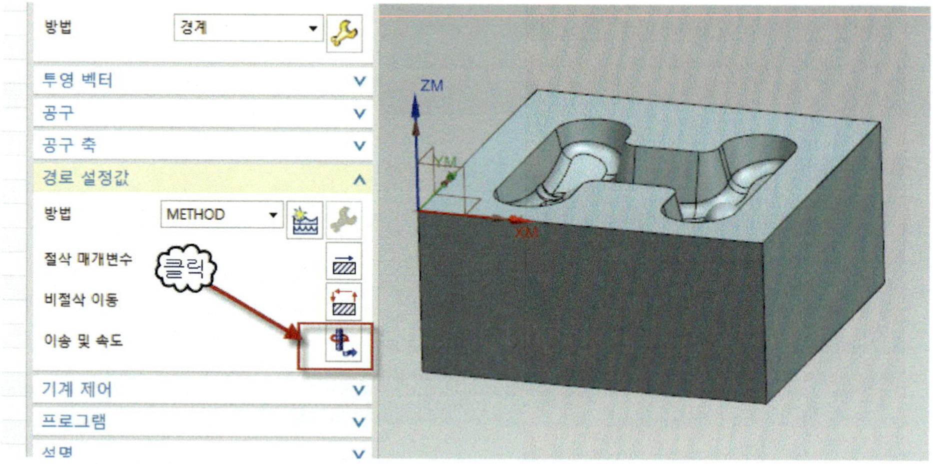

47 스핀들 속도 체크박스를 체크하고 스핀들 속도는 약 3000 정도, 이송값은 300 정도로 한 다음 확인을 클릭한다.

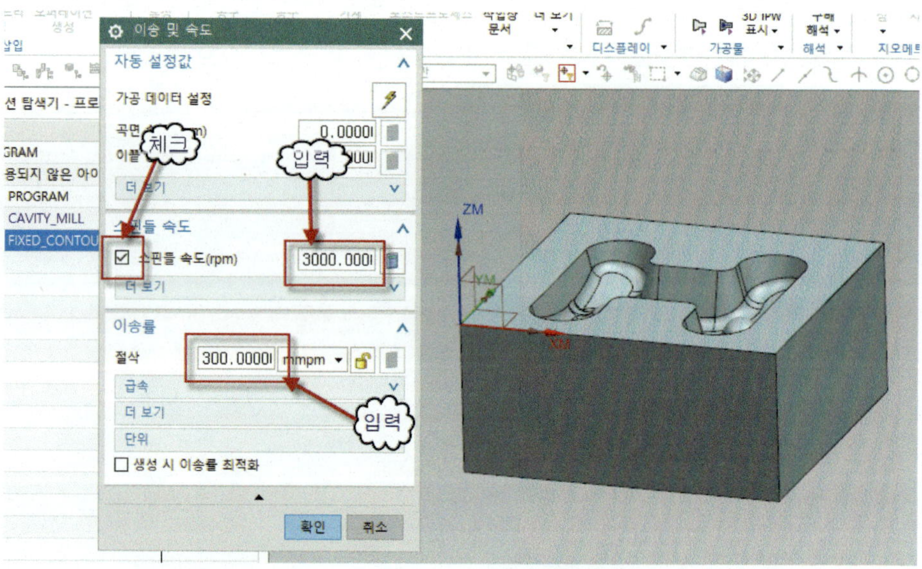

MEMO

48 생성 아이콘을 클릭하면 공구 경로가 생성된다.

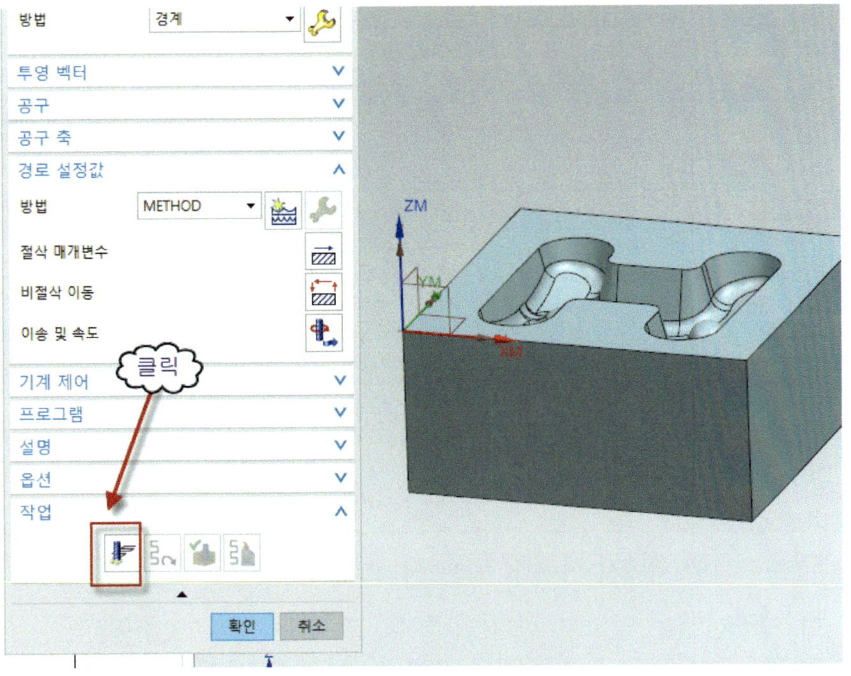

49 공구 경로가 이상 없이 생성되었으므로 확인을 클릭하면 된다.

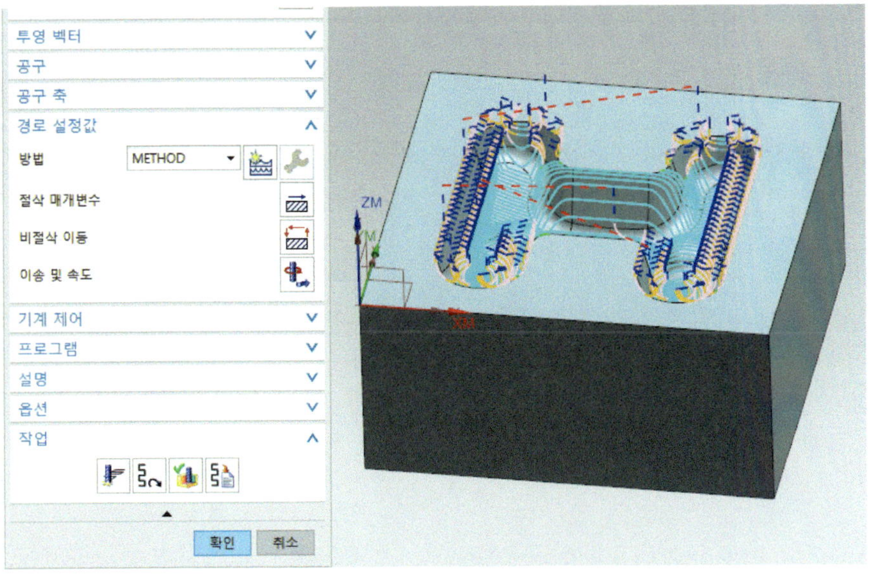

50 프로그램에서 그림과 같이 황삭, 정삭 순서로 드래그하여 프로그램 하위폴더에 넣는다.

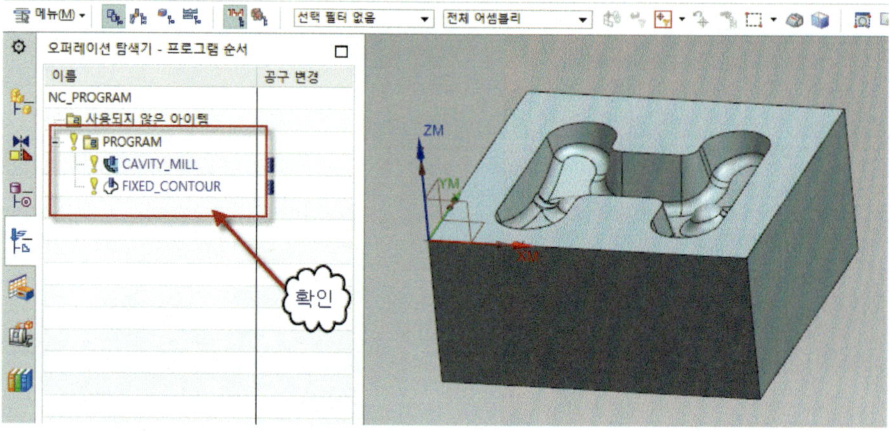

51 ① 프로그램 위에서 마우스 우클릭하고 ② **공구 경로**에서 ③ **시뮬레이션**을 클릭하여 가공시간을 알고자 한다(가공시간은 40분 정도 맞추면 된다).

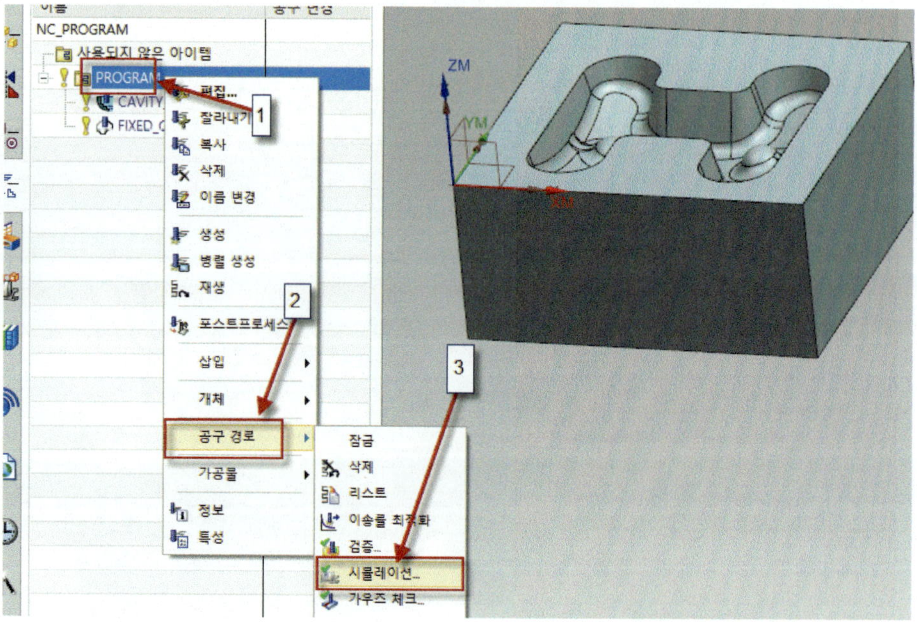

52 시뮬레이션 제어판에서 ① 속도를 10으로 하고 ② 플레이(▶)를 클릭하면 가공 시간이 약 31분으로 나온다.

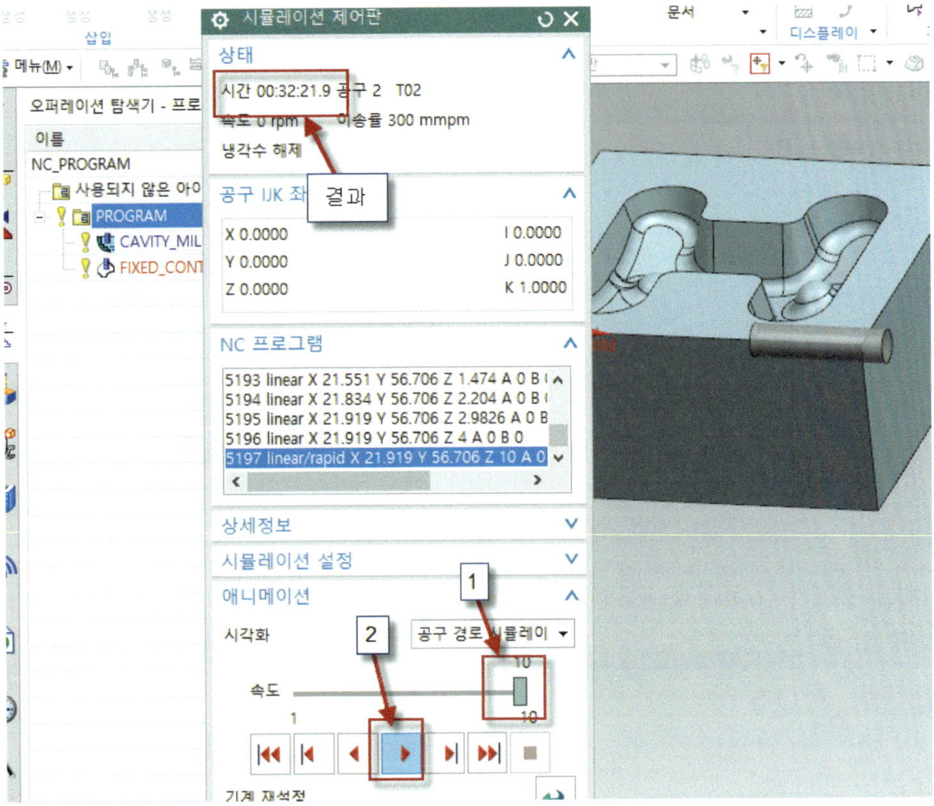

53 가공시간이 32분이 나와서 40분에 맞지 않으므로 수정하는 방법을 익히고자 한다. 정삭 공구 경로를 더블 클릭하면 정삭 공구 경로를 수정할 수 있다.

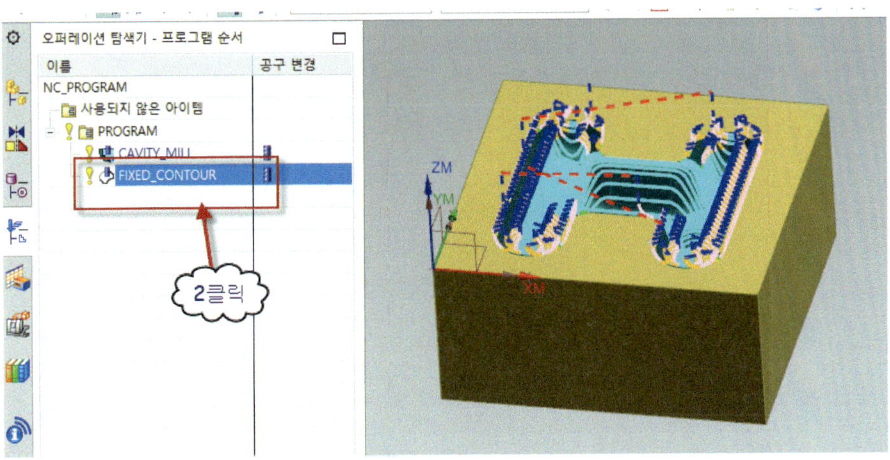

54 드라이브 방법에서 편집 아이콘을 클릭한다.

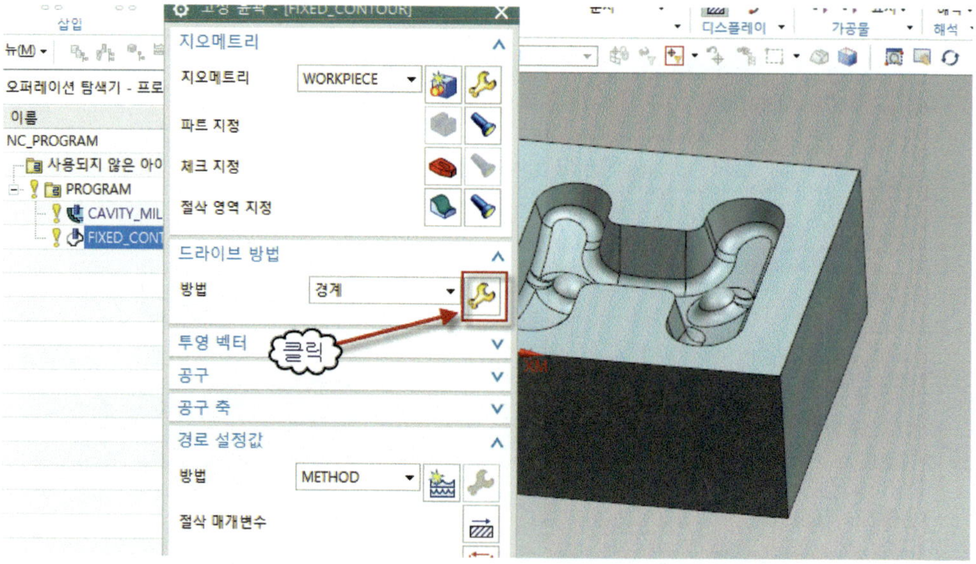

55 최대 거리를 0.8에서 0.6으로 줄인 다음 확인을 클릭한다.

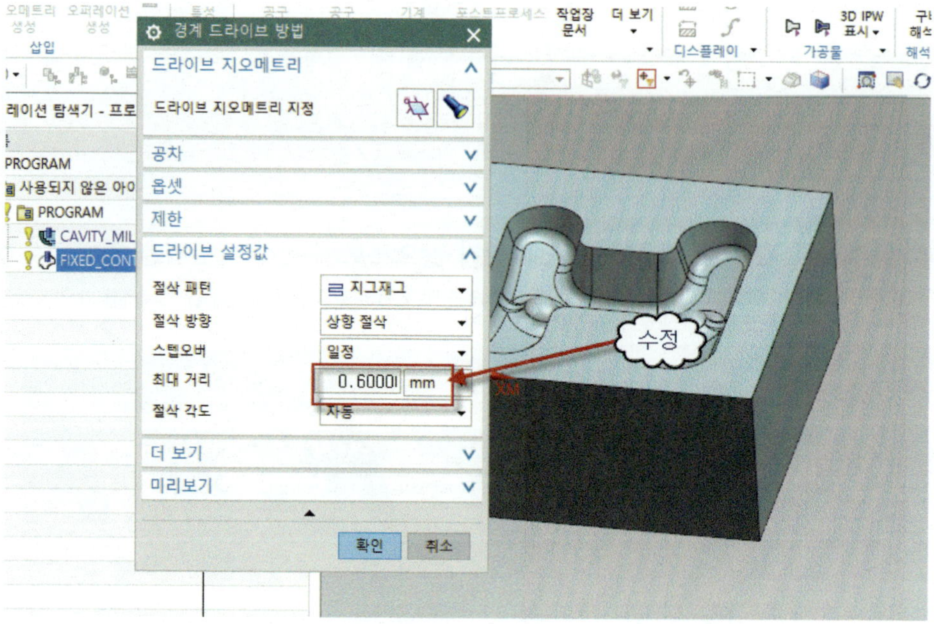

56 화면 하단의 **생성**을 클릭한 후 **확인**을 클릭한다.

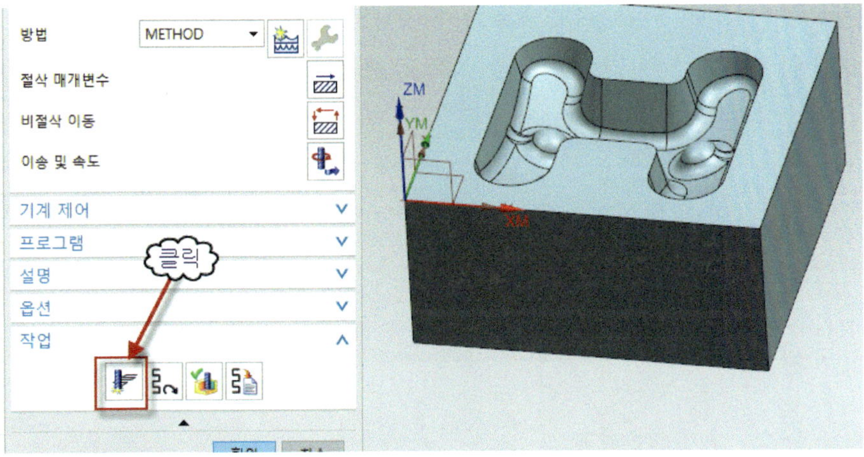

57 새로운 공구 경로가 생성되었다.

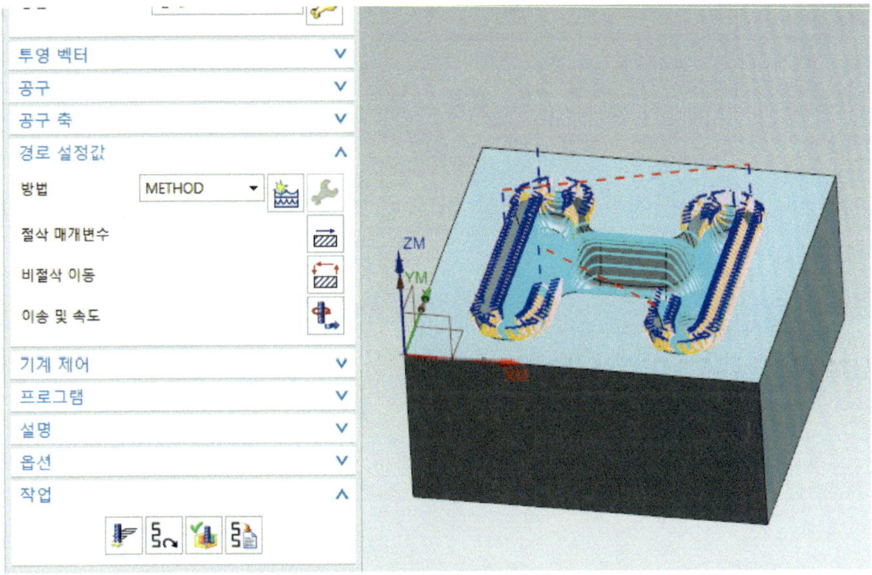

MEMO

58 ① 프로그램 위에서 마우스 우클릭하고 ② **공구경로**에서 ③ **시뮬레이션**을 클릭하여 가공시간을 알고자 한다(가공시간은 40분 정도 맞추면 된다).

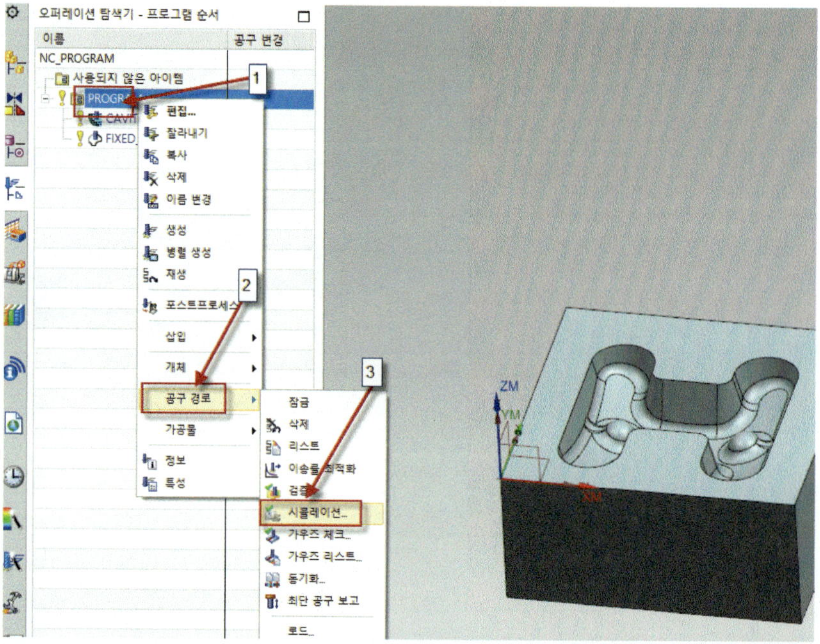

59 시뮬레이션 제어판에서 ① **속도**를 10으로 하고 ② 플레이(▶)를 하면 가공 시간이 약 40분으로 나왔다.

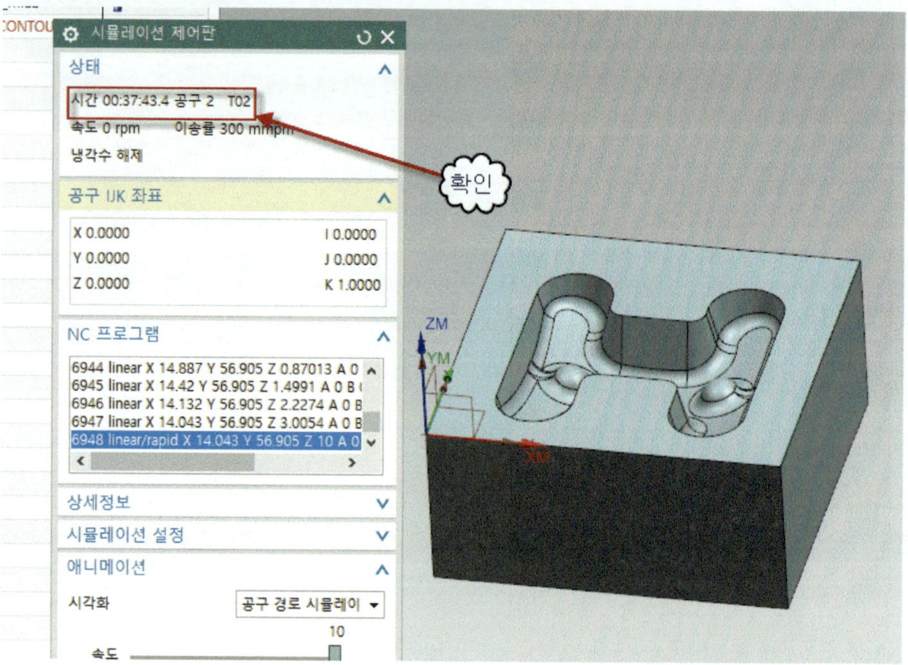

60 프로그램 위에서 마우스 우클릭하여 **포스트프로세스**를 선택한다. 이는 황삭, 정삭 NC데이터를 생성하고자 하기 위함이다.

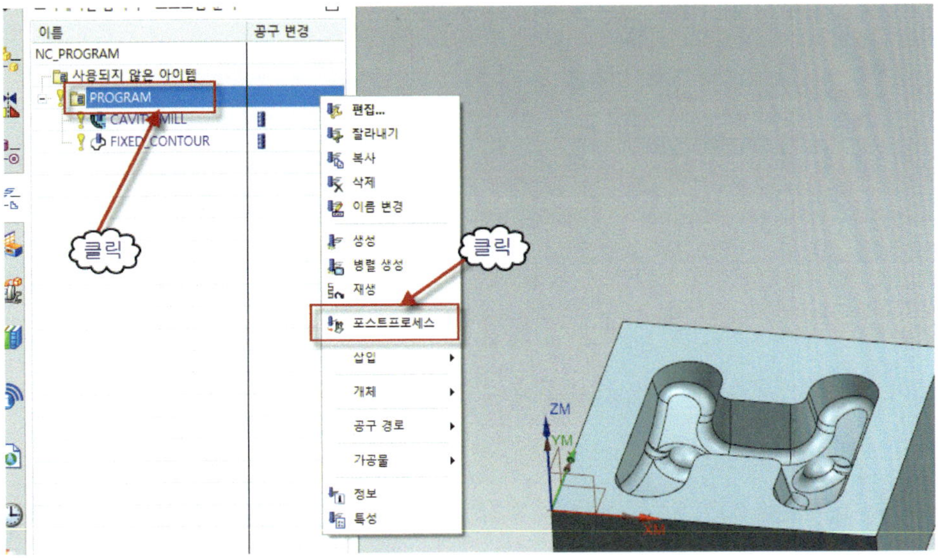

61 포스트프로세서를 장비에 맞게 변환한 후 단위를 **미터법/파트**로 수정하고 확인을 클릭한다.

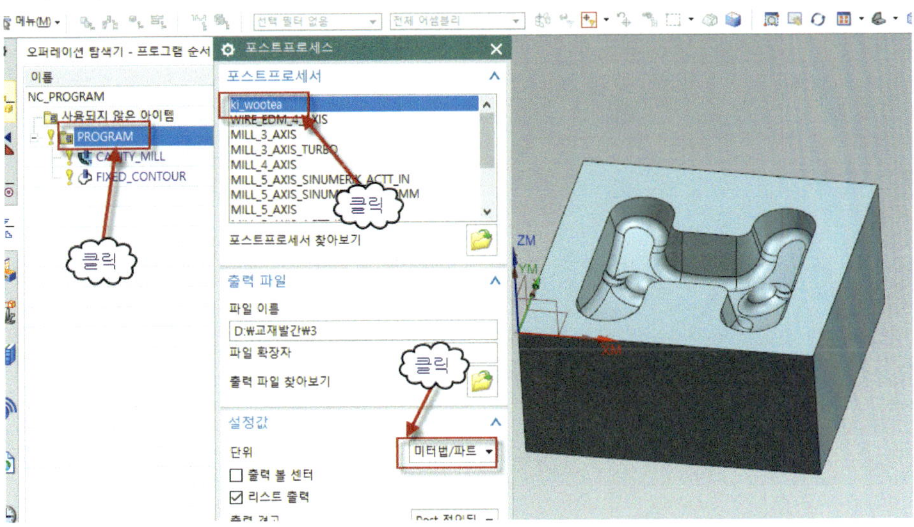

62 NC DATA가 생성되었으면 % 위의 정보를 삭제한다.

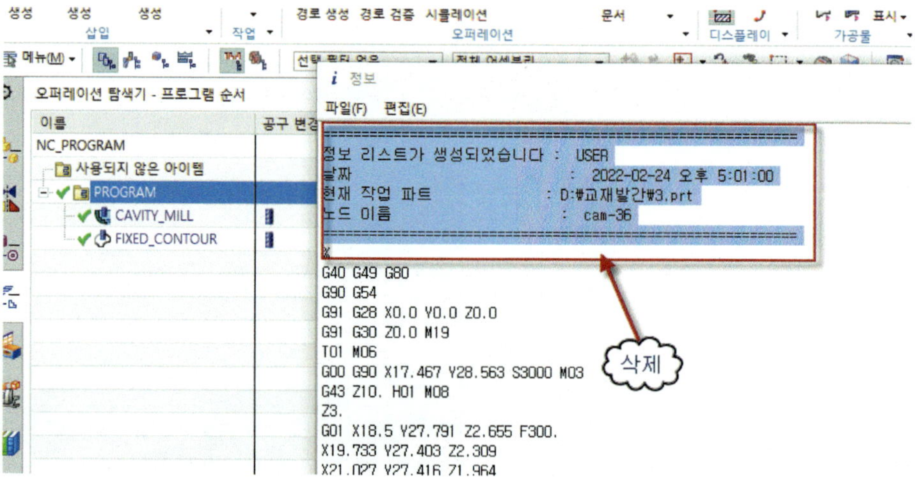

63 다른 이름으로 저장을 클릭하여 저장 위치를 정한 다음 파일 이름을 ①과 같이 하고 파일 형식을 ②와 같이 한다.

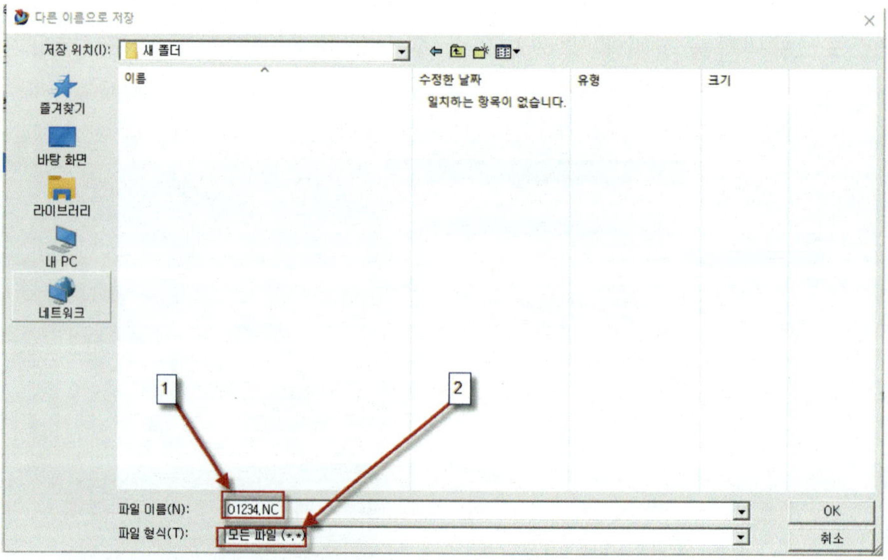

MEMO

4. 도 면 4

4-1 모델링하기

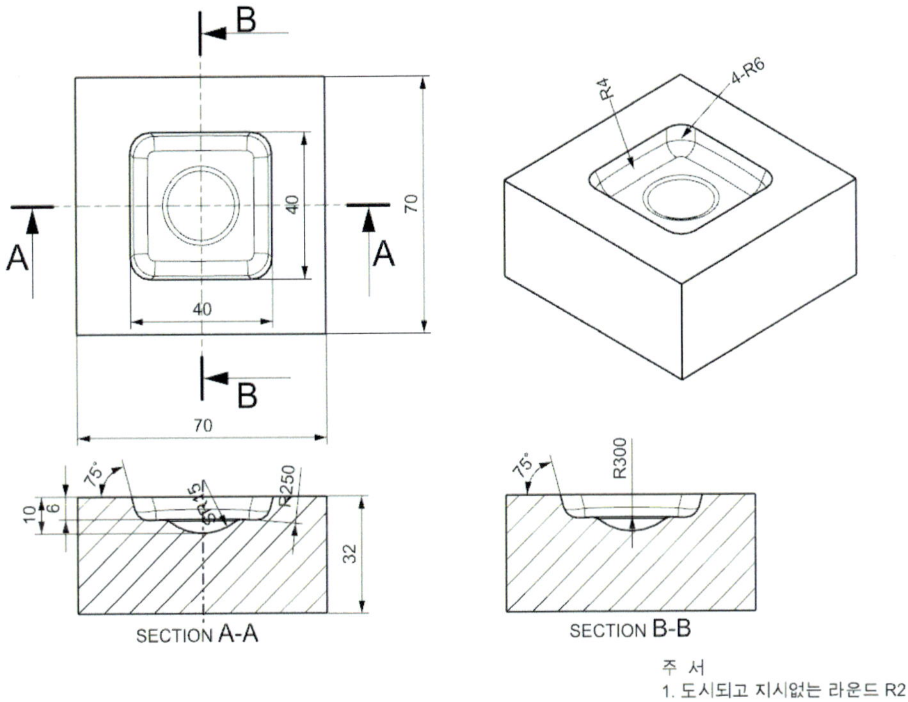

1 화면에서 NX 를 실행하면 모델링을 하기 위한 화면으로 변환된다.

2 좌측 상단의 새로 만들기 아이콘을 클릭한다.

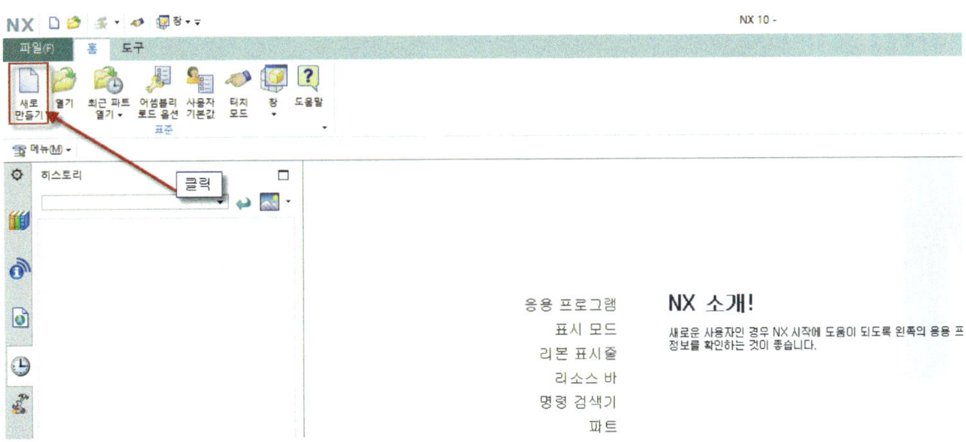

3 새로 만들기 창에서 이름을 확인한다. 저장될 장소 및 파일 이름을 아래 그림과 같이 설정하고 확인을 클릭한다.

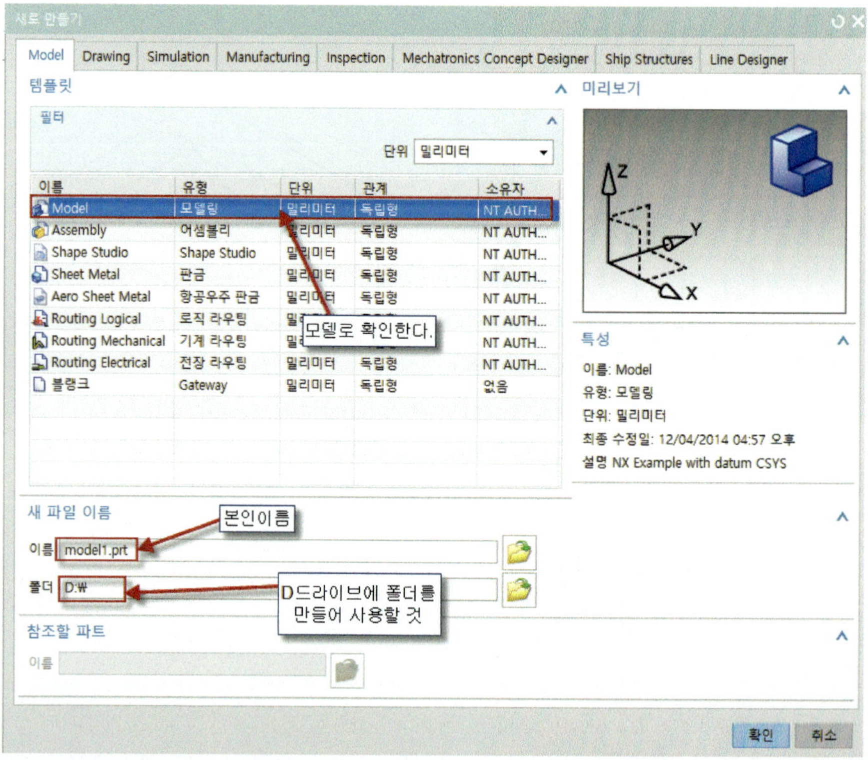

4 2D 스케치 창이 활성화되면 스케치를 하기 위하여 좌측 상단의 스케치 아이콘을 클릭한다.

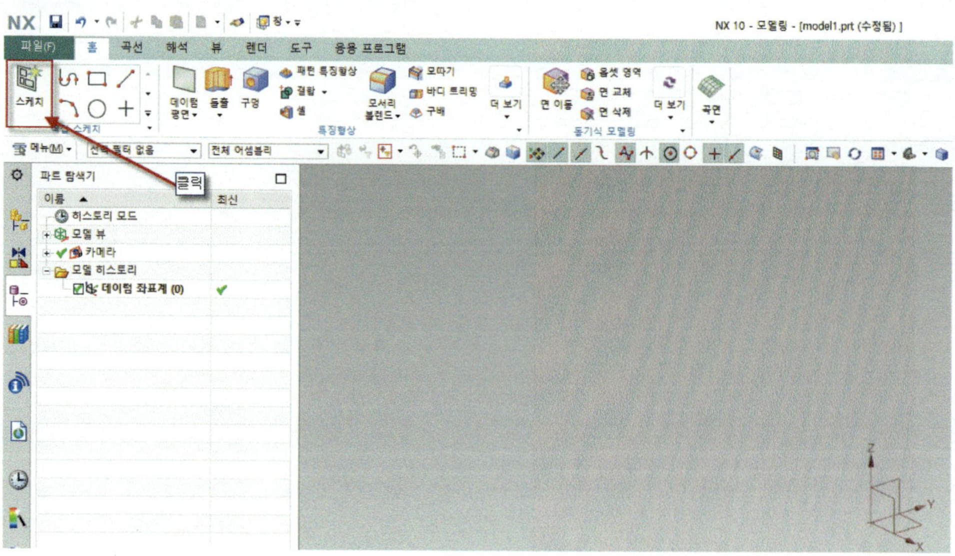

5 스케치 생성 창이 활성화되면 평면 방법에서 기존 평면으로 변경해서 사용하면 데이텀 평면이 나타나지 않아 쉽게 스케치 준비를 할 수 있다.

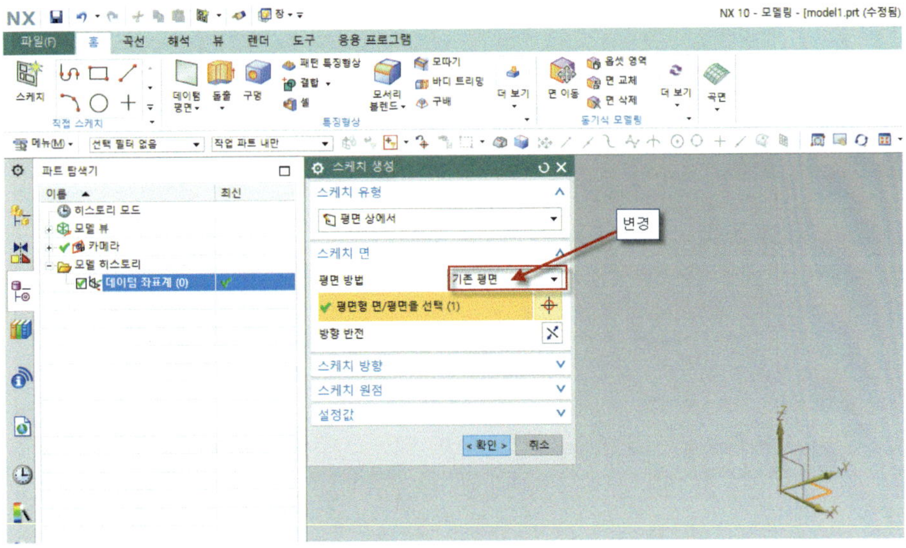

6 스케치 생성 창에서 확인을 클릭하면 2D 창으로 변환된다.

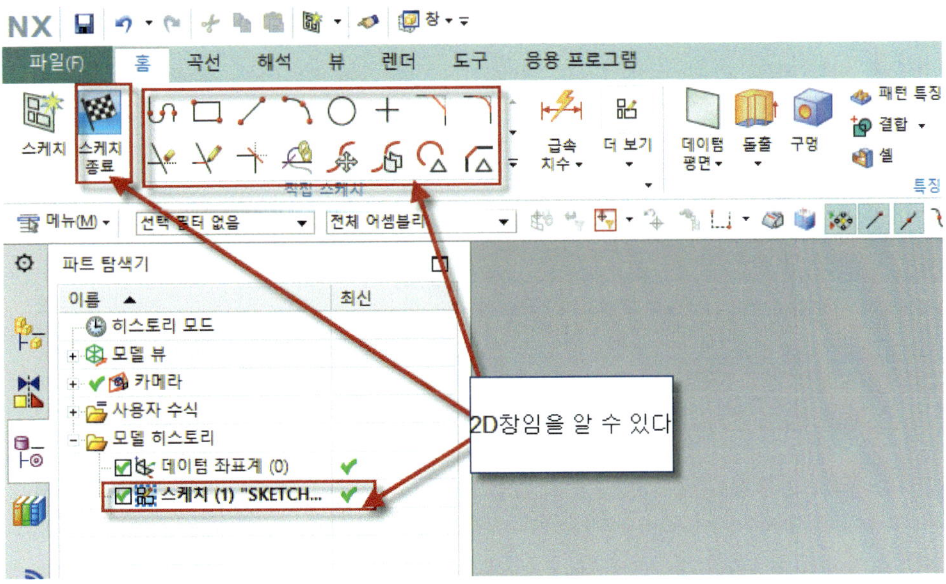

7 먼저 메뉴 바에서 홈으로 되어 있을 것이다. 여기서 직사각형을 선택하면 직사각형 3가지 방법으로 나타나지만 여기서는 대각선 방향이 좋은 방법이므로 1번 방법으로 스케치를 하면 된다.

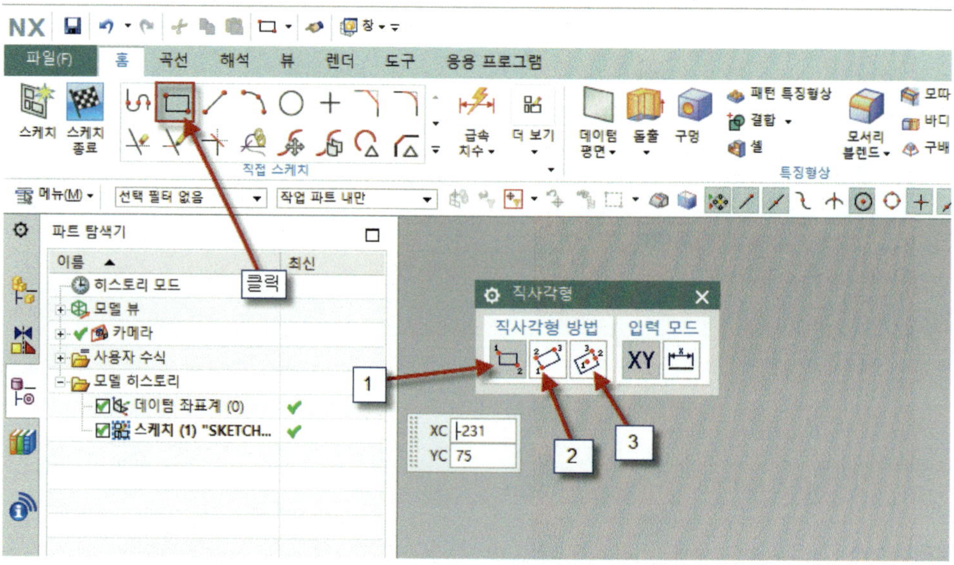

8 X-Y평면상에서 X0. Y0에 ①은 X, Y교차점에 형상교차로 구속되며, ②는 X, Y교차점에 정확성을 나타내며, ③은 현재 위치가 X0, Y0임을 표현하고 있다.

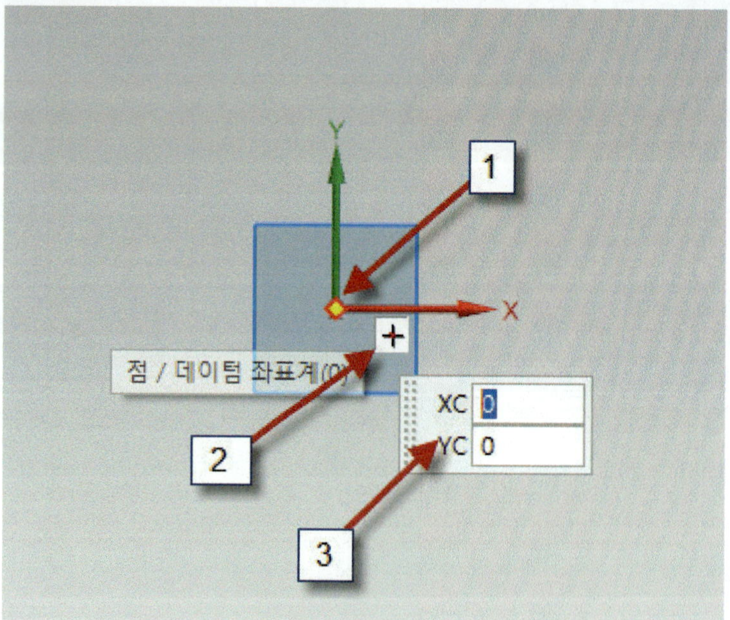

9 ①을 마우스로 클릭한 후 드래그하지 말고 마우스 버튼을 놓고 대각선으로 ②를 클릭하면 4각형의 스케치가 완료된다.

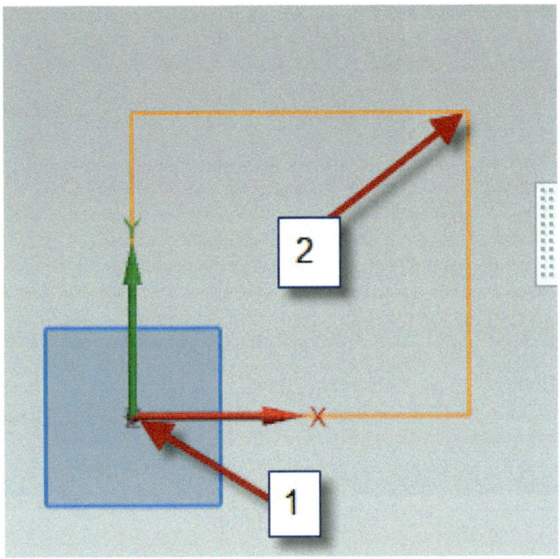

10 ①의 급속 치수 아이콘을 클릭하고 ② X방향 선을 선택 후 70으로, ③ Y방향 선을 선택 후 70으로 수정해 준다.

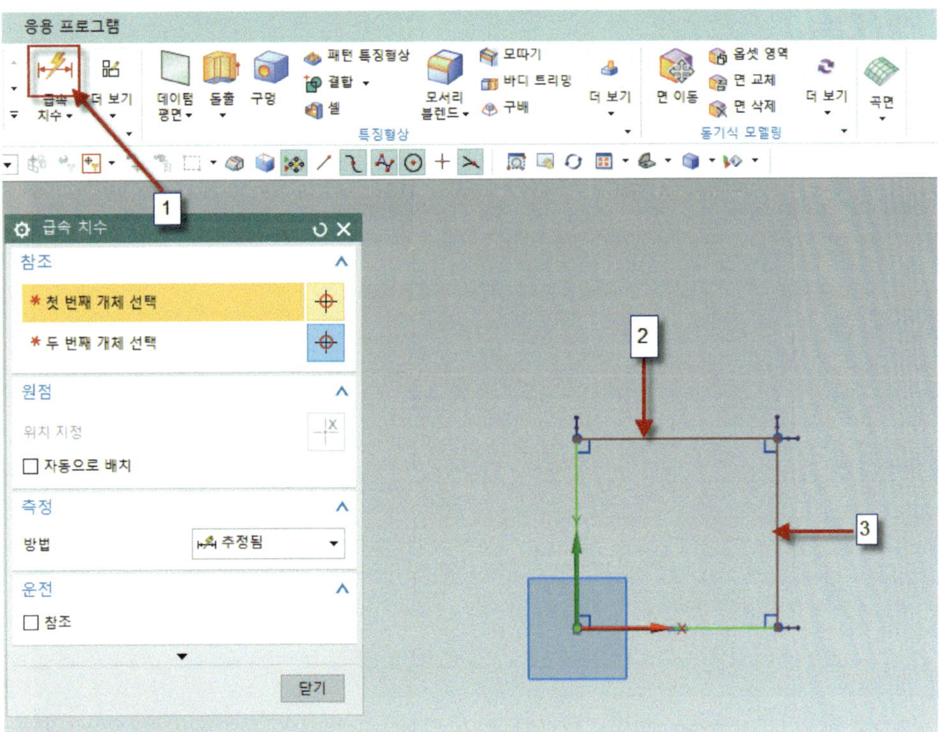

11 아래 그림처럼 정사각형의 치수 구속이 완성되었다.

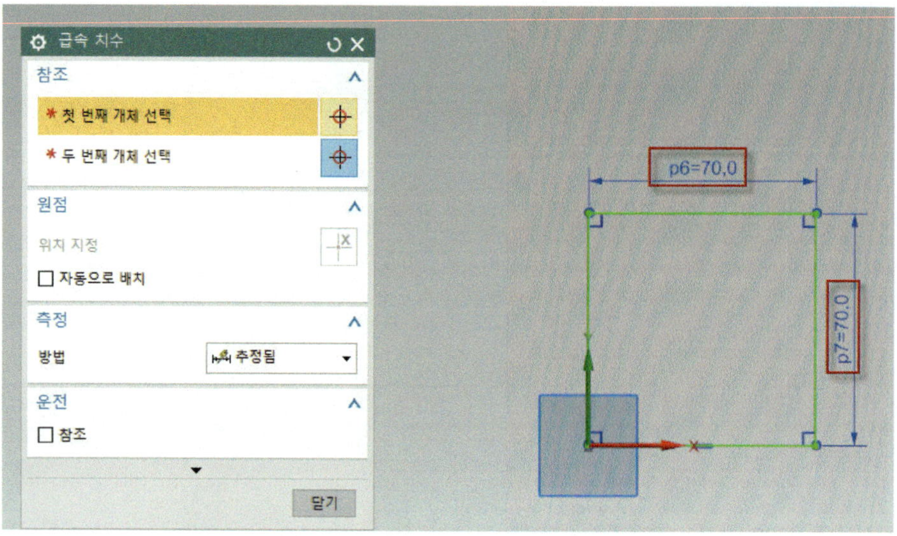

12 화면 왼쪽 위의 스케치 종료  아이콘을 클릭하면 3차원 창으로 이동된다.

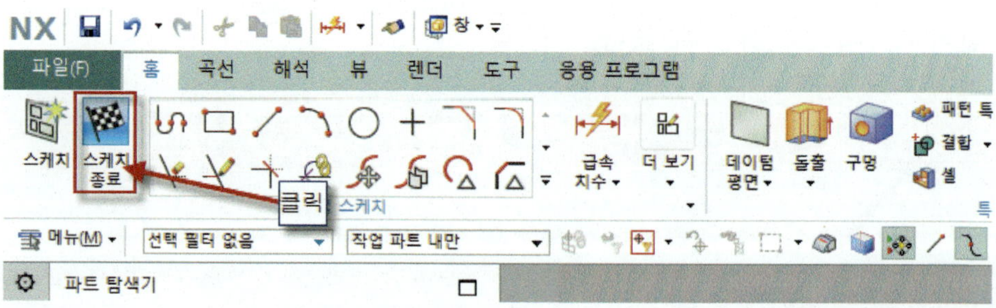

MEMO

13 솔리드로 돌출하고자 한다면, X-Y평면에서 스케치를 하였기에 ① Z방향이 보이도록 마우스 휠을 누르고 Z방향이 위로 가도록 하면 ② 커브가 X-Y 평면상에 스케치되어 있을 알 수 있다.

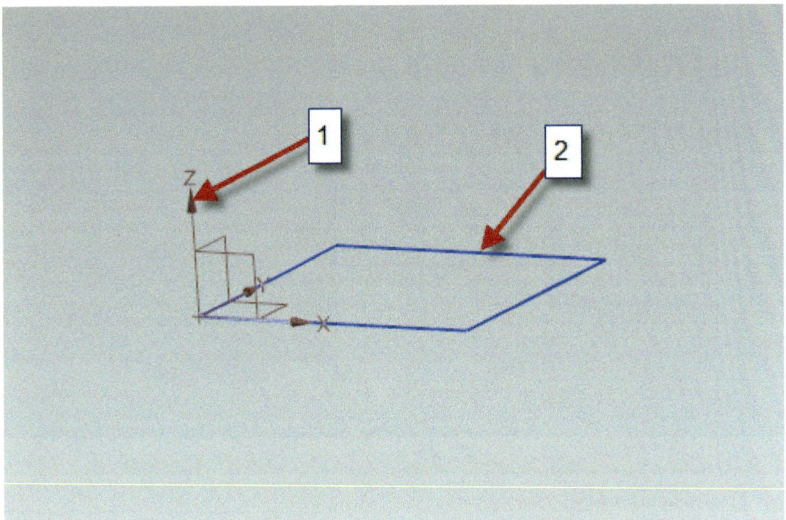

14 ① **돌출** 아이콘을 클릭한 후 ② 추정 곡선으로 되어 있으면 **연결된 곡선**으로 바꾸면 커브가 연결되어 있는 것만 선택되므로 아주 중요하다. ③ **스케치한 곡선**을 선택하고, ④ **벡터 방향**으로 현재 -Z방향으로 해야 하기 때문에 -ZC로 변경한 후 ⑤ **시작 거리** 값을 0으로 한 다음 ⑥ **거리** 값을 32로 입력한 후 커브를 선택한다.

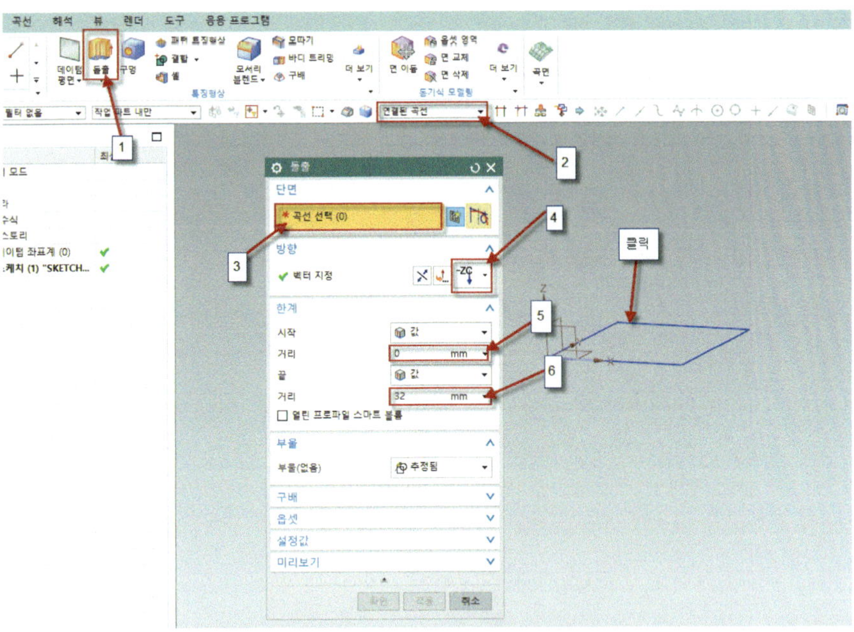

⑮ 아래 그림처럼 -Z벡터로 32mm로 Solid가 생성됨을 알 수 있다. 돌출 창의 확인을 클릭한다.

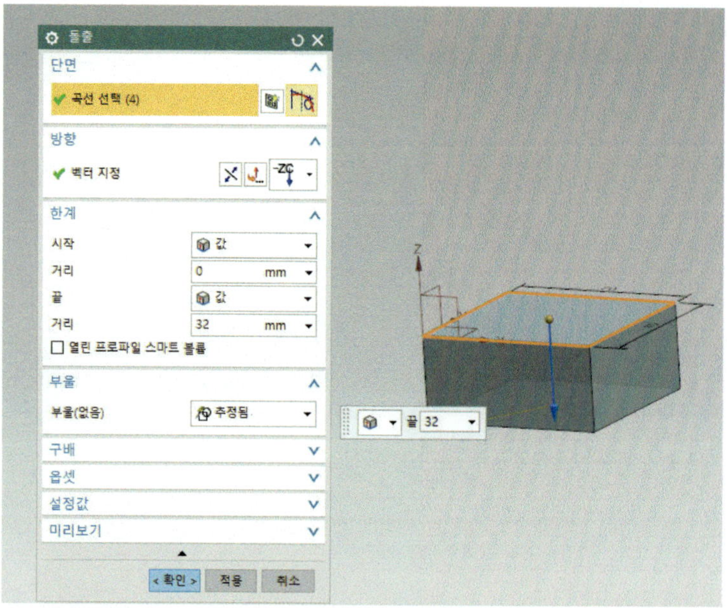

⑯ 6면체의 Solid가 생성된다.

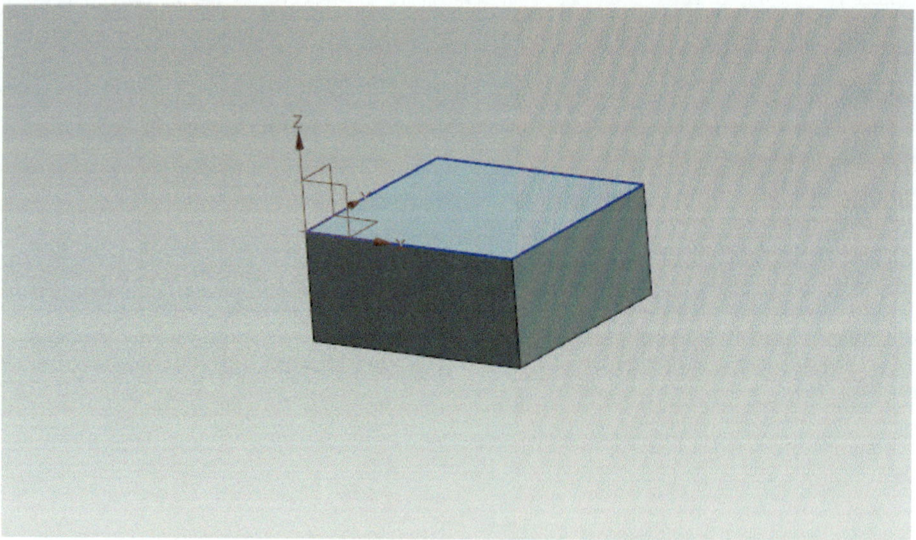

17 Z0인 평면상에 스케치를 하고자 한다. ① **스케치** 아이콘을 클릭하고 **스케치 유형**과 **평면방법**을 확인하여 **모델링 상면**을 클릭한 후 **확인**을 클릭한다.

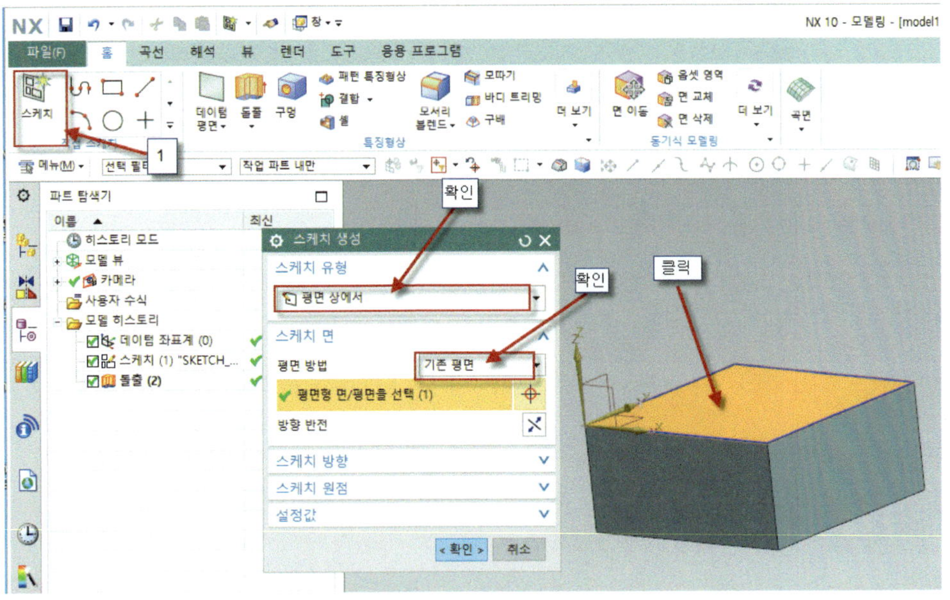

18 평면상에 수평선과 수직선을 형상 구속으로 스케치하고자 ① **선** 아이콘을 클릭 후 ② 가리키는 부분이 Y축 방향 거리가 70이지만 YC가 35가 맞는지 확인한 후 수평선과 수직선을 같은 방법으로 스케치하면 된다.

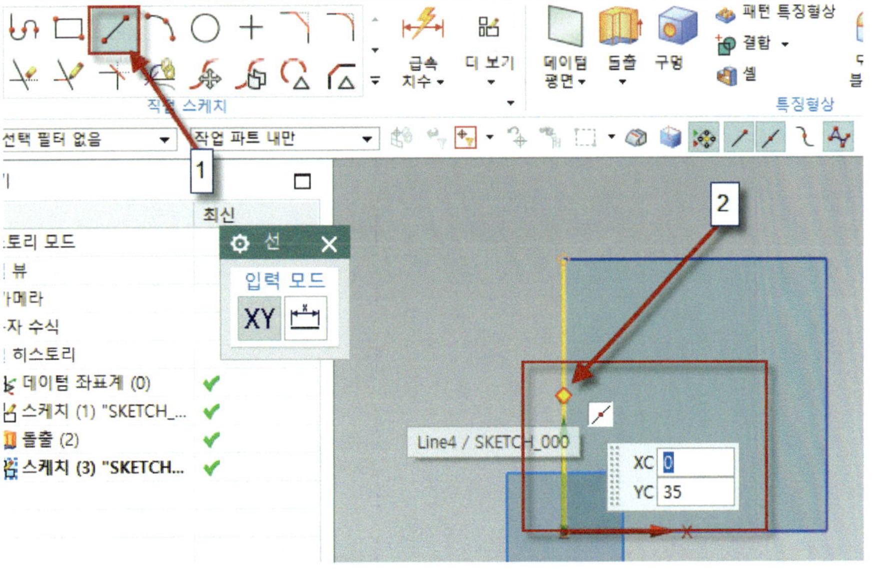

⑲ 아래 그림과 같이 스케치가 완료되었음을 알 수 있다.

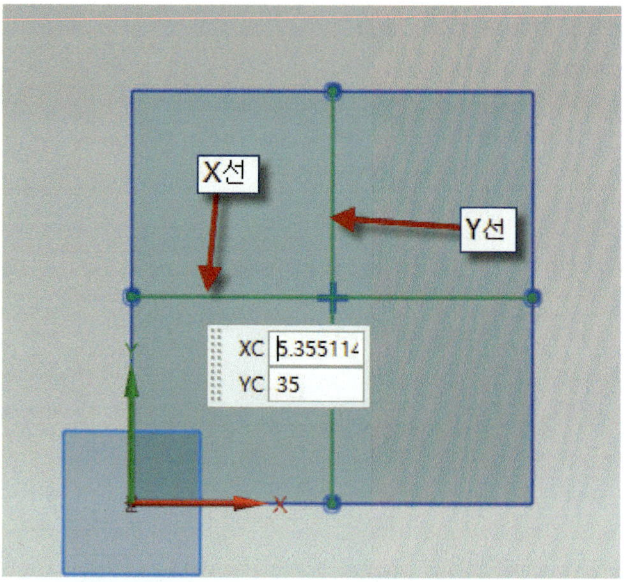

⑳ 화면 좌측 상단의 **스케치 종료** 스케치 종료 아이콘을 클릭한다. 스케치 종료를 하는 이유는 본 객체의 중심을 참고로 스케치하기 위함이며, 스케치 창을 별도로 관리하는 것은 초보자로서 유용하리라 본다.

위의 그림과 아래의 그림에서 선의 색깔이 다르다. 이는 스케치 창과 3차원 창의 차이이기 때문인데, 3차원 창은 수정할 수 없다.

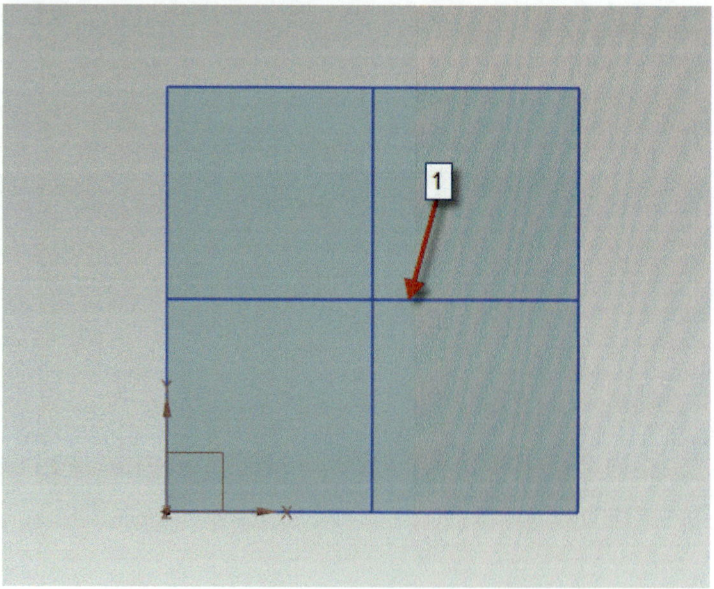

21 아래 그림처럼 ① 스케치 아이콘을 클릭하고 ② 평면을 선택한 후 ③ 확인을 클릭하면 새로운 스케치 창이 활성화된다.

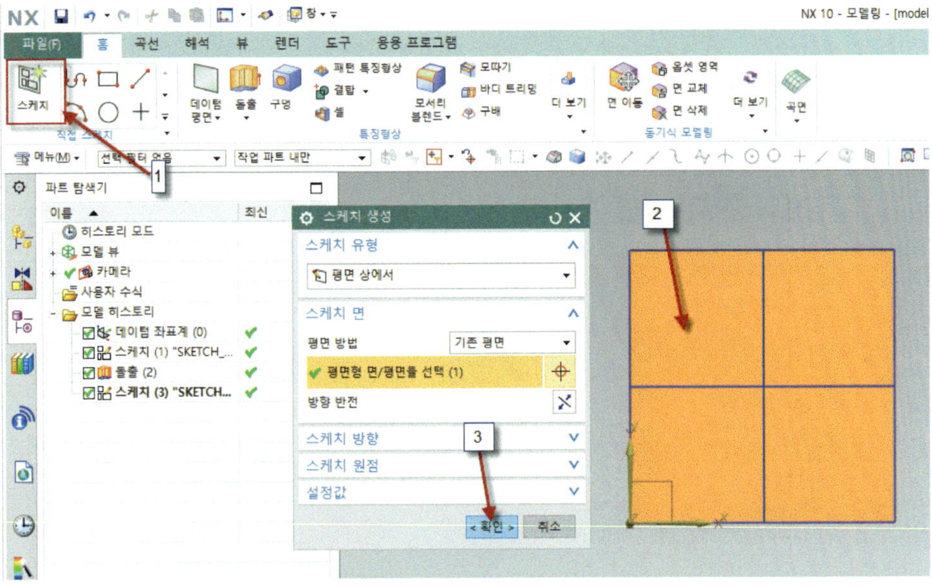

22 스케치 창에서 직사각형 아이콘을 클릭한 후 ①을 클릭한 후 대각선으로 ②를 클릭하면 직사각형이 스케치된다.

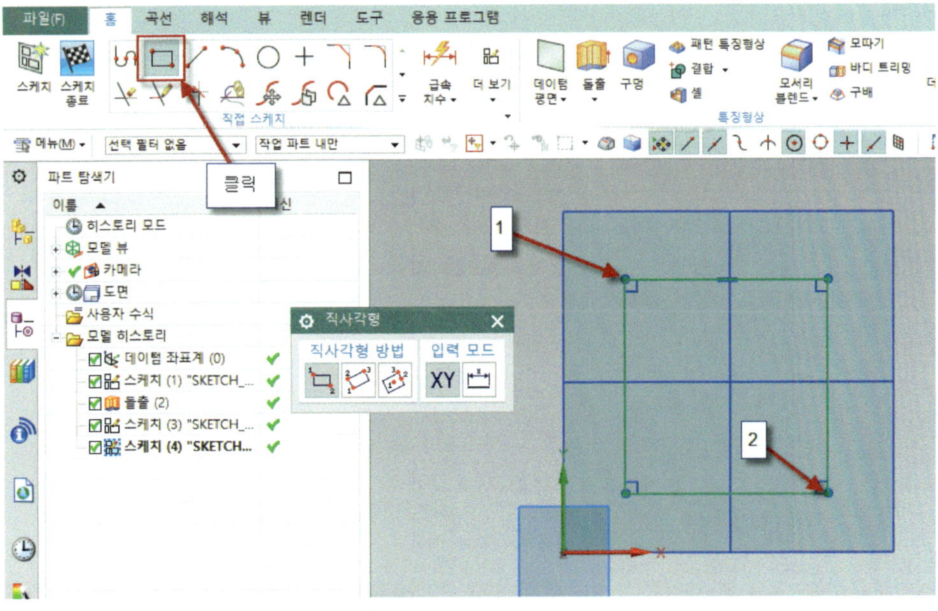

23 **급속 치수**를 클릭한 후 수평선과 수직선을 중심을 기준으로 치수 구속을 완성시켜 준다.

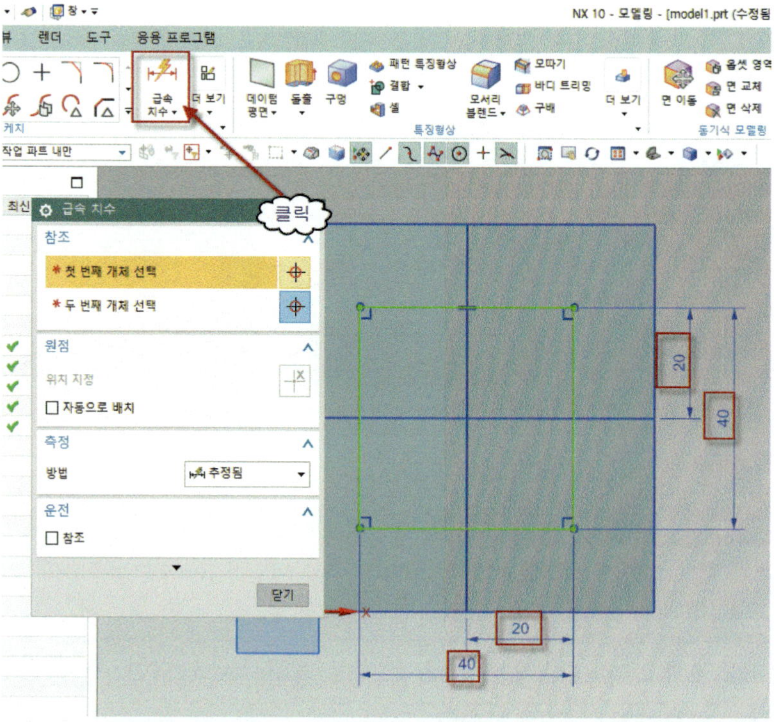

24 정사각형의 스케치 치수 구속도 마무리되어 **스케치 종료**를 클릭한 후 3차원 창으로 활성화시킨다.

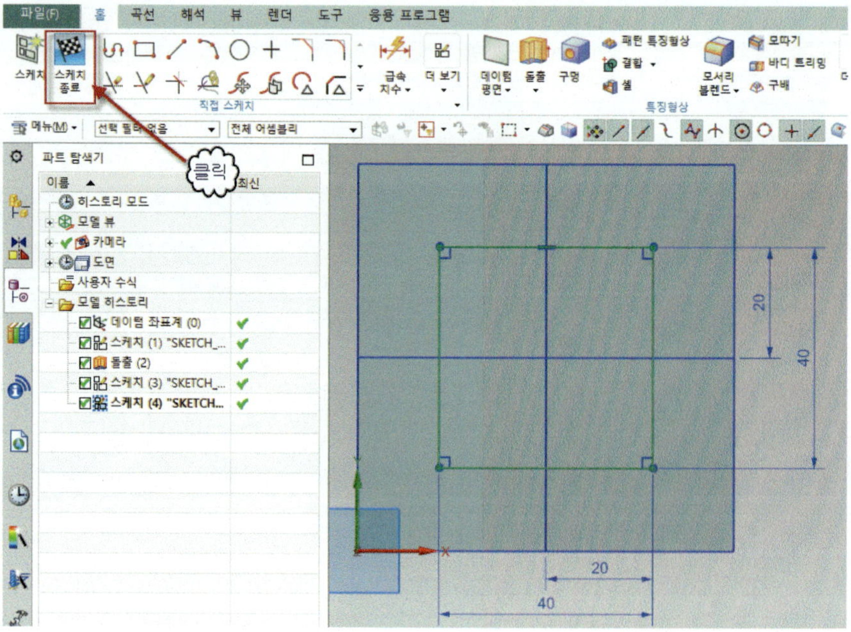

25 돌출 아이콘을 클릭한 후 ①을 **연결된 곡선**으로, ②는 -ZC로 변환하고 ③ 거리는 대략 20~25 정도 한 다음 ④ 커브를 클릭한다.

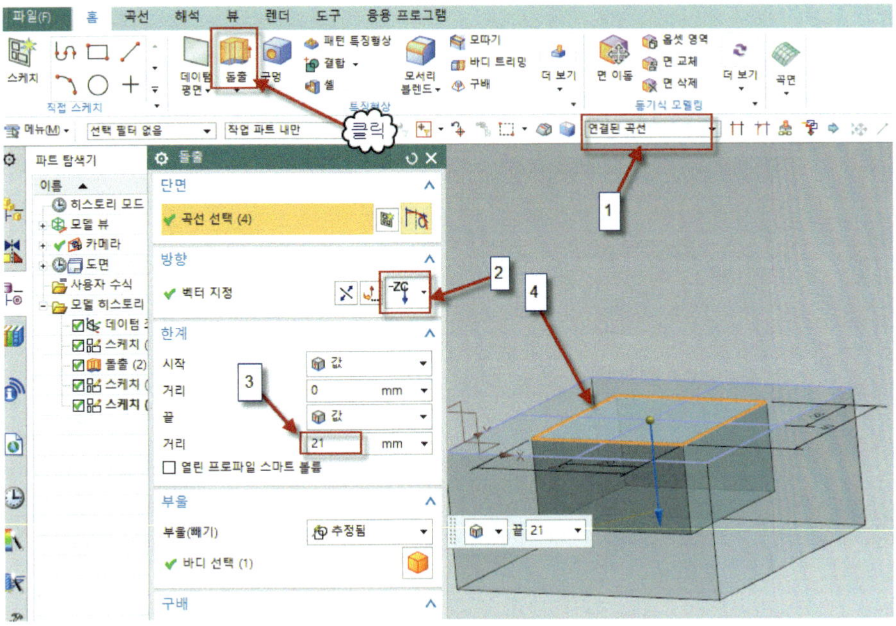

26 내부에 각도가 75도로 되어 있으므로 구배 값은 **시작 한계로부터**, 15도로, 부울은 **없음**으로 수정한 후 확인을 클릭한다.

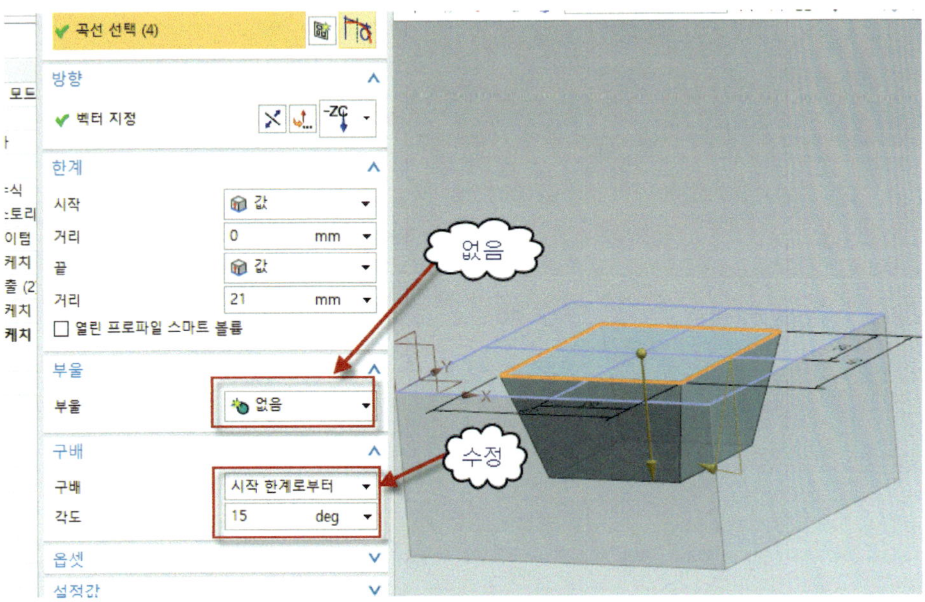

27 데이텀 평면 아이콘을 클릭한 후 유형에는 **이동분선**으로 수정하고 X-Z평면 앞을 클릭 후 뒷면을 클릭하면 데이텀 평면이 소재의 중간에 생성되면 확인을 클릭한다.

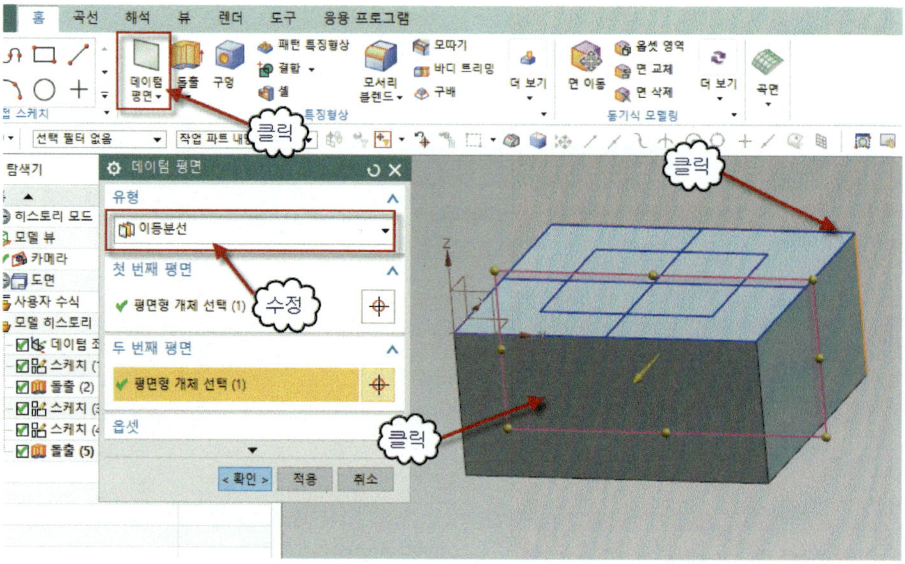

28 스케치 아이콘을 클릭한 후 방금 만들어 놓은 데이텀 평면을 클릭한다.

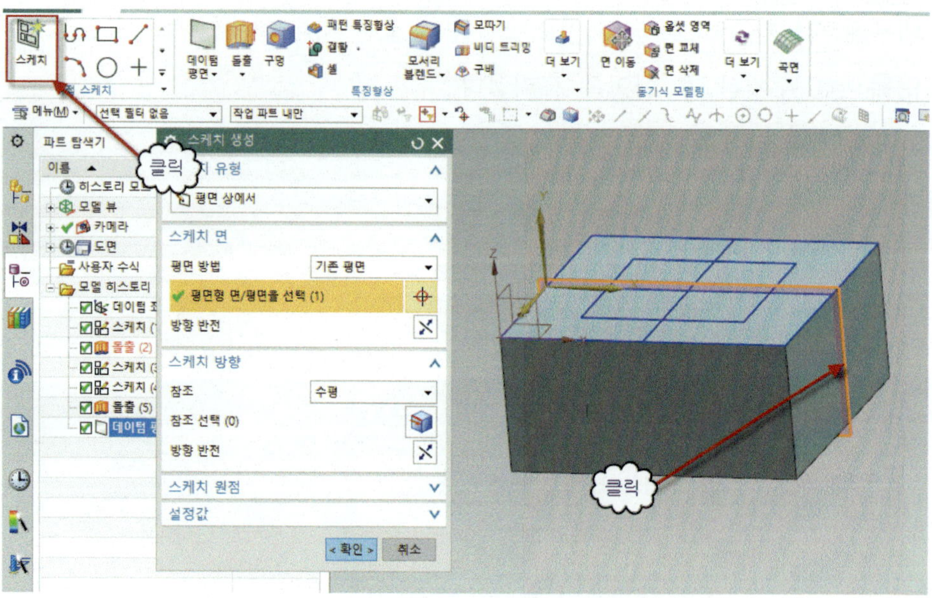

29 제품의 중심점을 찾기 위하여 선 아이콘을 클릭한 후 제품의 밑 부위 모서리에서 움직이면 노란 선으로 나타나면서 중심점이 보인다.

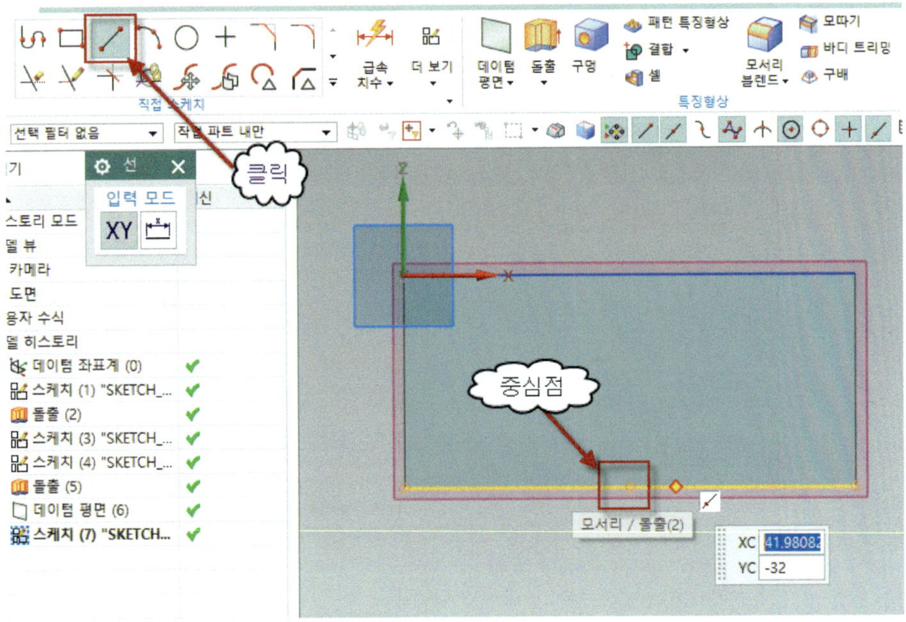

30 제품의 중심에 임의의 선을 스케치한다.

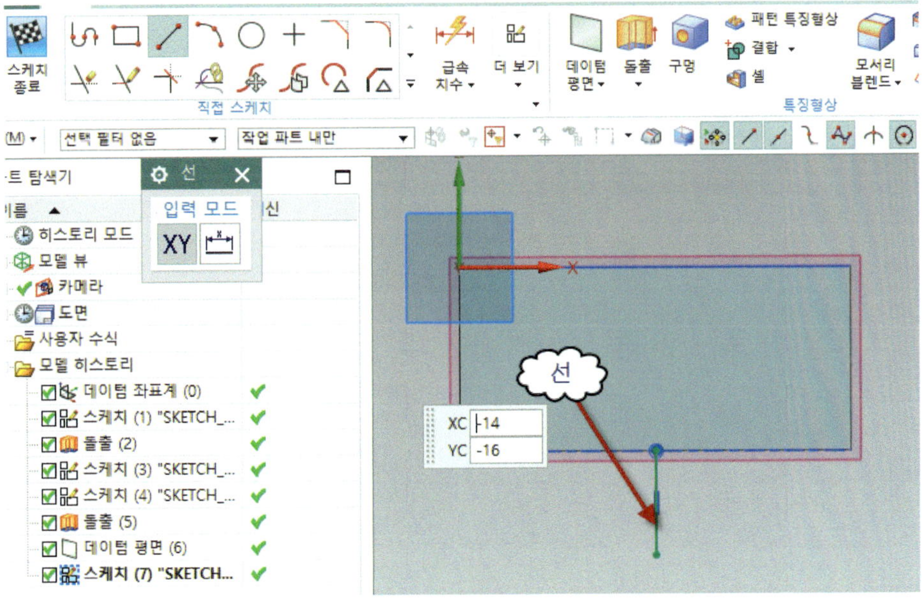

31 **원호** 아이콘을 클릭한 후 왼쪽 공간에 클릭한 다음 오른쪽으로 클릭한 후 임의에 원호를 스케치한다.

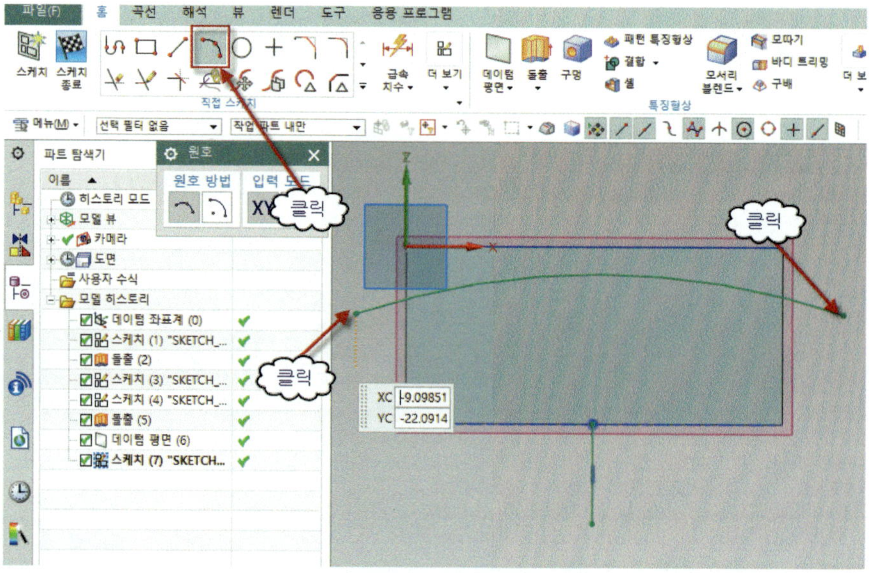

32 **급속 치수** 아이콘을 클릭한 후 원호는 3곳의 구속이 성립되어야 하므로 아래 그림과 같이 3곳에 치수 구속을 준다.

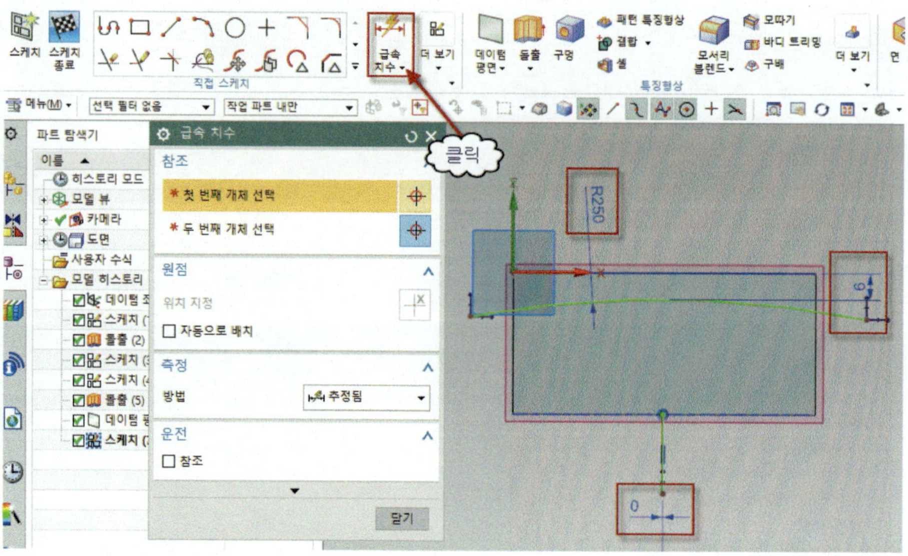

33 스케치 종료 창에서 3D 창으로 이동한다.

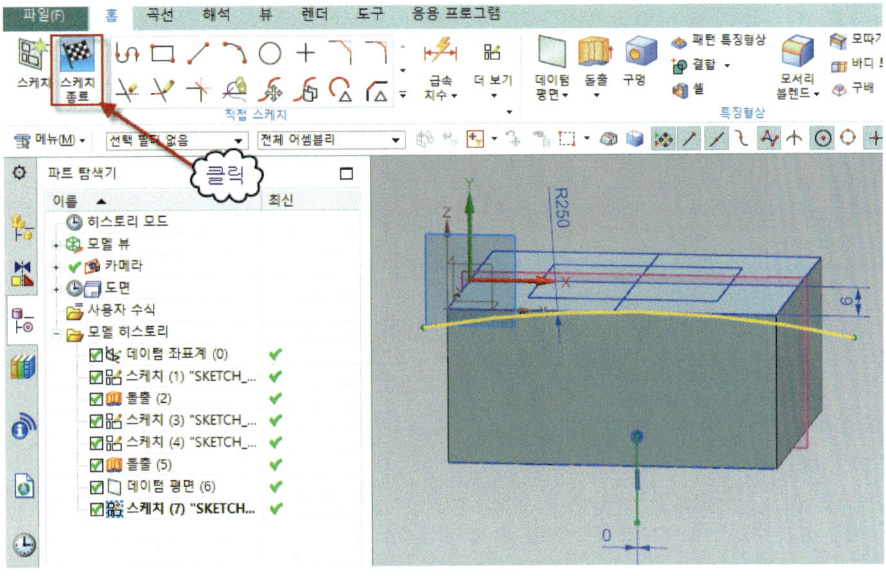

34 본체 위에서 마우스 우클릭을 한 다음 **숨기기**를 클릭한다(내부를 보고자 하기 위함).

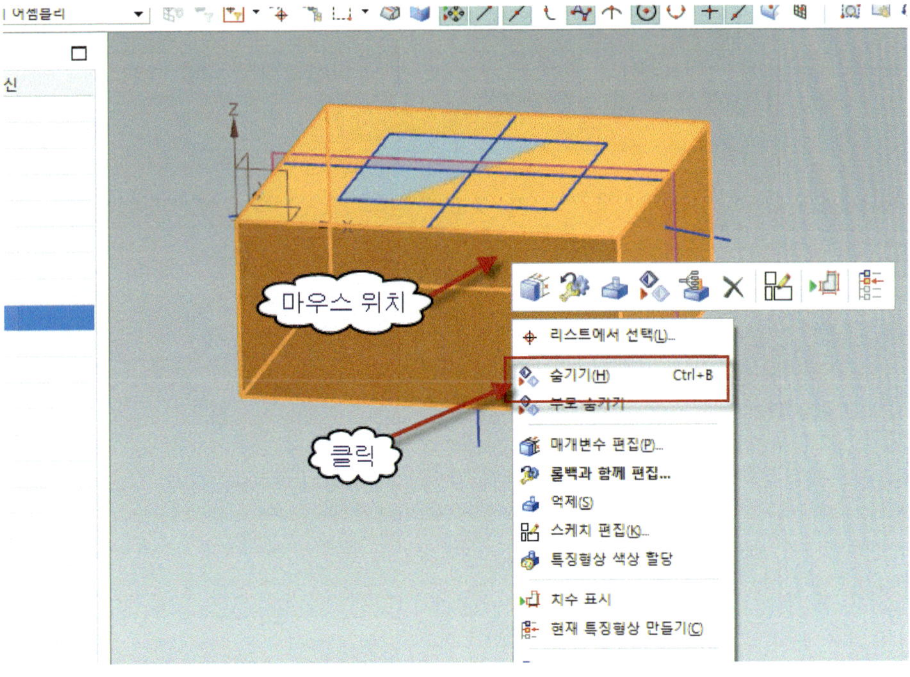

35 내부가 보이면서 X-Z평면에서 원호를 스케치한 커브가 잘 보인다.

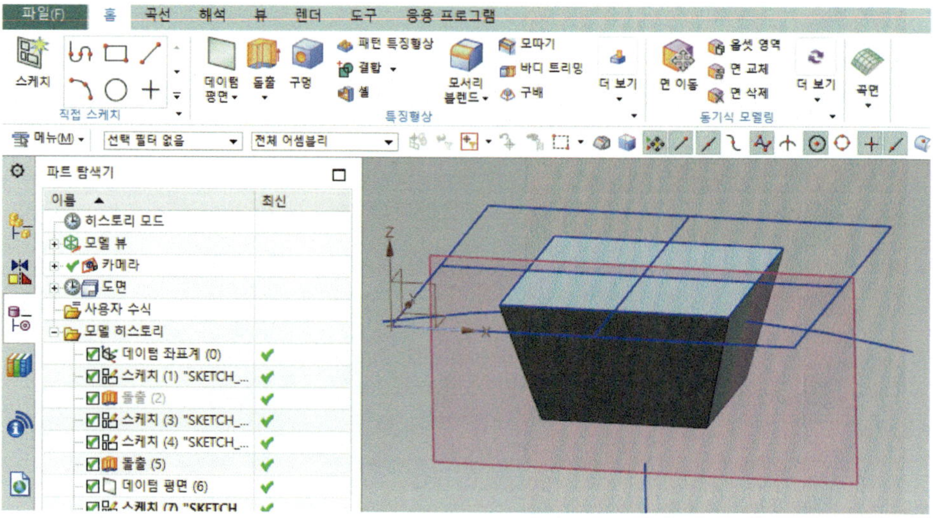

36 데이텀 평면 아이콘을 클릭한 후 유형을 **곡선 및 점**으로 변환해 주고 데이텀 평면을 클릭한다.

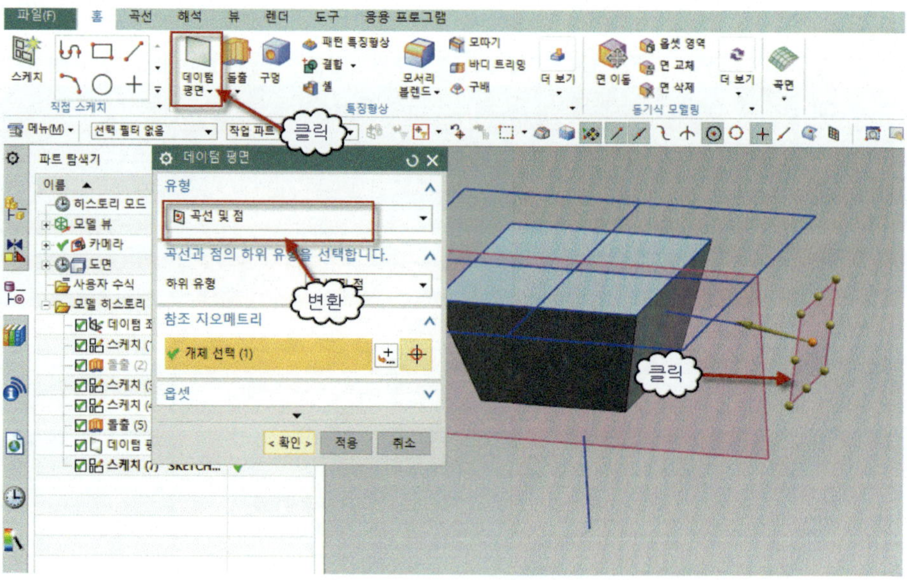

37 만들어 놓은 데이텀 평면의 방향이 안쪽으로 향하여 보는 방향이 바깥쪽으로 변환해 주어야 한다.

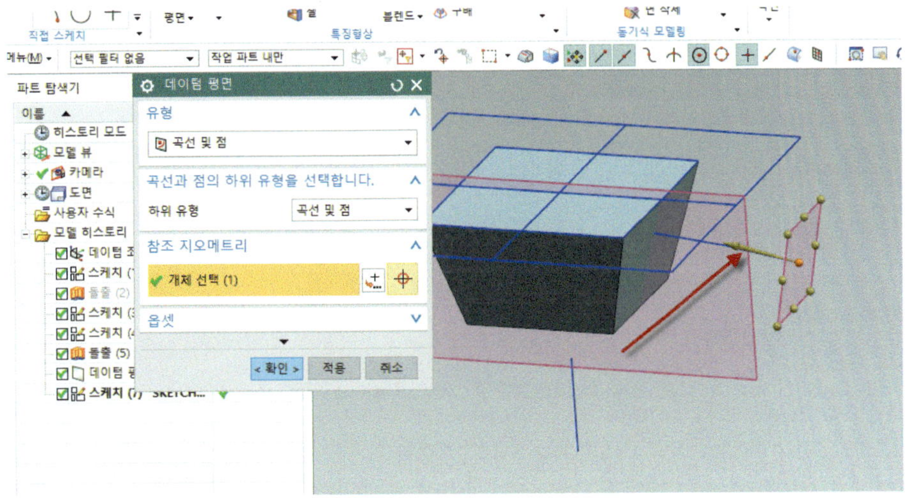

38 화살표를 더블 클릭하면 화살표의 방향이 바뀐다.

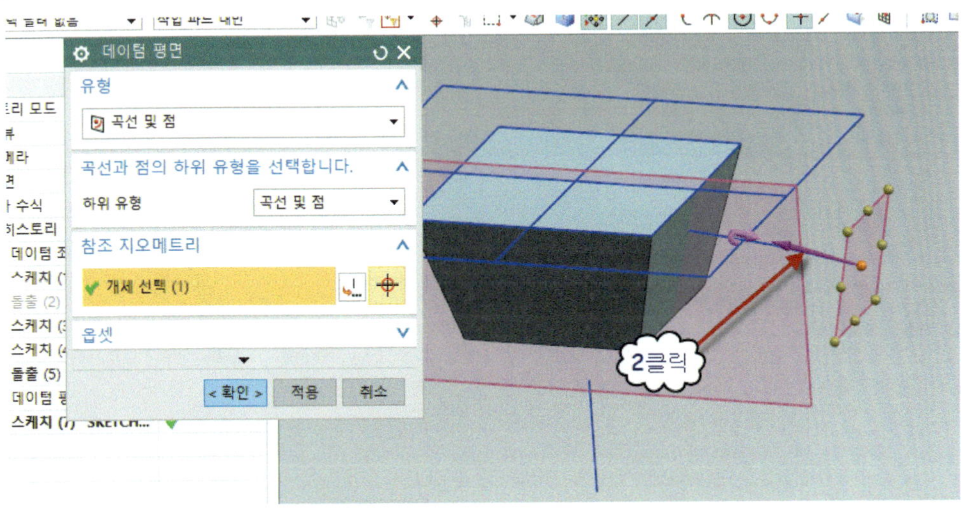

MEMO

39 화살표의 방향이 바뀌었는데, 이처럼 화살표가 스케치할 때 보는 방향으로 보면 이해하기 쉽다. 확인을 클릭한다.

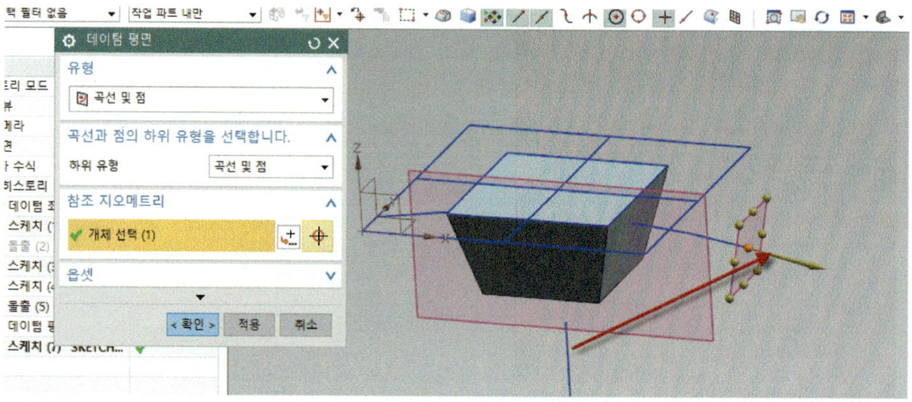

40 스케치 아이콘을 클릭한 후 데이텀 평면을 클릭하면 워크좌표 화살표가 생성된다. 현재 X가 Y방향으로 되어 있으므로 Z방향에서 볼 때 오른쪽으로 방향 반전을 해야 한다.

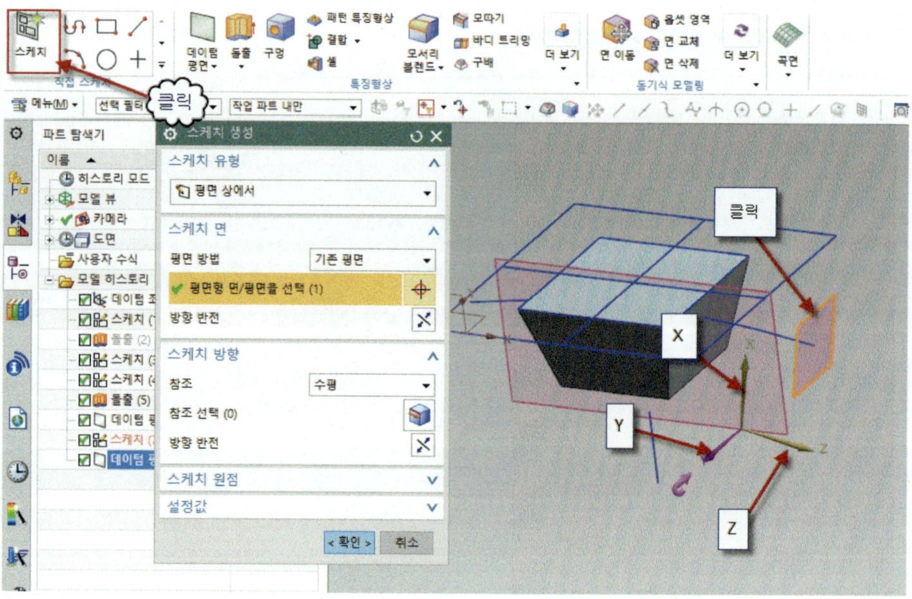

MEMO

41 스케치 방향에서 참조 선택을 클릭한 후 X좌표를 클릭한다.

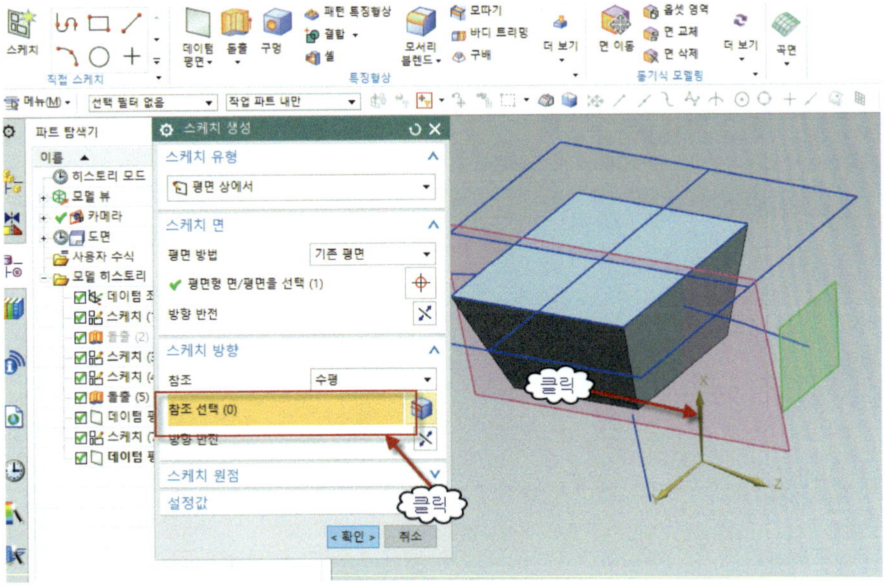

42 ① 본체 X방향 모서리를 클릭하면 ② X좌표가 변경된다. 확인을 클릭한다.

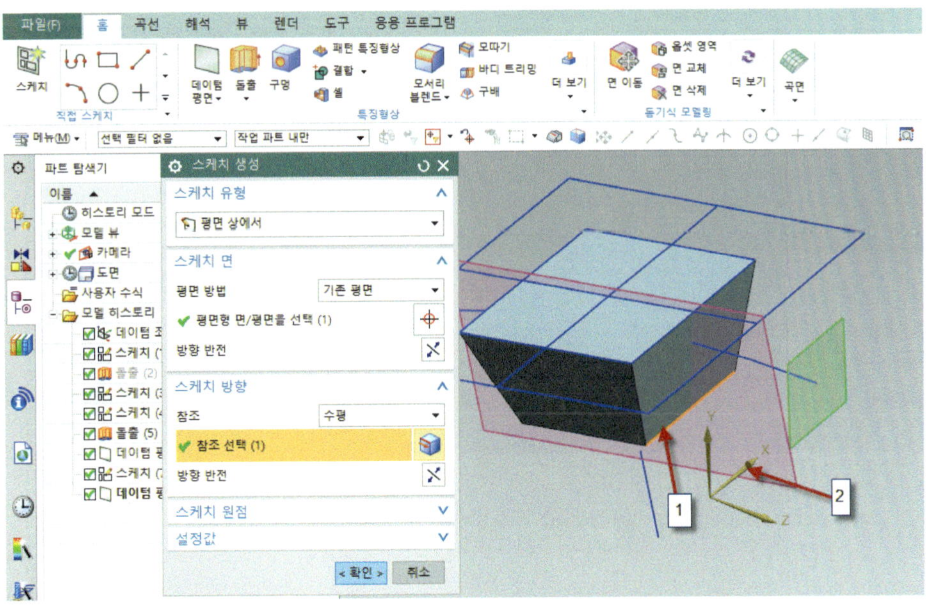

43 **원호** 아이콘을 클릭한 다음 **좌측 밑**을 클릭하고 X-Z에서 스케치한 끝점에 형상 구속을 주고 스케치한다.

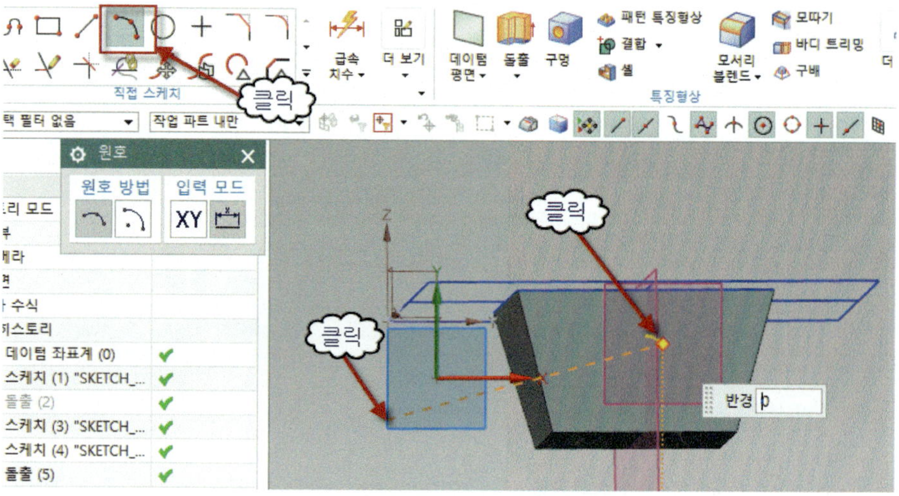

44 원호를 스케치 완성한다.

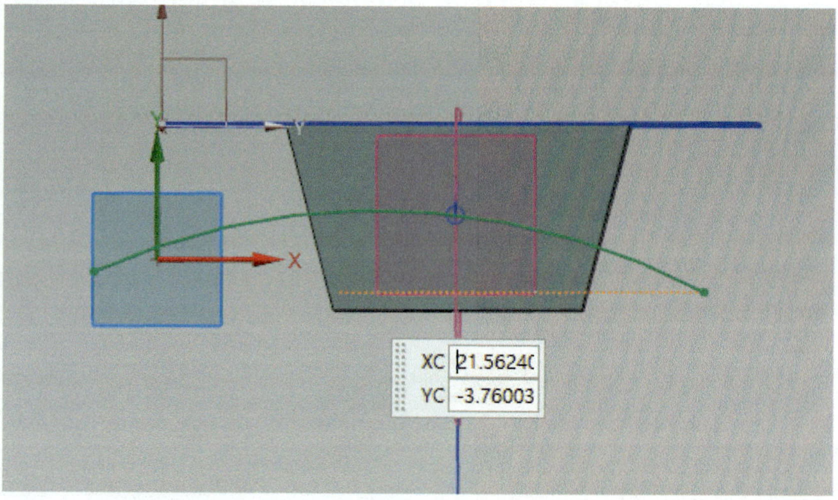

MEMO

45 급속 치수 아이콘을 클릭한 후 R값과 원의 중심을 데이텀 평면과 0으로 치수 구속을 주고 닫기를 클릭하면 된다.

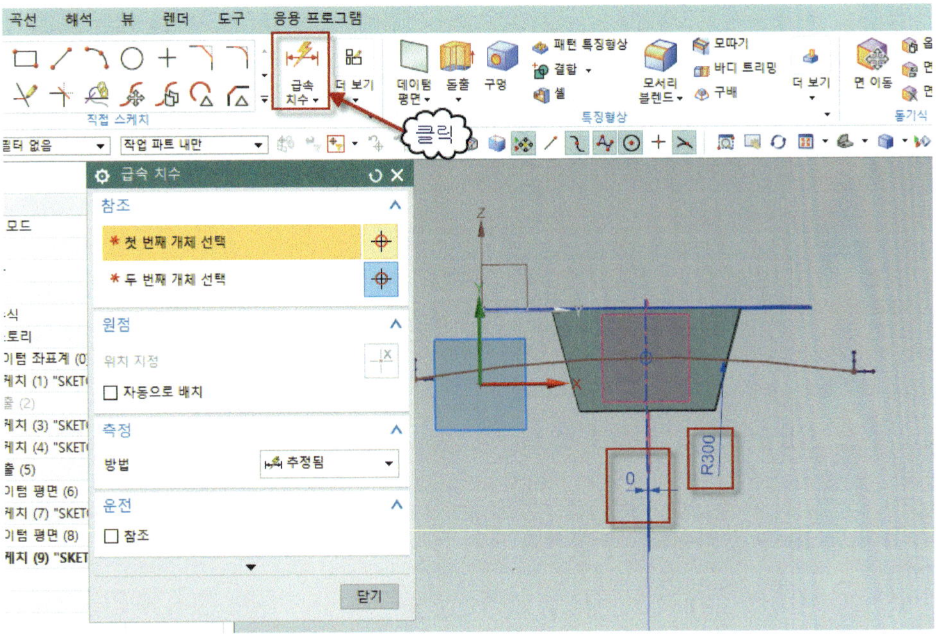

46 스케치 종료 아이콘을 클릭한다.

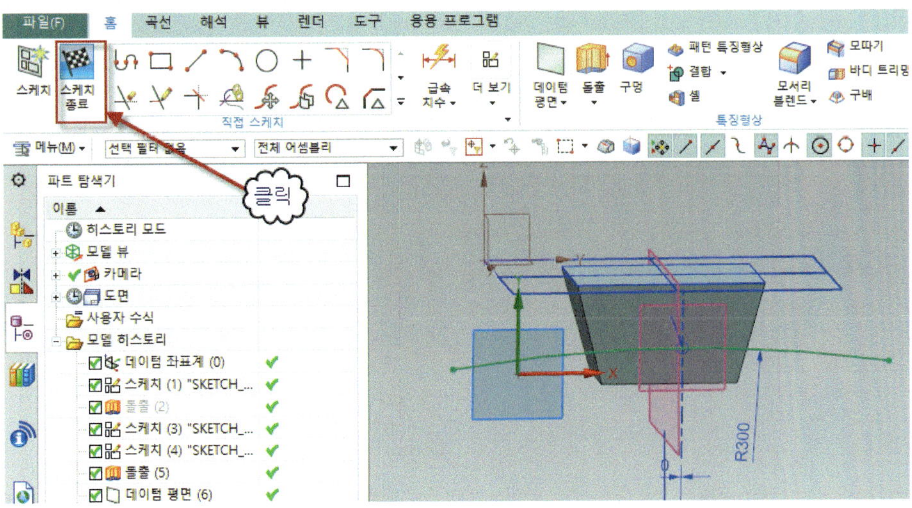

47 ① 곡면 아이콘을 클릭한다. ② 더 보기를 클릭하고 ③ 가이드를 따라 스위핑을 클릭한다.

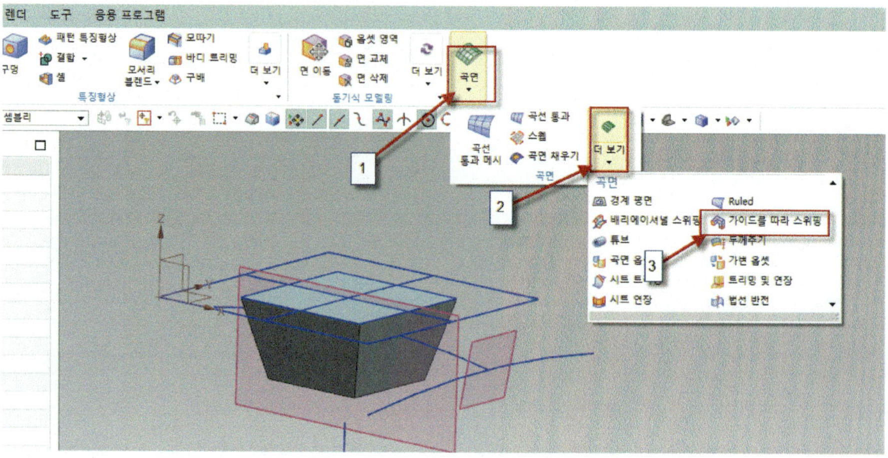

48 가이드를 따라 스위핑 창이 활성화되면 ① 곡선은 Y-Z커브를 선택하고 ② 가이드 곡선은 X-Z에서 스케치한 커브를 선택하면 서피스가 만들어진다. 확인을 클릭한다.

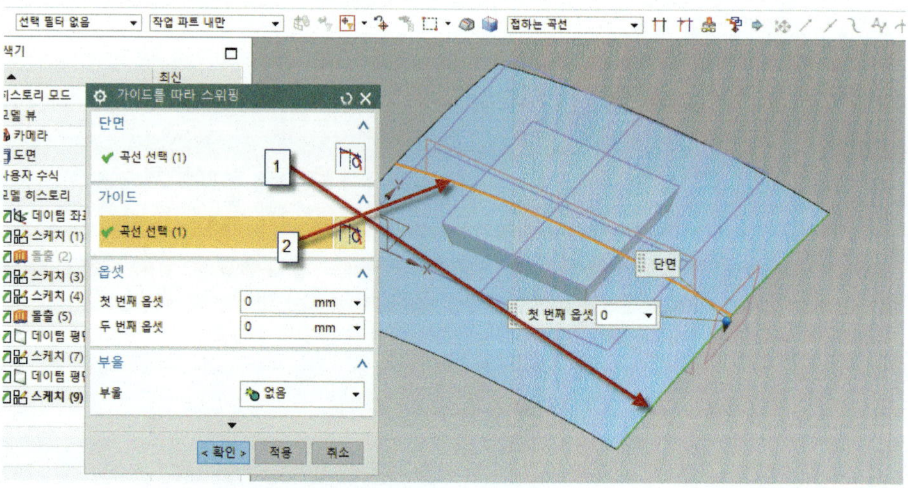

MEMO

49 바디 트리밍 아이콘을 선택하고 ① 타겟에서 바디는 솔리드 모델을 클릭하고 ② 툴 평면은 서피스를 선택하면 밑 부분이 트림됨을 알 수 있다. 확인을 클릭한다.

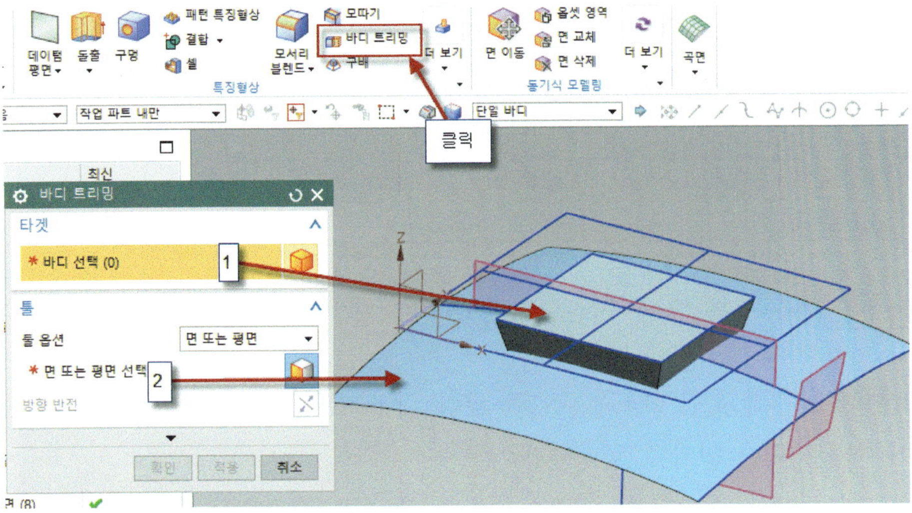

50 밑 부분이 트림되었다.

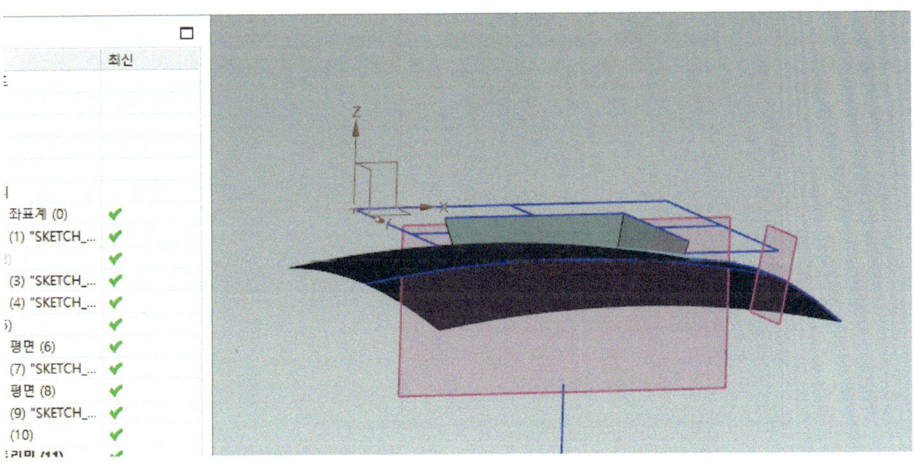

MEMO

51 솔리드 바디만을 남기고자 아래 그림처럼 하여 숨기기를 클릭한다.

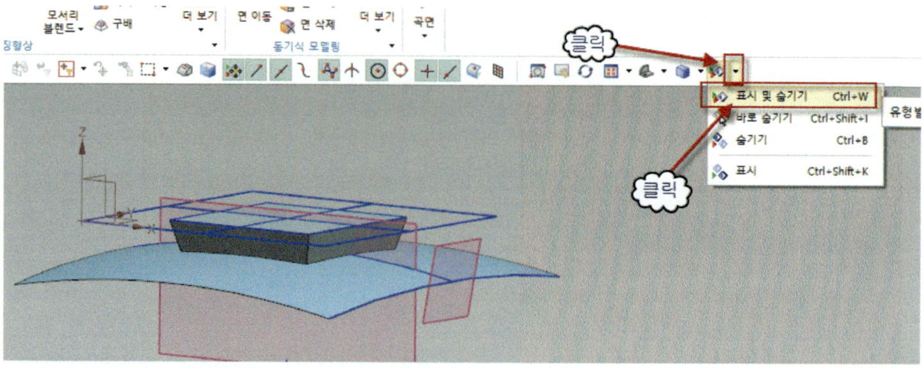

52 모두를 숨기기(-)하면 전체가 숨는데 솔리드 바디를 표시(+)로 클릭하면 모든 솔리드가 활성화되면 닫기를 클릭한다.

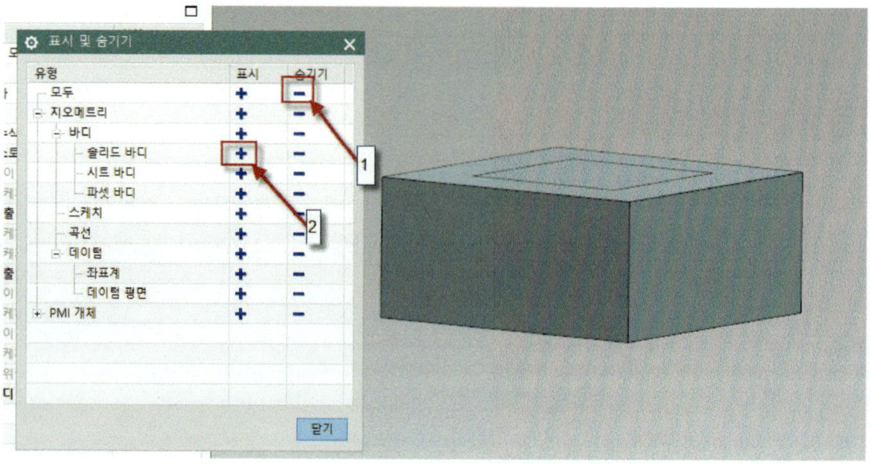

MEMO

53 빼기 아이콘을 클릭한 후 ① 타겟 바디 선택은 본체를 클릭하고 ② 공구 바디 선택은 빼고자 하는 내부 솔리드를 선택하면 된다.

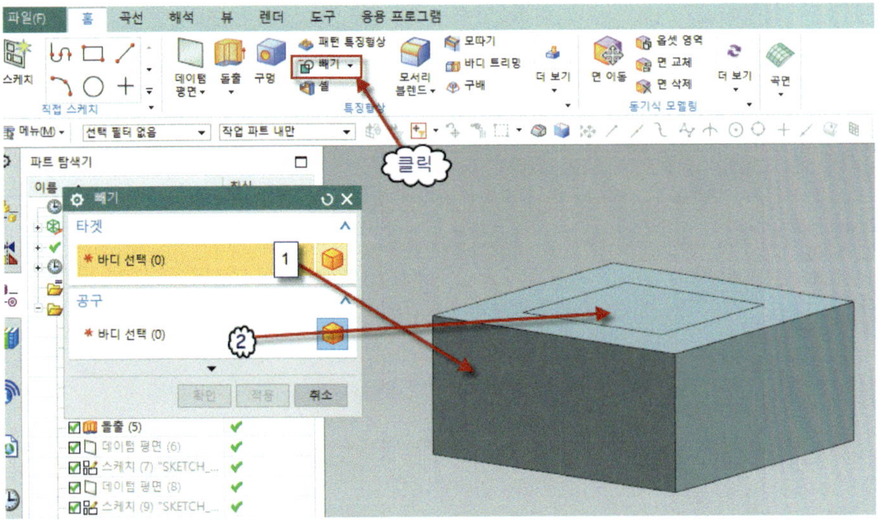

54 빼기가 정상적으로 잘 되었음을 알 수 있다. 확인을 클릭하면 된다.

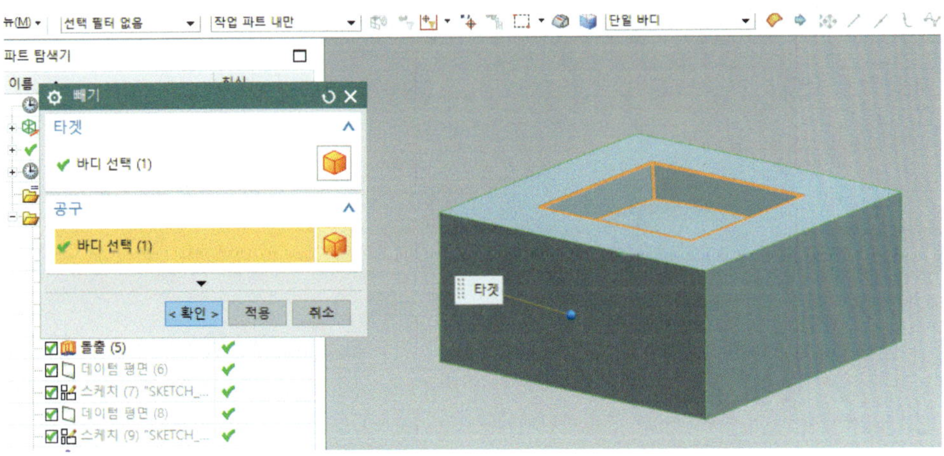

MEMO

55 SR15의 구를 만들기 위하여 번호 순서대로 클릭한다.

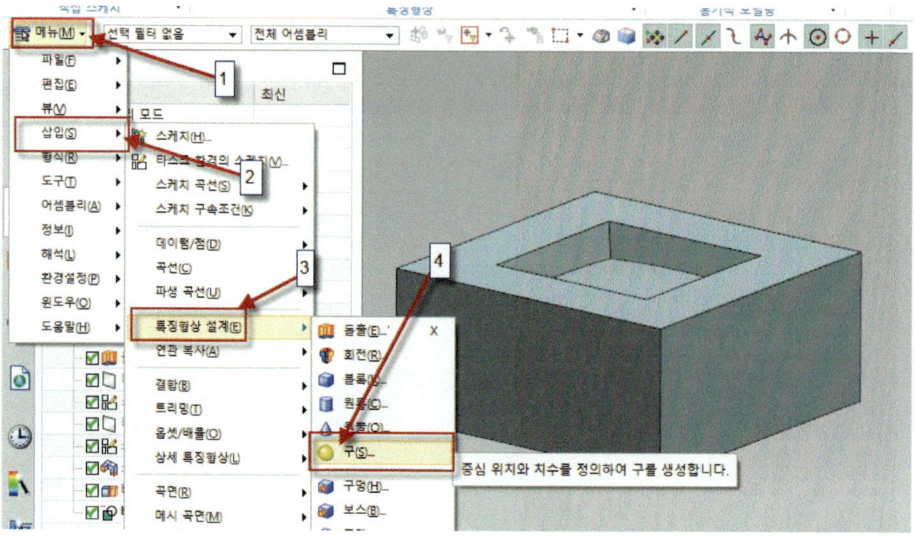

56 직경을 30으로 수정한다.

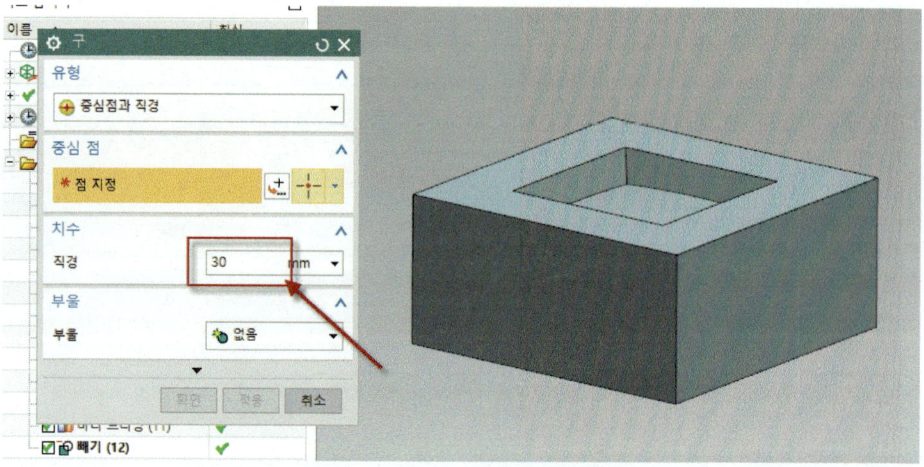

MEMO

57 점 다이얼로그 아이콘을 클릭한다.

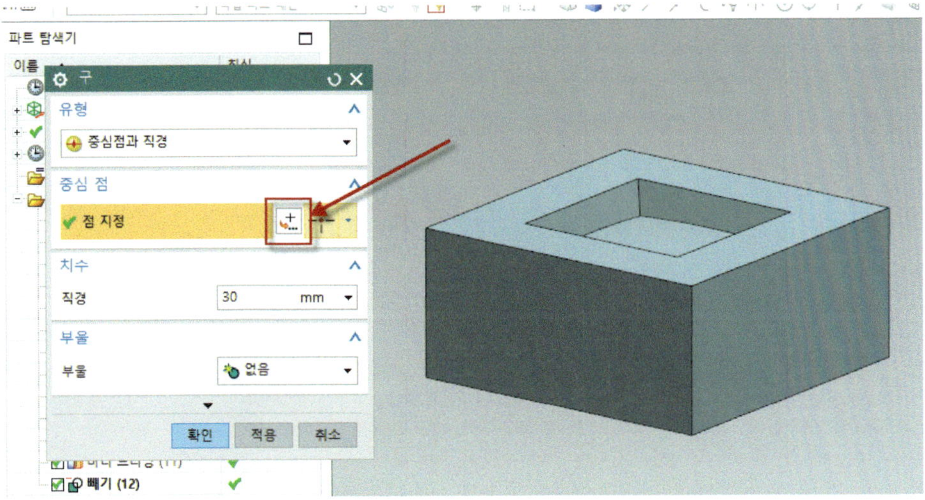

58 X값은 35, Y값은 35, Z값은 10으로 입력한 후 확인, 확인을 클릭한다.

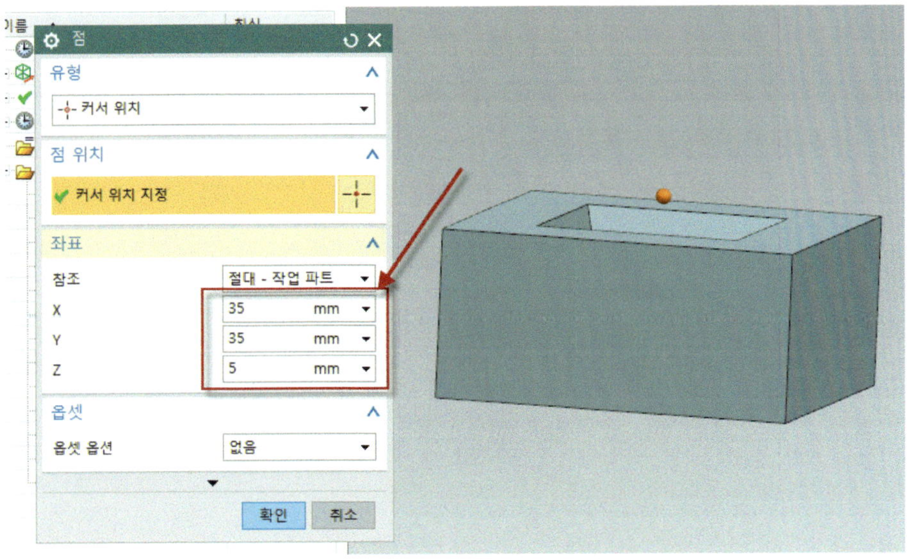

MEMO

59 SR15인 구가 생성된다.

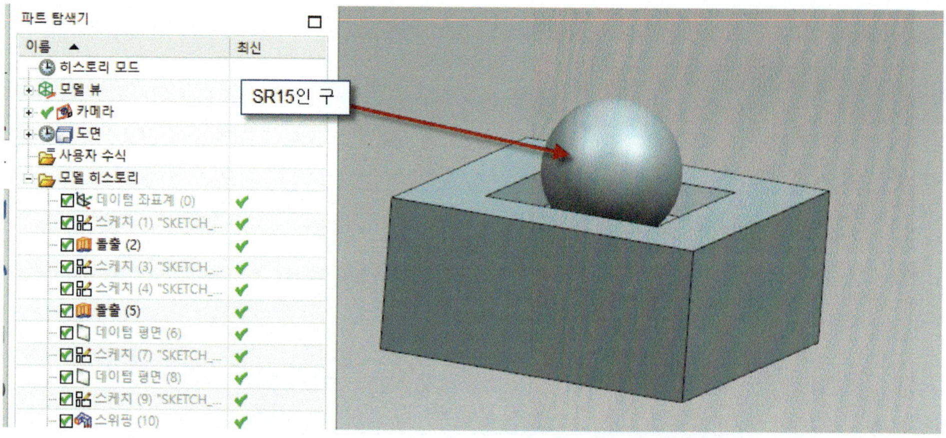

60 빼기 아이콘을 클릭한 후 타겟에서는 본체, 공구 바디는 구를 선택하면 된다.

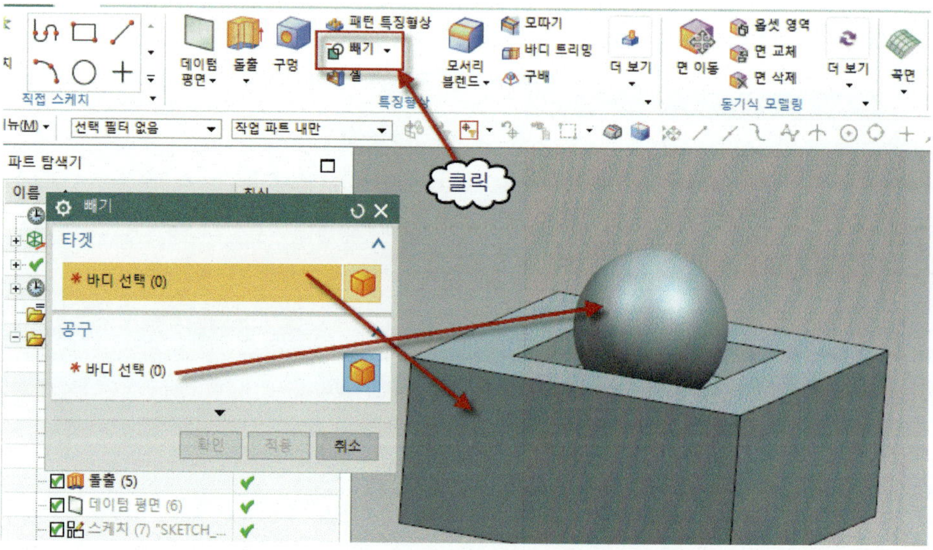

MEMO

61 확인을 클릭하면 타겟에서 툴이 빠져 완성된다. 확인을 클릭한다.

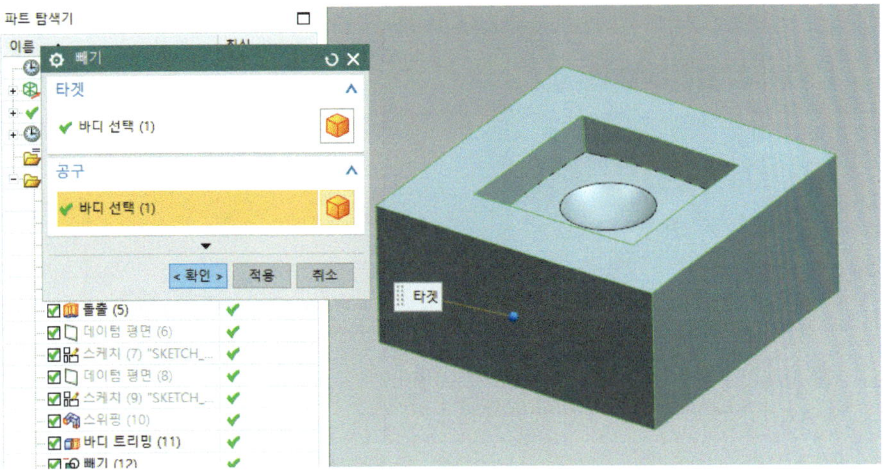

62 모서리 블렌드 아이콘을 클릭한 후 반경값을 6으로 입력하고 수직 방향의 4군데를 클릭한 후 적용을 클릭한다.

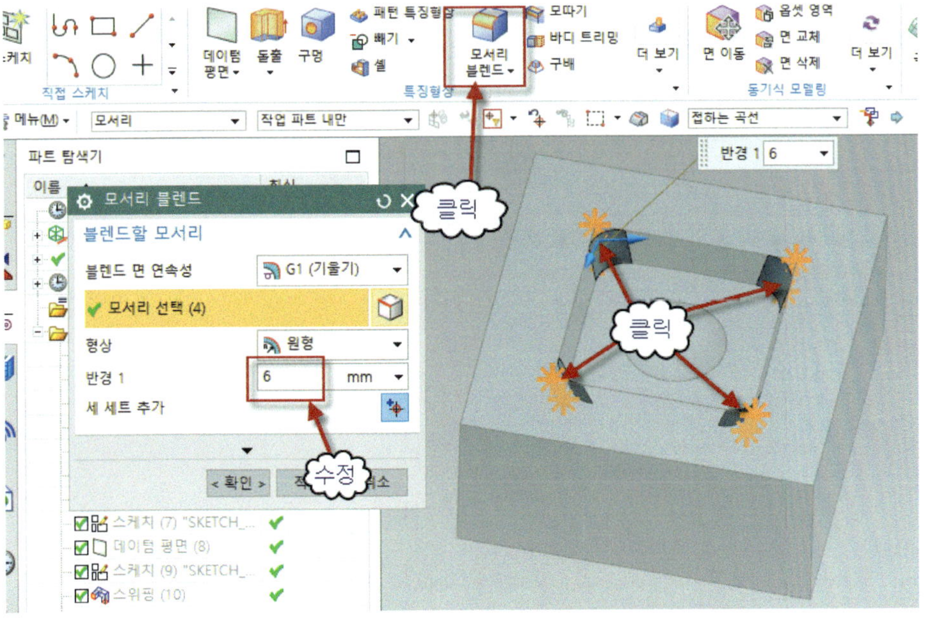

MEMO

63 반경 값을 4로 수정하고 밑면 모서리를 클릭한 후 적용을 클릭한다.

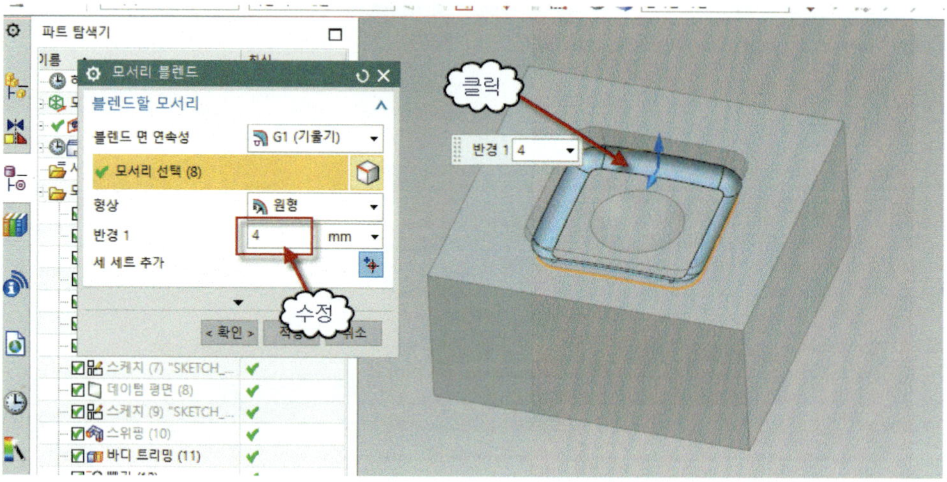

64 반경 값을 2로 수정하고 구 부위 모서리를 클릭한 후 확인을 클릭한다.

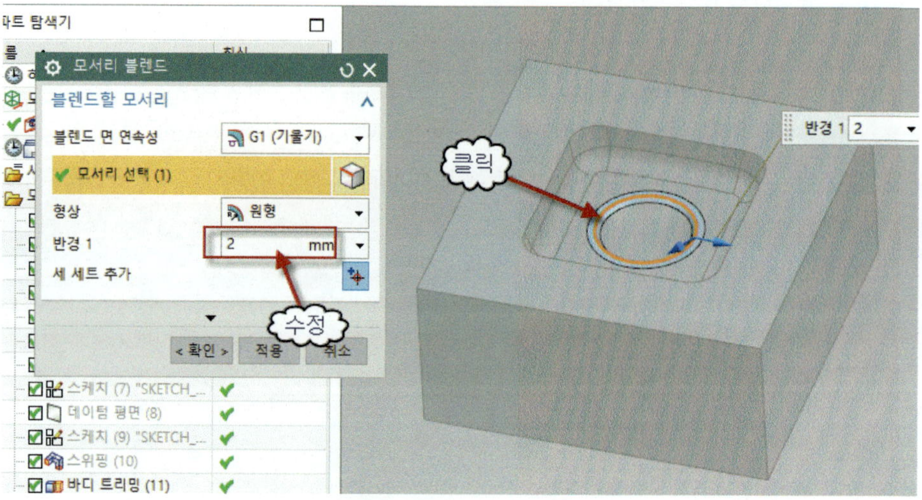

MEMO

65 다음과 같이 도면처럼 솔리드 모델링이 완성된다.

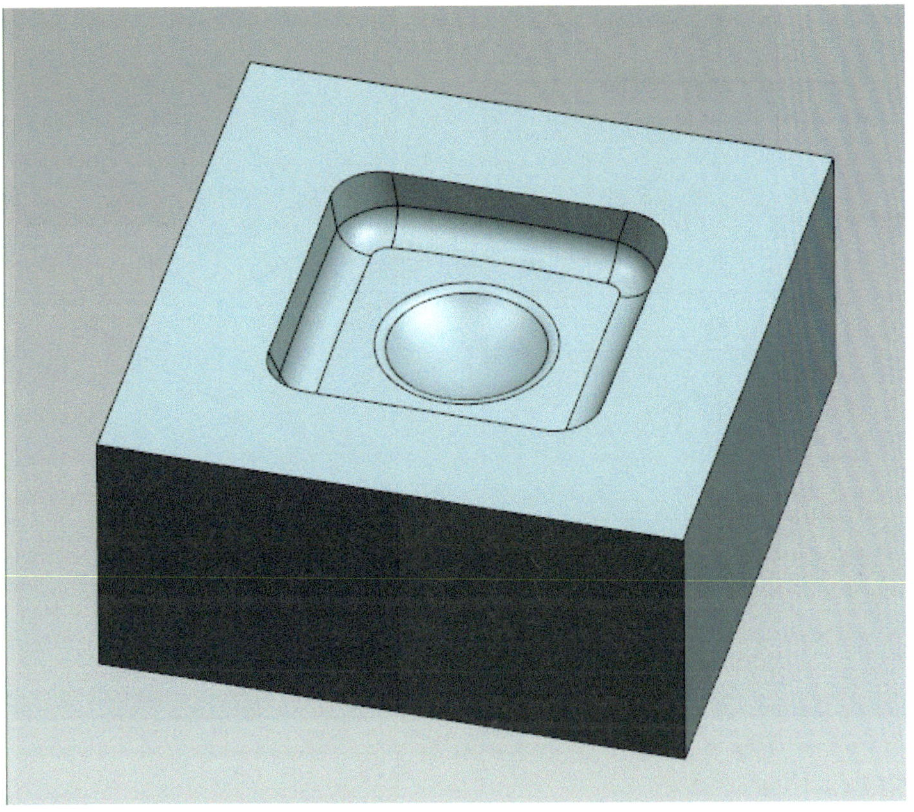

MEMO

4-2 CAM 가공

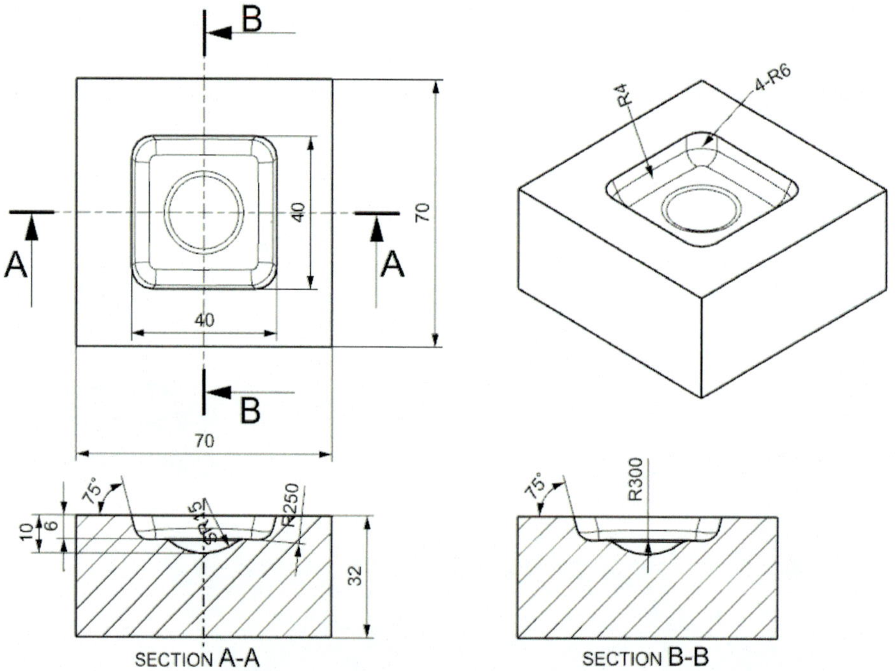

주 서
1. 도시되고 지시없는 라운드 R2

1 CAM NC DATA를 추출하기 위해서는 만들어 놓은 모델링을 불러와야 한다. 메뉴에서 파일 열기를 클릭하여 미리보기로 4번 파일 모델링을 보고 맞으면 OK를 클릭한다.

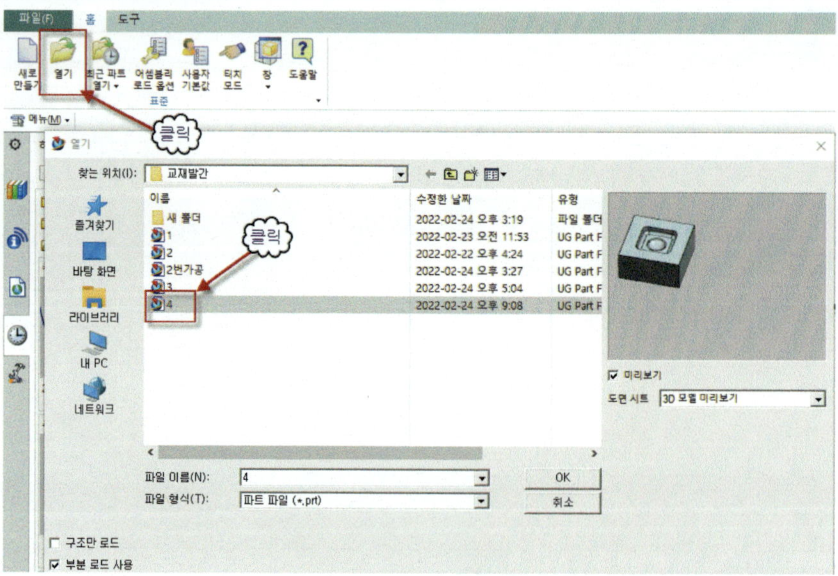

2 CAM 가공을 하기 위해 ① 메뉴에서 응용 프로그램을 클릭하고 ② 제조를 클릭한다.

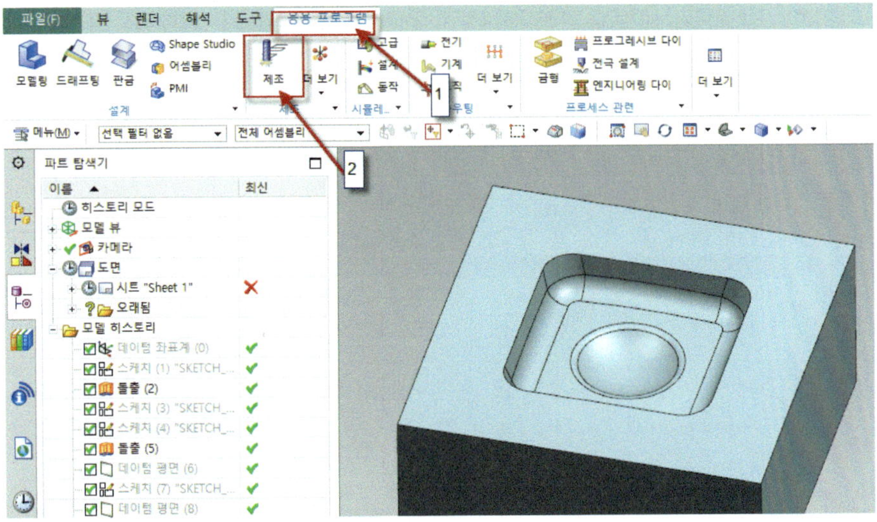

3 CNC머시닝센터 가공을 하기 위해 가공 환경 창에서 ① CAM 세션 구성에서 mill_contour와 ② 생성할 CAM 설정에서 mill_contour를 클릭한 후 확인을 클릭한다.

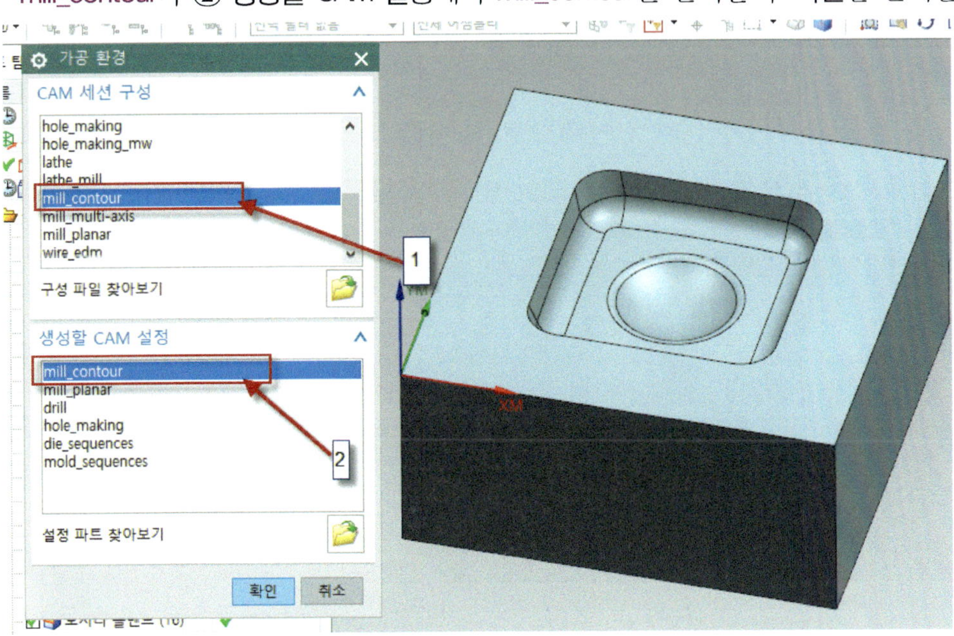

4 CNC머시닝센터를 가공하기 전에 가공할 공구를 만들어야 한다. ① 기계공구 뷰를 클릭하고 ② 공구 생성을 클릭한다. 황삭 가공을 하기 위하여 ③ 평 엔드밀을 선택하고 ④ 공구 이름을 T01로 하여 확인을 클릭한다.

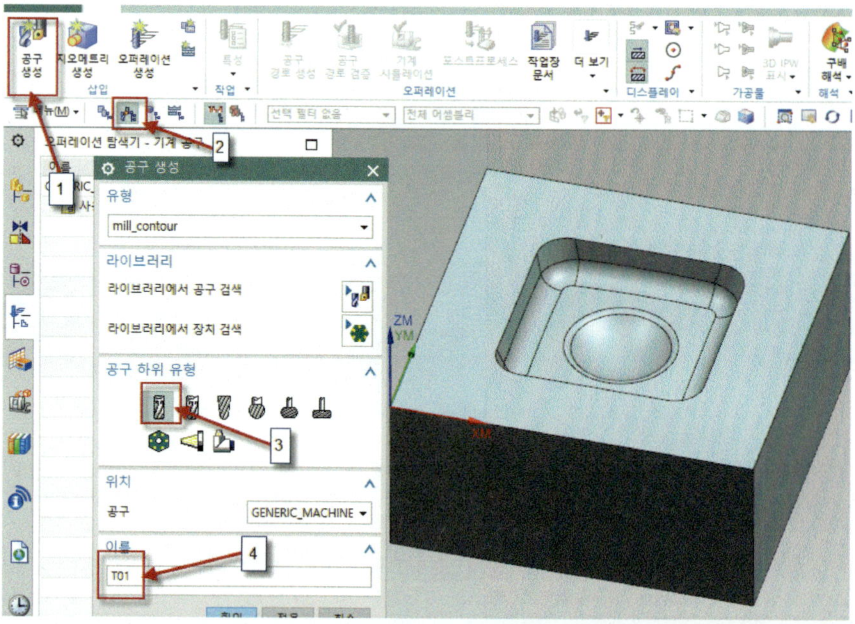

5 평 엔드밀의 직경을 ①과 같이 10으로 한 다음 ② 공구 번호, 조정 레지스터(길이보정 번호), 공구 보정 레지스터(경 보정 번호)을 1로 한 다음 확인을 클릭한다.

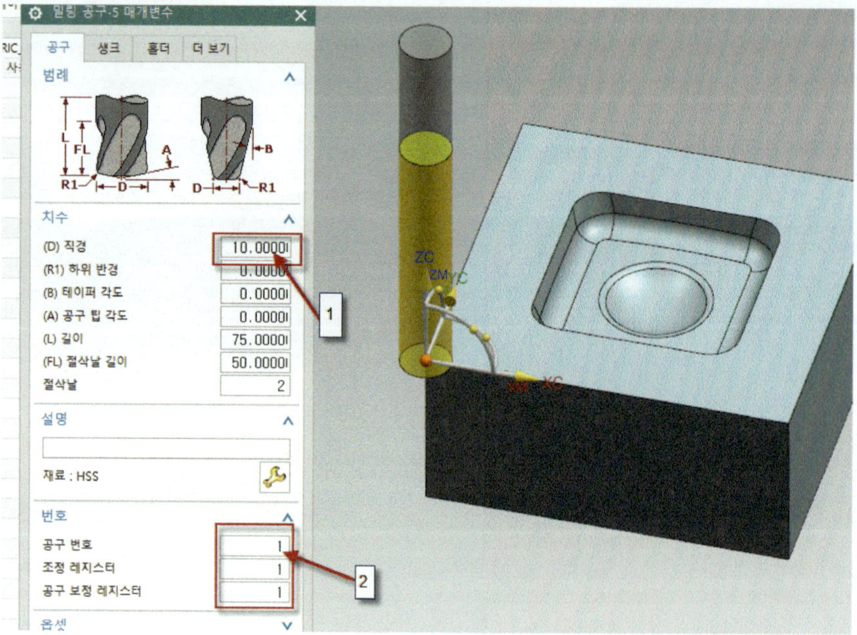

6 정삭 가공하기 위하여 그림과 같이 번호 순서대로 하여 볼 엔드밀을 새로 만들어 주고 확인을 클릭한다.

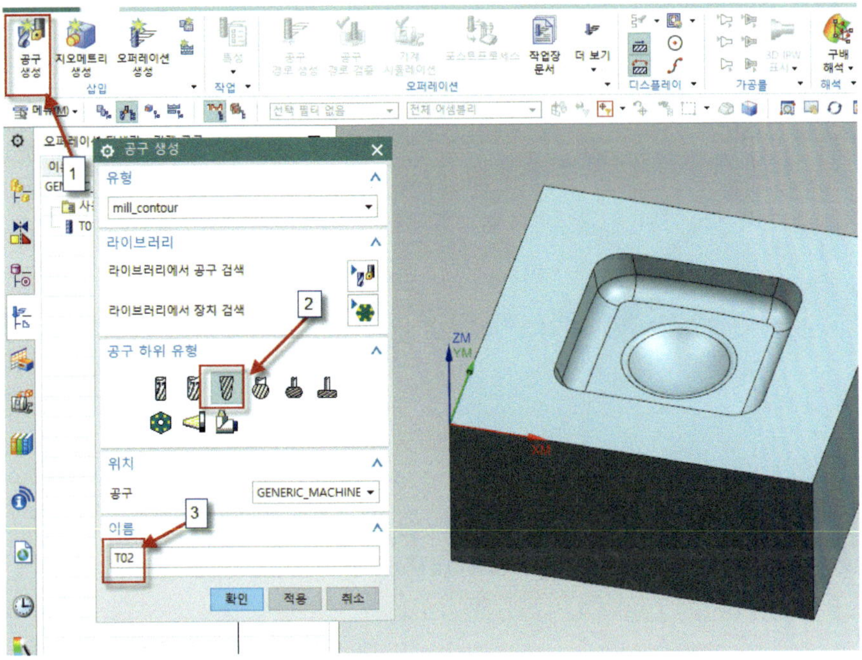

7 볼 엔드밀의 직경을 6으로 하고 공구 번호 및 조정 레지스터, 공구 보정 레지스터도 각각 2로 한 후 확인을 클릭한다.

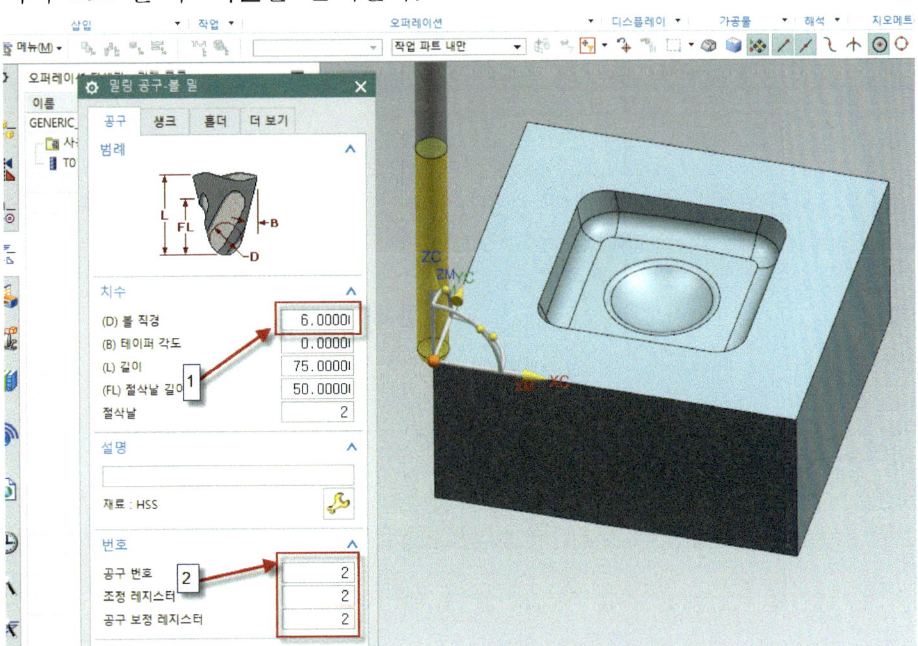

8 공구 뷰에서 T01, T02의 2개의 공구가 생성되었음을 알 수 있다.

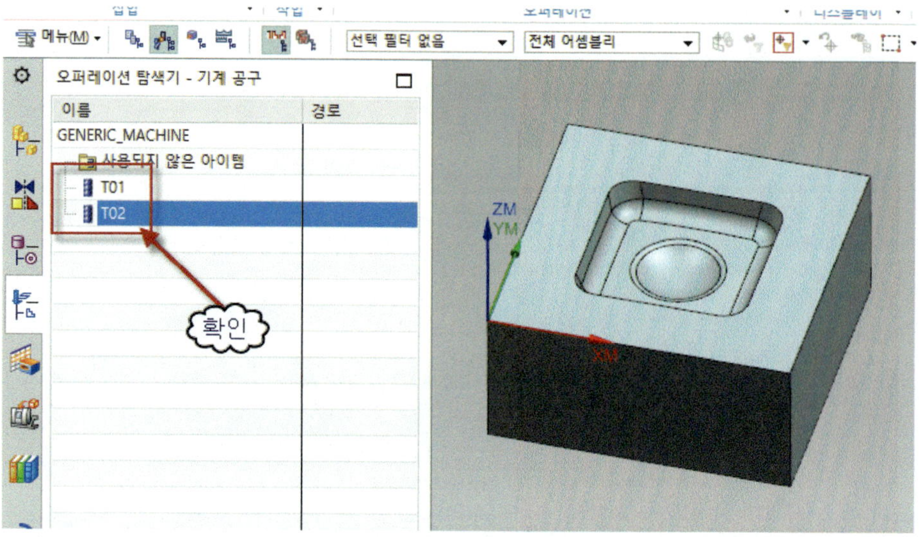

9 G54 공작물 원점을 찾아주고 소재를 만들어 주기 위해 아래 그림과 같이 클릭한다.

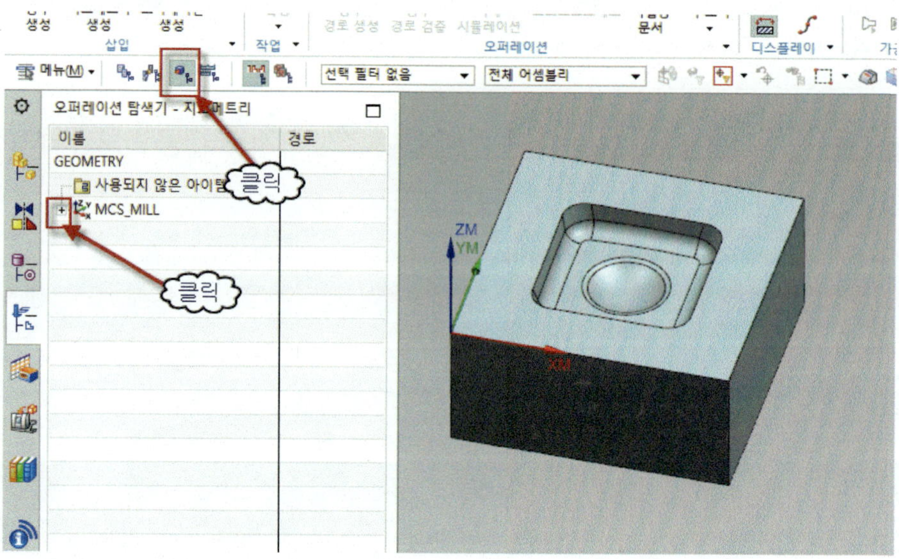

10 먼저 G54 공작물 원점을 잡기 위하여 MCS_MILL을 클릭한 후 MCS지정의 점 다이얼로그의 작은 아이콘을 클릭한다.

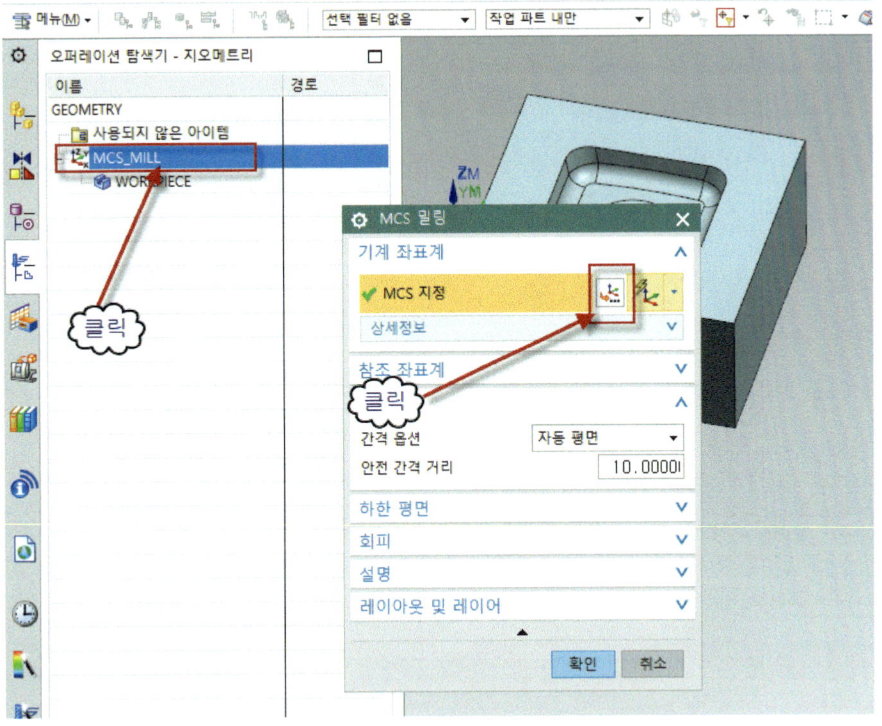

11 현재 CNC머시닝센터에서 G54좌표(공작물 원점)를 세팅하는 장소로 XO, Y0, Z0의 위치가 정확하므로 확인, 또 확인을 클릭한다.

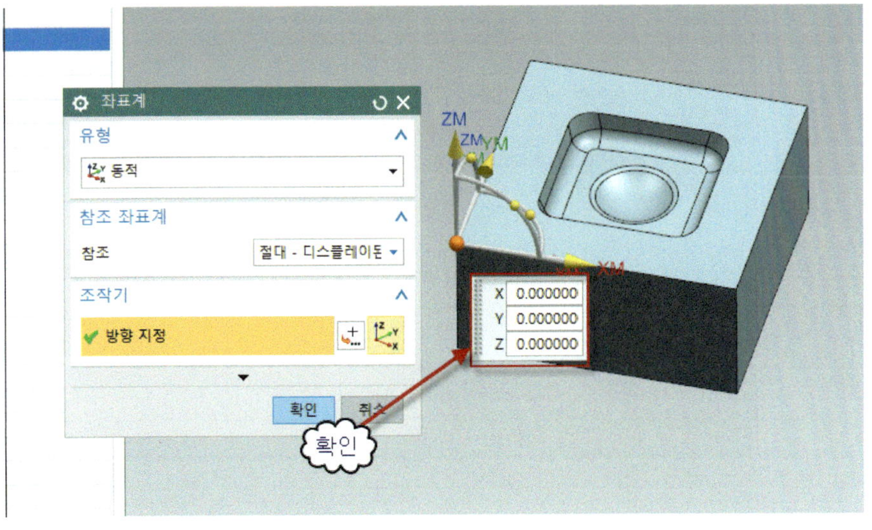

12 소재를 만들어 주기 위하여 WORKPIECE를 클릭한 후 파트 지정을 클릭한다.

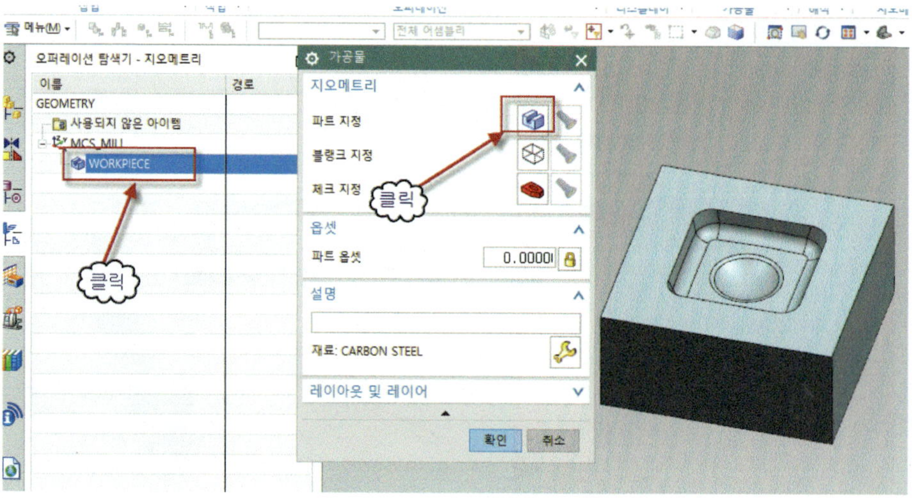

13 파트 지오메트리 창에서 개체 선택을 하고 가공하고자 하는 제품을 선택하고 확인을 클릭한다.

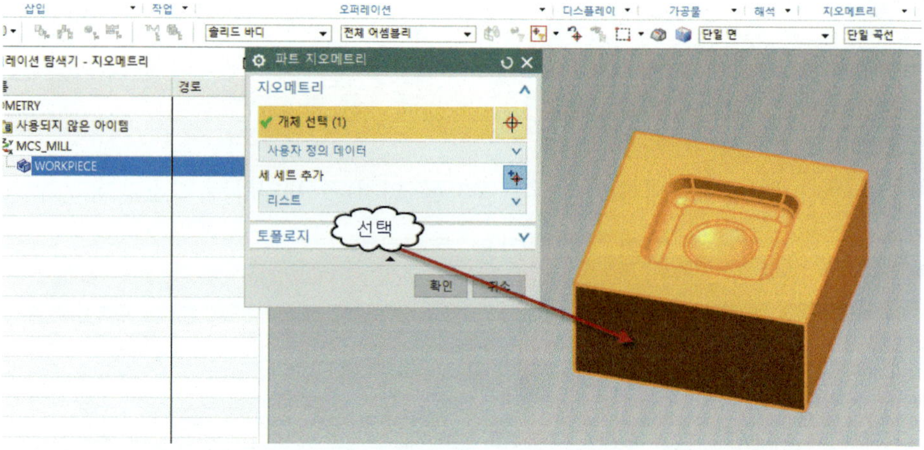

MEMO

14 가공물에서 블랭크 지정 아이콘을 클릭한다.

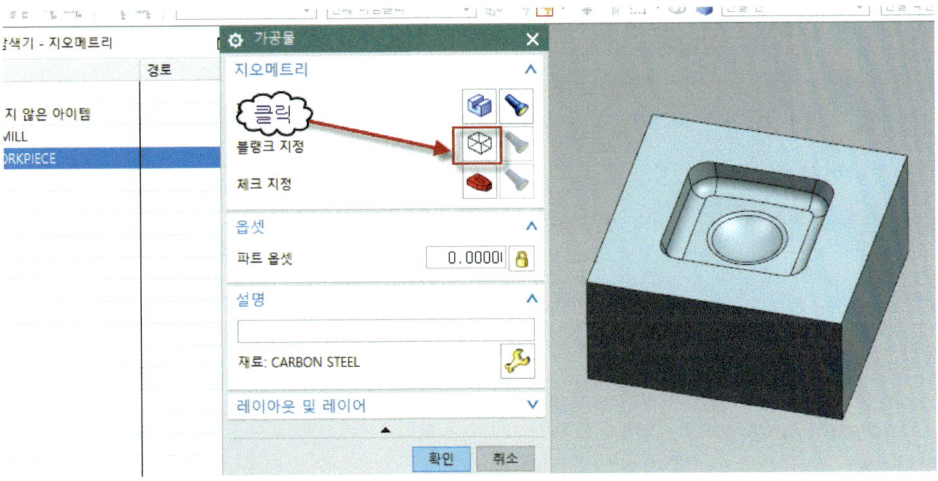

15 블랭크 지오메트리에서 유형을 **경계 블록**으로 변환하면 자동으로 파트에 맞게 소재가 생성되었음을 알 수 있으며, 확인 또 확인을 클릭한다.

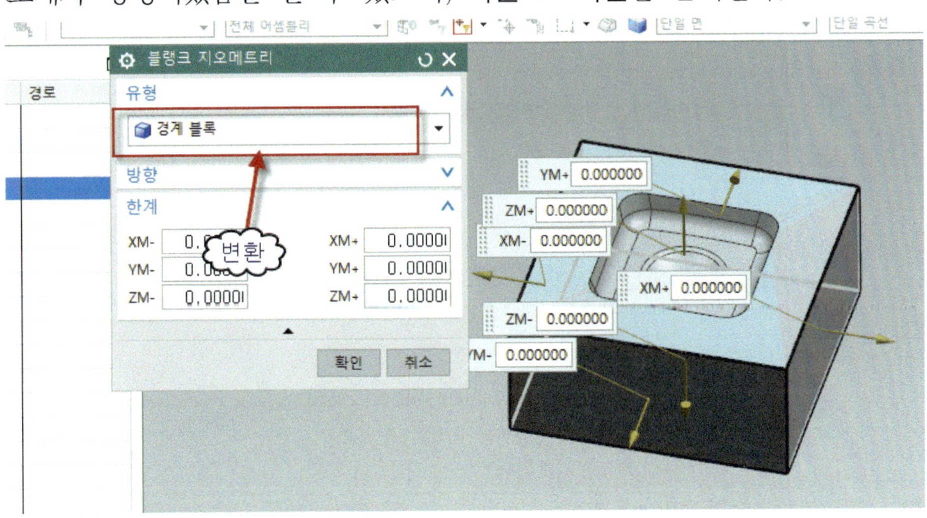

MEMO

16 공구 경로를 황삭, 정삭을 PROGRAM에 링크하기 위해서 프로그램 순서뷰로 가야 Post_Process를 만들 수 있다.

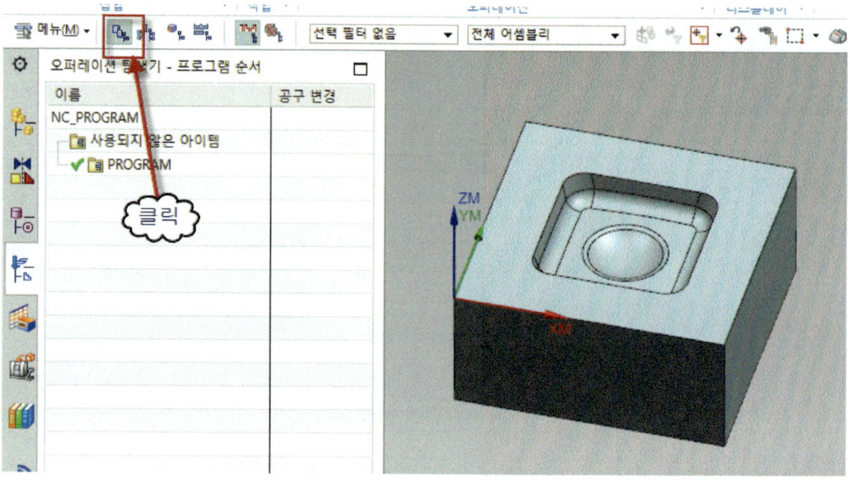

17 가공을 하기 위하여 **오퍼레이션 생성**을 클릭한 후 **캐비티 밀링**을 선택하고 **공구**를 ①과 같이 바꾸며, ② 지오메트리에 소재인 **WORKPIECE**로 수정한 다음 확인을 클릭한다.

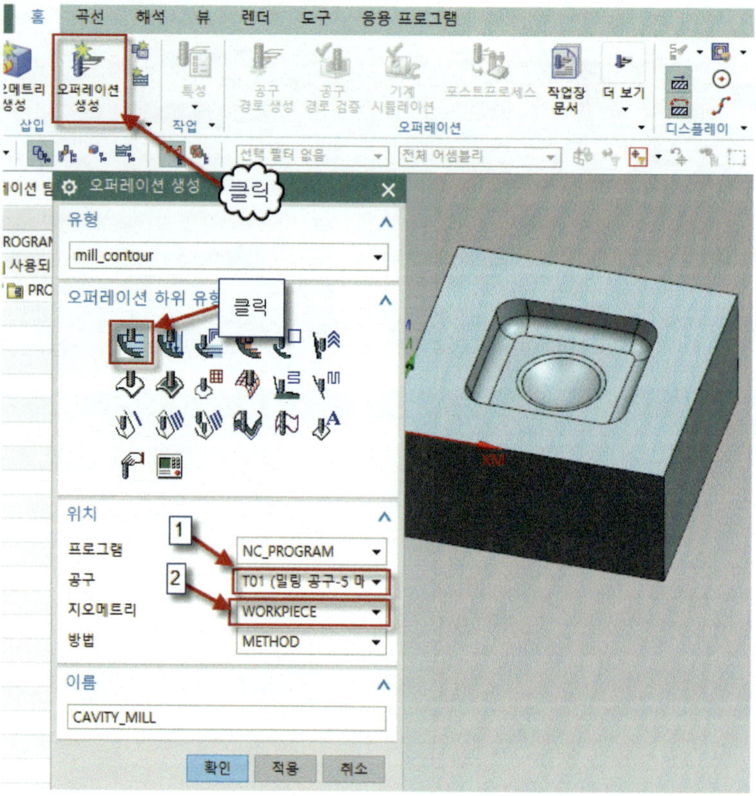

⑱ 가공하고자 하는 부위를 선정하기 위하여 **절삭 영역 지정**을 클릭한다.

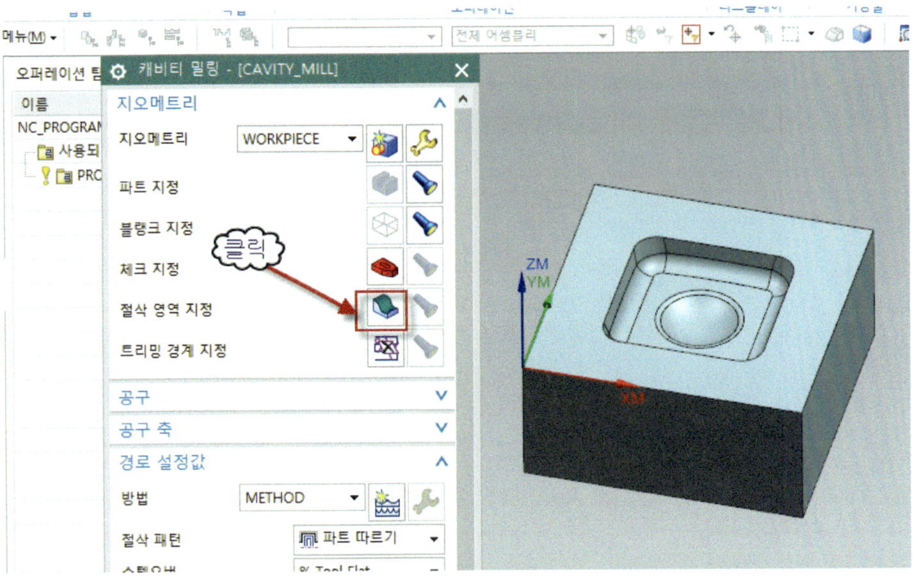

⑲ 절삭 영역을 지정하기 위하여 모델링을 평면으로 보고자 한다. 키보드 F8을 클릭하고 평면 상태에서 클릭 후 드래그한다. 이때 대각선 방향으로 클릭하여 가공하고자 하는 부분을 동시에 선택하면 편리하다. **확인**을 클릭한다.

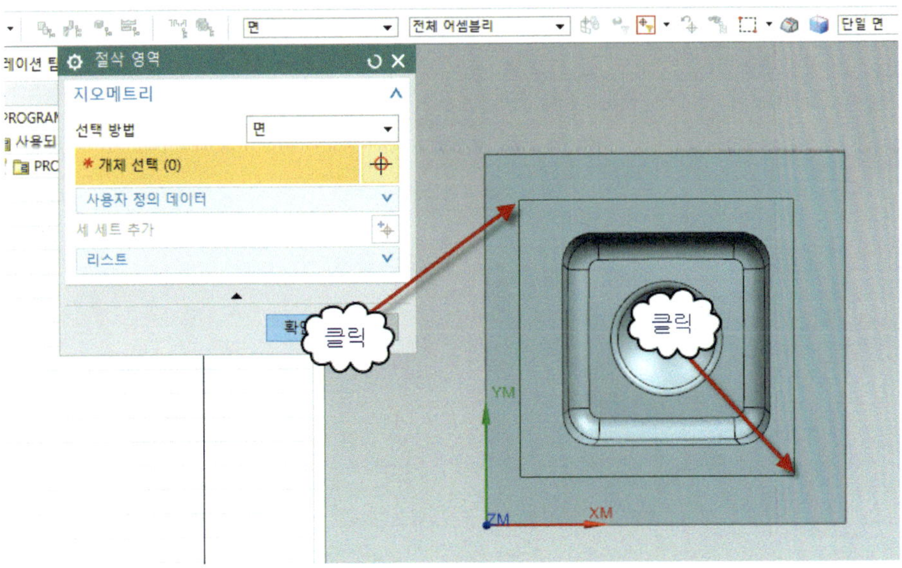

20 내부 가공하고자 하는 부위가 선택되었다. 선택되지 않은 면이 있을 경우 선택하면 된다.

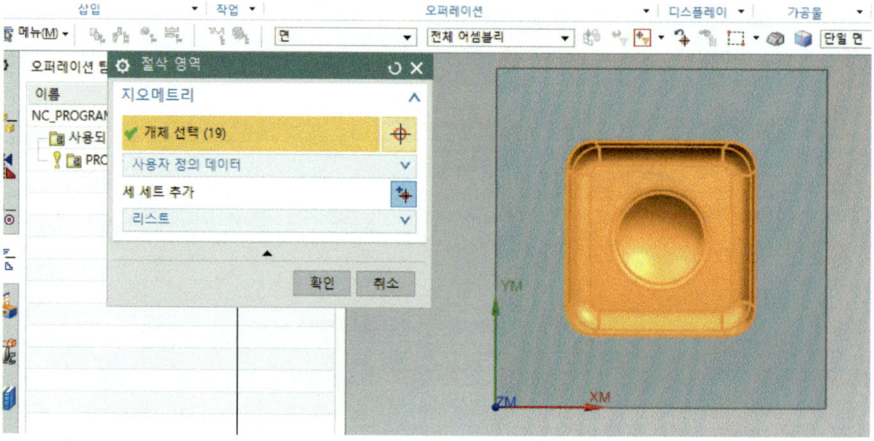

21 ① 스텝오버를 일정, 최대 거리(간격)를 1로 하고 ② 절삭당 공통 깊이의 최대 거리를 0.8로 수정한 다음 절삭 수준 아이콘을 클릭한다.

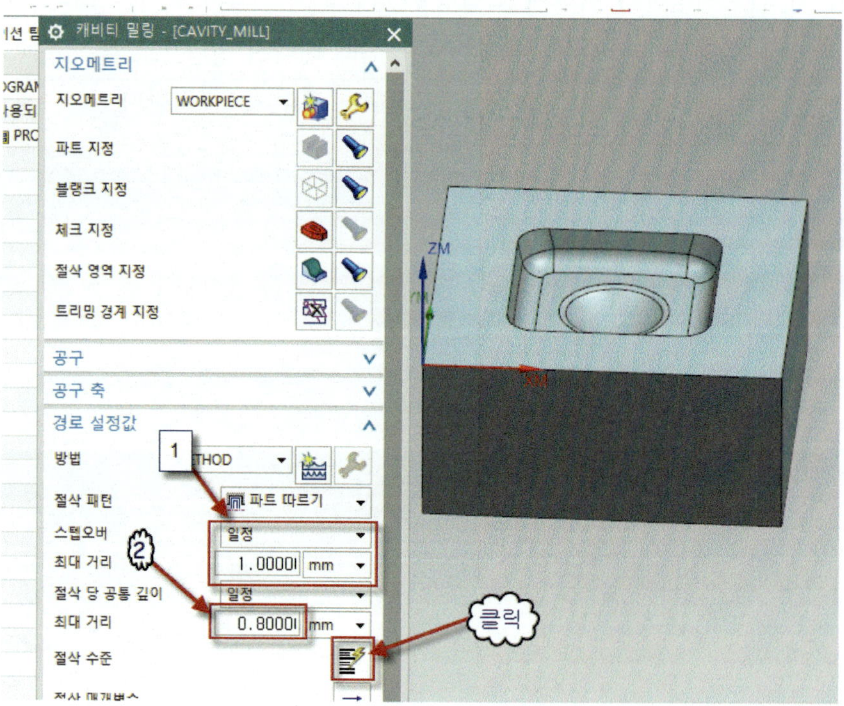

22 절삭 수준은 큰 변동이 없으므로 확인을 클릭한다.

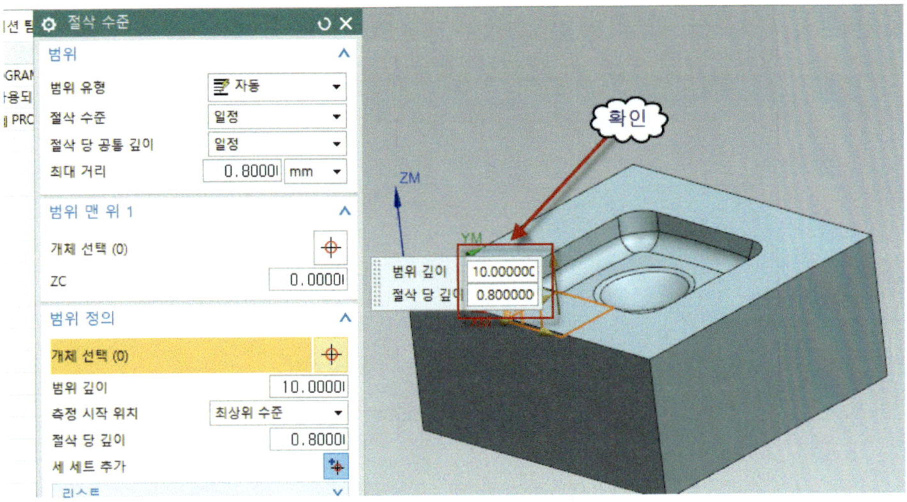

23 절삭 매개변수 아이콘을 클릭하여 정삭 여유를 0.1 정도 주고 확인을 클릭한다.

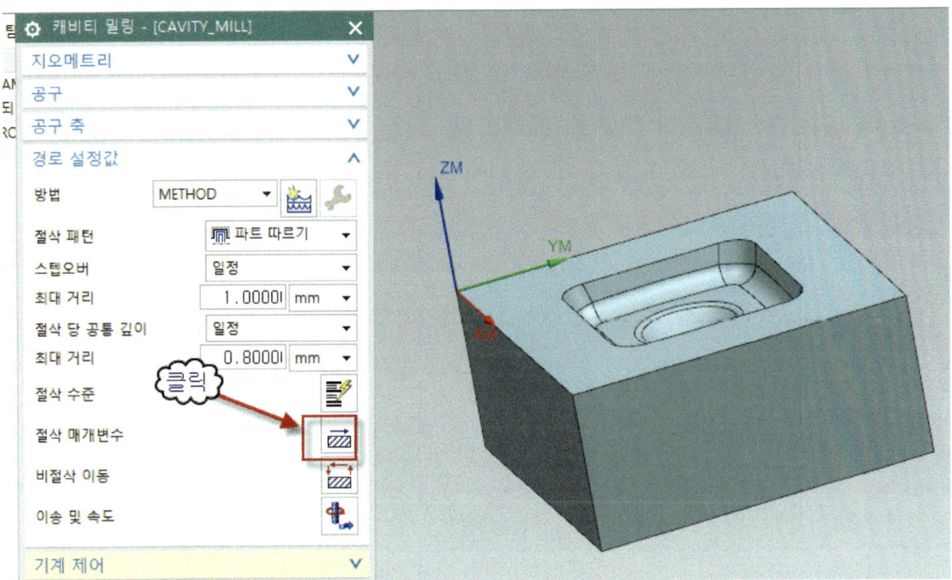

MEMO

24 절삭 매개변수에서 스톡을 클릭한 후 파트 측면 스톡을 0.1로 수정하고 확인을 클릭한다. (여기서 파트 측면 스톡이란 가공여유 및 잔량을 의미하고 있음)

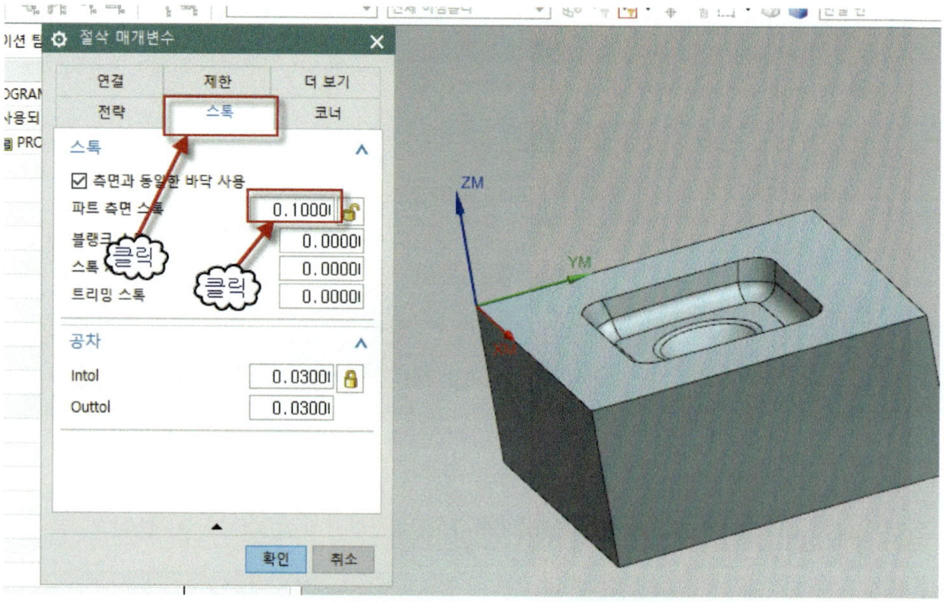

25 캐비티 밀링에서 비절삭 이동을 클릭한다. 비절삭 이동이란 가공하지 않고 공구가 급속히 이동하는 것으로 "안전 높이"임을 말한다.

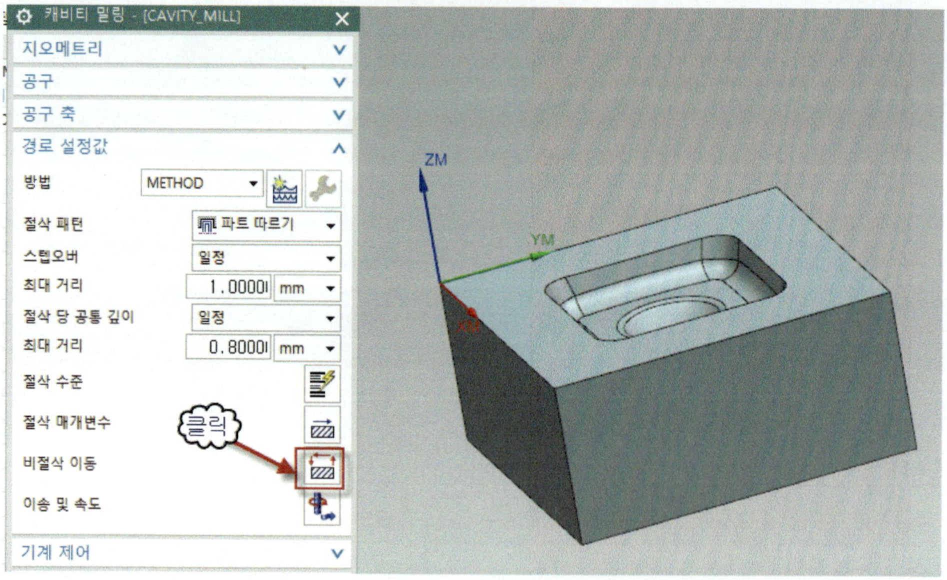

26 비절삭 이동에서 **급속 이동**을 클릭한 후 **간격옵션(안전거리)**을 **평면**으로 한다. 마우스로 제품의 **평면(②)**을 클릭하면 **플랜(①)**이 생성되면서 거리가 0으로 나오면 대략 10 정도 입력한 다음 **확인**을 클릭한다.

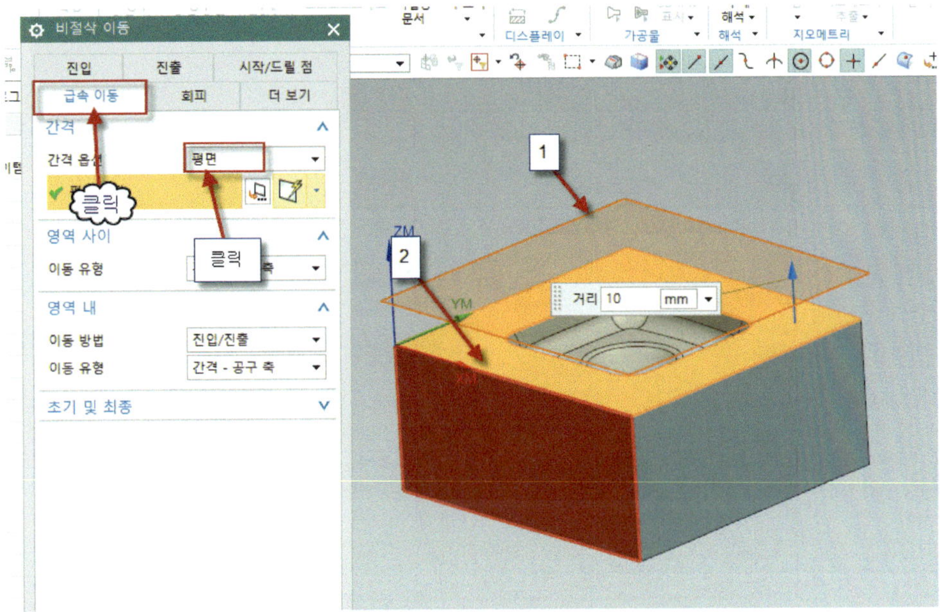

27 이송 및 속도 아이콘을 클릭한다.

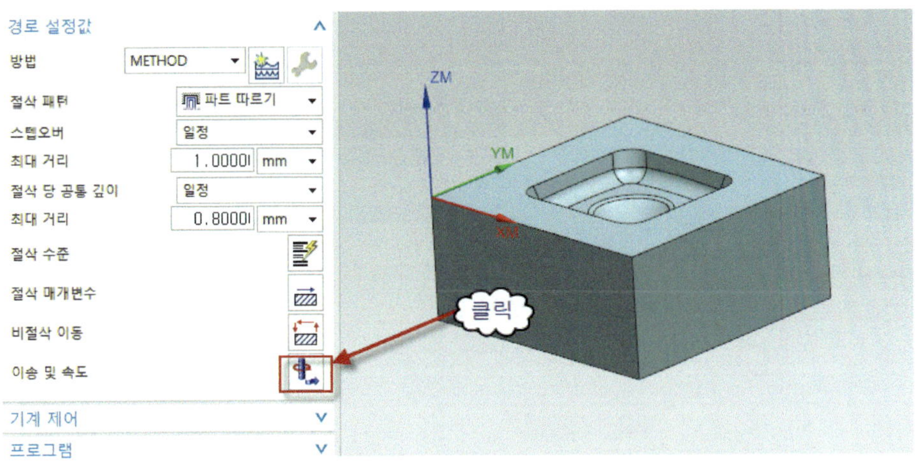

28 이송 및 속도에서 스핀들 속도의 체크박스를 체크한 다음 스핀들 속도를 3000, 이송률을 300으로 입력한 후 확인을 클릭한다.

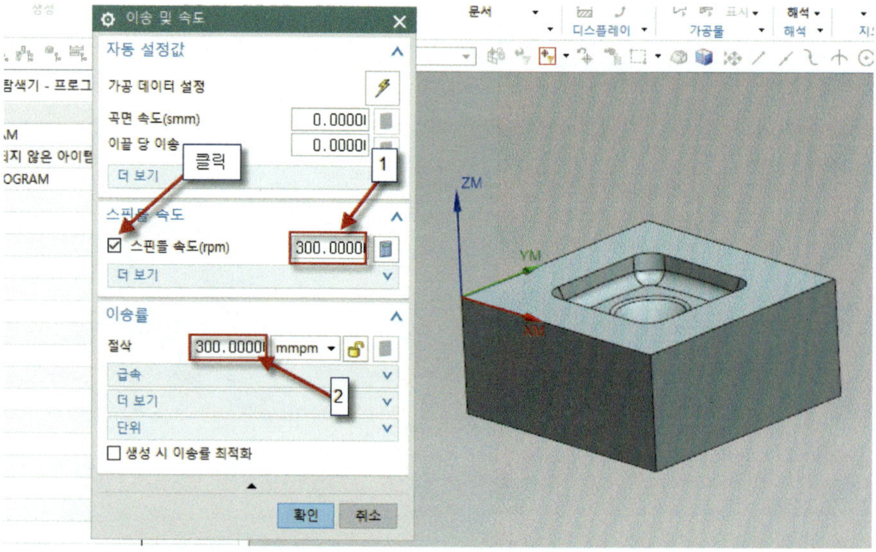

29 모든 조건이 되었으므로 공구 경로를 생성하기 위하여 아래의 생성을 클릭하면 공구 경로가 생성된다.

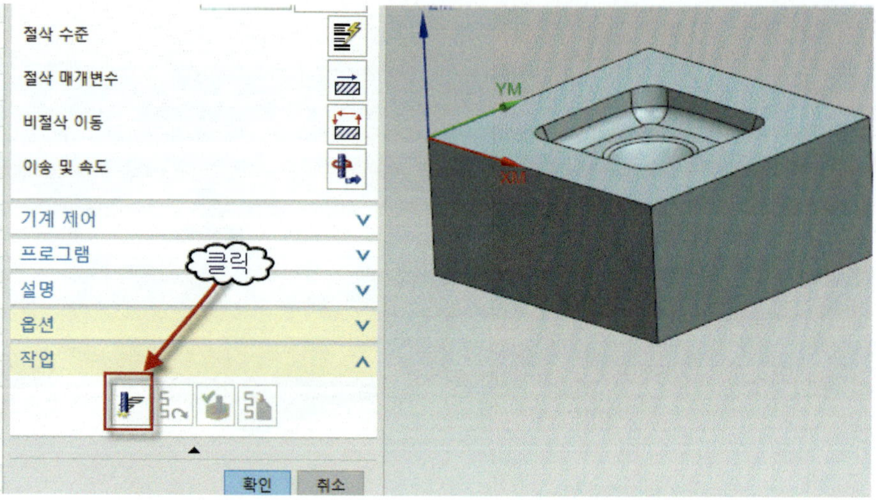

30 공구 경로가 생성되었으면 검증을 하기 위하여 **검증** 아이콘을 클릭한다.

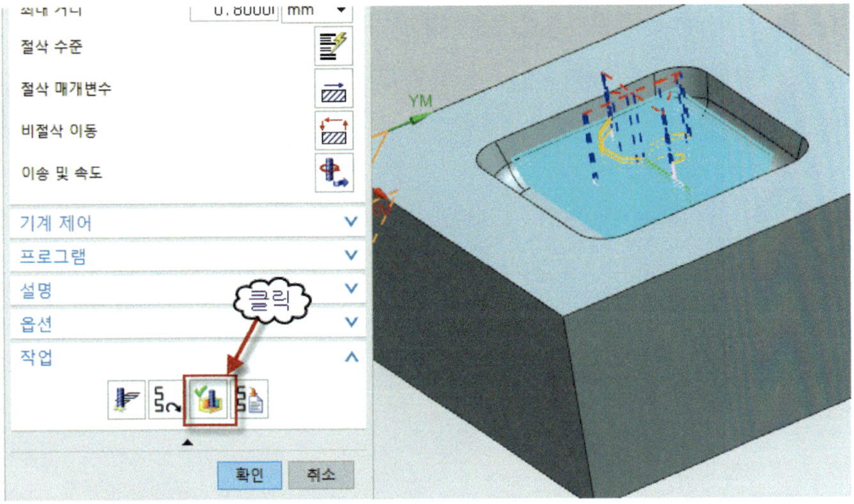

31 ① **3D 동작**을 클릭 후 ② **애니메이션 속도**는 4 정도로 하고 ③ **생성**을 클릭한다.

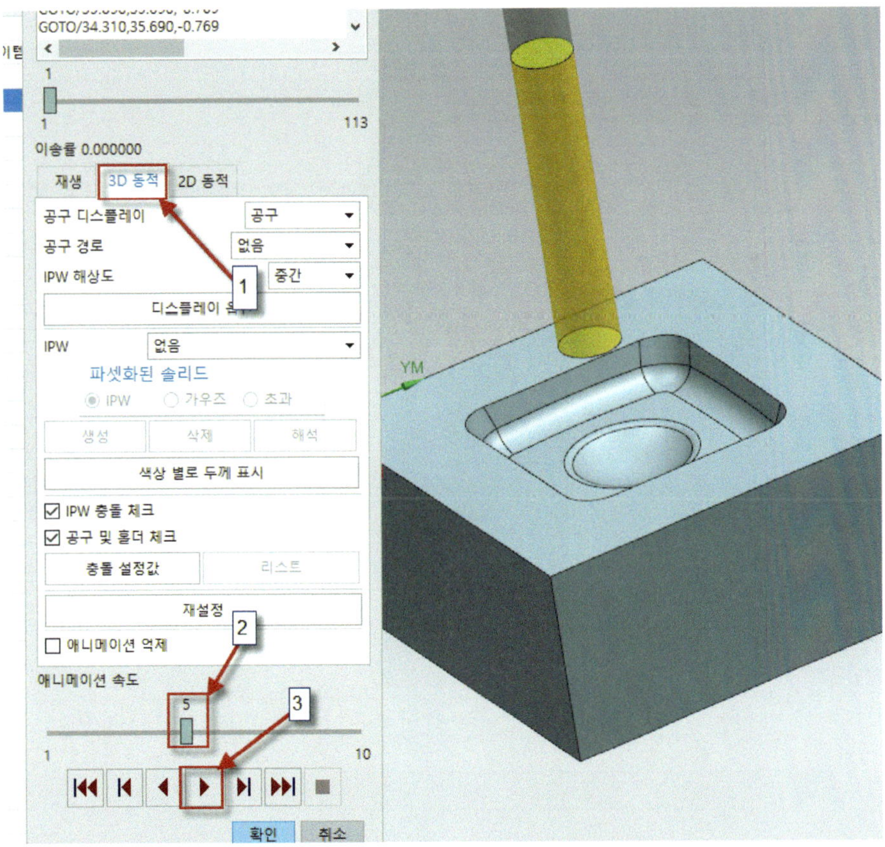

32 황삭 가공에 대하여 큰 문제없이 가공되었다는 것을 알 수 있으며, 이때 반드시 확인을 클릭해야 공구 경로가 사라지지 않는다.

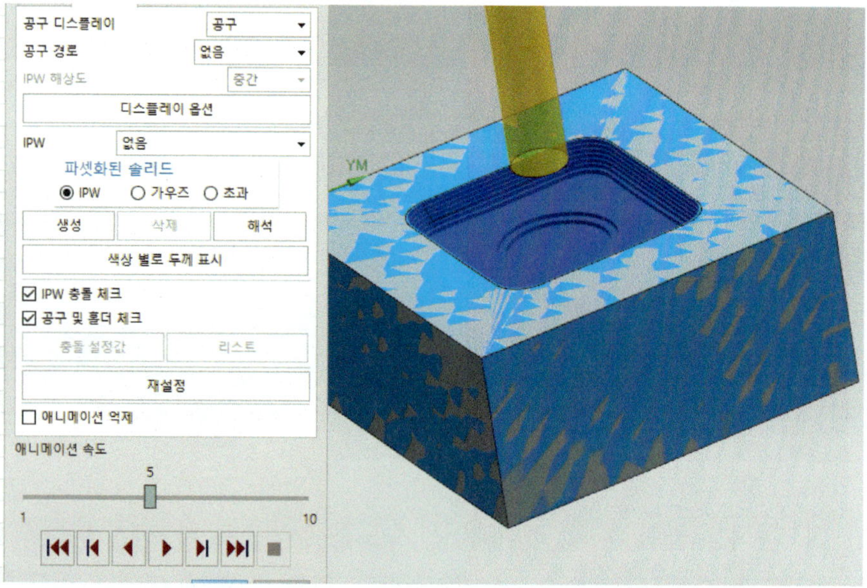

33 황삭 가공이 모든 조건에 맞게 가공되었다는 것을 알 수 있다.

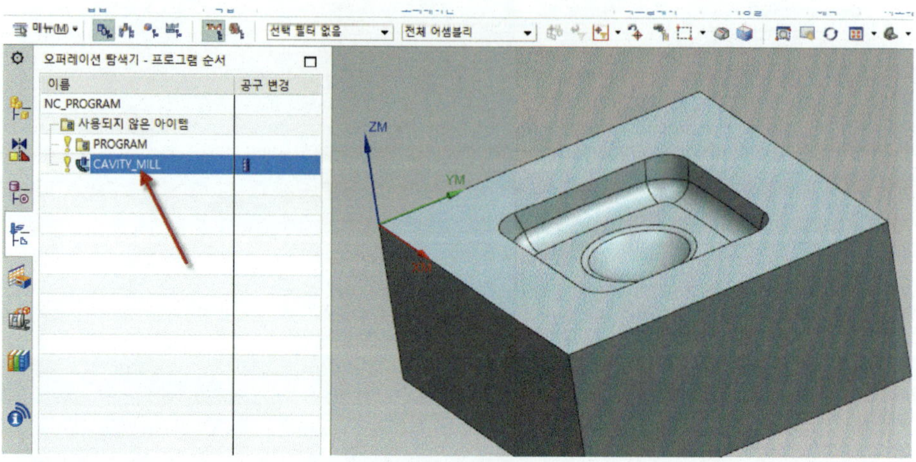

MEMO

34 이제 정삭 가공에 대하여 설명하고자 한다. 화면의 **오퍼레이션 생성**을 클릭한다.

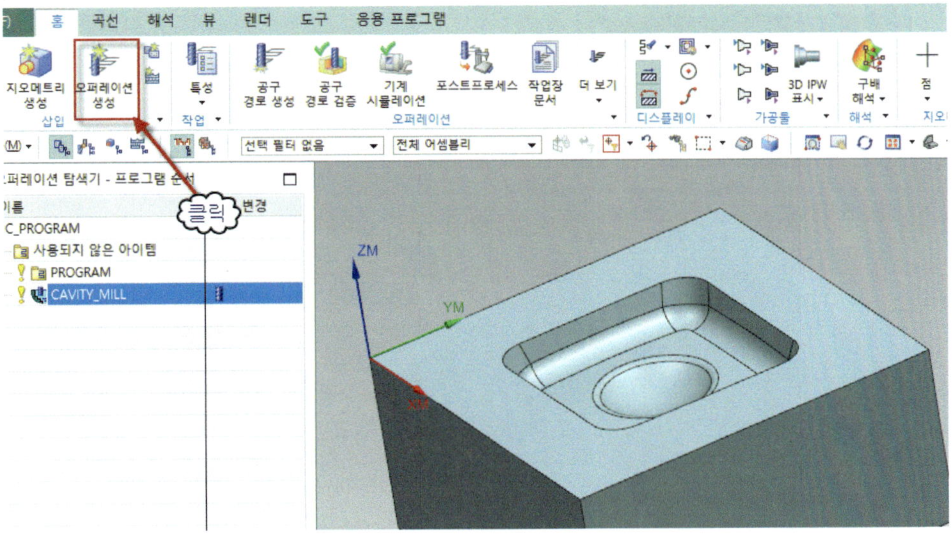

35 정삭 가공하기 위하여 ① **고정 윤곽 가공** 아이콘을 클릭한 후 ② 공구란에 **볼 엔드밀 T02번**으로 변환하고 **확인**을 클릭한다.

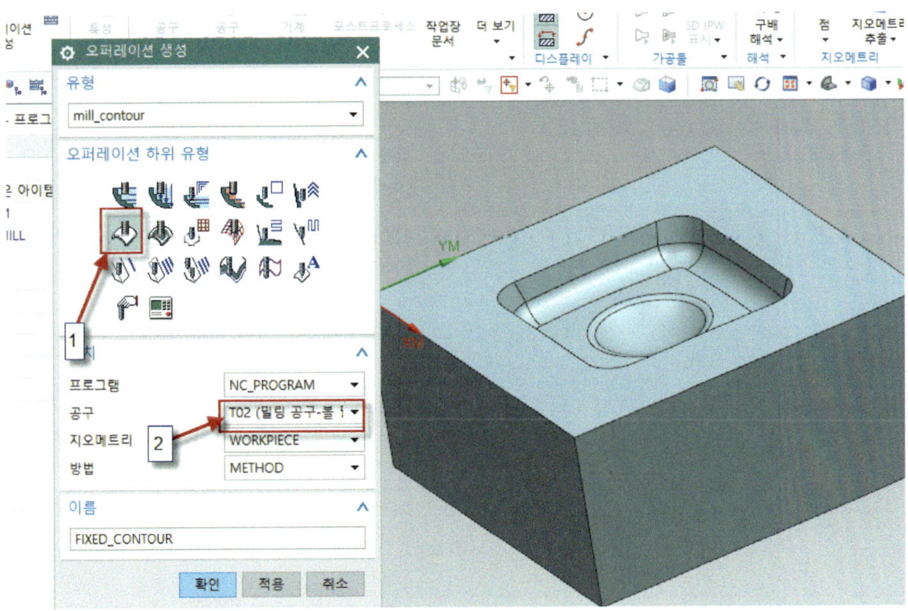

36 고정 윤곽 창에서 정삭할 절삭 영역 지정 아이콘을 클릭한다.

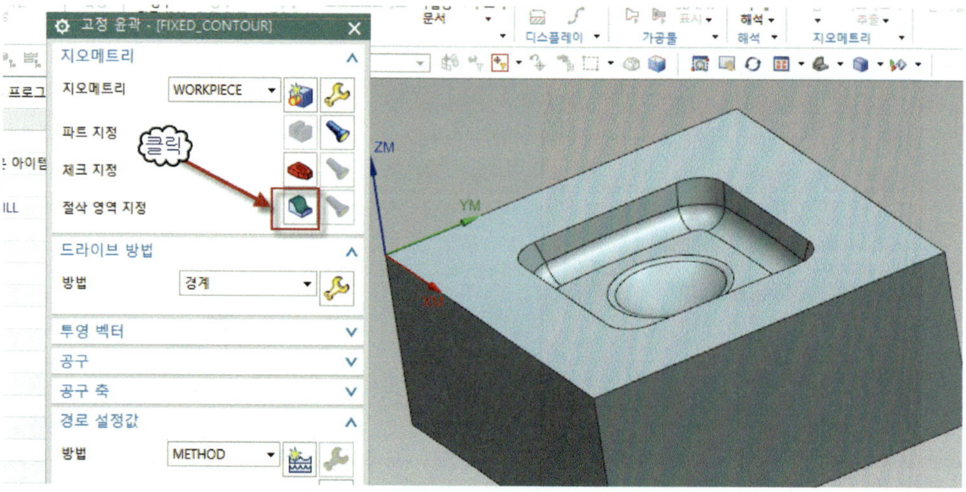

37 절삭 영역을 지정하기 위하여 모델링을 평면으로 보고자 한다. 키보드 F8을 클릭하여 평면 상태에서 ①, ② 순서로 대각선 방향으로 클릭하여 가공하고자 하는 부분을 동시에 선택하면 편리하다. 확인을 클릭한다.

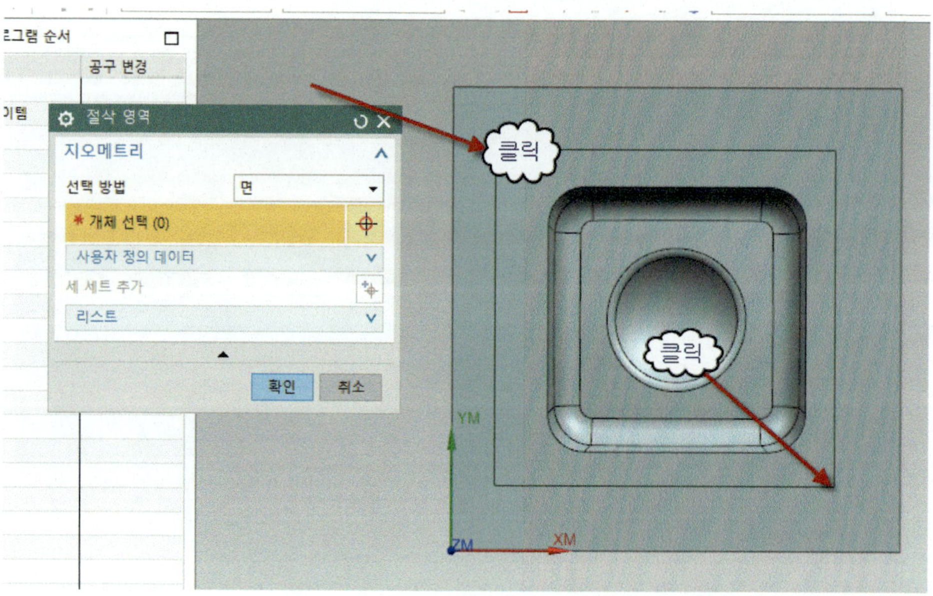

38 내부를 가공하고자 하는 부위가 선택되었다. 선택되지 않은 면이 있을 경우 선택하고 확인을 클릭하면 된다.

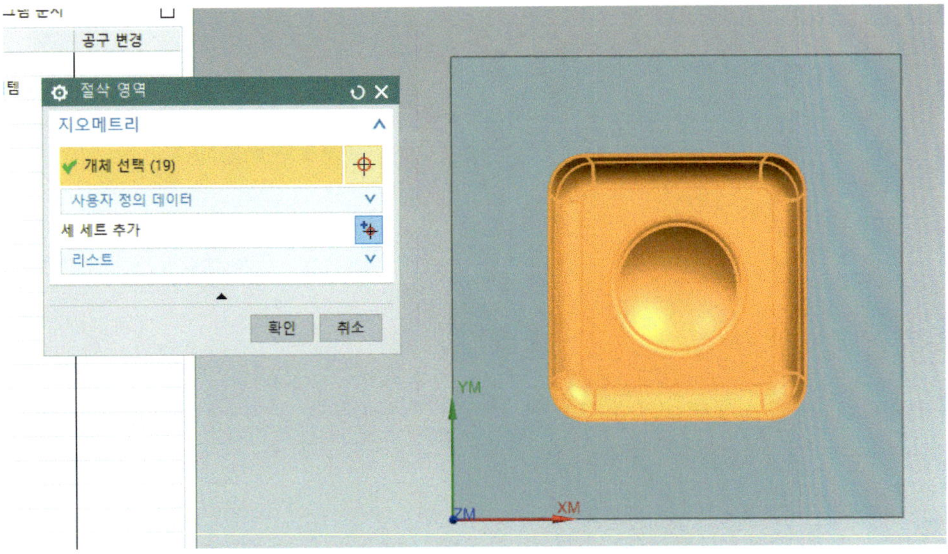

39 드라이브 방법에서 편집 아이콘을 클릭한다.

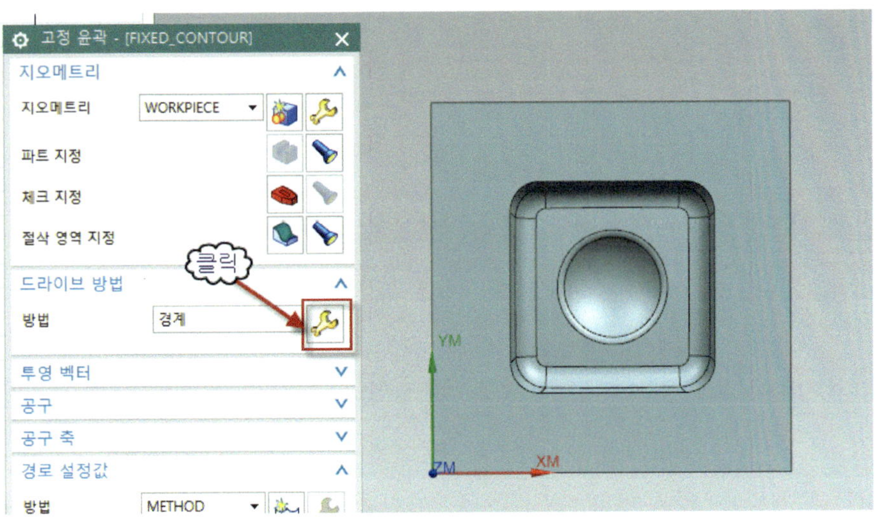

MEMO

40 경계 드라이브 방법 창에서 드라이브 지오메트리 선택 아이콘을 클릭한다.

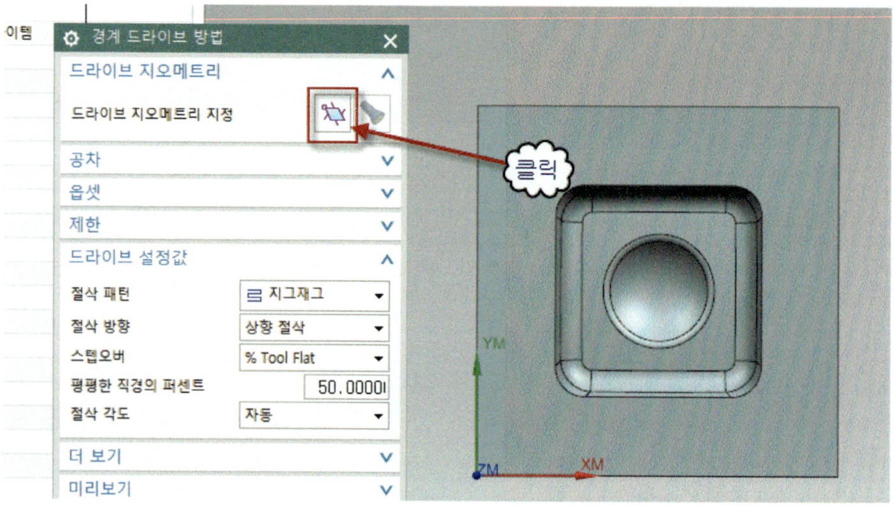

41 모드 란의 경계를 **곡선/모서리**로 변환해 준다.

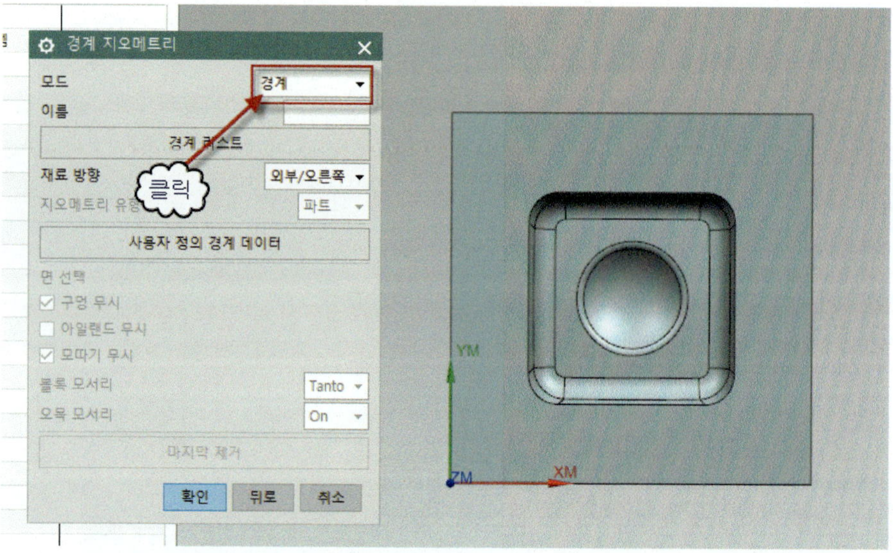

MEMO

42 ① 연결된 곡선을 **접하는 곡선**으로 변환하고 공구 위치를 **On**으로 한다. 모서리를 선택한 후 확인, 확인을 클릭한다.

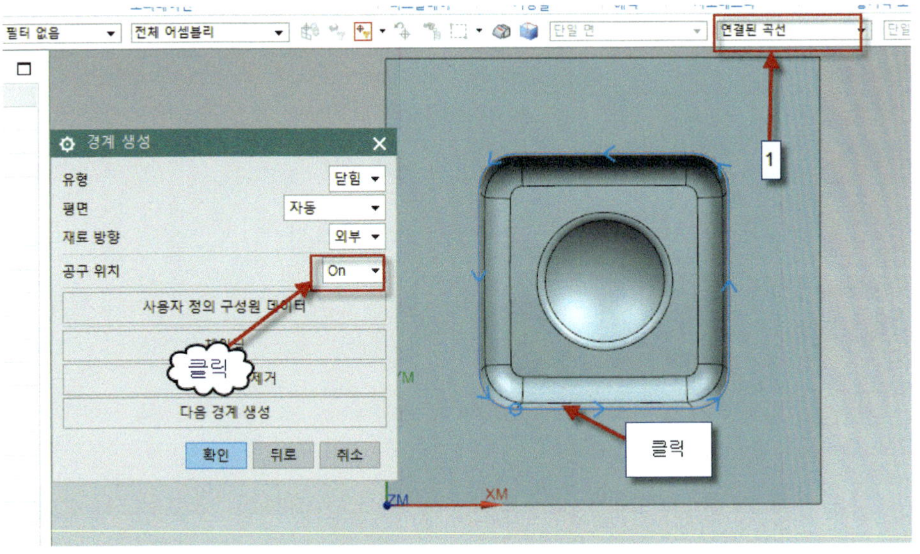

43 ① 절삭 패턴을 **지그재그**로 수정하고 ② 스텝오버를 **일정**으로, 최대거리(피치값)를 **0.8**로 한 다음 확인을 클릭한다.

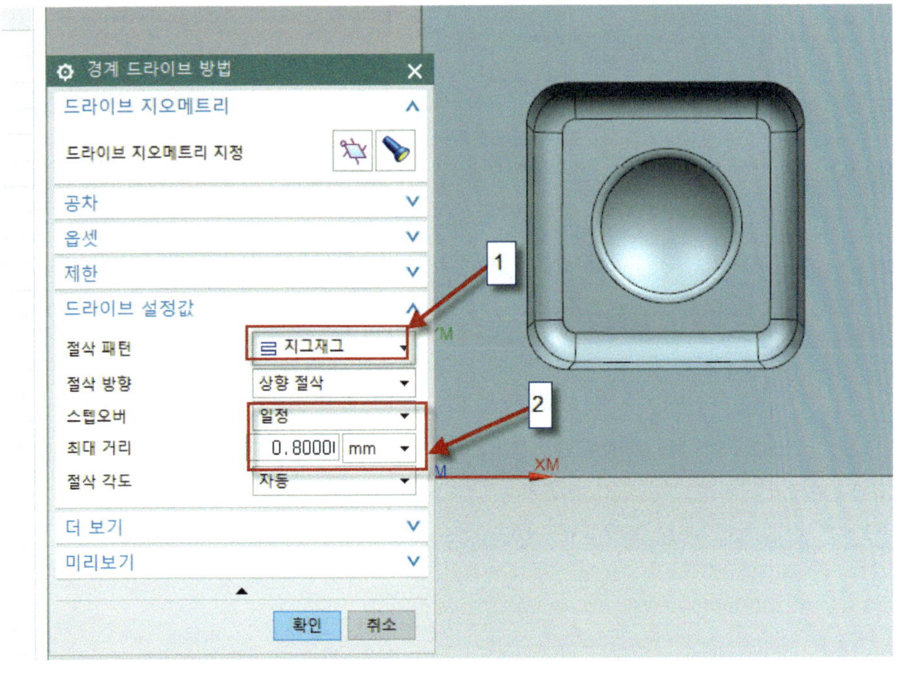

44 비절삭 이동 아이콘(안전 높이)을 클릭한다.

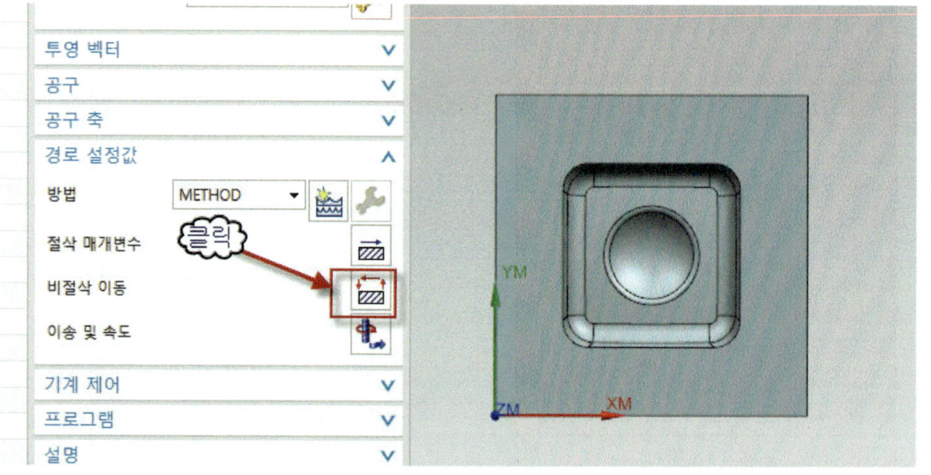

45 ① 급속 이동을 클릭 후 ② 간격옵션을 **평면**으로 변환한 다음 ③ 개체의 상면을 마우스로 클릭한 후 ④ 거리 값을 **10**을 주고 확인을 클릭한다.

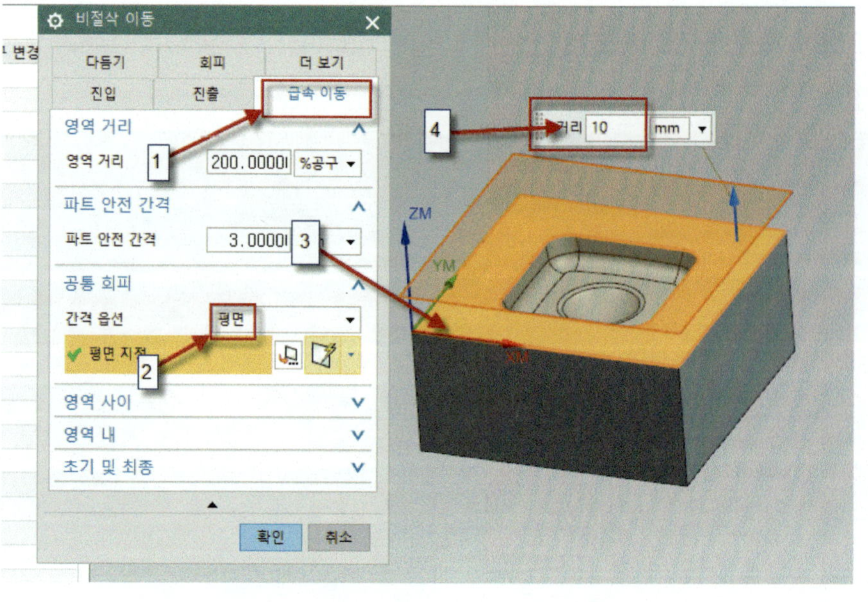

MEMO

46 이송 및 속도 아이콘을 선택한다.

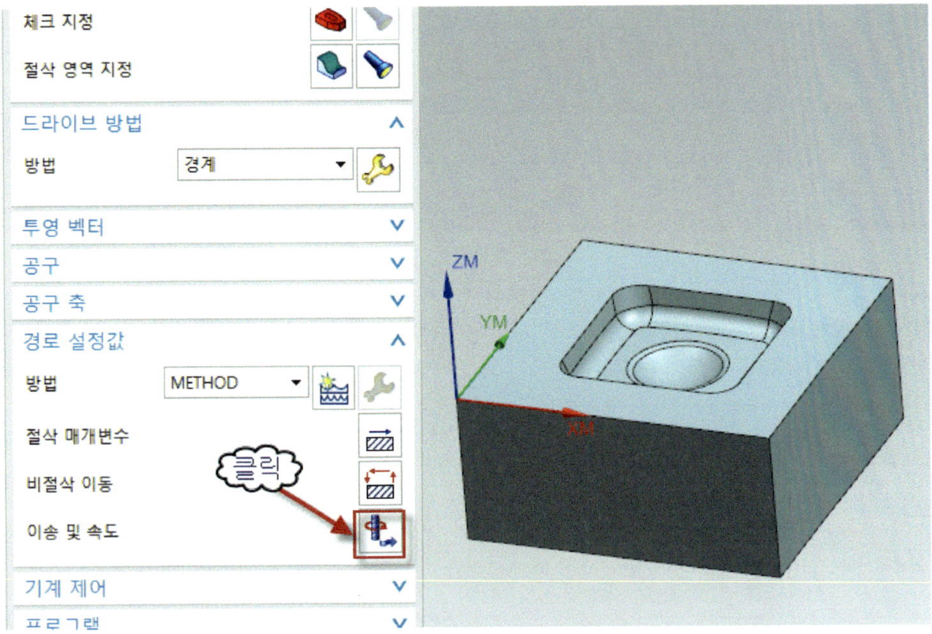

47 스핀들 속도의 체크박스를 체크하고 스핀들 속도는 약 3000 정도, 이송값은 300 정도로 한 다음 확인을 클릭한다.

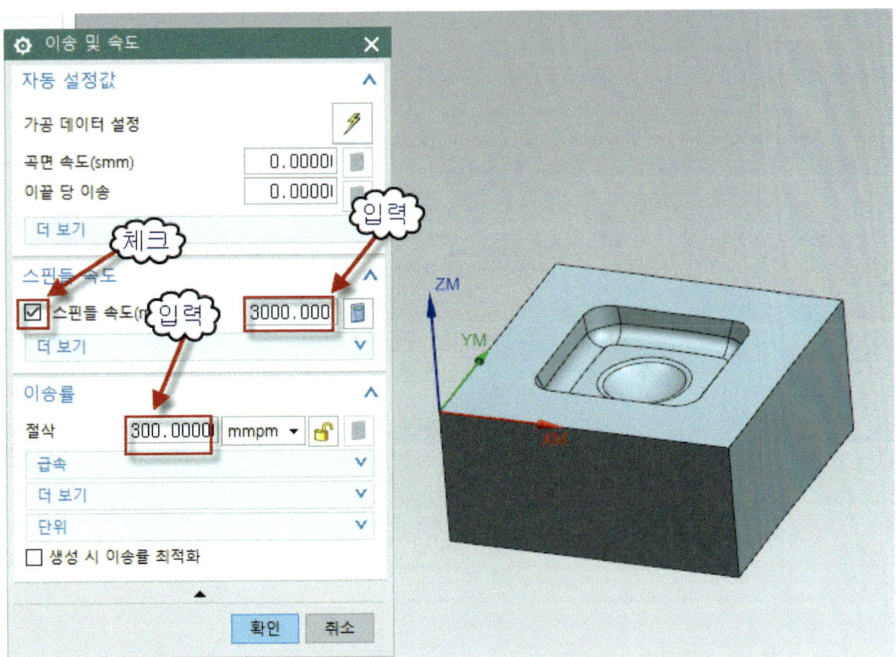

48 생성 아이콘을 클릭하면 공구 경로가 생성된다.

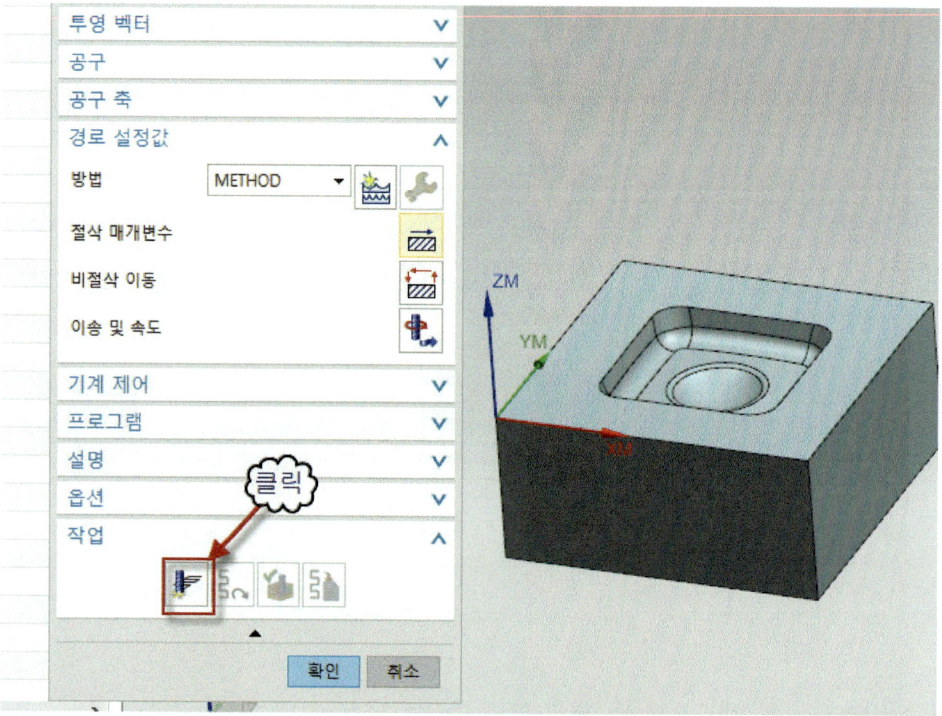

49 공구 경로가 이상 없이 생성되었으므로 확인을 클릭하면 된다.

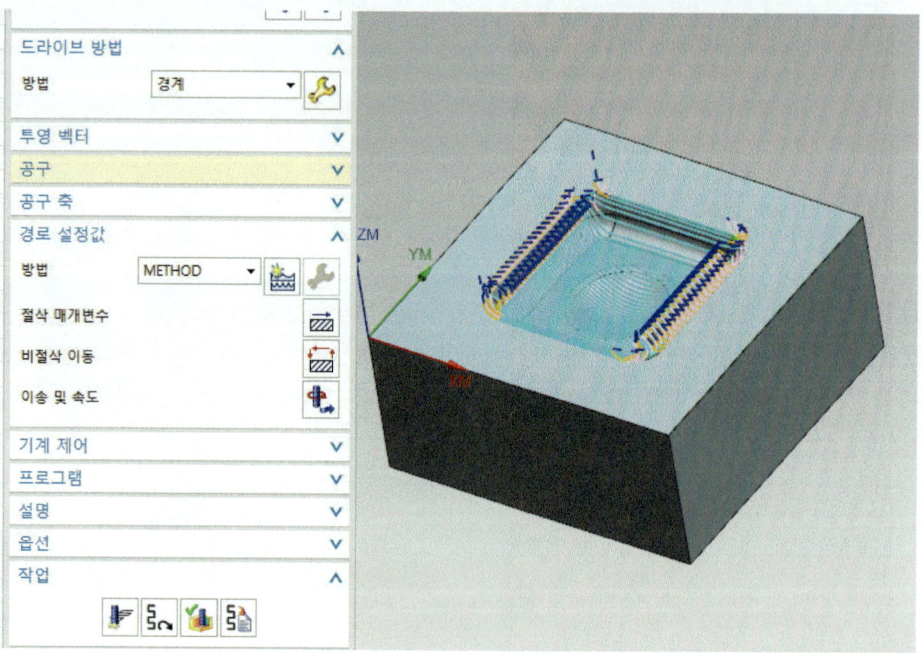

50 프로그램에서 그림과 같이 황삭, 정삭 순서로 드래그하여 프로그램 하위폴더에 넣는다.

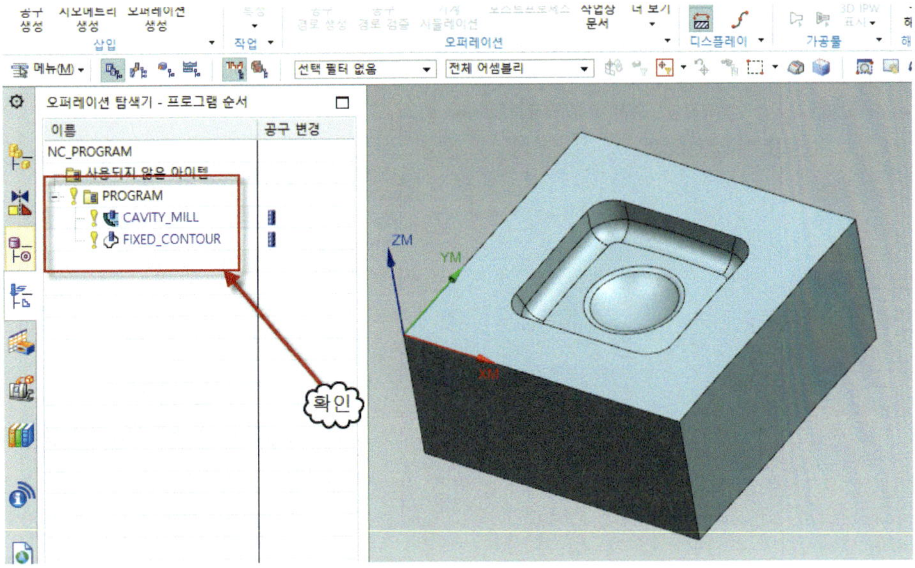

51 ① 프로그램 위에서 마우스 우클릭한 후 ② **공구 경로**에서 ③ **시뮬레이션**을 클릭하여 가공시간을 알고자 한다(가공시간은 40분 정도 맞추면 된다).

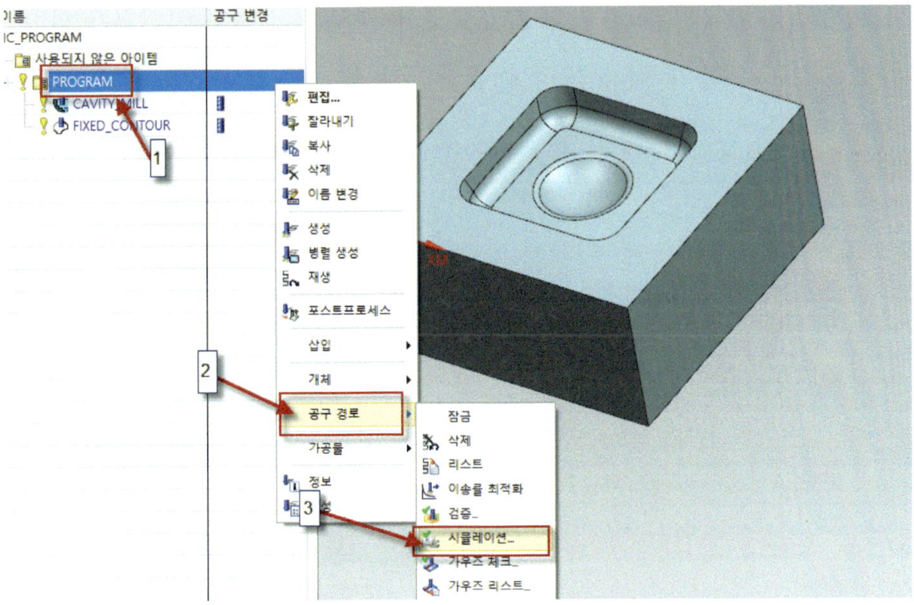

52 시뮬레이션 제어판에서 ① 속도를 10으로 하고 ② 플레이(▶)를 하면 가공 시간이 약 30분으로 나온다.

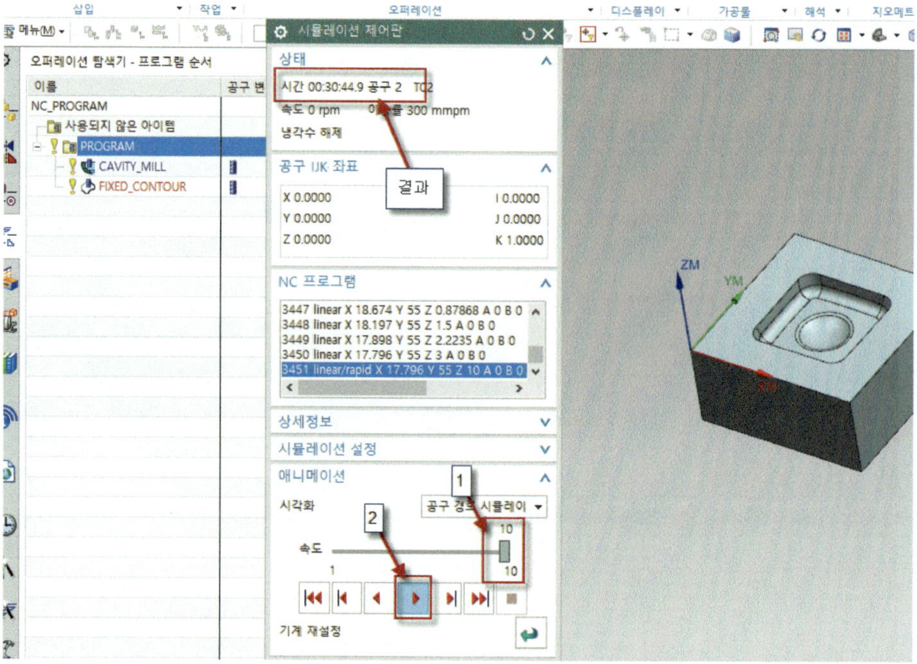

53 32분은 가공시간(40분)에 맞지 않으므로 수정하는 방법을 익히고자 한다. 정삭 공구 경로를 더블 클릭하면 정삭 공구 경로를 수정할 수 있다.

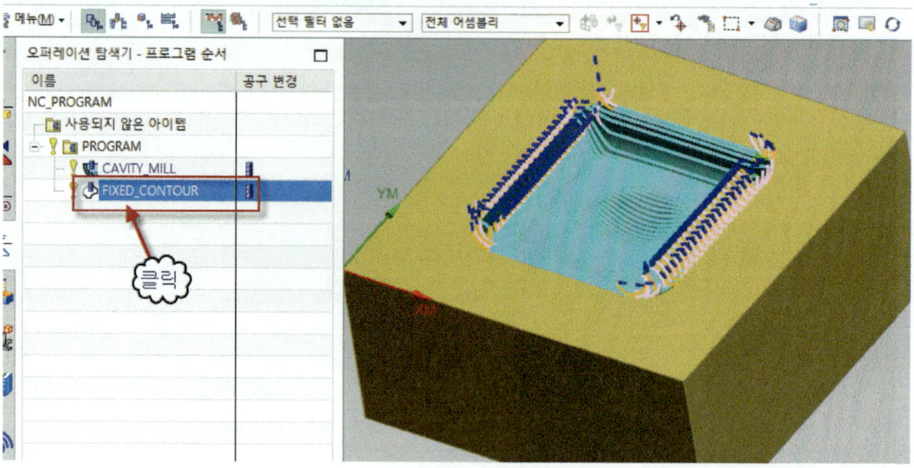

54 드라이브 방법에서 편집 아이콘을 클릭한다.

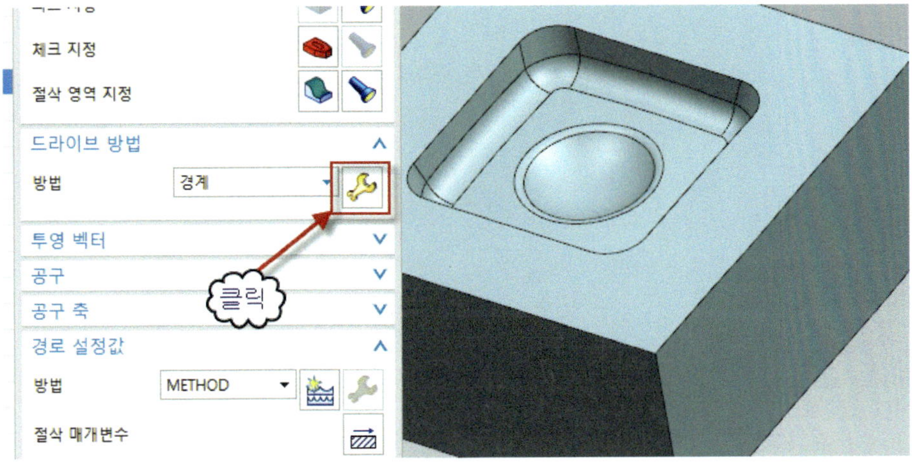

55 최대 거리를 0.8에서 0.5으로 줄인 다음 확인을 클릭한다.

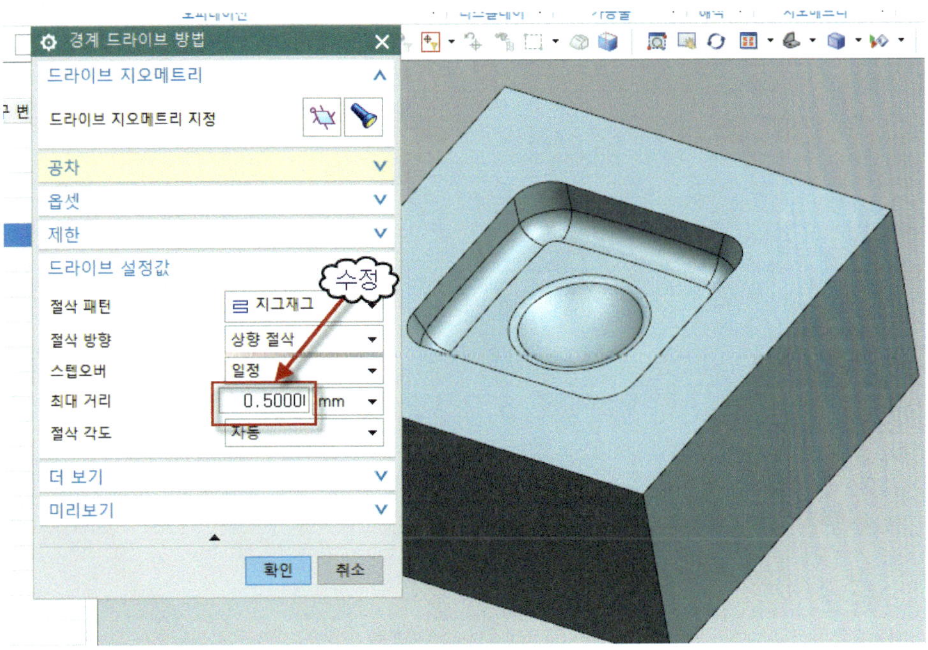

MEMO

56 생성을 클릭한 후 확인을 클릭한다.

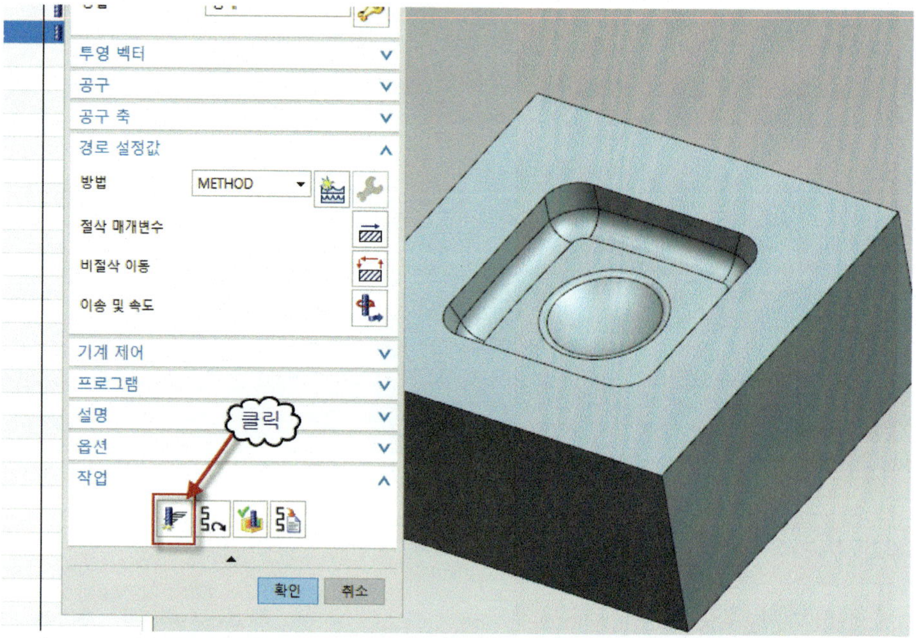

57 새로운 공구 경로가 생성되었다.

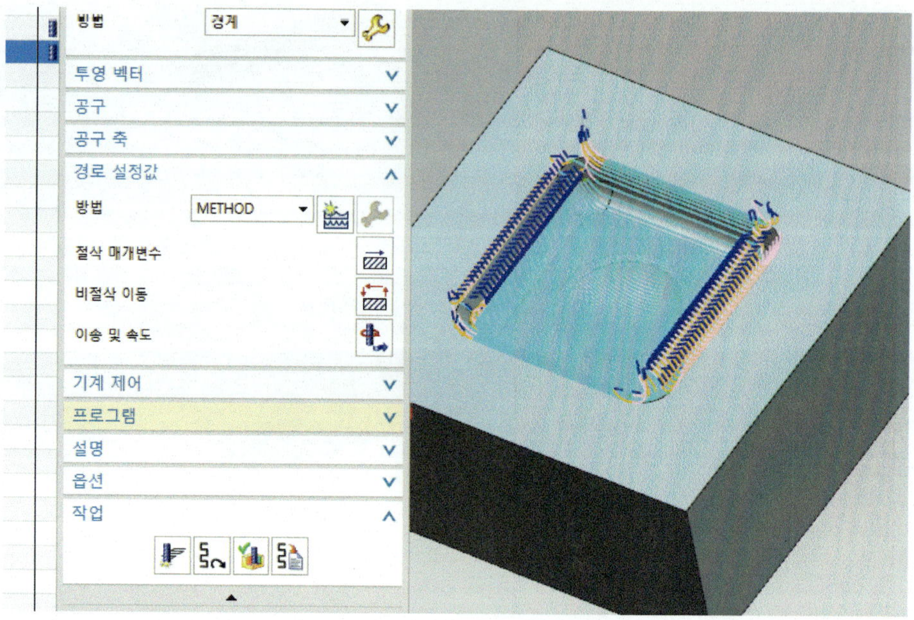

58 ① 프로그램 위에서 마우스 우클릭한 후 ② **공구경로**에서 ③ **시뮬레이션**을 클릭하여 가공시간을 알고자 한다(가공시간은 40분 정도 맞추면 된다).

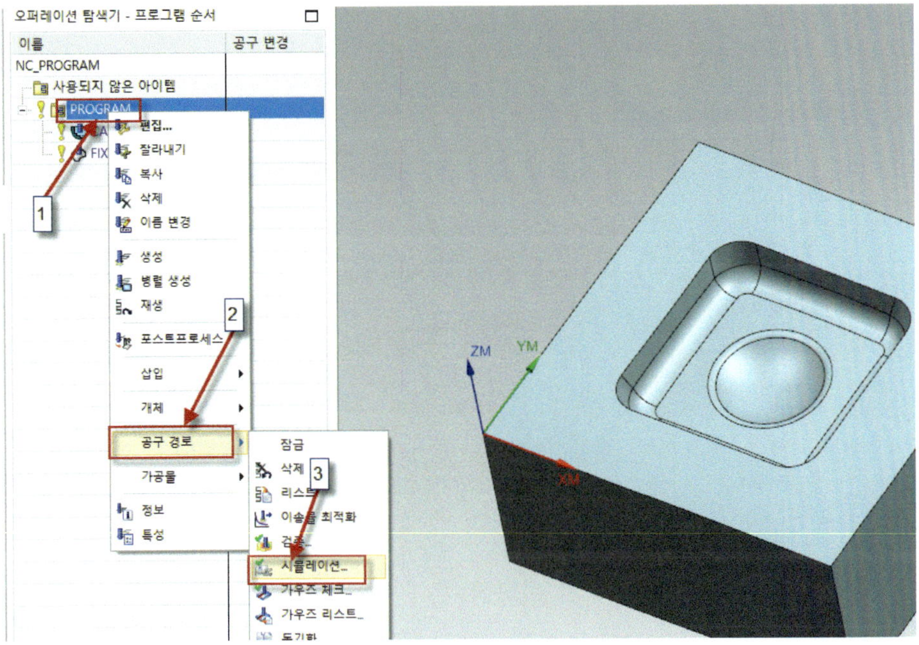

59 시뮬레이션 제어판에서 ① 속도를 10으로 하고 ② 플레이(▶)를 클릭하면 가공시간이 약 36분으로 나왔다.

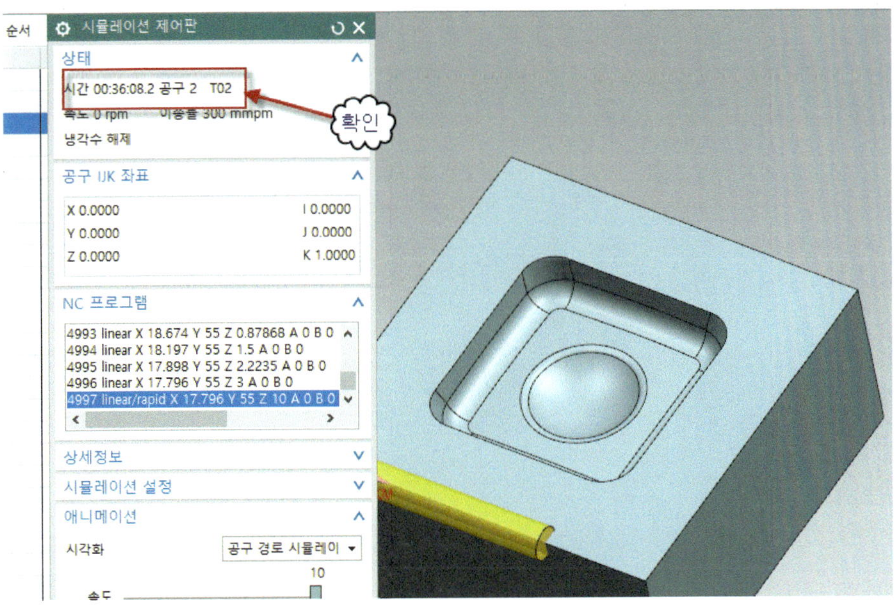

60 프로그램 위에서 마우스 우클릭하여 포스트프로세스를 선택한다. 이는 황삭, 정삭 NC데이터를 생성하고자 한다.

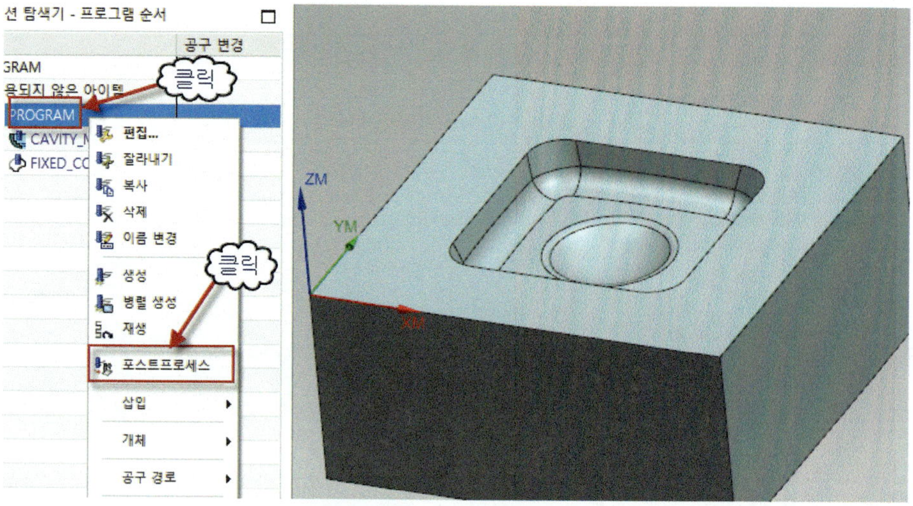

61 포스트프로세서를 장비에 맞게 변환한 후 단위를 **미터법/파트**로 수정한 후 확인을 클릭한다.

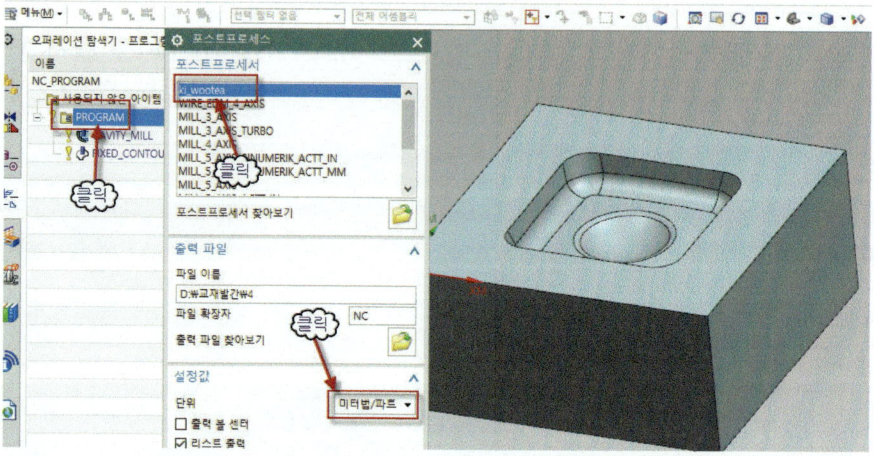

MEMO

62 NC DATA가 생성되었으면 % 위의 정보를 삭제한다.

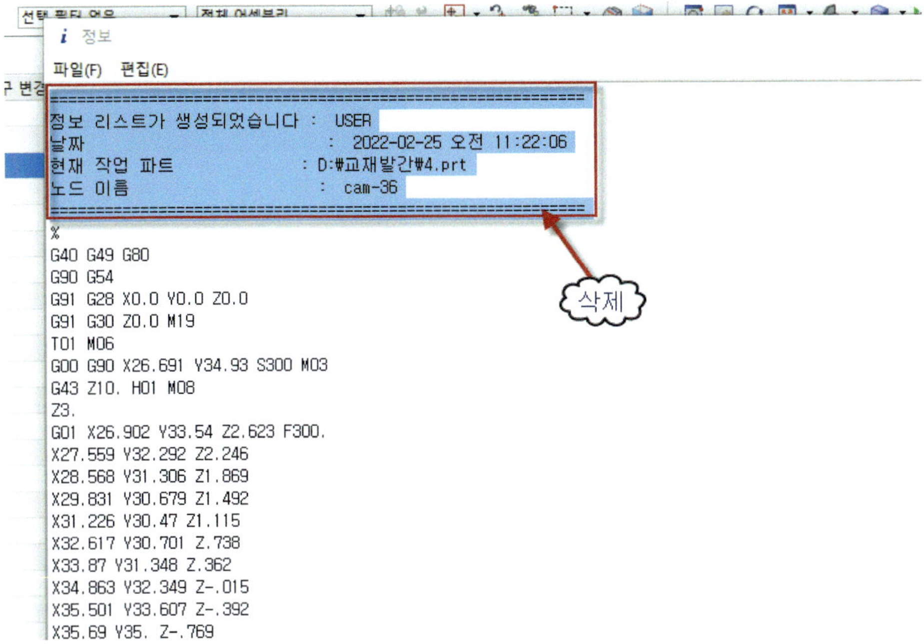

63 다른 이름으로 저장을 클릭하여 저장 위치를 정한다. 파일 이름을 ①과 같이 하고 파일 형식을 ②와 같이 한다.

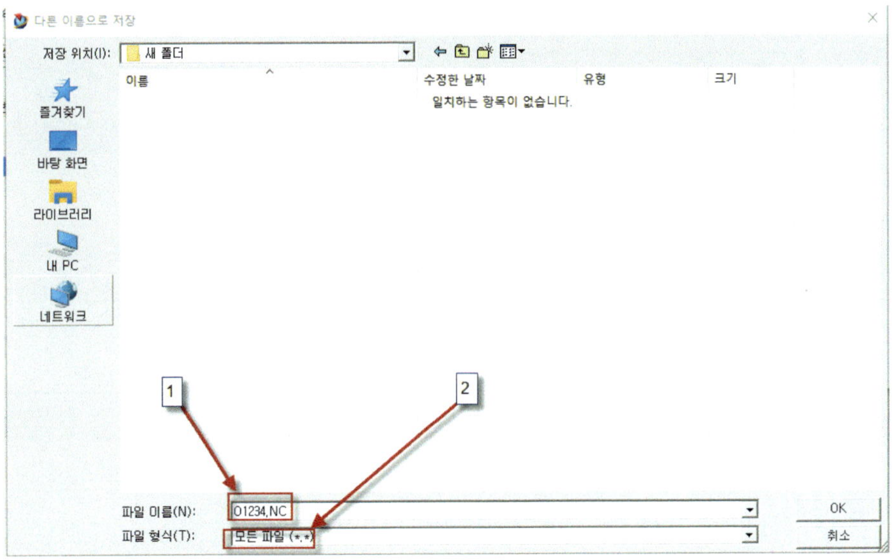

CHAPTER 03

2차원 머시닝센터를 이용한 CAM 가공

1. 2차원 포켓 CAM 가공 도면 및 요구 사항

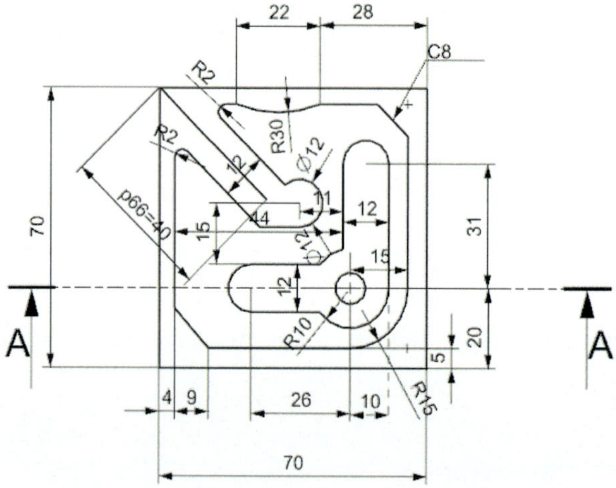

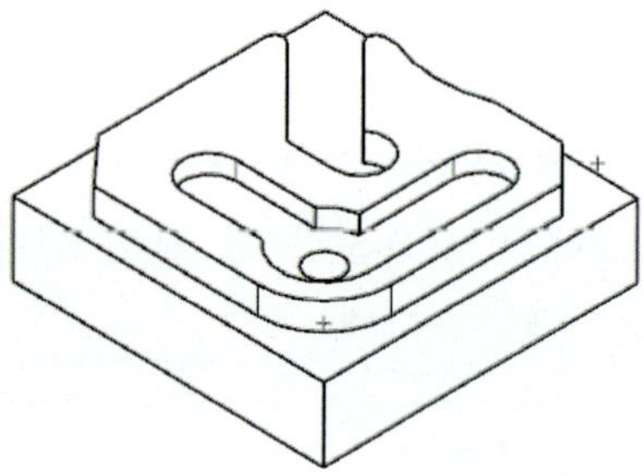

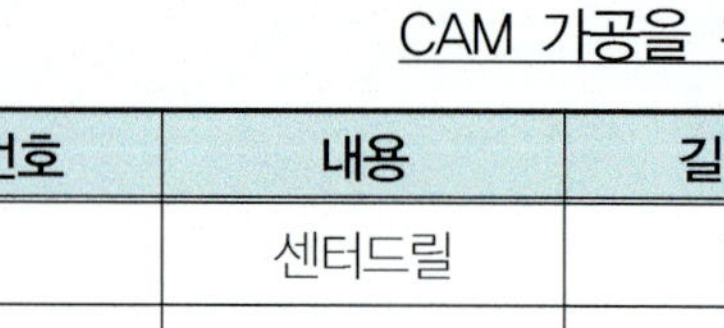

SECTION A-A

CAM 가공을 위한 절삭 지시서

공구 번호	내용	길이보정	경보정	가공순서
T01	센터드릴	H01		1
T02	6.8드릴	H02		2
T03	10평 엔드밀	H03	D03	3
T04	M8탭	H04		4

※ 절삭 속도 및 이송은 장비에 맞게 작업자가 선정한다.

2. 준비 작업

[1] 2차원 가공을 위해 응용 프로그램 클릭한 후 제조를 클릭한다.

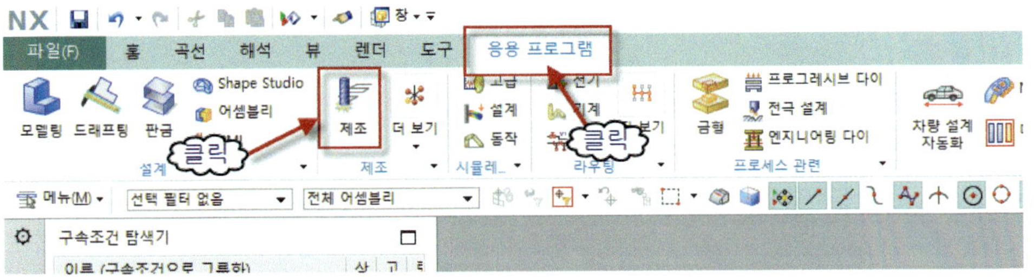

[2] 제조를 클릭하여 가공 환경 창이 활성화되면 CAM 세션 구성 및 생성할 CAM 설정에서 mill_contour를 클릭한 후 확인을 클릭한다.

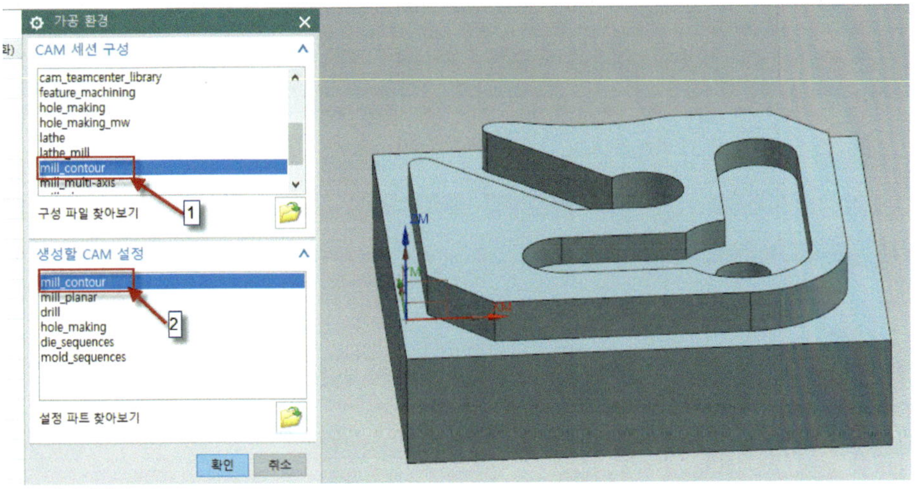

MEMO

3 ①을 클릭하고 ② 공구 생성 창의 ③ 유형에서 드릴을 선택한 후 ④ 공구 하위 유형에서 스폿 드릴을 선택하고 ⑤ 이름을 T01로 한 다음 확인을 클릭한다.

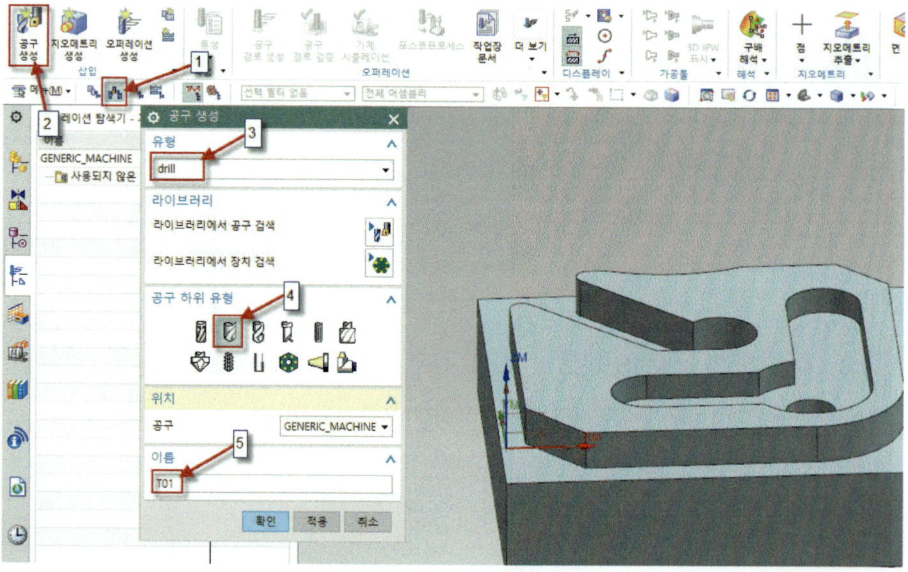

4 ① 직경을 3으로, ② 공구 번호 및 길이 보정을 1로 한 후 확인을 클릭한다.

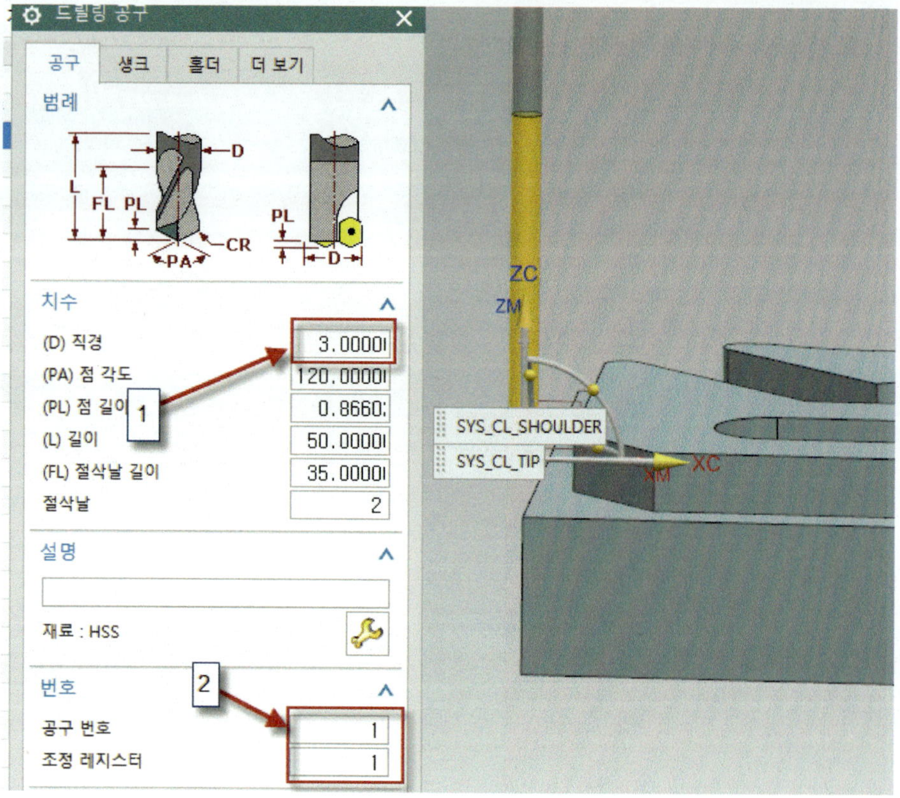

5 공구 생성을 클릭한 후 드릴을 선택한다. 공구 이름은 T02로 하고 확인을 클릭한다.

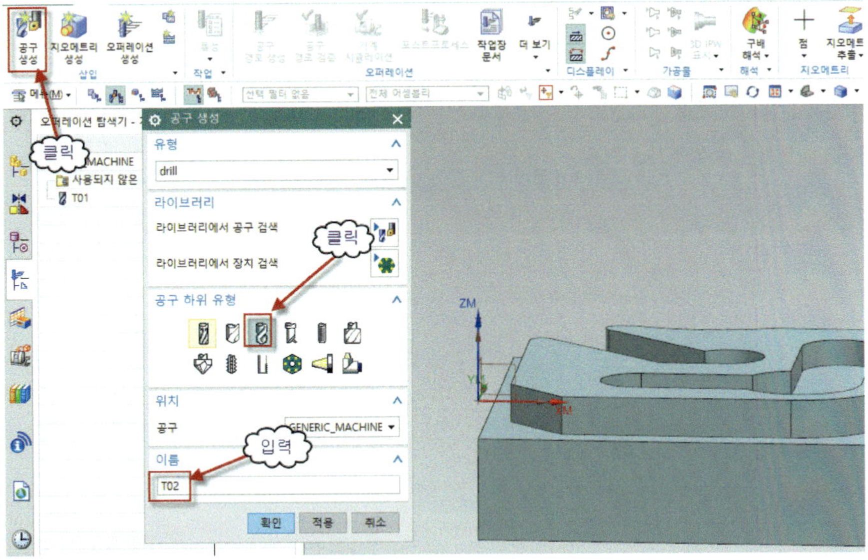

6 ① 드릴의 직경을 8, ② 공구 번호 및 조정 레지스터는 2로 한 다음 확인을 클릭한다. 드릴 직경은 작아야 하지만 포인트 이동이기 때문에 장비에 설치되어 있는 2번 공구로 가공되므로 상관없다.

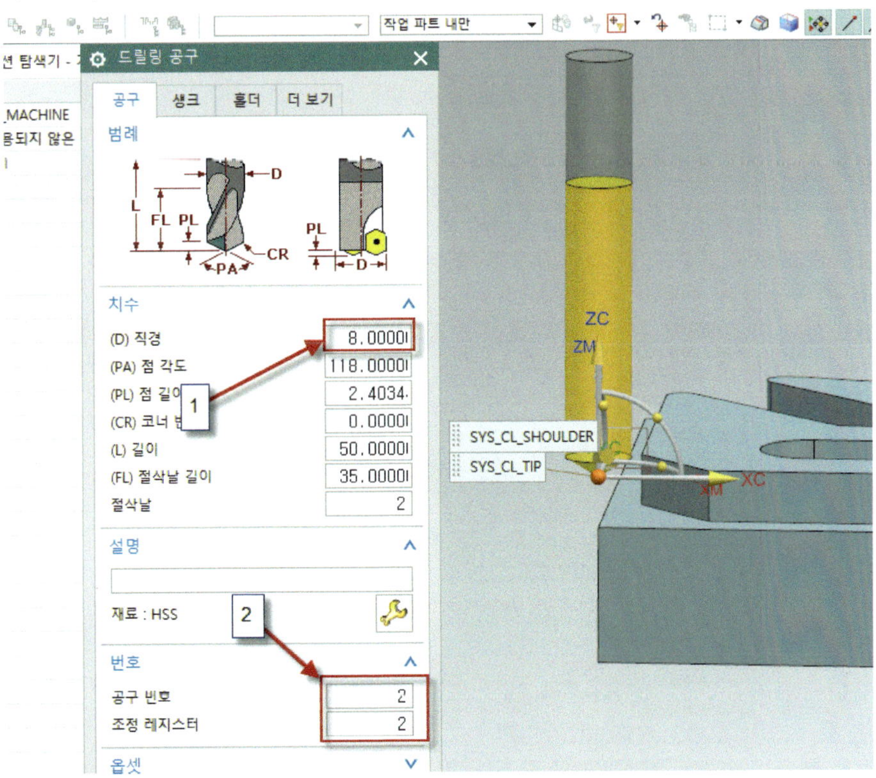

7 ① 공구 생성을 클릭한 후 ② 유형을 mill_contour로 바꾼다. ③ 평 엔드밀을 선택하고 ④ 공구 이름을 T03으로 수정한 후 확인을 클릭한다.

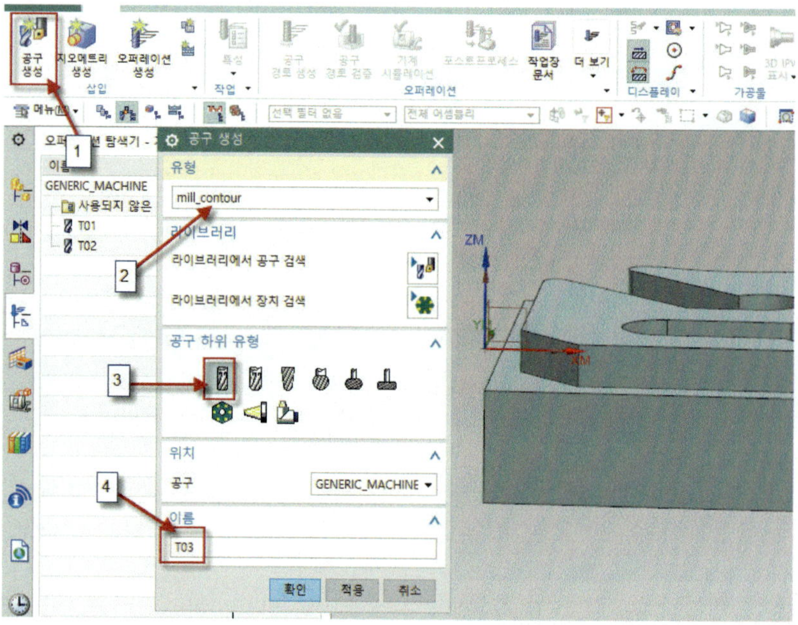

8 ① 엔드밀 직경을 10으로 수정한다. ② 번호 3곳을 3으로 입력한 후 확인을 클릭한다.

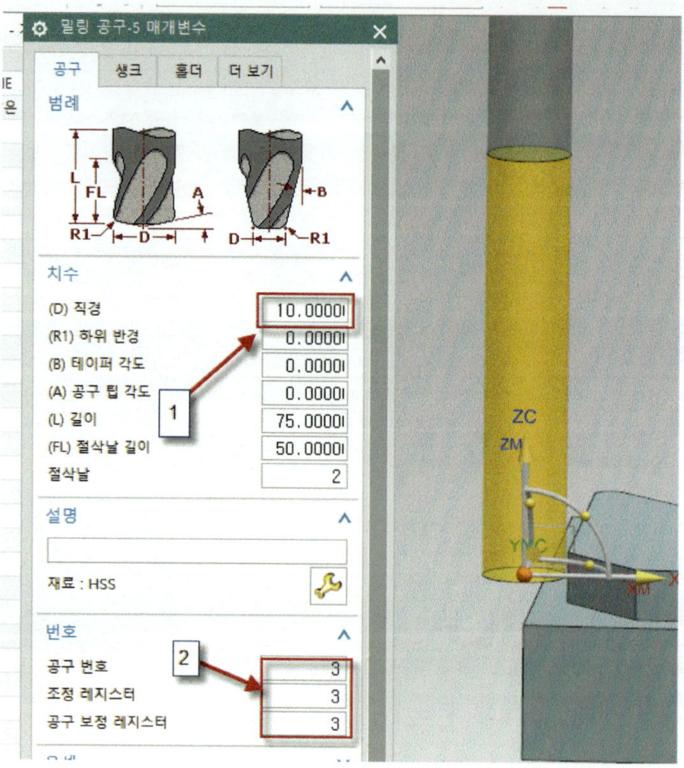

9 ① 공구 생성을 클릭한다. ② 유형에서 드릴을 선택한다. ③ 탭 아이콘을 클릭하고 ④ 공구 이름을 T04로 한 다음 확인을 클릭한다.

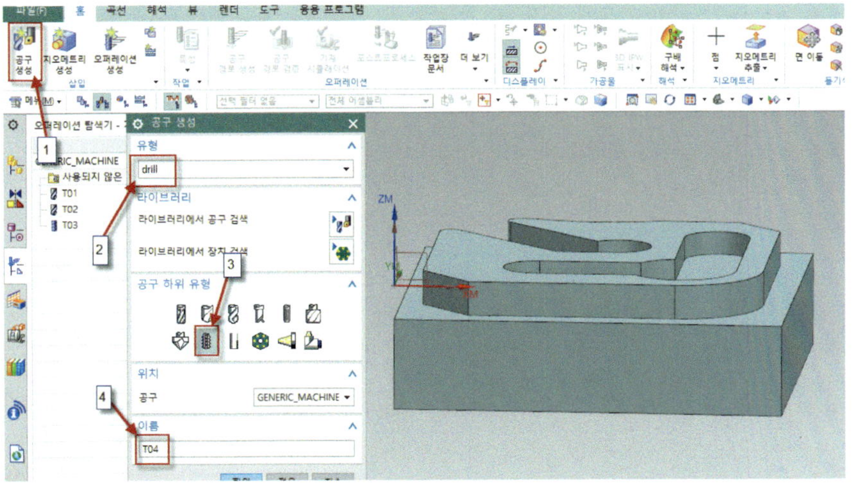

10 ① 공구 직경을 8로 입력하고 ② 번호란에 각각 4를 입력한 후 확인을 클릭한다.

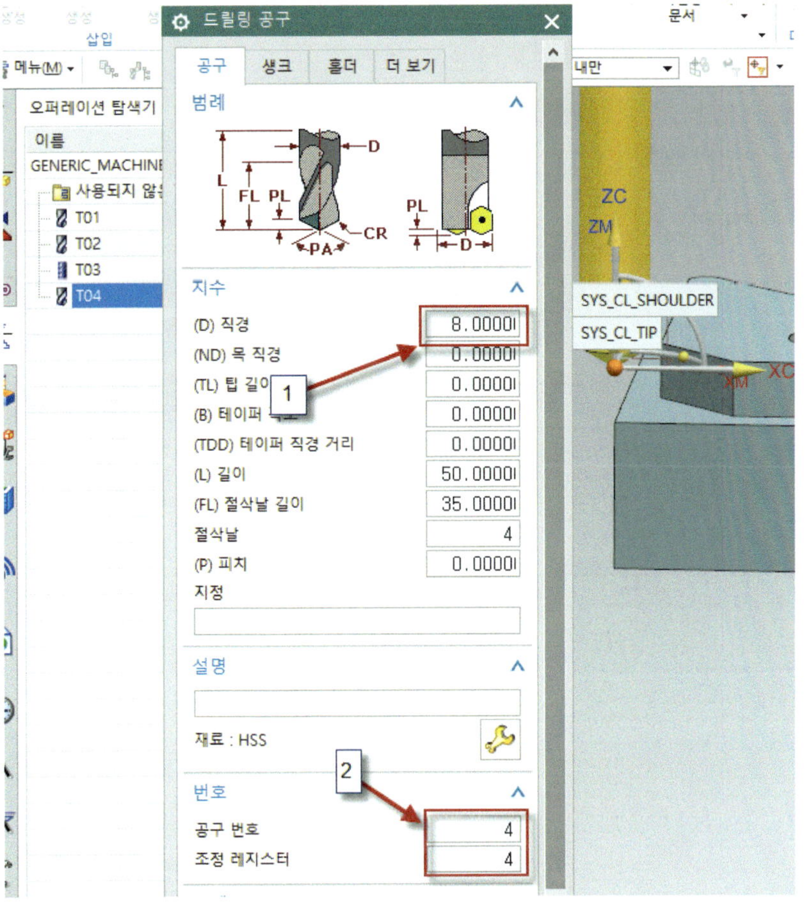

⑪ 아래 그림처럼 공구 4개가 만들어지는 것을 알 수 있다.

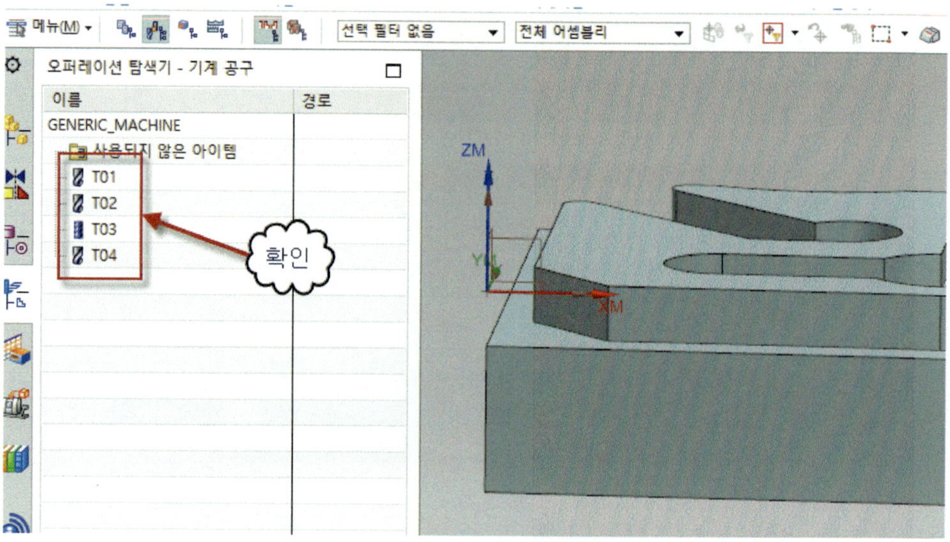

⑫ G54좌표 및 소재를 생성하기 위해서 +를 클릭한다.

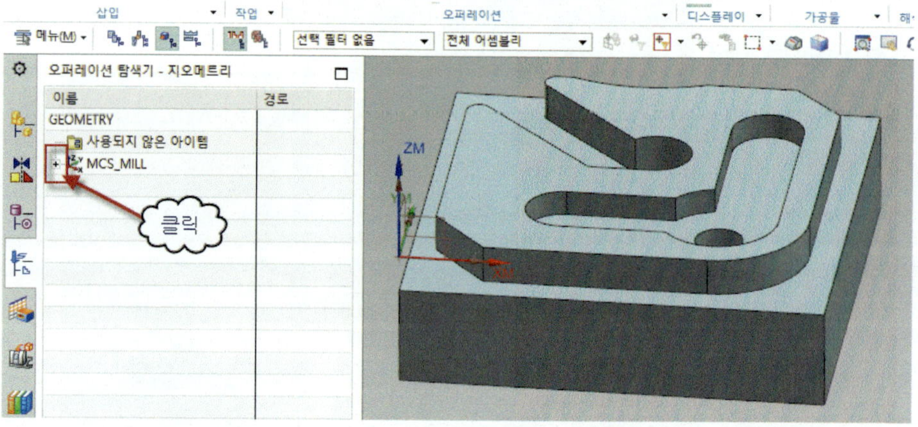

MEMO

13 MCS_MILL을 더블 클릭한다.

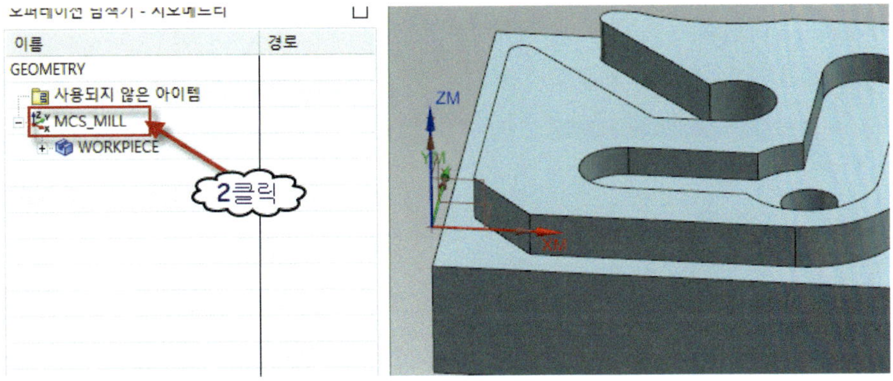

14 좌표계 다이얼로그 아이콘을 클릭한다.

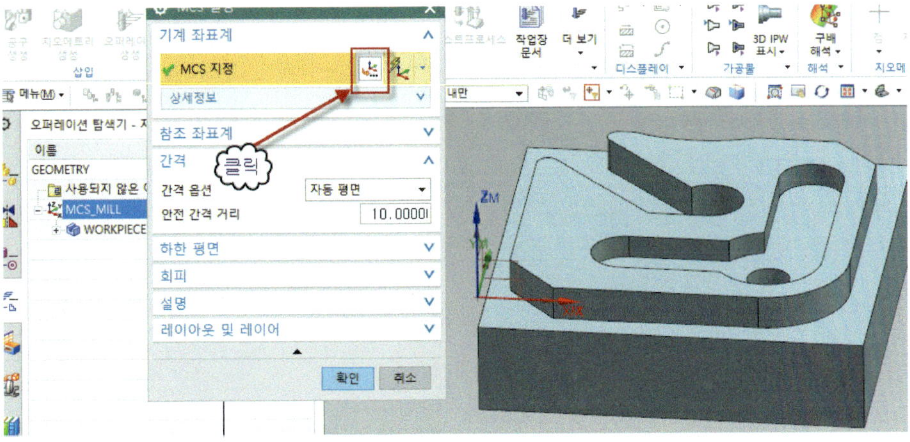

15 좌표계가 맞으면 확인, 확인을 클릭한다.

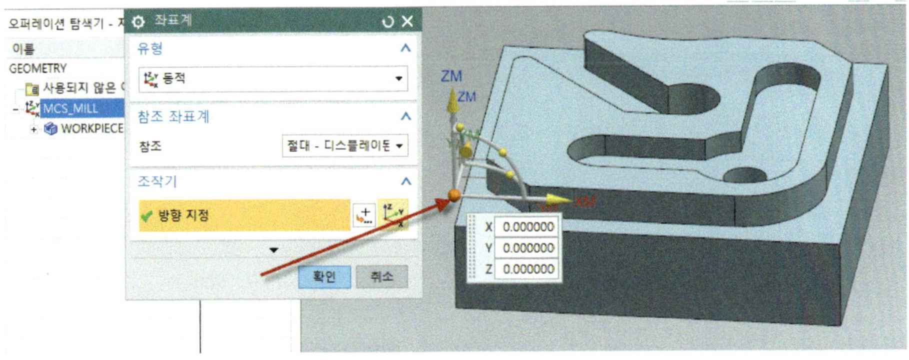

⑯ 소재를 만들기 위하여 workpiece를 클릭한다.

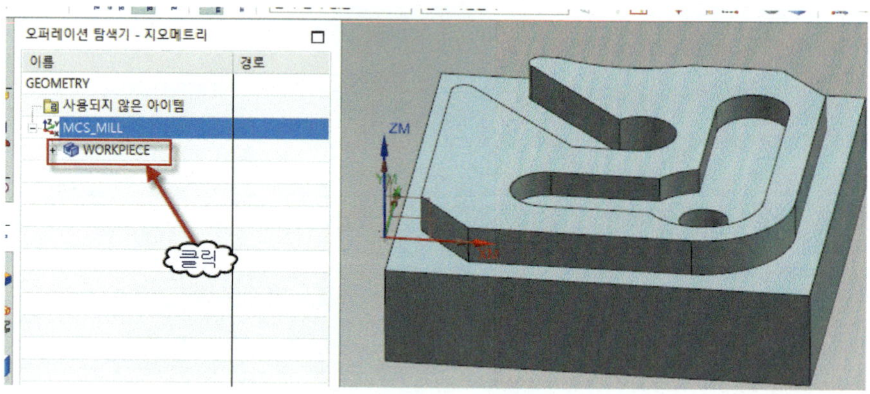

⑰ 가공물을 지정하기 위하여 파트 지정 아이콘을 클릭한다.

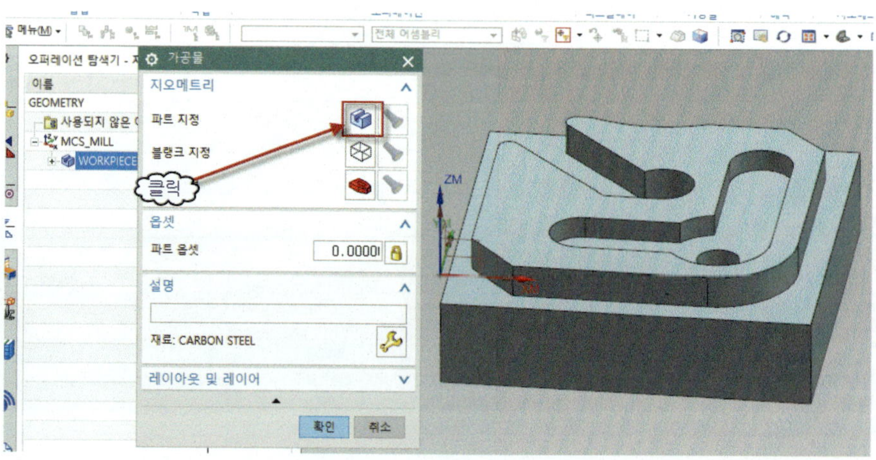

⑱ 소재를 클릭한 후 확인을 클릭한다.

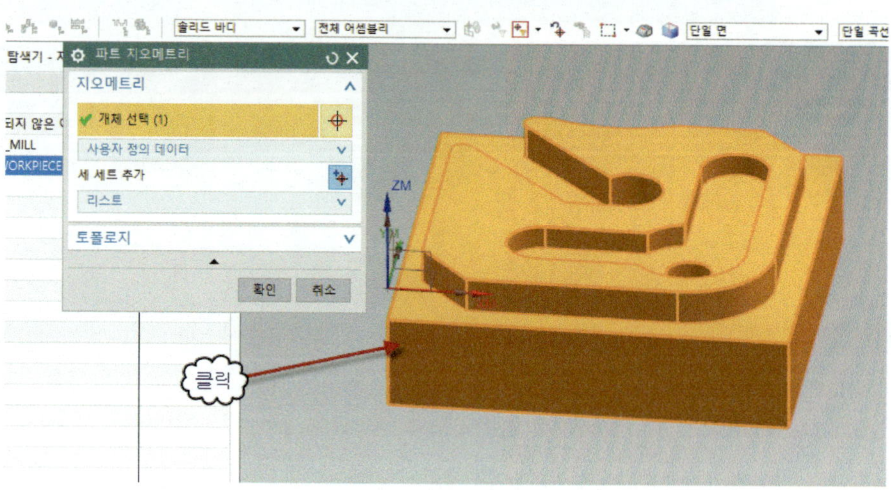

19 블랭크 지정은 소재를 만들어주는 것으로 아이콘을 클릭한다.

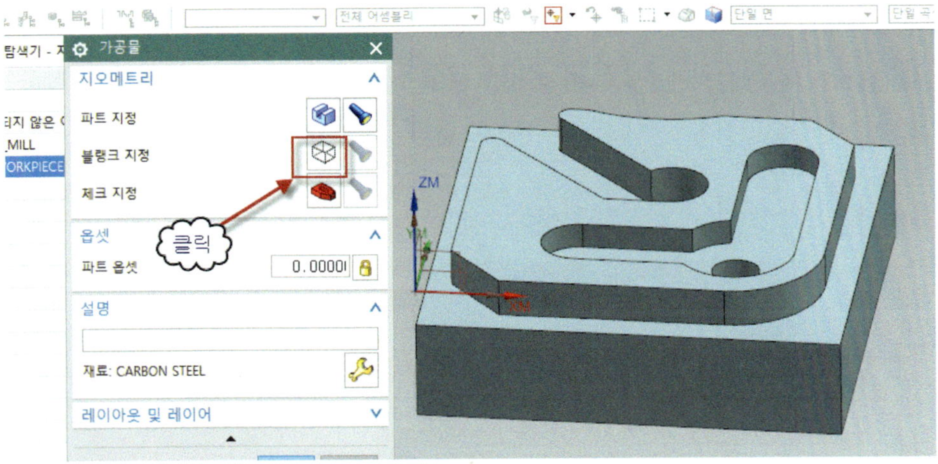

20 유형에서 **경계 블록**으로 수정하고, 자동으로 소재가 생성되면 확인을 클릭한다.

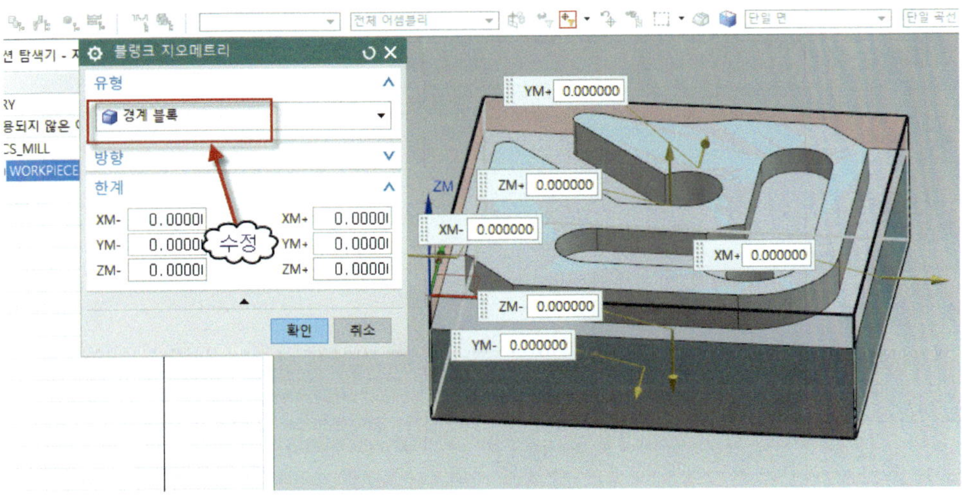

MEMO

3. 센터드릴 가공

1 센터드릴 가공을 위해 ① **오퍼레이션 생성**을 클릭한다. ② **유형**에서 **드릴**로 변환하고 ③ **스폿드릴**을 선택한 후, ④ 그림과 같이 수정한 다음 **확인**을 클릭한다.

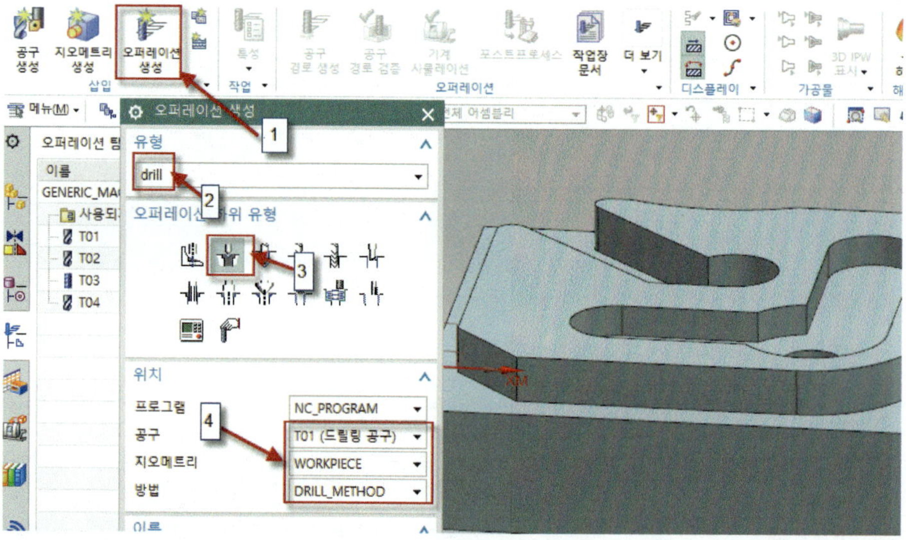

2 **스포트 드릴링** 창이 활성화되면 **구멍 지성** 아이콘을 클릭한다.

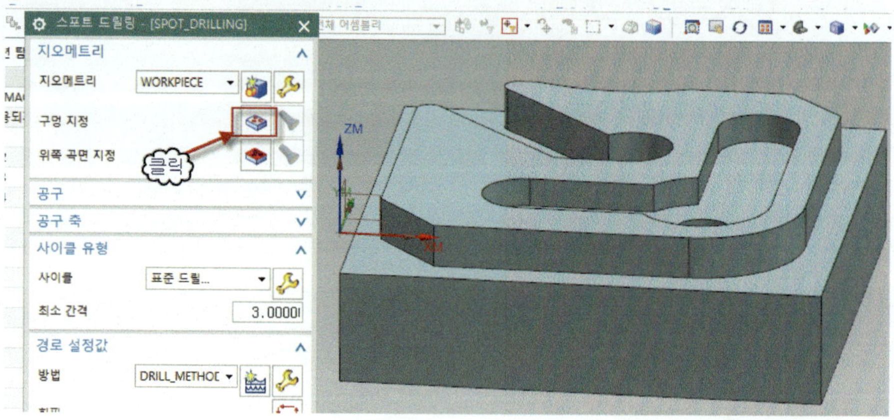

3 선택 아이콘을 클릭한다.

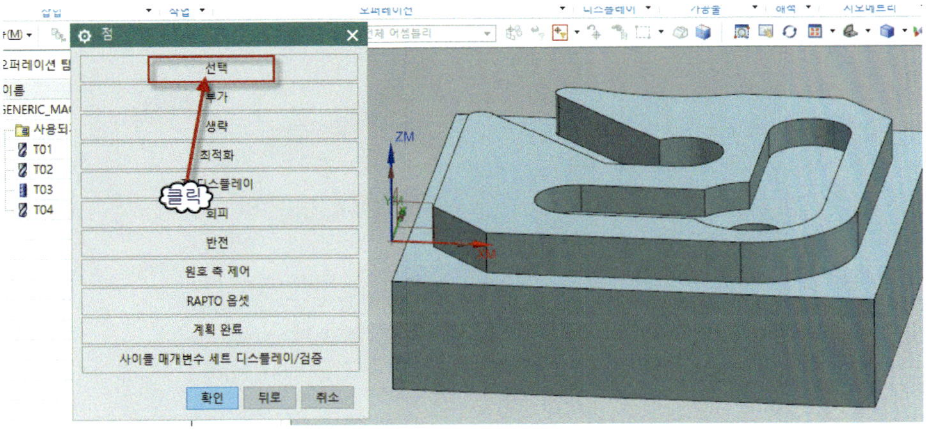

4 마우스로 **구멍**을 선택한 후 **확인** 또 **확인**을 클릭한다(구멍이 여러 개 있을 경우 클릭한 순서대로 가공된다).

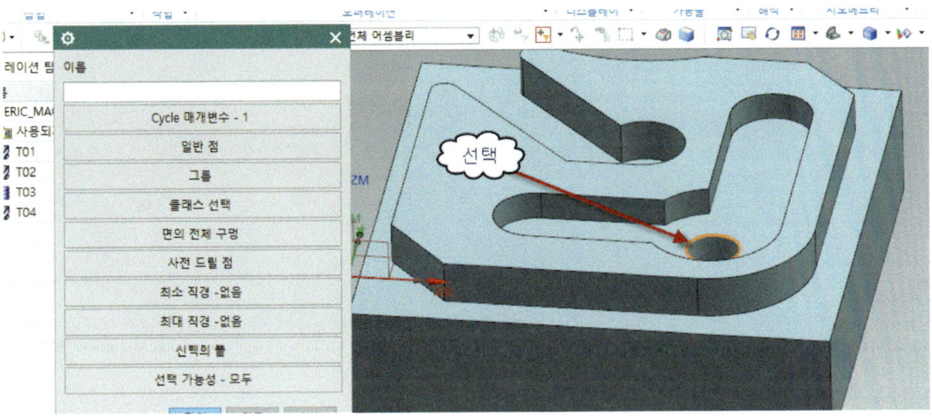

MEMO

5 위쪽 곡면 지정 아이콘을 클릭한다.

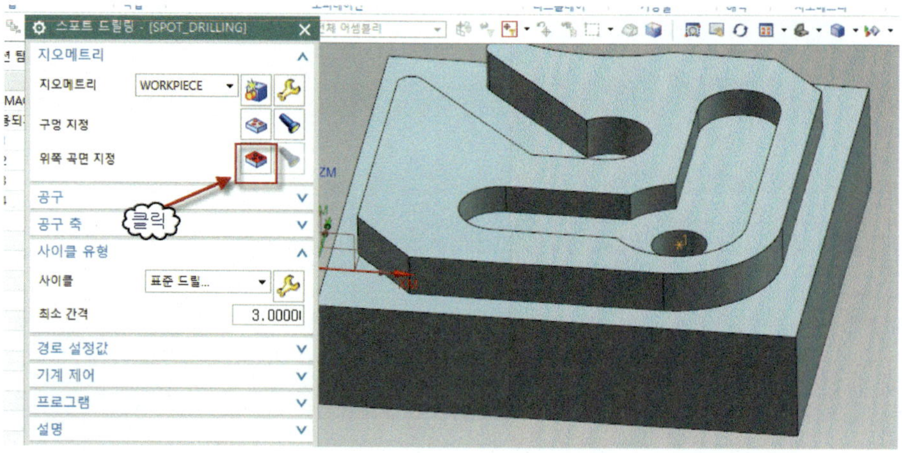

6 ① 위쪽 곡면 옵션을 **평면**으로 한 다음 ② 소재 윗면을 클릭하고 확인을 클릭한다.

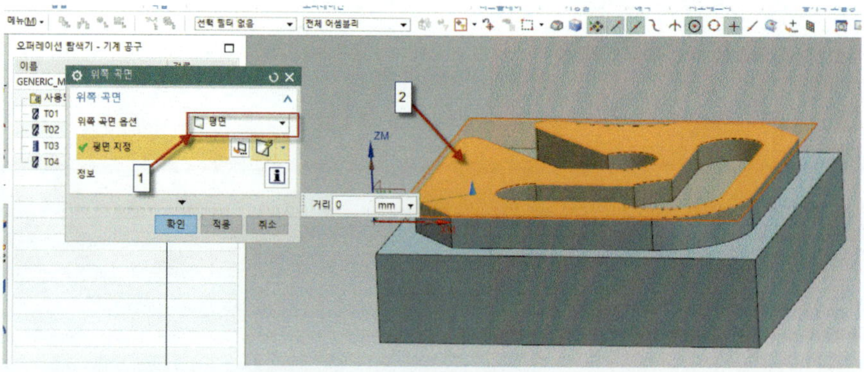

7 사이클 유형에서 사이클 편집 아이콘을 클릭한다.

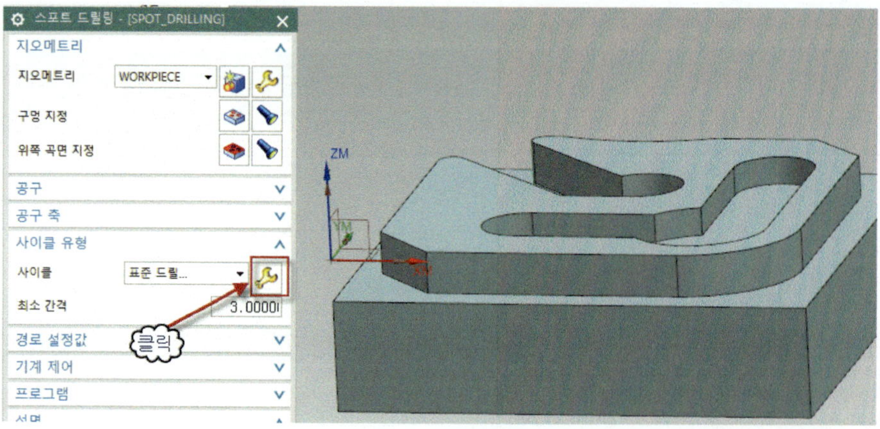

8 개수 지정 창이 활성화되면 그냥 확인을 클릭한다.

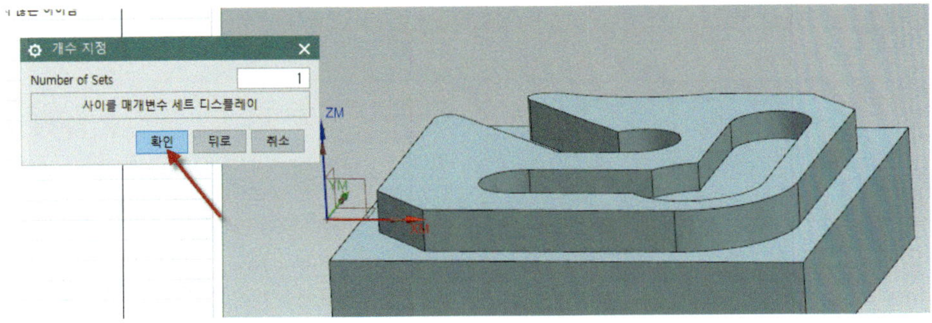

9 현재 깊이 값이 0으로 되어있는데, 깊이 값을 주기 위해 Depth를 클릭한다.

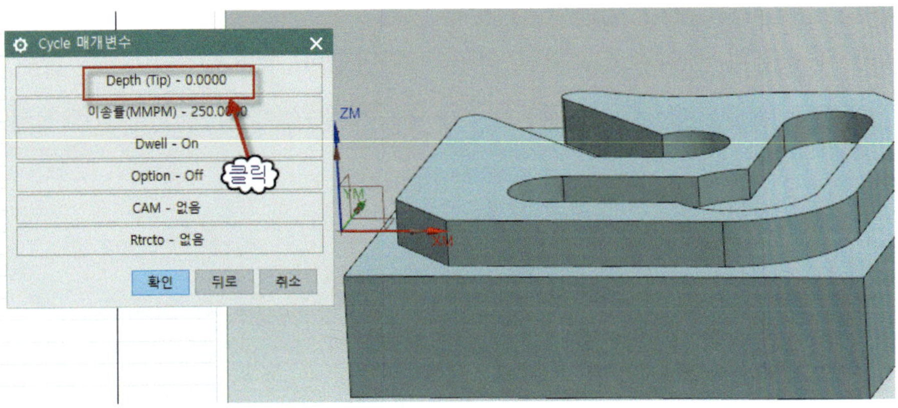

10 드릴의 끝점인 공구 팁에서 깊이 값을 주기 위해 **공구 팁 깊이**를 클릭한다.

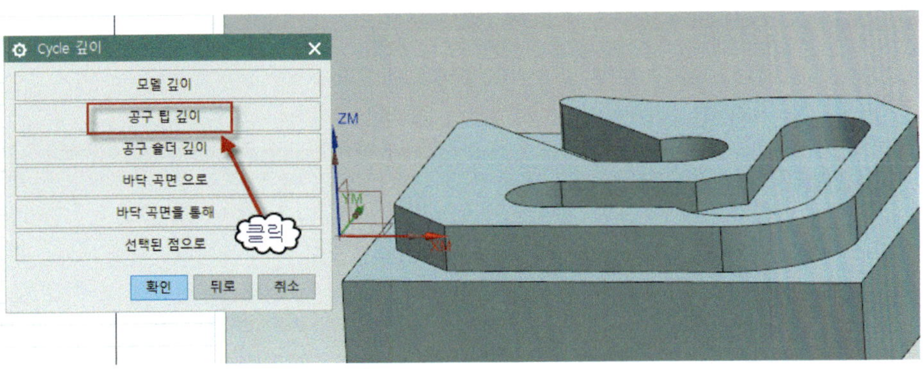

11 윗면에서부터 약 3~4mm 가공될 수 있도록 수정한 후 확인을 클릭한다.

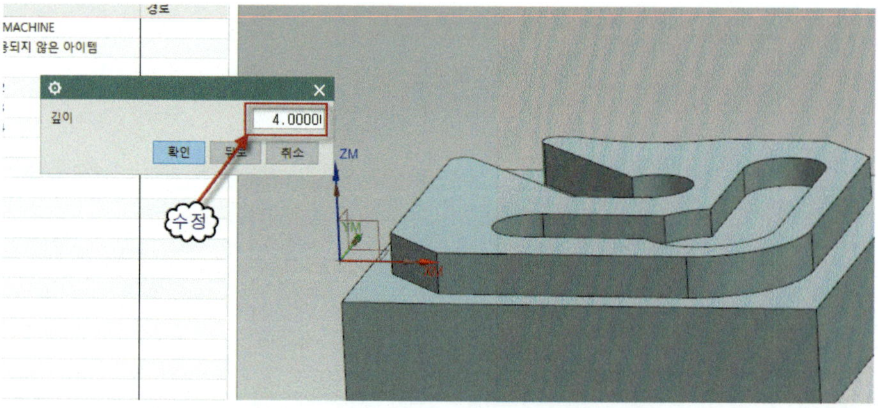

12 G99와 G98의 차이점으로 R점 복귀를 의미한다. Rtrcto - 없음을 클릭한다.

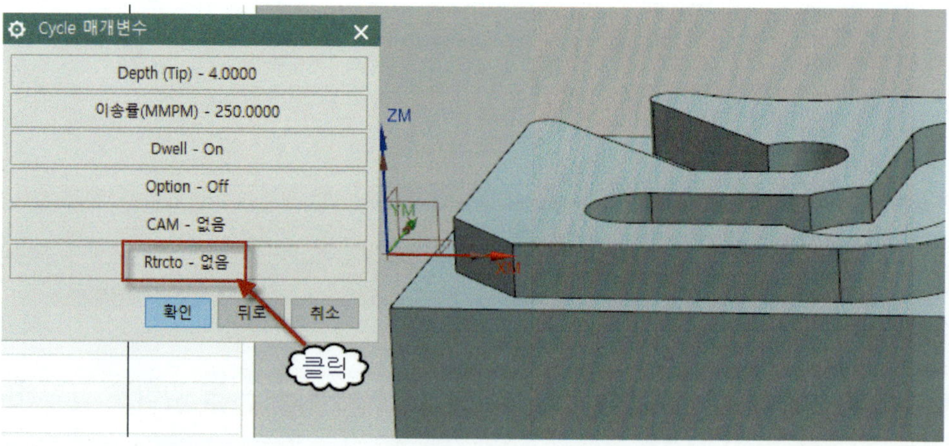

13 거리를 클릭한다.

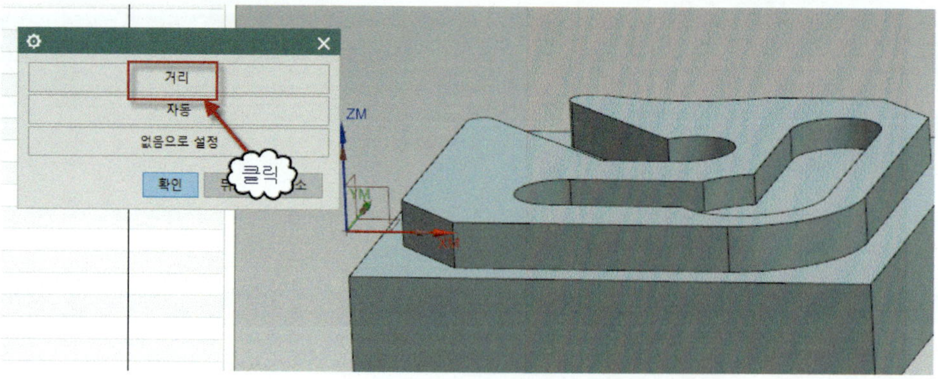

14 Rtrcto에 값을 입력하면 G99(R점 복귀)로, 값을 넣지 않고 0으로 하면 G98(시작점 복귀)로 된다. 값은 보통 1~2로 설정한다. 확인 또 확인을 클릭한다.

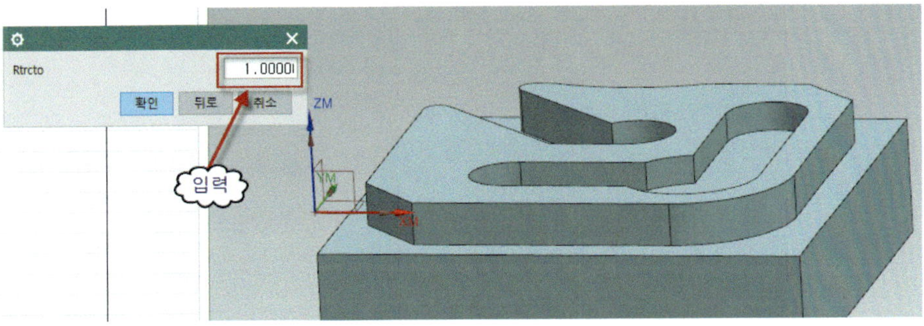

15 안전 높이를 주기 위하여 회피를 클릭한다.

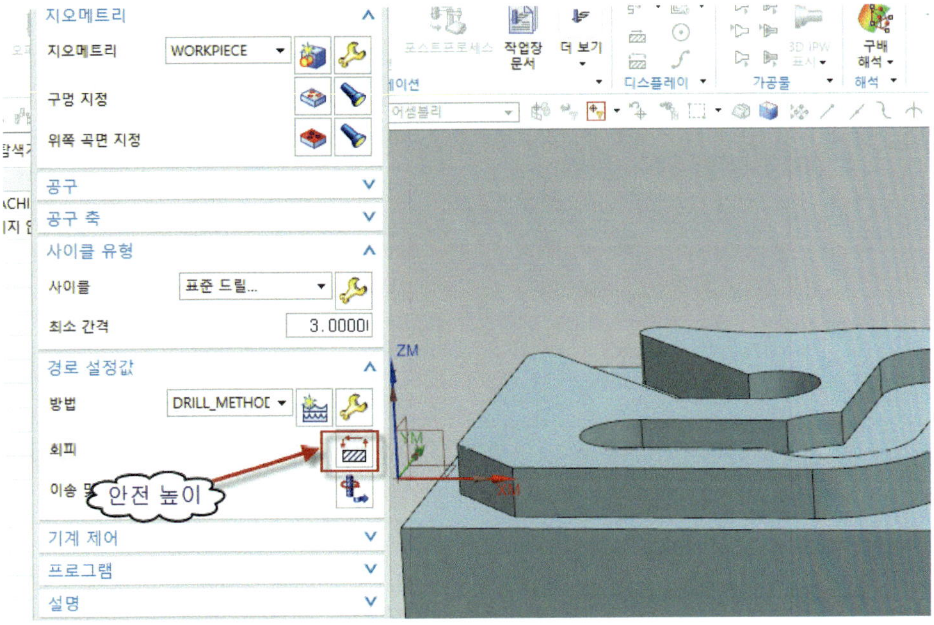

16 아래 그림의 Clearance Plane - 없음을 클릭한다.

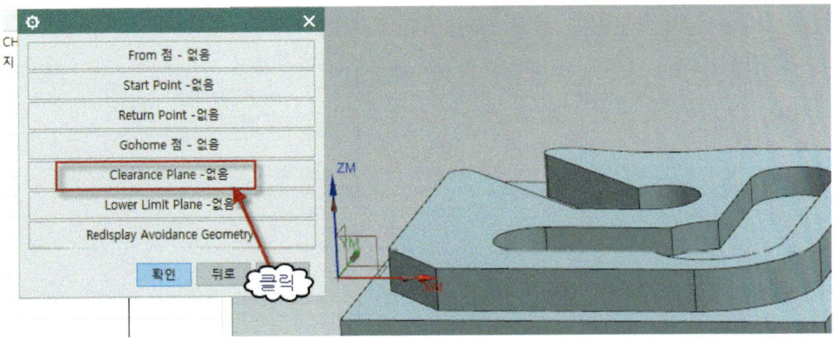

⑰ 지정을 클릭한다.

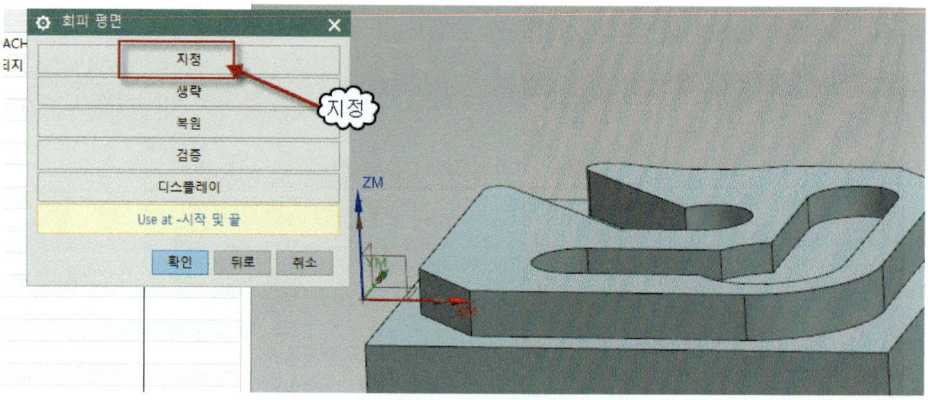

⑱ 가공물 윗면을 클릭하고 거리 값을 약 10mm로 한 후 확인, 확인, 확인을 클릭한다.

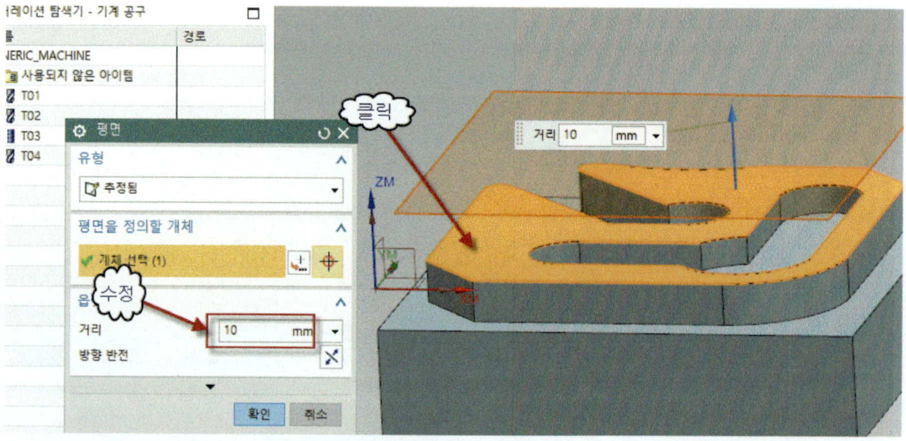

⑲ 이송 및 속도 아이콘을 클릭한다.

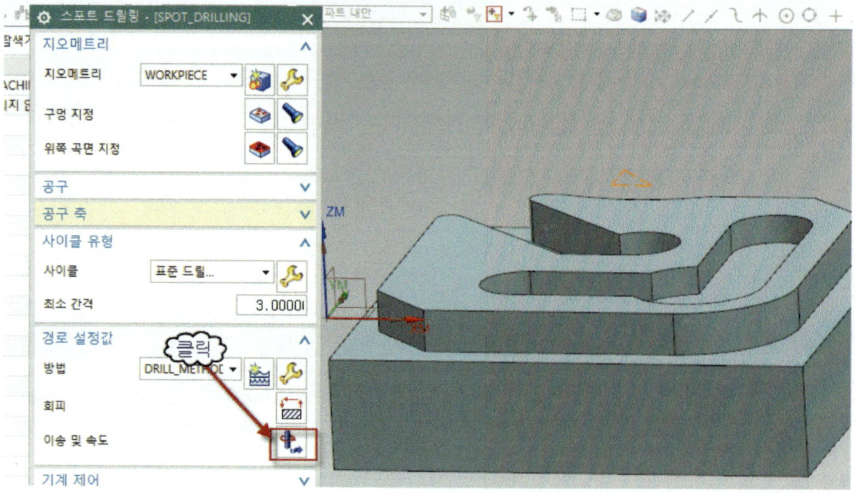

20 스핀들 속도 체크박스에 체크한 다음 스핀들 속도 및 절삭 값을 각각 입력한 후 확인을 클릭한다.

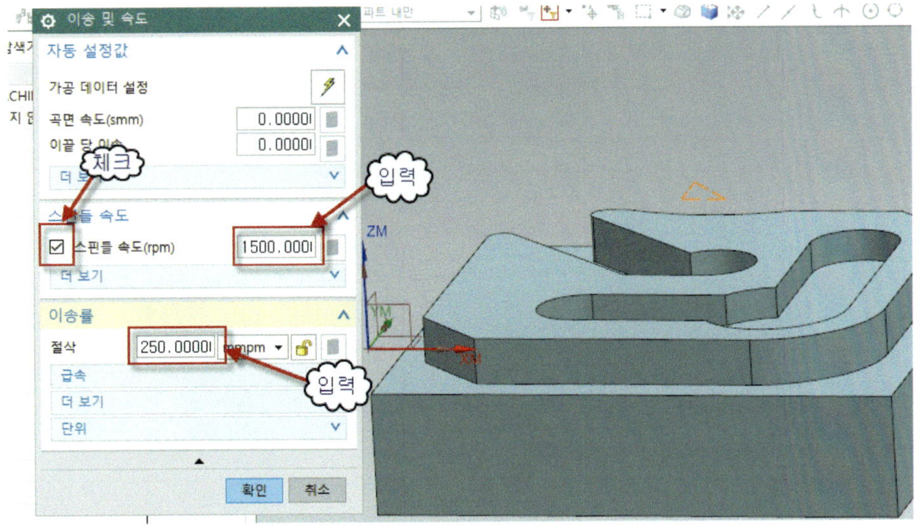

21 생성을 클릭한다.

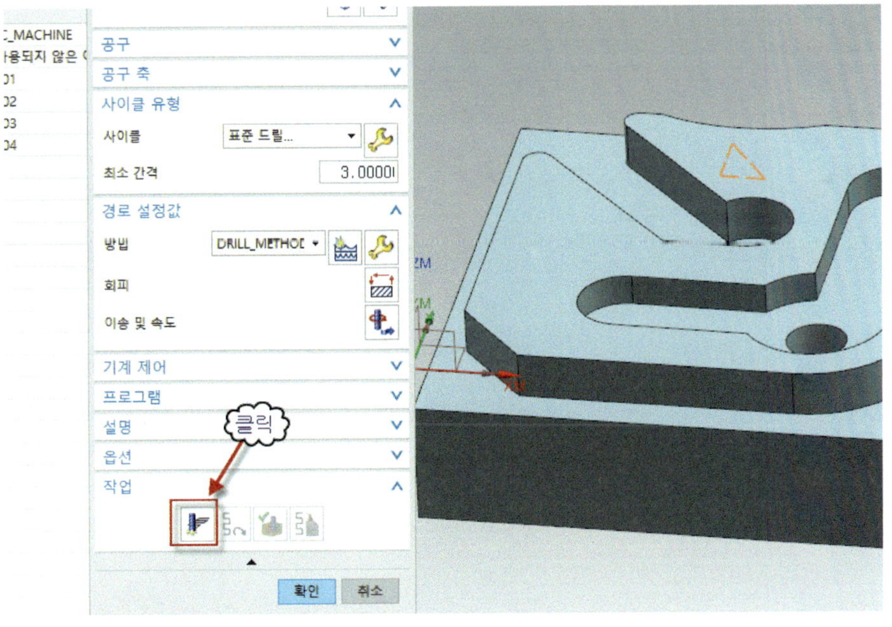

22 공구 경로가 생성되었음을 알 수 있다.

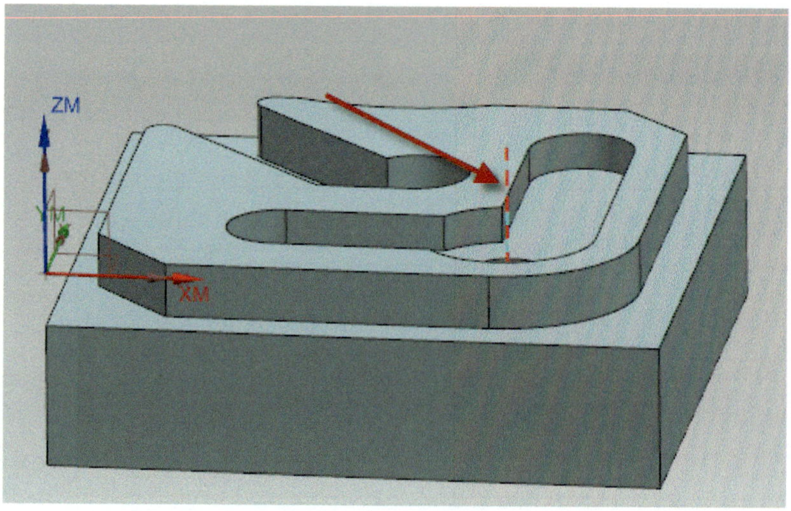

23 검증을 완료하였으면 확인, 확인을 클릭한다.

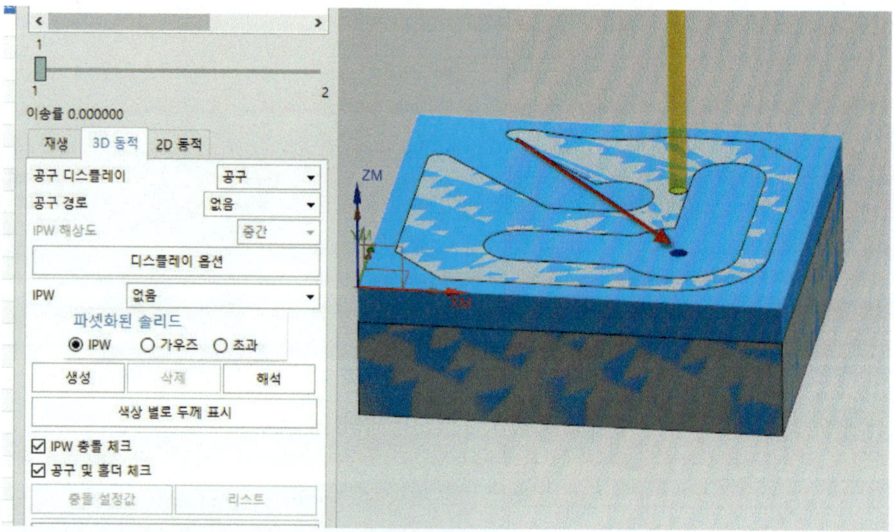

MEMO

4. 드릴 가공

1 오퍼레이션 생성 아이콘을 클릭한다. ① 유형을 드릴로 하고 ② 팩 드릴링을 클릭한다. ③ 공구는 T02로, ④ 지오메트리에서 WORKPIECE로 변환한 다음 ⑤ 방법을 DRILL_METHOD로 수정한 후 확인을 클릭하면 팩 드릴링 가공으로 변환된다.

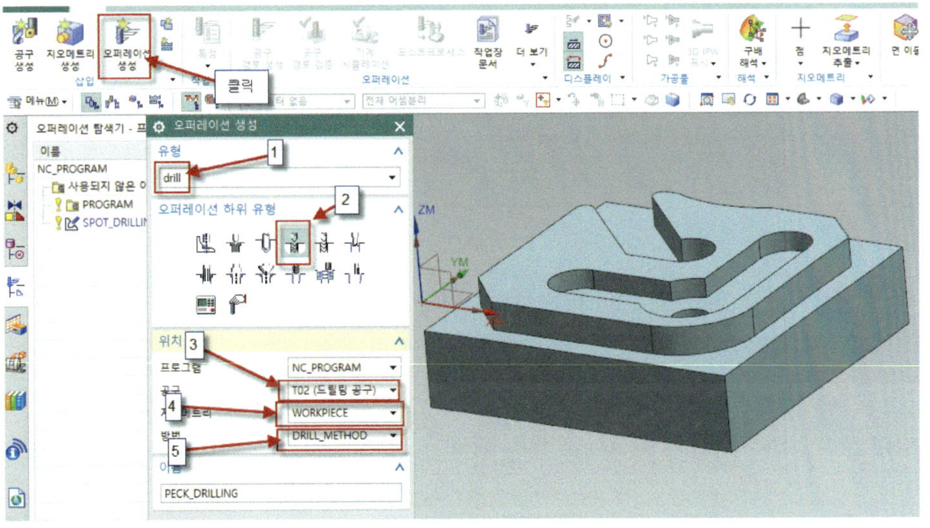

2 팩 드릴링에서 구멍을 지정하기 위하여 구멍 지정 아이콘을 클릭한다.

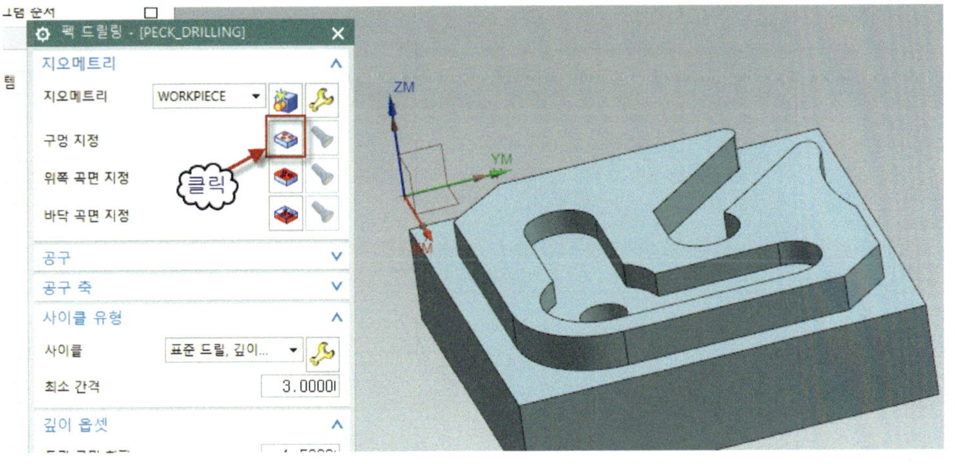

3 점 창에서 선택을 클릭한다.

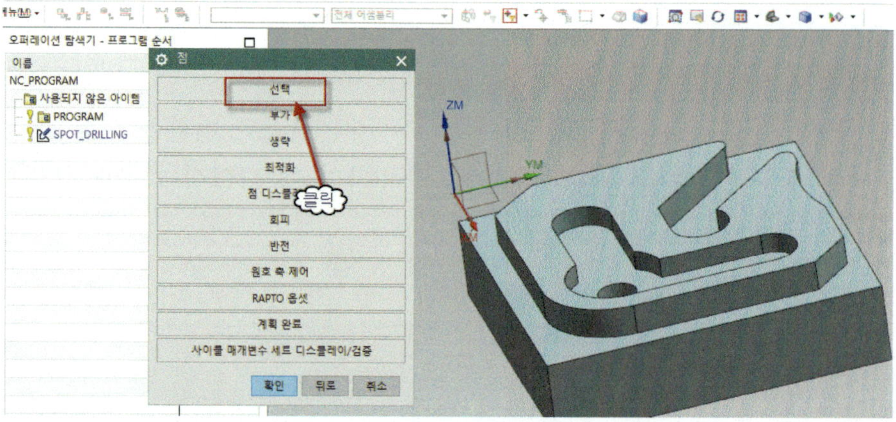

4 소재의 구멍을 클릭한 후 확인을 클릭한다.

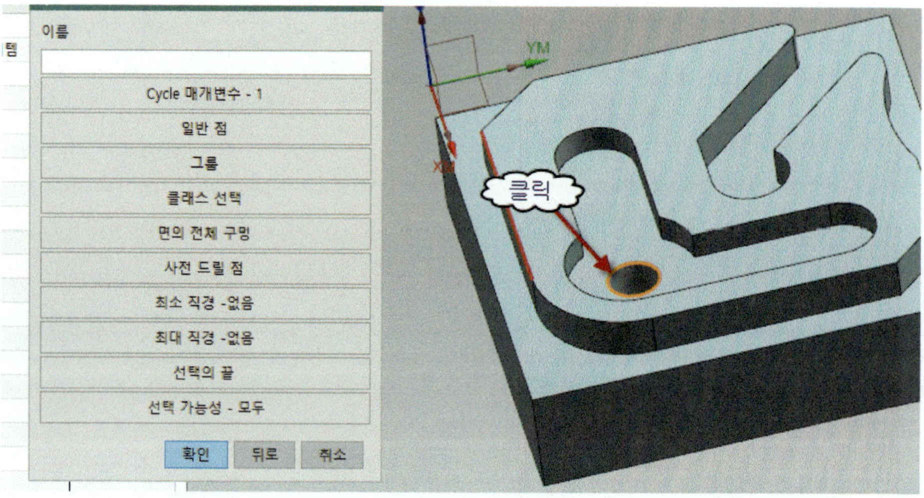

MEMO

5 위쪽 곡면 지정 아이콘을 클릭한다.

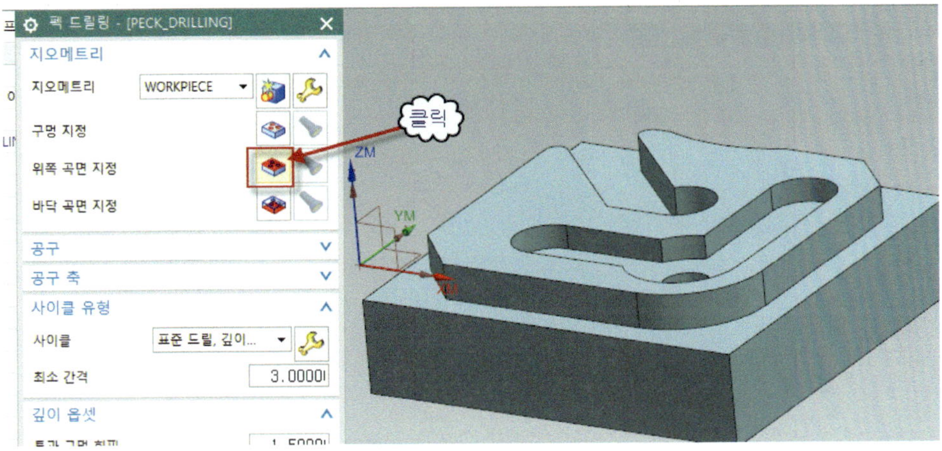

6 위쪽 곡면 옵션에 **평면**을 클릭하고 소재 윗면을 클릭한 후 확인을 클릭한다.

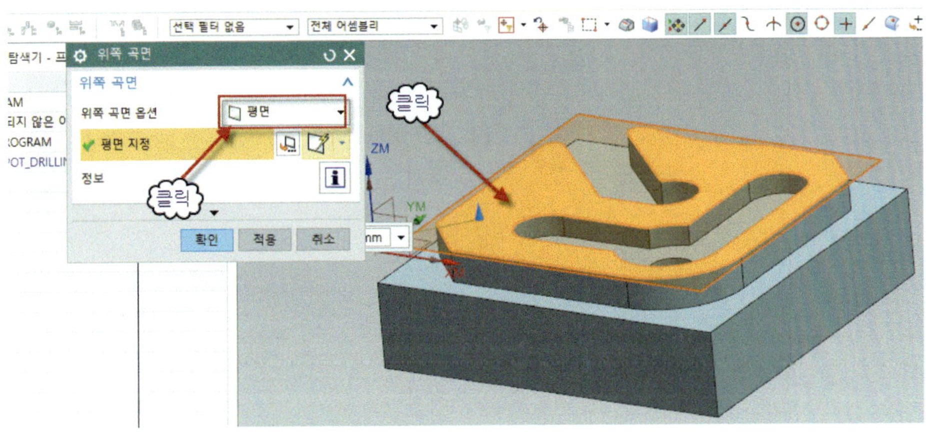

7 드릴 가공은 관통을 하므로 바닥 곡면 지정 아이콘을 클릭한다.

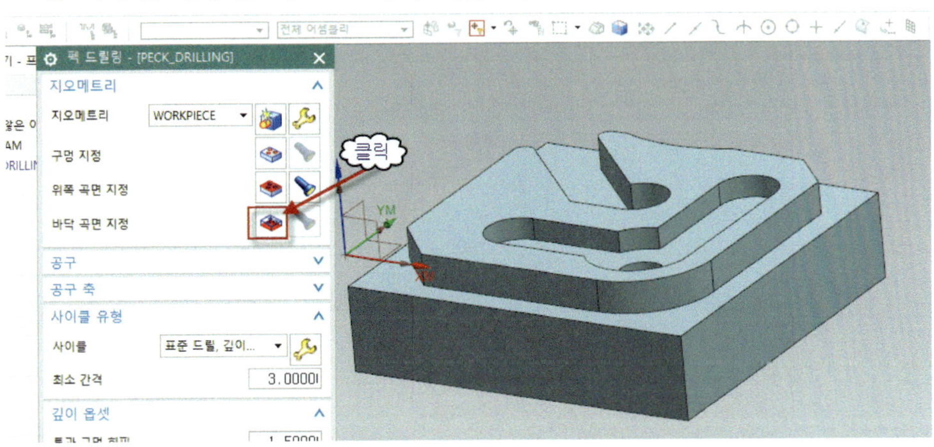

8 바닥 곡면 옵션에서 평면으로 수정하고 소재 바닥면을 클릭한 후 확인을 클릭한다.

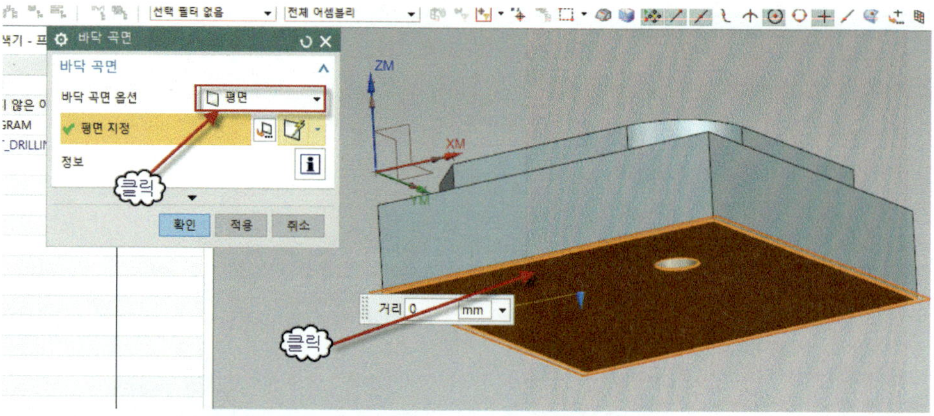

9 사이클 유형에서 매개변수 편집 아이콘을 클릭한다.

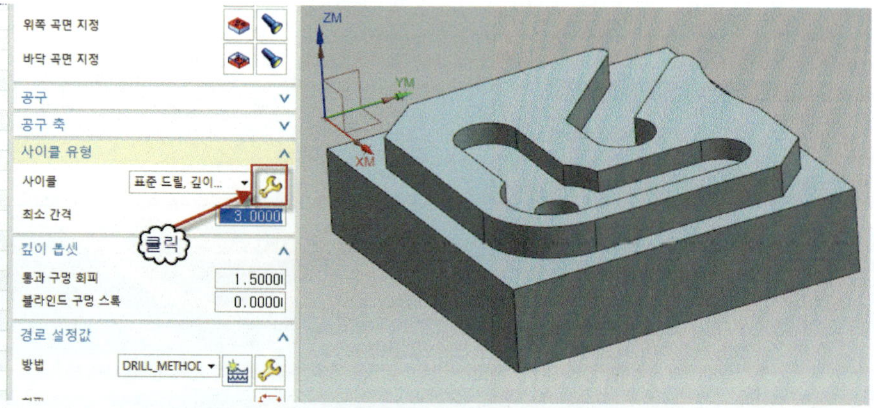

10 확인을 클릭한다.

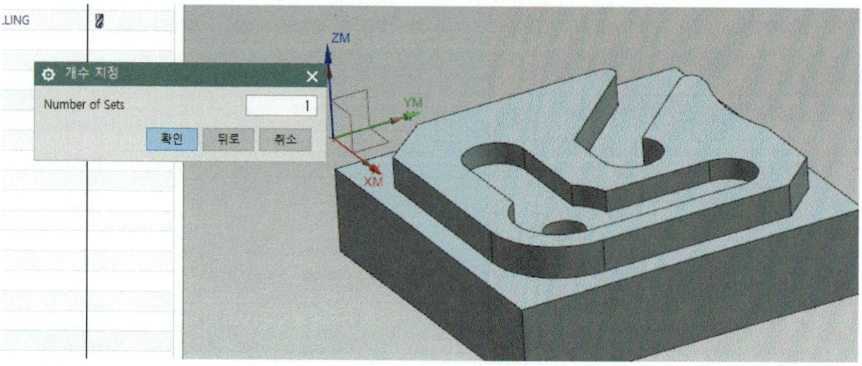

⑪ 사이클 매개변수 창에서 Depth - 모델 깊이를 클릭한다.

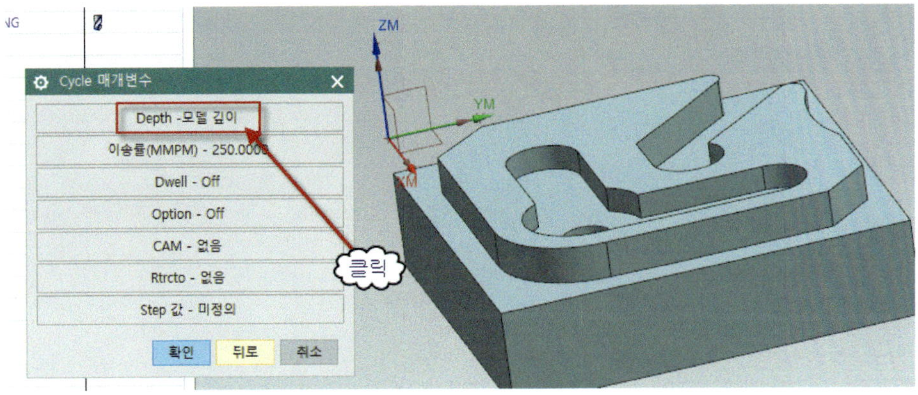

⑫ 사이클 깊이 창에서 공구 팁 깊이 아이콘을 클릭한다.

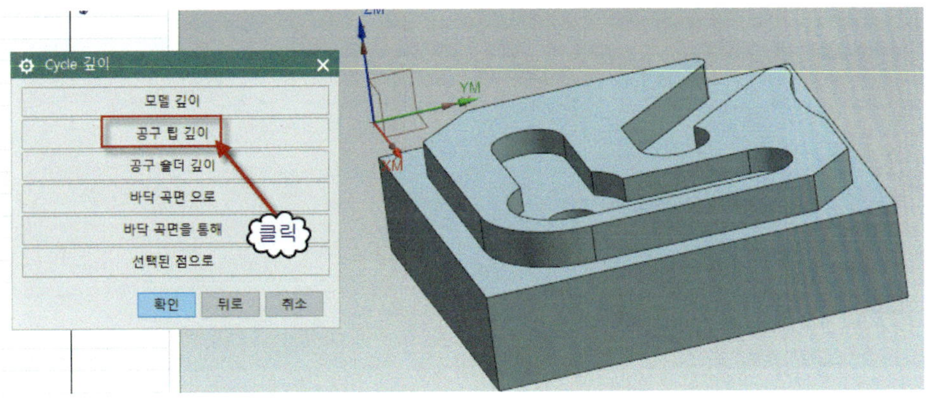

⑬ 공구 팁 깊이를 소재 두께보다 5mm 정도 더 입력하고 확인을 클릭하면 된다.

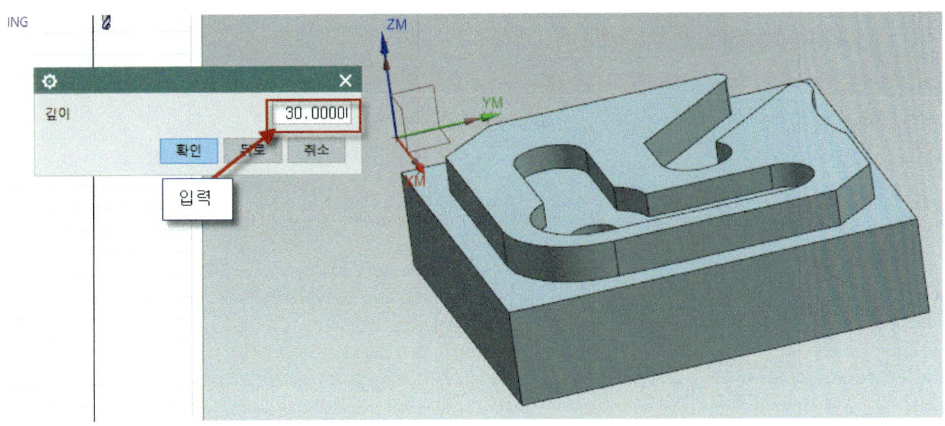

⑭ 팩 드릴을 가공할 때 R점 복귀 데이터를 추출하기 위해 Rtrcto - 없음을 클릭한다.

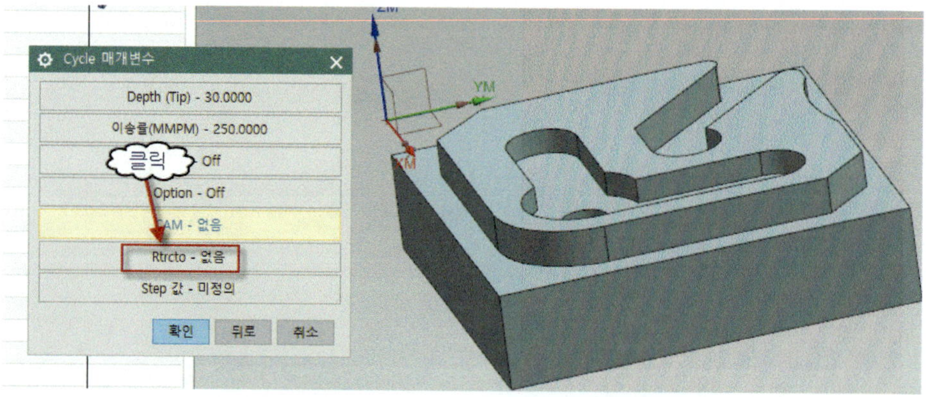

⑮ R점 복귀 거리 값을 입력하기 위하여 거리를 클릭한다.

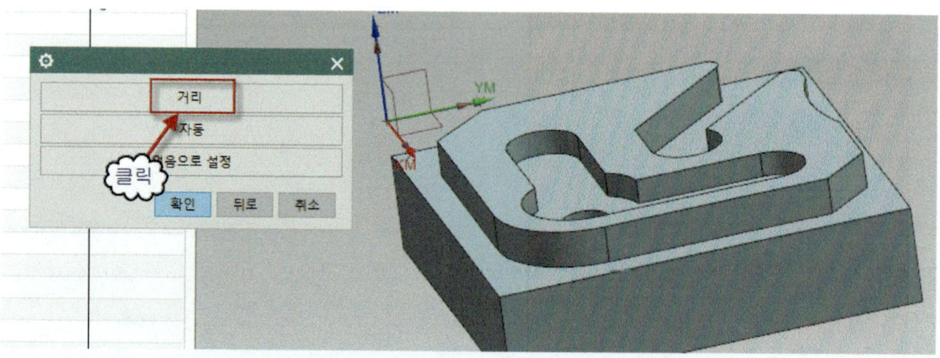

⑯ R점 복귀 거리 값을 약 3mm 정도 하면 칩 배출이 원활하게 된다. 확인을 클릭한다.

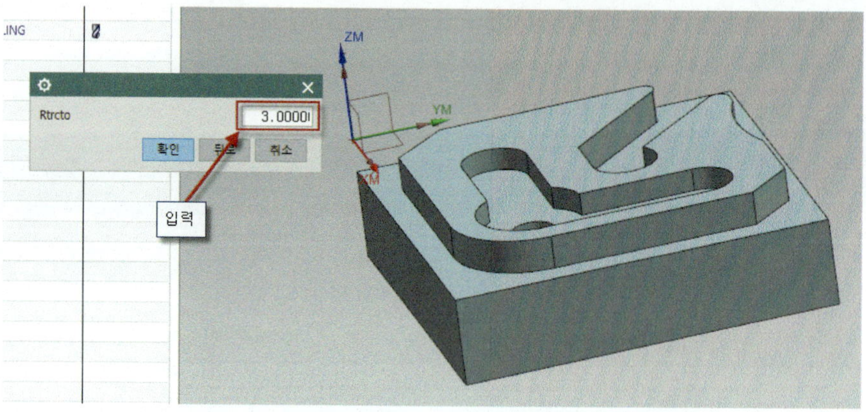

17 Step 값이 미정의로 되어 있어 R점 복귀에서 절삭부분 깊이 값을 의미하고 있다. Step 값 - 미정의를 클릭한다.

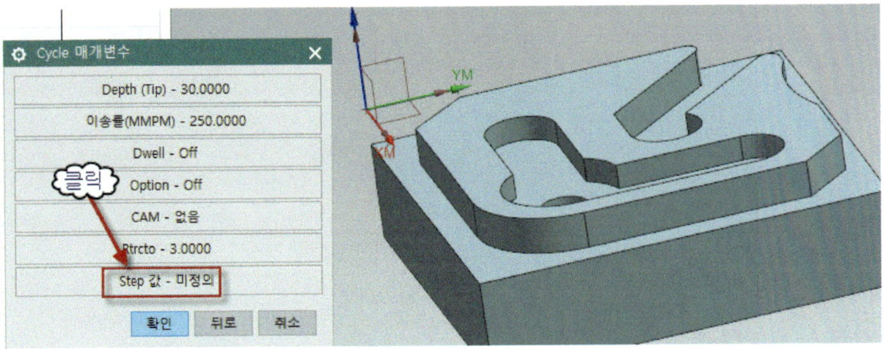

18 step #1을 약 3mm 정도로 입력한 후 확인을 클릭한다.

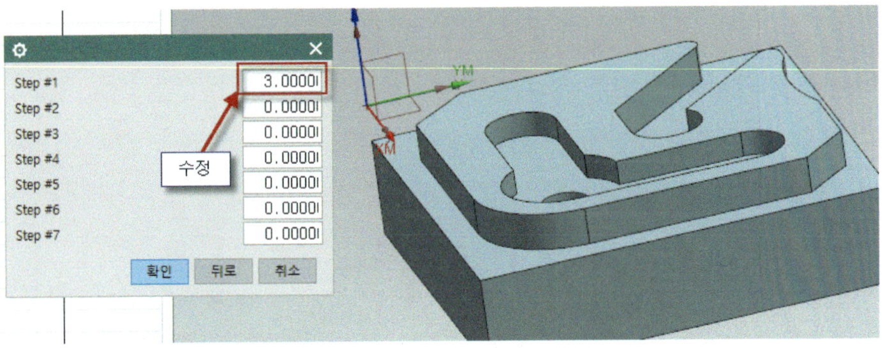

19 번호 순서대로 클릭하여 안전 높이와 이송 및 절삭속도민 치리하면 절삭 준비가 완료된다.

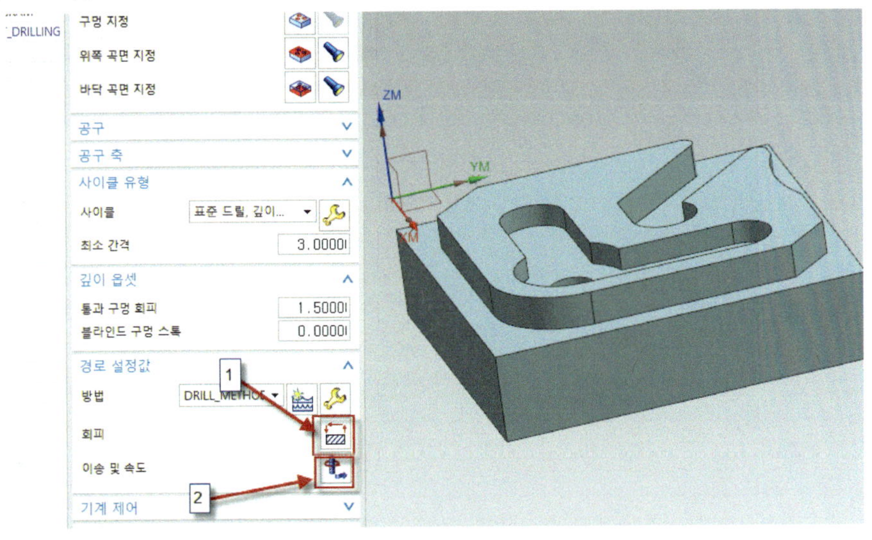

20 안전 높이를 지정해야 하므로 회피 아이콘을 클릭한다.

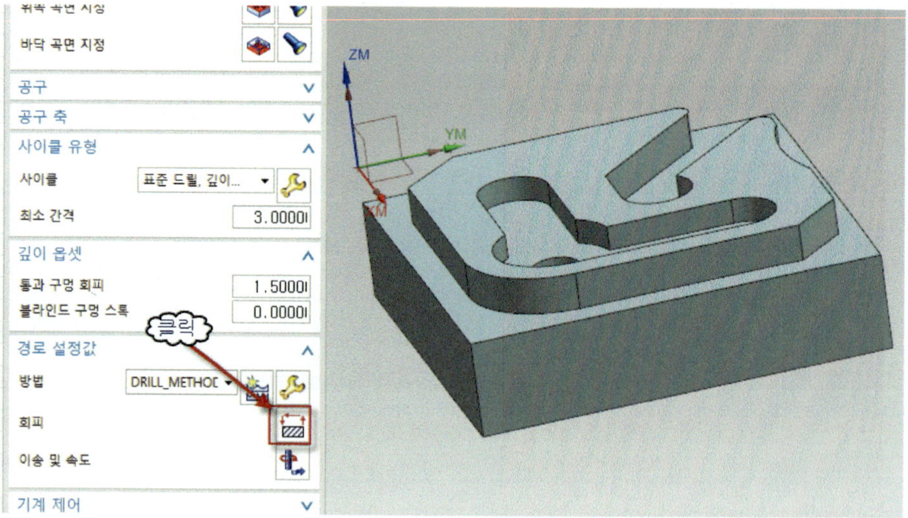

21 Clearance Plane - 없음 아이콘을 클릭한다.

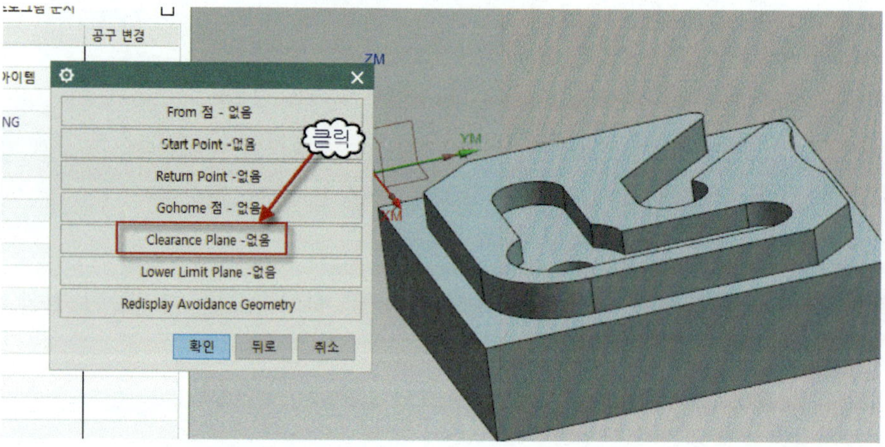

MEMO

22 회피 평면 아이콘에서 지정을 클릭한다.

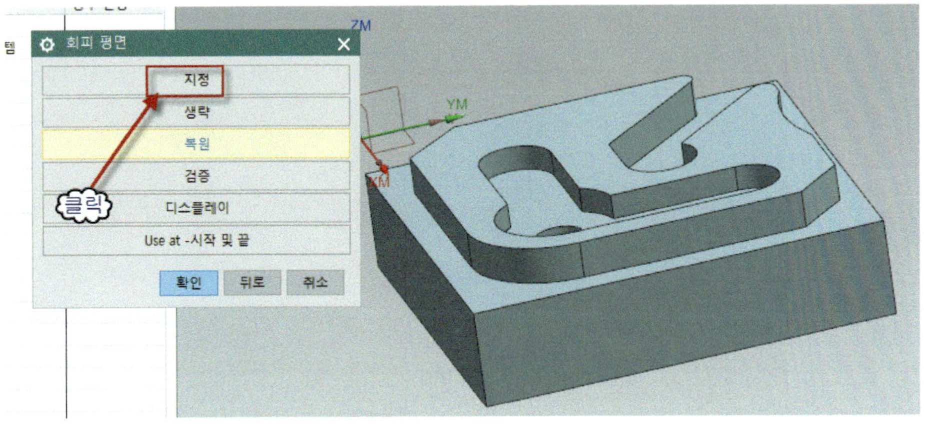

23 소재의 윗면을 클릭한 후 옵셋 거리 값을 10mm 정도 입력하고 확인 다시 확인, 확인을 클릭한다.

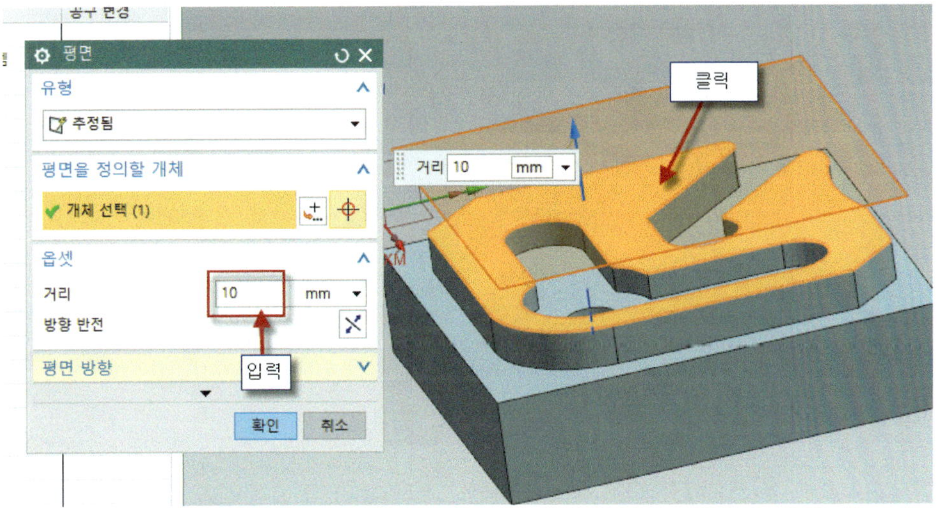

MEMO

24 이송 및 속도의 값을 주기 위해 이송 및 속도 아이콘을 클릭한다.

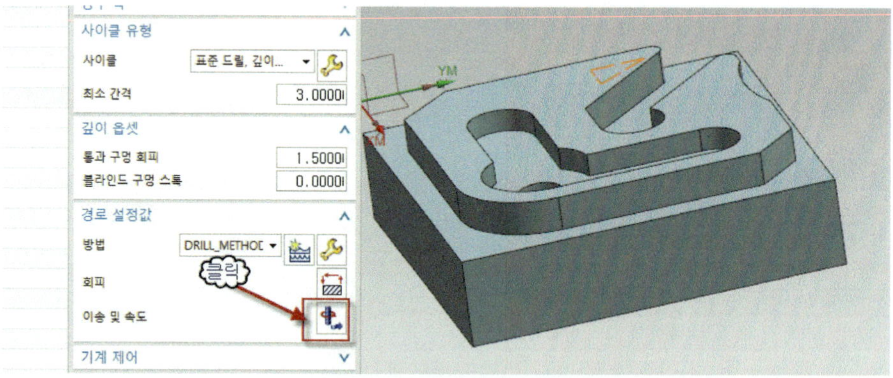

25 스핀들 속도 체크박스를 체크한다. 스핀들 속도는 약 1200 정도, 이송률은 약 250 정도 하면 큰 절삭 저항 없이 절삭된다. 확인을 클릭한다.

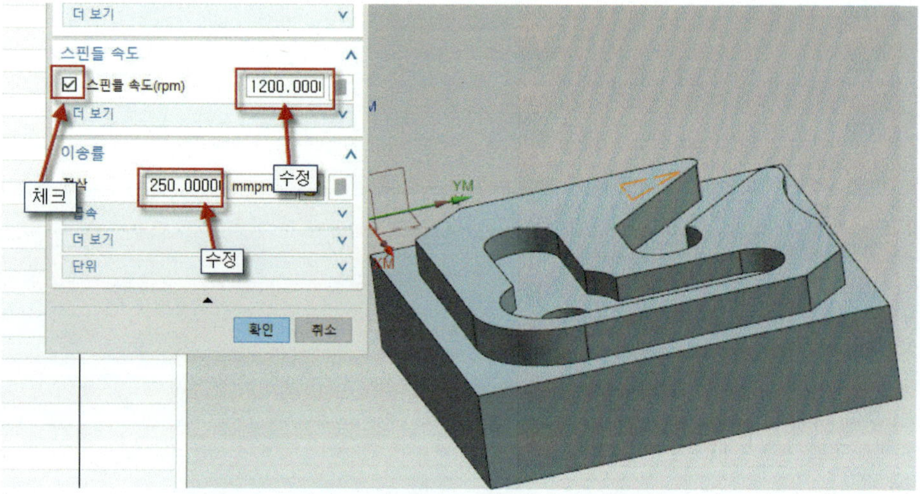

26 생성 아이콘을 클릭한다.

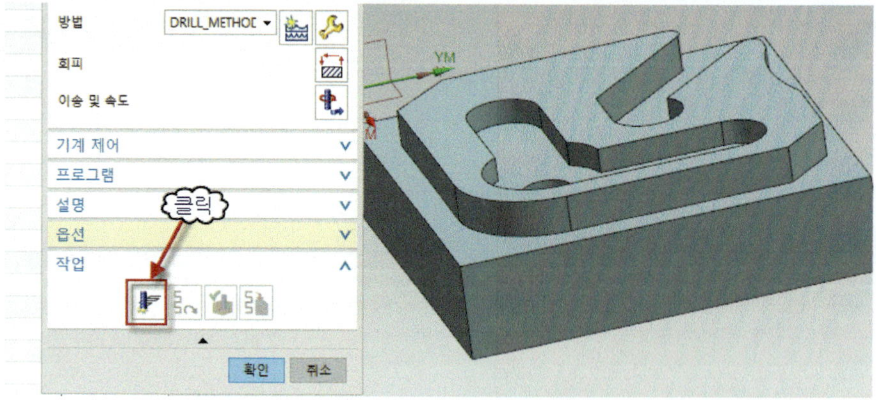

27 아래 그림과 같이 드릴이 바닥면을 통과한 공구 경로가 생성되었다.

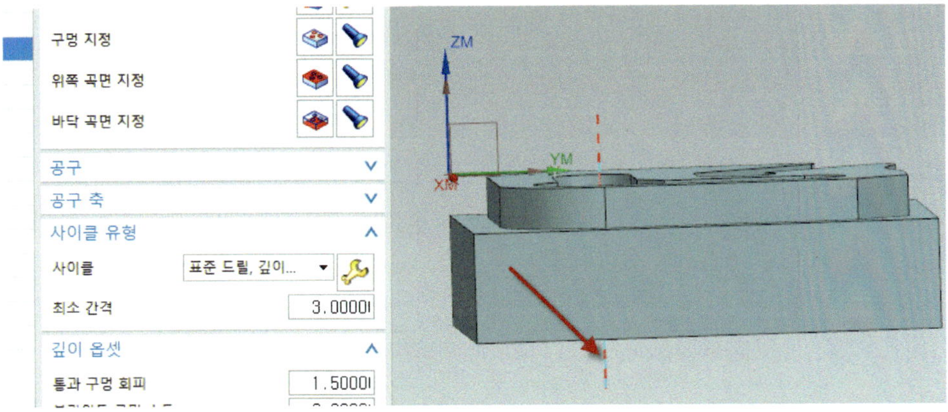

28 실제 가공의 검증을 하고자 **검증** 아이콘을 클릭한다.

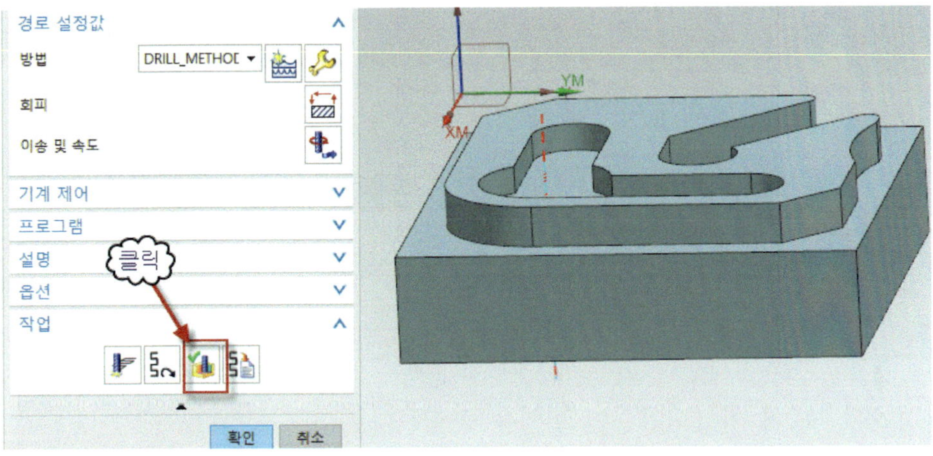

MEMO

29 3D 동적을 클릭하여 속도는 약 5로 한 다음 플레이(▶)를 클릭한다.

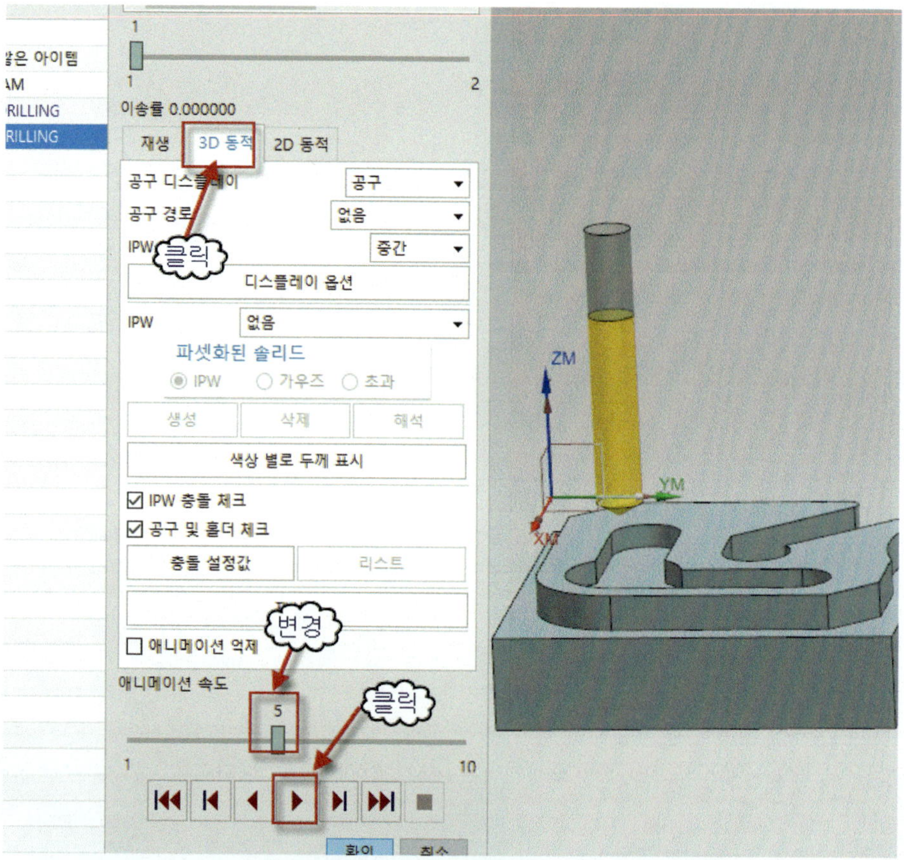

30 드릴 구멍이 가공되었으면 확인을 클릭한다.

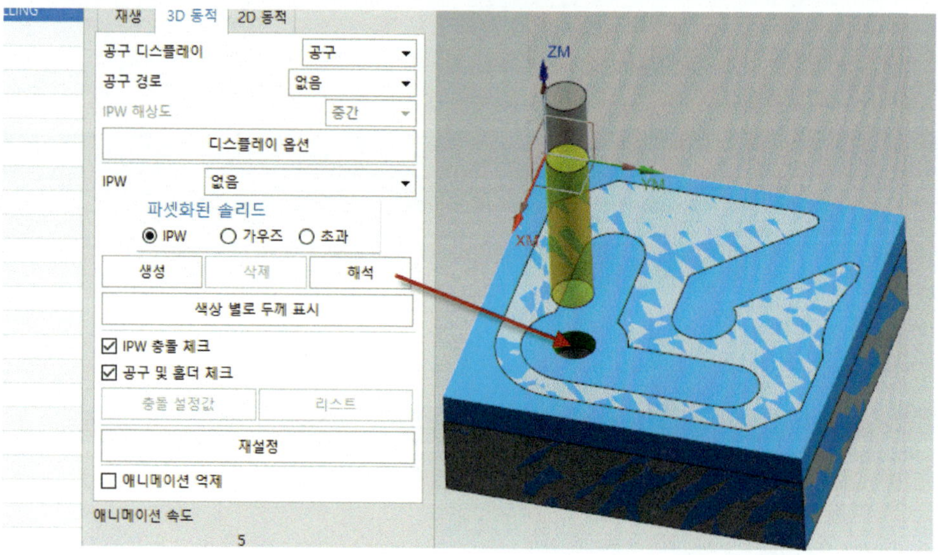

5. 엔드밀 가공

1 CNC머시닝센터에서 엔드밀 가공을 하기 위해 **오퍼레이션 생성** 아이콘을 클릭한다.

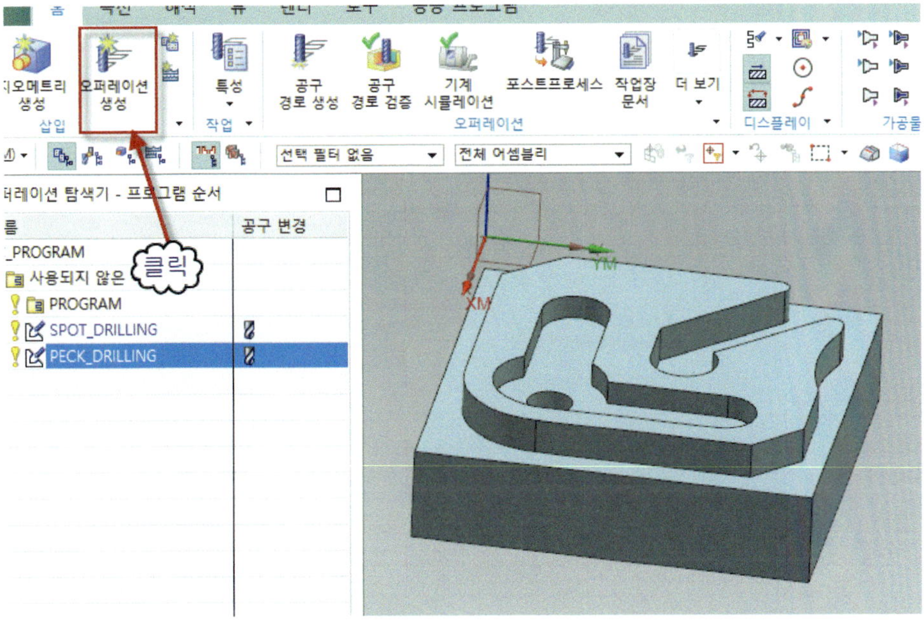

2 **오퍼레이션 생성** 창에서 ① **유형**을 mill_contour로 변환하면 머시닝센터 가공 창이 활성화되며, 하위 유형에서 **캐비티 밀링** 아이콘을 클릭한다. ② **공구**는 T03번 공구로 변환한 다음 **확인**을 클릭한다.

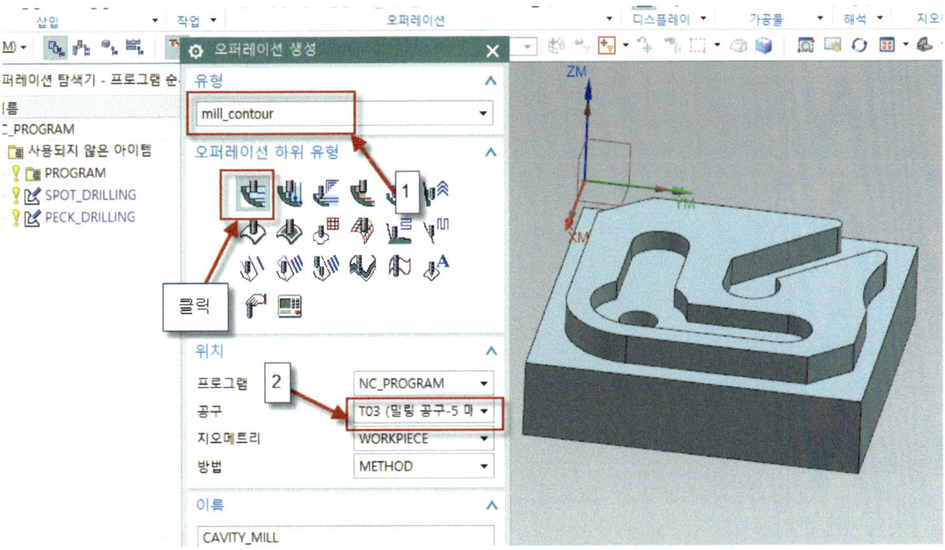

3 ① 절삭 패턴을 **파트 따르기**를 클릭하고 ② 그림과 같이 입력 후 ③ 절삭 수준을 클릭한다.

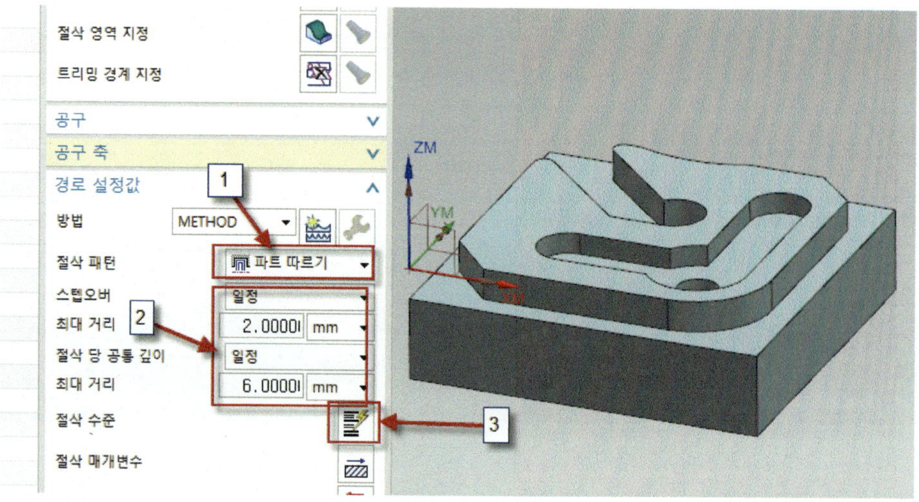

4 범위 깊이가 4mm, 절삭당 깊이 6mm로 되어 있는데, 수정하지 말고 확인을 클릭한다.

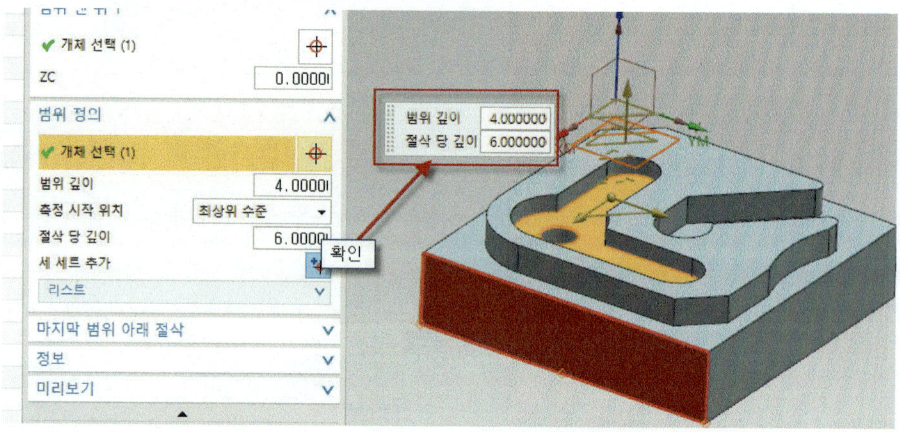

MEMO

5 평 엔드밀 가공을 함으로써 정삭을 하지 않기 때문에 **절삭 매개변수**는 클릭하지 말고 비절삭 이동으로 바로 넘어가면 된다.

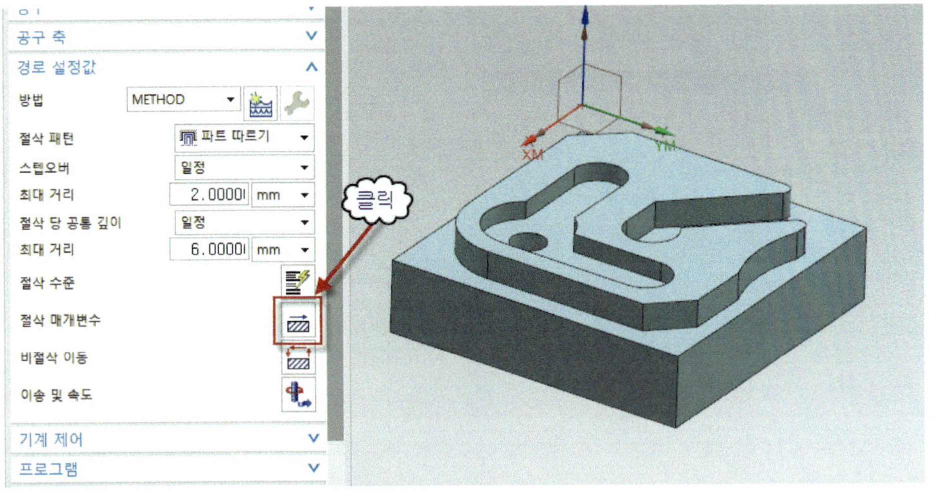

6 안전 높이를 입력하기 위하여 **비절삭 이동** 아이콘을 클릭한다.

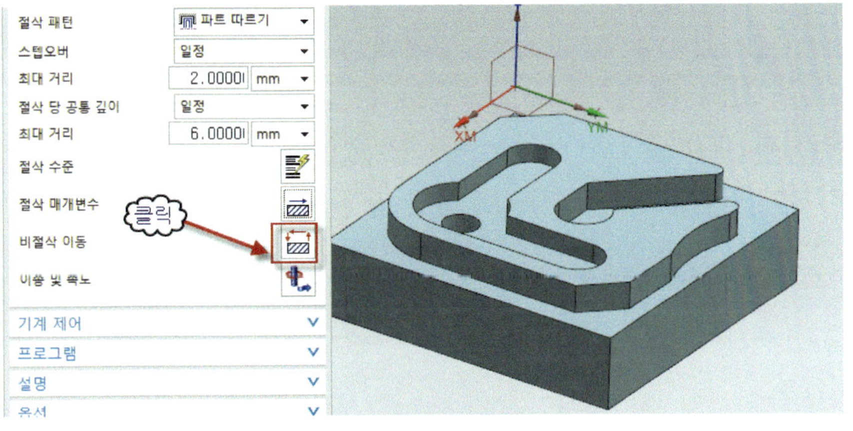

MEMO

7 안전 높이를 주기 위해 비절삭 이동 창에서 ① 급속 이동을 클릭한 후 ② 간격 옵션을 평면으로 한 다음 ③ 소재 윗면을 클릭하면 평면이 생성된다. ④ 거리 값을 10mm로 입력한다.

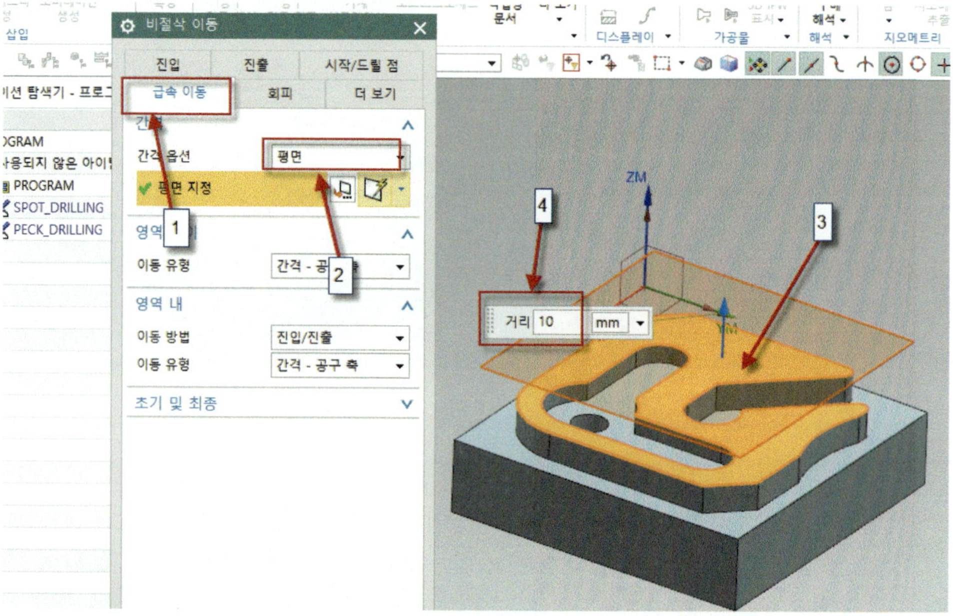

8 엔드밀의 시작점을 드릴 구멍을 시작점으로 하며, 비절삭 이동 창의 진입을 클릭한 후 진입 방법을 나선 방식으로 하면 절삭 저항이 적다. 확인을 클릭한다.

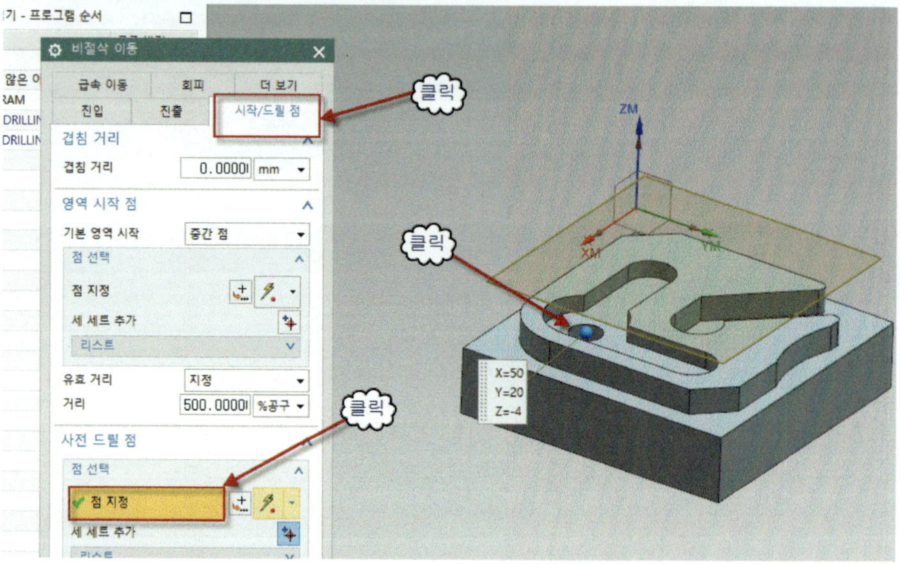

9 이송 및 속도 아이콘을 클릭한다.

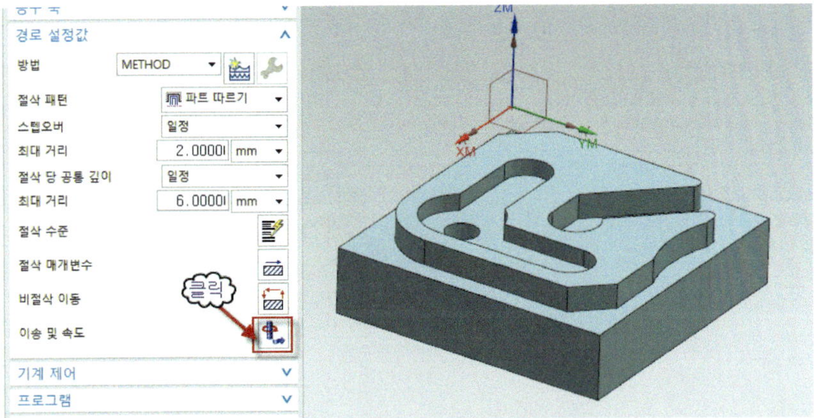

10 이송 및 속도 창에서 스핀들 속도 체크박스를 체크한 다음 스핀들 속도를 2000, 절삭 값을 약 300으로 한 다음 확인을 클릭한다.

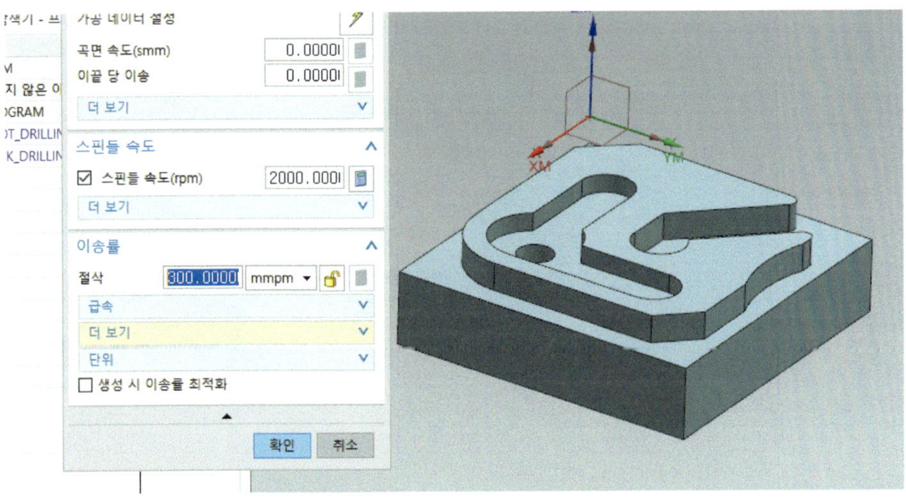

MEMO

⑪ 공구 경로를 확인하고자 **생성** 아이콘을 클릭한다.

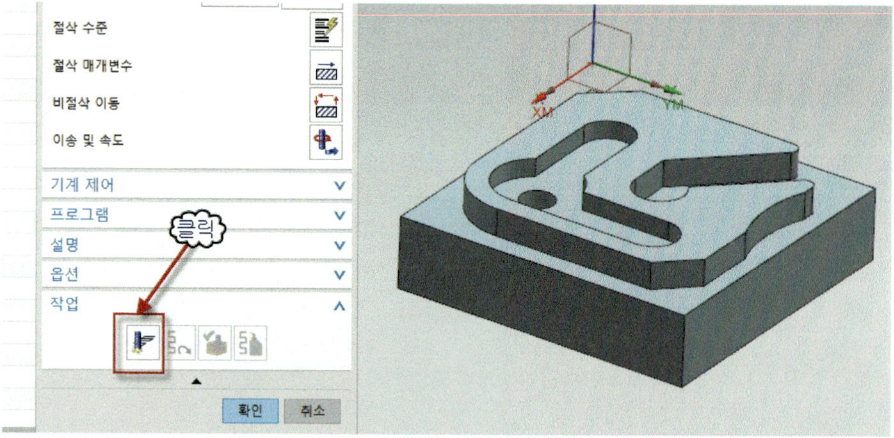

⑫ 공구 경로가 정상적으로 생성되었으면 **검증** 아이콘을 클릭한다.

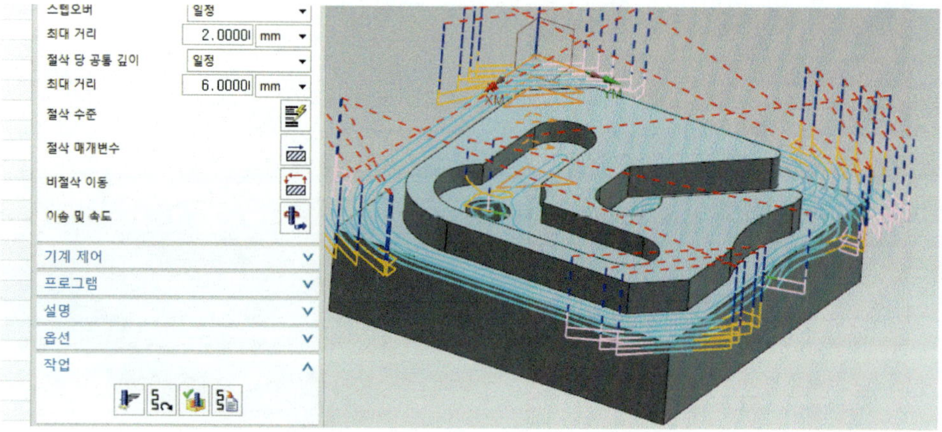

MEMO

13 검증 아이콘을 클릭하여 정상적으로 가공이 되었는지 확인한다.

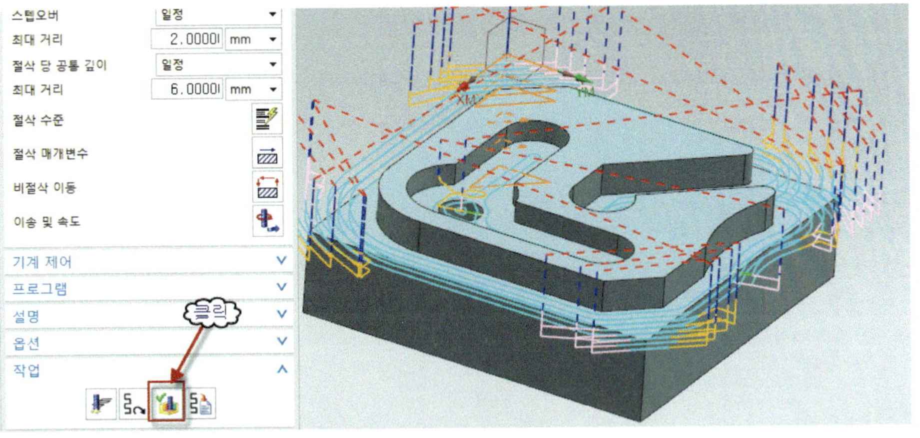

14 아래 그림과 같이 클릭하고 실제 제품 가공을 확인한 후 확인, 다시 확인을 클릭한다.

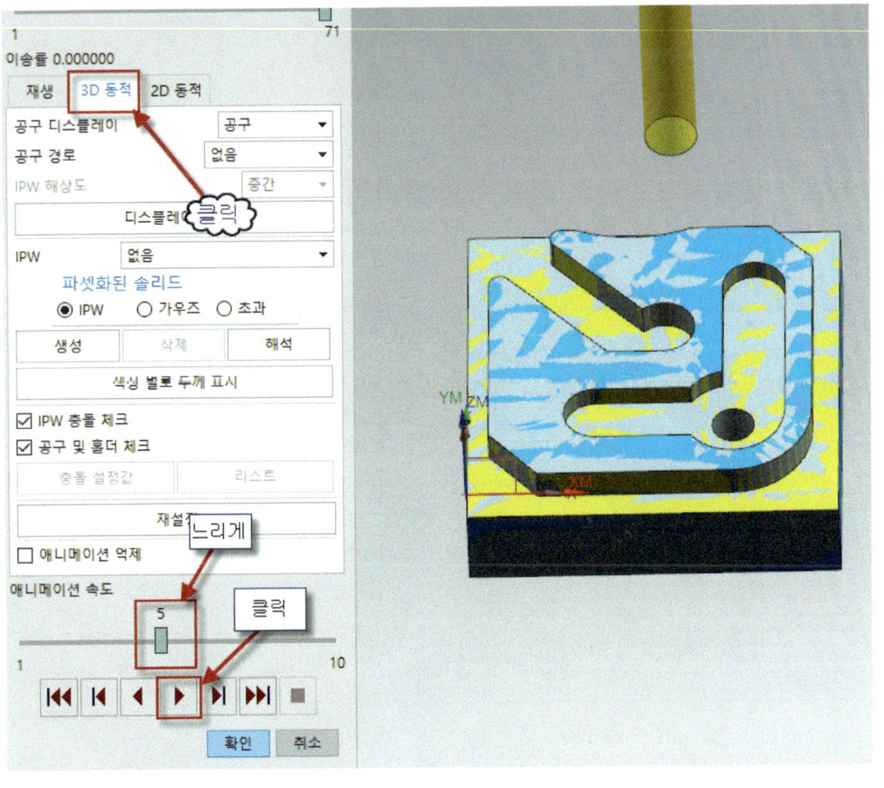

6. 탭 가공

1 탭 가공하기 위하여 오퍼레이션 생성 아이콘을 클릭한다.

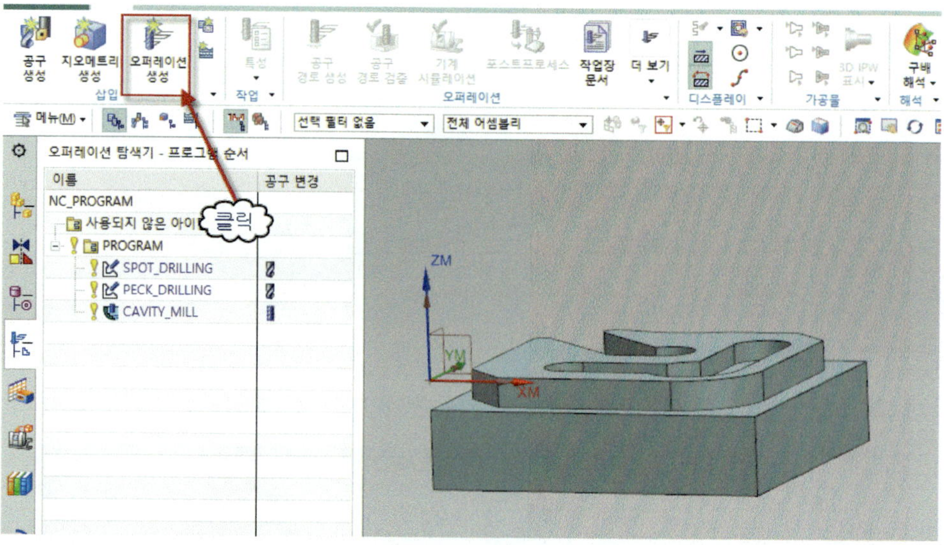

2 ① 유형을 **드릴**로 변환하고 하위 유형에서 **탭핑**을 클릭한다. ② 공구를 **T04번**로 변환하고 확인을 클릭한다.

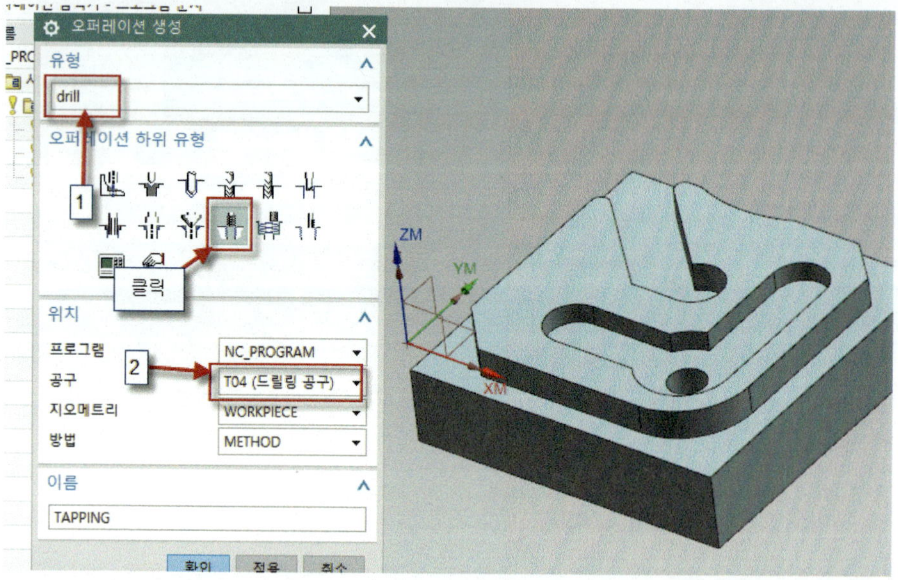

3 나사를 가공해야 할 구멍을 클릭하기 위하여 **구멍 지정** 아이콘을 클릭한다.

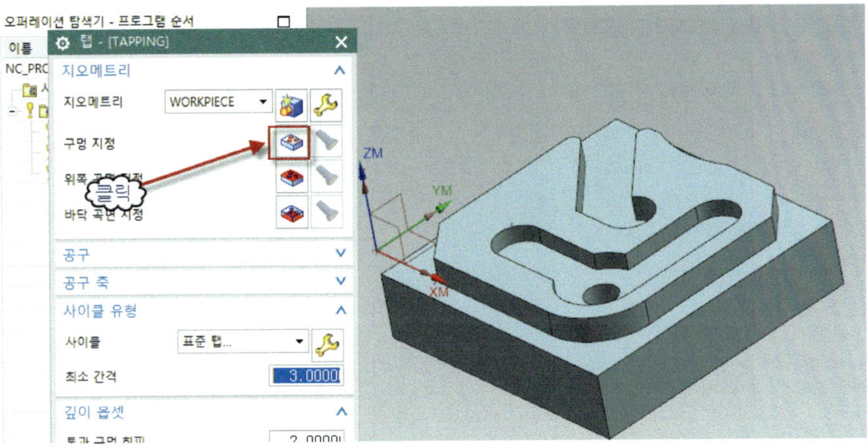

4 점 창에서 **선택**을 클릭한다.

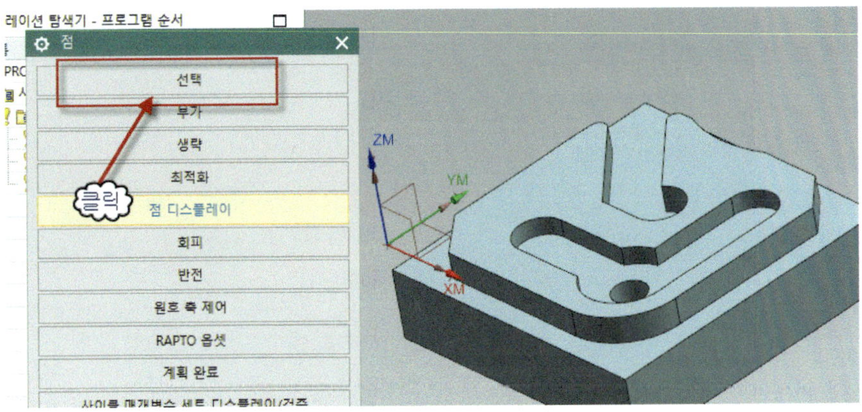

5 소재의 구멍을 클릭한 후 **확인**을 클릭한다.

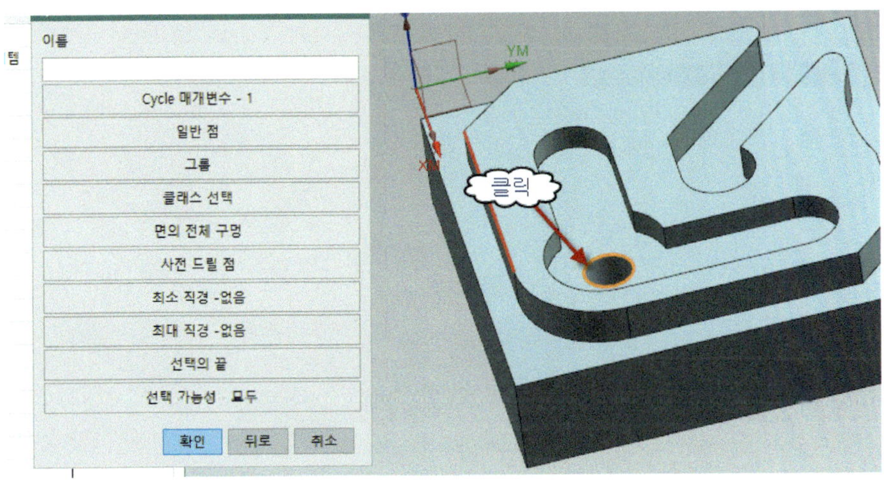

6 위쪽 곡면 지정 아이콘을 클릭한다.

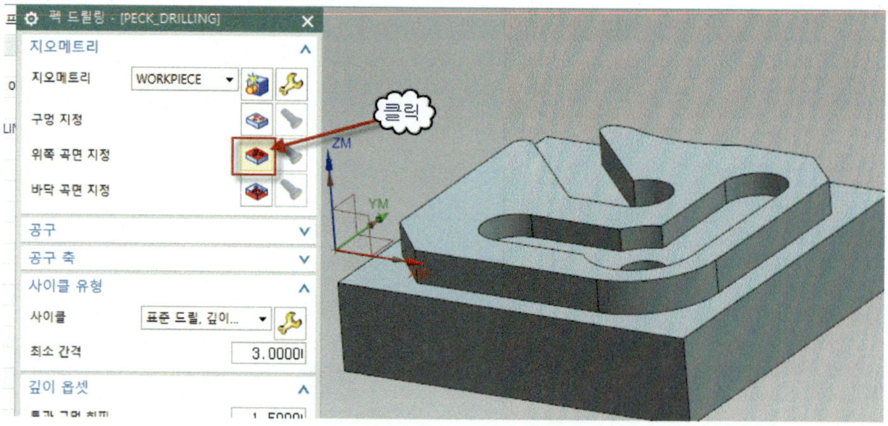

7 위쪽 곡면 옵션에 **평면**을 클릭한 후 소재 윗면을 클릭한다. 확인을 클릭한다.

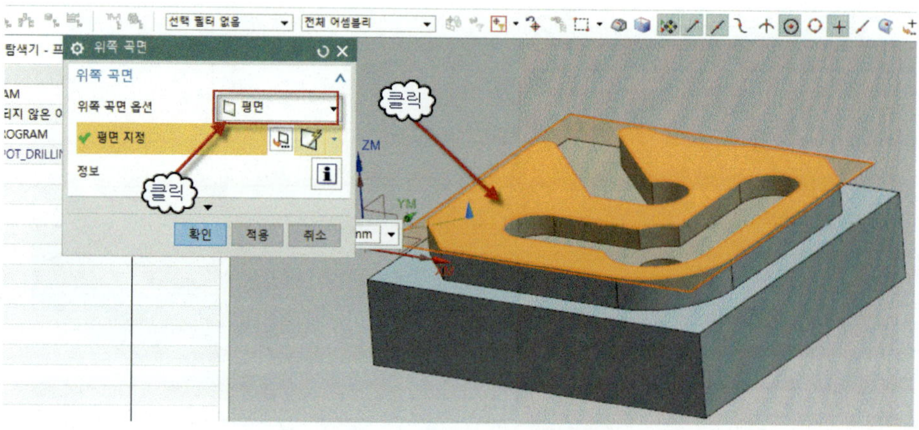

8 바닥 곡면 지정 아이콘을 클릭한다.

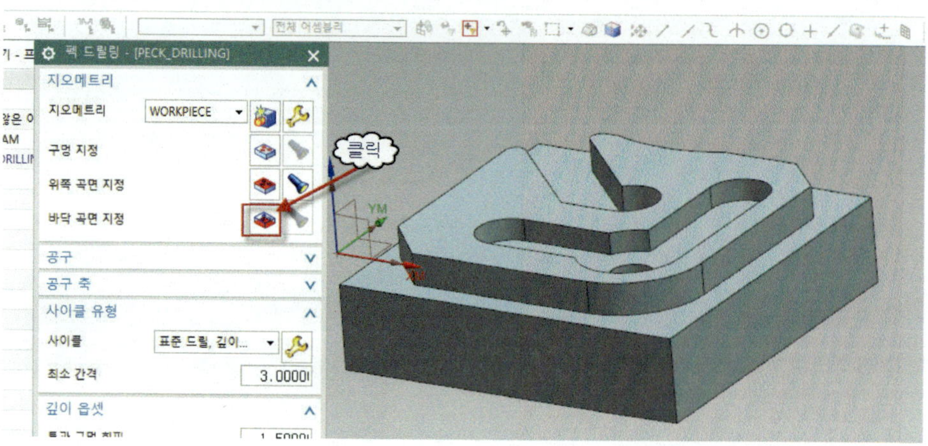

9 바닥 곡면 옵션에서 **평면**으로 수정하고 소재 바닥면을 클릭한 후 확인을 클릭한다.

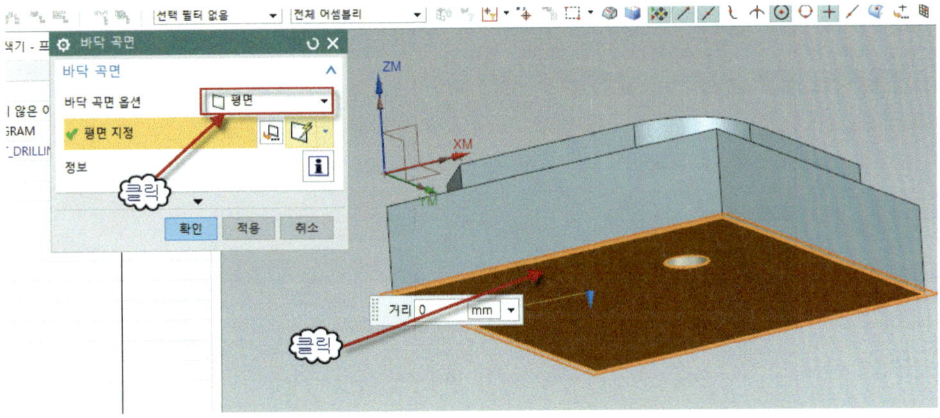

10 사이클 유형에서 매개변수 편집 아이콘을 클릭한다.

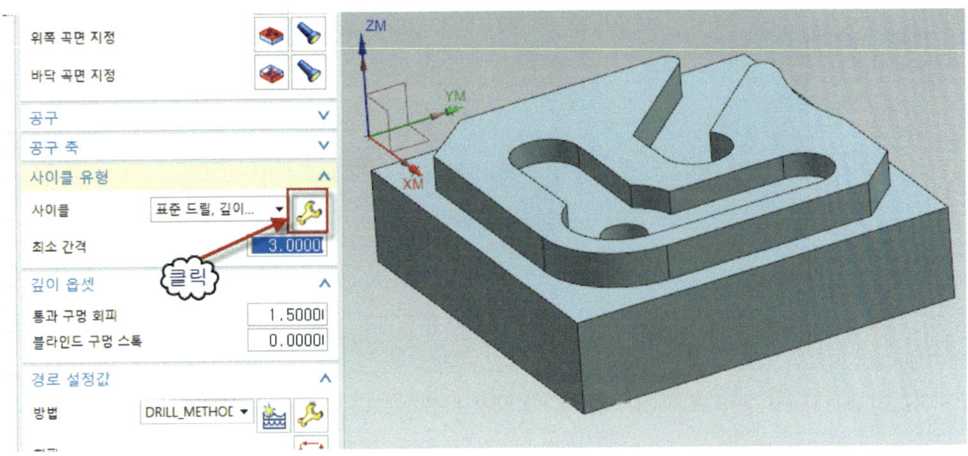

11 개수 지정 창이 활성화되면 수정하지 말고 확인을 클릭한다.

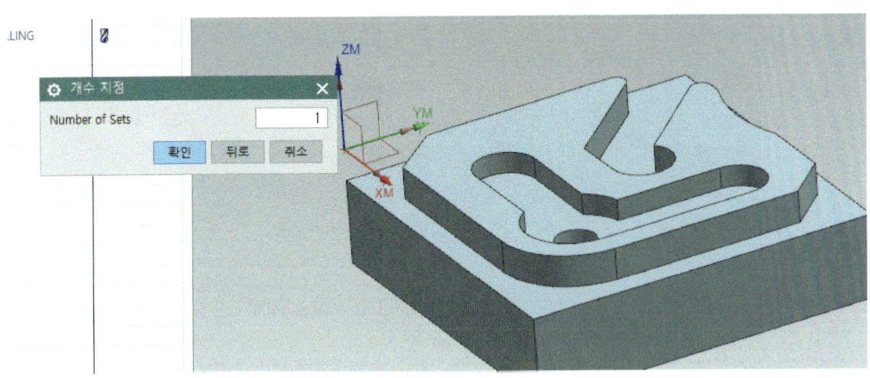

⑫ 사이클 매개변수 창에서 Depth_모델 깊이를 클릭한다.

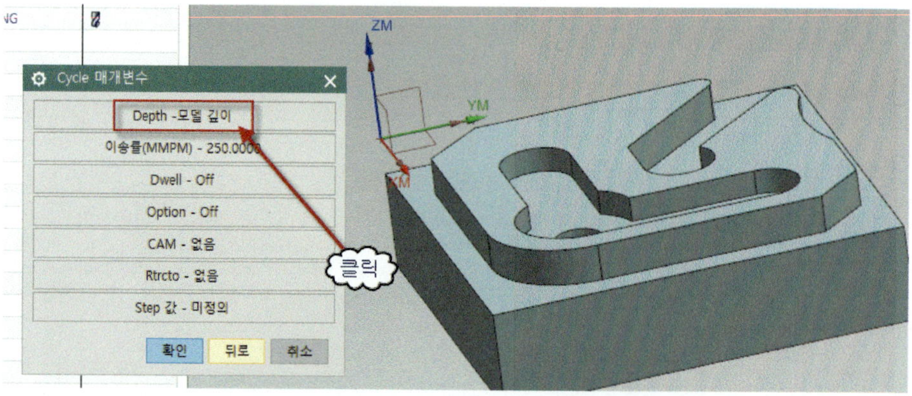

⑬ 사이클 깊이 창에서 공구 팁 깊이 아이콘을 클릭한다.

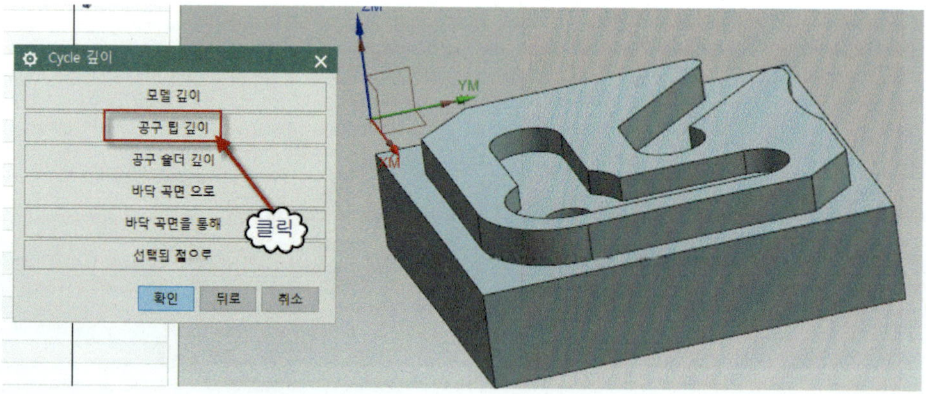

⑭ 공구 팁 깊이를 소재 두께보다 5mm 정도 더 입력하고 확인을 클릭하면 된다.

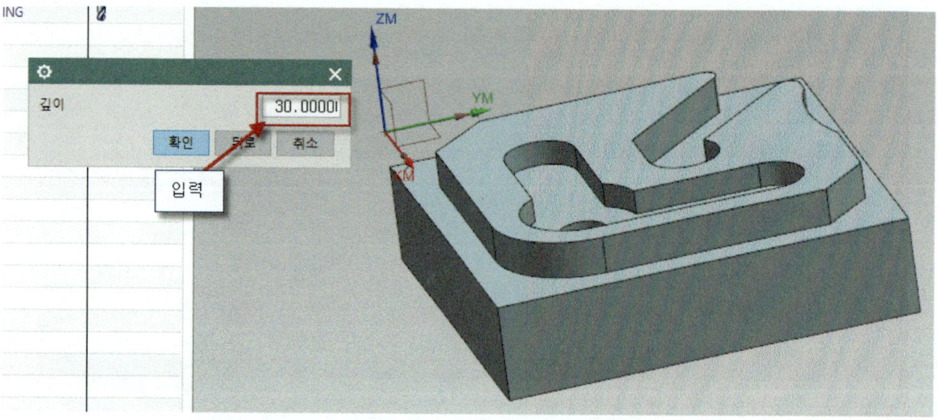

15 이송률(MMPM)을 클릭한다.

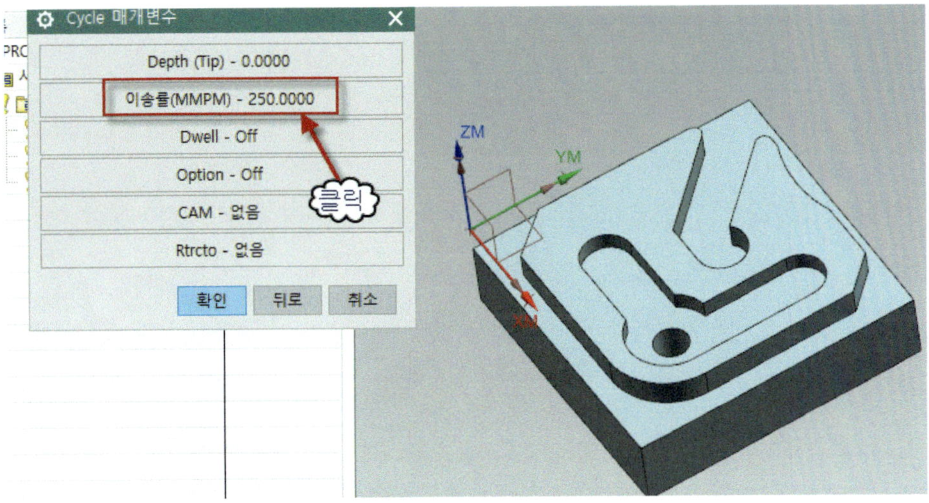

16 MMPM 값을 125로 입력 후 확인을 클릭한다.
(이송률 = 나사피치×회전수로 1.25×100 = 125)

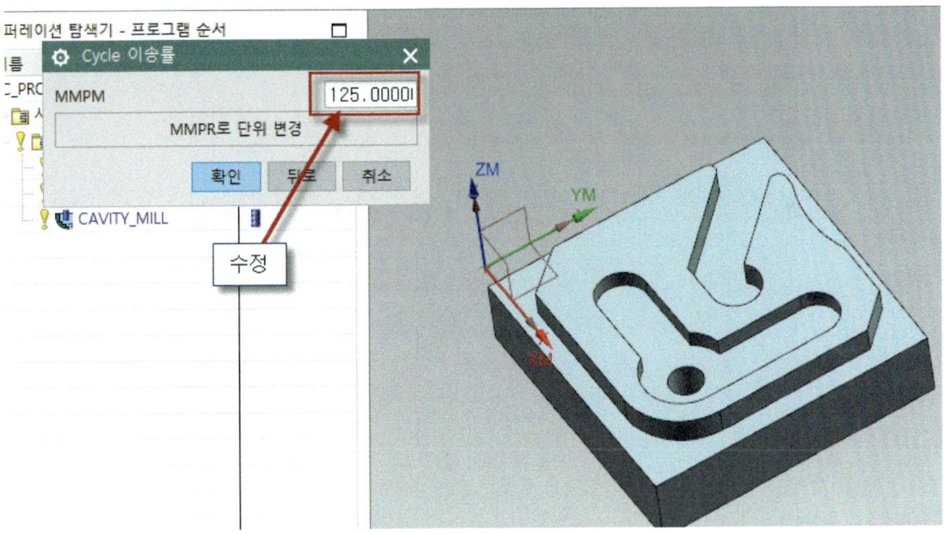

MEMO

⑰ Rtrcto - 없음을 클릭한다.

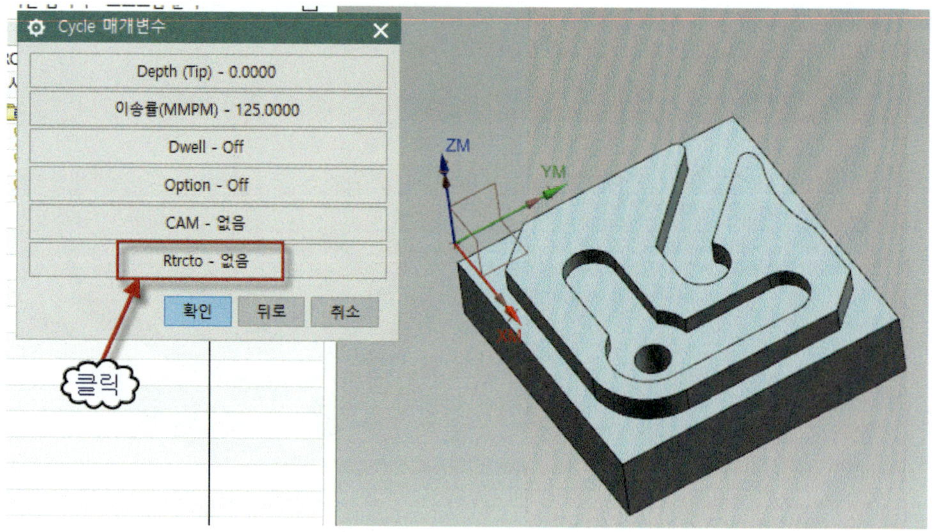

⑱ 거리를 클릭한다.

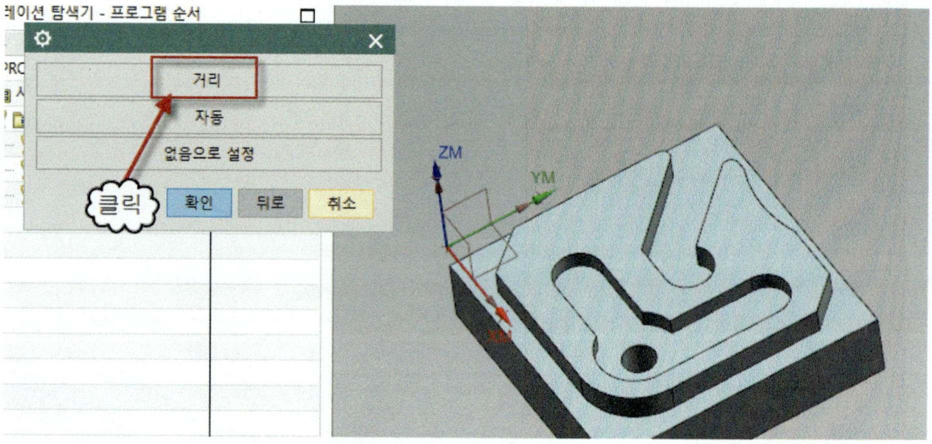

MEMO

19 Rtrcto 값에 피치 값을 입력하고 확인, 확인을 클릭한다.

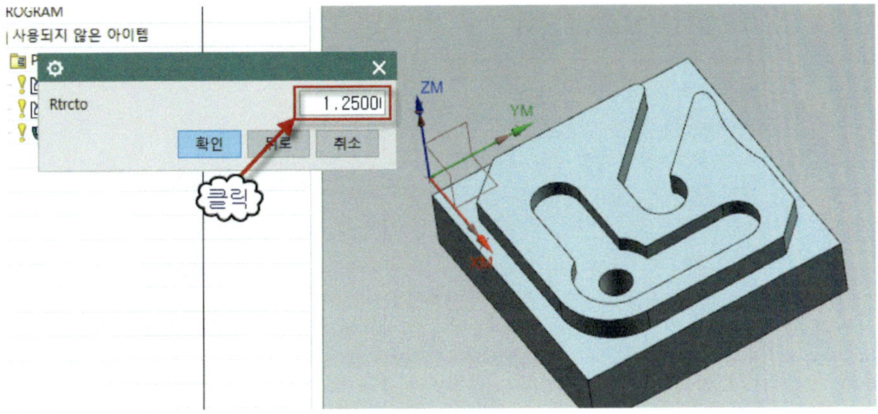

20 안전 높이를 주기 위하여 **회피**를 클릭한다.

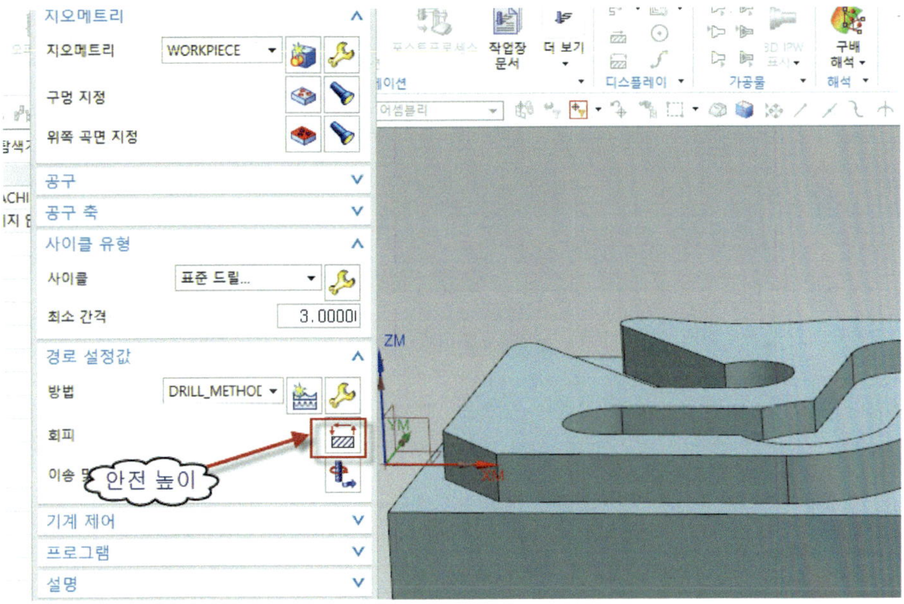

MEMO

21 Clearance Plane - 없음을 클릭한다.

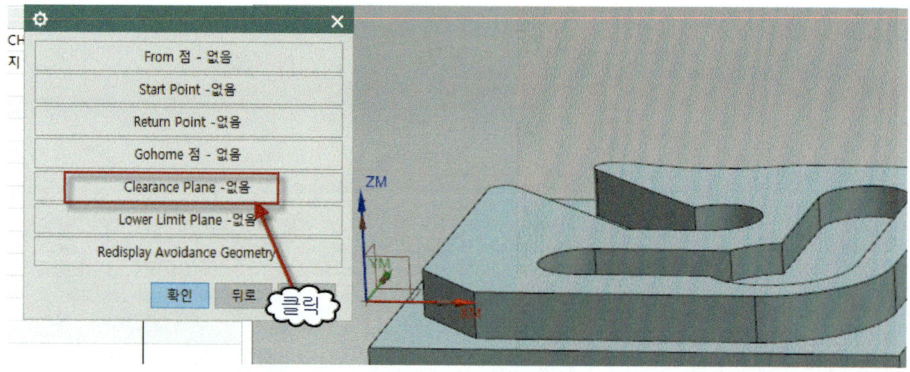

22 회피 평면 창에서 지정을 클릭한다.

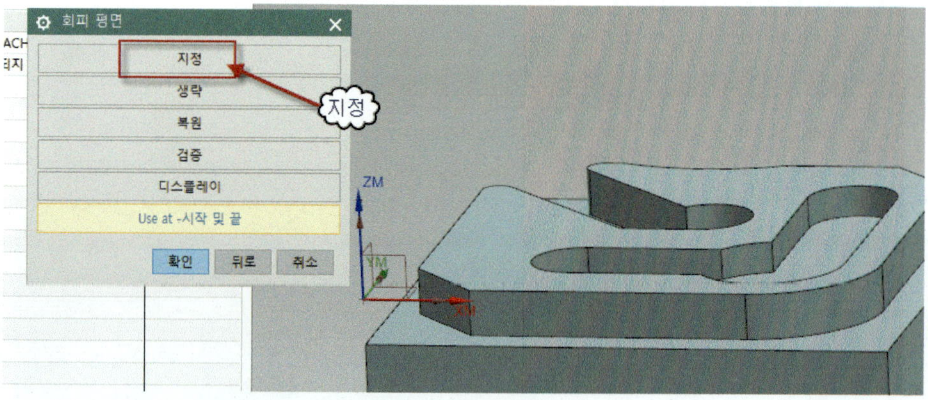

23 가공물 윗면을 클릭하고 거리 값을 약 10mm로 준 후 확인, 확인, 확인을 클릭한다.

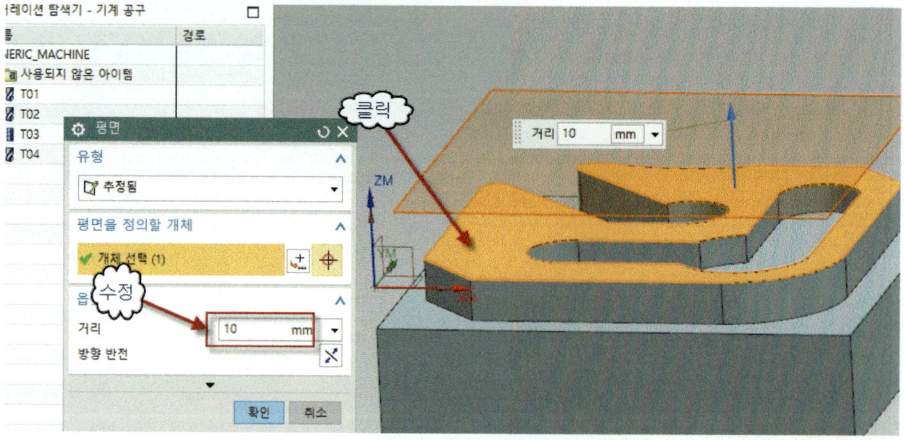

24 이송 및 속도 아이콘을 클릭한다.

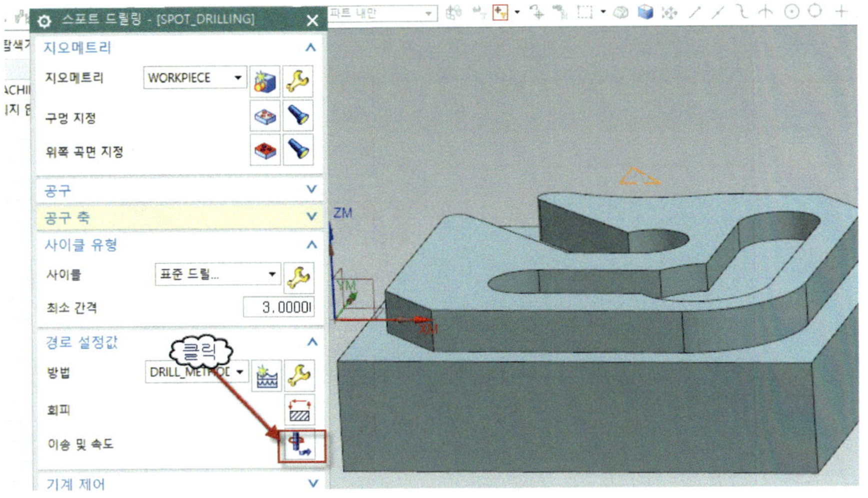

25 스핀들 속도 체크박스에 체크한 후 회전수는 100으로 수정한 다음 절삭 이송률이 125가 맞으면 확인을 클릭한다.

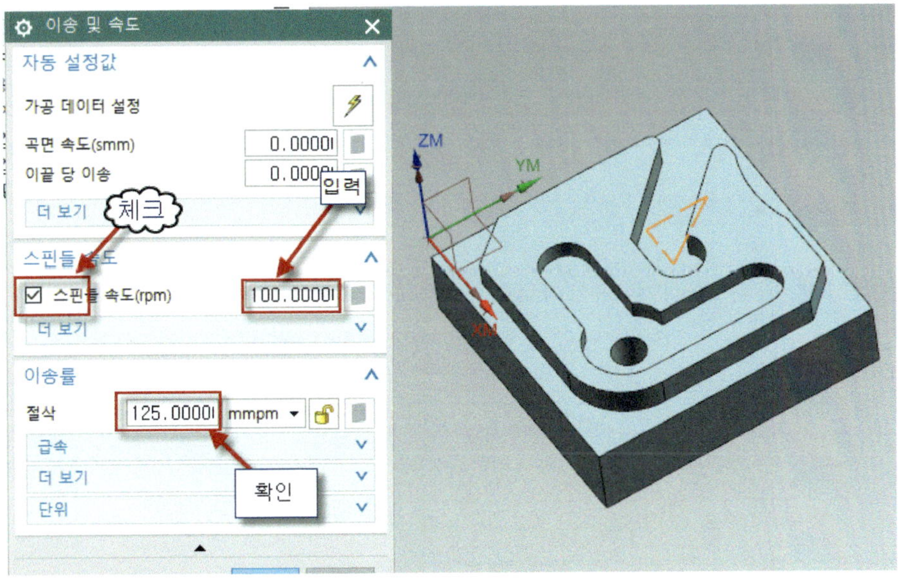

26 생성을 클릭한다.

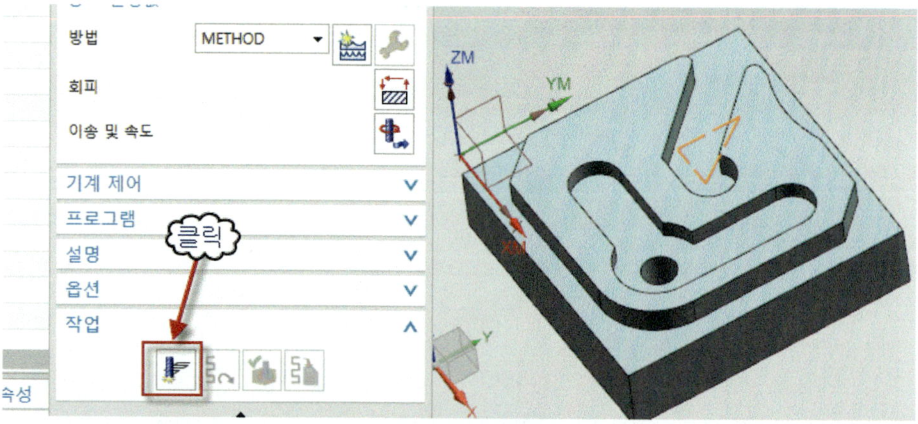

27 탭의 공구 경로가 생성되었음을 알 수 있다. 확인을 클릭한다.

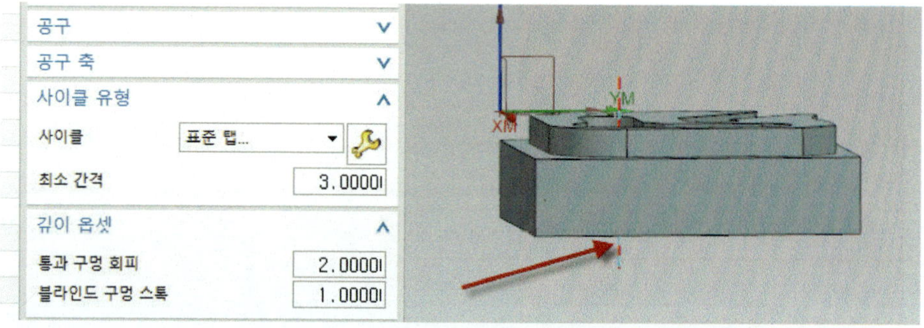

28 프로그램 하위 폴더에 순서대로 드래그하여 다음 그림과 같이 나열해야 한다.

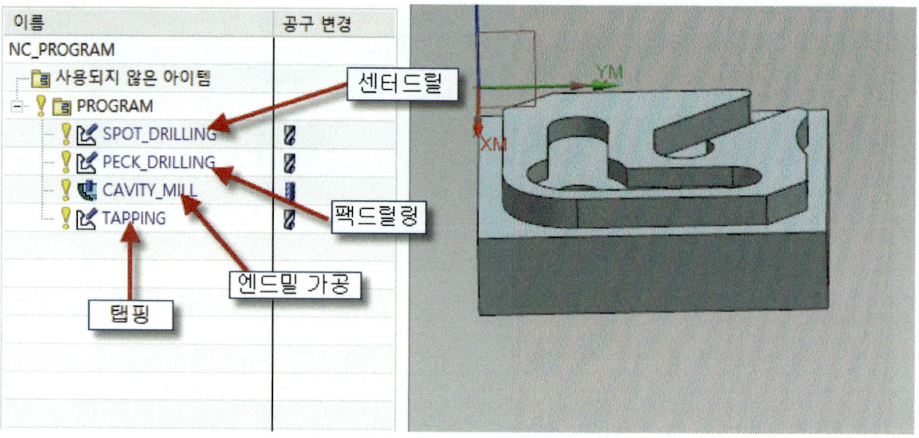

29 프로그램에서 포스트프로세스를 클릭한다.

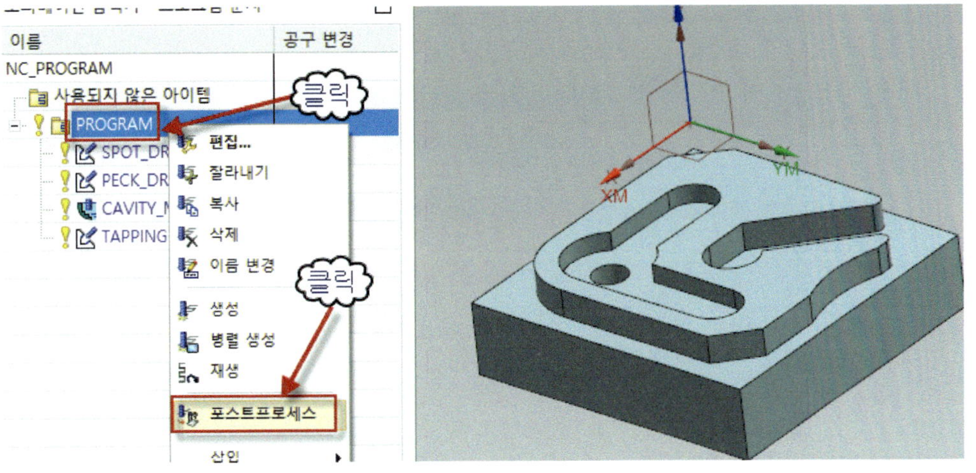

30 장비에 맞는 포스트를 설정하고 단위는 **미터법/파트**로 변환하고 확인을 클릭한다.

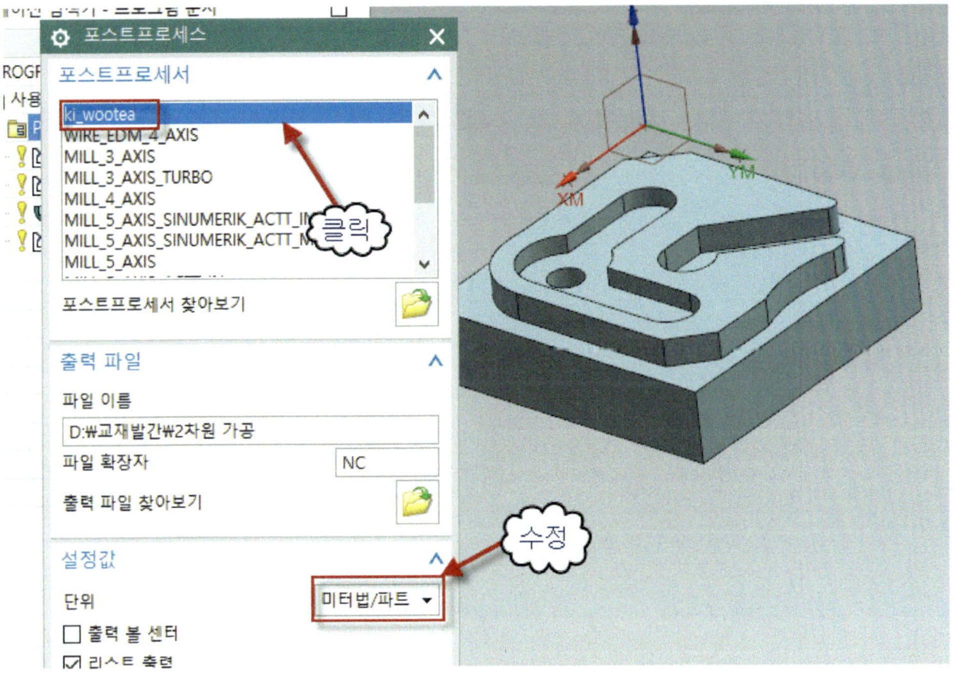

31 NC DATA가 생성되었으면 % 위의 정보를 삭제한다.

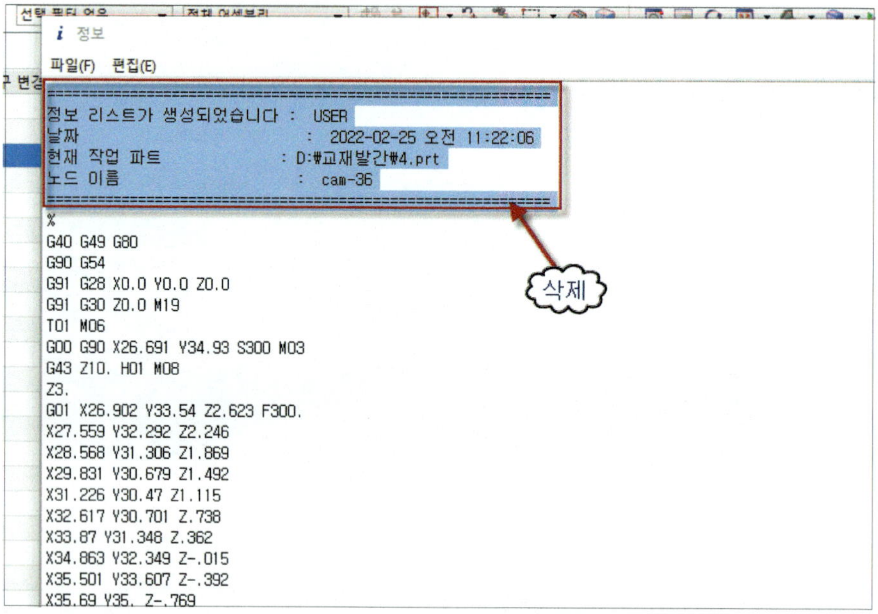

32 다른 이름으로 저장을 클릭하여 저장 위치를 정한다. 파일 이름을 ①, 파일 형식을 ②와 같이 한다.

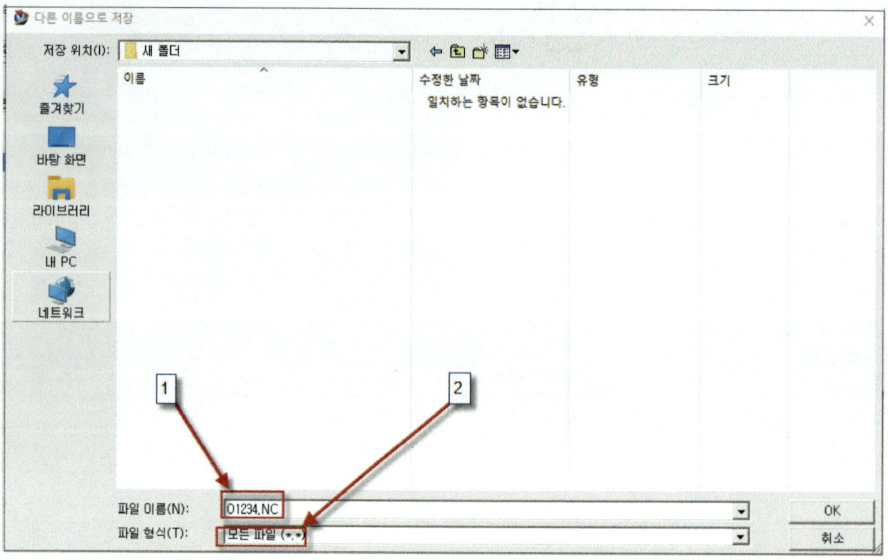

CHAPTER 04

CNC 머시닝센터 수기 프로그램 작성

1-1 도면

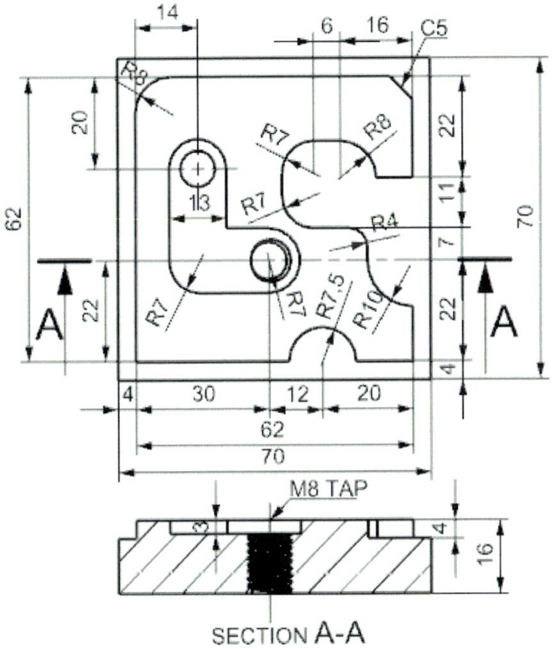

도 면

완성품

1-2 프로그램 및 설명

프로그램	프로그램 설명
	센터드릴
O1234 ;	프로그램 번호 앞 영문 O와 최대 4자리의 숫자 지정
G40 G49 G80 ;	공구경, 공구길이, Cycle 취소
G91 G28 X0. Y0. Z0. ;	기계원점 복귀 (공구교환 전 안전위치)
G91 G30 Z0. M19 ;	2원점 복귀 (공구교환위치), 주축 한 방향 정지
T01 M06 ;	1번 공구, 공구교환
G54 G90 G00 X34. Y26. S1000 M03 ;	공작물 좌표계 설정, 절대좌표, 급속이송X_.Y_.(위치결정), 스핀들 RPM1000, 주축 정회전
G43 Z50. H01 ;	공구 +길이보정, 안전높이Z50. 보정번호
Z5. M08 ;	가공 Z축 시작위치, 절삭유 공급 ON
G81 G98 Z-5. F100 ;	드릴가공 Cycle, 초기점 복귀, 가공 최종 깊이 Z-5., 이송속도 100mm/min(분당이송)
X18. Y46. ;	다음 가공 좌표
G80 ;	Cycle 가공 취소
G00 Z50. M09 ;	공구 후퇴 Z50.위치, 절삭유 공급 OFF
G49 Z150. M05;	공구 길이보정 취소, Z150. 후퇴, 주축 정지
G91 G30 Z0. M19 ;	2원점 복귀 (공구교환위치), 주축 한방향 정지
M01 ;	프로그램 일시 정지

	드릴가공
T02 M06 ;	2번 공구, 공구교환
G54 G90 G00 X34. Y26. S1000 M03 ;	공작물 좌표계 설정, 절대좌표, 급속이송X_.Y_.(위치결정), 스핀들 RPM1000, 주축 정회전
G43 Z50. H02 ;	공구 +길이보정, 안전높이Z50. 보정번호
Z5. M08 ;	가공 Z축 시작위치, 절삭유 공급 ON
G83 G98 Z-35. Q3. F100 ;	펙 드릴가공 Cycle, 초기점 복귀, 가공 최종 깊이 Z-35., 1회 절입량 3mm, 이송속도 100mm/min(분당이송)
G80 ;	Cycle 가공 취소
X18. Y46. ;	다음 가공 좌표
G83 G98 Z-12. Q3. F100 ;	펙 드릴가공 Cycle, 초기점 복귀, 가공 최종 깊이 Z-12., 1회 절입량 3mm, 이송속도 100mm/min(분당이송)

G80 ;	Cycle 가공 취소
G00 Z50. M09 ;	공구 후퇴 Z50.위치, 절삭유 공급 OFF
G49 Z150. M05;	공구 길이보정 취소, Z150mm 후퇴, 주축 정지
G91 G30 Z0. M19 ;	2원점 복귀 (공구교환위치), 주축 한방향 정지
M01 ;	프로그램 일시 정지

TAP 가공	
T04 M06 ;	4번 공구, 공구교환
G54 G90 G00 X34. Y26. S100 M03 ;	공작물 좌표계 설정, 절대좌표, 급속이송X_.Y_.(위치결정), 스핀들 RPM100, 주축 정회전
G43 Z50. H04 ;	공구 +길이보정, 안전높이Z50. 보정번호
Z5. M08 ;	가공 Z축 시작위치, 절삭유 공급 ON
G84 G98 Z-35. F125 ;	드릴가공 Cycle, 초기점 복귀, 가공 최종 깊이 Z-35., 이송속도 125mm/min(분당이송)
G80 ;	Cycle 가공 취소
G00 Z50. M09 ;	공구 후퇴 Z50.위치, 절삭유 공급 OFF
G49 Z150. M05;	공구 길이보정 취소, Z150. 후퇴, 주축 정지
G91 G30 Z0. M19 ;	2원점 복귀 (공구교환위치), 주축 한방향 정지
M01 ;	프로그램 일시 정지

엔드밀 가공	
T03 M06 ;	3번 공구, 공구교환
G54 G90 G00 X-10. Y-10. S1500 M03 ;	공작물 좌표계 설정, 절대좌표, 급속이송X_.Y_.(위치결정), 스핀들 RPM1500, 주축 정회전
G43 Z50. H03 ;	공구 +길이보정, 안전높이Z50. 보정번호
Z5. M08 ;	가공 Z축 시작위치, 절삭유 공급 ON
Z-4. ;	외곽 형상 깊이 Z-4.
G41 G01 X4. D03 F200 ;	공구경 좌측보정, 직선가공 X4.위치, 공구경 DATA 보정번호 3번 이송속도 200mm/min(분당이송)
Y58. ;	Y축 이송
G02 X12. Y66. R8. ;	원호가공(CW) R8.
G01 X61. ;	X축 이송
X66. Y61. ;	C5. (챔퍼 가공)
Y44. ;	Y축 이송
X58. ;	X축 이송
G03 X50. Y52. R8. ;	원호가공(CCW) R8.
G01 X44. ;	X축 이송
G03 X37. Y45. R8. ;	원호가공(CCW) R8.
G01 Y40. ;	Y축 이송
G03 X44. Y33. R7. ;	원호가공(CCW) R7.
G01 X52. ;	X축 이송

G02 X56. Y29. R4. ;	원호가공(CW) R4.
G01 Y26. ;	Y축 이송
G03 X66. Y16. R10. ;	원호가공(CCW) R10.
G01 Y4. ;	Y축 이송
X53.5 ;	X축 이송
G03 X38.5 R7.5 ;	원호가공(CCW) R7.5
G01 X-10. ;	X축 이송
G00 Z5. ;	공구 후퇴 Z5. 위치
G40 G00 X34. Y26. ;	공구경 보정 취소, 급속위치 결정 X_.Y_.
G01 Z-3. F100 ;	포켓 형상 깊이 Z-3. , 이속속도 100mm/min(분당이송)
G41 Y33. D03 F200 ;	공구경 좌측보정, 직선가공 Y34.위치, 공구경 DATA 보정번호 3번 이속속도 200mm/min(분당이송)
X24.5 ;	X축 이송
Y46. ;	Y축 이송
G03 X11.5 R6.5 ;	원호가공(CCW) R6.5
G01 Y26. ;	Y축 이송
G03 X18.5 Y19. R7. ;	원호가공(CCW) R7.
G01 X34. ;	X축 이송
G03 Y33. R7.	원호가공(CCW) R7.
G00 Z50. M09 ;	공구 후퇴 Z50. 위치, 절삭유 공급 OFF
G40 G49 Z150. M05;	공구경 보정 취소, 공구길이 보정 취소, Z150. 후퇴, 주축 정지
G91 G30 Z0. M19 ;	2원점 복귀 (공구 교환위치), 주축 한방향 정지
M02 ;	프로그램 종료

MEMO

2-1 도면

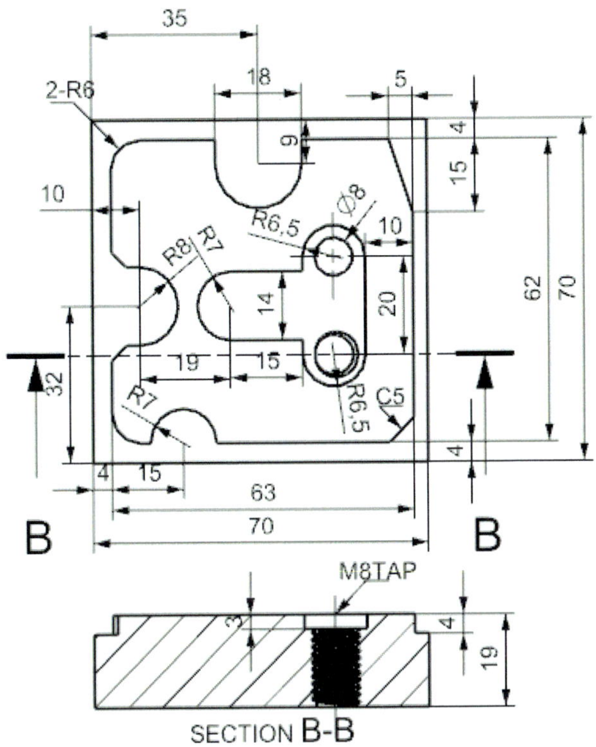

35
18
5
2-R6
4
9
15
10
Ø8
R6.5
10
R8
R7
14
20
62
70
32
19
15
R7
R6.5
C5
4
4
15
63
70
B
B
M8TAP
3
4
19
SECTION B-B

도 면

완성품

2-2 프로그램 및 설명

프로그램	프로그램 설명
	센터드릴
O1234 ;	프로그램 번호 앞 영문 O와 최대 4자리의 숫자 지정
G40 G49 G80 ;	공구경, 공구길이, Cycle 취소
G91 G28 X0. Y0. Z0. ;	기계원점 복귀 (공구교환 전 안전위치)
G91 G30 Z0. M19 ;	2원점 복귀 (공구교환위치), 주축 한방향 정지
T01 M06 ;	1번 공구, 공구교환
G54 G90 G00 X50.5 Y22. S1000 M03 ;	공작물 좌표계 설정, 절대좌표, 급속이송X_.Y_.(위치결정), 스핀들 RPM1000, 주축 정회전
G43 Z50. H01 ;	공구 +길이보정, 안전높이Z50. 보정번호
Z5. M08 ;	가공 Z축 시작위치, 절삭유 공급 ON
G81 G98 Z-5. F100 ;	드릴가공 Cycle, 초기점 복귀, 가공 최종 깊이 Z-5., 이송속도 100mm/min(분당이송)
X50.5 Y42. ;	다음 가공 좌표
G80 ;	Cycle 가공 취소
G00 Z50. M09 ;	공구 후퇴 Z50.위치, 절삭유 공급 OFF
G49 Z150. M05;	공구 길이보정 취소, Z150. 후퇴, 주축 정지
G91 G30 Z0. M19 ;	2원점 복귀 (공구교환위치), 주축 한방향 정지
M01 ;	프로그램 일시 정지
	드릴가공
T02 M06 ;	2번 공구, 공구교환
G54 G90 G00 X50.5 Y22. S1000 M03 ;	공작물 좌표계 설정, 절대좌표, 급속이송X_.Y_.(위치결정), 스핀들 RPM1000, 주축 정회전
G43 Z50. H02 ;	공구 +길이보정, 안전높이Z50. 보정번호
Z5. M08 ;	가공 Z축 시작위치, 절삭유 공급 ON
G83 G98 Z-35. Q3. F100 ;	펙 드릴가공 Cycle, 초기점 복귀, 가공 최종 깊이 Z-35., 1회 절입량 3mm, 이송속도 100mm/min(분당이송)
G80 ;	Cycle 가공 취소
X50.5 Y42. ;	다음 가공 좌표
G83 G98 Z-12. Q3. F100 ;	펙 드릴가공 Cycle, 초기점 복귀, 가공 최종 깊이 Z-12., 1회 절입량 3mm, 이송속도 100mm/min(분당이송)
G80 ;	Cycle 가공 취소
G00 Z50. M09 ;	공구 후퇴 Z50.위치, 절삭유 공급 OFF
G49 Z150. M05;	공구 길이보정 취소, Z150mm 후퇴, 주축 정지
G91 G30 Z0. M19 ;	2원점 복귀 (공구교환위치), 주축 한방향 정지
M01 ;	프로그램 일시 정지

TAP 가공	
T04 M06 ;	4번 공구, 공구교환
G54 G90 G00 X50.5 Y22. S100 M03 ;	공작물 좌표계 설정, 절대좌표, 급속이송X_.Y_.(위치결정), 스핀들 RPM100, 주축 정회전
G43 Z50. H04 ;	공구 +길이보정, 안전높이Z50. 보정번호
Z5. M08 ;	가공 Z축 시작위치, 절삭유 공급 ON
G84 G98 Z-35. F125 ;	드릴가공 Cycle, 초기점 복귀, 가공 최종 깊이 Z-35., 이송속도 125mm/min(분당이송)
G80 ;	Cycle 가공 취소
G00 Z50. M09 ;	공구 후퇴 Z50.위치, 절삭유 공급 OFF
G49 Z150. M05;	공구 길이보정 취소, Z150. 후퇴, 주축 정지
G91 G30 Z0. M19 ;	2원점 복귀 (공구교환위치), 주축 한방향 정지
M01 ;	프로그램 일시 정지

엔드밀 가공	
T03 M06 ;	3번 공구, 공구교환
G54 G90 G00 X-10. Y-10. S1500 M03 ;	공작물 좌표계 설정, 절대좌표, 급속이송X_.Y_.(위치결정), 스핀들 RPM1500, 주축 정회전
G43 Z50. H03 ;	공구 +길이보정, 안전높이Z50. 보정번호
Z5. M08 ;	가공 Z축 시작위치, 절삭유 공급 ON
Z-4. ;	외곽 형상 깊이 Z-4.
G41 G01 X4. D03 F200 ;	공구경 좌측보정, 직선가공 X4.위치, 공구경 DATA 보정번호 3번 이송속도 200mm/min(분당이송)
Y21. ;	Y축 이송
X7. Y24. ;	C3. (챔퍼 가공)
X10.	X축 이송
G03 Y40. R8. ;	원호가공(CCW) R8.
G01 X7. ;	X축 이송
X4. Y43. ;	C3. (챔퍼 가공)
Y60. ;	Y축 이송
G02 X10. Y66. R6. ;	원호가공(CW) R6.
G01 X26. ;	X축 이송
Y61. ;	Y축 이송
G03 X44. R9. ;	원호가공(CCW) R9.
G01 Y66. ;	Y축 이송
G01 X62. ;	X축 이송
X67. Y51. ;	X,Y축 동시가공 (테이퍼 가공)
Y9. ;	Y축 이송
X62. Y4. ;	C5. (챔퍼 가공)
X27. ;	X축 이송
G03 X13. R7. ;	원호가공(CCW) R7.

G01 X10. ;	X축 이송
G02 X4. Y10. R6. ;	원호가공(CW) R6.
G03 X-6. Y20. R10. ;	원호가공(CCW) R10., 형상윤곽 진출
G00 Z5. ;	공구 후퇴 Z5. 위치
G40 G00 X50.5 Y22. ;	공구경 보정 취소, 급속위치 결정 X_.Y_.
G01 Z-3. F100 ;	포켓 형상 깊이 Z-3. , 이송속도 100mm/min(분당이송)
G41 Y39. D03 F200 ;	공구경 좌측보정, 직선가공 Y39.위치, 공구경 DATA 보정번호 3번 이송속도 200mm/min(분당이송)
X29. ;	X축 이송
G03 Y25. R7. ;	원호가공(CCW) R7.
G01 X44. ;	X축 이송
Y22. ;	Y축 이송
G03 X57. R6.5 ;	원호가공(CCW) R6.5
G01 Y42. ;	Y축 이송
G03 X44. R6.5 ;	원호가공(CCW) R6.5
G01 Y32. ;	Y축 이송, 포켓 진출
G00 Z50. M09 ;	공구 후퇴 Z50. 위치, 절삭유 공급 OFF
G40 G49 Z150. M05;	공구경 보정 취소, 공구길이 보정 취소, Z150. 후퇴, 주축 정지
G91 G30 Z0. M19 ;	2원점 복귀 (공구 교환위치), 주축 한방향 정지
M02 ;	프로그램 종료

MEMO

3-1 도면

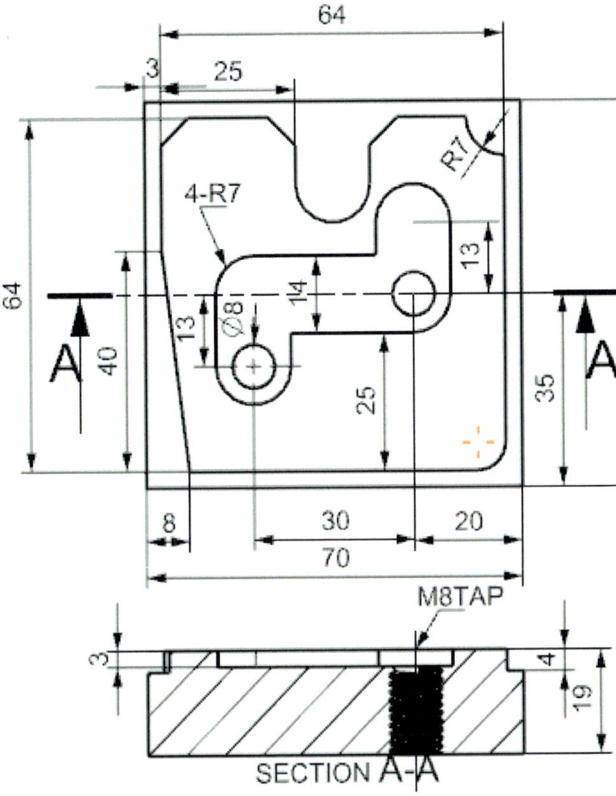
64
3
25
R7
4-R7
13
64
14
Ø8
13
40
A
A
25
35
70
8
30
20
70
M8TAP
3
4
19
SECTION A-A

도 면

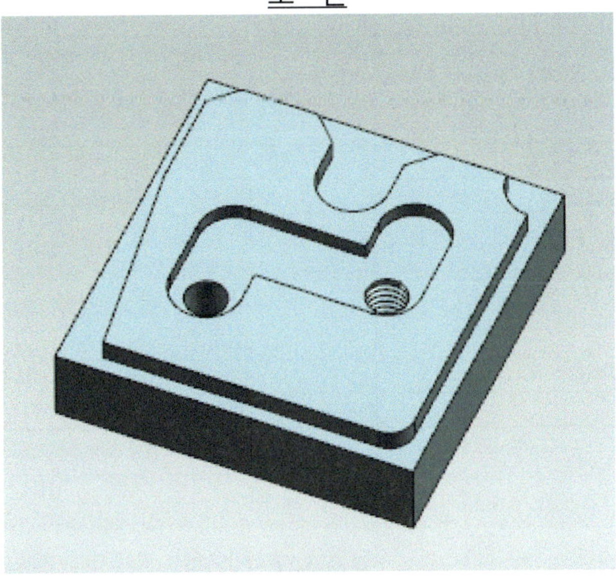

완성품

3-2 프로그램 및 설명

프로그램	프로그램 설명
센터드릴	
O1234 ;	프로그램 번호 앞 영문 O와 최대 4자리의 숫자 지정
G40 G49 G80 ;	공구경, 공구길이, Cycle 취소
G91 G28 X0. Y0. Z0. ;	기계원점 복귀 (공구교환 전 안전위치)
G91 G30 Z0. M19 ;	2원점 복귀 (공구교환위치), 주축 한방향 정지
T01 M06 ;	1번 공구, 공구교환
G54 G90 G00 X50. Y35. S1000 M03 ;	공작물 좌표계 설정, 절대좌표, 급속이송X_.Y_.(위치결정), 스핀들 RPM1000, 주축 정회전
G43 Z50. H01 ;	공구 +길이보정, 안전높이Z50. 보정번호
Z5. M08 ;	가공 Z축 시작위치, 절삭유 공급 ON
G81 G98 Z-5. F100 ;	드릴가공 Cycle, 초기점 복귀, 가공 최종 깊이 Z-5., 이송속도 100mm/min(분당이송)
X20. Y22. ;	다음 가공 좌표
G80 ;	Cycle 가공 취소
G00 Z50. M09 ;	공구 후퇴 Z50.위치, 절삭유 공급 OFF
G49 Z150. M05;	공구 길이보정 취소, Z150. 후퇴, 주축 정지
G91 G30 Z0. M19 ;	2원점 복귀 (공구교환위치), 주축 한방향 정지
M01 ;	프로그램 일시 정지
드릴가공	
T02 M06 ;	2번 공구, 공구교환
G54 G90 G00 X50. Y35. S1000 M03 ;	공작물 좌표계 설정, 절대좌표, 급속이송X_.Y_.(위치결정), 스핀들 RPM1000, 주축 정회전
G43 Z50. H02 ;	공구 +길이보정, 안전높이Z50. 보정번호
Z5. M08 ;	가공 Z축 시작위치, 절삭유 공급 ON
G83 G98 Z-35. Q3. F100 ;	펙 드릴가공 Cycle, 초기점 복귀, 가공 최종 깊이 Z-35., 1회 절입량 3mm, 이송속도 100mm/min(분당이송)
G80 ;	Cycle 가공 취소
X20. Y22. ;	다음 가공 좌표
G83 G98 Z-12. Q3. F100 ;	펙 드릴가공 Cycle, 초기점 복귀, 가공 최종 깊이 Z-12., 1회 절입량 3mm, 이송속도 100mm/min(분당이송)
G80 ;	Cycle 가공 취소
G00 Z50. M09 ;	공구 후퇴 Z50.위치, 절삭유 공급 OFF
G49 Z150. M05;	공구 길이보정 취소, Z150mm 후퇴, 주축 정지
G91 G30 Z0. M19 ;	2원점 복귀 (공구교환위치), 주축 한방향 정지

M01 ;	프로그램 일시 정지
TAP 가공	
T04 M06 ;	4번 공구, 공구교환
G54 G90 G00 X50. Y35. S100 M03 ;	공작물 좌표계 설정, 절대좌표, 급속이송X_.Y_.(위치결정), 스핀들 RPM100, 주축 정회전
G43 Z50. H04 ;	공구 +길이보정, 안전높이Z50. 보정번호
Z5. M08 ;	가공 Z축 시작위치, 절삭유 공급 ON
G84 G98 Z-35. F125 ;	드릴가공 Cycle, 초기점 복귀, 가공 최종 깊이 Z-35., 이송속도 125mm/min(분당이송)
G80 ;	Cycle 가공 취소
G00 Z50. M09 ;	공구 후퇴 Z50.위치, 절삭유 공급 OFF
G49 Z150. M05;	공구 길이보정 취소, Z150. 후퇴, 주축 정지
G91 G30 Z0. M19 ;	2원점 복귀 (공구교환위치), 주축 한방향 정지
M01 ;	프로그램 일시 정지
엔드밀 가공	
T03 M06 ;	3번 공구, 공구교환
G54 G90 G00 X-10. Y-10. S1500 M03 ;	공작물 좌표계 설정, 절대좌표, 급속이송X_.Y_.(위치결정), 스핀들 RPM1500, 주축 정회전
G43 Z50. H03 ;	공구 +길이보정, 안전높이Z50. 보정번호
Z5. M08 ;	가공 Z축 시작위치, 절삭유 공급 ON
Z-4. ;	외곽 형상 깊이 Z-4.
G41 G01 X8. D03 F200 ;	공구경 좌측보정, 직선가공 X8.위치, 공구경 DATA 보정번호 3번 이송속도 200mm/min(분당이송)
X3. Y43. ;	X,Y축 동시가공 (테이퍼 가공)
Y62. ;	Y축 이송
X8. Y67. ;	C5. (챔퍼 가공)
X23. ;	X축 이송
X28. Y62. ;	C5. (챔퍼 가공)
Y55. ;	Y축 이송
G03 X42. R7. ;	원호가공(CCW) R7.
G01 Y62. ;	Y축 이송
X47. Y67. ;	C5. (챔퍼 가공)
X60. ;	X축 이송
G03 X67. Y60. R7. ;	원호가공(CCW) R7.
G01 Y8. ;	Y축 이송
G02 X62. Y3. R5. ;	원호가공(CW) R5.
G01 X-10. ;	X축 이송, 형상윤곽 진출
G00 Z5. ;	공구 후퇴 Z5. 위치
G40 G00 X50. Y35. ;	공구경 보정 취소, 급속위치 결정 X_.Y_.

G01 Z-3. F100 ;	포켓 형상 깊이 Z-3. , 이송속도 100mm/min(분당이송)
G41 Y42. D03 F200 ;	공구경 좌측보정, 직선가공 Y42.위치, 공구경 DATA 보정번호 3번 이송속도 200mm/min(분당이송)
X20. ;	X축 이송
G03 X13. Y35. R7. ;	원호가공(CCW) R7.
G01 Y22. ;	Y축 이송
G03 X27. R7. ;	원호가공(CCW) R7.
G01 Y28. ;	Y축 이송
X50. ;	X축 이송
G03 X57. Y35. R7. ;	원호가공(CCW) R7.
G01 Y48. ;	Y축 이송
G03 X43. R7.	원호가공(CCW) R7.
G01 Y35. ;	Y축 이송, 포켓 진출
G00 Z50. M09 ;	공구 후퇴 Z50. 위치, 절삭유 공급 OFF
G40 G49 Z150. M05;	공구경 보정 취소, 공구길이 보정 취소, Z150. 후퇴, 주축 정지
G91 G30 Z0. M19 ;	2원점 복귀 (공구 교환위치), 주축 한방향 정지
M02 ;	프로그램 종료

MEMO

4-1 도면

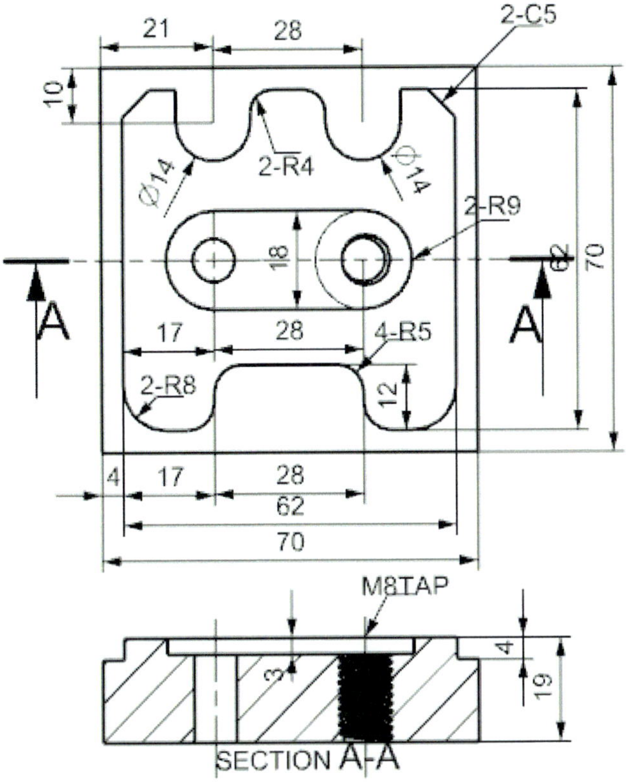

21
28
2-C5
10
2-R4
Ø14
Ø14
2-R9
18
62
70
A
A
17
28
4-R5
2-R8
12
4
17
28
62
70
M8TAP
4
3
19
SECTION A-A

도 면

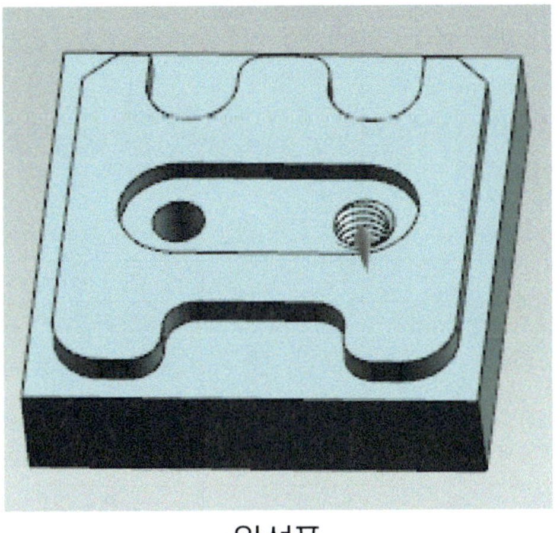

완성품

4-2 프로그램 및 설명

프로그램	프로그램 설명
	센터드릴
O1234 ;	프로그램 번호 앞 영문 O와 최대 4자리의 숫자 지정
G40 G49 G80 ;	공구경, 공구길이, Cycle 취소
G91 G28 X0. Y0. Z0. ;	기계원점 복귀 (공구교환 전 안전위치)
G91 G30 Z0. M19 ;	2원점 복귀 (공구교환위치), 주축 한방향 정지
T01 M06 ;	1번 공구, 공구교환
G54 G90 G00 X49. Y35. S1000 M03 ;	공작물 좌표계 설정, 절대좌표, 급속이송X_.Y_.(위치결정), 스핀들 RPM1000, 주축 정회전
G43 Z50. H01 ;	공구 +길이보정, 안전높이Z50. 보정번호
Z5. M08 ;	가공 Z축 시작위치, 절삭유 공급 ON
G81 G98 Z-5. F100 ;	드릴가공 Cycle, 초기점 복귀, 가공 최종 깊이 Z-5., 이송속도 100mm/min(분당이송)
X21. Y35. ;	다음 가공 좌표
G80 ;	Cycle 가공 취소
G00 Z50. M09 ;	공구 후퇴 Z50.위치, 절삭유 공급 OFF
G49 Z150. M05;	공구 길이보정 취소, Z150. 후퇴, 주축 정지
G91 G30 Z0. M19 ;	2원점 복귀 (공구교환위치), 주축 한방향 정지
M01 ;	프로그램 일시 정지

	드릴가공
T02 M06 ;	2번 공구, 공구교환
G54 G90 G00 X49. Y35. S1000 M03 ;	공작물 좌표계 설정, 절대좌표, 급속이송X_.Y_.(위치결정), 스핀들 RPM1000, 주축 정회전
G43 Z50. H02 ;	공구 +길이보정, 안전높이Z50. 보정번호
Z5. M08 ;	가공 Z축 시작위치, 절삭유 공급 ON
G83 G98 Z-35. Q3. F100 ;	펙 드릴가공 Cycle, 초기점 복귀, 가공 최종 깊이 Z-35., 1회 절입량 3mm, 이송속도 100mm/min(분당이송)
G80 ;	Cycle 가공 취소
X21. Y35. ;	다음 가공 좌표
G83 G98 Z-12. Q3. F100 ;	펙 드릴가공 Cycle, 초기점 복귀, 가공 최종 깊이 Z-12., 1회 절입량 3mm, 이송속도 100mm/min(분당이송)

G80 ;	Cycle 가공 취소
G00 Z50. M09 ;	공구 후퇴 Z50.위치, 절삭유 공급 OFF
G49 Z150. M05;	공구 길이보정 취소, Z150mm 후퇴, 주축 정지
G91 G30 Z0. M19 ;	2원점 복귀 (공구교환위치), 주축 한방향 정지
M01 ;	프로그램 일시 정지

TAP 가공	
T04 M06 ;	4번 공구, 공구교환
G54 G90 G00 X49. Y35. S100 M03 ;	공작물 좌표계 설정, 절대좌표, 급속이송X_.Y_.(위치결정), 스핀들 RPM100, 주축 정회전
G43 Z50. H04 ;	공구 +길이보정, 안전높이Z50. 보정번호
Z5. M08 ;	가공 Z축 시작위치, 절삭유 공급 ON
G84 G98 Z-35. F125 ;	드릴가공 Cycle, 초기점 복귀, 가공 최종 깊이 Z-35., 이송속도 125mm/min(분당이송)
G80 ;	Cycle 가공 취소
G00 Z50. M09 ;	공구 후퇴 Z50.위치, 절삭유 공급 OFF
G49 Z150. M05;	공구 길이보정 취소, Z150. 후퇴, 주축 정지
G91 G30 Z0. M19 ;	2원점 복귀 (공구교환위치), 주축 한방향 정지
M01 ;	프로그램 일시 정지

엔드밀 가공	
T03 M06 ;	3번 공구, 공구교환
G54 G90 G00 X-10. Y-10. S1500 M03 ;	공작물 좌표계 설정, 절대좌표, 급속이송X_.Y_.(위치결정), 스핀들 RPM1500, 주축 정회전
G43 Z50. H03 ;	공구 +길이보정, 안전높이Z50. 보정번호
Z5. M08 ;	가공 Z축 시작위치, 절삭유 공급 ON
Z-4. ;	외곽 형상 깊이 Z-4.
G41 G01 X4. D03 F200 ;	공구경 좌측보정, 직선가공 X4.위치, 공구경 DATA 보정번호 3번 이송속도 200mm/min(분당이송)
Y61. ;	Y축 이송
X9. Y66. ;	C5. (챔퍼 가공)
X14. ;	X축 이송
Y60. ;	Y축 이송
G03 X28. R7. ;	원호가공(CCW) R7.
G01 Y62. ;	Y축 이송
G02 X32. Y66. R4. ;	원호가공(CW) R4.
G01 X38. ;	X축 이송
G02 X42. Y62. R4. ;	원호가공(CW) R4.
G01 Y60. ;	Y축 이송
G03 X56. R7. ;	원호가공(CCW) R7.
G01 Y66. ;	Y축 이송

X61. ;	X축 이송
X66. Y61. ;	C5. (챔퍼 가공)
Y12. ;	Y축 이송
G02 X58. Y4. R8. ;	원호가공(CW) R8.
G01 X54. ;	X축 이송
G02 X49. Y9. R5. ;	원호가공(CW) R5.
G01 Y11. ;	Y축 이송
G03 X44. Y16. R5. ;	원호가공(CCW) R5.
G01 X26. ;	X축 이송
G03 X21. Y11. R5. ;	원호가공(CCW) R5.
G01 Y9. ;	Y축 이송
G02 X16. Y4. R5. ;	원호가공(CW) R5.
G01 X12. ;	X축 이송
G02 X4. Y12. R8. ;	원호가공(CW) R8.
G03 X-6. Y22. R10. ;	원호가공(CCW) R10., 형상윤곽 진출
G00 Z5. ;	공구 후퇴 Z5. 위치
G40 G00 X49. Y35. ;	공구경 보정 취소, 급속위치 결정 X_.Y_.
G01 Z-3. F100 ;	포켓 형상 깊이 Z-3. , 이송속도 100mm/min(분당이송)
G41 Y44. D03 F200 ;	공구경 좌측보정, 직선가공 Y44.위치, 공구경 DATA 보정번호 3번 이송속도 200mm/min(분당이송)
X21. ;	X축 이송
G03 Y26. R9. ;	원호가공(CCW) R9.
G01 X49. ;	X축 이송
G03 Y44. R9. ;	원호가공(CCW) R9.
G00 Z50. M09 ;	공구 후퇴 Z50. 위치, 절삭유 공급 OFF
G40 G49 Z150. M05;	공구경 보정 취소, 공구길이 보정 취소, Z150. 후퇴, 주축 정지
G91 G30 Z0. M19 ;	2원점 복귀 (공구 교환위치), 주축 한방향 정지
M02 ;	프로그램 종료

MEMO

5-1 도면

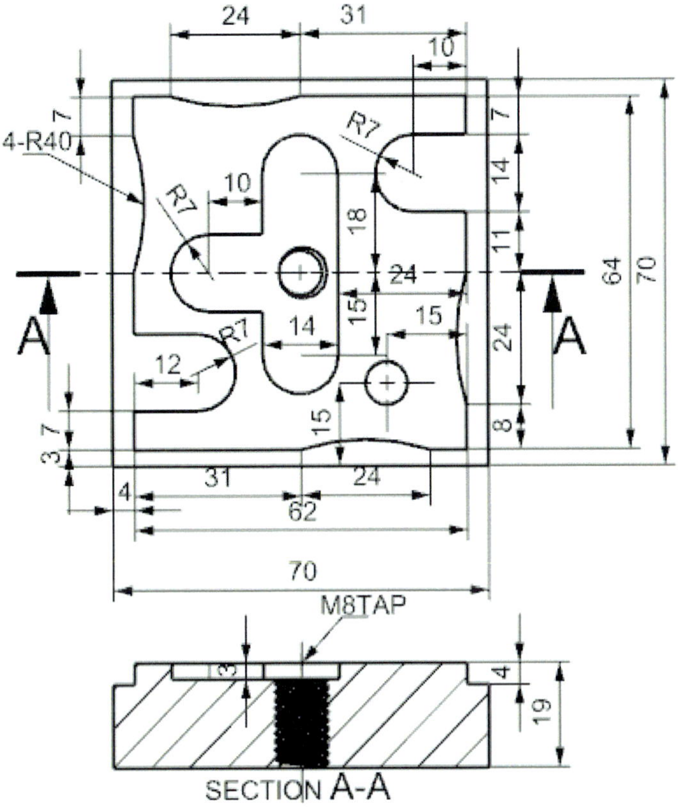
24
31
10
7
4-R40
R7
10
18
14
11
24
64
70
R7
14
15
15
24
R7
12
15
8
3 7
3
31
24
4
62
70
A
A
M8TAP
3
4
19
SECTION A-A

도 면

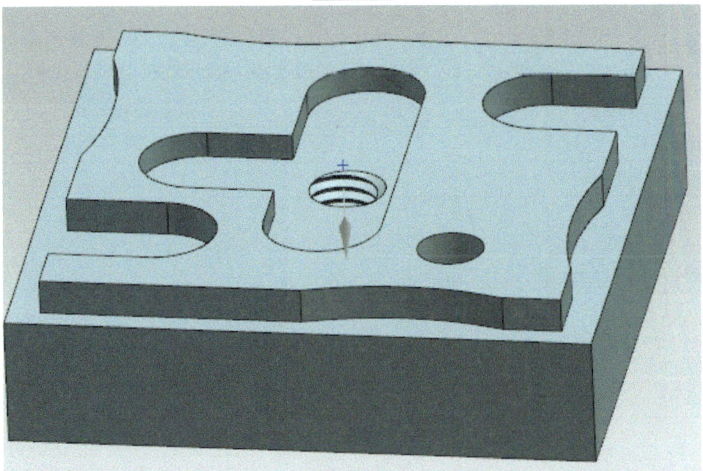

완성품

5-2 프로그램 및 설명

프로그램	프로그램 설명
	센터드릴
O1234 ;	프로그램 번호 앞 영문 O와 최대 4자리의 숫자 지정
G40 G49 G80 ;	공구경, 공구길이, Cycle 취소
G91 G28 X0. Y0. Z0. ;	기계원점 복귀 (공구교환 전 안전위치)
G91 G30 Z0. M19 ;	2원점 복귀 (공구교환위치), 주축 한방향 정지
T01 M06 ;	1번 공구, 공구교환
G54 G90 G00 X35. Y35. S1000 M03 ;	공작물 좌표계 설정, 절대좌표, 급속이송X_.Y_.(위치결정), 스핀들 RPM1000, 주축 정회전
G43 Z50. H01 ;	공구 +길이보정, 안전높이Z50. 보정번호
Z5. M08 ;	가공 Z축 시작위치, 절삭유 공급 ON
G81 G98 Z-5. F100 ;	드릴가공 Cycle, 초기점 복귀, 가공 최종 깊이 Z-5., 이송속도 100mm/min(분당이송)
X55. Y15. ;	다음 가공 좌표
G80 ;	Cycle 가공 취소
G00 Z50. M09 ;	공구 후퇴 Z50.위치, 절삭유 공급 OFF
G49 Z150. M05;	공구 길이보정 취소, Z150. 후퇴, 주축 정지
G91 G30 Z0. M19 ;	2원점 복귀 (공구교환위치), 주축 한방향 정지
M01 ;	프로그램 일시 정지

	드릴가공
T02 M06 ;	2번 공구, 공구교환
G54 G90 G00 X35. Y35. S1000 M03 ;	공작물 좌표계 설정, 절대좌표, 급속이송X_.Y_.(위치결정), 스핀들 RPM1000, 주축 정회전
G43 Z50. H02 ;	공구 +길이보정, 안전높이Z50. 보정번호
Z5. M08 ;	가공 Z축 시작위치, 절삭유 공급 ON
G83 G98 Z-35. Q3. F100 ;	펙 드릴가공 Cycle, 초기점 복귀, 가공 최종 깊이 Z-35., 1회 절입량 3mm, 이송속도 100mm/min(분당이송)
G80 ;	Cycle 가공 취소
X55. Y15. ;	다음 가공 좌표
G83 G98 Z-12. Q3. F100 ;	펙 드릴가공 Cycle, 초기점 복귀, 가공 최종 깊이 Z-12., 1회 절입량 3mm, 이송속도 100mm/min(분당이송)
G80 ;	Cycle 가공 취소
G00 Z50. M09 ;	공구 후퇴 Z50.위치, 절삭유 공급 OFF
G49 Z150. M05;	공구 길이보정 취소, Z150mm 후퇴, 주축 정지

G91 G30 Z0. M19 ;	2원점 복귀 (공구교환위치), 주축 한방향 정지
M01 ;	프로그램 일시 정지
TAP 가공	
T04 M06 ;	4번 공구, 공구교환
G54 G90 G00 X35. Y35. S100 M03 ;	공작물 좌표계 설정, 절대좌표, 급속이송X_.Y_.(위치결정), 스핀들 RPM100, 주축 정회전
G43 Z50. H04 ;	공구 +길이보정, 안전높이Z50. 보정번호
Z5. M08 ;	가공 Z축 시작위치, 절삭유 공급 ON
G84 G98 Z-35. F125 ;	드릴가공 Cycle, 초기점 복귀, 가공 최종 깊이 Z-35., 이송속도 125mm/min(분당이송)
G80 ;	Cycle 가공 취소
G00 Z50. M09 ;	공구 후퇴 Z50.위치, 절삭유 공급 OFF
G49 Z150. M05;	공구 길이보정 취소, Z150. 후퇴, 주축 정지
G91 G30 Z0. M19 ;	2원점 복귀 (공구교환위치), 주축 한방향 정지
M01 ;	프로그램 일시 정지
엔드밀 가공	
T03 M06 ;	3번 공구, 공구교환
G54 G90 G00 X-10. Y-10. S1500 M03 ;	공작물 좌표계 설정, 절대좌표, 급속이송X_.Y_.(위치결정), 스핀들 RPM1500, 주축 정회전
G43 Z50. H03 ;	공구 +길이보정, 안전높이Z50. 보정번호
Z5. M08 ;	가공 Z축 시작위치, 절삭유 공급 ON
Z-4. ;	외곽 형상 깊이 Z-4.
G41 G01 X4. D03 F200 ;	공구경 좌측보정, 직선가공 X4.위치, 공구경 DATA 보정번호 3번 이송속도 200mm/min(분당이송)
Y10. ;	Y축 이송
X16. ;	X축 이송
G03 Y24. R7. ;	원호가공(CCW) R7.
G01 X4. ;	X축 이송
Y35. ;	Y축 이송
G03 Y60. R40. ;	원호가공(CCW) R40.
G01 Y67. ;	Y축 이송
X11. ;	X축 이송
G03 X35. R40. ;	원호가공(CCW) R40.
G01 X66. ;	X축 이송
Y60. ;	Y축 이송
X60. ;	X축 이송
G03 Y46. R7. ;	원호가공(CCW) R7.
G01 X66. ;	X축 이송
Y35. ;	Y축 이송

G03 Y11. R40. ;	원호가공(CCW) R40.
G01 Y3. ;	Y축 이송
X59. ;	X축 이송
G03 X35. R40. ;	원호가공(CCW) R40.
G01 X-10. ;	X축 이송, 형상윤곽 진출
G00 Z5. ;	공구 후퇴 Z5. 위치
G40 G00 X35. Y35. ;	공구경 보정 취소, 급속위치 결정 X_.Y_.
G01 Z-3. F100 ;	포켓 형상 깊이 Z-3. , 이송속도 100mm/min(분당이송)
G41 Y42. D03 F200 ;	공구경 좌측보정, 직선가공 Y42.위치, 공구경 DATA 보정번호 3번 이송속도 200mm/min(분당이송)
X18. ;	X축 이송
G03 Y28. R7. ;	원호가공(CCW) R7.
G01 X28. ;	X축 이송
Y20. ;	Y축 이송
G03 X42. R7. ;	원호가공(CCW) R7.
G01 Y53. ;	Y축 이송
G03 X28. R7. ;	원호가공(CCW) R7.
G01 Y35. ;	Y축 이송, 포켓 진출
G00 Z50. M09 ;	공구 후퇴 Z50. 위치, 절삭유 공급 OFF
G40 G49 Z150. M05;	공구경 보정 취소, 공구길이 보정 취소, Z150. 후퇴, 주축 정지
G91 G30 Z0. M19 ;	2원점 복귀 (공구 교환위치), 주축 한방향 정지
M02 ;	프로그램 종료

MEMO

6-1 GV-CNC 시뮬레이션 작업 방법

1. GV-CNC 아이콘( )을 실행한다.
2. NC Editor을 클릭하여 실행한다.

3. 컨트롤러/기계설정 창에서 다음과 같이 설정하고, 확인을 클릭한다.

- 컨트롤러 설정 : Fanuc or Sentrol
- 기계설정 : Milling

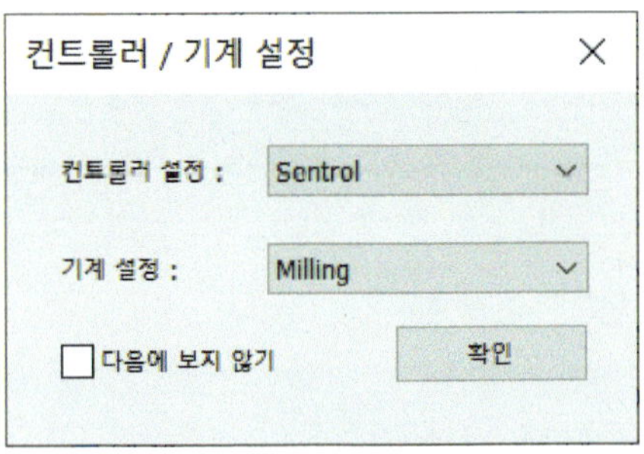

4 좌측 상단의 NC 편집 → NC 열기를 클릭하여 실행한다.

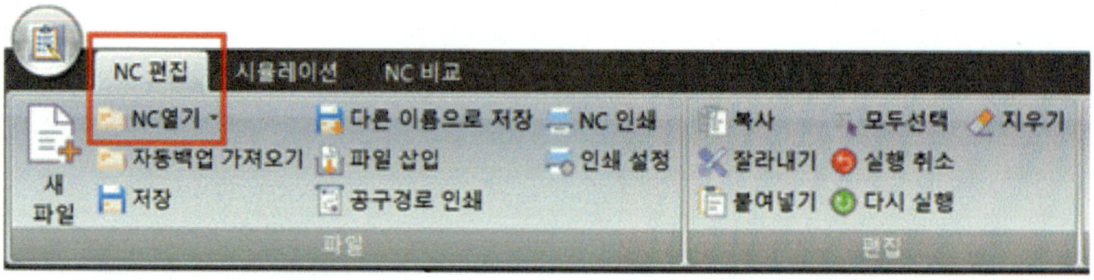

5 작성한 밀링 NC 코드를 선택하고, 열기를 클릭한다. 작성한 코드가 삽입된다.

```
G40 G49 G80 G54 G90
G91 G28 X0. Y0. Z0.
G91 G30 Z0. M19

T01 M06
G90 G00 X35. Y42.
G43 Z50. H01 M08
Z10. S1000 M03
G81 G99 Z-3. R3. F50
Y18.
```

6 좌측 상단의 시뮬레이션 → 정지(■) → 실행(▶)을 차례로 클릭한다.

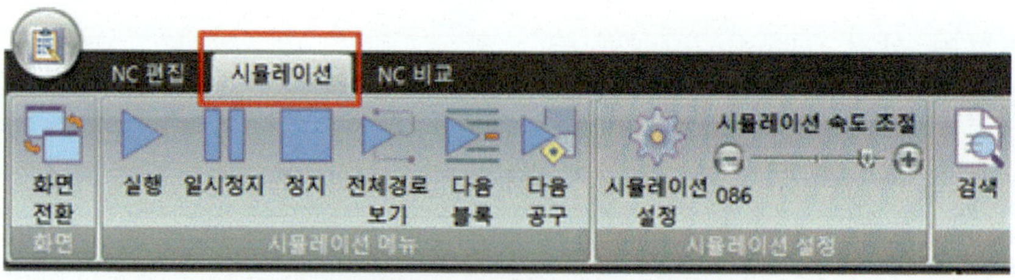

7 밀링 관련 시뮬레이션이 실행된다.

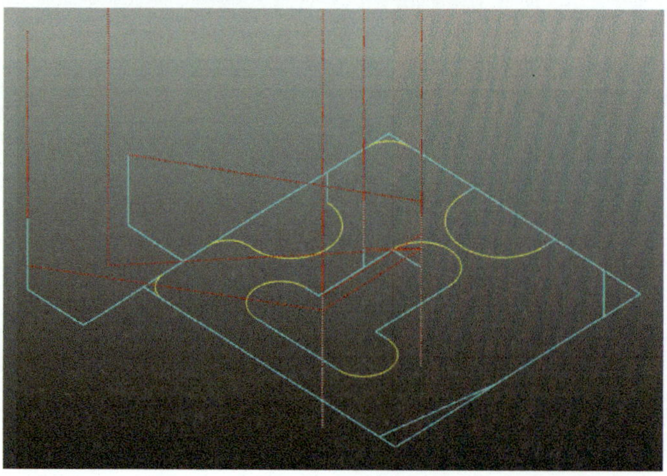

① 시뮬레이션 중간에 에러가 발생하면 붉은색으로 해당 블록이 표시된다.

② 사용자는 코드를 수정하고,

③ 다시 **정지**( ) → **실행**( )을 차례로 클릭한다.

8 ① **NC편집** 탭 또는 ② **시뮬레이션** 탭의 우측 상단에 있는 **GV-CNC 실행하기**( ) 버튼을 눌러 기계시뮬레이션을 실행한다.

①

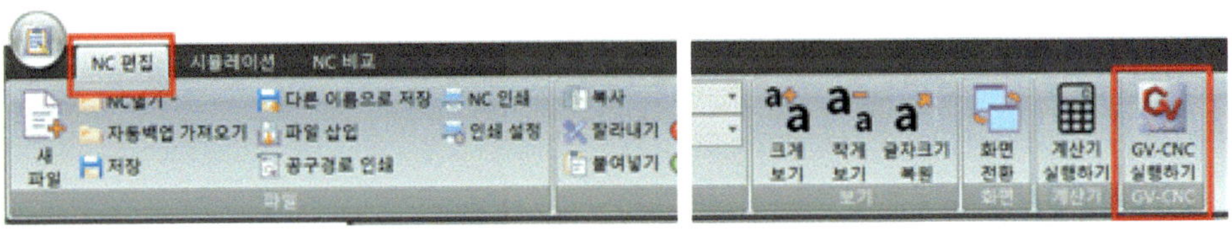

②

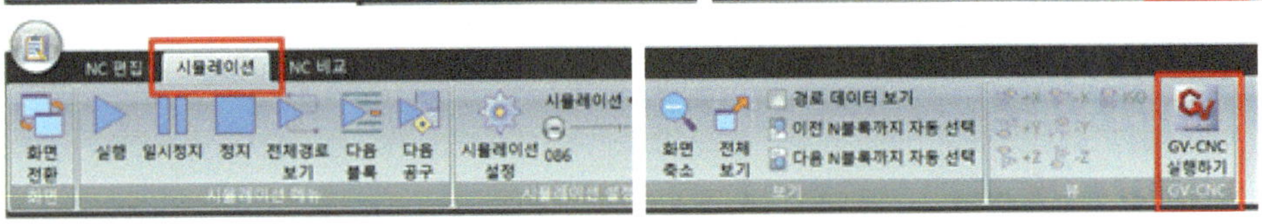

9 밀링 기계시뮬레이션 화면이 나타난다.

10 좌측 상단의 **설정**( ) 버튼을 클릭한다.

⑪ 기계 설정( )을 클릭하여 실행한다.

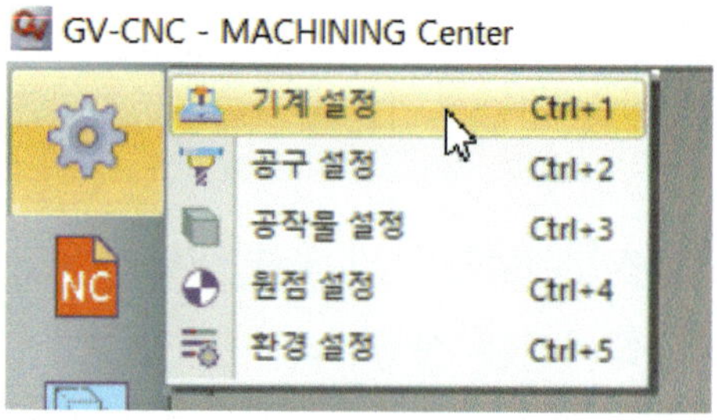

⑫ 가공하고자 하는 기계의 컨트롤러를 선택한다.

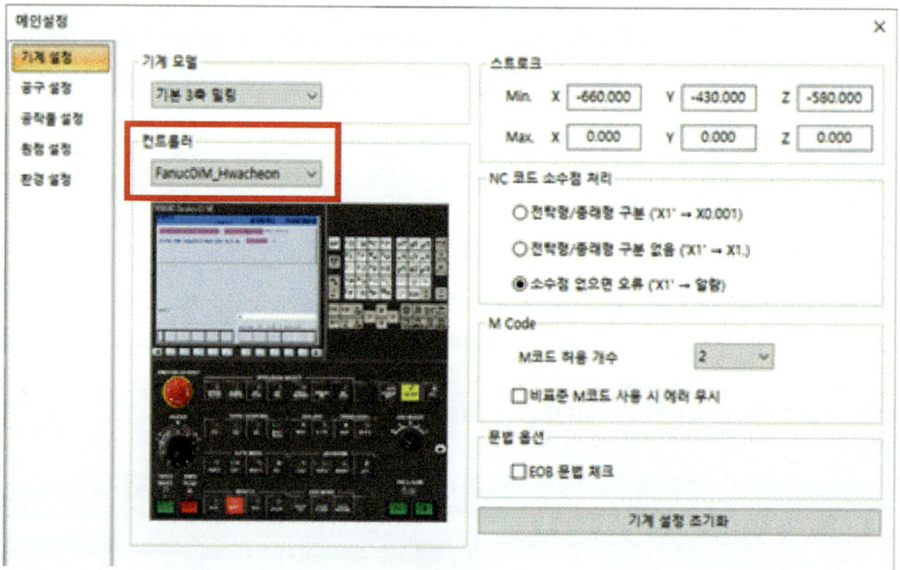

⑬ 화면 우측 하단의 [적용] 버튼을 클릭한다.

⑭ 공구 설정 탭을 클릭한다.

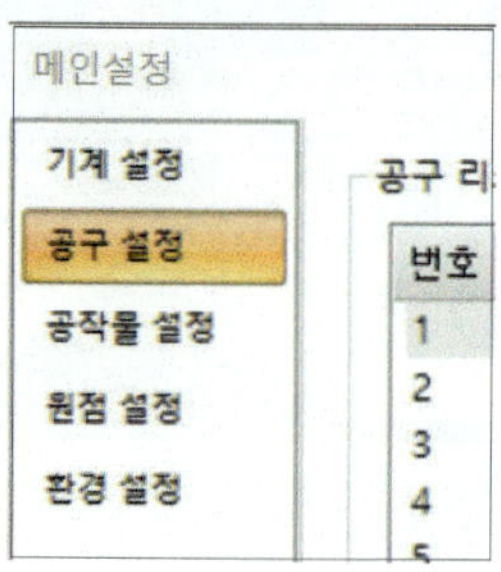

⑮ "번호1" 클릭 → "추가" 클릭 → 공구 종류에서 "센터드릴"을 차례로 선택한다.

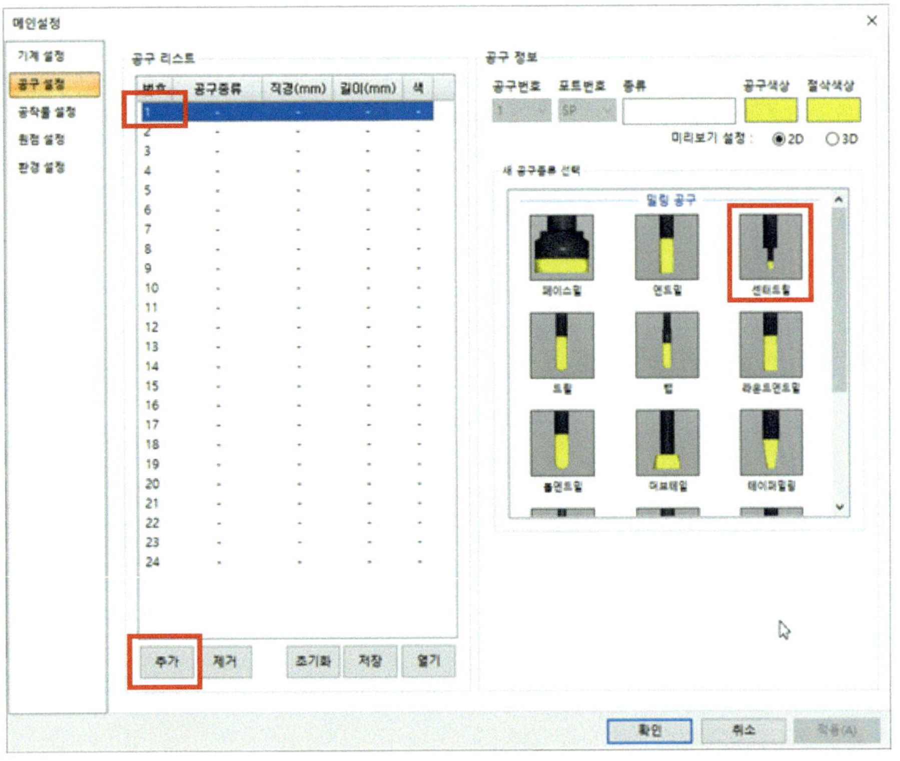

⑯ 공구의 크기(직경, 길이, 기타) 정보를 변경하고, **공구 적용** 버튼을 클릭한다.

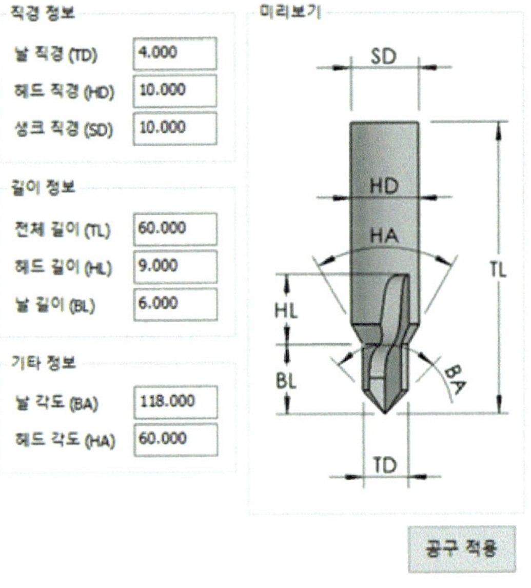

⑰ 공구리스트 번호1에 "센터드릴" 공구가 추가되었다.

⑱ "번호2" 클릭 → "추가" 클릭 → 공구 종류에서 "드릴"을 차례로 선택한다.

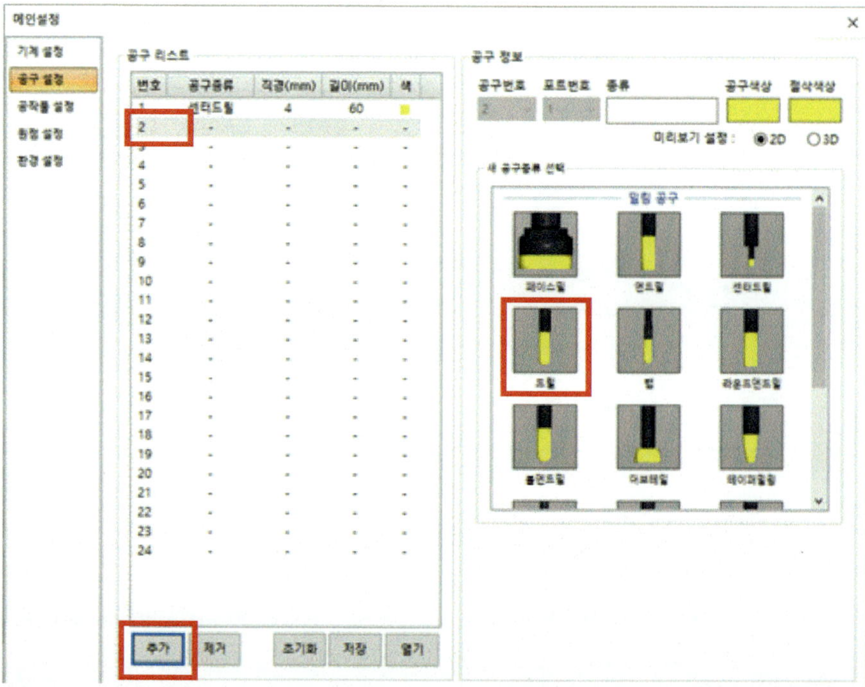

⑲ 공구의 크기(직경, 길이, 기타) 정보를 변경하고, 공구 적용 버튼을 클릭한다.

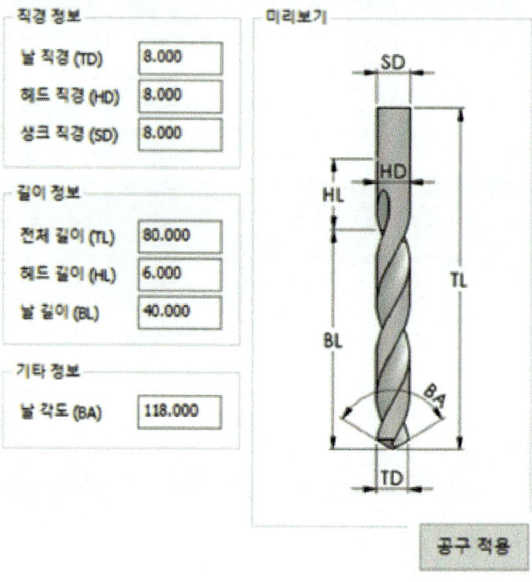

20 공구 리스트 번호1에 "센터드릴" 공구가 추가된다.

21 같은 방법으로 "번호3:엔드밀" & "번호4:탭" 공구를 추가한다.

공구 리스트

번호	공구종류	직경(mm)	길이(mm)	색
1	센터드릴	4	60	
2	드릴	8	80	
3	엔드밀	10	80	
4	탭	8	60	■
5	-	-	-	-
6	-	-	-	-

22 화면 우측 하단의 [적용] 버튼을 클릭한다.

23 공작물 설정 탭을 클릭한다.

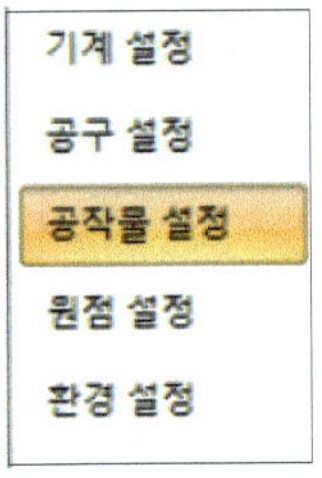

24 공작물의 크기를 설정할 수 있다.

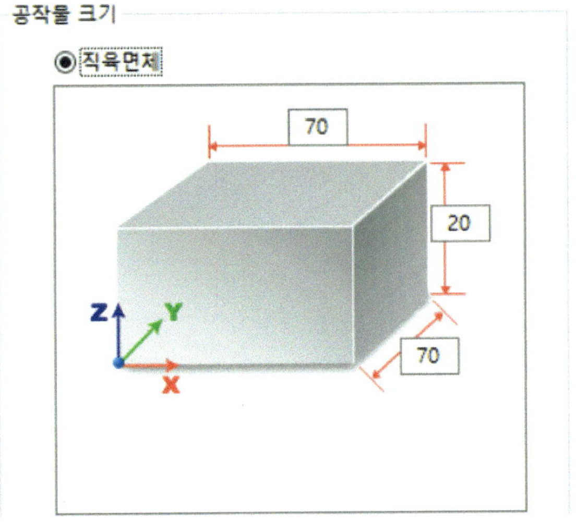

25 공작물의 크기를 변경하였다면, 화면 우측 하단의 [적용] 버튼을 클릭한다.

26 원점 설정 탭을 클릭한다.

① 아래 그림과 같이 표시된 좌표를 선택한다.

② 값 복사를 클릭한다.

③ 화면 우측 하단의 [적용] → [확인] 버튼을 클릭한다.

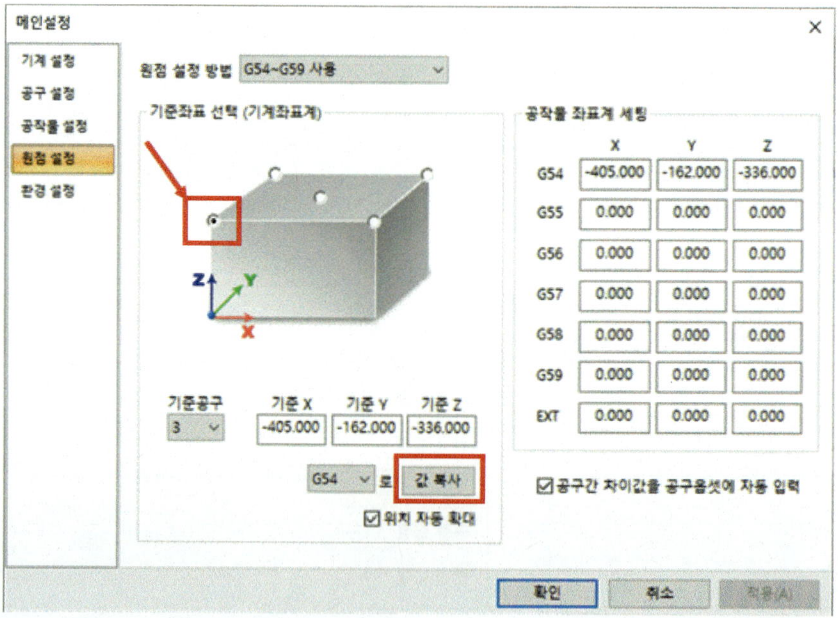

MEMO

27 조작반의 RESET → AUTO → CYCLE START 버튼을 차례로 눌러 기계시뮬레이션(가공)을 진행한다.

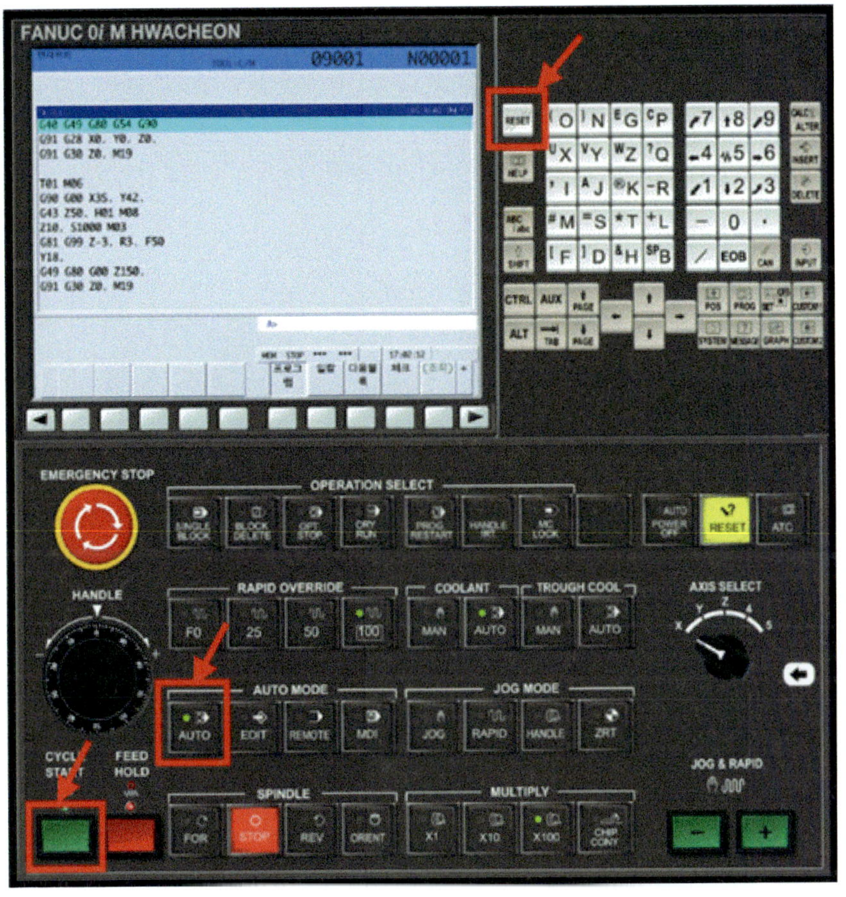

28 밀링 시뮬레이션이 화면에 표시된다.

CHAPTER 05

CNC 머시닝센터 작업 방법

1. 완성 도형

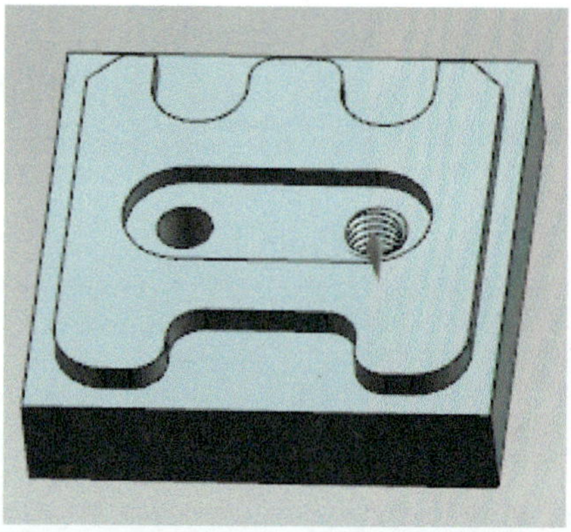

2. CNC 머시닝센터 작업 방법

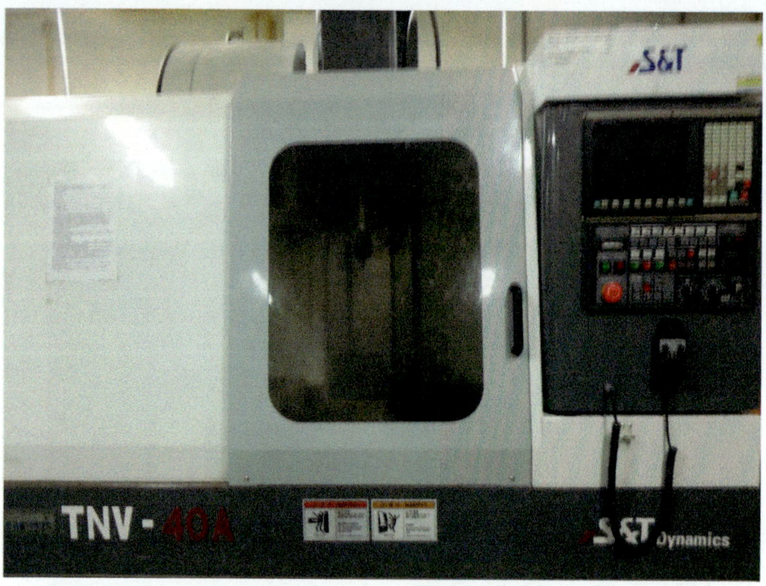

S&T제작사의 TNV40A이며, 컨트롤러는 센트롤로 선정하여 작업 방법에 대하여 설명한다.

2-1 준비

전원스위치 'ON' (밀링기기 후면 위치)

① POWER 'ON'

② Loading.....

③ EMERGENCY 해제(오른쪽으로 회전)

2-2 세팅(setting)

1) 원점복귀

<table>
<tr><td colspan="2">(문열기)</td></tr>
<tr><td>척에
재료고정</td><td>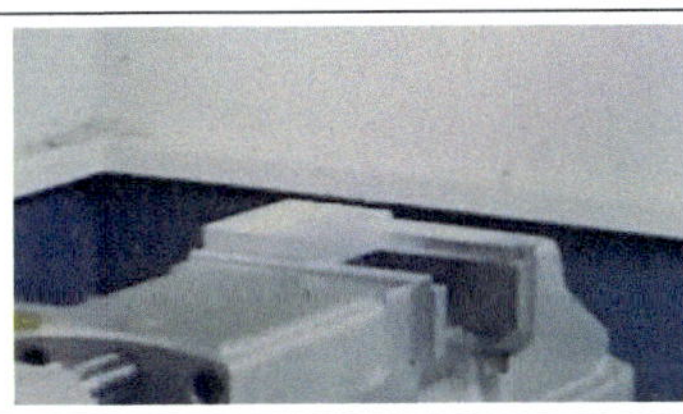</td></tr>
<tr><td colspan="2">(문닫기)</td></tr>
<tr><td rowspan="2">원점복귀</td><td>

MPG
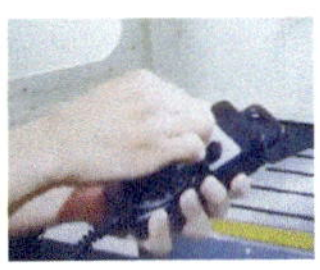
핸들을 X, Y, Z축으로 각각 소량의 (−)방향으로 조정</td></tr>
<tr><td>① ZRN(ZERO RETURN)
② +Z
③ +X
④ +Y
</td></tr>
</table>

2) 공작물 원점 지정(3번 공구 엔드밀로 기준공구 설정)

3번 공구 (엔드밀) 교환	MDI ⇨ G 9 1 G 3 0 Z 0 . M 1 9 ENTER T 0 3 M 0 6 ENTER ⇨ CYCLE START
주축 정회전 1000 RPM	⇨ M 0 3 S 1 0 0 0 ENTER ⇨ CYCLE START

(문열기)

핸들 조작	MPG ⇨ 		
X0 지정	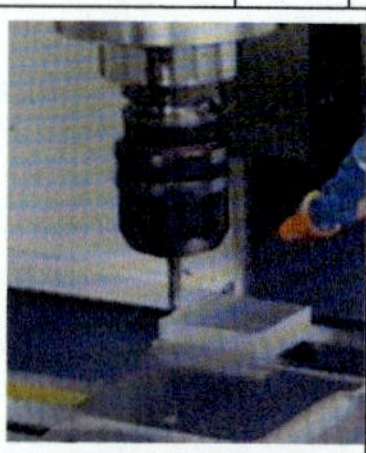 재료의 왼쪽 면 접촉(X원점) ⇨	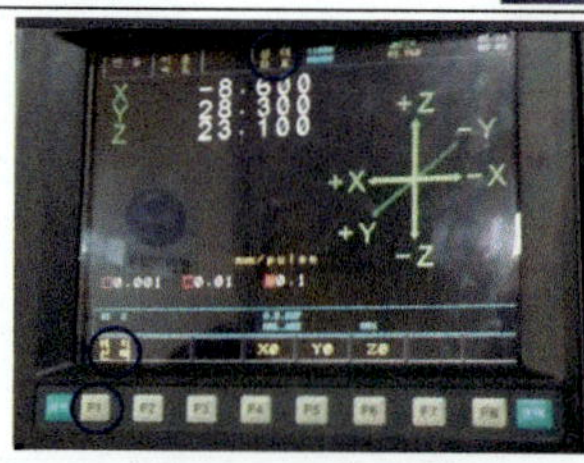 위치선택 누름 (상대좌표로 변환) ⇨	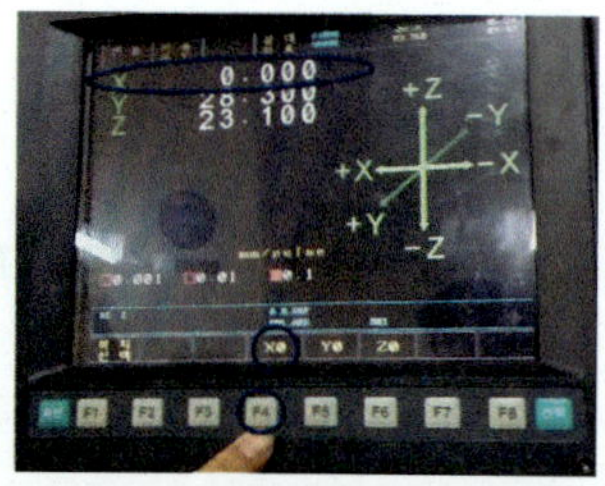 X0 누름
Y0 지정	 재료의 전면접촉 (Y원점)	⇨	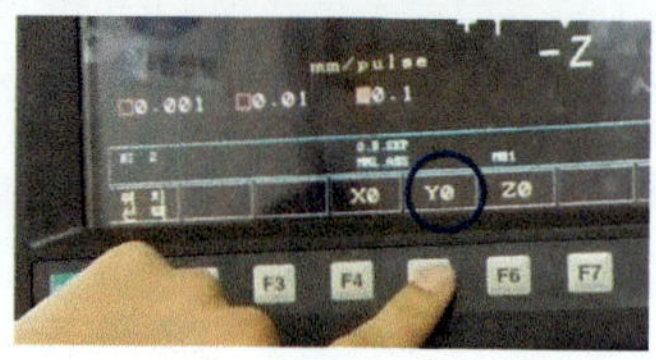 Y0 누름

MEMO

<table>
<tr><td rowspan="2">X0, Y0,
Z0
지정</td><td>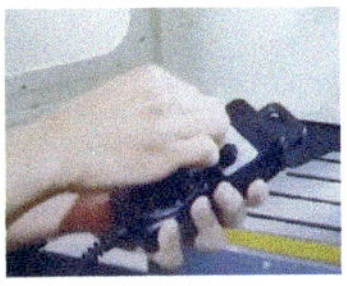</td><td>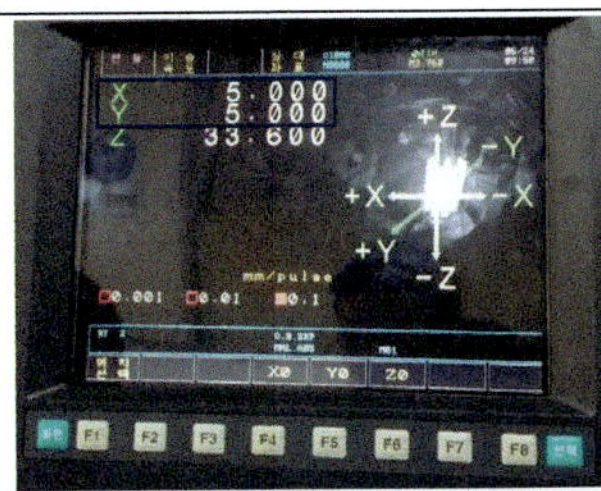</td><td>Z축으로 (+)방향으로 공구를 올린 후,
X5.0, Y5.0로 조정
(엔드밀 직경이 10mm이므로
반경 고려하여 XY축 원점 확인)</td></tr>
<tr><td>
재료의 윗면접촉
(Z원점)</td><td>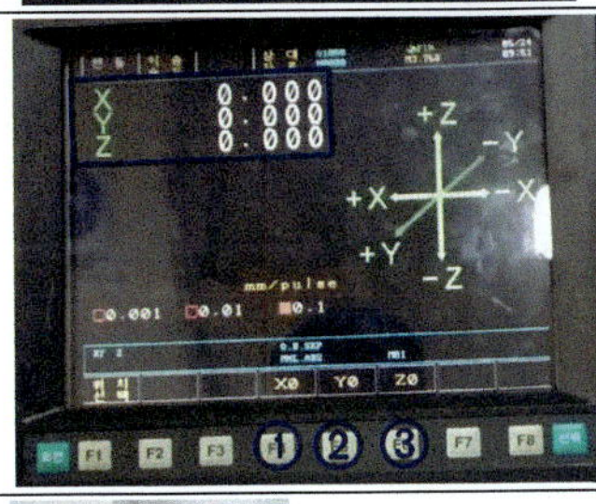</td><td>X0, Y0, Z0을 차례대로 누름
(공작물 원점 지정)</td></tr>
<tr><td>핸들
조작</td><td>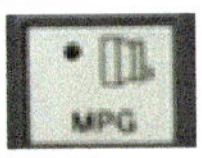
MPG</td><td>⇨ 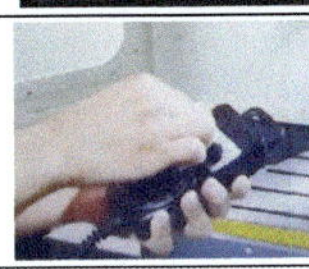</td><td>(+)Z로 이동</td></tr>
</table>

MEMO

3) 3번 공구(엔드밀, 기준공구) 보정 및 공작물좌표 설정

3번 공구 (엔드밀) 보정 입력	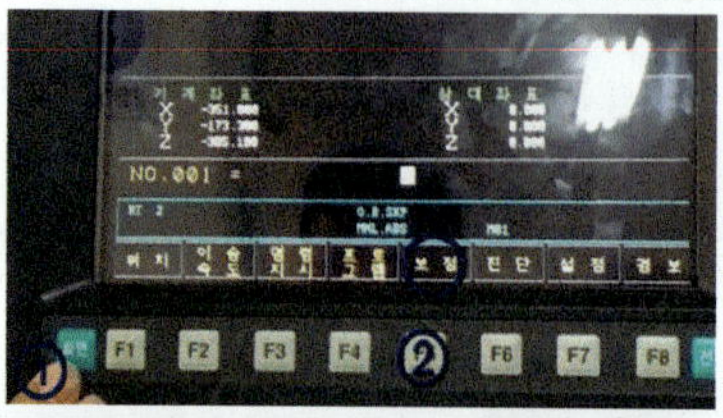	① 화면, ② 보정 누름	일반영역 화면으로 변환 (※ 일반영역에서 수동입력 가능)
	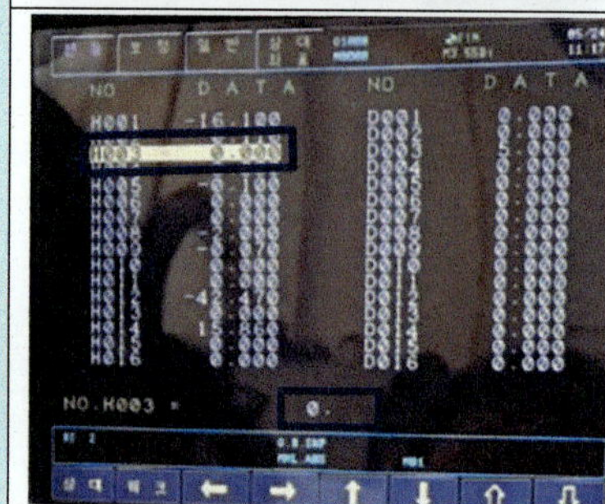	(일반 영역에서) 화살표 이동으로 H003에  0 . ENTER	공구길이 보정
	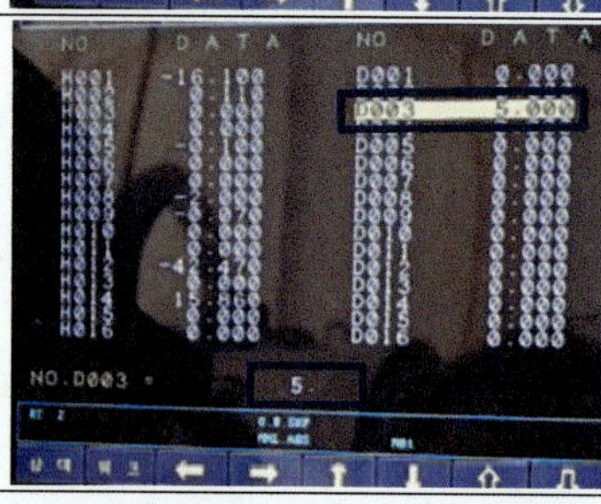	D003에  5 . ENTER	공구직경 보정

MEMO

<table>
<tr><td rowspan="4">기계좌표
=
공작물좌표
(G54)</td><td>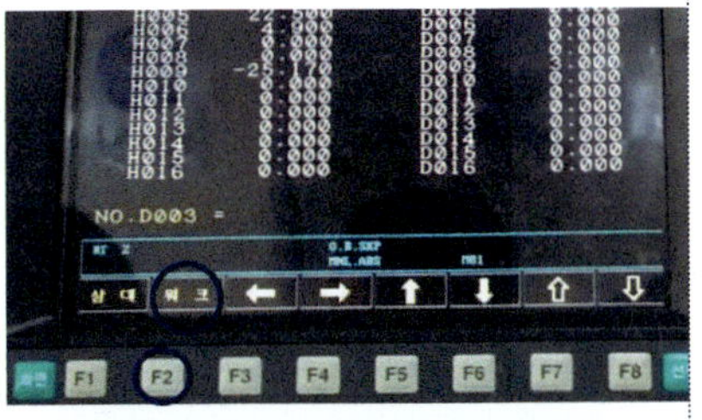</td><td>워크 누름</td><td></td></tr>
<tr><td>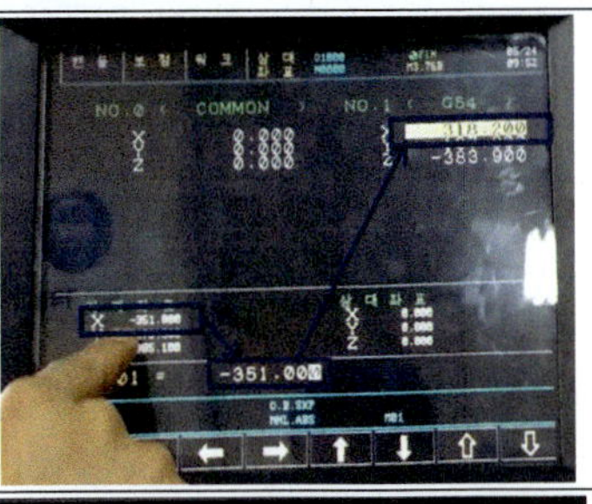</td><td>NO.1 (G54)
공작물 X좌표로
화살표 이동 후
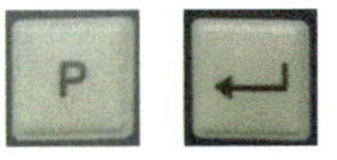
P ENTER</td><td>기계좌표 X값
=
G54 X값</td></tr>
<tr><td>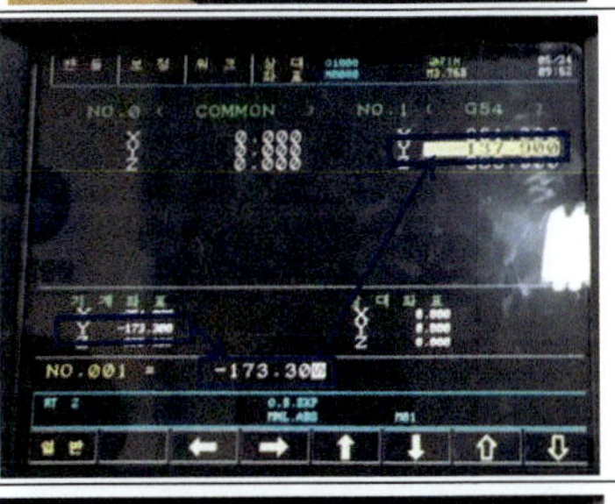</td><td>공작물 Y좌표로 화살표
이동 후
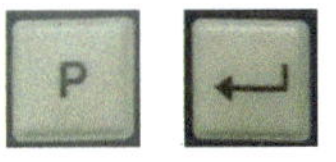
P ENTER</td><td>기계좌표 Y값
=
G54 Y값</td></tr>
<tr><td>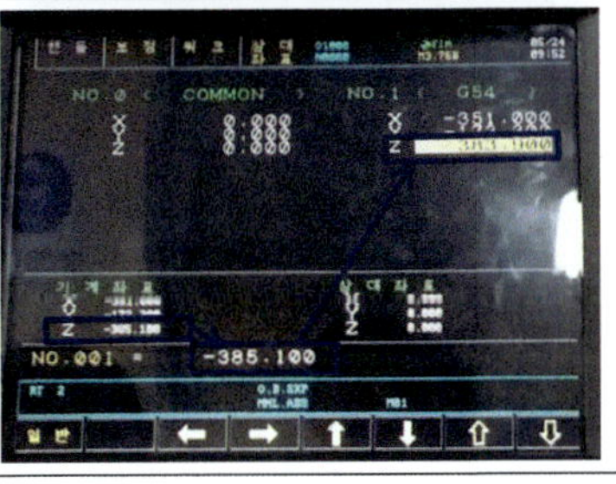</td><td>공작물 Z좌표로
화살표 이동 후

P ENTER</td><td>기계좌표 Z값
=
G54 Z값</td></tr>
</table>

MEMO

4) 1번 공구(센터드릴) 보정

1번 공구(센터드릴) 교환	MDI ⇨ G 9 1 G 3 0 Z 0 . M 1 9 ENTER
	T 0 1 M 0 6 ENTER ⇨ CYCLE START
주축 정회전 1000 RPM	⇨ M 0 3 S 1 0 0 0 ENTER ⇨ CYCLE START
핸들 조작 (-)Z 방향	MPG ⇨  ⇨  공구날끝이 공작물 윗면에 접촉

MEMO

1번 공구 (센터드릴) 보정 입력	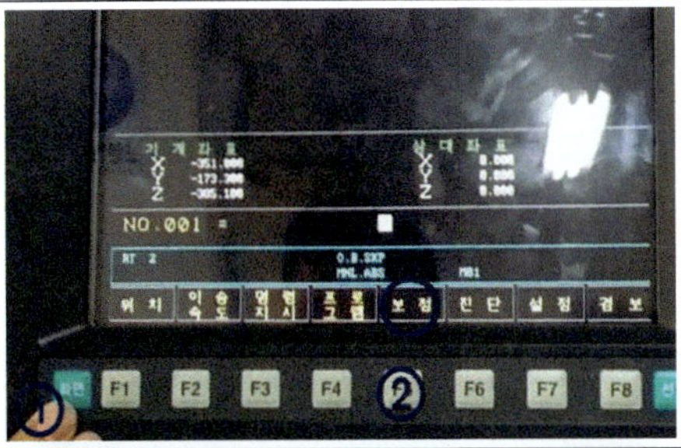	① 화면, ② 보정 누름
	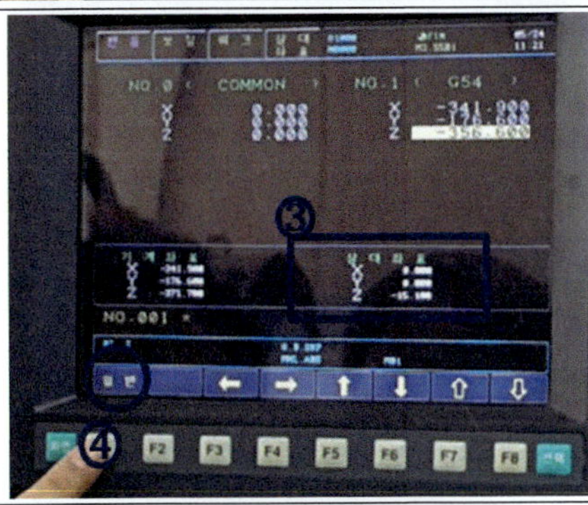	③ (3번 공구에 대한) 상대좌표 Z-15.100 확인, ④ 일반 누름
	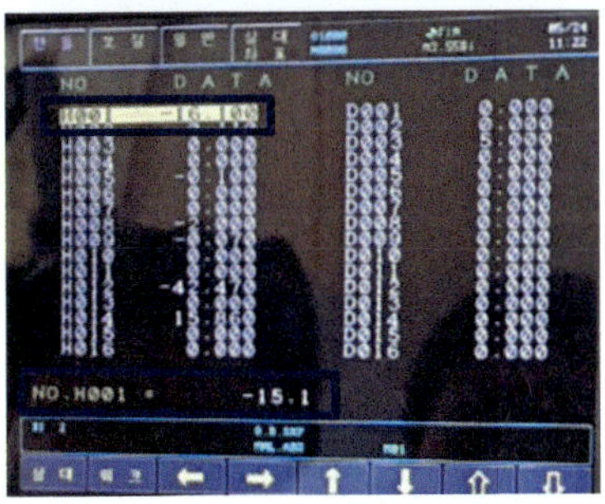	화살표로 H001로 이동 상대좌표 Z값  – 1 5 . 1 ENTER
핸들조작 (+)Z방향	 MPG ⇨ 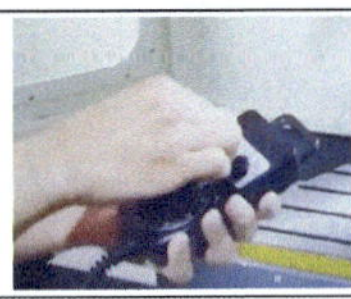	

MEMO

5) 2번 공구(드릴) 보정 후, 가공

2번 공구(드릴) 교환	MDI ⇨ G 9 1 G 3 0 Z 0 . M 1 9 ENTER
	T 0 2 M 0 6 ENTER ⇨ CYCLE START
주축 정회전 1000 RPM	⇨ M 0 3 S 1 0 0 0 ENTER ⇨ CYCLE START
핸들 조작 (−)Z 방향	MPG ⇨  ⇨ 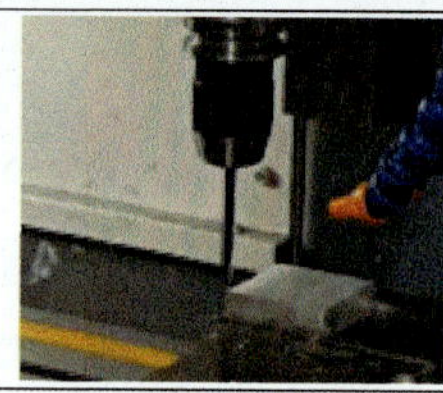 공작물 윗면에 접촉

MEMO

2번 공구 (드릴) 보정 입력	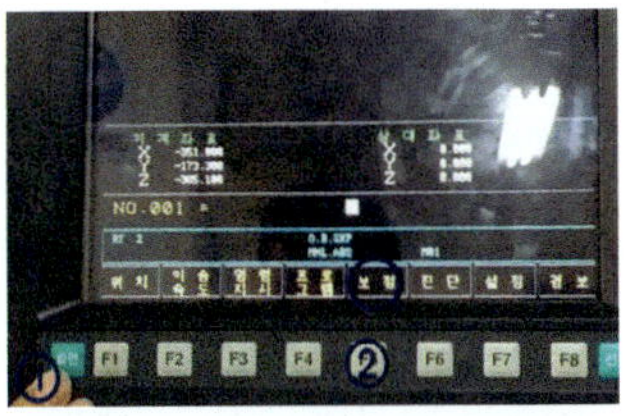 ① 화면 ② 보정 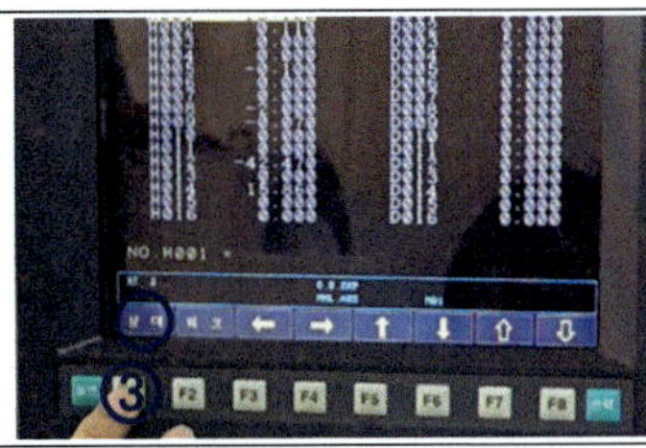 ③ 상대
	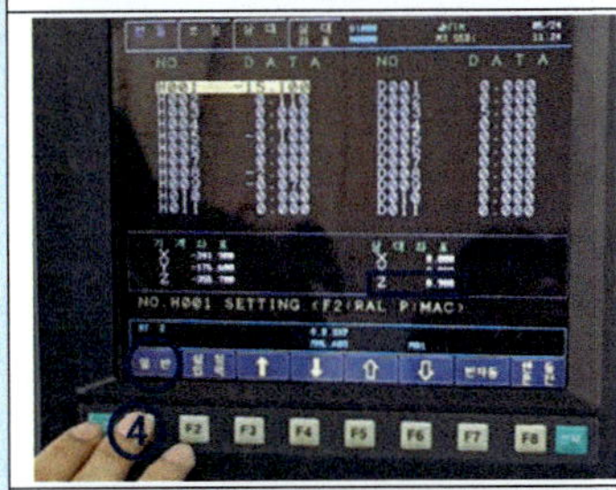 (3번 공구에 대한) 상대좌표 Z0.9 확인, ④ 일반 누름
	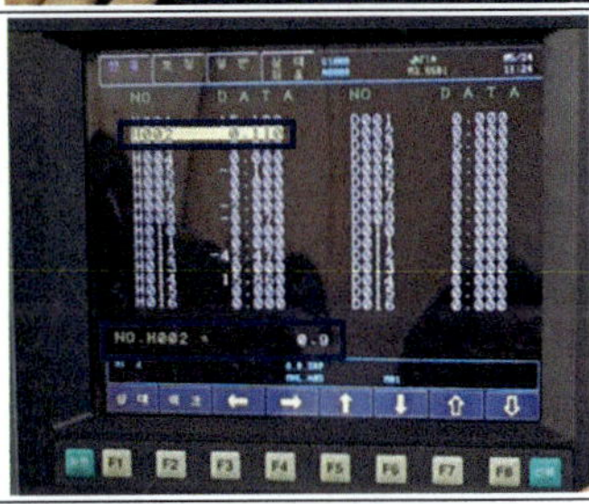 화살표로 H002로 이동 상대좌표 Z값 0.9 입력  0 . 9 ENTER
핸들조작 (+)Z방향	 MPG ⇨  ⇨  STOP 핸들 조금 이동 후, 스핀들 정지
가공	 ⇨  CYCLE START

MEMO

CHAPTER 06

CNC선반 수기 프로그램 작성

1-1 도면

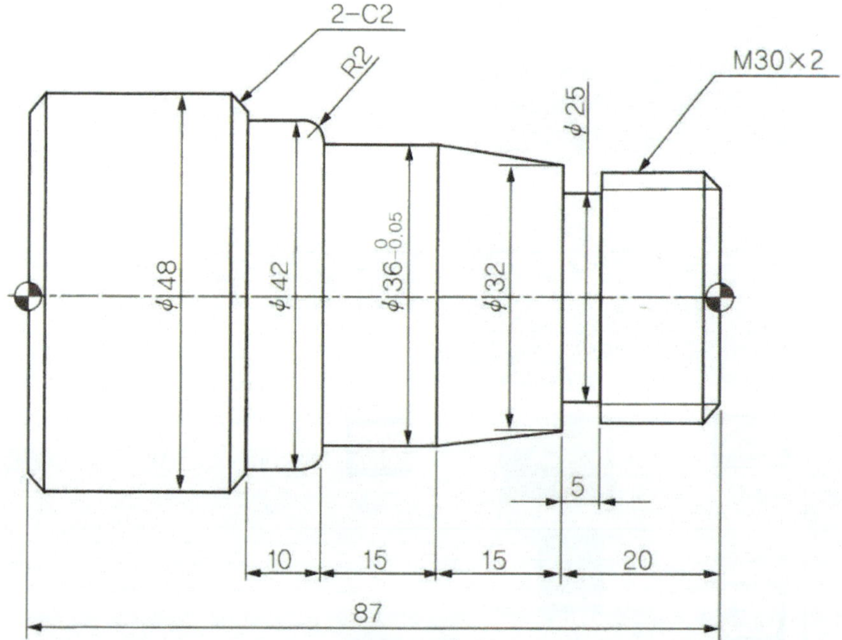

도 면

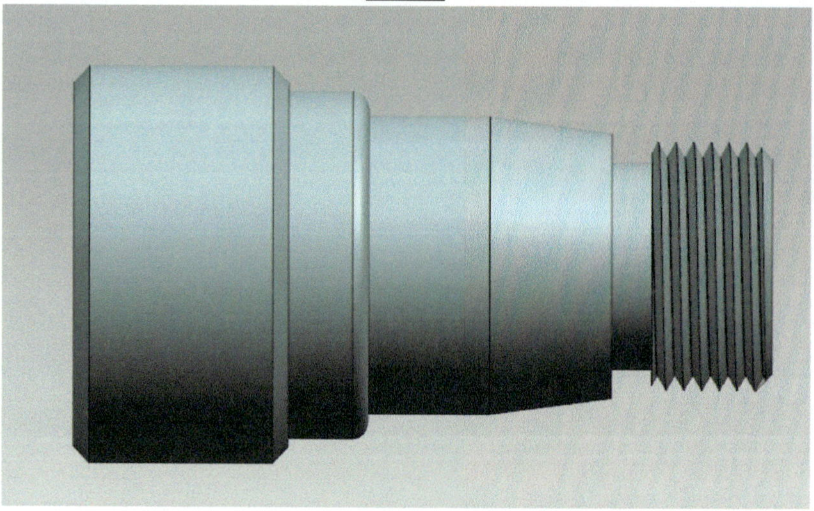

완성품

1-2 프로그램 및 설명

프로그램	프로그램 설명
	후면가공
	황삭가공
O1234 ;	프로그램 번호, 최대4자리의 숫자 지정
G28 U0. W0. ;	기계원점 복귀 (공구교환 전 안전위치)
G50 S1800 ;	주축 최고 회전수 설정
T0100 ;	1번 공구호출
G96 S200 M03 T0101 ;	주속일정 제어모드, 절삭속도 V=200m/min, 정회전, 1번 공구보정
G42 G00 X52. Z5. M08 ;	공구 인선R 우측보정, 급속이송 X_.Z_. 절삭유 공급 ON
G71 U1.3 R1. ;	황삭가공 Cycle, X축 가공 절입량, X축 공구후퇴 도피량
G71 P10 Q20 U0.4 W0.1 F0.25 ;	황삭가공 Cycle, 시작블록 시퀀스번호 호출, 종료블록 시퀀스번호 호출, X축 (직경)정삭여유량, Z축 정삭여유량, 공구의 이송속도(1회전당)
N10 G00 X-1. ;	사이클 시작 시퀀스번호, 급속이송(위치결정) X_.
G01 Z0. ;	직선가공 Z_.
X44. ;	X축 이송
X48. Z-2.	C2. (챔퍼 가공)
Z-45. ;	Z축 이송
N20 X52. ;	사이클 종료 시퀀스번호
G40 G00 X150. Z150. T0100 M09 ;	공구 인선R 우측보정 취소, 급속이송X_.Z_. 공구 보정 취소, 절삭유 공급 OFF
M05 ;	주축 회전 정지
M01 ;	프로그램 일시 정지
	정삭가공
G28 U0. W0. ;	기계원점 복귀 (공구교환 전 안전위치)
G50 S2000 ;	주축 최고 회전수 설정
T0300 ;	3번 공구호출
G96 S200 M03 T0303	주속일정 제어모드, 절삭속도 V=200m/min, 정회전, 3번 공구보정
G42 G00 X52. Z5. M08	공구 인선R 우측보정, 급속이송 X_.Z_. 절삭유 공급 ON
G70 P10 Q20 F0.08 ;	정삭가공 Cycle, 시작블록 시퀀스번호 호출, 종료블록 시퀀스번호 호출, 공구 이송속도(1회전당)
G40 G00 X150. Z150. T0300 M09 ;	공구 인선R 우측보정 취소, 급속이송X_.Z_. 공구 보정 취소, 절삭유 공급 OFF
M05 ;	주축 회전 정지
M02 ;	프로그램 종료

전면가공	
황삭가공	
O5678 ;	프로그램 번호, 최대4자리의 숫자 지정
G28 U0. W0. ;	기계원점 복귀 (공구교환 전 안전위치)
G50 S1800 ;	주축 최고 회전수 설정
T0100 ;	1번 공구호출
G96 S200 M03 T0101 ;	주속일정 제어모드, 절삭속도 V=200m/min, 정회전, 1번 공구보정
G00 G42 X52. Z5. M08 ;	신속이송, 좌표값, 공구보정, 절삭유 공급 ON
G71 U1.3 R1. ;	황삭가공 Cycle, X축 가공 절입량, X축 공구후퇴 도피량
G71 P30 Q40 U0.4 W0.1 F0.25 ;	황삭가공 Cycle, 시작블록 시퀀스번호 호출, 종료블록 시퀀스번호 호출, X축 (직경)정삭여유량, Z축 정삭여유량, 공구의 이송속도(1회전당)
N30 G00 X-1. ;	사이클 시작 시퀀스번호, 급속이송(위치결정) X_.
G01 Z0. ;	직선가공 Z_.
X26. ;	X축 이송
X30. Z-2. ;	C2. (챔퍼 가공)
Z-20. ;	Z축 이송
X32. ;	X축 이송
X36. Z-35. ;	X,Z축 동시이송 (테이퍼가공)
Z-50. ;	Z축 이송
X38. ;	X축 이송
G03 X42. Z-52. R2. ;	원호가공(CCW) R2. 가공
G01 Z-60.	직선가공 Z_=축 이송
X44. ;	X축 이송
X50. Z-63.	C2. 챔퍼 가공
N40 X52.	사이클 종료 시퀀스번호, X축 이송
G40 G00 X150. Z150. T0100 M09 ;	공구 인선R 우측보정 취소, 급속이송X_.Z_. 공구 보정 취소, 절삭유 공급 OFF
M05 ;	주축 회전 정지
M01 ;	프로그램 일시 정지
정삭가공	
G28 U0. W0. ;	기계원점 복귀 (공구교환 전 안전위치)
G50 S2000 ;	주축 최고 회전수 설정
T0300 ;	3번 공구호출
G96 S200 M03 T0303	주속일정 제어모드, 절삭속도 V=200m/min, 정회전, 3번 공구보정
G00 G42 X52. Z5. M08	공구 인선R 우측보정, 급속이송 X_.Z_. 절삭유 공급 ON
G70 P30 Q40 F0.08 ;	정삭가공 Cycle, 시작블록 시퀀스번호 호출, 종료블록 시퀀스번호 호출, 공구 이송속도(1회전당)

G40 G00 X150. Z150. T0300 M09 ;	공구 인선R 우측보정 취소, 급속이송X_.Z_. 공구 보정 취소, 절삭유 공급 OFF
M05 ;	주축 회전 정지
M01 ;	프로그램 일시정지
홈가공	
G28 U0. W0. ;	기계원점 복귀 (공구교환 전 안전위치)
T0500 ;	5번 공구호출
G97 S1000 M03 T0505 ;	주축회전수 일정 제어모드, 정회전, 5번 공구보정
G00 X36. Z-18.2 M08 ;	급속이송 X_Z_.(시작위치)
G01 X25.2 F0.07 ;	직선가공 X축 이송, 공구 이송속도(1회전당)
G00 X36. ;	급속 회피 X축
Z-20. ;	Z축 위치결정
G01 X25. ;	직선가공 X축 이송
Z-18.3 ;	Z축 이송
G00 X32. ;	급속 회피 X축
Z-18. ;	Z축 위치결정
G01 X25. ;	직선가공 X축 이송
G00 U2. W-1. ;	공작물 간섭 회피 (상대좌표)X,Z축 이송
X40. ;	급속회피 X축 이송
G00 X150. Z150. T0500 M09 ;	급속이송X_.Z_. , 공구 보정 취소, 절삭유 공급 OFF
M05 ;	주축 회전 정지
M01 ;	프로그램 일시정지
나사가공	
G28 U0. W0. ;	기계원점 복귀 (공구교환 전 안전위치)
T0700 ;	7번 공구호출
G97 S1000 M03 T0707 ;	주축회전수 일정 제어모드, 정회전, 7번 공구부정
G00 X31. Z5. M08 ;	급속이송 X_Z_.(시작위치)
G76 P010060 Q50 R50 ;	나사가공 Cycle, P01(나사 정삭횟수)_정삭 1회 00(나사의 챔퍼량)_챔퍼 없음. 60(나사산 각도)_60° Q나사 최소 절입량 0.05mm R나사 정삭 여유량 0.05mm
G76 X27.6 Z-18. P1190 Q250 F2.0;	나사가공 Cycle, X축 가공 최종 위치 Z축 가공 최종 위치 P나사산 높이 1.19mm Q나사산 최초 절입량 0.25mm F회전당 이송속도(나사 Pitch값)
G00 X150. Z150. T0700 M09 ;	급속이송X_.Z_. , 공구 보정 취소, 절삭유 공급 OFF
M05 ;	주축 회전 정지
M02 ;	프로그램 종료

2-1 도면

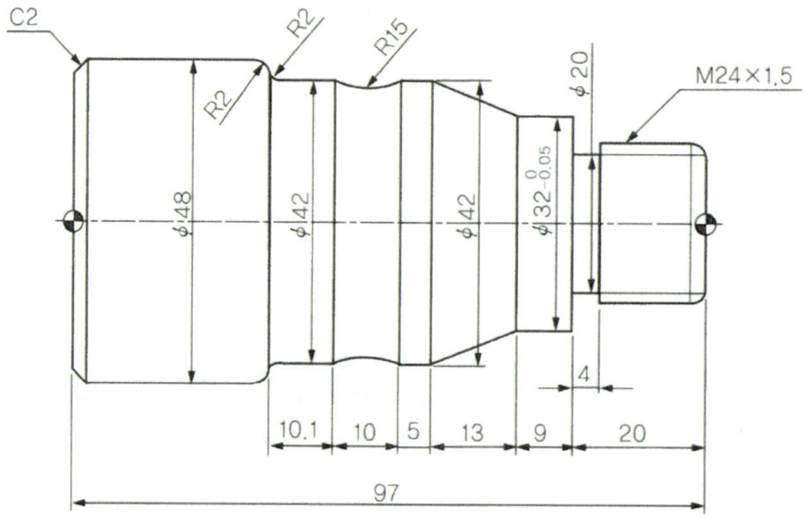
C2
R2
R15
R2
ϕ20
M24×1.5
ϕ48
ϕ42
ϕ42
$\phi 32^{0}_{-0.05}$
4
10.1
10
5
13
9
20
97

도 면

완성품

2-2 프로그램 및 설명

프로그램	프로그램 설명
	후면가공
	황삭가공
O1234 ;	프로그램 번호, 최대4자리의 숫자 지정
G28 U0. W0. ;	기계원점 복귀 (공구교환 전 안전위치)
G50 S1800 ;	주축 최고 회전수 설정
T0100 ;	1번 공구호출
G96 S200 M03 T0101 ;	주속일정 제어모드, 절삭속도 V=200m/min, 정회전, 1번 공구보정
G42 G00 X52. Z5. M08 ;	공구 인선R 우측보정, 급속이송 X_.Z_. 절삭유 공급 ON
G71 U1.3 R1. ;	황삭가공 Cycle, X축 가공 절입량, X축 공구후퇴 도피량
G71 P10 Q20 U0.4 W0.1 F0.25 ;	황삭가공 Cycle, 시작블록 시퀀스번호 호출, 종료블록 시퀀스번호 호출, X축 (직경)정삭여유량, Z축 정삭여유량, 공구의 이송속도(1회전당)
N10 G00 X-1. ;	사이클 시작 시퀀스번호, 급속이송(위치결정) X_.
G01 Z0. ;	직선가공 Z_.
X44. ;	X축 이송
X48. Z-2.	C2. (챔퍼 가공)
Z-45. ;	Z축 이송
N20 X52. ;	사이클 종료 시퀀스번호
G40 G00 X150. Z150. T0100 M09 ;	공구 인선R 우측보정 취소, 급속이송X_.Z_. 공구 보정 취소, 절삭유 공급 OFF
M05 ;	주축 회전 정지
M01 ;	프로그램 일시 정지
	정삭가공
G28 U0. W0. ;	기계원점 복귀 (공구교환 전 안전위치)
G50 S2000 ;	주축 최고 회전수 설정
T0300 ;	3번 공구호출
G96 S200 M03 T0303	주속일정 제어모드, 절삭속도 V=200m/min, 정회전, 3번 공구보정
G42 G00 X52. Z5. M08	공구 인선R 우측보정, 급속이송 X_.Z_. 절삭유 공급 ON
G70 P10 Q20 F0.08 ;	정삭가공 Cycle, 시작블록 시퀀스번호 호출, 종료블록 시퀀스번호 호출, 공구 이송속도(1회전당)
G40 G00 X150. Z150. T0300 M09 ;	공구 인선R 우측보정 취소, 급속이송X_.Z_. 공구 보정 취소, 절삭유 공급 OFF
M05 ;	주축 회전 정지
M02 ;	프로그램 종료

전면가공	
황삭가공	
O5678 ;	프로그램 번호, 최대4자리의 숫자 지정
G28 U0. W0. ;	기계원점 복귀 (공구교환 전 안전위치)
G50 S1800 ;	주축 최고 회전수 설정
T0100 ;	1번 공구호출
G96 S200 M03 T0101 ;	주속일정 제어모드, 절삭속도 V=200m/min, 정회전, 1번 공구보정
G00 G42 X52. Z5. M08 ;	신속이송, 좌표값, 공구보정, 절삭유 공급 ON
G71 U1.3 R1. ;	황삭가공 Cycle, X축 가공 절입량, X축 공구후퇴 도피량
G71 P30 Q40 U0.4 W0.1 F0.25 ;	황삭가공 Cycle, 시작블록 시퀀스번호 호출, 종료블록 시퀀스번호 호출, X축 (직경)정삭여유량, Z축 정삭여유량, 공구의 이송속도(1회전당)
N30 G00 X-1. ;	사이클 시작 시퀀스번호, 급속이송(위치결정) X_.
G01 Z0. ;	직선가공 Z_.
X21. ;	X축 이송
X24. Z-1.5 ;	C1.5 (챔퍼 가공)
Z-20. ;	Z축 이송
X32. ;	X축 이송
Z-29.	Z축 이송
X42. Z-42. ;	X,Z축 동시이송 (테이퍼가공)
Z-65.1 ;	Z축 이송
G02 X46. Z-67.1 R2. ;	원호가공(CW) R2. 가공
G03 X48. Z-68.1 R1. ;	원호가공(CCW) R1. 가공
G01 X50. Z-70.	X,Z축 동시이송
N40 X52.	사이클 종료 시퀀스번호, X축 이송
G40 G00 X150. Z150. T0100 M09 ;	공구 인선R 우측보정 취소, 급속이송X_.Z_. 공구 보정 취소, 절삭유 공급 OFF
M05 ;	주축 회전 정지
M01 ;	프로그램 일시 정지
정삭가공	
G28 U0. W0. ;	기계원점 복귀 (공구교환 전 안전위치)
G50 S2000 ;	주축 최고 회전수 설정
T0300 ;	3번 공구호출
G96 S200 M03 T0303	주속일정 제어모드, 절삭속도 V=200m/min, 정회전, 3번 공구보정
G00 G42 X52. Z5. M08	공구 인선R 우측보정, 급속이송 X_.Z_. 절삭유 공급 ON
G70 P30 Q40 F0.08 ;	정삭가공 Cycle, 시작블록 시퀀스번호 호출, 종료블록 시퀀스번호 호출, 공구 이송속도(1회전당)

G00 X45. Z-47.	급속이송X_.Z_. (R15 형상 시작점)
G01 X42.	직선가공 X축 이송
G02 Z-57. R15.	원호가공(CW) R15. 가공
G00 X50.	
G40 G00 X150. Z150. T0300 M09 ;	공구 인선R 우측보정 취소, 급속이송X_.Z_. 공구 보정 취소, 절삭유 공급 OFF
M05 ;	주축 회전 정지
M01 ;	프로그램 일시정지
	홈가공
G28 U0. W0. ;	기계원점 복귀 (공구교환 전 안전위치)
T0500 ;	5번 공구호출
G97 S1000 M03 T0505 ;	주축회전수 일정 제어모드, 정회전, 5번 공구보정
G00 X34. Z-19.2 M08 ;	급속이송 X_Z_.(시작위치)
G01 X20.2 F0.07 ;	직선가공 X축 이송, 공구 이송속도(1회전당)
G00 X34. ;	급속 회피 X축
Z-20. ;	Z축 위치결정
G01 X20. ;	직선가공 X축 이송
Z-19.3 ;	Z축 이송
G00 X34. ;	급속 회피 X축
Z-19. ;	Z축 위치결정
G01 X20. ;	직선가공 X축 이송
G00 U1. W-0.5 ;	공작물 간섭 회피 (상대좌표)X,Z축 이송
X40. ;	급속회피 X축 이송
G00 X150. Z150. T0500 M09 ;	급속이송X_.Z_. , 공구 보정 취소, 절삭유 공급 OFF
M05 ;	주축 회전 정지
M01 ;	프로그램 일시정지
	나사가공
G28 U0. W0. ;	기계원점 복귀 (공구교환 전 안전위치)
T0700 ;	7번 공구호출
G97 S1000 M03 T0707 ;	주축회전수 일정 제어모드, 정회전, 7번 공구보정
G00 X25. Z5. M08 ;	급속이송 X_Z_.(시작위치)
G76 P010060 Q50 R50 ;	나사가공 Cycle, P01(나사 정삭횟수)_정삭 1회 00(나사의 챔퍼량)_챔퍼 없음. 60(나사산 각도)_60° Q나사 최소 절입량 0.05mm R나사 정삭 여유량 0.05mm
G76 X22.2 Z-19. P890 Q250 F1.5;	나사가공 Cycle, X축 가공 최종 위치 Z축 가공 최종 위치 P나사산 높이 0.89mm Q나사산 최초 절입량 0.25mm F회전당 이송속도(나사 Pitch값)
G00 X150. Z150. T0700 M09 ;	급속이송X_.Z_. , 공구 보정 취소, 절삭유 공급 OFF
M05 ;	주축 회전 정지
M02 ;	프로그램 종료

3-1 도면

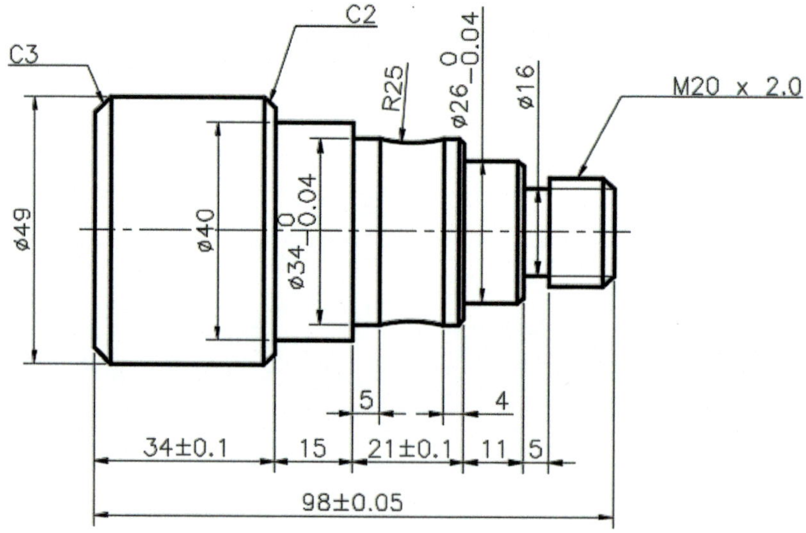

도 면

※ 주서
도시하고 표시 없는 모따기는 C1임.

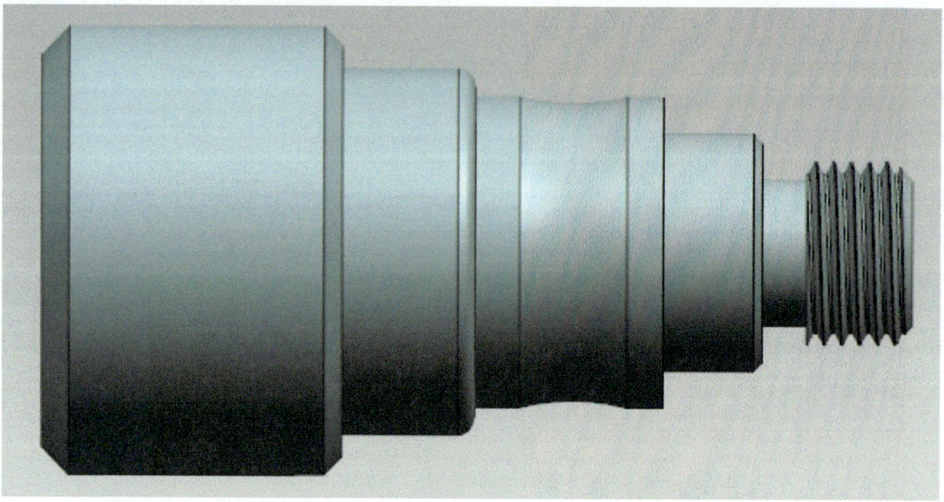

완성품

3-2 프로그램 및 설명

프로그램	프로그램 설명
	후면가공
	황삭가공
O1234 ;	프로그램 번호, 최대4자리의 숫자 지정
G28 U0. W0. ;	기계원점 복귀 (공구교환 전 안전위치)
G50 S1800 ;	주축 최고 회전수 설정
T0100 ;	1번 공구호출
G96 S200 M03 T0101 ;	주속일정 제어모드, 절삭속도 V=200m/min, 정회전, 1번 공구보정
G42 G00 X52. Z5. M08 ;	공구 인선R 우측보정, 급속이송 X_.Z_. 절삭유 공급 ON
G71 U1.3 R1. ;	황삭가공 Cycle, X축 가공 절입량, X축 공구후퇴 도피량
G71 P10 Q20 U0.4 W0.1 F0.25 ;	황삭가공 Cycle, 시작블록 시퀀스번호 호출, 종료블록 시퀀스번호 호출, X축 (직경)정삭여유량, Z축 정삭여유량, 공구의 이송속도(1회전당)
N10 G00 X-1. ;	사이클 시작 시퀀스번호, 급속이송(위치결정) X_.
G01 Z0. ;	직선가공 Z_.
X43. ;	X축 이송
X49. Z-3.	C2. (챔퍼 가공)
Z-45. ;	Z축 이송
N20 X52. ;	사이클 종료 시퀀스번호
G40 G00 X150. Z150. T0100 M09 ;	공구 인선R 우측보정 취소, 급속이송X_.Z_. 공구 보정 취소, 절삭유 공급 OFF
M05 ;	주축 회전 정지
M01 ;	프로그램 일시 정지
	정삭가공
G28 U0. W0. ;	기계원점 복귀 (공구교환 전 안전위치)
G50 S2000 ;	주축 최고 회전수 설정
T0300 ;	3번 공구호출
G96 S200 M03 T0303	주속일정 제어모드, 절삭속도 V=200m/min, 정회전, 3번 공구보정
G42 G00 X52. Z5. M08	공구 인선R 우측보정, 급속이송 X_.Z_. 절삭유 공급 ON
G70 P10 Q20 F0.08 ;	정삭가공 Cycle, 시작블록 시퀀스번호 호출, 종료블록 시퀀스번호 호출, 공구 이송속도(1회전당)
G40 G00 X150. Z150. T0300 M09 ;	공구 인선R 우측보정 취소, 급속이송X_.Z_. 공구 보정 취소, 절삭유 공급 OFF
M05 ;	주축 회전 정지
M02 ;	프로그램 종료

전면가공	
황삭가공	
O5678 ;	프로그램 번호, 최대4자리의 숫자 지정
G28 U0. W0. ;	기계원점 복귀 (공구교환 전 안전위치)
G50 S1800 ;	주축 최고 회전수 설정
T0100 ;	1번 공구호출
G96 S200 M03 T0101 ;	주속일정 제어모드, 절삭속도 V=200m/min, 정회전, 1번 공구보정
G00 G42 X52. Z5. M08 ;	신속이송, 좌표값, 공구보정, 절삭유 공급 ON
G71 U1.3 R1. ;	황삭가공 Cycle, X축 가공 절입량, X축 공구후퇴 도피량
G71 P30 Q40 U0.4 W0.1 F0.25 ;	황삭가공 Cycle, 시작블록 시퀀스번호 호출, 종료블록 시퀀스번호 호출, X축 (직경)정삭여유량, Z축 정삭여유량, 공구의 이송속도(1회전당)
N30 G00 X-1. ;	사이클 시작 시퀀스번호, 급속이송(위치결정) X_.
G01 Z0. ;	직선가공 Z_.
X16. ;	X축 이송
X20. Z-2. ;	C2. (챔퍼 가공)
Z-17. ;	Z축 이송
X24. ;	X축 이송
X26. Z-18.	C1. (챔퍼 가공)
Z-28.	Z축 이송
X32.	X축 이송
X34. Z-29. ;	C1. (챔퍼 가공)
Z-49. ;	Z축 이송
X36.	X축 이송
G03 X40. Z-51. R2. ;	원호가공(CCW) R2. 가공
G01 Z-64.	Z축 이송
X45.	X축 이송
N40 G01 X52. Z-67.	사이클 종료 시퀀스번호, C3. (챔퍼 가공)
G40 G00 X150. Z150. T0100 M09 ;	공구 인선R 우측보정 취소, 급속이송X_.Z_. 공구 보정 취소, 절삭유 공급 OFF
M05 ;	주축 회전 정지
M01 ;	프로그램 일시 정지
정삭가공	
G28 U0. W0. ;	기계원점 복귀 (공구교환 전 안전위치)
G50 S2000 ;	주축 최고 회전수 설정
T0300 ;	3번 공구호출
G96 S200 M03 T0303	주속일정 제어모드, 절삭속도 V=200m/min, 정회전, 3번 공구보정
G00 G42 X52. Z5. M08	공구 인선R 우측보정, 급속이송 X_.Z_. 절삭유 공급 ON

G70 P30 Q40 F0.08 ;	정삭가공 Cycle, 시작블록 시퀀스번호 호출, 종료블록 시퀀스번호 호출, 공구 이송속도(1회전당)
G00 X40. Z-32.	급속이송X_.Z_. (R25 형상 시작점)
G01 X34.	직선가공 X축 이송
G02 Z-44. R25.	원호가공(CW) R25. 가공
G00 X50.	
G40 G00 X150. Z150. T0300 M09 ;	공구 인선R 우측보정 취소, 급속이송X_.Z_. 공구 보정 취소, 절삭유 공급 OFF
M05 ;	주축 회전 정지
M01 ;	프로그램 일시정지
홈가공	
G28 U0. W0. ;	기계원점 복귀 (공구교환 전 안전위치)
T0500 ;	5번 공구호출
G97 S1000 M03 T0505 ;	주축회전수 일정 제어모드, 정회전, 5번 공구보정
G00 X30. Z-15.2 M08 ;	급속이송 X_Z_.(시작위치)
G01 X16.2 F0.07 ;	직선가공 X축 이송, 공구 이송속도(1회전당)
G00 X30. ;	급속 회피 X축
Z-17. ;	Z축 위치결정
G01 X16. ;	직선가공 X축 이송
Z-15.3 ;	Z축 이송
G00 X30. ;	급속 회피 X축
Z-15. ;	Z축 위치결정
G01 X16. ;	직선가공 X축 이송
G00 U1. W-0.5 ;	공작물 간섭 회피 (상대좌표)X,Z축 이송
X40. ;	급속회피 X축 이송
G00 X150. Z150. T0500 M09 ;	급속이송X_.Z_. , 공구 보정 취소, 절삭유 공급 OFF
M05 ;	주축 회전 정지
M01 ;	프로그램 일시정지
나사가공	
G28 U0. W0. ;	기계원점 복귀 (공구교환 전 안전위치)
T0700 ;	7번 공구호출
G97 S1000 M03 T0707 ;	주축회전수 일정 제어모드, 정회전, 7번 공구보정
G00 X21. Z5. M08 ;	급속이송 X_Z_.(시작위치)
G76 P010060 Q50 R50 ;	나사가공 Cycle, P01(나사 정삭횟수)_정삭 1회 00(나사의 챔퍼량)_챔퍼 없음. 60(나사산 각도)_60° Q나사 최소 절입량 0.05mm R나사 정삭 여유량 0.05mm

G76 X17.6 Z-15. P1190 Q250 F2.0;	나사가공 Cycle, X축 가공 최종 위치 Z축 가공 최종 위치 P나사산 높이 1.19mm Q나사산 최초 절입량 0.25mm F회전당 이송속도(나사 Pitch값)
G00 X150. Z150. T0700 M09 ;	급속이송X_.Z_. , 공구 보정 취소, 절삭유 공급 OFF
M05 ;	주축 회전 정지
M02 ;	프로그램 종료

MEMO

4-1 도면

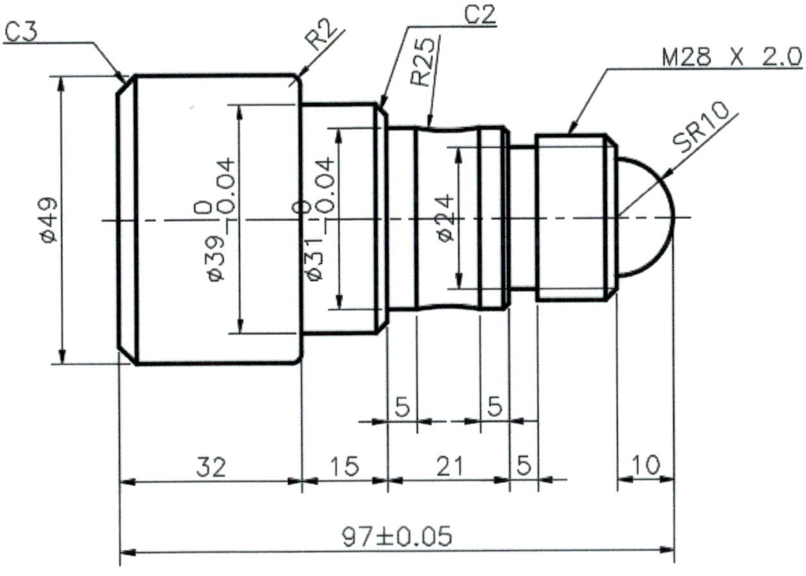

도 면

※ 주서
도시하고 표시 없는 모따기는 C1임.

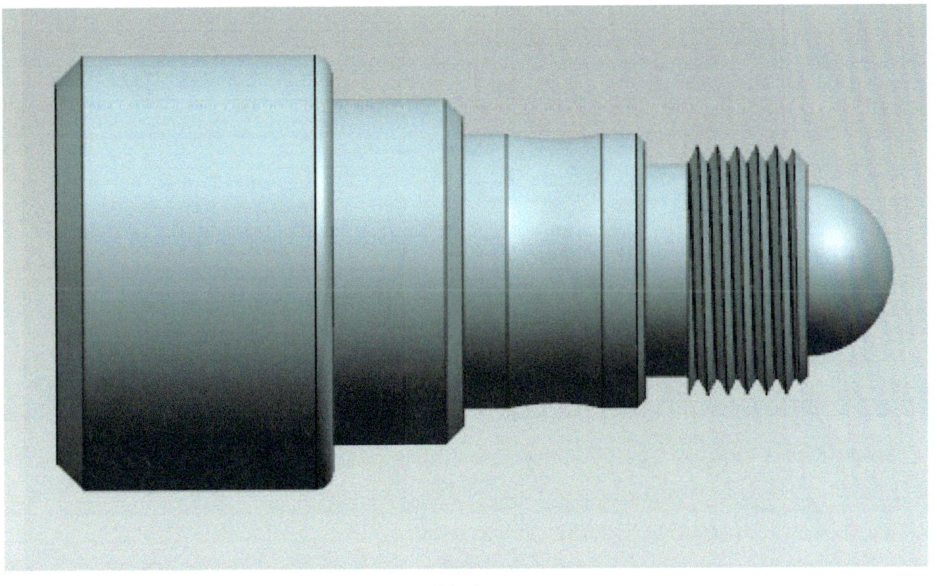

완성품

4-2 프로그램 및 설명

프로그램	프로그램 설명
	후면가공
	황삭가공
O1234 ;	프로그램 번호, 최대4자리의 숫자 지정
G28 U0. W0. ;	기계원점 복귀 (공구교환 전 안전위치)
G50 S1800 ;	주축 최고 회전수 설정
T0100 ;	1번 공구호출
G96 S200 M03 T0101 ;	주속일정 제어모드, 절삭속도 V=200m/min, 정회전, 1번 공구보정
G42 G00 X52. Z5. M08 ;	공구 인선R 우측보정, 급속이송 X_Z_. 절삭유 공급 ON
G71 U1.3 R1. ;	황삭가공 Cycle, X축 가공 절입량, X축 공구후퇴 도피량
G71 P10 Q20 U0.4 W0.1 F0.25 ;	황삭가공 Cycle, 시작블록 시퀀스번호 호출, 종료블록 시퀀스번호 호출, X축 (직경)정삭여유량, Z축 정삭여유량, 공구의 이송속도(1회전당)
N10 G00 X-1. ;	사이클 시작 시퀀스번호, 급속이송(위치결정) X_.
G01 Z0. ;	직선가공 Z_.
X43. ;	X축 이송
X49. Z-3.	C2. (챔퍼 가공)
Z-45. ;	Z축 이송
N20 X52. ;	사이클 종료 시퀀스번호
G40 G00 X150. Z150. T0100 M09 ;	공구 인선R 우측보정 취소, 급속이송X_Z_. 공구 보정 취소, 절삭유 공급 OFF
M05 ;	주축 회전 정지
M01 ;	프로그램 일시 정지
	정삭가공
G28 U0. W0. ;	기계원점 복귀 (공구교환 전 안전위치)
G50 S2000 ;	주축 최고 회전수 설정
T0300 ;	3번 공구호출
G96 S200 M03 T0303	주속일정 제어모드, 절삭속도 V=200m/min, 정회전, 3번 공구보정
G42 G00 X52. Z5. M08	공구 인선R 우측보정, 급속이송 X_Z_. 절삭유 공급 ON
G70 P10 Q20 F0.08 ;	정삭가공 Cycle, 시작블록 시퀀스번호 호출, 종료블록 시퀀스번호 호출, 공구 이송속도(1회전당)
G40 G00 X150. Z150. T0300 M09 ;	공구 인선R 우측보정 취소, 급속이송X_Z_. 공구 보정 취소, 절삭유 공급 OFF
M05 ;	주축 회전 정지
M02 ;	프로그램 종료

전면가공	
황삭가공	
O5678 ;	프로그램 번호, 최대 4자리의 숫자 지정
G28 U0. W0. ;	기계원점 복귀 (공구교환 전 안전위치)
G50 S1800 ;	주축 최고 회전수 설정
T0100 ;	1번 공구호출
G96 S200 M03 T0101 ;	주속일정 제어모드, 절삭속도 V=200m/min, 정회전, 1번 공구보정
G00 G42 X52. Z5. M08 ;	신속이송, 좌표값, 공구보정, 절삭유 공급 ON
G71 U1.3 R1. ;	황삭가공 Cycle, X축 가공 절입량, X축 공구후퇴 도피량
G71 P30 Q40 U0.4 W0.1 F0.25 ;	황삭가공 Cycle, 시작블록 시퀀스번호 호출, 종료블록 시퀀스번호 호출, X축 (직경)정삭여유량, Z축 정삭여유량, 공구의 이송속도(1회전당)
N30 G00 X-1. ;	사이클 시작 시퀀스번호, 급속이송(위치결정) X_.
G01 Z0. ;	직선가공 Z_.
X0.	X축 이송
G03 X20. Z-10. R10.	원호가공(CCW) R10. 구형 가공
G01 X24.	X축 이송
X28. Z-12. ;	C2. (챔퍼 가공)
Z-29. ;	Z축 이송
X29.	X축 이송
X31. Z-30.	C1. (챔퍼 가공)
Z-50.	Z축 이송
X35.	X축 이송
X39. Z-52.	C2. (챔퍼 가공)
Z-65.	Z축 이송
X45.	X축 이송
G03 X49. Z-67. R2.	원호가공(CCW) R2.
N40 G01 X52.	사이클 종료 시퀀스번호, C3. (챔퍼 가공)
G40 G00 X150. Z150. T0100 M09 ;	공구 인선R 우측보정 취소, 급속이송X_.Z_. 공구 보정 취소, 절삭유 공급 OFF
M05 ;	주축 회전 정지
M01 ;	프로그램 일시 정지
정삭가공	
G28 U0. W0. ;	기계원점 복귀 (공구교환 전 안전위치)
G50 S2000 ;	주축 최고 회전수 설정
T0300 ;	3번 공구호출
G96 S200 M03 T0303	주속일정 제어모드, 절삭속도 V=200m/min, 정회전, 3번 공구보정
G00 G42 X52. Z5. M08	공구 인선R 우측보정, 급속이송 X_.Z_. 절삭유 공급 ON

G70 P30 Q40 F0.08 ;	정삭가공 Cycle, 시작블록 시퀀스번호 호출, 종료블록 시퀀스번호 호출, 공구 이송속도(1회전당)
G00 X40. Z-34.	급속이송X_Z_. (R25 형상 시작점)
G01 X31.	직선가공 X축 이송
G02 Z-45. R25.	원호가공(CW) R25. 가공
G00 X50.	
G40 G00 X150. Z150. T0300 M09 ;	공구 인선R 우측보정 취소, 급속이송X_Z_. 공구 보정 취소, 절삭유 공급 OFF
M05 ;	주축 회전 정지
M01 ;	프로그램 일시정지
홈가공	
G28 U0. W0. ;	기계원점 복귀 (공구교환 전 안전위치)
T0500 ;	5번 공구호출
G97 S1000 M03 T0505 ;	주축회전수 일정 제어모드, 정회전, 5번 공구보정
G00 X35. Z-27.2 M08 ;	급속이송 X_Z_.(시작위치)
G01 X24.2 F0.07 ;	직선가공 X축 이송, 공구 이송속도(1회전당)
G00 X35. ;	급속 회피 X축
Z-29. ;	Z축 위치결정
G01 X24. ;	직선가공 X축 이송
Z-27.3 ;	Z축 이송
G00 X35. ;	급속 회피 X축
Z-27. ;	Z축 위치결정
G01 X24. ;	직선가공 X축 이송
G00 U1. W-0.5 ;	공작물 간섭 회피 (상대좌표)X,Z축 이송
X40. ;	급속회피 X축 이송
G00 X150. Z150. T0500 M09 ;	급속이송X_Z_. , 공구 보정 취소, 절삭유 공급 OFF
M05 ;	주축 회전 정지
M01 ;	프로그램 일시정지
나사가공	
G28 U0. W0. ;	기계원점 복귀 (공구교환 전 안전위치)
T0700 ;	7번 공구호출
G97 S1000 M03 T0707 ;	주축회전수 일정 제어모드, 정회전, 7번 공구보정
G00 X29. Z-5. M08 ;	급속이송 X_Z_.(시작위치)
G76 P010060 Q50 R50 ;	나사가공 Cycle, P01(나사 정삭횟수)_정삭 1회 00(나사의 챔퍼량)_챔퍼 없음. 60(나사산 각도)_60° Q나사 최소 절입량 0.05mm R나사 정삭 여유량 0.05mm

G76 X25.6 Z-27. P1190 Q250 F2.0;	나사가공 Cycle, X축 가공 최종 위치 Z축 가공 최종 위치 P나사산 높이 1.19mm Q나사산 최초 절입량 0.25mm F회전당 이송속도(나사 Pitch값)
G00 X150. Z150. T0700 M09 ;	급속이송X_.Z_. , 공구 보정 취소, 절삭유 공급 OFF
M05 ;	주축 회전 정지
M02 ;	프로그램 종료

MEMO

5-1 도면

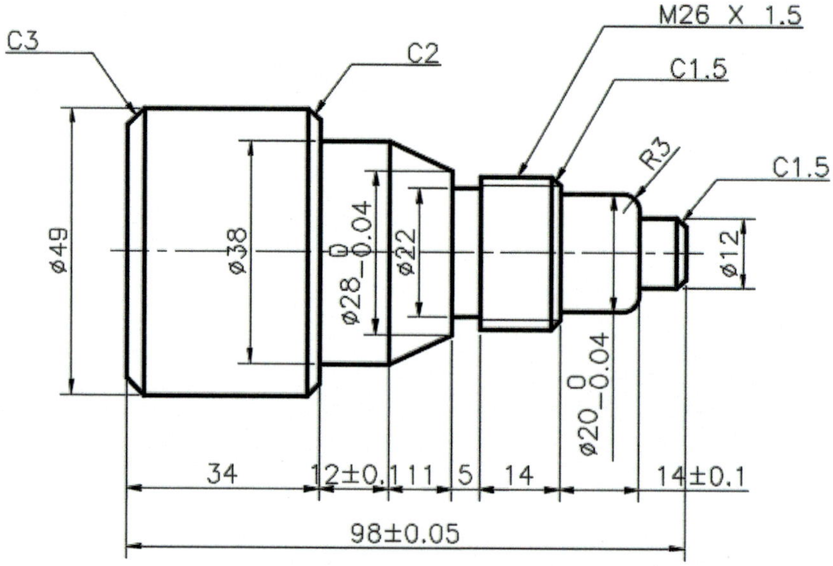

C3
C2
M26 X 1.5
C1.5
R3
C1.5
ø49
ø38
ø28 0 -0.04
ø22
ø12
ø20 0 -0.04
34
12±0.1
11
5
14
14±0.1
98±0.05

도 면

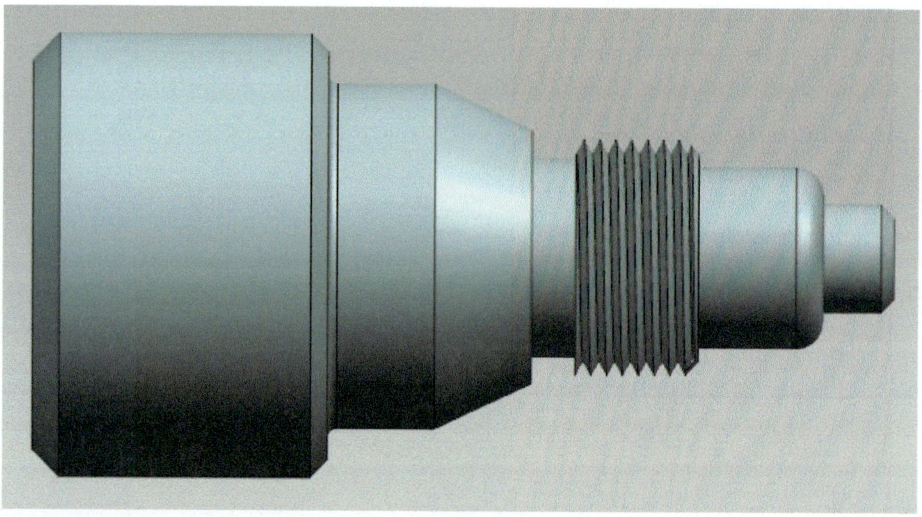

완성품

5-2 프로그램 및 설명

프로그램	프로그램 설명
	후면가공
	황삭가공
O1234 ;	프로그램 번호, 최대4자리의 숫자 지정
G28 U0. W0. ;	기계원점 복귀 (공구교환 전 안전위치)
G50 S1800 ;	주축 최고 회전수 설정
T0100 ;	1번 공구호출
G96 S200 M03 T0101 ;	주속일정 제어모드, 절삭속도 V=200m/min, 정회전, 1번 공구보정
G42 G00 X52. Z5. M08 ;	공구 인선R 우측보정, 급속이송 X_.Z_. 절삭유 공급 ON
G71 U1.3 R1. ;	황삭가공 Cycle, X축 가공 절입량, X축 공구후퇴 도피량
G71 P10 Q20 U0.4 W0.1 F0.25 ;	황삭가공 Cycle, 시작블록 시퀀스번호 호출, 종료블록 시퀀스번호 호출, X축 (직경)정삭여유량, Z축 정삭여유량, 공구의 이송속도(1회전당)
N10 G00 X-1. ;	사이클 시작 시퀀스번호, 급속이송(위치결정) X_.
G01 Z0. ;	직선가공 Z_.
X43. ;	X축 이송
X49. Z-3.	C2. (챔퍼 가공)
Z-45. ;	Z축 이송
N20 X52. ;	사이클 종료 시퀀스번호
G40 G00 X150. Z150. T0100 M09 ;	공구 인선R 우측보정 취소, 급속이송X_.Z_. 공구 보정 취소, 절삭유 공급 OFF
M05 ;	주축 회전 정지
M01 ;	프로그램 일시 정지
	정삭가공
G28 U0. W0. ;	기계원점 복귀 (공구교환 전 안전위치)
G50 S2000 ;	주축 최고 회전수 설정
T0300 ;	3번 공구호출
G96 S200 M03 T0303	주속일정 제어모드, 절삭속도 V=200m/min, 정회전, 3번 공구보정
G42 G00 X52. Z5. M08	공구 인선R 우측보정, 급속이송 X_.Z_. 절삭유 공급 ON
G70 P10 Q20 F0.08 ;	정삭가공 Cycle, 시작블록 시퀀스번호 호출, 종료블록 시퀀스번호 호출, 공구 이송속도(1회전당)
G40 G00 X150. Z150. T0300 M09 ;	공구 인선R 우측보정 취소, 급속이송X_.Z_. 공구 보정 취소, 절삭유 공급 OFF
M05 ;	주축 회전 정지
M02 ;	프로그램 종료

전면가공	
황삭가공	
O5678 ;	프로그램 번호, 최대 4자리의 숫자 지정
G28 U0. W0. ;	기계원점 복귀 (공구교환 전 안전위치)
G50 S1800 ;	주축 최고 회전수 설정
T0100 ;	1번 공구호출
G96 S200 M03 T0101 ;	주속일정 제어모드, 절삭속도 V=200m/min, 정회전, 1번 공구보정
G00 G42 X52. Z5. M08 ;	신속이송, 좌표값, 공구보정, 절삭유 공급 ON
G71 U1.3 R1. ;	황삭가공 Cycle, X축 가공 절입량, X축 공구후퇴 도피량
G71 P30 Q40 U0.4 W0.1 F0.25 ;	황삭가공 Cycle, 시작블록 시퀀스번호 호출, 종료블록 시퀀스번호 호출, X축 (직경)정삭여유량, Z축 정삭여유량, 공구의 이송속도(1회전당)
N30 G00 X-1. ;	사이클 시작 시퀀스번호, 급속이송(위치결정) X_.
G01 Z0. ;	직선가공 Z_.
X9.	X축 이송
X12. Z-1.5 ;	C2. (챔퍼 가공)
Z-8. ;	Z축 이송
X14.	X축 이송
G03 X20. Z-11. R3.	원호가공(CCW) R3.
G01 Z-22.	Z축 이송
X23.	X축 이송
X26. Z-23.5	C1.5 (챔퍼 가공)
Z-41.	Z축 이송
X28.	X축 이송
X38. Z-52.	X,Z축 동시이송 (테이퍼가공)
Z-62.	Z축 이송
G02 X42. Z-64. R2.	원호가공(CW) R2.
G01 X45.	X축 이송
X51. Z-67.	C2. (챔퍼 가공)_챔퍼 C3으로 연장가공
N40 X52.	사이클 종료 시퀀스번호, C3. (챔퍼 가공)
G40 G00 X150. Z150. T0100 M09 ;	공구 인선R 우측보정 취소, 급속이송X_.Z_. 공구 보정 취소, 절삭유 공급 OFF
M05 ;	주축 회전 정지
M01 ;	프로그램 일시 정지
정삭가공	
G28 U0. W0. ;	기계원점 복귀 (공구교환 전 안전위치)
G50 S2000 ;	주축 최고 회전수 설정
T0300 ;	3번 공구호출
G96 S200 M03 T0303	주속일정 제어모드, 절삭속도 V=200m/min, 정회전, 3번 공구보정

G00 G42 X52. Z5. M08	공구 인선R 우측보정, 급속이송 X_.Z_. 절삭유 공급 ON
G70 P30 Q40 F0.08 ;	정삭가공 Cycle, 시작블록 시퀀스번호 호출, 종료블록 시퀀스번호 호출, 공구 이송속도(1회전당)
G40 G00 X150. Z150. T0300 M09 ;	공구 인선R 우측보정 취소, 급속이송X_.Z_. 공구 보정 취소, 절삭유 공급 OFF
M05 ;	주축 회전 정지
M01 ;	프로그램 일시정지
홈가공	
G28 U0. W0. ;	기계원점 복귀 (공구교환 전 안전위치)
T0500 ;	5번 공구호출
G97 S1000 M03 T0505 ;	주축회전수 일정 제어모드, 정회전, 5번 공구보정
G00 X38. Z-39.2 M08 ;	급속이송 X_Z_.(시작위치)
G01 X22.2 F0.07 ;	직선가공 X축 이송, 공구 이송속도(1회전당)
G00 X38. ;	급속 회피 X축
Z-41. ;	Z축 위치결정
G01 X22. ;	직선가공 X축 이송
Z-39.3 ;	Z축 이송
G00 X38. ;	급속 회피 X축
Z-39. ;	Z축 위치결정
G01 X22. ;	직선가공 X축 이송
G00 U1. W-0.5 ;	공작물 간섭 회피 (상대좌표)X,Z축 이송
X40. ;	급속회피 X축 이송
G00 X150. Z150. T0500 M09 ;	급속이송X_.Z_. , 공구 보정 취소, 절삭유 공급 OFF
M05 ;	주축 회전 정지
M01 ;	프로그램 일시정지
나사가공	
G28 U0. W0. ;	기계원점 복귀 (공구교환 전 안전위치)
T0700 ;	7번 공구호출
G97 S1000 M03 T0707 ;	주축회전수 일정 제어모드, 정회전, 7번 공구보정
G00 X27. Z-17. M08 ;	급속이송 X_Z_.(시작위치)
G76 P010060 Q50 R50 ;	나사가공 Cycle, P01(나사 정삭횟수)_정삭 1회 00(나사의 챔퍼량)_챔퍼 없음. 60(나사산 각도)_60° Q나사 최소 절입량 0.05mm R나사 정삭 여유량 0.05mm
G76 X24.2 Z 39. P890 Q250 F1.5;	나사가공 Cycle, X축 가공 최종 위치 Z축 가공 최종 위치 P나사산 높이 1.19mm Q나사산 최초 절입량 0.25mm F회전당 이송속도(나사 Pitch값)

G00 X150. Z150. T0700 M09 ;	급속이송X_.Z_. , 공구 보정 취소, 절삭유 공급 OFF
M05 ;	주축 회전 정지
M02 ;	프로그램 종료

MEMO

6-1 GV-CNC 검증(시뮬레이션) 작업 방법

1 GV-CNC 아이콘( )을 실행한다.

2 NC Editor을 클릭하여 실행한다.

3 컨트롤러/기계 설정 창에서 다음과 같이 설정하고, 확인을 클릭한다.

컨트롤러 설정 : Fanuc or Sentrol

기계 설정 : Turning

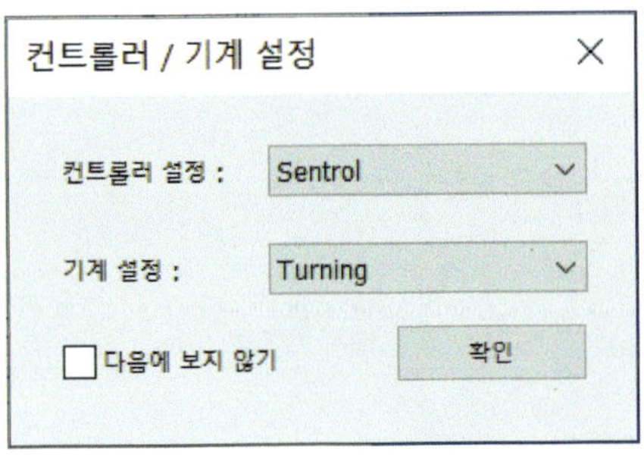

4 좌측 상단의 NC 편집 → NC열기를 클릭하여 실행한다.

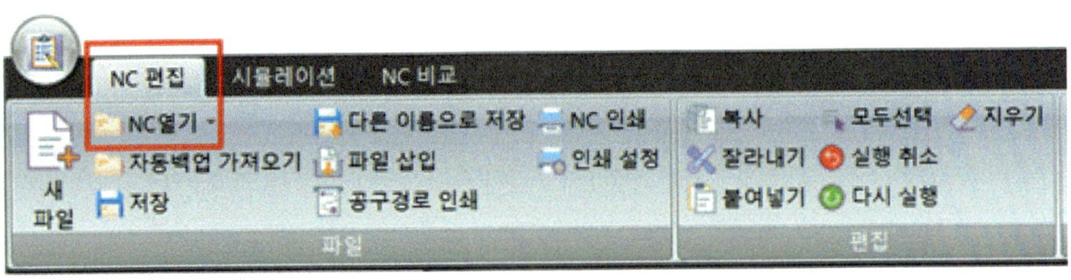

5 작성한 선반 NC 코드를 선택하고, 열기를 클릭한다. 작성한 코드가 삽입된다.

```
G28 U0. W0.
T0100
T0101
G50 S120
G96 S1200 M03
G00 X50. Z10. M08
G71 U1.5 R1.0
G71 P10 Q20 U0.3 W0.2 F0.2
N10 G42 G00 X21.
Z0.
X24. Z-1.5
Z-19.
```

6 좌측 상단의 시뮬레이션 → 정지( ) → 실행( )을 차례로 클릭한다.

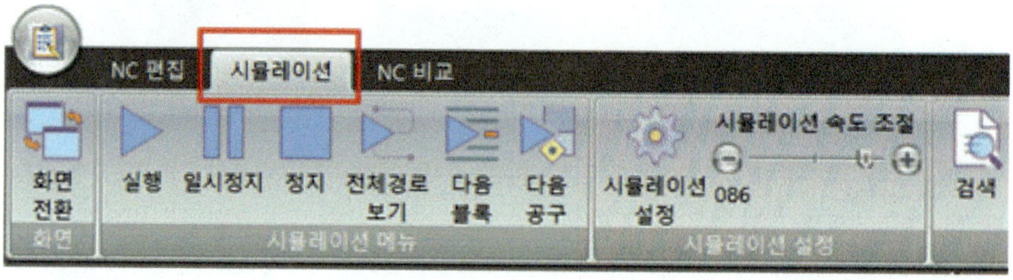

7 선반 관련 시뮬레이션이 실행된다.

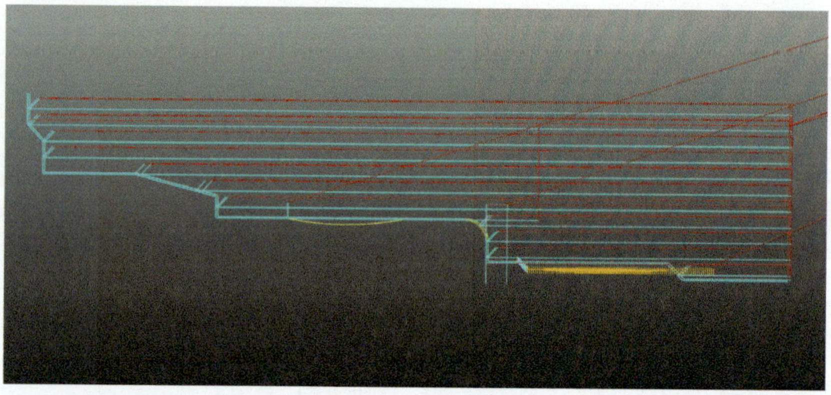

① 시뮬레이션 중간에 에러가 발생하면 붉은 색으로 해당 블록이 표시된다.
② 사용자는 코드를 수정한다.
③ 다시 정지( ) → 실행( )을 차례로 클릭한다.

8 ① NC편집 탭 또는 ② 시뮬레이션 탭의 우측 상단에 있는 GV-CNC( ) 버튼을 눌러 기계시뮬레이션을 실행한다.

①

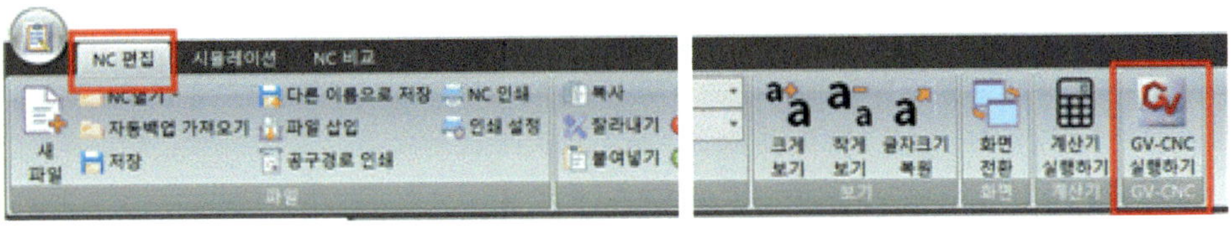

②

9 선반 기계시뮬레이션 화면이 나타난다.

10 좌측 상단의 설정( ) 버튼을 클릭한다.

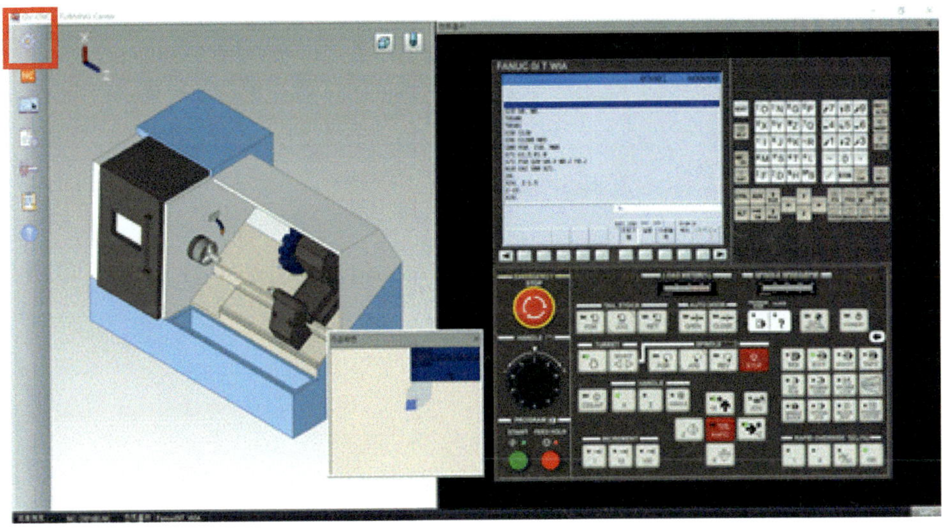

MEMO

⑪ 기계 설정( )을 클릭하여 실행한다.

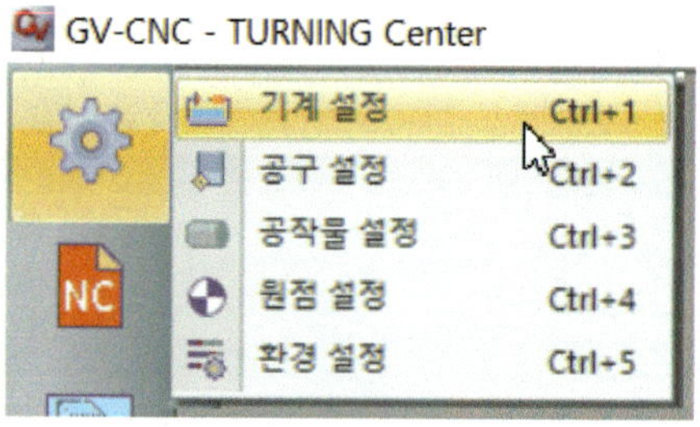

⑫ 가공하고자 하는 기계의 컨트롤러를 선택한다.

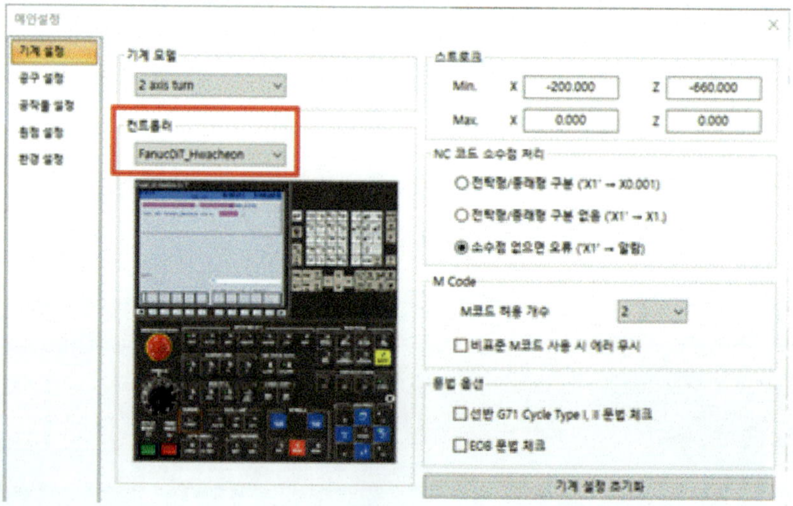

⑬ 화면 우측 하단의 [적용] 버튼을 클릭한다.

⑭ 공구 설정 탭을 클릭한다.

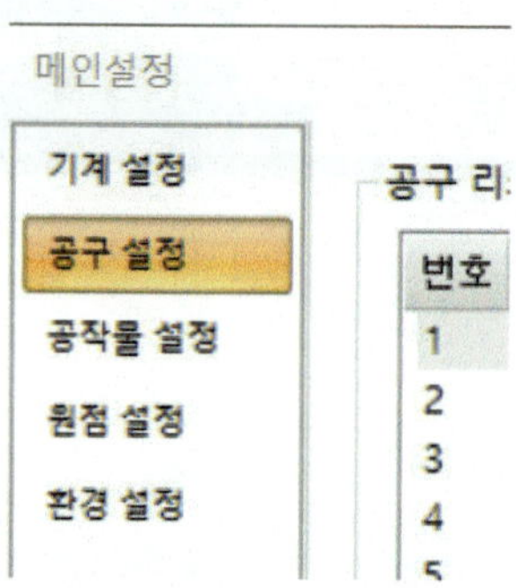

15 선반의 경우.... 해당 공구 리스트가 기본 값으로 설정되어 있다.
(1번 : 황삭 / 3번 : 정삭 / 5번 : 홈 / 7번 : 나사)
(공구 리스트를 변경하려면 해당 번호를 클릭하여 나타나는 공구를 지정한다.)

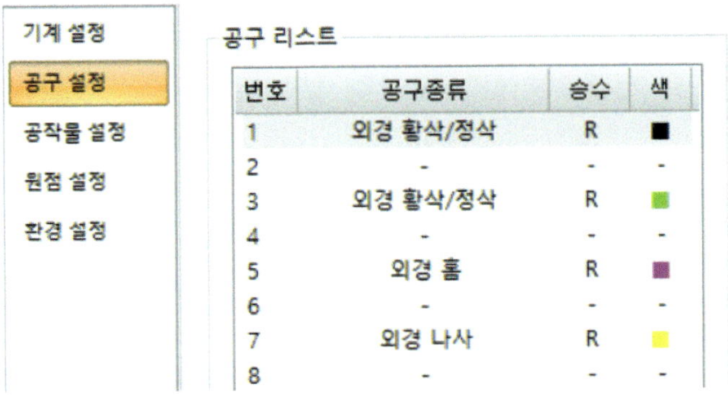

16 화면 우측 하단의 [적용] 버튼을 클릭한다.

17 공작물 설정 탭을 클릭한다.

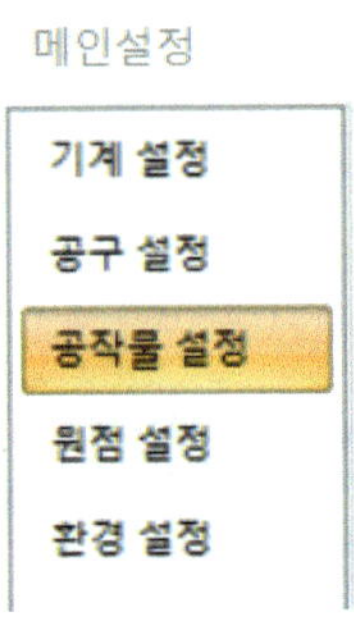

18 공작물의 크기를 길이/지름/물림깊이로 설정할 수 있다.

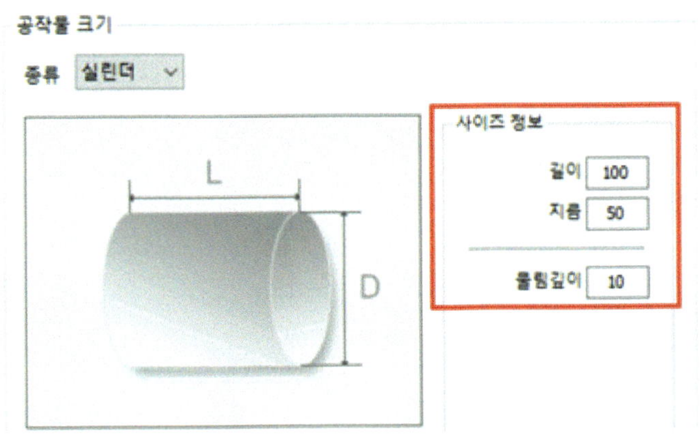

19 공작물의 크기를 변경하였다면, 화면 우측 하단의 [적용] 버튼을 클릭한다.

20 원점 설정 탭을 클릭한다.

① 아래 그림과 같이 표시된 좌표를 선택한다.

② 화면 우측 하단의 [적용] → [확인] 버튼을 클릭한다.

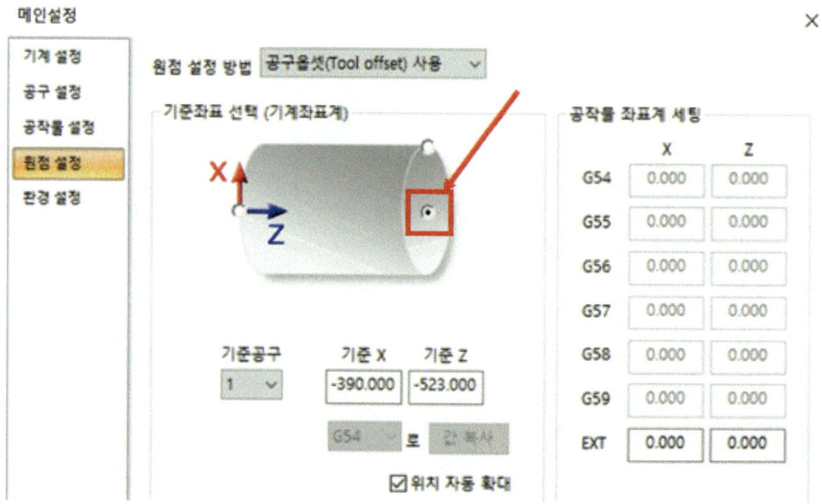

21 조작반의 RESET → AUTO → CYCLE START 버튼을 차례로 눌러 기계시뮬레이션(가공)을 진행한다.

22 선반 시뮬레이션이 화면에 표시된다.

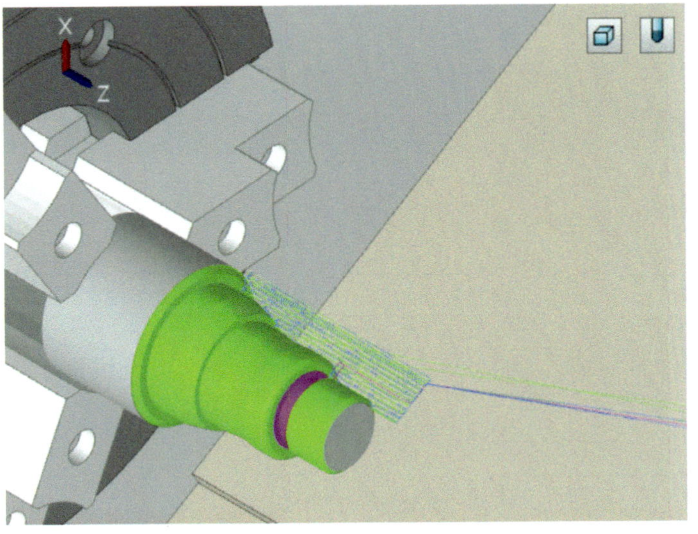

MEMO

CHAPTER 07

CNC선반 작업 방법

1. 도면

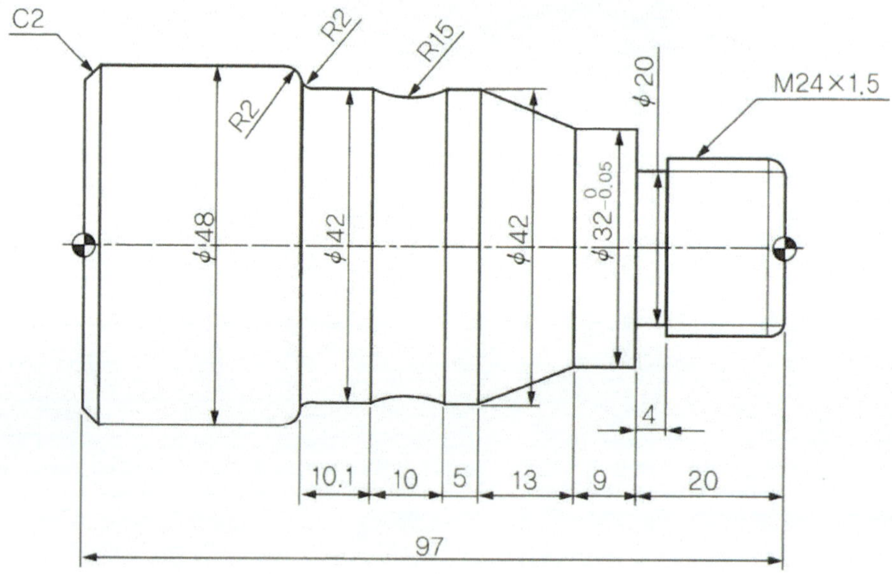

2. CNC선반 작동방법

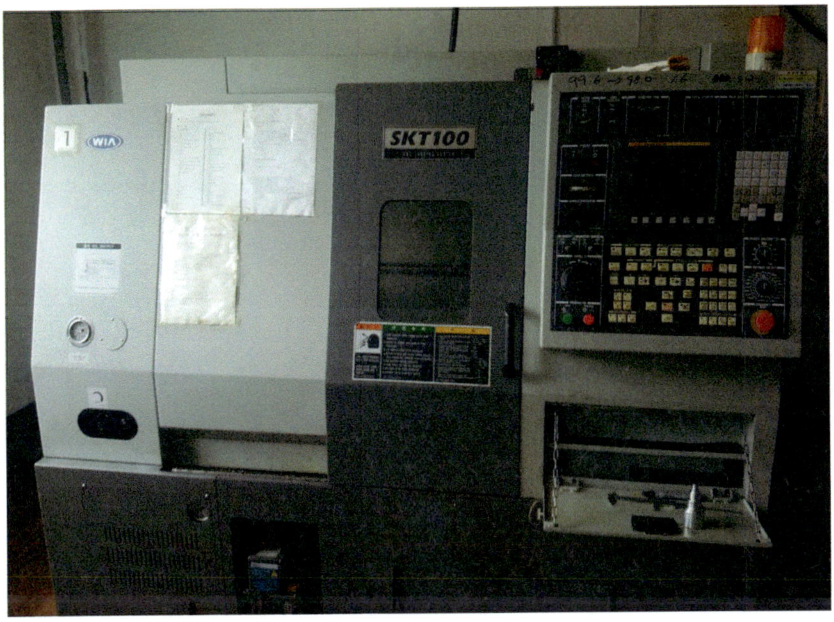

2-1 준비

전원스위치 'ON' (CNC선반 후면 위치)

① WORK LIGHT 'ON'

② POWER 'ON'

③ Loading.....

④ EMERGENCY 해제(오른쪽으로 회전)

⑤ STANDBY 'ON'

2-2 세팅(setting)

1) 원점 복귀

① 

JOG

② 

ZERO RETURN

POSITION
(공구위치
확인)

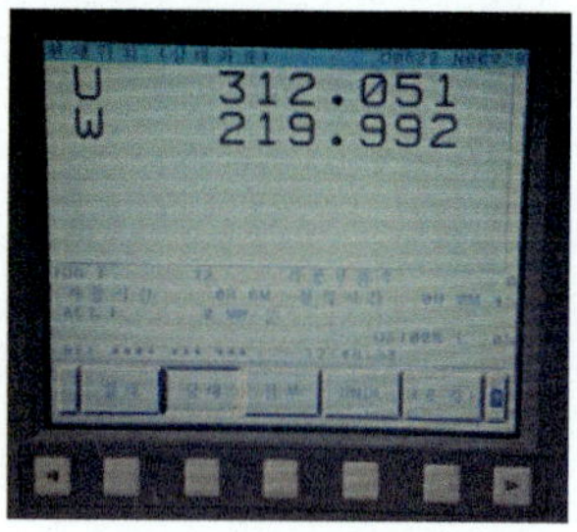

MEMO

2) 공구보정(외경 1, 3, 5, 7번 공구)

1번 공구교환 (황삭 바이트)	MDI ⇨ PROG ⇨ T 0 1 0 0 ⇨ EOB INSERT ⇨ CYCLE START
큐셋 접촉 (핸들과 JOG로 조작)	문 열기 ⇨  큐셋 내리기 ⇨  X축 접촉 ⇨  Z축 접촉 ⇨  큐셋 복귀
1번 공구 복귀	문 닫기 ⇨ JOG ZERO RETURN
3번 공구교환 (정삭 바이트)	MDI ⇨ PROG ⇨ T 0 3 0 0 ⇨ EOB INSERT ⇨ CYCLE START
큐셋 접촉	상 동
3번 공구 복귀	상 동
5번 공구교환 (홈바이트)	MDI ⇨ PROG ⇨ T 0 5 0 0 ⇨ EOB INSERT ⇨ CYCLE START
큐셋 접촉	싱 동
5번 공구 복귀	상 동
7번 공구교환 (나사 바이트)	MDI ⇨ PROG ⇨ T 0 7 0 0 ⇨ EOB INSERT ⇨ CYCLE START
큐셋 접촉	상 동 단, Z축 접촉 시 ① 나사바이트 첨단(날)부분 접촉금지(값의 변동 심화) ② 옆면 부 접촉(∵ 나사바이트는 2mm 띄어서 가공하므로)  
7번 공구 복귀	상 동

3) 1차 가공(후면 절삭)

구분	조작	설명
	(문열기)	
	척에 재료고정	
	(문닫기)	
3번 공구 교환 (정삭 바이트)	MDI ⇨ PROG ⇨ T 0 3 0 0 ⇨ EOB INSERT ⇨ CYCLE START	
3번 공구 보정	⇨ T 0 3 0 3 ⇨ EOB INSERT ⇨ CYCLE START	
공작물 회전	⇨ M 0 3 S 1 0 0 0 ⇨ EOB INSERT ⇨ CYCLE START	
외경 절삭		제작 도면에 표기된 후면부 직경에 맞게 절삭
단면 절삭		공작물 표피가 완전히 벗겨지도록 절삭
정지	STOP	
	(문열기)	
	공작물 척에서 분리	
	도장 받기(후면부에 시험관이 수험자번호 마킹)	
길이 측정	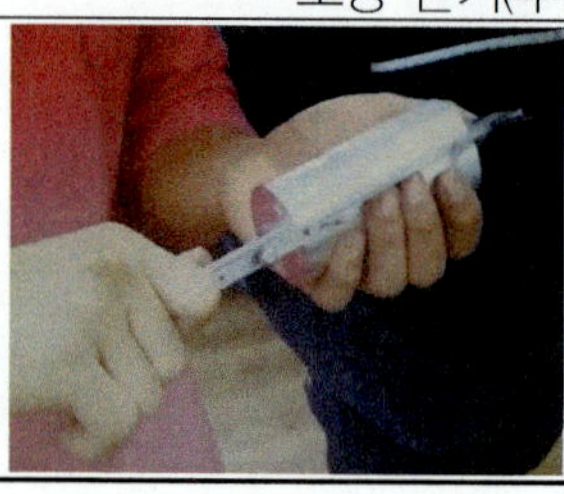	1차 가공 후 길이측정(가정, 99.6mm)

4) 2차 가공(전면 절삭)

① 외경 절삭 및 측정, 입력

<table>
<tr><td colspan="4">1차 가공된 부분을 척에 고정시키기</td></tr>
<tr><td colspan="4">(문닫기)</td></tr>
<tr><td>공작물
회전</td><td>
SELECT FOR</td><td colspan="2">SELECT 먼저 누른 상태에서
FOR(정회전)를 누름</td></tr>
<tr><td>외경절삭</td><td></td><td colspan="2">공작물 표피가 완전히 벗겨지도록 절삭</td></tr>
<tr><td>정지</td><td>
STOP</td><td colspan="2">외경절삭 후 공구는 Z축으로만 이동
(X축 값, 즉 지름 측정값 변동 방지)</td></tr>
<tr><td colspan="4">(문열기)</td></tr>
<tr><td>측정</td><td>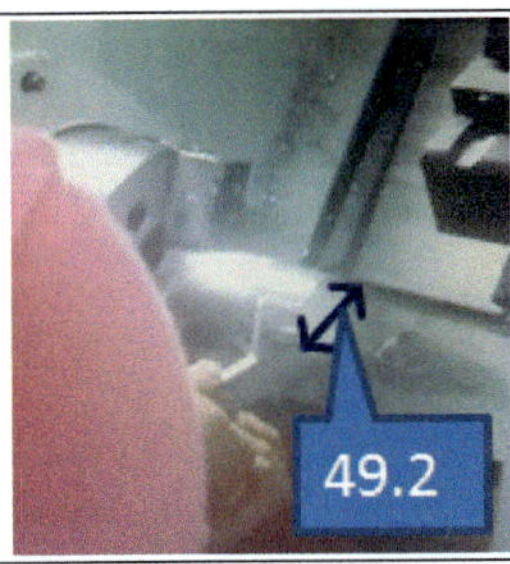
</td><td colspan="2">측정기로 측정
(가정, 지름 49.2mm 확인)</td></tr>
<tr><td>입력</td><td colspan="3"> MDI ⇨  OFS/SET ⇨ ①, ②, ③ ⇨  INPUT</td></tr>
<tr><td rowspan="2">①, ②, ③</td><td>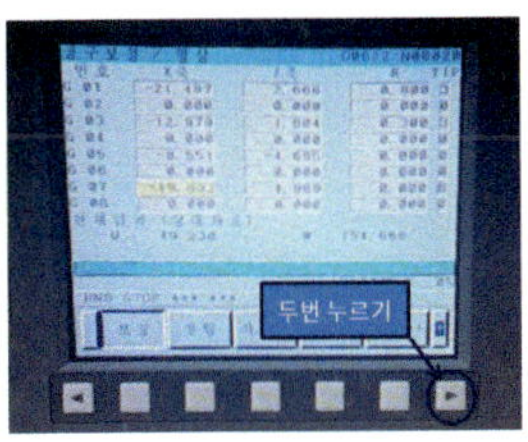
</td><td>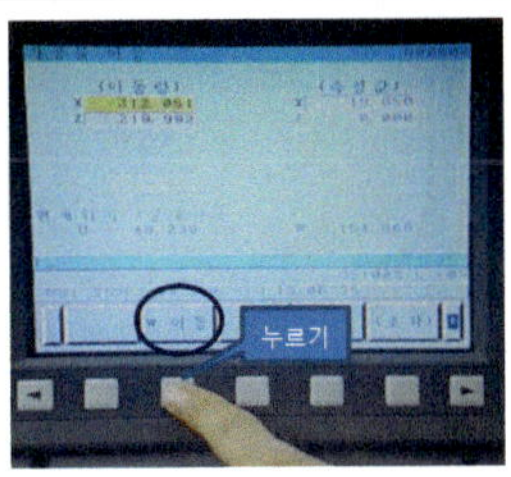
</td><td>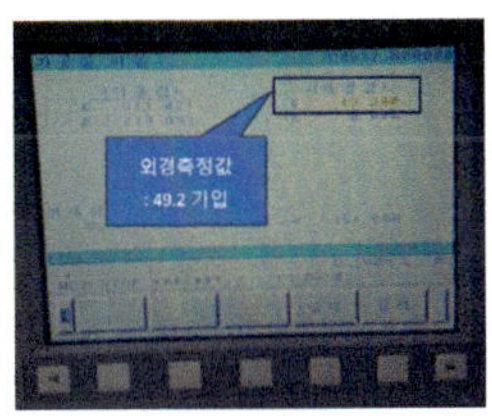
</td></tr>
<tr><td>① 오른쪽 화살표
두 번 누르기</td><td>② 'W.이동' 버튼 누르기</td><td>③ (측정량)X값에
측정직경 입력</td></tr>
</table>

② 단면 절삭 및 측정, 입력

<table>
<tr><td>공작물
길이측정</td><td>
</td><td>척에 물린 채, 측정
(가정, 길이 77.2mm확인)</td></tr>
<tr><td colspan="3">(문닫기)</td></tr>
<tr><td>공작물 회전</td><td>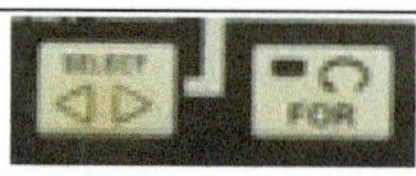

SELECT FOR</td><td>SELECT 먼저 누른 상태에서
FOR(정회전)를 누름</td></tr>
<tr><td>단면절삭</td><td></td><td>공작물 표피가 완전히 벗겨지도록 절삭</td></tr>
<tr><td>정지</td><td>
</td><td>단면절삭 후 공구는 X축으로만 이동
(Z축 값, 즉 길이 측정값 변동 방지)</td></tr>
<tr><td colspan="3">(문열기)</td></tr>
<tr><td>측정</td><td>
</td><td>척에 물린 채, 단면절삭 후 측정
(가정, 길이 76.9mm확인)</td></tr>
<tr><td>계산
(단위 : mm)</td><td colspan="2">① 1차 가공 후 재료길이 : 99.6, 설계도면 제작길이 : 98
※ 1차 가공 후 재료길이 − 설계도면 제작길이
= 99.6 − 98 = 1.6 (∴ 1.6 추가 절삭 필요)
② 척에 물린 채, 측정길이 : 77.2, 척에 물린 채, 단면절삭 후 측정길이 : 76.9
※ 척에 물린 채, 측정길이 − 단면절삭 후 측정길이
= 77.2 − 76.9 = 0.3 (∴ 0.3 절삭된 상태)
③ 1.6 − 0.3 = 1.3 (최종 추가 절삭길이) ⇒ 1.3 입력
<table>
<tr><td>후면절삭 후 재료 길이</td><td>99.6</td><td>(척에 물린 채) 측정길이</td><td>77.2</td><td rowspan="2">최종
추가 절삭길이</td></tr>
<tr><td>− 설계도면 제작길이</td><td>98</td><td>− 단면절삭 후 측정길이</td><td>76.9</td></tr>
<tr><td></td><td>1.6</td><td>−</td><td>0.3</td><td>= 1.3</td></tr>
</table>
</td></tr>
</table>

입력	MDI ⇨ OFS/SET ⇨ ①, ②, ③ ⇨ INPUT		
①, ②, ③	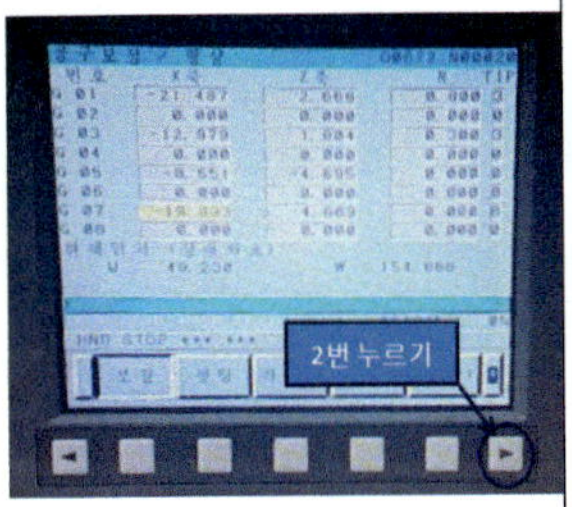	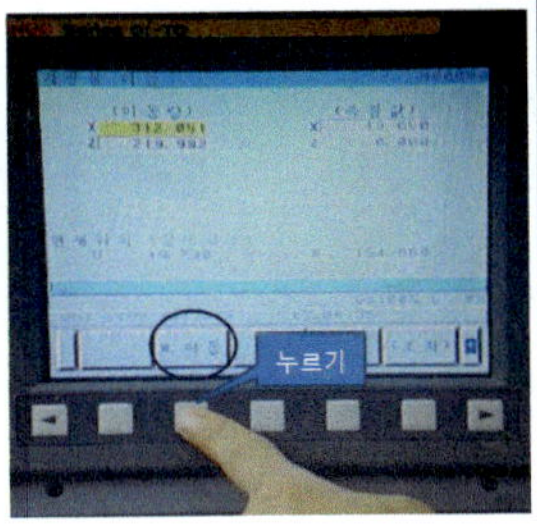	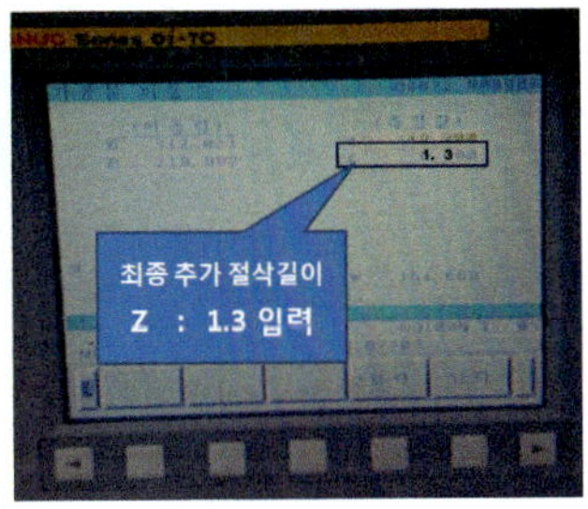
	① 오른쪽 화살표 2번 누르기	② 'W.이동' 버튼 누르기	③ Z값에 추가절삭해야 할 길이 입력

③ 3번 공구 보정취소

3번 공구 복귀	문 닫기 ⇨ JOG ⇨ ZEOR RETURN
3번 공구 보정취소	MDI ⇨ PROG ⇨ T 0 3 0 0 ⇨ EOB INSERT ⇨ CYCLE START

④ 가공

가공	MEMORY ⇨ (SINGLE BLOCK) ⇨ CYCLE START

MEMO

CHAPTER 08

공개문제 사이트 소개

큐넷(Q-net) : www.q-net.or.kr

MEMO

저자소개

오 세 희

국제기능올림픽대회 CNC/머시닝 직종 은메달
前) 현대중공업 조선사업부 선박연구소 근무
現) 한국폴리텍대학 울산캠퍼스 재직 중
기계가공기능장

임 규 성

前) 울산테크노파크 자동차부품기술연구소 근무
前) 현대모비스(주) 의왕 생산기술연구소 근무
現) 한국폴리텍대학 울산캠퍼스 재직 중
기계가공기능장

저자와의
협의에 의해
인지 생략

NX를 활용한

모델링 & CAM 활용

2판 1쇄 2024년 3월 4일

저 자 오세희 / 임규성
발행인 송광헌
발행처 복두출판사
주 소 서울특별시 영등포구 경인로82길 3-4
센터플러스 807호
(우) 07371
전 화 02-2164-2580
FAX 02-2164-2584
등 록 1993. 11. 22. 제 10-902 호

정가 : 33,000원

ISBN : 979-11-6675-465-4 93550

한국과학기술출판협회 회원사